国家电网有限公司
STATE GRID
CORPORATION OF CHINA

U0743495

国家电网有限公司
技能人员专业培训教材

送电线路架设

国家电网有限公司 组编

中国电力出版社
CHINA ELECTRIC POWER PRESS

图书在版编目（CIP）数据

送电线路架设 / 国家电网有限公司组编. —北京：中国电力出版社，2020.7（2025.12 重印）
国家电网有限公司技能人员专业培训教材
ISBN 978-7-5 98-4454-7

Ⅰ．①送…　Ⅱ．①国…　Ⅲ．①输电线路–工程施工–技术培训–教材　Ⅳ．①TM726

中国版本图书馆 CIP 数据核字（2020）第 040853 号

出版发行：中国电力出版社
地　　址：北京市东城区北京站西街 19 号（邮政编码 100005）
网　　址：http://www.cepp.sgcc.com.cn
责任编辑：周秋慧（010–63412627）　匡　野
责任校对：黄　蓓　王海南　朱丽芳
装帧设计：郝晓燕　赵姗姗
责任印制：石　雷

印　　刷：北京天泽润科贸有限公司
版　　次：2020 年 7 月第一版
印　　次：2025 年 12 月北京第三次印刷
开　　本：710 毫米×980 毫米　16 开本
印　　张：44.75
字　　数：869 千字
印　　数：2201—2700 册
定　　价：135.00 元

本书编委会

主　　任　　吕春泉

委　　员　　董双武　　张　龙　　杨　勇　　张凡华

　　　　　　王晓希　　孙晓雯　　李振凯

编写人员　　黄世晅　　马钢成　　赵志勇　　尹勋祥

　　　　　　段福平　　申屠柏水　　叶建云　　杨小斌

　　　　　　曹爱民　　战　杰　　高广玲　　王　权

前　言

　　为贯彻落实国家终身职业技能培训要求，全面加强国家电网有限公司新时代高技能人才队伍建设工作，有效提升技能人员岗位能力培训工作的针对性、有效性和规范性，加快建设一支纪律严明、素质优良、技艺精湛的高技能人才队伍，为建设具有中国特色国际领先的能源互联网企业提供强有力人才支撑，国家电网有限公司人力资源部组织公司系统技术技能专家，在《国家电网公司生产技能人员职业能力培训专用教材》（2010 年版）基础上，结合新理论、新技术、新方法、新设备，采用模块化结构，修编完成覆盖输电、变电、配电、营销、调度等 50 余个专业的培训教材。

　　本套专业培训教材是以各岗位小类的岗位能力培训规范为指导，以国家、行业及公司发布的法律法规、规章制度、规程规范、技术标准等为依据，以岗位能力提升、贴近工作实际为目的，以模块化教材为特点，语言简练、通俗易懂，专业术语完整准确，适用于培训教学、员工自学、资源开发等，也可作为相关大专院校教学参考书。

　　本书为《送电线路架设》分册，由黄世昀、马钢成、赵志勇、尹勋祥、段福平、申屠柏水、叶建云、杨小斌、曹爱民、战杰、高广玲、王权编写。在出版过程中，参与编写和审定的专家们以高度的责任感和严谨的作风，几易其稿，多次修订才最终定稿。在本套培训教材即将出版之际，谨向所有参与和支持本书籍出版的专家表示衷心的感谢！

　　由于编写人员水平有限，书中难免有错误和不足之处，敬请广大读者批评指正。

目 录

第一部分

施 工 运 输

第一章

施 工 运 输

◢ 模块 1　运输概述（新增模块 1-1-1）

【模块描述】本模块包含施工运输方式的种类、选择，运输前的准备等内容。通过内容介绍，了解运输前的准备工作，并能根据现场条件合理选择运输方法。

【模块内容】

送电线路架设施工运输基本分为大运输和小运输两种形式。大运输主要以铁路交通、等级公路、通航河道等为主要运输通道，将施工材料从供货厂家、材料货站长距离运输到中心材料站或现场指定地点。小运输是继大运输之后，以乡村公路、山间小道、田间机耕道等为主要运输通道，将施工材料从材料站或现场指定地点短距离运输到材料中间集散地、各杆塔位置或施工作业点。

送电线路架设施工运输受道路状况、施工材料特点及材料运输成本等因素限制，运输方式主要包括公路汽车运输方式、人力畜力运输方式、地面牵引运输方式、架空索道运输方式、水上泥地运输方式等。

一、施工运输前准备及操作步骤

1. 运输材料分析

送电线路架设运输材料包括基础施工、杆塔组立施工、导地线架设施工等各分部工程材料或设备，常规材料主要有砂石、土方、混凝土、钢筋、塔材及金具等，这些材料便于运输，另外还有像钢管塔材、导线线轴及牵张机等大型施工材料、设备，运输难度相对提高。

2. 运输道路调查

运输前应对运输道路进行调查，整理编写调查报告，并绘制运输道路情况示意图，作为确定运输方式和道路补修计划的重要依据。运输道路调查的主要内容如下：

（1）运输路径状况。对线路经过的主要干道和支道的名称、走向、路况、距离进行调查分析，对经过的杆塔控制桩号以及与送电线路路径的相对位置进行调查。

（2）运输桥涵状况。对运输道路经过的桥梁及涵洞的位置、结构情况、承载能力以及所要穿过的桥涵和城门的高度及宽度等进行调查。

（3）运输道路状况。对经过道路的最小拐弯半径、纵向和横向坡度、窄道及险道的最小路面宽度、泥沼地段、山区小道、行人难以到达的崇山峻岭以及居民密集区等处的路况进行调查。

（4）运输道路建议。调查报告应明确提出各个路段的运输方式和运输方法，确定所要经过道路和桥涵的修补方法，细致标记运输道路的特殊路段，并明确经过特殊路段时的要求和方法。

3. 材料站选择和设立

材料站选择和设立应充分考虑到线路长度、地形条件、道路状况、运输力量、货物特点等因素，合理确定送电线路工地材料站的位置和规模。一个线路工程一般设立一个材料站，有时也可设置多个材料站。

工地材料站选择的基本原则为：

（1）材料站的建设或租赁费用较低，运输半径最小。

（2）通向杆塔桩位的运输条件便利，不受季节影响。

（3）具备一些起重或装载机具，具有一定装卸能力。

（4）材料站位置地形较高，不易受淹，场地周围应设排水沟

（5）有足够大的场地、足够多的民房，需修建的临时设施较少。

（6）具有良好的通信设置及水电供应条件，配备消防器材。

（7）水陆交通方便，便于采用汽车运输。

（8）尽量靠近工程项目部或和其连在一起。

（9）不应建造在高压电力线路的下方。

4. 运输路径确定

在运输道路和运输方式的选择上，优先选用技术成熟、运输成本相对较低的运输方案，主要考虑以下因素：

（1）运输距离和运输半径最小，控制桩号最多。

（2）运输道路和通过桥涵最佳，补修量最少。

（3）尽量利用原有通道，占用农田或损坏农作物最少。

（4）路面较高，不致因雨季积水影响而增加维修费。

（5）尽量选用能通行载重汽车的道路。

（6）对于山区或特大山区，在炮车、畜力驮运和人力抬运较困难时可考虑架空索道运输。

（7）在确定运输方式时，还要依据运输量、运输距离、物件尺寸和质量以及道路的情况等因素，对运输成本进行测算。

5. 材料装卸点确定

施工材料的装卸点除了材料站之外，在运输距离较长或材料运输沿线需要采取不同的运输方式需要倒运时，考虑到运输成本和技术上的难度，要在线路沿线设置多处临时装卸点。临时装卸点宜在运输道路附近，不影响其他车辆和行人的安全，便于装卸的地点。

6. 运输方式选择

送电线路架设施工材料的供应方式与运输道路状况、运输方式选择、道路调查深度、材料站设定位置及供应方式对应的运输半径等都有密切关联，要依据现场实际情况因地制宜，还要综合考虑、合理确定供应方式。

7. 运输方案制定

根据对施工现场运输材料的分析、现场运输道路情况的调查以及材料站和临时装卸点的位置选择等诸多因素的合理分析，制订施工运输方案。运输方案选定时主要考虑以下因素：

（1）运输和装卸施工材料的车辆、器具宜普通和常规，易于租赁和使用。

（2）运输和装卸施工材料的车辆、器具应性能稳定、工效高、使用性价比好。

（3）采用的运输方式和装卸方法技术成熟、安全性好。

（4）运输距离和运输半径尽量小，杆塔控制桩号尽量多。

（5）运输道路和通过桥涵俱佳，补修量尽量少。

（6）尽量利用原有通道，占用农田或损坏农作物尽量少。

（7）综合选择路幅较宽、拐弯道少、坡度不陡的道路。

（8）尽量选择路面地势较高、少受雨季积水等季节影响的道路。

（9）尽量选用能通行载重汽车的道路。

（10）对于山区或特大山区，应综合考虑能利用炮车、架空索道运输。

（11）对于水田或沼泽地带，应综合考虑能利用旱船运输。

二、注意事项

（1）载重汽车除应执行保养制度外，在运输前，还要再次检查如下内容：

1）机械系统运转是否正常；

2）刹车是否可靠；

3）操动机构是否灵活；

4）灯光信号及喇叭是否完好；

5）车身结构是否完好，有无变形损坏情况。

（2）其他运输使用的机具，亦应在使用前进行检查，主要内容有：

1）钢丝绳、麻绳等应检查有无断股、断丝、磨损等现象；

2）滑车、绞磨等应重点检查其转动是否灵活，磨损是否严重，配件是否完整等；

3）抱杆、地锚、滑板等应检查有无裂纹、腐朽等影响强度的缺陷；

4）对车架，应检查有无变形、损伤及连接不牢或焊缝开焊的情况；

5）链条葫芦、双钩紧线器等应检查其转动灵活性，有无机械损伤，其中应重点检查倒闸装置和双钩紧线器的保险顶丝等，以及其规格是否与要求的吨位相符；

6）对吊钩应检查有无机械损伤，对其他起重工器具也应做认真的检查；

7）所有运输工器具，经过检查，不合格者不准使用。

【思考与练习】

（1）送电线路常用的运输方式有哪几种？

（2）简述工地材料站选择的基本原则。

（3）施工运输方案选定时主要考虑哪些因素？

▲ 模块 2 公路汽车运输（新增模块 1-1-2）

【模块描述】 本模块包含公路汽车运输的适用范围、基本规定、工器具配备、材料装卸、安全要求等内容。通过内容介绍，熟知公路汽车运输操作方法。

【模块内容】

公路汽车运输主要用于公路或通过修筑具备汽车运输条件的道路，是目前最为普遍使用的运输方式。施工材料的装卸，宜用起重机械，如吊车、叉车等装卸方式，方法较简单、劳动强度低、装卸效率高、安全风险小、机械费用较大。在不具备吊车装卸条件时，也可以用人力装卸。

一、危险点分析与控制措施

公路汽车运输的危险点与控制措施如表 1-2-1 所示。

表 1-2-1　　　　　　　　　公路汽车运输危险点与控制措施

序号	作业内容	危险点	预防控制措施
1	公路汽车运输	车辆伤害	（1）施工车辆在运输货物时严禁装载超高、超长、超重货物，遵守车辆交通规则。 （2）如遇特殊情况如运输超高、超长、超重货物时必须到道路交通管理部门办理有关运输手续许可后方可实施。 （3）运输前必须熟悉运输道路，掌握所通过的桥梁、涵洞及穿越物的稳定性和高度，必要时进行加固、修复。 （4）运输中车厢内严禁乘人，必须设置明显的安全标志。 （5）驾驶员出车前要对车辆外观进行检查：车厢板连接挂钩是否裂纹；栏杆是否有开焊现象；车厢与车体连接的销子是否丢失；轮胎气压是否正常等，对查出的隐患及时消除。 （6）严格执行《中华人民共和国交通安全法》，严禁人货混装

二、公路运输前准备

1. 基本要求

（1）确定货物装车地点和装载方式。

（2）确定货物装载运输特点和要求。

（3）掌握汽车运输所经路线和路况。

（4）确定运输汽车装载能力和要求。

（5）确定运输汽车驾驶员和押运员。

（6）确定货物卸车地点和卸载方式。

（7）确定并配备货物卸车工器具和卸车人员。

（8）进行汽车运输技术措施编审和技术交底。

2. 工器具配备

公路汽车运输方式下，不同的运输车辆、施工材料、装卸条件、地形环境等因素决定了多种不同的工器具配备和组合情况，应按具体情况和规定要求进行工器具配备。公路汽车运输方式主要使用的工器具有四种。

（1）载重汽车。根据施工材料单件最大质量、外形特点、几何尺寸、装卸运输要求、运输数量、道路宽窄、道路转弯半径、道路路面等情况，选定载重汽车和其他机动车的车型和装载性能，应选择多种车型组合使用，因地制宜选择农用运输车辅助运输。

（2）吊车。根据施工材料单件最大质量、外形特点、几何尺寸、装卸要求等选定汽车吊或履带吊。应选择不同吨位吊车车型组合使用，因地制宜地选用施工起吊用的抱杆辅助起吊装卸，提高起吊装卸机械的适宜性和工作效率。

（3）汽车装卸货物用的跳板。根据施工材料单件最大质量、外形特点、几何尺寸、装卸要求以及装载车与地面和货台的接驳状况，选定跳板的形式、强度、宽度。注意跳板安置固定的安全可靠性。

（4）起重索具。根据施工材料单件最大质量、外形特点、几何尺寸、装卸要求等选定起重绳索、滑车及相应的连接和锁定器具。注意起重索具的安全可靠性、操作的灵活适宜性。

三、公路运输规定

1. 汽车运输基本规定

（1）出车前应检查机器各部有无异常，刹车、方向盘等是否完好、灵活，轮胎气压是否充实，油箱燃料是否够用，并应配备灭火器材。

（2）运输时，随车应配有足够的押运人员。押运人员应和司机配合，且应向司机讲清运至地点、运输路线、道路情况以及其他注意事项。

（3）押运人员应随时检查绑扎绳扣有无松脱或其他常异状况，器材摆放位置有无变动，如发现问题应立即处理。

（4）行车至困难的坡路、险路、弯路、泥泞地段以及危险的桥梁涵洞等地方，应减速行驶，必要时押运人员一律下车，司机助手下车指挥汽车通过。

（5）当通过铁路、村庄、城镇等路段时，一律按规定减速行驶（若无规定，则车速不应大于 15km/h）；当行驶至城镇、村庄路口时，应减速缓行，并应注意避让行人，不准抢车；当通过高度较低的电力线、通信线和其他障碍物时，亦应缓行，防止刮碰或触电。

（6）当汽车涉水过河时，应事先了解和试探河水的深度以及河床情况，以确定能否过河。如水面超过汽车排气管或能淹没电瓶，或者河床为淤泥时，不得涉水通过。

（7）冬季河水结冰时，不得凭经验过河，应根据当地的具体情况以及气候等情况决定。经调查了解和试探，确信安全可靠后，方可通过。

（8）冰雪及泥泞道路行车，应安装防滑链。上坡时应根据需要在后轮处加装制动掩木；下坡时严禁空挡行车。

（9）行车途中，如发现异常或出现杂音时，应立即停车，进行检查修理。停车应在平坦的路旁，不得在弯路、上下坡、桥涵等地方停车。停车后应拉下手动闸，并应做好停车标示。

2. 超长、超高或重大物件装运规定

（1）应采用加长车厢或专用车型。

（2）物件装运不得超过车厢前端，严禁悬架于车头上方。

（3）物件重心与车厢重心基本一致。

（4）对易滚动的物件，则在顺其滚动方向用木楔掩牢并捆绑牢固。

（5）用超长架装载超长物件时，应在其尾部加设标志；超长架应与车厢固定，物件与超长架及车厢捆绑牢固，并应按有关规定报交通部门批准。

（6）押运人员应加强运输途中检查，防止捆绑松动；通过山区或弯道时，防止超长部位与山坡或路旁树权刮碰。

3. 铁塔器材及构件的运输

铁塔器材与构件的运输与装卸，宜分类装载和运输，应与车体牢固捆绑，相互间不应窜动或碰撞。并应遵守下列规定：

（1）器材装载一般不得超宽，如有超宽、超长构件半装载运输，应取得交通管理部门的同意，并应挂有警告标志。

（2）押运人员不得在装有构件的车厢内乘坐。

（3）散置的塔料，应分类分号捆扎装车，不得零散杂乱装运。

（4）吊装铁塔构件，一般宜用四点起吊（小件可用 2 点吊），吊点位置应在结点处，并垫草袋或麻袋片。构件应在吊离地面 200mm 后停止吊起，进行检查，如无异常方可继续起吊，以确保安全。

（5）金具、绝缘子均应带包装装卸与运输，禁止抛掷或碰撞。

4. 砂、石及渣土运输与装卸

（1）应遵守上述器材运输与装卸的有关规定。

（2）应使用带有车厢板的车辆。如经过居民区或在公路上行驶，应在车厢上加盖苫布，防止砂、石或渣土散落，保护环境卫生。

（3）石及渣土装车，优先采用装载机装车，如无装载机械，也可用人力装车，但亦应注意防尘，避免影响环境。装车不得超载，并应有防漏散措施。

（4）砂、石及渣土应卸至指定地点，不得乱放乱卸，特别是弃置的渣土，不得掩盖农田、农作物和植被。

5. 导线、地线运输与装卸

（1）导线、地线的运输与装卸，应遵守上述器材运输与装卸的有关规定。

（2）导线、地线，一般均采用成轴（盘）整体运输与装卸，单件质量比较大，在装卸时应落在车厢内的适当位置，保持车体平衡，不得偏载。并应用大绳或钢绳与车体牢牢紧固，用木楔掩好，防止滚动。

（3）导线、地线线轴（盘）装卸，宜用机械吊车。如无条件时，亦可利用跳板滚动法装卸，在滚动牵引过程中，应严格控制滚动方向，防止跑偏，且应在车厢底板上预设临时掩木，防止滚过预定位置。

（4）导线、地线线轴（盘）装车后，重心较高，稳定性较差，运输车辆行驶时，应平稳慢行。特别是在转弯时，车辆不得猛转方向、急刹车，以防导线、地线线轴（盘）倾倒或甩出。

四、注意事项

（1）运输车辆应由持照司机驾驶，严禁无证驾驶。

（2）严禁司机酒后驾驶或疲劳驾驶。

（3）车辆行驶途中，司机和押运人员应当思想集中、精神饱满。

（4）载货机动车除押运和装卸人员外，不得搭乘其他人员。

（5）押运和装卸人员应乘坐在安全位置上。

（6）运输车辆状况应良好，刹车与操作系统应正常可靠。

（7）轮胎气压应充实，油箱燃料应够用。

（8）严禁在装有危险品的车辆上或附近吸烟，不得用汽油清洗部件。

（9）爆破器材的运输，应遵守交管部门和公安部门的有关规定，由其指定的公司或单位进行，并应取得同意和批准文件。

【思考与练习】

（1）公路汽车运输的危险点及控制措施有哪些？

（2）简述汽车运输的基本规定。

（3）简述公路汽车运输的注意事项。

▶ 模块 3　人力畜力运输（新增模块 1–1–3）

【模块描述】本模块包含人力畜力运输的适用范围、基本规定、安全要求等内容。通过内容介绍，熟知人力畜力运输操作方法。

【模块内容】

人力畜力运输通常有三种类型：人力抬运、畜力驮运和马车运输，对运输道路要求低，主要在汽车运输、索道运输等综合因素和路况条件受限制的情况下采用。人力畜力运输货物的单件质量、体积等较轻和较小，在不具备吊车装卸条件时，人力畜力运输一般都采用人力装卸。

一、危险点分析及控制措施

人力畜力运输的危险点与控制措施如表 1–3–1 所示。

表 1–3–1　　　　　　　　　人力畜力运输危险点与控制措施

序号	作业内容	危险点	预防控制措施
1	人力畜力运输	摔伤、落物砸伤	人力运输所用的抬运工具应牢固可靠，每次使用前，应进行检查，不得使用已霉烂的绳索绑扎抬运；人力抬运时，应绑扎牢靠，两人或多人应同肩、同起、同落

二、人力畜力运输前准备

（1）确定施工材料抬运、驮运发货点和接收地点。

（2）确定施工材料抬运、驮运特点分析和捆绑固定要求。

（3）掌握抬运、驮运所经路线和路况。

（4）安排抬运人力、驮运畜力组织。

（5）确定抬运技工和驮运赶畜工。

（6）确定和配齐抬运、驮运和装卸工器具。

（7）抬运、驮运技术措施编审和技术交底。

（8）了解、掌握运输期间天气情况。

三、人力畜力运输

1. 马车运输方式

（1）运输前应会同车把式，对马车进行调查了解，检查项目有：车轴有无裂纹和严重磨损；有无车闸，是否灵活可靠；车辕及车厢等有无变形、腐朽；配件是否齐全。

（2）马车装载重量及行进速度，应根据运输道路状况、畜力牵引能力以及车况、载重量综合确定，并充分考虑车把式和马车工人的意见。

（3）马车运输应遵守交通规则。

（4）负责车辆的押运人员应熟悉道路和货物特性，除赶车人员外，其他人不得赶车。押运人员与赶车人需密切配合，在途中随时检查马车的工况。

（5）有较多的车辆结伴同行运输时，应事先组织进行，一般每6台马车编为一组，并配2名技工、2~4名普工押运，各组相互配合、集体行动。

（6）在材料卸车时，应先牵住牲畜，打好掩木，以防马车倾覆，然后再进行卸车作业，实际方法与汽车的卸车方法基本相同。

（7）在重型材料、管件材料卸车时，应先支垫好车辆，打好掩木，卸去牲畜，然后再进行卸车作业。

2. 人力抬运及畜力驮运

（1）人力抬运，应先选定运输路线，并进行必要的道路整修工作，铲除绊脚的小树根。

（2）人力抬运人员应是身体健康的壮年人。人力抬运时，一般平地每人不应超过30kg，山地每人不应超过20kg。如16人及以上群体抬运时，应有一名技工指挥。

（3）砂、石、水泥、水、金具等物件，可单人背扛，但背扛的质量也不宜大于上述规定，并随时注意背运人员的身体状况。禁止超重背扛。

（4）抬运混凝土预制构件及塔材等中型物件时，可采用工人4人、8人或12人编组抬运，但绳套绑扎应可靠。抬起的物件不宜过高，一般以离地400~600mm为宜，抬运人员与被抬物件间的距离，视具体情况确定，但一般不应小于500mm。每次使用工具，都应做细致检查。

（5）抬运混凝土电杆、塔腿主材等大型物件时，可采用16人力抬运法，如图1-3-1所示。物件绳套绑扎应由技工进行操作，保证结实可靠。抬运时应由专人负责指挥，抬运人员应步调一致，相互照应。抬运过程应同起同落，对于抬运混凝土电杆同落有困难时也可先落一端再落另一端，由指挥人员具体掌握指挥。在抬运上山时，应配有适当的后备人员，随时准备替换或进行扶持工作。

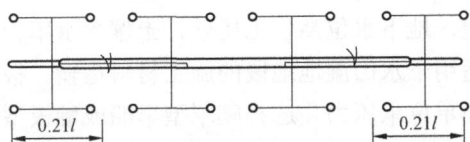

图 1-3-1　管型材或线型材 16 人力抬运示意图

l—备材杆件长度

（6）砂、石、水、水泥以及金具、小型铁构件，可用畜力（骡、马、驴）驮运，物件应装在筐或篓内，由 2 人抬放于鞍上，卸下时亦应由 2 人抬放于地面。

（7）各种役畜驮运能力，由赶畜工人决定。

（8）爬山时，应由赶畜工人牵着牲畜，防止滑倒。

四、注意事项

（1）马车运输应由赶畜人驱使。

（2）人力抬运应配备技工领队指挥。

（3）抬运质量应在限定质量以下，严禁超重和疲劳抬运。

（4）人力抬运、畜力驮运和马车运输不应安排在雨、雪天气进行。雨、雪天气之后人力抬运、畜力驮运和马车运输也应采取相应的防滑措施，以确保运输安全。

（5）押运和装卸人员应乘坐在安全位置上。

（6）马车状况应良好，刹车与操作系统应正常可靠。

【思考与练习】

（1）简述人力畜力运输前的准备工作。

（2）简述马车运输方式的操作规定。

▲ 模块 4　水上、泥地等运输（新增模块 1-1-4）

【模块描述】本模块包含水上、泥地等特殊地形的运输方法等内容。通过内容介绍，熟知水上、泥土等运输操作方法。以下着重介绍水田湿地运输、地面牵引运输、水上船舶运输方式。

【模块内容】

一、水田湿地运输

（一）作业内容

送电线路架设施工涉及的水田湿地主要指水田、湿地、沼泽、塘洼、沟渠及小河流。这些地段长期受水浸泡，地下水位高，土质软，土壤含水率较高，承载能力差。湿地旱船运输方式，主要适用于水田湿地地段的施工材料运输。根据施工材料外形尺寸、单件最重以及道路路面单位承压力，选择爬犁型旱船或舢板型旱船，选定船体组成和连接方式，确定旱船装载和运输能力。爬犁型旱船主要适合于货物质量轻、路面承压力强的路面情况。舢板型旱船主要适合于货物质量重、路面承压力差，如水田、沼泽等路面情况。

爬犁型旱船或舢板型旱船的主要工艺流程大同小异，本模块主要介绍舢板型旱船运输工艺流程。

舢板型旱船运输工艺流程如图1-4-1所示。

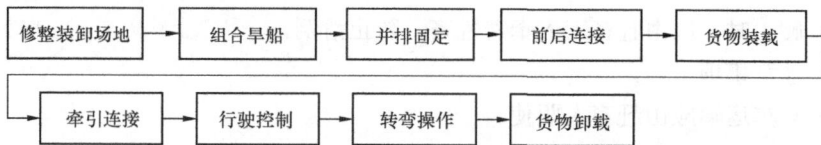

修整装卸场地 → 组合旱船 → 并排固定 → 前后连接 → 货物装载 →

牵引连接 → 行驶控制 → 转弯操作 → 货物卸载

图1-4-1　舢板型旱船运输工艺流程

（二）作业前准备

1. 施工准备

（1）确定施工材料旱船运输发货地点和接收地点。

（2）确定施工材料旱船运输装载方式和要求。

（3）确定施工材料旱船运输路线，掌握路况。

（4）修筑、加固和维护旱船运输装、卸区（站、点）场地。

（5）修筑、加固和维护旱船运输道路。

（6）确定旱船牵引设备及驾驶员和操作员。

（7）配备施工材料装卸人员及工器具。

（8）进行旱船运输技术措施编审和技术交底。

（9）了解、掌握运输期间天气情况。

2. 旱船运输方式现场布置

旱船运输方式现场布置，如图1-4-2所示。

图中标注文字：

旱地、牵引区域

场地清理

绞磨牵引拉力

绞磨固定地锚

牵引力方向轴线

地锚拉棒

牵引绞磨

水田、旱船滑道

旱船牵引绳

拉力指示表

管件X形绑扎固定

绞磨牵引拉力

旱船摩擦阻力

管件荷载

前部旱船

后部旱船

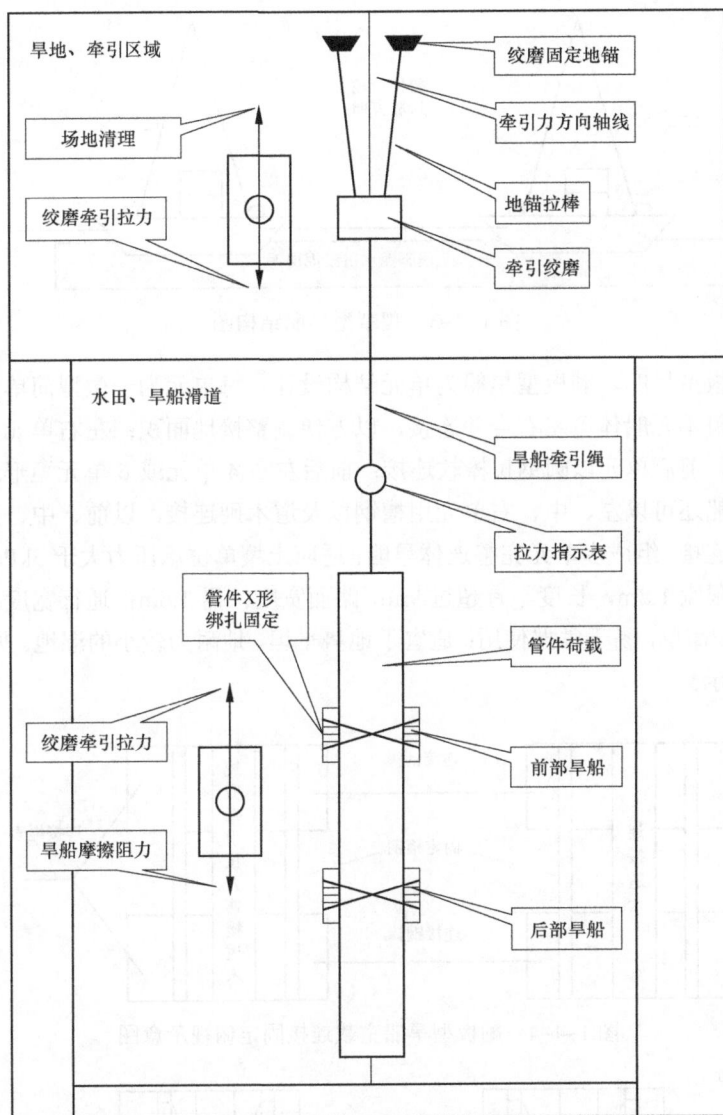

图 1-4-2　旱船运输方式现场布置示意图

3. 旱船形式和特点

（1）爬犁型旱船。爬犁型旱船由前后两部分组成，每部分前部为翘头爬犁结构，钢板制作；适应路面单位承压力大于 20kPa（2t/m²）；载货尺寸：限宽 1m，长度不宜超过 9m；路面宽度：需 2m；通行宽度：1.4m；结构简洁，操作简单，易于掌握使用；适宜于地势平坦、地耐力较大的湿地。如图 1-4-3 所示。

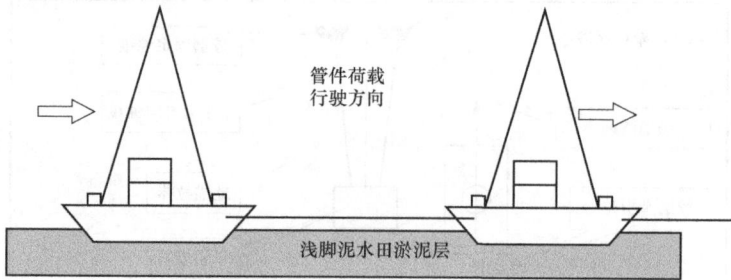

图 1-4-3　爬犁型旱船结构图

（2）舢板型旱船。舢板型旱船为单元结构设计，每单元为一微型简单舢板船体，钢板制作；每单元船体可左右合并连接，以方便调整接地面积；左右单元以槽钢以及道木硬连接，前后单元以圆钢拉棒软连接；前后左右 4 单元或 6 单元矩形连接，组成完整连体旱船还可以左、中、右单元用槽钢以及道木硬连接，以前、中、后单元钢棒圆钢拉棒软连接，组成多单元完整连体旱船；适应土壤单位承压力大于 5kPa（0.5t/m²）；载货尺寸：限宽 1.8m，长度不宜超过 9m；路面宽度：需 1.6m；通行宽度：1.2m；结构简洁，操作简单，易于掌握使用；适宜于地势平坦、地耐力较小的湿地。如图 1-4-4、图 1-4-5 所示。

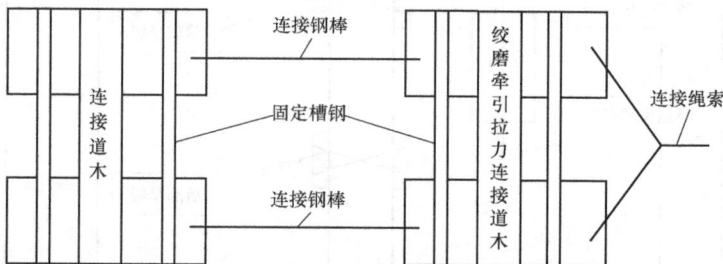

图 1-4-4　舢板型旱船空载连接固定俯视示意图

图 1-4-5　舢板型旱船货物连接固定俯视示意图

（三）操作步骤

（1）修整装卸场地。在水田湿地与道路硬地结合处修整装卸场地，场地应地势平坦、平整；道路硬地处要能安置下吊车或起重抱杆等装卸机具，水田湿地处要能铺下 2m×6m 钢板，钢板厚度为 8～10mm。

（2）组合旱船。在装卸场地铺好的钢板上单个旱船组合成整体，单个舢板型旱船地面积为宽 600mm、长 800mm、重约 40kg。舢板型旱船组合方式基本有两种：

1）小方式。前二加后二矩形四单元组成，适合货物质量轻、路面承压力强的情况；适应土壤单位承压力为大于 10kPa（1t/m²），货物质量小于 4t；

2）大方式。前三加后三矩形六单元组成，适合货物质量重、路面承压力低的情况；适应土壤单位承压力为大于 5kPa（0.5t/m²），货物质量小于 6t。

（3）并排固定。每排单元船体用配套的槽钢以及道木双重连接固定。每排前、后部各布置 1 根槽钢以及道木。配套槽钢的规格一般为 8 号；配套道木的截面为 200mm×240mm。槽钢和道木长度均为 1.8m，是单元旱船宽度的 3 倍，当 2 个旱船并排连接时，中间隔 0.6m。连接槽钢按要求以螺栓固定，连接道木用框形圆钢卡固定。

（4）前后连接。前后排每个单元船体用配套的圆钢拉棒连接固定。圆钢拉棒截面直径为 10～12mm。圆钢拉棒长度定制为 1.5m、2.0m 两种，根据货物长度组合选用拉棒，连接前后排每个单元船体。

（5）货物装载。用吊车或人力抬运等装卸机具装载货物。重大型单件货物应放置在船体纵轴线上；中小型多件货物应放置在船体纵轴线对称两侧，并且是下层数量大于上层数量；尽可能降低货物装载重心，并与旱船整体装载重心基本一致。货物应固定绑扎在前后单元船体上，在物件顺其滚动方向用木楔掩牢并捆绑牢固。

（6）牵引连接。旱船整体与牵引机具用配套的 V 形圆钢棒与牵引绳索连接，牵引绳索再与牵引机械连接。牵引机械本身应用钻桩或地锚固定牢靠，钻桩或地锚的受力与牵引旱船的方向相反。

（7）行驶控制。运输前应检查牵引机具各部有无异常，牵引机刹车、钻桩或固定地锚等是否完好、可靠、牢固。旱船运输道路最初几次使用时，应先装运质量轻的货物，待路面有明显沟槽时再装运质量重的货物。

（8）转弯操作。调整旱船前段与牵引绳索连接的 V 形圆钢棒/索，V 形圆钢棒/索长度长的一侧即为所要转向的一边，V 形圆钢棒/索左右长度比决定于载货质量、土质软硬、转弯角度，由现场实际调整。

同时，调整每个单元旱船尾部的两个转向舵。每个转向舵有左 45°、右 45° 两个位置。直线行驶时，转向舵在上部位置，不起作用；转弯行驶时，转向舵调整到左或右位置，起到控制旱船尾部协同转弯作用。

（9）货物卸载。用吊车或人力抬运等方式装卸机具、货物。

（四）注意事项

（1）应根据货物外形尺寸、单件最重以及道路路面单位承压力选定单元船体组成和连接方式，确定旱船装载和运输能力。

（2）应选用与最大载重情况下摩擦阻力相匹配的牵引设备及器具。

（3）严禁旱船超载运输、牵引设备及器具超载拖动。

（4）每次启动牵引最初速度要慢，正常行驶牵引速度要均匀。

（5）超长或重大货物装运规定

1）应采用多单元组合方式。

2）装运物件与牵引机具要保持 3m 以上距离，保证牵引机械刹车时缓冲距离。

3）物件尾部应设标志。

4）旱船操作员应加强途中检查，防止捆绑松动。

5）通过弯道时，防止超长部位与道路两旁树干或物体刮碰。

6）通过弯道时，应在转弯内侧用绳索拖拉或在外侧用木杠抵推旱船船体帮助转弯并控制船体按牵引方向行驶。

二、地面牵引运输

（一）作业内容

地面牵引运输通常有四种类型：滚杠方式、炮车方式、旱船方式和爬犁方式，分别适用于不同路面状况的运输道路，需要配备外部动力牵引设备或机械，如拖拉机、机动绞磨等。滚杠方式、炮车方式主要适用于重型货物运输，且能适应运输路段路面窄、转弯半径小的路况；旱船方式主要适用于水田、沼泽路径货物运输；滚杠方式在目前送电线路材料运输很少使用，爬犁方式主要适用于冰面雪地路径货物运输，在我国北方寒冷地区使用。本模块主要介绍炮车方式运输。

（二）作业前准备

1. 施工准备

（1）确定货物炮车运输的发货地点和接收地点。

（2）分析确定炮车运输货物装载特点和要求。

（3）掌握确定炮车运输路径和路况。

（4）分析确定炮车装载能力、方式和要求。

（5）确定牵引车或牵引设备驾驶员和牵引机械操作员。

（6）确定货物卸车地点和卸载方式。

（7）确定并配备货物卸车工器具和卸车人员。

（8）进行炮车运输技术措施编审和技术交底。

（9）了解、掌握运输期间天气情况。

2. 炮车形式和特点

根据炮车功能特点、适用范围、操作要求等，送电线路材料运输的炮车主要有三种形式：平板型、自卸型、山地型。

（1）平板型炮车。平板型炮车示意图如图1-4-6所示。

1）单桥独立型设计制造，单桥使用；

2）载重量：单桥3t；

3）载货尺寸：限宽1.2m，长度不宜超过9m；

4）路面宽度：需2.2m，通行宽度：2.2m；

5）转弯半径：按8m长管型材或成捆线材而定，单桥为8m；

6）结构简洁，操作简单，易于掌握使用；

7）适宜于平地宽路，自身不具备方向和制动功能。

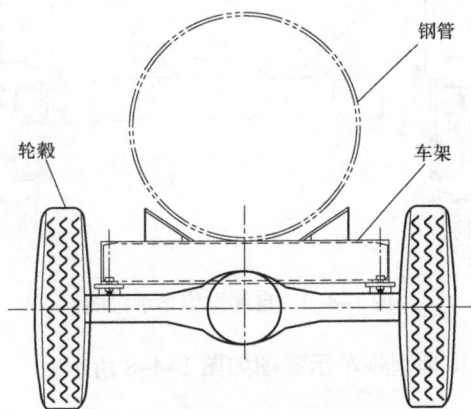

图1-4-6　平板型炮车示意图

（2）自卸型炮车。自卸型炮车如图1-4-7所示。

1）单桥独立型设计制造，单桥使用；

2）载重量：单桥3t；

3）载货尺寸：限宽1m，长度不宜超过9m；

4）路面宽度：需2m，通行宽度：2m；

5）转弯半径：按8m长管型材或成捆线型材而定，单桥为8m；

6）自身具备装载和卸载功能（管型材或成捆线型材）；

7）适宜于平地宽路，可配备制动装置。

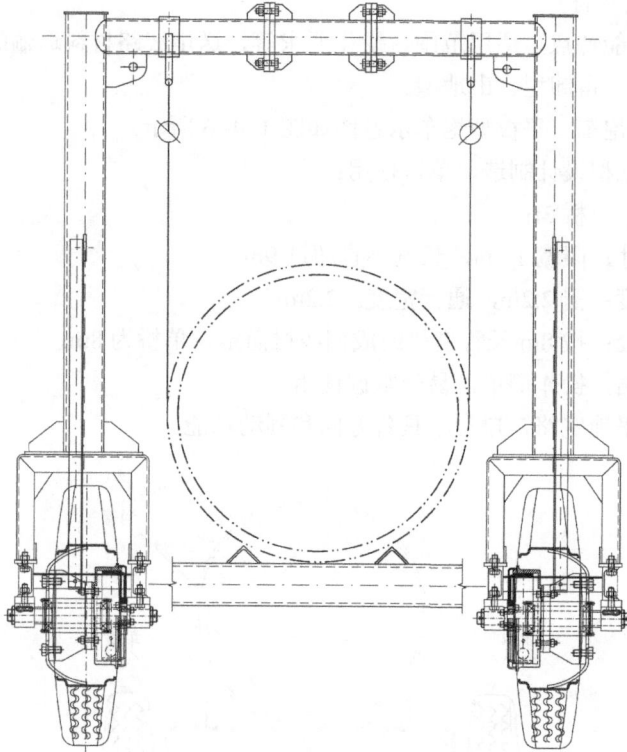

图 1-4-7 自卸型炮车示意图

（3）山地型炮车。山地型炮车示意图如图 1-4-8 所示。

图 1-4-8 山地型炮车示意图

1）单桥独立型设计制造，可单桥使用，也可双桥组合使用；

2）载重量：单桥 3t，双桥 6t；

3）载货尺寸：限宽 1m，长度不宜超过 9m；

4）路面宽度：需 2m，通行宽度：1.8m；

5）转弯半径：按 8m 长管型材或成捆线材而定，单桥、双桥均小于 5m；

6）自身具备方向操控和刹车制动功能；

7）爬坡能力：纵向 30°，横向 5°；

8）适宜于平地，还适宜于山地窄路和弯道；

（三）操作规定

1. 炮车运输基本规定

（1）出车前应检查机器各部有无异常，刹车、方向盘等是否完好、灵活，轮胎气压是否充实，油箱燃料是否够用。

（2）货物装载时，物件重心与炮车装载重心基本一致。

（3）运输时，随车应配有足够的押运人员。押运人员应和司机配合，且应向司机讲清运至地点、运输路线和道路情况以及其他注意事项。

（4）押运人员应随时检查绑扎绳扣有无松脱或其他异常状况，器材摆放位置有无变动，如发现问题应立即处理。

（5）行车至困难的坡路、险路、弯路、泥泞地段以及危险的桥梁、涵洞等地方，应减速行驶，必要时押运人员一律下车，司机助手下车指挥汽车通过。

（6）当通过铁路、村庄、城镇等地方时减速行驶，车速不应大于 10km/h。

（7）当行驶至城镇、村庄路口时，应减速缓行，并应注意避让行人。

（8）当汽车涉水过河时，应事先了解和探查河水的深度以及河床情况，以确定能否过河。如水面超过汽车排气管或能淹没电瓶以及河床为淤泥时，不得涉水通过。

（9）冰雪及泥泞道路行车，应安装防滑链。上坡时应根据需要在后轮处加装制动掩木；下坡时严禁空档行车。

（10）行车途中，如发现异常或出现杂音应立即停车，进行检查修理。停车应在平坦的路旁，不得在弯路、上下坡、桥涵等地方停车。停车后应拉下手动闸，并应做好停车标示。

2. 超长、超高或重大物件装运规定

（1）应采用双桥组合方式。

（2）装运物件与牵引车要保持 3m 以上距离，保证刹车缓冲距离。

（3）双桥组合时，车速不得大于 5km/h。

（4）陡坡或急弯路段上行牵引或下行时，车速控制在 3km/h 以内。

（5）在物件顺其滚动方向用木楔掩牢并捆绑牢固。

（6）物件的尾部应设标志。

（7）押运人员应加强途中检查，防止捆绑松动。

（8）通过弯道时，防止超长部位与道路两旁树干或物体刮碰。

3. 自卸型炮车行驶过程操作要点

（1）宜单桥装载并直接和四轮拖拉机等牵引机械连接配合使用。

（2）根据路况按炮车规定的速度行驶。

（3）遇坡陡弯急前，可先选择平坦路段停车调整方向，合适时再启动行驶。

（4）遇坡陡弯急时，应先做好驻车制动的思想准备和器具准备，防止失控前冲或溜车打滑。

（5）行车过程和临时驻车中，驾驶员都要谨慎驾驶，护车人员要认真观察、及时发现和迅速处理问题。

4. 山地型炮车行驶过程操作要点

（1）运载 3t 以下物件时，宜单桥装载并直接和四轮拖拉机等牵引机械连接配合使用。

（2）运载 3~6t 物件时，宜双桥装载并根据路况选择牵引车型或牵引机械。

（3）根据路况按炮车规定的速度行驶。

（4）双桥装载时，前、后两桥车架需同时有人操作。

（5）双桥装载时，"急弯转向"时前后两桥车架方向盘操作要"相反方向"；"方向修正"时，前后两桥车架方向盘操作要"相同方向"。

（6）遇坡陡弯急前，可先选择平坦路段停车调整方向，合适时再启动行驶。

（7）遇坡陡弯急时，应先做好驻车制动的思想准备和器具准备，防止失控前冲或溜车打滑。

（8）行车过程和临时驻车中，驾驶员都要谨慎驾驶，护车人员要认真观察，及时发现和迅速处理问题。

5. 炮车的日常保养

（1）按照相应的技术要求对炮车进行正确操作和使用。

（2）应使用炮车配套的螺栓、插销、连接件。

（3）要检查并保持轮胎气压正常。

（4）要检查和确认车桥、车架、顶架、地梁等有无变形。

（5）要检查焊缝处有无脱焊，发现脱焊要及时修复。

（6）要检查和保持刹车油管及接头完好、油路畅通。

（7）要检查和保持刹车操作灵活、制动稳定可靠。

（8）要检查和保持方向盘及连杆完好无缺、连接牢靠、操作灵活。

（四）注意事项

（1）自身不具备刹车制动性能的炮车，不得采用机动绞磨方式用于山地坡道运输。

（2）应选用与载重货物相匹配的炮车车型和牵引设备及器具。

（3）严禁炮车超载运输、牵引设备及器具超载拖动。

（4）炮车刹车操作尽可能保持前后双桥同步，以及与牵引车一致。

（5）严禁以方向盘、刹车柄作为把手扳拽车架调整位置。

（6）车辆状况应良好，刹车与操作系统应正常可靠。

（7）牵引车和牵引机械应由持证驾驶、持证上岗，严禁无证驾驶。

（8）运输途中司机和押运人员应当思想集中、精神饱满。

三、水上船舶运输

送电线路架设的路径，特别是在我国的南方地区，有可能与通航河流湖泊交叉或平行接近，如有条件时，可选用水上船舶运输方式。

（一）水上运输环境的调查

在水上运输方式选择确定之前，应对水路等情况进行全面细致的调查，调查的内容如下：

（1）检查送电线路架设的路径与河流或湖泊交叉或平行接近的情况，必要时应绘制相对位置图。

（2）检查河流或湖泊是否通航，有无通航的历史记载，河床、水深及水流情况以及洪水时的情况。

（3）检查沿岸有无装卸器材的码头，装卸能力及装卸方式和设备情况。

（4）检查船舶运输能力和船舶的类型、吨位及所属部门，是采取的租赁还是承包方式，运价如何。

（5）检查船工的技术水平如何，是否经过培训和考试，有无驾驶执照及船舶运输驾驶经验。

（6）检查当地的航运规则，船主有无航运操作规程。

（二）水上运输方式的选择

采用水上运输方式时，应根据当地河道航运调查结果，确定水上运输方式。

1. 水上运输方式的确定原则

（1）水路应与待建送电线路接近，特别是应在塔位附近处有装卸条件（简易码头）。

（2）施工现场没有条件采用马车或汽车运输，而水上船舶运输又有条件，且运输较方便合算。

（3）当地有船舶运输经历，又有租赁或承包运输条件。

（4）送电线路架设工地运输，一般选用木船运输，载质量约为10～15t级。

2. 水上船舶运输的装卸

（1）船只装运货物不得超载。装运的重件器材应放到船舱底中部，否则应用重物压舱，以提高船只的稳定性。

（2）装卸重大物件或大型施工机械，应有上级批准的装卸方案并制订周密的安全保障措施，工作负责人会同船工一起贯彻实施。

（3）装载货物应用跳板并检查和验算其强度，两端应搁置牢靠，且搁置在船上的一端应在船体的重心位置，不得直接由船帮处滚装卸货物，防止船只一侧受力过大，而造成船只倾翻事故。跳板上应用防滑措施，也不得摇晃和滑动。

（4）装入船内的物品应按顺序放置平稳。易滚、易滑、易倒的物品应绑扎固定牢靠。

（5）装载易燃易爆器材的船舱内不得有电源，与船相邻时，应有隔垫措施，船上应配备防火器材。

（6）在有条件时，宜在码头上装卸，尽量利用码头上的装卸机械设备。

（7）车辆过渡（轮渡）时，应遵守轮渡安全规定，听从渡口工作人员指挥。

3. 船舶运输的行驶

（1）船工应熟悉航运部门《内河避碰规则》及其他的有关规程或规定，并经考试合格持证上岗，严禁无证驾驶船只。

（2）船工及押运人员应熟悉航道运输的知识及规则和载运器材的特性，船只严禁超载。

（3）在深水航道上行船时，船上押运人员应备有救生衣设备，船行途中随船押运人员不得下水，雨、雪天在船上走动时，应注意防滑。

（4）船舶航行转弯应减速，防止因离心力作用将人或货物扔入河中。

（5）遇六级及以上大风时，船只不得行驶，应避风靠岸停泊。

（6）装载线路器材的船只，不准再同船载客行驶。

【思考与练习】

（1）简述舢板型旱船运输的工艺流程。

（2）简述炮车运输的基本规定。

（3）水上运输环境调查的内容有哪些？

◢ 模块 5　索道运输（新增模块 1−1−5）

【模块描述】本模块包含索道运输的工艺流程、基本规定、索道受力计算、安装与运输、维护保养等内容。通过内容介绍，掌握索道运输操作方法。

【模块内容】

架空索道运输方式主要适用于山区峻岭、道窄坡陡的重型物件运输路况。目前线路施工材料索道运输多采用环状牵引索方式，采用一根或两根承载索、一根返空索和一根环状牵引索来运送货物，可实现多荷载连续运输，运输效率较高。本模块以普遍使用的单承载索多档距环状牵引索方式索道为示例，介绍架空索道运输使用方法和要求。

一、架空索道运输的工艺流程

架空索道运输工艺流程如图 1–5–1 所示。

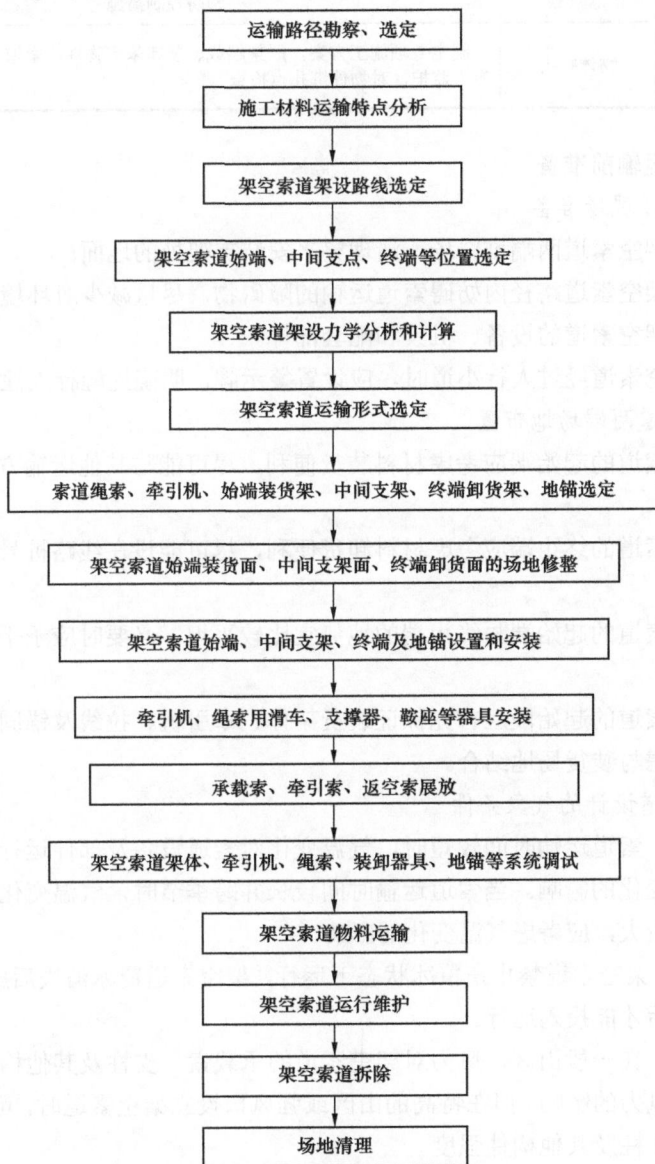

```
┌─────────────────────────────────┐
│      运输路径勘察、选定          │
└─────────────────────────────────┘
                │
┌─────────────────────────────────┐
│     施工材料运输特点分析          │
└─────────────────────────────────┘
                │
┌─────────────────────────────────┐
│     架空索道架设路线选定          │
└─────────────────────────────────┘
                │
┌─────────────────────────────────┐
│ 架空索道始端、中间支点、终端等位置选定 │
└─────────────────────────────────┘
                │
┌─────────────────────────────────┐
│    架空索道架设力学分析和计算      │
└─────────────────────────────────┘
                │
┌─────────────────────────────────┐
│      架空索道运输形式选定          │
└─────────────────────────────────┘
                │
┌──────────────────────────────────────────┐
│ 索道绳索、牵引机、始端装货架、中间支架、终端卸货架、地锚选定 │
└──────────────────────────────────────────┘
                │
┌──────────────────────────────────────────┐
│ 架空索道始端装货面、中间支架面、终端卸货面的场地修整 │
└──────────────────────────────────────────┘
                │
┌──────────────────────────────────────────┐
│ 架空索道始端、中间支架、终端及地锚设置和安装 │
└──────────────────────────────────────────┘
                │
┌──────────────────────────────────────────┐
│ 牵引机、绳索用滑车、支撑器、鞍座等器具安装 │
└──────────────────────────────────────────┘
                │
┌─────────────────────────────────┐
│    承载索、牵引索、返空索展放      │
└─────────────────────────────────┘
                │
┌──────────────────────────────────────────┐
│ 架空索道架体、牵引机、绳索、装卸器具、地锚等系统调试 │
└──────────────────────────────────────────┘
                │
┌─────────────────────────────────┐
│      架空索道物料运输             │
└─────────────────────────────────┘
                │
┌─────────────────────────────────┐
│      架空索道运行维护             │
└─────────────────────────────────┘
                │
┌─────────────────────────────────┐
│      架空索道拆除                 │
└─────────────────────────────────┘
                │
┌─────────────────────────────────┐
│      场地清理                     │
└─────────────────────────────────┘
```

图 1–5–1　架空索道运输工艺流程图

二、危险点分析与控制措施

索道运输危险点与控制措施见表 1–5–1。

表 1–5–1 索道运输危险点与控制措施

序号	作业内容	危险点	预防控制措施
1	索道运输	物体打击	制定专项施工方案，严禁超载、装卸笨重物件，索道下方严禁站人，派专人监护，对物件绑扎点检查

三、索道运输前准备

1. 架空索道现场准备

（1）平整架空索道两端堆料场，清理整平安装支架处的地面。

（2）清理架空索道路径内妨碍索道运输的障碍物，尽量减少对环境的破坏。

（3）安装架空索道的设备、机具和配套部件。

（4）在架空索道经过人行小道时，应设置警示牌，明确提醒行人注意安全。

2. 架空索道两端场地布置

（1）架空索道的起始端应考虑材料装货便利，尽可能与其他运输方式相连接，减少二次搬运。

（2）架空索道的终止端应考虑材料卸货便利，尽可能设在线路桩号附近，以求直接运达。

（3）架空索道的起始端与终止端的地势宜比较平坦，必要时应予平整，以便于操作和堆放器材。

（4）架空索道的起始段应首先保证装货架体、牵引机、拉线及锚固器具的足够场地，然后再考虑与装货场地结合。

3. 架空索道设计的气象条件

（1）温度：索道运输时间较短时，气温变化对索道设备及部件运行影响较小，可以不考虑气温变化的影响。当索道运输时间较长并跨季节时，气温变化对索道设备及部件运行影响较大，应考虑气温变化的影响。

（2）覆冰：架空索道禁止在覆冰状态下运行，架空索道覆冰消失后应经系统检查、重新试验合格后才能投入运行。

（3）风力：在一般山区，风力对架空索道的承载索、支柱及其他构件的负荷影响较小可不考虑风力的影响。但在特高的山区或强风口设立架空索道时，可按风速 30m/s 验算承载索、支柱及其他构件强度。

四、索道运输施工步骤

（一）操作要点

1. 架空索道运输基本要求

（1）施工前熟悉线路工程特点（道路、路径、货物形状、单件最大质量），进行详细的现场调查。

（2）根据现场调查结果，结合运输材料的特点和工程量，选取适合的索道运输方式，合理确定材料运输计划。

（3）根据所选择的索道运行方式，确定索道参数，编写索道运输施工作业指导书，并经公司相关部门审核批准。

（4）对索道运输施工人员进行技术交底并签证。

（5）准备索道架设的机具和器材，并检查机具和器材的质量合格证书。

（6）根据安全文明施工要求，配备相应的安全设施。

2. 架空索道工作索展放施工工艺及要求

（1）按平面布置要求，做好现场缆索架设准备。缆索架设的现场布置、弧垂观测与架设操作步骤和方法，基本上与普通架线的紧线方法相同，只是可通过调节器具（双钩紧线器或链条葫芦）直接锚固在地锚上。

（2）按照施工方案和作业指导书要求埋设承载索、返空索、牵引索的地锚，安装索道支架、驱动装置、架设牵引索。

（3）工作索地锚宜选用直埋式地锚，支架拉线也可采用铁桩或地钻锚固，且每处不少于两只。

（4）驱动装置不应布置在承载索下方，应通过高速转向滑车将驱动装置引至较安全位置。

（5）展放承载索。尽可能由高处向低处展放，并应防止被磨损。在悬崖峭壁处直接展放有困难时，可用浮升法展放一根锦纶丝绳或用遥控横形直升机先展放一根细芳纶绳再牵放锦纶绳的方法，最后牵放承载索。

（6）可采用人工或飞行器等方式展放初级引绳，再逐级展放至牵引索，并使牵引索循环闭合。

（7）牵引索闭合前，将一端临时锚固，另一端利用驱动装置将牵引索张紧至设计张力后，编结接头形成闭合。

（8）通过牵引索牵引返空索、承载索，起始端应采用制动方式慢速牵引，牵引过程中应防止绳索间的相互缠绕。

（9）展放绳索通过中间支架时，应有专人监护。绳索接头通过支架时，需降低牵引速度，必要时可人工协助通过。

（10）将展放完成的承载索和返空索牵引至锚固位置与地锚连接，通过链条葫芦等工具张紧绳索，通过串联的拉力表调整绳索的松弛度至设计值。在每个张紧区段内，承载索应采用一端张紧另一端锚固的方式。

（11）承载索通过挂于支架上的滑轮固定在地锚上，地锚施工应按施工设计要求进行，不得低于设计埋深。地锚坑应挖马道，其坡度不应大于 45°且应与拉线角度一致，地锚埋入后应很好地回填夯实。

3. 架空索道支架安装工艺及要求

（1）架空索道支架，包括起始端、终止端的安装与架设，应按施工设计及平面布置图进行，并应用测量仪器确定支柱（架）及地锚设置的位置。

（2）支架起立方法可按一般组立杆塔方法。索道起始端的支柱应向索道的反方向适当予倾斜，支架根部应埋入地下 0.3m 左右。考虑不均匀下沉的可能，必要时应在支架根部绑扎横木。

（3）支架的拉线应安装在索道的反方向。为支架的稳定可靠，在支架的两侧面也应加装拉线，拉线对地面夹角不应大于 45°，拉线可用钢丝绳或钢绞线。拉线的上端可通过抱箍与支柱架顶连接，下端则应通过调节螺栓与地锚钢丝套相连，并调紧拉线，然后用钢绳卡子卡牢。

（4）索道两端支架高度根据地形调节，保证工作索张紧后的合理位置。对于多跨索道，应使用经纬仪确定中间支架的位置，尽量使中间支架在一条直线上。

（5）各支架间跨距以 150～500m 为宜，一般不超过 600m。

（6）一个完整索道档距一般控制在 3000m 以内，中间支架不超过 7 个。

4. 架空索道试运行

（1）索道架设完成后，应经公司技术、安全、质量等部门联合验收后，方可进行试运行。验收依据是架空索道的设计资料和设备部件的出厂合格证及技术资料。

（2）磨合架空索道牵引机，检查索道各设备安装情况。

（3）检查索道运输通道沿线货物对地、对周边物体距离，应保证有足够距离。

（4）利用两端的钢索松紧调整装置，调整承载索、牵引索、返空索的松紧度。

（5）在个别凸起的地方，若有牵引索刮地情况，应及时布置坐地滑车，以减少牵引索的磨损。

（6）试运行期间要派人在每个支架旁监控。

（7）架空索道试运行不宜少于 60h。

5. 架空索道运行

（1）对牵引机开机前检查和运行过程中监控。

（2）牵引机操作工应熟知牵引机操作要领和架空索道的工作原理和过程。

（3）牵引机启动时，应采用小到中油门预热，不准用高速大油门启动。

（4）运行时发现有卡滞现象时应立即停机检查，搞清原因、排除问题后才能继续运行。

（5）应准备部分常用的零部件和备品备件。

（6）严格执行定人、定机的岗位责任制。

（7）未经培训合格的人员严禁开机作业。

（8）检查和保持支架各连接部位连接牢固，支架无变形、开裂、松动。

（9）检查和保持各地锚或地钻无松动，连接索具安全可靠。

（10）检查和保持牵引索、承载索的连接固定牢靠。

（11）按要求对运行的小车进行润滑。

（12）系统调试正常并通过检查和试运行后方可开始材料运输。

（二）货物的运输

（1）操作人员发动牵引机，检查牵引机发动机及仪表工作是否正常，确认无误后，按照指挥人员的指令进行操作。

（2）操作人员在运输前根据货物索道的最大牵引力设置牵引机的最大牵引力，确保货物索道的运输安全。

（3）根据所运货物的质量适当调整发动机转速，选择适当的运输速度，不宜过快。

（4）货物通过中间支架时牵引速度要放慢，待小车顺利通过后再加速。

（5）向下运输时，将牵引机操作手柄向上扳动，待货物开始起运后在逐渐加速。

（6）在运输过程中发生牵引力超过设定的数值时，操作人员应立即停机，待查明原因并处理完毕后在运行。

（7）运行结束后将牵引绳锚固在地锚上，将卷筒上的牵引绳松掉，使其处于不受力状态。

（三）架空索道的装卸与运输

1. 运输器材的吊装与卸载

（1）被运器材应先做好准备，零星小型器材应装入吊篮（或筐、箱）内，可采用一点悬挂，对铁塔辅材应进行捆扎，铁塔主材等较长物件应采用两点悬挂。所有被装运的器材，均应在承载索正下方的装卸平台处进行。

（2）在被运输的器材上拴牢钢丝绳套，利用倒链与行走滑车连接并升挂，使其距承载索约为1m左右。

（3）卸载应在卸货平台处进行，刹住牵引机械，利用倒链直接卸下。然后将器材移出卸货平台。

（4）被载器材吊装后，即将牵引索及回牵索连好，准备运输。

2. 器材的运输

（1）运输前应对被运载的器材的绑扎吊挂状况以及承载索的弧垂、支架、地锚等进行细致的检查，无误后，即可驱动牵引机械，开始运输。

（2）在运输过程中，各支架及地锚等重要处所应设专人看守。同时应根据具体情况，对承载索的弧垂进行必要的调整。

（3）运输现场应设有可靠的通信工具，一般应配备报话机。

（4）索道运输应设专人指挥，指挥人应有索道运输经验或经过培训者。

（5）首次索道运输之前，应进行技术试点。

3. 运输监控

（1）安全员监控。架空运输索道的设计、安装、使用、维护以及所到使用过程中的安全监护控制等工作，应严格遵守 DL 5009.2《电力建设安全工作规程 第 2 部分：架空电力线路》及有关技术规定。严格执行安全工作票制度，施工前对全体施工人员进行专项的培训和现场详细的技术交底。整个索道运输工作需专人指挥，指挥人员应位于架空运输索道两侧通视地点，且配备无线通信设备指挥工作。

（2）保持通信畅通。索道各支架、地锚及交叉跨越处或突起处派专人看守，指挥人员与看守人员配备无线通信设备，通信讯号良好，时刻保持通信联络畅通，现场指挥控制索道的运行速度平稳，确保刹车制动良好。

（3）应急响应措施。索道运行方式受地形地势影响，存在一定的安全风险，需制订相应的、可行的应急预案。

五、注意事项

架空索道应定期进行维护保养。

（1）牵引机按照相关维护保养要求进行保养。

（2）运行过程中每工作 100 个小时，要对所有的滑轮进行润滑保养。

（3）每工作 50 个小时要对所有的拉线进行调整。

（4）每工作 100 个小时要对牵引绳进行检查。遇有雷雨天气、五级风以上天气时，停止索道运输工作。

（5）架空索道长时间停用保养要求：

1）货运小车从索道上取下，润滑滑轮后存放；

2）对所有运动的部件进行润滑；

3）放掉牵引机油箱内的所有燃油；

4）每月检查拉线、地锚的状况。

（6）架空索道封存后重新启用，应按照索道初次安装时，进行小负荷（不大于 10kN）运行试验，然后在进行半负荷运行，运行完毕后对承载索、拉线、牵引索进行调整，最后进行满负荷运行，运行完毕后对承载索、拉线、牵引索再次进行调整后，方可投入使用。

【思考与练习】

（1）架空索道设计时对气象条件是如何考虑的？

（2）架空索道支架安装的工艺要求有哪些？

（3）简述架空索道长时间停用的保养要求。

第二部分

基　础　施　工

第二章

土石方工程施工

◢ 模块 1 土的分类及性质（ZY0200101001）

【模块描述】本模块包含土的工程分类、土的性质及岩石等内容。通过内容介绍，了解土的工程分类、土的物理性质，掌握土的现场鉴别方法，熟知输电线路工程中岩石的分类。

【模块内容】

了解土的分类及土的物理性质，掌握土的现场鉴别方法，是进行线路基础施工应具备的知识。下面就介绍这几方面的内容。

一、土的分类

1. 土的工程分类

工程中将土分为岩石、碎石土、砂土、黏性土及人工填土。

（1）岩石。岩石的种类很多，按不同的分类方法有不同的类型。工程勘察规范中的岩石分岩浆岩、沉积岩和变质岩。输电线路工程设计中，岩石一般以其坚固性和风化程度来划分。

1）按坚固性划分。岩石分为硬质岩石和软质岩石，见表 2-1-1。

表 2-1-1   按岩石坚固性分类表

石 分 类		R_b（×9.8N/cm²）	代表性岩石
硬质岩石	极硬岩 硬质岩	>600 300～600	（1）流纹岩、安山岩、花岗岩、闪长岩、玄武岩、辉绿岩等； （2）硅质、钙质胶结的砾岩、砂岩、灰岩、白云岩等； （3）片麻岩、石英岩、大理岩等
软质岩石	软质岩 极软岩	50～300 ≤50	（1）凝灰岩等喷出岩； （2）泥质的砾岩、砂岩、页岩、炭质页岩、泥灰岩、泥岩、黏土岩等； （3）绿泥石片岩、云母片岩、千枚岩、板岩等

注 R_b 为极限抗压强度。

2）按风化程度划分。岩石按风化程度划分，分为微风化、中等风化和强风化，见表 2-1-2。

表 2-1-2　　　　　　　　　岩石按风化程度分类表

岩石类别	风化程度	野外观测的特征	开挖或钻探情况
硬质岩石	微风化	岩石表面和裂隙面稍有风化迹象	开挖需爆破。钢砂钻进，岩芯采取率 75%
	中等风化	部分矿物风化变质，颜色变浅。锤击声脆，不易击碎	开挖用撬棍或爆破。钢砂钻进，岩芯采取率 40%～75%
	强风化	大部分矿物显著风化变质，部分长石、云母等已风化为黏土矿物。原岩结构、构造仍保存可辨。岩块可用手折断	开挖用镐或撬棍，用土钻不易钻进
软质岩石	微风化	岩石表面和裂隙面稍有风化迹象	开挖用撬棍或爆破。钨钢砂钻进，岩芯较完整
	中等风化	部分矿物风化变质，颜色变浅。裂隙附近的矿物多风化成土状。裂隙常被黏性土充填，锤击易击碎	开挖用镐或撬棍。钨钢砂钻进，岩芯破碎
	强风化	含大量黏土矿物，干时多呈碎块状，浸水或干湿交替时可较快软化或泥化，在地表多呈数厘米的松散碎片	开挖用锹或镐，可用土钻钻进

3）岩石容许承载力 $[R]$（kN/m^2）。输电线路工程设计中，岩石的容许承载力取值，一般按岩石类别结合风化程度取用，具体数值见表 2-1-3。

表 2-1-3　　　　　　　　　岩石容许承载力 $[R]$　　　　　　　　　（kN/m^2）

岩石类别	强风化	中等风化	微风化
硬质岩石	500～10 000	1500～2500	≥4000
软质岩石	200～500	700～1200	1500～2000

（2）碎石土。粒径大于 2mm 的颗粒含量超过全质量 50% 的土称碎石土。根据颗粒级配及形状碎石土分为漂石、块石、卵石、碎石、圆砾和角砾，见表 2-1-4。其中碎石又分密实、中密和稍密三种。

表 2-1-4　　　　　　　　　碎 石 分 类 表

碎石土的分类	颗粒形状	颗粒级配
漂石（块石）	圆形及亚圆形为主（棱角状为主）	粒径大于 200mm 的颗粒超过全质量 50%
卵石（碎石）	圆形及亚圆形为主（棱角状为主）	粒径大于 20mm 的颗粒超过全质量 50%
圆砾（角砾）	圆形及亚圆形为主（棱角状为主）	粒径大于 2mm 的颗粒超过全质量 50%

（3）砂土。粒径大于 2mm 的颗粒含量不超过全质量 50%，塑性指数 I_p 不大于 3 的土称为砂土。根据颗粒级配不同砂土分为砾砂、粗砂、中砂、细砂和粉砂，见表 2–1–5。砂土根据天然空隙比的不同分为密实、中密、稍密和松散，见表 2–1–6。砂土的孔隙率一般为 30%～40%，透水性较大，当砂土的孔隙完全被水充满时，即成饱和状态，此时挖坑时就可能发生流沙现象，坑壁可能出现坍塌，施工较为困难。

表 2–1–5   砂土按颗粒级配分类表

砂土的名称	颗粒级配
砾砂	粒径大于 2mm 的颗粒质量占全质量 25%～50%
粗砂	粒径大于 0.5mm 的颗粒质量超过全质量 50%
中砂	粒径大于 0.25mm 的颗粒质量超过全质量 50%
细砂	粒径大于 0.1mm 的颗粒质量超过全质量 75%
粉砂	粒径大于 0.1mm 的颗粒质量不超过全质量 75%

表 2–1–6   砂土按密实度（天然空隙比）分类表

砂土的名称	密实程度			
	密实	中密	稍密	松散
砾砂、粗砂	$e<0.6$	$0.6 \leq e \leq 0.75$	$0.7 \leq e \leq 0.85$	$e>0.85$
中砂、细砂、粉砂	$e<0.7$	$0.7 \leq e \leq 0.85$	$0.85 \leq e \leq 0.95$	$e>0.95$

（4）黏性土：黏性土颗粒很细，具有黏性和可塑性。

黏性土按工程地质特征分老黏性土、一般黏性土、红黏性土。老黏性土为第四纪晚更新世及其以前沉积的黏性土，该黏性土沉积年代久，有很好的物理性质。一般黏性土为第四纪全新世沉积的黏性土，它分布最广，工程性质变化范围很宽。红黏性土是碳酸盐类岩石经风化后残积、坡积形成的褐红色（也有棕红、黄褐色）黏土。

黏性土按塑性指数 I_p 分为：

黏土 $I_p>17$

亚黏土 $10<I_p \leq 17$

轻亚黏土 $3<I_p \leq 10$

黏性土按液性指数 I_L 分为：

坚硬 $I_L \leq 0$

硬塑 $0<I_L \leq 0.25$

可塑 $0.25<I_L \leq 0.75$

软塑 $0.75<I_L \leq 1$

流塑　　　　　　　　　　　　　　　　$I_L > 1$

黏性土定名时，应先按工程地质特性划分类型，再按塑性指数确定。

（5）人工填土。人工填土分为下列三种：

1）素填土：由碎石、砂土、黏性土等组成的填土，经分层压实者统称为压实填土。

2）杂填土：含有建筑垃圾、工业废料、生活垃圾等杂物的填土。

3）冲填土：由水力冲填泥沙形成的沉积土。

2. 土的现场鉴别方法

为了简易、方便、及时区分土的类别，可用开挖、钻探、刀切捻摸、浸水等方法观察其特征、状态、颜色、含有物等情况。

（1）岩石的野外鉴别方法。各类岩石的鉴别，一般都采取开挖、钻探、槽探等方法，取岩土样送试验室鉴别确定。

在现场粗略的鉴别可用简易方法进行，可参见表 2-1-2。

（2）碎石土野外鉴别方法。碎石土类型鉴别方法见表 2-1-7。碎石土密度野外鉴别方法见表 2-1-8。

表 2-1-7　　　　　　　　　　　碎石土类型鉴别方法

类别	土的名称	观测颗粒粗细	干燥状态及强度	湿润时用手拍击状态	粒着程度
碎石土	卵（碎）石	一半以上颗粒超过 20mm	颗粒完全分散	表面无变化	无黏着感觉
	圆（角）砾	一半以上颗粒超过 2mm（小高粱粒大小）	颗粒完全分散	表面无变化	无黏着感觉

表 2-1-8　　　　　　　　　　　碎石土密度野外鉴别方法

密实度	骨架颗含和排列	开 挖 情 况	钻 探 情 况
密实	骨架颗粒含量大于总质量的70%，呈交错排列，连续接触	锹镐挖掘困难，用撬棍方能松动；坑壁一般较稳定	钻进极困难，冲击钻探时，钻杆、吊锤跳动剧烈，孔壁较稳定
中密	骨架颗粒含量等于总质量的60%～70%，呈交错排列，大部分接触	锹镐可挖掘，坑壁有掉块现象，从坑壁取出大颗粒处，能保持颗粒凹面形状	钻进极困难，冲击钻探时，钻杆、吊锤跳动不剧烈，孔壁有坍塌现象
稍密	骨架颗粒含量等于总质量的60%，排列混乱，大部分不接触	锹可挖掘，坑壁易坍塌，从坑壁取出大颗粒后，砂性土立即塌落	钻进较容易，冲击钻探时，钻杆稍有跳动，孔壁易坍塌

（3）砂土的野外鉴别方法。砂土的类别鉴别方法见表 2-1-9。砂土密实度野外鉴别方法见表 2-1-10。

表 2-1-9   砂土的类别鉴别方法

类别	土的名称	观测颗粒粗细	干燥状态及强度	湿润时用手拍击状态	黏着程度
砂土	砾砂	约有 20%~50%的颗粒超过 2mm（小高粱粒大小）	颗粒完全分散	表面无变化	无黏着感觉
	粗砂	约有一半以上的颗粒超过 0.5mm（细小米粒大小）	颗粒完全分散，但有个别胶在一起	表面无变化	无黏着感觉
	中砂	约有一半以上的颗粒超过 0.25mm（白菜籽粒大小）	颗粒基本分散，局部胶结但一碰即散	表面偶有水印	无黏着感觉
	细砂	大部分颗粒与粗豆米粉（>0.1mm）近似	颗粒大部分分散，小量胶结，部分稍加碰撞即散	表面有水印（翻浆）	偶有轻微黏着感觉
	粉砂	大部分颗粒与小米粉近似	颗粒小部分分散，大部分胶结，稍加压力即散	表面有显著翻浆现象	有轻微黏着感觉

表 2-1-10   砂土密实度野外鉴别方法

砂的密度	挖坑情况及特征	砂的密度	挖坑情况及特征
松散	用手可以挖动，铁铲可以自由插入	密实	坑壁很稳定，铁铲难以插入土中
中密	坑壁易发生掉块，以脚压铁铲可以进入土中		

（4）黏土的野外鉴别方法。一般黏性土野外鉴别方法见表 2-1-11，新近沉积性黏土野外鉴别方法见表 2-1-12。

表 2-1-11   黏性土的野外鉴别方法

土的名称	湿润时用刀切	用手捻摸时的感觉	黏着程度	湿土搓条情况
黏土	切面非常光滑规则，刀刃有黏滞阻力	湿土用手捻有滑腻感觉，当水分较大时极为黏手，感觉不到有颗粒存在	湿土极易黏着物体，干燥后不易剥去，用水反复洗才能去掉	能搓成小于 0.5mm 土条（长度不短于手掌），手持一端不致断裂
亚黏土	稍有光滑面，切面规则	仔细捻摸感到有少量细颗粒，稍有滑腻和黏滞感	能黏着物体，干燥后较易剥掉	能搓成小于 0.5~2mm 土条
轻亚黏土	无光滑面，切面比较粗糙	感觉有细颗粒存在或粗糙，有轻微黏滞感	一般不黏着物体，干燥后一碰剥掉	能搓成小于 2~3mm 土条，土条很短

表 2-1-12   新近沉积性黏土野外鉴别方法

沉积环境	颜色	结构性	含有物
河漫滩和山前洪冲积扇（锥）的表层，古河道，已填塞的湖、塘、沟、谷；河道泛滥区	颜色较深而暗，呈褐、暗黄或灰色，含有机质较多时会带灰黑色	结构性差，用手扰动原状土时极易变软，塑性较低的土还有振动析水现象	在完整的剖面中无原生的粒状结核体，但可能含有圆形的钙质结构体（如姜结石）或贝壳等，在城镇附近可能含有少量碎砖陶片或朽木等人活动的遗物

（5）人工填土、淤泥、黄土、泥炭的野外鉴别方法。人工填土、淤泥、黄土、泥炭的野外鉴别方法见表 2-1-13。

表 2-1-13　　　　　　人工填土、淤泥、黄土、泥炭的野外鉴别方法

土的名称	观察颜色	夹杂物质	形状（构造）	浸入水中的现象	湿土搓条情况
人工填土	无固定颜色	砖瓦碎块、垃圾、炉灰等	夹杂物显露于外，构造无规律	大部分变为稀软淤泥，其余部分为碎瓦炉渣在水中单独出现	一般能搓成 3mm 土条但易断，遇有杂质甚多即不能搓条。一般淤泥质土接近轻亚黏土，能搓成 3mm 土条（长至 3mm）容易断裂
淤泥	灰黑色有臭味	池沼中半腐朽的细小动物遗体，如草根、小螺壳等	夹杂物轻，仔细观察可以发现构造常呈层状，但有时不明显	外观无显著变化，在水面出现气泡	搓条情况与正常的亚黏土相似
黄土	黄褐两色的混合色	有白色粉末出现在纹理之中	夹杂物质常清晰显见（肉眼可见）	即行崩散而分成散的颗粒集团，在水面上出现很多白色液体	一般能搓成 3mm 土条，但残渣甚多时，仅能搓成 3mm 以下的土条
泥炭（腐殖土）	深灰或黑色	有半腐朽的细小动物遗体，其含量超过 60%	夹杂物有时可见，构造无规律	极易崩碎，变为稀软淤泥，其余部分为植物跟动物残体渣滓悬浮于水中	

二、土壤的性质

1. 土壤的物理性质

土壤的物理性质有：

（1）土的容重。土壤在天然状态下，单位体积土的质量叫土的容重。土的容重实际就是土的密度。土的容重随所含水分的多少而变，一般在 1.2～2.0t/m³。

（2）土的上拔角。基础埋在土壤中，当基础受到上拔力作用时，基础上的土壤成倒截锥台体拔出，它和柱体所成的夹角称上拔角 α。如图 2-1-1 所示。

（3）土的摩擦力。土体在剪刀作用下，就产生一部分土对另一部分土相对滑动的趋向，这个滑动受到土粒之间的摩擦力所阻止，这个摩擦力称为土的内摩擦力。

（4）许可耐压力。单位面积土壤允许承受的压力，单位为 Pa。

（5）土的抗剪角。如图 2-1-2 所示，给土样施以垂直压力 N，再逐渐施以水平力为 T，直到土样剪断为止。试验证明不同的垂直压力 N，使土样剪断的水平力 T 不同，它们之间的关系是

$$T=N\tan\beta$$

（2-1-1）

式中　T——土的剪切力或称土的抗剪力，kN；

　　　N——相应的土壤压力，kN；

　　　β——土的抗剪角，度。

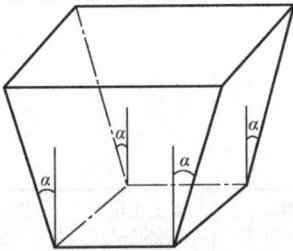

图 2-1-1　拔出的土体形状　　　　图 2-1-2　土的抗剪试验

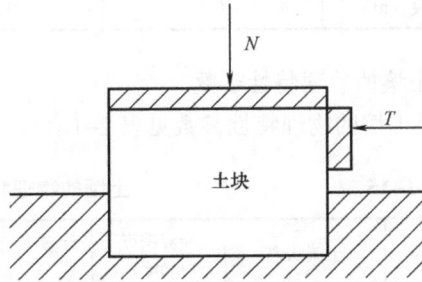

对砂性土抗剪力等于土的内摩擦力，所以抗剪角等于内摩擦角，而黏性土其抗剪力等于凝聚力与内摩擦力之和。如图 2-1-3 所示，在实际工程中，杆塔或拉线坑，都是用填土夯实，基本上破坏了原状土的状态。故亦视为非黏性土。所以，为安全计，宜将土壤的抗剪角按内摩擦角考虑。

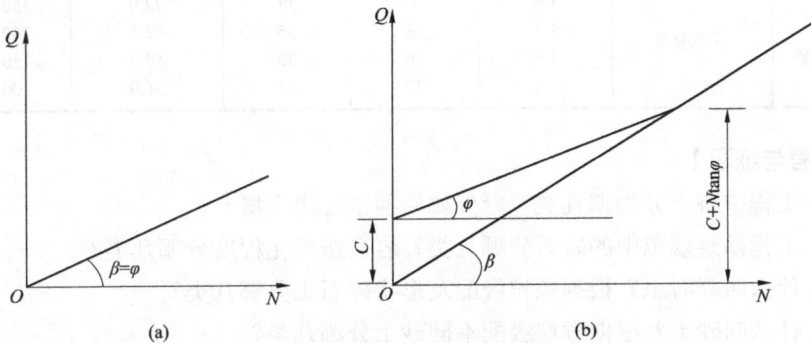

图 2-1-3　土的抗剪特性

（a）非黏性土；（b）黏性土

（6）被动土压力（或称被动土抗力）。土体对基础侧面的压力称为主动压力。当基础受到外力作用时，基础即对土壤施以推力，此时土体对基础产生反力，此反力称为被动土抗力。

（7）边坡度和操作裕度。当地质条件较好，土质均匀且无地下水，无挡土设施，停留时间较短时基坑的边坡度和操作裕度见表 2-1-14。

表 2-1-14   一般基坑的边坡度和操作裕度

土质分类	砂土、砾土、淤泥	砂质黏土	黏土、黄土	坚土
边坡度（深:宽）	1:0.75	1:0.5	1:0.3	1:0.15
操作裕度（m）	0.3	0.2	0.2	0.2

2. 土壤的物理特性参数

各类土壤的物理特性参数见表 2-1-15。

表 2-1-15   土壤的物理特性参数

土壤名称	土壤状态	计算密度（t/m³）	计算上拔角（°）	计算抗剪角（°）	被动土抗力（kN/m³）	许可耐压力（kN/m²）
黏土及亚黏土	坚硬	1.8	30	45	105.0	250~300
	硬塑	1.7	25	35	62.6	200~250
	可塑	1.6	20	30	48	150~200
	软塑	1.5	10~15	15~20	27.2~35.2	100~150
亚砂土	坚硬	1.8	27	40	82.8	250
	可塑	1.7	23	35	62.6	150~200
大块碎石类	不论夹砂或黏土	2.0	32	40	92	300~500
砾砂	不论湿度	1.8	30	37	72.0	350~450
粗砂		1.7	28	35	62.5	250~350
中砂　细砂		1.6	26	32	52.2	150~300
粉砂		1.5	22	25	36.9	100~250

【思考与练习】

（1）工程中将土分为哪几类？野外如何鉴别各类土壤？

（2）工程勘察规范中的岩石分哪几类？岩石按风化程度分哪几类？

（3）什么叫碎石土？根据颗粒级配及形状碎石土分哪几类？

（4）什么叫砂土？根据颗粒级配不同砂土分哪几类？

（5）黏性土按工程地质特征分哪几类？人工填土分哪几类？

（6）一般基坑的边坡度和操作裕度是多少

模块 2   土方工程开挖（新增模块）

【模块描述】本模块包含人工、机械开挖普通土方基坑、基面开方、风偏开方的方法和要求等内容。通过内容介绍，掌握普通土方基坑等开挖方法。

【模块内容】

高压架空输电线路工程施工建设中，土方工程直接关系着线路的安全与稳定，是一项重要的分部工程。

一、土方工程开挖作业内容

（1）土方工程施工内容。土方工程的主要施工内容包括施工基面和线下开方、临时道路修整、杆塔基础和拉线基础基坑挖掘、接地沟和排水沟挖掘以及土方的回填等。

（2）土方工程施工，其施工工艺流程如图 2-2-1 所示。

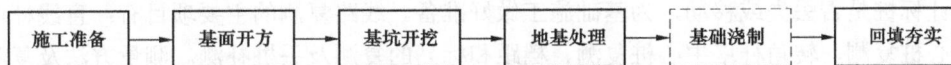

| 施工准备 | → | 基面开方 | → | 基坑开挖 | → | 地基处理 | → | 基础浇制 | → | 回填夯实 |

图 2-2-1　土方施工工艺流程图

二、危险点分析与控制措施

土方工程开挖中存在的危险点主要有挖掘基坑时砸伤、工具伤人及触电。

控制措施有：

（1）在超过 1.5m 深的坑内挖坑时，抛土要特别注意防止土回落坑内，并且要清除坑边的余土。

（2）在土质松软的地方挖坑时，要有防止塌方的措施，如采用挡板并加撑木等。

（3）在居民区或交通道路附近挖坑，应设坑盖板或可靠围栏，夜间挂红灯，防止行人及牲畜掉进坑内。

（4）坑内外传递工具时不许乱扔。

（5）在泥水坑、流沙坑施工所用抽水的电气设备必须合格，防止漏电伤人。

（6）在市内或居民区内挖坑，应与有关单位取得联系，查明地下设施，防止刨坏电缆伤人。

三、土方工程开挖作业前准备

1. 现场调查

施工前应进行现场调查，详细了解和掌握地质、地貌、水文、交通等情况，作为编制施工方案的依据，现场调查主要包括以下方面。

（1）地质：包括土体的类型、结构等。除查阅工程设计勘测资料外，还要依靠现场勘查和访问，需特别注意区域地质、矿产分布、地震与冻土深度等方面的有关图纸和资料的搜集。

（2）水文：对沿线及塔位附近分布的地下水（包括井、泉、沼泽等），应详细调查，掌握地下水的类型、埋藏深度、含水层性质、地下水补给等以及降雨情况，以制定合理排水措施。

（3）地形地貌：地貌分为山地、丘陵、高原、平原、盆地及地表植被情况等。了解和掌握地貌情况，有利于正确制订施工方案。

（4）环境：包括自然环境和社会环境，自然环境包括自然保护区、风景游览区、古墓、古建筑物、居民区等；社会环境包括绿化要求和规定、当地民风民俗等。

（5）交通情况：主要调查大小运输的道路情况，特别是需要新修或补修的道路。

2. 线路复测

线路复测的任务是核对设计单位提供的杆塔明细表、平断面图与现场是否相符，设计标桩是否丢失或移动，为基础施工做好准备。线路复测的主要项目有：直线杆塔中心桩复测、转角杆塔中心桩复测、档距和标高的复测及丢桩补测。测量方法及复测注意事项详见第三章第四节线路复测的具体内容。

3. 劳动组织

土方工程开挖劳动组织及岗位职责见表 2-2-1。

表 2-2-1 土方工程开挖劳动组织及岗位职责

序号	岗位	人数	岗位职责	备注
1	现场指挥	1	负责人员分工、安全及质量检查、指挥	
2	技工	2（3）	负责基坑测量、尺寸检验	机械开挖包括 1 名司机
3	安全监护	1	负责安全检查及监督	
4	普工	20	负责基坑挖掘、渣土运输等	
5	合计	24（25）		

注 掘挖式基础基坑施工，人工开挖时普工可根据需要减少。机械开挖基坑时，普工可根据需要减少。

4. 主要工器具配置

除施工机械外，土方施工的主要工器具配置见表 2-2-2。

表 2-2-2 土方工程开挖的主要工器具配置表（一个班组用）

序号	名称	型号或规格	单位	数量	备注
1	抽水机		台	1～2	根据地下水情况设置
2	铁锹	2 号尖锹	把	10	
3	十字镐	JBA－2/500	把	2	
4	钢钎	$\phi 32mm \times 2m$	根	2	
5	铁锤	4kg	把	1	
6	手推车		台	2	

序号	名称	型号或规格	单位	数量	备注
7	短把铲	把长 0.5m	把	4	掏挖基础用
8	短把镐	把长 0.5m	把	4	掏挖基础用
9	钢卷尺	5、20m	把	各1	
10	经纬仪		台	1	
11	塔尺	5m	把	1	
12	梯子	3～5m	副	1	
13	挖掘机		台	1	机械开挖用
14	挡土板		m²	若干	

四、土方工程开挖操作步骤

（一）基面开方

在山区或丘陵地区，有时需要根据设计要求对施工基面进行平整或降基开方。有的地方因不满足架线后导线对地面的电气距离也需进行开方。基面开方应在基础施工前进行，线下开方可在架线前或架线后进行。

1. 测量与放线

开方前应按设计图纸要求，对开挖的方位和范围进行测量，并做好标桩及放线标记。一般以杆塔中心为基准，按设计提供的开方数据施工。对于铁塔高低腿基础施工基面及线下开方，也应遵从设计图纸的规定。

2. 基面开方施工方法

基面开方施工方法根据施工条件可采用人工开挖、机械开挖或爆破施工（冻土或岩石）。渣土运输可利用小推车、汽车等工具，运输过程中应采取措施防止遗撒。在保护区、旅游区等有特殊要求的地点，弃土堆放应符合环保要求。

3. 土方调配

基面开方中一般需要进行合理的土方调配，以使土方运输量最小，同时能最大限度减少对农作物和植被的破坏。一般应遵循以下原则：

（1）应力求达到挖、填平衡和运距最短；

（2）应考虑近期施工与后期利用相结合；

（3）应考虑保护生态环境；

（4）土方调配与挖方工效发挥相结合；

（5）应考虑与以后工序施工相配合。

土方施工过程中应综合考虑上述原则，并经计算比较，选择经济合理的调配方案。

4. 基面开方土方量的计算

由于杆塔所处地形情况的多样性，基面开方土方量的计算方法也较复杂，基面开方土方量的计算方法对于技能操作人员来说无需掌握，这里不作介绍。

（二）基坑开挖

1. 分坑测量

基础分坑是按图纸的要求，将基础在地面上的方位和坑口轮廓测定出来，以作土方施工的依据。分坑前的准备工作包括以下几个方面：

（1）分坑测量前必须编制分坑尺寸明细表。该表内容包括杆塔型式、基础根开（正面、侧面）、基础对角线（包括基坑远点、近点、中心线）及坑口尺寸等项目。

（2）对于终端塔、转角塔、换位塔等特殊杆塔，应根据设计单位规定的中心桩位移值及位移方向列入分坑尺寸明细表。

（3）准备充足的木桩或竹片桩，木桩规格宜为 40mm×40mm×400mm，竹片桩规格宜为 6mm×40mm×350mm。在土方施工过程中应注意对标桩的保护。

（4）必须在线路复测确认无误后，方可开始分坑测量。检查桩位处的施工基面，是否已按设计要求开方，边坡是否稳定。

（5）坑口尺寸确定。每个基础的坑口宽度应根据基础底板宽、坑深及安全坡度进行计算，安全坡度系数见表 2-2-3。若为掏挖式基础，坑口尺寸应符合设计要求。

表 2-2-3　　　　　　　　　　基坑坡度系数和操作裕度

土质分类	砂、砾、淤泥（软土）	砂质勃土（普通土）	亚黏土、湿黄土（次坚土）	黏性土、干黄土、碎石土（坚土）
坡度系数	0.75	0.5	0.3	0.15
操作裕度（m）	0.3	0.2	0.2	0.2

（6）分坑测量主要工器具有钢卷尺、经纬仪等，其使用时应在检验有效期内。

2. 基坑开挖

（1）坑壁支撑的施工。开挖基坑时，如地质和周围条件允许，可放坡开挖。但在建筑物密集的地区或地质条件不允许放坡的情况下，为防止坑壁坍塌，一般采用挡土板支撑坑壁的措施，以确保土方施工的安全。

1）坑壁支撑方法。浅基坑、沟、槽的开挖，挡土板多采用横撑式土壁支撑法（见图 2-2-3）。横撑式土壁支撑根据挡土方式不同，分为水平挡土板式和垂直挡土板式两类，水平式挡土板的布置又分间续式和连续式两种，湿度较小的黏性土开挖深度小于3m 时，可用间续式水平挡土板支撑；对松散和湿度大的土质可用连续式水平挡土板支撑。对松散和湿度很高的土可用垂直挡土板式支撑。

输电线路工程常用的挡土板有木质挡土板和铁挡土板，木质挡土板规格为：50mm×200mm×（2000～3000）mm；铁挡土板规格一般为：-4mm×200mm×（2000～3000）mm；横撑如用方木，则其截面应不小于 150mm×150mm。

2）挡土板支撑坑壁施工的一般规定。

a）凡地下水位高，又未采取降低水位措施，且是地质不良的流沙、淤泥、碎石及其他松散易坍的土壤基坑，挖掘深度超过 1.5m 时，宜使用挡土板支撑坑壁，以防坑壁倒塌，否则应按表 2-2-3 规定放坡。

b）挡土板一般采用平口缝，如地下水涌量大，土壤颗粒细时应做成企口缝。

c）挡土板的横撑间距不得大于 1.5m。

d）垂直式挡土板打入时必须保持垂直，并应采取加强措施，防止挡土板破坏。

e）垂直式挡土板深度一般应打至坑底以下 300～600mm。如为砂砾层时，可打入坑底以下 200～300mm。

（2）一般基坑的土方施工。一般基坑的土方施工是指杆塔基础坑、拉线坑、接地槽及排水沟的开挖。土体类别主要是碎石土、砂土、黏性土和人工填土，且地下水位在开挖深度以下。施工方法可采取人工直接挖掘或机械挖掘，在施工条件允许时，应尽量采用机械化施工。

1）基本要求。

a）开挖前必须熟悉和掌握设计图纸、地质勘探资料和施工作业指导书，并进行全员技术、安全交底。

b）收集施工所需的各项资料，包括地形、地貌、水文、交通、地下管线等。详细了解地下和地面情况。

c）土方施工前，必须经线路测量，并进行分坑、放样、订立标志桩等工作。严格按照设计图纸和分坑放线尺寸施工。

d）在施工前，研究制定现场场地平整、基坑开挖施工方案，绘制施工平面布置图，确定开挖路线、顺序、范围、边坡坡度、排水沟、集水井位置，以及土方堆放位置。编制需用施工机具、劳动力及进度计划。

e）施工中如发现文物或古墓等，应妥善保护，并应立即报请当地有关部门处理后，方可继续施工。如发现测量用的永久性标桩或地质、地震部门设置的长期观测孔等设施在土方开挖范围之内，也应取得原设置单位或保管单位同意。

f）在敷设有地上或地下管道、电力线的地段进行土方工程施工，应事先取得管线管理部门的书面同意；施工中应采取措施，防止损坏管线。

g）山区施工，如因土方施工可能产生滑坡时，应采取措施。在陡坡山坡脚下施工，应事先检查山坡坡面情况，如有危岩、孤石、崩塌体、滑坡体等不稳定迹象时，也应作妥善处理。

h）根据土方和基础工程量、工期及施工力量安排等修建临时施工设施和道路。简易道路应满足机械设备进场、转场和材料运输车辆通行要求。

2）人工开挖。土方工程人工直接挖掘施工注意事项如下：

a）基坑底面积在 2m² 以内时，只允许一人挖掘；如基坑底面积大于 2m² 时，可以由两人同时挖掘，但不得面对面作业。

b）基坑深度超过 1.5m 时，抛土应注意防止土石回落坑内，宜使用提升工具提升至地面，堆放至适当位置。

c）在土方开挖时，应保证基坑边坡稳定，弃土堆坡脚至基坑边沿的距离，应满足安全要求。

d）土方施工应尽量减少对开挖范围以外的地面和农作物的破坏，并应注意保护自然植被。在山区不得将弃土直接抛掷至山坡下，必要时应采取砌筑护坡或将渣土运送到指定地点等措施。土方施工时，应保护塔位桩及检查用的补助桩。

e）在山坡上挖接地沟时，宜沿等高线开挖，沟底面应尽量平整，沟深不得有负偏差，并应清除沟中影响接地的杂物。

f）基坑在挖掘过程中，应随时注意监控坑壁情况，发现问题及时采取措施。

g）当基坑土质松软或受周围条件限制无法放坡时，需设置坑壁支撑，应根据开挖深度、土质条件、地下水位、施工方法、相邻建筑物和构筑物等进行选择和设计。支撑应经计算，必须牢固可靠，确保施工安全。

h）采取挡土板作坑壁支撑时，应随挖随撑，支撑牢固。施工中应经常检查，如有松动、变形等现象时，应及时加固或更换。在雨季或化冻期，应加强检查。

i）开挖基坑时，应合理确定开挖顺序和分层开挖深度。当接近地下水位时，应先完成标高最低处的挖方，以便在该处集中排水。

j）基坑或沟挖至设计深度后，应按隐蔽工程管理办法会同监理单位、设计单位等，检查基坑各部尺寸及土质是否符合要求，并作好隐蔽工程记录。

k）在膨胀地区开挖基坑时，除应符合本节有关规定外，尚应符合下列规定：

ⅰ）场地平整后至基坑的开挖宜间隔一段时间以减少基土的胀缩变形。

ⅱ）基坑的开挖、地基与基础的施工和回填等应连续进行，并应避免在雨中施工。

ⅲ）开挖后，基土不得受烈日曝晒或雨水浸泡；必要时可在基底标高以上先留置适当厚度基土不开挖，待基础施工时再挖掘。

ⅳ）采用砂土回填地基时，应先将砂浇水至饱和状态后再铺填夯实，不得采用向基坑内浇水使砂自然密实的施工方法。

ⅴ）回填土应符合设计要求，如设计无要求时，宜选用非膨胀性土、弱膨胀土或掺有适当比例非膨胀性土料的混合土。

1）雨期施工，应遵守下列规定：

ⅰ）雨期施工的工作面不宜过大，应逐段、逐片的分期完成。重要的或特殊的土方工程，应尽量避免雨期施工。

ⅱ）雨期中应有保证工程质量和安全施工的技术措施，并随时掌握气象变化情况。

ⅲ）雨期施工前，应对施工现场原有排水系统进行检查、疏通或加固，必要时应增加排水设施，保证水流畅通。在施工现场周围应防止地面水流入场内。在傍山、沿河地区施工，应采取必要的防洪措施。

ⅳ）雨期开挖基坑时，应注意边坡稳定。必要时可放缓边坡坡度或设置支撑。施工时应加强对边坡和支撑的检查。

ⅴ）雨期开挖基坑时，应在坑外侧围以土堤或开挖排水沟，防止地面水流入。

m）冬期施工。当室外日平均气温连续 5 天稳定低于–5℃时即进入冬期施工。土方工程不宜在冬期施工，如必须在冬期施工时，其施工方法应经技术经济比较后确定。施工前应周密计划，做好准备，做到连续施工。并应符合下列规定：

ⅰ）采用防止冻结法开挖土方时可在冻结前用保温材料覆盖或将表层土翻耕耙松，其翻耕深度应根据当地冻土深度等气象条件确定，一般不小于 0.3m。

ⅱ）松碎冻土采用的机具和方法，应根据土质、冻结深度、机具性能和施工条件确定。

ⅲ）融化冻土应根据工程量大小、冻结深度和现场条件，选用锯末（或谷壳）焖火烘烤法、蒸汽（或热水）循环针法和电热法。融化时应按开挖顺序分段进行，每段大小应适应当天挖方的工程量。

ⅳ）对于冻胀土开挖基坑时，必须采取措施防止坑底基土遭受冻结。如基坑开挖完毕至基础施工之间有间歇时间，应在基底标高以上预留适当厚度的松土或用其他保温材料覆盖。

ⅴ）冬期开挖土方时，如可能引起邻近建筑物（或构筑物）的地基或其他地下设施产生冻结破坏时，应采取防冻措施。

ⅵ）在挖方工作面侧弃置冻土时，弃土堆坡脚至基坑边缘最小距离，应为常温条件下规定的距离，再加上弃土堆高度。

ⅶ）冻土可用爆破方法挖掘。

n）基础对永久性边坡要求。基础永久性边坡应按工程设计单位要求设置。

3）机械开挖。对于最常使用的大块式基础土方施工，较常使用的挖掘机械是单斗挖掘机，可根据施工条件、工期要求及经济成本等因素选择使用。本节重点介绍液压反铲挖掘机的性能和施工方法。

a）反铲挖掘机的性能。常用液压反铲挖掘机主要性能参数见表 2-2-4。

表 2-2-4　　　　　　　　　　常用液压反铲挖掘机的主要性能参数表

型号	铲斗容量 （m³）	最大挖掘半径 R （m）	最大挖掘高度 H （m）	最大卸载高度 （m）	最大挖掘深度 h （m）
WYI0	0.1	4.3	2.5	1.84	2.4
WLY40	0.4	7.76	5.39	3.81	4.09
WY60	0.6	8.17	7.93	6.36	4.2
WY60A	0.6	8.46	7.49	5.60	5.14
WY80	0.8	8.86	7.84	5.57	5.52
WY100	0.7～1.2	9.0	7.6	5.4	5.8
WY160	1.6	10.6	8.1	5.83	6.1

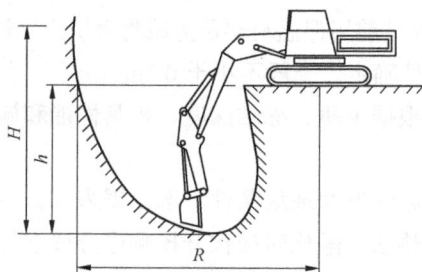

图 2-2-2　液压反铲挖掘机工作尺寸示意图
H—最大挖掘高度；h—最大挖掘深度；
R—最大挖掘半径

表中液压反铲挖掘机工作尺寸如图 2-2-2 所示。

b）反铲挖掘机的施工方法。反铲挖掘机的开挖方式有沟端开挖和沟侧开挖两种。

ⅰ）沟端开挖。挖掘机停于沟端，后退挖土，同时往基坑一侧弃土或装车运走。其优点是挖土方便，挖的深度和宽度较大。当基坑开挖面积较大时，可采分段开挖方法，当开挖深度较大时，可分段分层开挖，如图 2-2-3 所示。

ⅱ）沟侧开挖。挖掘机在沟槽一侧挖土。由于挖掘机移动方向与挖土方向相垂直，铲臂回转角度小，开挖深度和宽度均较小，同时挖掘机停靠在沟边，稳定性较差，但能将弃土置于距沟槽较远的地方，如图 2-2-4 所示。

（三）地基处理

1. 湿陷性黄土地基处理

凡天然黄土在上覆土的自重力作用下，或在上覆土自重力和附加外力共同作用下，受水浸湿后土的结构迅速破坏而发生显著下沉的黄土，称为湿陷性黄土。湿陷性黄土广泛分布于我国甘肃、陕西、黑龙江、山东、河北、河南、山西等地。

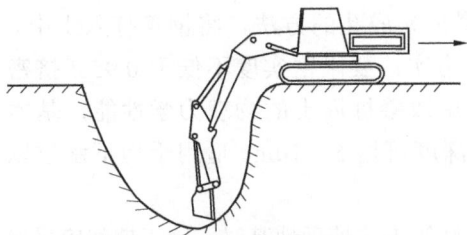

图 2-2-3　沟端开挖示意图　　　　　图 2-2-4　沟侧开挖示意图

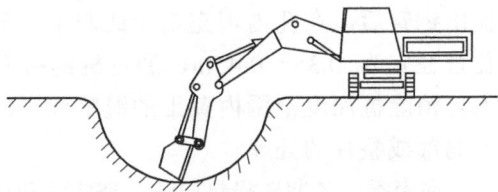

当塔基位于湿陷性黄土分布区时，应查明塔基土的湿陷类型、湿陷等级、湿陷起始压力等。湿陷性黄土地基处理的原则是消除黄土湿陷性，按照设计规定进行处理。一般可采用垫层法、夯实法、挤密法、预浸水法、预制桩基础法等方法进行地基处理。处理深度应符合下列要求：对于自重湿陷性场地，应处理基础以下的全部湿陷性土层；对于非自重湿陷性黄土场地，应将基础下湿陷起始压力小于附加压力与上覆土的饱和自重压力之和的所有土层进行处理，或处理至地基压缩层为止。本节仅介绍垫层法、夯实法、挤密法。

（1）垫层法。垫层法包括土垫层和灰土垫层。当仅要求消除基底以下 1～3m 湿陷性黄土的湿陷量时，宜采用局部（或整片）土垫层进行处理，当同时要求提高垫层承载力和增强水稳定时，宜采用整片灰土层进行处理。

灰土垫层中消石灰与土的体积配合比，宜为 2:8 或 3:7。用人工拌制，不少于 3 遍，使达到均匀，颜色一致。并控制含水量，现场可以手握成团，两指轻捏即散为宜，一般最佳含水量为 14%～18%。如含水量过高或过低时，应稍晒干或洒水湿润，如有球团应打碎。要随拌随用，及时回填夯实，不宜隔日使用。

施工土（或灰土）垫层，应先将基底下拟处理的湿陷性黄土挖出，应使用基坑内的黄土或就地挖出的其他黏性土作填料。灰土应过筛并拌合均匀，然后根据所选的夯实设备，在最优或接近最优含水量下分层回填、分层夯压至设计标高。

土层表面太干时，应洒水湿润后继续回填，以保证上下层结合良好。夯实应按一定方向进行，夯夯相接，两遍纵横交叉，分层夯实。夯实线路宜从四边开始，最后夯实中间。

垫层法能增强地基的防水效果，改善土的工程性质，费用较低。适合于地下水位以上进行局部或整片的处理。

（2）夯实法。夯实法是将 20～30kN 重锤提到一定高度（4～6m），自由下落，重复夯打，使土的密度增加，减小或消除地基的湿陷变形，一般能消除 1～2m 厚土层的湿陷性。适用地下水位以上，饱和度 $S_r<60\%$ 的湿陷性黄土进行局部或整片的处理。

（3）挤密法。挤密法是用机械（人工或爆扩）成孔的方法，将钢管打入土中，拔出钢管后，在孔内填充素土或灰土，分层夯实。要求密实度不低于 0.95。挤密孔直径宜为 0.35～0.45m，通过桩的挤密作用改善桩周土的物理力学性能，基本上可消除桩深度范围内黄土的湿陷性。处理深度可达 5～10m。适用于地下水位以上局部或整片的处理。

在雨季、冬期选择垫层法、夯实法和挤密法等方法处理地基时，施工期间应采取防雨和防冻措施。防止填料受雨水淋湿和冻结。并应防止雨水或地面水流入已处理或未处理的基坑内。

选择垫层法和挤密法进行地基处理时，不得使用膨胀土、盐渍土、冻土、有机质等不良土料和粗颗粒的透水性材料（如砂、石等）做填料。

2. 采空区地基处理

采空区对其上的铁塔基础造成的影响有：下沉、倾斜、移位、扭曲，从而导致铁塔失稳倒塌、倾覆、破坏等。这种影响和破坏的程度主要取决于采空区地表变形及破坏类型、规模和速度。

处理采空区不良地基的方法，大体上分为两种：一是选用合适的基础形式，使上部结构不受采空区不良地基影响；二是改善采空区不良地基的岩土工程性质，提高其抗压强度，使其满足上部附加应力对强度、变形的要求。采空区地基处理方法有注浆法、非注浆法和桩基础，其中非注浆法主要有干砌法、浆砌法、开挖回填法。

（1）采空区地基处理措施。注浆处理采空区是目前相对成熟的技术，分为渗透式和浆柱式两种方法。渗透式注浆处理最终能达到的减沉率一般为 40%～50%，浆柱式一般为 70%。

1）渗透式注浆。渗透式注浆法是利用液压或气压把能凝固的浆液注入岩体裂隙或孔隙中，浆液中的 CaO、SiO_2、SiO_2、Al_2O_3。等物质与土中的水发生化学反应，生成一种稳定并能产生强度的新化合物，从而可以改善岩石介质的物理力学性质。（如减少松散岩石土体的孔隙和提高岩体的密度等）

渗透式注浆所用浆液一般浓度较低，由于采空区塌陷岩土结构松散，颗粒之间胶结程度差，孔隙度高，浆液在一定压力下以填充、渗透和挤密方式，填满松散岩土的结构空隙。基本上不改变原有岩土松散的结构和体积，凝固后的松散岩土体成为强度高、变形模量大的有机整体，从而满足工程对其稳定性的要求。

2）浆柱式注浆。浆柱式注浆法是利用钻孔把浓度高、粒径较大的浆液通过高压注入采空区，并在浆液中掺入一定量的速凝剂。由于浆液特殊的性质，注入后浆液在采空区松散岩土体中迅速凝固，有效扩散半径很小，凝固后的浆体在采空区形成一个上小下大的锥状体，由于这种锥状的柱体具有强度高、变形小的特点，它能像柱子一样起到支撑的作用，防止上覆岩土体在新的附加应力作用下的进一步变形破坏，从而达到加固地基的目的。另外，利用高压把浆体注入采空区，浆体很容易对松散岩土体产生很大的侧向挤压作用，使相邻浆柱体之间的土体被挤密、脱水。因此，土体的抗剪、抗压强度得到相应的提高，它们与浆柱体一道共同承担上覆岩土及附加载荷的作用。

（2）保证结构稳定的措施。

1）桩基础。对于距地表深度不超过 30m，且位于塌陷盆地的中央部位，变形以垂直变形为主（没有大的水平位移）的采空区。如其上覆岩土体强度很低，而岩层底板又为强度较高的地质体，可考虑打入预制桩或灌注桩，使桩基直接坐落于坚实稳定的底板岩层上，上部结构的荷载通过桩基传递到稳定岩层上，从而可以避免对其上部铁塔基础的不良影响。

2）大板基础加碎石垫层。覆盖层较厚的地基，采空区较深，注浆处理难度较大时，可采用大板基础加碎石垫层，碎石垫层可调整地基部分不均匀沉降及水平变形。

3）大板基础加土工格栅。高强度土工格栅具有较高的抗拉强度，对非正规开采矿有可能出现的突然陷落有一定的防护作用，可以抵挡较大的水平变形。

3. 岩溶、土洞及地表塌陷处理

岩溶、土洞及地表塌陷的处理应进行详细的调查和了解。当塔基属于不稳定岩溶、土洞地基，同时又不能避开时，应结合岩溶、土洞的具体情况，选择处理措施。

（1）对于浅埋溶洞地基，宜清除覆土，揭开顶板，挖去充填物，分层回填反滤层；若溶洞无地下水活动时，亦可采用钻孔灌注桩等方法处理。对于跨度较大、顶板完整但厚度较小、底板完整稳定的溶洞地基，宜采用石柱或钢筋混凝土柱支撑洞顶。

（2）对于由地表水形成的土洞及地表塌陷，应认真作好地表水的截流、防渗和堵漏工作，杜绝地表水渗入土层。并应根据土洞埋深，分别采取挖填、灌砂等方法进行处理。

由地下水形成的塌陷和浅埋土洞，应清除软土，回填块石作反滤层，面层用黏土夯填；深埋土洞宜用砂、砾石或细石混凝土灌填，或采用桩机处理。

（3）对于深埋直径大的土洞，宜用水冲法，向土洞内灌砂、砾石；若土洞内有水，宜采用压力灌注碎石混凝土方法或洞壁衬砌加固方法。

4. 软土地基的处理

当塔基为淤泥、淤泥质土、新近冲填土及其他高压缩的饱和软黏性土，不能满足上部荷载或抗拔要求时，应采取地基处理措施。处理方式可采用换土、钻孔灌注桩、钢筋混凝土预制桩等，当采用其他方式进行处理时，需进行专题研究后确定。软土地基勘测除应查明其成因类型、厚度、成层情况及物理力学性质、地下水情况外，还应根据软土地基处理和工程要求，增加相应的勘探、测试工作量。

局部软弱土层及暗塘、暗沟等可采用换土、基础梁、桩基等方法进行处理。

换土垫层可用于软弱地基浅层处理，垫层材料可采用中砂、粗砂、砾砂、角砾、碎石、矿渣、灰土、黏性土等性能稳定无侵蚀性的材料。

对大面积厚层软土地基，采用砂井预压、真空预压、堆载预压等措施，以加速地基排水固结，提高其抗剪强度，以适应荷载对地基的要求。

5. 膨胀土地基的处理

膨胀土有受水浸湿后膨胀，失水后收缩的特性，对其上的建筑物、构筑物随季节变化而反复产生不均匀的升降，可高达 10cm，使结构物受到破坏。为保证塔基结构安全稳定，可从基础结构设计和地基处理两个方面采取措施。

（1）基础结构设计措施。

1）加大基础埋深，以减少膨胀土层厚度，增加基础自重，使作用于土层的压力大于膨胀土的上举力，或采取墩式基础以增加基础附加荷重，或采用灌注桩穿透膨胀土层。

2）加强基础结构刚度，如设置地梁、圈梁等。

（2）地基处理措施。

采用换土、砂土垫层等方法。换土是将膨胀土层部分或全部挖出，采用非膨胀土或灰土置换，换土厚度应通过变形计算确定。平坦场地上Ⅰ、Ⅱ级膨胀土的地基处理，宜采用砂、碎石垫层，垫层厚度不应小于 300mm，垫层宽度应大于基础底板宽度。

（3）施工注意事项。

1）在基础周围应做好防水、排水设施，如排水沟等，尽量避免采用挖土明沟。施工临时用水点应远离基础 5m 以上。

2）基坑挖好后，应及时进行基础施工并及时回填夯实，避免基坑泡水或曝晒。填料不宜用膨胀土，可掺入一定比例非膨胀土混合使用。

3）混凝土养护宜用湿草袋覆盖，浇水宜少量多次。

6. 滑坡防止措施

设计勘察定位时必须避免在可能产生滑坡的地段设置塔位。

如施工时发现附近有滑坡隐患时，应请设计处理。

对于因施工或其他因素的影响可能形成滑坡的位置，应分析滑坡产生的原因，及时采取可靠的预防措施，防止产生滑坡。

一般情况下，当滑坡影响范围较小或距离杆塔位置较远时，可采取下列防止滑坡的处理措施。

（1）排水：应设置排水沟以防止地面水浸入滑坡地段，必要时尚应采取防渗措施。

（2）支挡：根据滑坡推力的大小、方向及作用点，可选用重力式抗滑挡墙、阻滑桩及其他抗滑结构。

（3）卸载：在保证卸载区上方及两侧岩土稳定的情况下，可在滑体主动区卸载，但不得在滑体被动区卸载。

（4）反压：在滑体的阻滑区段增加竖向荷载以提高滑体的阻滑安全系数。

（四）回填与夯实

输电线路杆塔基础的回填与夯实是一项重要的施工工序。在工程设计中将回填土体作为杆塔基础承载上拔力的一部分，所以回填土直接关系到塔基的稳定，必须严格按规范要求进行施工。

1. 基本要求

（1）回填土不应渗入杂草、树枝、树根、雪块、冰块等杂物。

（2）回填时基坑内不得有积水、冰雪、污泥、杂物等。

（3）回填基坑前，应进行隐蔽工程检查和中间验收，并作出记录。

（4）泥水坑回填前，应根据积水情况分别采取排水、清除淤泥、铺垫块石、砂砾等方法进行处理，然后再进行回填。

（5）回填土应取用原基坑挖出的土方。原基坑挖出的土方不宜作回填土料时，应按规定置换回填土料。回填土料应在指定地点取用，并尽量避免损坏农田、耕地和植被等。

（6）回填夯实应先将分层填土初步整平。打夯应依次进行，不留间隙，必要时应进行夯实度测定。

2. 回填与夯实规定

（1）杆塔基坑及拉线基坑回填，应符合设计要求。一般应分层夯实，每回填300mm厚度夯实一次。坑口地面上应留筑防沉层，防沉层的上部边宽不得小于坑口边宽。其高度视土质夯实程度确定，基础验收时宜为300~500mm。经过沉降后应及时补填夯实，工程移交时坑口回填土不应低于地面。

（2）石坑的回填应以石子与土按3:1掺合后回填夯实。石子粒径不得超过每层回填土厚度的2/3，回填时，大块料石不得集中在一处，应均匀分散在坑内。

（3）接地沟的回填，应选取未掺有石块及其他杂物的泥土并应夯实。回填后的沟面应筑有防沉层，其高度宜为100~300mm，工程移交时回填处不得低于地面。

（4）冻土回填时应先将坑内冰雪清除干净，把冻土块中的冰雪清除并捣碎后进行回填夯实。冻土坑回填在经历一个雨季后应进行二次回填。

3. 回填与夯实方法

回填一般采用传统的人工施工方法。在条件允许时，应尽量采用小型推土机回填，小型夯土机夯实，以提高机械化施工水平。采用机械化回填及夯实时，应注意将回填土按层摊平，每层回填土厚度以 300mm 为宜，沿基坑四周均匀回填。

五、注意事项

（1）开方前应清理或改造施工区内的障碍物，如管道、电力线、通信线等，如有文物古迹、古墓等，应立即停止施工，通知有关部门处理。

（2）土方开挖应从上到下分层分段进行，不得掏挖底脚，禁止采用自然坍落方法。

（3）永久性边坡坡度，应根据设计图纸和要求确定，如地质与设计资料不符，应由设计单位重新确定边坡坡度。

（4）对于在挖方区域内的上方，如有危石、活动的大土块等，应及时清理。

（5）不宜在雨期施工，不应破坏挖方上坡的自然植被和防水系统。

（6）在挖方完成后，应及时作好排水系统。

【思考与练习】

（1）简述土方工程开挖的施工流程。

（2）土方工程开挖中存在哪些危险点？控制措施有哪些？

（3）基面开方根据施工条件可分为几种方法？土方调配应遵循哪些原则？

（4）挡土板支撑坑壁施工的一般规定有哪些？

（5）土方工程开挖雨期施工应遵循哪些规定？

（6）土方工程开挖的回填与夯实的基本要求有哪些？回填的方法有哪些？

◢ 模块 3 石方工程开挖（新增模块）

【模块描述】 本模块包含岩石爆破的基本规定、爆破材料、爆破药包的计算、爆破方法等内容。通过内容介绍，掌握岩石爆破的工艺标准和安全要求及岩石基坑、基面开方、风偏开方的施工方法。

【模块内容】

高压架空输电线路工程施工建设中，石方工程直接关系着线路的安全与稳定，是一项重要的分部工程。下面就介绍这几个方面的内容。

一、石方工程开挖作业内容

（1）普通爆破法。该爆破方法是当炸药引爆后转化为大量的气体膨胀，在瞬间（$10^{-6} \sim 10^{-5}$s）产生几千至几万兆帕压力和 $2000 \sim 5000$℃高温，致使周围介质遭受强烈的破坏。破碎特点是高压、瞬时，有震动、噪声、飞石、瓦斯。炸药爆破是化学爆炸。

（2）微差爆破法。此爆破法是在普通爆破法基础上发展起来的，当炸药引爆后转化为气体膨胀，在 $0.1 \sim 1$s）产生几百兆帕压力和 $3000 \sim 5000$℃高温。破碎特点是高压、瞬时，有震动、噪声、飞石较少。炸药爆破是气体膨胀。

（3）静态破碎法。静态破碎是采用一种无声破碎剂的固体膨胀原理进行开裂型破碎方法的爆破。它是将 SCA 用水拌成浆体，填在岩石或混凝土钻孔中，经水化作用后，在常温下产生约 30MPa 以上的膨胀压，待 $10 \sim 24$h，便在无震动、无噪声、无飞石、无毒气的情况下，把整体岩石或混凝土破碎。破碎特点是低压、慢加载（速度是 $104 \sim 105$m/s）全无公害。炸药爆破是固体膨胀。

二、危险点分析与控制措施

岩石爆破存在的危险点有以下三个方面。

（1）爆破器材运输危险点：炸药、雷管运输不当，爆炸伤人。

控制措施：

1）炸药、雷管应由专门人员押运。

2）炸药、雷管应分别运输、携带和存放，严禁和易燃物品放在一起，并有专人保管。

3）运输中雷管应有防震措施，如在车辆不足的情况下，允许同车携带少量炸药（不超过 20kg），携带雷管人员应坐在驾驶室内，车上炸药应有专人管理。

4）携带电雷管时，应将引线短路，电雷管与起爆器不得由同一人携带，雷雨天不应携带电雷管。

5）运送炸药时，不得使炸药、雷管受到强烈冲击挤压。

（2）打孔危险点：工具使用不当，造成人身误伤。

控制措施：

1）钢钎打孔时，应检查锤把与锤头固定是否可靠；打锤人严禁站在扶钎人侧面，并不得戴手套；扶钎人应戴好安全帽。

2）风（电）钻打孔时，操作人员应佩戴护目眼睛，带耳塞，操作人员应站在上风侧，且不得触及钻杆。

（3）爆破施工危险点：炸药和雷管保管、使用不当，爆炸伤人。

控制措施：

1）爆破工作必须由有爆破资质的人员担任。

2）爆破施工必须有专人指挥，设置警戒员，防止危险区内有人通行或逗留。

3）装填炸药时不得使炸药、雷管受到强烈冲击挤压。

4）雷管和导火索连接时，应使用专用的钳子夹雷管口，严禁碰雷汞部分和用牙咬雷管。

5）在强电场下严禁用电雷管。

6）使用电雷管时，起爆器由专人保管，电源由专人控制，闸刀箱应上锁；放爆前严禁将点火钥匙插入起爆器；引爆电雷管应使用绝缘良好的导线，其长度不得小于安全距离，电雷管接线前，其脚线必须短接。

7）使用的导火索要有足够的长度，点火后点火人员要迅速离开危险区；如需在坑内点火时，应事先考虑好点火人能迅速撤离坑内的措施。

8）遇有哑炮时，应等 20min 后再去处理，不得从炮眼中抽取雷管和炸药；重新打眼时深眼要离原眼 0.6m，浅眼要离原眼 0.3～0.4m，并与原眼方向平行。

9）爆破时应考虑对周围建筑物、电力线、通信线等设施的影响，必要时采取保护措施。

三、石方工程开挖作业前准备

（1）作好安全准备工作。具体有：

1）建立指挥机构，明确爆破人员的分工、职责。

2）作好防止爆破有害气体、噪声对人体危害的各项措施。

3）对在危险区内的建筑物、构筑物、管线、设备等采取安全保护措施，防止爆破地震、飞石和冲击波的破坏。

4）在爆破危险区的边界设警戒哨岗和警告标志。

5）将警告信号的意义、警告标志和起爆时间通知所有工作人员和当地单位的居民。起爆前，督促人、畜撤离危险区。

（2）选定爆破材料。

1）炸药。爆破施工中常用到的炸药主要有硝铵炸药、硝化甘油炸药及黑火药等。炸药的品种选择因地制宜。

2）雷管。按起爆方式的不同雷管有火雷管及电雷管。电雷管又分为即发雷管和迟发雷管。雷管一般选用 6 号或 8 号雷管。

3）导火索。导火索是用于传递火焰引燃火雷管或黑火药的起爆材料，它是用黑火药做心药，用麻、线和底做包皮。导火索的规格应与雷管相适应，长度要足够（最短不少于 1m）。

4）传爆线。它又称导爆线，外表与导火索相似，是用高级烈性炸药制成，主要用于深孔爆破和大量爆破药室的起爆，不用雷管。

5）无声破碎剂（soundless cracking agent，SCA）。凡是在不允许产生飞石、巨大的震动、巨大的声响和不允许有毒气体的场所，如居民区、水库、构筑物附近和有旅游区等地方，均可采用无声破碎技术。

（3）确定爆破方法。爆破方法应根据爆破场地地形情况、周围设施及各种爆破方法的特点灵活考虑。当爆破地点周围环境条件和施工条件允许时（即对爆炸没有防护要求），一般建筑工程岩石爆破多采用普通爆破法，也可采用微差爆破法。普通爆破类型按以下方法选择：

1）荒野地带及远离建筑物处，可采用抛掷爆破。

2）临近建筑物、农田处，可采用松动爆破。

3）因成孔条件情况差，宜采用分层爆破。

凡在不允许产生飞石、巨大的震动、巨大的声响和不允许有毒气体的场所，如居民区、水库、构筑物附近和有旅游区等地方，均可采用无声破碎法。

（4）爆破药包药量的计算。

1）标准抛掷药包药量计算式为

$$Q = qw^3e \tag{2-3-1}$$

式中　Q——药包质量，kg；

　　　q——岩石单位体积炸药消耗系数，kg/m³，见表 2-3-1；

　　　w——最小抵抗线，m；

　　　e——不同炸药的换算系数。

表 2-3-1　　　　　　　标准抛掷药包的炸药单位消耗系数　　　　　　（kg/m³）

土的分类	一～二	三～四	五～六	七	八
q	0.95	1.10	1.25～1.50	1.60～1.90	2.00～2.20

爆破漏斗断面图如图 2-3-1 所示。

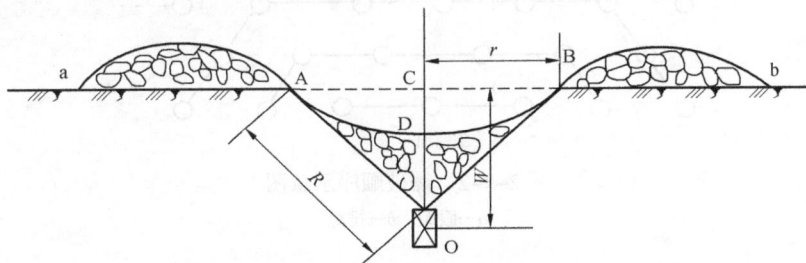

图 2-3-1　爆破漏斗断面图

R—破坏半径；W—最小抵抗线；r—漏斗半径；O—药包

不同炸药的换算系数见表 2-3-2。

表 2-3-2　　　　　　　　　　不 同 炸 药 换 算 系 数

炸药种类	换算系数	炸药种类	换算系数
二号岩石硝铵	1.0	62%硝化甘油	0.75
威力强大硝铵	0.84	黑火药	1.70

2）松动爆破药包药量计算

$$Q = 0.33qw^3e \qquad\qquad (2-3-2)$$

3）加强抛掷爆破药包药量计算

$$Q = qw^3f(n)e \qquad\qquad (2-3-3)$$

式中　$f(n) = 0.4 + 0.6n^2$，$n = \dfrac{r}{w}$；

　　　n——爆破作用指数；

　　　$f(n)$——爆破作用指数函数。

四、石方工程开挖作业步骤与质量标准

（一）普通爆破法

1. 炮眼位置、孔深、孔距的确定

（1）炮眼的位置应选择在有较大、较多的临空面处，避免选择在岩石裂缝处或是石层变化的分界线上。炮眼的布置，一般为交错梅花形，依次逐排起爆，如图 2-3-2 所示。

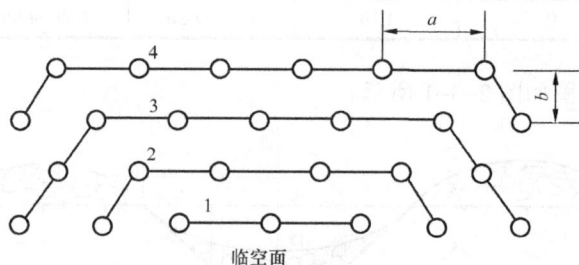

图 2-3-2　爆破顺序示意图
a—眼距；b—排距

（2）炮眼深度与最小抵抗线的确定。炮眼深度是随着岩石软硬的性质来确定的，一般按以下方法确定。

1）坚硬岩石炮眼深度。

$$L=(1.1\sim1.5)H \tag{2-3-4}$$

式中 H——为爆破层厚度。

2）中硬岩石炮眼深度。

$$L=H \tag{2-3-5}$$

3）松软岩石炮眼深度。

$$L=(0.85\sim0.95)H \tag{2-3-6}$$

计算抵抗线 W，也是随着岩石硬度和爆破层厚度来确定的，如图 2-3-3 所示，一般取

$$W=(0.6\sim0.8)H \tag{2-3-7}$$

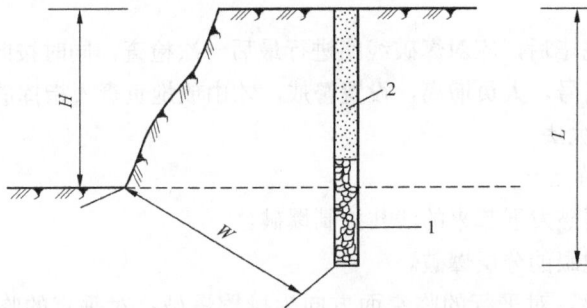

图 2-3-3　炮眼深度与计算抵抗线的位置
1—炸药；2—填塞物；L—炮眼深度；H—爆破层厚度；W—最小抵抗线

（3）炮眼距离的确定。它是根据具体要求，以及按照不同的起爆方法确定的，其中火花起爆时，炮眼距离 $a=(1.4\sim2.0)W$；电力起爆时，炮眼距离 $a=(0.8\sim2.0)W$。炮眼爆破时，排距 $b=(0.8\sim1.2)W$。

2. 凿岩施工

凿岩可采用人工打眼或机械打眼。当土方量不大、机械设备不足或受施工条件限制的狭窄地形，可采用人工打眼。人工打眼采用钢钎、铁锤、掏勺等工具。机械打眼采用风动凿岩机（又称手风钻）和风镐（铲）打眼。

3. 装药

（1）炮眼爆破法装药前必须检查炮眼位置、深度与方向是否符合规定要求，同时将炮眼中的石粉、泥浆除净（可用风吹法），如炮眼内有水要掏净，为防止炸药受潮，可以在炮眼底部放一些油纸或使用经防潮处理的炸药。

在干眼中可装粉药，粉药可用勺子或漏斗分批装入，每装一次，必须用木制炮棍

轻轻压紧，如装卷药时，可用木制炮棍将药卷顺次送入炮眼并轻轻压紧；起爆药卷（雷管）设在装药全长的 1/3～1/4 位置上（由炮眼口部算起）。

装药时，应特别小心，严禁使用铁器。不准用炮棍用力挤压或撞击。

（2）药壶爆破法。装药在主药包未装入炮眼前，先用少量炸药将炮眼底部扩大成药壶型，然后埋设炸药进行爆破。

（3）裸露药包爆破药包应设置在岩块表面有凹陷的地方，对岩块体积大于 $1m^3$ 的石块，药包可分数处放置，药包上使用草皮、黏土或不易燃烧的柔软物体覆盖。

4. 填塞炮泥

炮泥应就地取材，可用一份黏土、两至三份粗砂及适量的水混合而成。填塞要密实，不能用力挤压，在炮眼内轻轻捣实中，要注意保护导火索或电雷管的脚线。

5. 放炮

装药、填塞完毕后，应对爆破线路进行最后一次检查，同时按照爆破安全操作的有关规定，发出信号，人员撤离，设置警戒，才由放炮负责人指挥放炮。

（二）微差爆破法

1. 微差爆破特点

（1）为普通爆破发展起来的浅孔控制爆破。

（2）采用多炮眼的分层爆破。

（3）每排炮眼，对平行的临空面方向为抛掷爆破；对垂直的临空面方向为松动爆破。

（4）当前排炮眼起爆进入抛掷状态时，次后炮眼起爆达到控制前排炮眼的抛掷作用，其要求时间间隔很小。

（5）电雷管的时限为秒级，不能达到控制效果。采用 DH-1 系列非电毫秒雷管，相邻段号时间差为 25ms。

（6）非电毫秒雷管以导爆管连接，可按需要长度定货。

2. 炮眼布置

炮眼布置如图 2-3-4 所示，其方法如下。

（1）同排炮眼孔距 a 为

$$a = 2n_1 w_1 \qquad (2-3-8)$$

式中　　w_1——顺炮眼方向的最小抵抗线；

　　　　n_1——爆破指数，$n_1 \leqslant 0.75$。

（2）炮眼排距 b 为

$$b = w_2 \qquad (2-3-9)$$

式中　w_2——平行炮眼方向的最小抵抗线。

炮眼布置可为棋盘型、梅花型、等腰三角形等几种。

（3）炮眼深按成孔直径的 25～35 倍，且不宜大于 1.2m，分层爆破的层高为 H，则炮眼深应满足

$$l = (1.1 - 1.15)H \qquad （2-3-10）$$

其他步骤同普通爆破法。

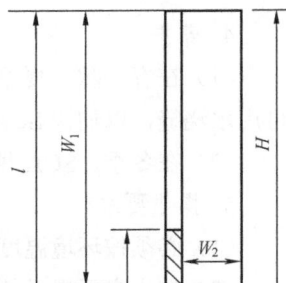

图 2-3-4　炮眼布置

（三）静态破碎法

1. 炮眼位置、孔深、孔距的确定

（1）最小抵抗线 W：无钢筋和少钢筋混凝土 $W=30\sim40$cm，多筋混凝土 $W=20\sim30$cm。

（2）孔距和排距：无筋混凝土，$a=30\sim40$cm；钢筋混凝土，$a=15\sim30$cm。排距 $b=(0.6\sim0.9)a$。多排布孔，钻孔采用梅花形。多排布孔示意图如图 2-3-5 所示。

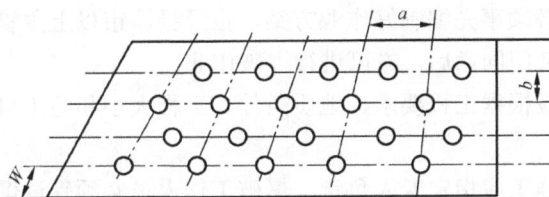

图 2-3-5　多排布孔布置图

a—孔距；b—排距；W—抵抗线

（3）孔径和孔深：孔径宜为 30～55mm。

孔深无筋混凝土，$L=(0.75\sim0.8)H$；钢筋混凝土，$L=(0.95\sim1.0)H$。

2. 搅拌无声破碎剂（SCA）

SCA 每袋为 5kg，加水量为 SCA 质量的 30%～50%，每袋即加入 1500～1700mL 干净的水。搅拌时先把量好的水倒入桶中，再把 SCA 倒进去，随即开动手持式搅拌机拌至均匀，搅拌时间一般为 40～60s。在施工温度低于 10℃时，要用 40℃的热水搅拌。

3. 填充

搅拌好的 SCA 浆体，要在 10min 内用完，因为它的流动度损失较快，久置使灌孔困难。对于垂直的孔，可直接将 SCA 倾倒进去。对于斜孔或水平孔，可用挤压式灰浆棒将 SCA 压入孔中，为防止倒流出来，可用塞子堵口。向上孔的填充可用灰浆棒压入孔中。多排孔先灌在周边的一、二排孔，经 10～20h 再灌三、四排孔，依次类推。

4. 养护

（1）在春、秋、夏季，SCA 填充后，一般不用覆盖（除雨天外），发生裂纹后，可用水浇缝，以加快 SCA 的膨胀作用。

（2）在冬季，SCA 填充后，要用草席或油毡等覆盖保温。

5. 操作要求

（1）必须按环境温度选用破碎剂。

（2）按生产厂提供的使用说明书进行作业。

（3）控制水灰比，拌和要均匀，填充时孔口留 20mm 不填塞。

（4）日光直射时孔口应覆盖，环境温度低于 100℃要覆盖保温，环境温度低于 0℃应增温养护。

（5）裂缝出现时，可向裂缝内灌水，裂缝不再发展时即可进行清碴。

五、注意事项

（1）大中型爆破施工，特别是在城镇、风景名胜区和重要工程设施附近进行爆破施工时，施工单位必须事先编制好作业方案，报经县、市以上主管部门批准，并征得所在地县、市公安部门同意后，方可进行爆破作业。

（2）石方爆破应根据工程要求、地质条件、工程大小和施工机械等合理选用爆破方法。

（3）爆破工程施工应指定专人负责，爆破工作人员必须受过爆破技术训练，熟悉爆破器材性能和安全规则，并经县、市公安局考试合格，方可参加爆破工作。

（4）爆破工程所用的爆破材料，应根据使用条件选用并符合现行国家标准、部标准。

（5）爆破材料的购买、运输、储存、保管，应遵守国家关于爆破物品管理条例的规定。

（6）在水下或潮湿的条件下进行爆破时，宜采用抗水炸药。

（7）露天爆破如遇浓雾、大雨、大风、雷电或黑夜，均不得起爆。

（8）处理哑炮应严格按国家有关规定执行。

（9）SCA 施工时，为了安全最好戴防护眼镜，SCA 填充后 5h 内不要靠近孔口直视孔口，以防万一发生喷出时伤害眼睛。

（10）SCA 对皮肤有轻度腐蚀性，碰到皮肤后立即用水清洗。

（11）SCA 要存放在干燥场所，切勿受潮。

（12）按实际施工温度选择合适的 SCA 型号，不可互用。

【思考与练习】

（1）线路岩石基坑有哪几种爆破方法？

（2）普通爆破法爆破类型怎样选择？炮眼位置如何确定？装药量如何计算？

（3）微差爆破法有哪些特点？如何确定炮眼位置？如何计算装药量？

（4）静态破碎爆破法有哪些特点？布孔设计如何设计？操作上有哪些要求？

◢ 模块 4 特殊基坑开挖（新增模块）

【模块描述】本模块包含高水位、流砂坑等特殊基坑的排水、支护等内容。通过内容介绍，掌握高水位、流砂坑等特殊基坑的开挖方法。

【模块内容】

本模块介绍的特殊基坑主要有泥水坑、流砂坑和掏挖扩底式基坑三种特殊基坑的开挖方法，具体的内容如下。

一、泥水坑土方排水施工

基坑开挖过程中，当遇有地下水或地表水的流入而造成基坑积水时，如果坑内的积水不能及时排除，不但会使施工条件恶化，且基坑遭水浸泡以后，还会造成坑壁坍塌和坑底承载能力下降。因此，应做好排水工作，基坑排水方法一般分为直接排水法和人工降低地下水位法。

1. 直接排水

本节仅介绍直接排水法中常用的地面截水和坑内排水两种方法。

（1）地面截水：在基坑附近有河流、水塘或雨水，可能流入坑内时，开挖之前应做好截水工作。如基坑在河流附近，则应采取上截水，下散水，疏通河沟，使地面水流畅通；如为死水泊，应尽可能远离基坑开挖放水渠道，降低水位或排净；为防止雨季降水流入，应在基坑周围设置排水沟。

另外，在湿陷性黄土地区，防水工作尤为重要，现场应有临时或永久排洪防水设施，防止基坑受水浸泡。如工程设计有特别规定，应按规定执行。

（2）坑内排水：对于浅基础或涌水量不大的基坑，通常采取在基坑底部开挖一处集水井，用人工或水泵直接将积水排至基坑范围以外，集水井的设置及排水方式如下：

1）集水井的设置：集水井应设置在基坑底部基础范围以外，并在地下水流向的上游。集水井深度要保持低于坑底 0.7～1.0m，直径一般为 0.6m 左右，坑壁可用竹木等加固和滤水。当基坑挖至设计标高后，集水井底应低于设计标高 1m 以下，并铺设碎石滤水层，以防在抽水时间较长时将泥砂抽出，并防止基坑底土层被搅动。

2）人工排水方式：人工排水常用工具为提水桶、手压泵等，从集水井内将集水排至坑外，这种方式一般适用于渗水速度比较缓慢，集水量不大的基坑。

3）水泵排水：基坑排水常用水泵有离心泵、潜水泵等，水泵动力有小型汽油机、柴油机，有时也用电动泵。水泵排水一般在渗水速度较大，集水较多的基坑开挖时使用。如水泵排水方式仍不能满足基坑开挖时，则应采取其他降低地下水方法，如集水井排水（见图 2-4-1）。

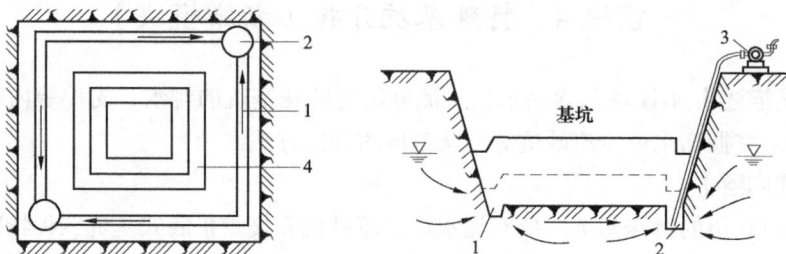

图 2-4-1　集水井排水
1—排水沟；2—集水井；3—水泵；4—基础

2. 人工降低地下水位

人工降低地下水位的主要方法有：轻型井点、喷射井点、电渗井点、管井井点及深井点等，其中在输电线路基础施工中轻型井点排水应用最为广泛，具有安装简易、经济适用的特点，如图 2-4-2 所示。

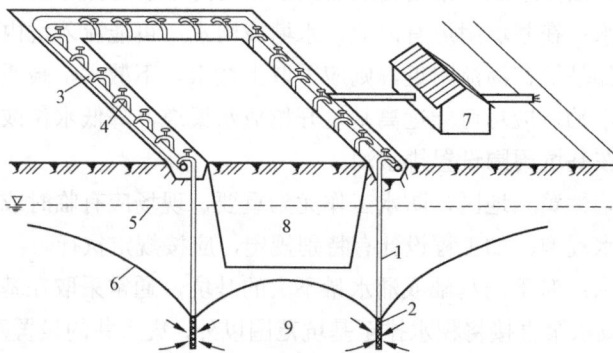

图 2-4-2　轻型井点排水法示意图
1—井管；2—滤管；3—总管；4—弯管；5—原地下水位；
6—降低后地下水位；7—水泵房；8—基坑；9—含水层

（1）轻型井点降低地下水施工工艺流程：轻型井点降低地下水施工工艺流程如图 2-4-3 所示。

```
┌─────────┐   ┌─────────┐   ┌─────────┐   ┌─────────┐   ┌─────────┐   ┌─────────┐
│确定降水 │ → │降水系统 │ → │降水设备 │ → │井点系统 │ → │抽水系统 │ → │开始降水 │
│  方案   │   │布置与计算│   │  准备   │   │  安装   │   │  测试   │   │         │
└─────────┘   └─────────┘   └─────────┘   └─────────┘   └─────────┘   └─────────┘
```

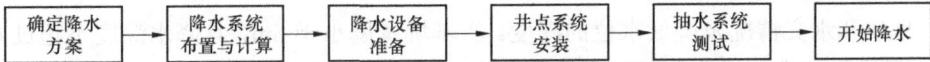

图 2-4-3 轻型井点降低地下水施工工艺流程图

（2）降水系统布置与计算。井点系统是以水井理论进行计算的，水井根据其井底是否到达不透水层，区分为完整井和非完整井，井底到达不透水层顶的称为完整井，否则为非完整井。根据地下水有无压力，水井有承压井和无承压井之分。凡井点的滤管布置在地下两层不透水层之间的含水层中，由于地下水充满在两层不透水层之间，此时，地下水面具有一定的水压，该井即称为承压井；若地下水的上部均为透水层，仅下部有不透水层，此地下水无水压，该水井即称为无压井，如图 2-4-4 所示。井点系统布置与计算，应根据地质水文钻探资料确定属于那一种类型，然后再选定计算公式。

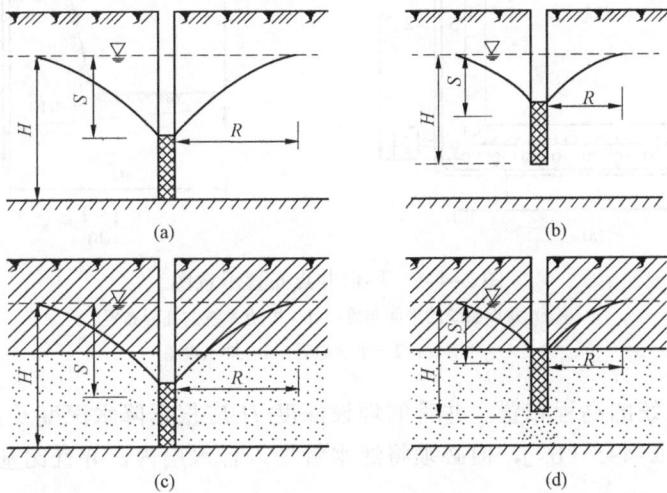

图 2-4-4 水井分类示意图
（a）无压完整井；（b）无压非完整井；（c）承压完整井；（d）承压非完整井
H—含水层厚度；R—降水半径；S—降水深度

轻型井点计算的主要内容：根据确定的井点系统的平面和竖向布置图计算单井井点和群井（井点系统）涌水量，确定井点管数量和间距，校核水位降低数值，选择抽水系统的类型、规格和数量以及进行井点的布置等。井点计算由于受水文地质和井点设备效率等多种因素的影响，计算结果只是近似的，对重要工程，其计算结果应经现场试验进行修正。

1）井点系统的布置方式。井点系统的平面布置，主要取决于基坑的平面形状、大小、地质和水文情况及降低水位的深度。当基坑宽度小于 6m，且降水深度不超过 6m 时，可采用单排井点，布置在地下水上游一侧；当基坑宽度大于 6m，或土质不良，渗透系数较大时，宜采用双排井点，布置在基坑的两侧；当基坑面积较大时，宜采用环型井点或 U 形井点，如图 2-4-5（a）所示。环状井点的四角部分应适当加密，挖土运输设备出入道路可不封闭，间距可达 4m，宜留在地下水下游方向。井管距离坑壁一般不小于 1m，以防局部发生漏气，井管的间距一般为 0.8～1.6m，亦可经计算确定。

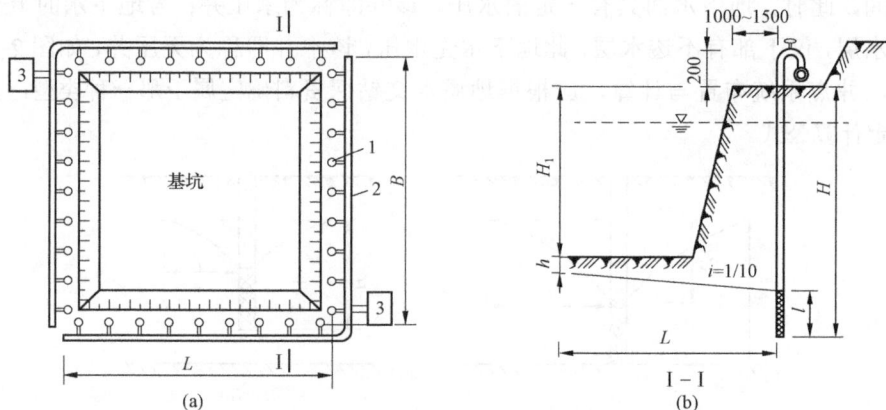

图 2-4-5 环形井点布置示意图
（a）井点系统的平面布置；（b）井点系统的高程布置
1—井点管；2—集水总管；3—抽水设备

a）井点系统的高程布置。井管的埋设深度 H 应根据降水深度及含水层所在位置确定［如图 2-4-5（b）］，但必须将滤水管埋入含水层内，并且比基坑底深 0.9～1.2m，有

$$H \geqslant H_1 + h + iL + l \tag{2-4-1}$$

式中　H——井点管的埋置深度，m；

　　　H_1——井管埋设面至基坑底的距离，m；

　　　h——降低后的地下水位至基坑底的距离，一般为 0.5～1.0m；人工开挖取下限，机械开挖取上限；

　　　i——地下水降落坡度，环状井点为 1/10，单排线状井点为 1/4；

　　　L——井管至基础中心的短边距离，m；

　　　l——虑管长度，m。

此外，确定井管长度，还要考虑到井管一般应露出地面 0.2m 左右。

b）如算出的 H 值大于现有井管长度，则表示一层井点还达不到降水深度的要求，应采取其他措施，或改用二级（两层）井点，如图 2-4-6 所示。

c）为充分利用抽吸能力，总管的标高宜接近原地下水位，水泵抽的标高宜与总管齐平；并沿抽水水流方向保留 0.25%～0.5% 的上仰坡度。

2）计算涌水量：涌水量的计算有单井涌水计算和群井涌水计算，本立介绍环状井点系统的群井涌水量计算公式。其中，无压完整经的理论较为完善，应用较为普遍。无压非完整系统涌水量计算较麻烦，为了计算简化，仍可用无压完整井涌水量计算公式，此时式中的 H 换成含水层有效带深度 H_0，此值可查表 2-4-3。

a）无压完整井涌水量计算简图，如图 2-4-7 所示。

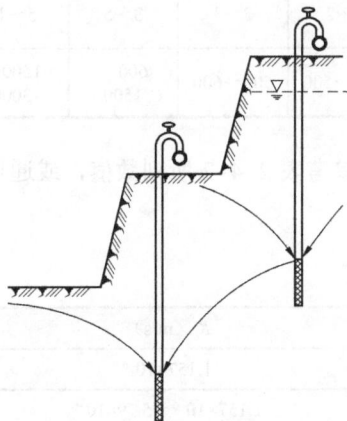

图 2-4-6 二级井点降水示意图

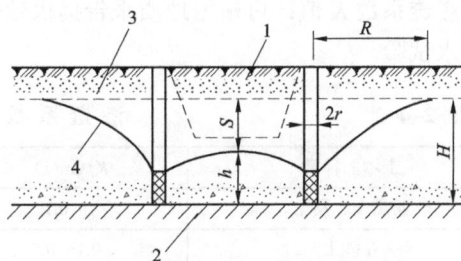

图 2-4-7 无压完整井涌水量计算简图
1—基坑；2—不透水层；3—原水位线；4—降低后水位

涌水量为

$$Q = 1.366K \frac{(2H - S)S}{\lg R - \lg x_0} \qquad (2\text{-}4\text{-}2)$$

式中 Q——涌水量，m^3/d；

H——含水层厚度，m；

K——渗透系数，m/d，见表 2-4-2；

R——抽水影响半径，m；

S——水位降低值，m；

x_0——基坑等效半径，当基坑为圆形时，等效半径取圆半径。当基坑为非圆形时，对矩形基坑的等效半径按 $x_0 = 0.29(a+b)$ 计算，a、b 分别为基坑的长、短边。对不规则形状的基坑，其等效半径按 $x_0 = \sqrt{\dfrac{A}{\pi}}$ 计算，A 为基坑井点管所包围的平面面积，m^2。

式（2-4-2）中 R、K 需预先确定。

抽水影响半径 R：由于影响 R 的因素很多，一般根据抽水试验或土壤特性来确定，亦可按公式 $R = 1.95S\sqrt{HK}$ 进行计算，然后与表 2-4-1 比较后确定。

表 2-4-1　　　　　　　　土壤特性与抽水影响半径 R 的关系

土壤特性	极细砂	细砂	中砂	粗砂	极粗砂	小砾	中砾	大砾
颗粒直径（mm）	0.05～0.1	0.1～0.25	0.25～0.5	0.5～1	1～2	2～3	3～5	5～10
影响半径 R（m）	25～50	50～100	100～200	200～400	400～500	500～600	600～1500	1500～3000

渗透系数 K 值：可根据地质报告提供数值，或参考表 2-4-2 所列数值，或通过现场抽水试验。

表 2-4-2　　　　　　　　渗　透　系　数 K（K'）

土壤的种类	K（m/d）	K'（m/s）
亚黏土、黏土	<0.1	1.157×10^{-6}
亚砂土	0.1～0.5	$1.157 \times 10^{-6} \sim 5.79 \times 10^{-6}$
含亚黏土的粉砂	0.5～1.0	$5.79 \times 10^{-6} \sim 11.57 \times 10^{-6}$
纯粉砂	1.0～5.0	$5.79 \times 10^{-6} \sim 57.87 \times 10^{-6}$
含黏土的细砂	10～15	$11.57 \times 10^{-6} \sim 173.6 \times 10^{-6}$
含黏土的中砂及纯细砂	20～25	$231.5 \times 10^{-6} \sim 289.4 \times 10^{-6}$
含黏土的细砂及纯中砂	35～50	$405.1 \times 10^{-6} \sim 578.7 \times 10^{-6}$
纯粗砂	50～75	$578.7 \times 10^{-6} \sim 868.1 \times 10^{-6}$
粗砂夹砾	90～100	$1041.7 \times 10^{-6} \sim 1157.4 \times 10^{-6}$
砾石	100～200	$1157.4 \times 10^{-6} \sim 2314.8 \times 10^{-6}$

注　此表是与土壤颗粒有效直径有关的渗透系数。

b）无压非完整井涌水量计算简图（见图 2-4-8）及计算公式。S' 为原地下水位至滤管顶部距离。

计算无压非完整井的涌水量时，需事先确定 H_0 值，因为在非完整井抽水时，它影响不到蓄水层的全部深度，只影响到一定的深度，下面的地下水不受扰动。为简化计算，一般仍用无压完整井群井涌水量计算公式，但式中 H 换算成有效带深度 H_0，H_0 值可根据表 2-4-3 确定，有

$$Q = 1.366K \frac{(2H_0 - S)S}{\lg R - \lg x_0} \cdot \sqrt{\frac{h_0 + 0.5r}{h_0}} \cdot \sqrt{\frac{2h_0 - l}{h_0}} \qquad (2-4-3)$$

式中　r——井点管半径，m，见图 2-4-9。

　　H_0——含水层有效带深度；

　　h_0——滤水管上端至含水层有效带距离，m。

　　H_0 值一般取决于 S' 与 $(S'+1)$ 的比值，见表 2-4-3。

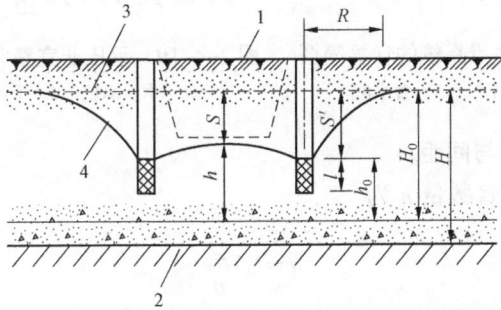

图 2-4-8　无压非完整井涌水量计算简图
1—基坑；2—不透水层；3—原水位线；4—降低后水位

表 2-4-3　　　　　　　　　　　　　　　H_0 取 值

$S'/(S'+1)$	0.2	0.3	0.5	0.8
H_0	1.3 $(S'+1)$	1.5 $(S'+1)$	1.7 $(S'+1)$	1.85 $(S'+1)$

　　c）承压完整井井点系统的计算简图（见图 2-4-9）及计算公式。如果各井点设在一个圆周上，则 $x_1 = x_2 = x_3 = \cdots x_n = x_0$，即等于圆的半径，有

$$Q = 2.73K \frac{MS}{\lg R - \lg x_0} \qquad (2-4-4)$$

式中　M——上、下不透水层间的距离，m。

　　d）承压非完整井井点系统的计算简图（见图 2-4-10）及计算公式，有

$$Q = 1.366K \frac{MS}{\lg R - \lg x_0} \cdot \sqrt{\frac{M}{1 + 0.5r}} \cdot \sqrt{\frac{2M - 1}{M}} \qquad (2-4-5)$$

式中　r——井点管半径，m。

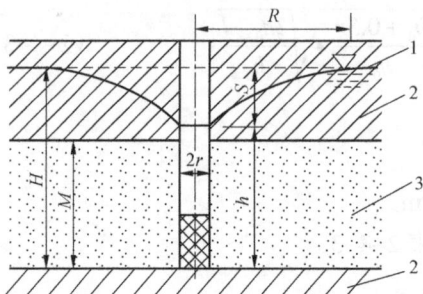

图 2-4-9 承压完整井井点系统的计算简图
1—承压水位；2—不透水层；3—含水层

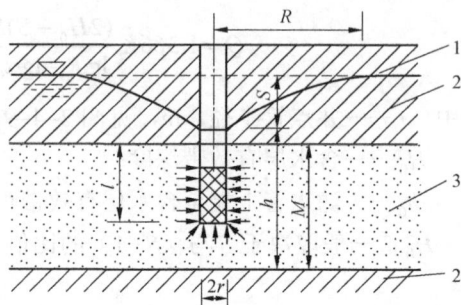

图 2-4-10 承压非完整井井点系统的计算简图
1—承压水位；2—不透水层；3—含水层

3）确定井管数量与间距。

a）井管数量：井管数量 n 为

$$n = 1.1 \frac{Q}{q} \qquad (2-4-6)$$

$$q = 120\pi r_0 l \sqrt[3]{K} \qquad (2-4-7)$$

式中　n——井点管数量；

　　1.1——考虑井点管堵塞等因素的备用系数；

　　q——单根井管的出水量，m^3/d。

　r_0——滤管半径，与井点管半径厂相同，m；

　l——滤管长度，m；

　K——土壤的渗透系数，m/d。

b）井点管间距。井点管间距可按式（2-4-8）计算

$$D = \frac{2(L + B)}{n} \qquad (2-4-8)$$

式中　D——井点管的平均间距，m；

　L、B——矩形井点系统的长度和宽度，m。

计算出的井点间距应大于 $30r_0$。（因井点太密将会影响抽水效果），并应符合总管接头间距的要求（0.8、1.2、1.6m）。

4）水位降低深度验算。井点（管）数量确定后，尚应按下式校核所采用的布置方案降水深度是否满足要求，有

$$S=H-h \tag{2-4-9}$$

$$h = \sqrt{H^2 - \frac{Q}{1.366K}\left[\lg R - \frac{1}{n}\lg(x_1 \cdot x_2 \cdots x_n)\right]} \tag{2-4-10}$$

$$h = \sqrt{H^2 - \frac{Q}{1.366K}(\lg R - \lg r_0)} \tag{2-4-11}$$

式中 h ——降低后水位高度，m，对完整井算至不透水层，对非完整井算至有效带深度；

x_1、x_2、…、x_n ——各井管距基坑中心或井点系统中心的距离，m。

（3）降水设备准备。轻型井点降水的设备主要包括：井管（下端为滤管）、连接管、集水总管、抽水设备等。

1）井点管：井点管直径一般为 38～110mm 钢管，长度为 5～7m，管下端配有滤管，滤管直径与井点管相同，长度为 1～2m，井管和滤管用丝扣套头连接，滤管上渗水孔直径为 12～18mm，呈梅花状排列，孔隙率应大于 15%。

滤管外壁应设两层滤网，内层滤网宜采用 30～80 目的金属网或尼龙网，外层滤网宜采用 3～10 目金属网或尼龙网。管壁与滤网间应采用金属丝绕成螺旋形隔开，滤网外面应再绕一层粗金属丝。

2）连接管与集水总管。连接管常用透明塑料管。集水总管一般用直径 75～110mm 钢管分段连接，每段 4m，其上装有与井管联结的连接短接头，间距为 0.8～1.6m；井管连接短接头与井管用 90 "弯头连接，或用塑料管连接。

3）抽水设备。轻型井点设备根据抽水机组的不同，常用的有真空泵真空井点和射流泵真空井点。真空泵真空井点由真空泵、离心式水泵、水泵机组配件等组成，有定型产品供应（见表 2-4-4）。其特点是真空度高，带动井点数多，降水深度大，适用于较大的工程排水。

射流泵真空井点设备由离心水泵、射流泵、循环水箱等组成（见表 2-4-5）。

表 2-4-4 真空泵型真空井点系统设备规格与技术性能

名称	数量	规格与技术性能
往复式真空泵	1 台	V_5 型（W_6 型）或 V_6 型；生产率 4.4m³/min；真空度 100kPa，电动机功率 5.5kW，转速 1450r/min
离心式水泵	2 台	B 型或 BA 型；生产率 20m³/h；扬程 25m，抽吸真空高度 7m，吸口直径 50mm，电动机功率 2.8kW。转速 2900r/min

续表

名称	数量	规格与技术性能
水泵机组配件	1套	井点管 100 根，集水总管直径 75～100mm，每节长 1.6～4.0m，每套 29 节，总管上节管间距 0.8m，接头弯管 100 根；冲射管用冲管 1 根；机组外形尺寸 2600mm×1300mm×1600mm，机组重 1500kg

注　1. 地下水位降低深度为 5.5～6.5m。

　　2. 离心式水泵数量为一台备用。

表 2-4-5　　　　　ϕ50 型射流泵真空井点设备规格及与技术性能

名称	型号及技术性能	数量	备注
离心泵	3BL-9，流量 45m³/h，扬程 32.5m	1 台	供给工作水
电动机	JO₂—42—2，功率 7.5kW	1 台	水泵的配套动力
射流泵	喷嘴势 ϕ50mm，空载真空度 100kPa，工作水压 0.15～0.3MPa，工作水流 45m³/h 生产率 10～35m³/h	1 个	形成真空
水箱	1100mm×600mm×1000mm	1 个	循环用水

注　每套设备带 9m 长井点 25～30 根，间距 1.6m，总长度 180m，降水深 5～6m。

（4）井点系统安装。轻型井点排水系统的安装程序是按照设计计算的布置方案，先排放总管，在总管旁靠近基坑一侧开挖排水沟，再埋设井点管，然后用弯联管把井点管与总管连接。最后安装抽水设备。

井点管的埋设可以利用冲水管冲孔法、钻孔法或射水法成孔，井孔直径不宜大于 300mm，孔深宜比滤管底深 0.5～1.0m。然后再将井点管沉放，或以带套管的水冲法或振动水冲法下沉。

使用冲水管冲孔，先将高压水泵的射水高压胶管连接在冲孔管上，冲孔管可由滑车组悬挂在人字架上。利用高压水经由冲孔管头部的三个喷水小孔以急速的射水速度冲刷土壤，同时把冲孔管作上下及左右的转动，冲孔管边冲边下沉，从而逐渐在土中形成一个孔洞。井孔形成后，拔出冲孔管，立即把井点管插入孔内，并及时在井点管与孔壁之间填灌中粗砂滤层，投入滤料数量应大于计算值的 85%，在地面以下 1m 范围内用黏土封孔。然后进行下一井点冲孔。冲孔所需的水流压力见表 2-4-6。

表 2-4-6　　　　　　　　冲孔所需的水流压力

土的名称	冲水压力（kPa）	土的名称	冲水压力（kPa）
松散细砂	250～450	中等密实黏土	600～750
软质黏土、粉质黏土	250～500	砾石土	750～900

土的名称	冲水压力（kPa）	土的名称	冲水压力（kPa）
密实的腐殖土	500	塑性粗砂	850～1150
原状的细砂	500	密实黏土、密实粉质黏土	750～1250
松散的中砂	450～550	中等颗粒的砾石	1000～1250
黄土	600～650	硬黏土	1250～1500
原状的中粒砂	600～700	原状粗砾	1350～1500

做好井点管的埋设和砂滤层的填灌，是保证轻型井点顺利抽水、降低地下水位的关键。施工注意事项：冲孔过程中，孔洞必须保持垂直，孔径一般为300mm，孔径上下要一致，冲孔深度应比滤管底深0.5m左右，以保证井点管周围及滤管底部有足够的滤层。砂滤层宜选用中粗砂以免堵塞滤管的网眼，填灌应均匀密实。砂滤层灌好后，距地面下0.5～1m的深度内，用黏土封口捣实，防止漏气。

（5）抽水系统测试：井点管埋设完毕后，即可接通总管和抽水系统进行试抽水，检查有无漏水、漏气现象，出水是否正常。

轻型井点降水系统使用时，应保证连续不断抽水（应备用双电源，以防断电），若时抽时停，滤网易于阻塞；中途停抽，地下水回升，也会引起边坡塌方等事故。正常的出水规律是"先大后小，先浑后清"。

真空泵的真空度是判断井点系统是否良好的尺度，必须经常观测，造成真空度不够的原因很多，但通常是由于管路系统连接不好，存在漏气，应立即检查并采取措施。

井点管淤塞，一般可从听管内水流声响；手扶管壁感到振动；夏、冬季手摸管子有夏冷、冬暖等简便方法检查。如发现淤塞井点管太多，严重影响降水效果时，应逐个用高压水反冲洗或拔出重埋。

井点降水时，尚应对附近的建筑物进行沉降观测，如发现沉陷过大，应及时采用防护措施。

（6）轻型井点系统降低地下水位的计算实例。某工程基坑平面尺寸如图2-4-11所示，基坑底宽10m，长19m，深4.1m，挖土边坡1:0.5。地下水深为0.6m，根据地质勘查资料，该处地面下0.7m为杂填土，此层下面有6.6m的细砂层，土的渗透系数 K=5m/d，再往下为不透水的黏土层，现采用轻型井点设备进行人工降水，机械开挖土方。

1）该基坑顶部平面尺寸为 14m×23m，布置环状井点，井点管离边坡 0.8m，要求降水深度 S=(4.1−0.6+0.5)m=4.0m，故用一级轻型井点系统即可满足要求，总管和井点布置在同一水平面上。

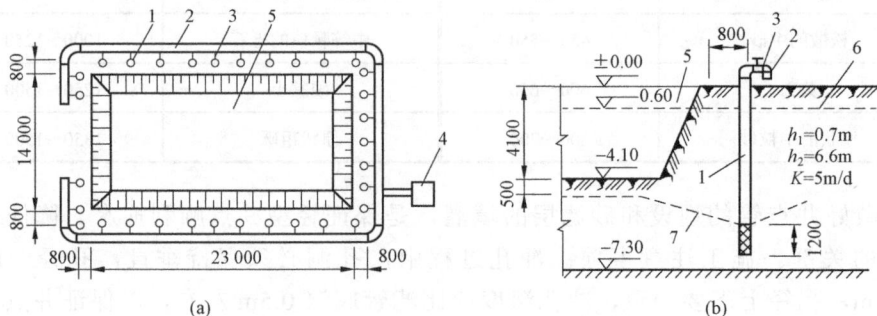

图 2−4−11　轻型井点布置计算实例图

（a）井点管平面布置图；（b）高程布置

1—井点管；2—集水总管；3—弯连管；4—抽水设备；5—基坑；

6—原地下水位；7—降低后地下水位线

由井点系统布置处至下面一层不透水薪土层的深度为（0.7+6.6）m=7.3m，设井点管长度为 7.2m（井管长 6m，虑管长 1.2m，直径 0.05m），故虑管底距不透水层只有 0.1m，可按无压完整井进行设计和计算。

2）基坑总涌水量计算。

含水层厚度 H=7.3−0.6=6.7（m）。

降水深度 S=4.1−0.6+0.5=4.0（m）。

基坑等效半径：由于该基坑长宽比不大于 5，所以可以简化为一个半径为 x_0 的圆井进行计算 $x_0 = \sqrt{\dfrac{A}{\pi}} = \sqrt{\dfrac{(14+0.8\times2)(23+0.8\times2)}{3.14}} = 11\,(\mathrm{m})$。

抽水影响半径 $R = 1.95S\sqrt{HK} = 1.95\times4\sqrt{6.7\times5} = 45.1\,(\mathrm{m})$。

基坑总涌水量 $Q = 1.366K\dfrac{(2H-S)S}{\lg R - \lg x_0} = 1.366\times5\times\dfrac{(2\times6.7-4)\times4}{\lg 45.1 - \lg 11} = 419\,(\mathrm{m^3/d})$。

3）计算井点管数量和间距。

单井点出水量 $q = 120\pi r_0 l\sqrt{K} = 120\times3.14\times0.025\times1.2\times\sqrt[3]{5} = 20.9\,(\mathrm{m^3/d})$。

需井点管数量 $n = 1.1\dfrac{Q}{q} = 1.1\times\dfrac{419}{20.9} = 22\,(根)$。

在基坑四角处井点管应加密，如考虑每个角加 2 根井管，则采用的井点数量为 22+8=30（根），井点管间距平均 $D = \dfrac{2(L+B)}{n} = \dfrac{2 \times (24.6+15.6)}{30} = 2.68\,(m)$（取 2.7m）。

布置时为挖掘机有开行路线，宜布置成端部开口［即留 3 根井点距离，如图 2–4–11（a）所示］，因此实际需要井点管数量 $n = \dfrac{2 \times (24.6+15.6)}{2.4} - 2 = 31.5$（根）（取 32 根）。

4）校核水位降低值。

$$h = \sqrt{H^2 - \frac{Q}{1.366K}(\lg R - \lg x_0)} = \sqrt{6.7^2 - \frac{419}{1.366 \times 5}(\lg 45.1 - \lg 11)} = 2.7\,(m)$$

实际可降低水位 $S=H-h=6.7-2.7=4\,(m)$。

与需要降低水位数值 4m 相符，故布置可行。

二、流砂坑沉井法施工

对于一般流砂坑土方施工，可采用挡土板法进行土壁支撑，防止坍塌。当地下水位较高，流砂较严重时，或土方施工易对附近建筑物、构筑物造成安全隐患的情况下，可采用沉井基础施工方法。

沉井是用砖、混凝土（或钢筋混凝土）等建筑材料制成的井筒结构物。它是以井内挖土，依靠自身重力克服井壁摩阻力后下沉到设计标高。然后经过封底，起到流砂坑、泥水坑护壁施工的作用，在其内部形成一个干燥的基础施工平面。沉井基础能有效地防止流沙及地下水，避免坑壁塌方。

1. 沉井介绍

（1）沉井分类。

1）按沉井形状分为圆形沉井和矩形沉井，如图 2–4–12 所示。

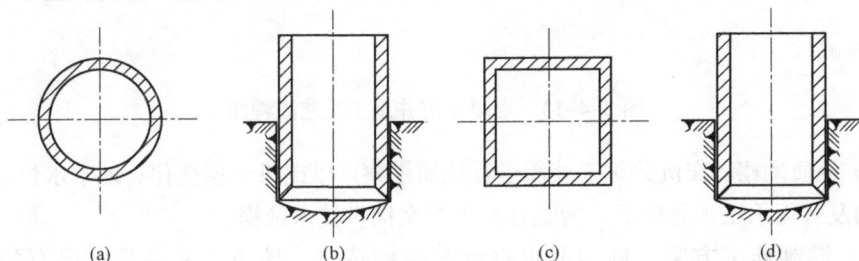

图 2–4–12 沉井分类

（a）圆沉井平面图；（b）圆沉井断面图；（c）矩形沉井平面图；（d）矩形沉井断面图

a）圆形沉井：形状对称、挖土容易，下沉不易倾斜，但与基础截面形状适应性差。

b）矩形沉井：与基础截面形状适应性好，模板制作简单，但边角土不易挖除，下沉易产生倾斜。

2）按沉井的建筑材料划分：

a）混凝土沉井：下沉时易开裂。

b）钢筋混凝土沉井：常用。

c）钢沉井：多用于水中施工。

d）砖沉井：制作简单，取材容易，下沉时宜开裂。

（2）沉井的构造。

1）井壁：沉井的外壁，是沉井的主要部分，它应有足够的强度，以便承受沉井下沉过程中及使用时作用的荷载；同时还要求有足够的重量，使沉井在自重作用下能顺利下沉。

2）刃脚：井壁下端一般都做成刀刃状的"刃脚"，其作用是减少下沉阻力。

3）封底：当沉井下沉到设计标高，经过技术检验并对井底清理整平后，即可封底，以防正地下水渗入井内。

2. 混凝土沉井施工

（1）混凝土沉井施工工艺流程，如图 2-4-13 所示。

（2）沉井施工准备。

沉井施工前的准备工作，除场地平整，修建临时设施、水电等动力供应及原材料、工器具筹备外，还应着重做好下述工作。

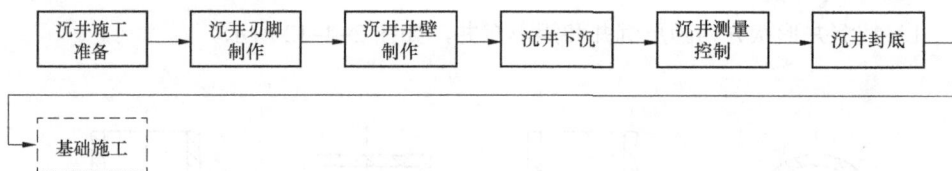

图 2-4-13　混凝土沉井施工工艺流程图

1）地质勘察。在沉井施工处需进行地质勘察，以提供土层变化、地下水位、地下障碍物及有无承压水等情况，为制订施工方案提供技术依据。

2）编制施工方案。施工前根据沉井结构特点、地质水文条件、已有施工设备和施工经验，经技术、经济比较，编制出合理的施工方案。重点解决沉井制作、下沉、封底等技术措施及保证质量的技术措施。沉井各部位结构尺寸根据基础埋深、底板截面尺寸、承受水平及垂直荷载等确定，其整体强度应经受力验算。

3）布设测量控制网。施工前需设置测量控制网和水准基点，作为定位放线、沉井制作和下沉的依据。如附近存在建（构）筑物等，要设沉降观测点，以便施工沉井时定期进行沉降观测。

（3）沉井刃脚制作。沉井下部为刃脚，其作用是利于沉井切土下沉。其制作方式取决于沉井重量、施工荷载和地基承载力。常用的制作方法有垫架法、砖砌垫座和土模，如图 2-4-14 所示。

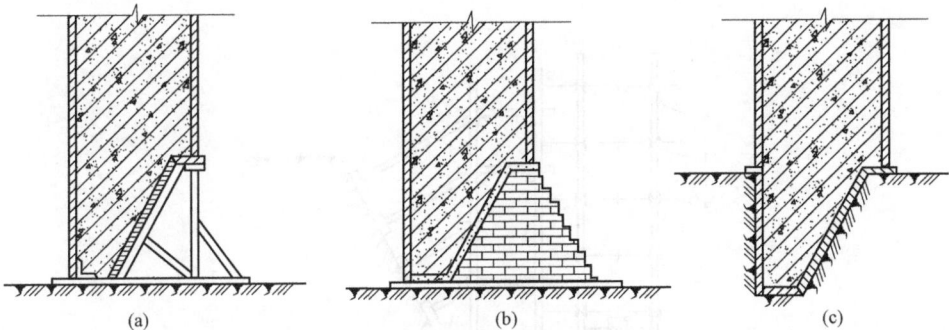

图 2-4-14 沉井刃脚示意图
（a）垫架法；（b）砖砌垫座法；（c）土模法

在软弱地基上浇筑较重的沉井，常用垫架法。采用垫架法施工时，应计算井身一次浇筑高度，使其不超过地耐力。直径（或边长）不超过 8m 的较小的沉井，土质较好时可采用砖垫座，砖垫座沿周长分成 6～8 段，中间留 20mm 缝隙，以便拆除，砖垫座内壁用水泥砂浆抹面。对重量轻的小型沉井，土质较好时，可用土模，土模内壁亦用水泥砂浆抹面。

另外，刃脚也可使用钢板制作成尖刀型，中间设置加劲肋，并与井壁内钢筋直接焊接，与井筒一起浇制成型。

（4）沉井井壁制作。沉井制作可在现场直接浇制，也可提前预制，再吊放至基坑位置。

沉井制作有下列几种方式：一次制作、一次下沉；分节制作、一次下沉；分节制作、分节下沉（制作与下沉交替进行）。井壁钢筋绑扎、模板支护、混凝土浇筑及养护与基础施工相同。

浇制前应在井壁四角或合适的位置预埋吊装挂孔，以便在下沉过程中调整位置和倾斜。

井壁内外侧模板可采用对拉螺栓固定,外侧模板宜使用大块木模板,并进行刨光,以利于下沉。沉井分节下沉模板支护见图 2-4-15。

钢筋由人工绑扎,也可在沉井近处地面上预制成钢筋骨架或网片;用起重机进行分段、分片安装。

混凝土宜采用预拌混凝土,以保证供应。

标号宜大于 C25,根据需要添加早强剂,以缩短沉井施工周期。

井壁高度根据基坑设计深度确定,一般考虑刃脚深入基坑底面以下 0.5m,上顶面高于地下水位或与地面平齐。

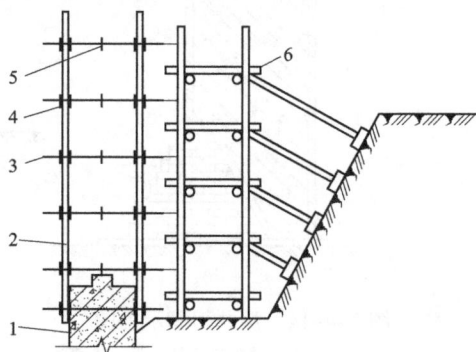

图 2-4-15 沉井分节下沉模板支护示意图
1—下一节沉井;2—模板;3—对立螺栓;4—木垫块;5—顶撑木;6—钢管脚手架

(5)沉井下沉。

1)沉井下沉施工方法。沉井下沉前应进行混凝土强度检查、外观检查。其强度应达到设计强度 70%,才可进行下沉施工。在挖掘时,从沉井中间开始逐渐挖向四周,每层挖土厚 0.4~0.5m,沿刃脚周围保留 0.5~1.5m 土堤,然后再沿沉井壁,每 2~3m 一段向刃脚方向逐层对称、均匀地削薄土层,每次削土厚度 5~10cm,当土层经不住刃脚的挤压而破裂,沉井便在自重作用下均匀垂直挤土下沉。下沉过程中应在基坑中心处进行集中抽水作业,与基坑排水方法相同,或在井壁外围配合进行井点降水。

应随时观察沉井下沉情况,如下沉不均匀,应立即停止抽水,并应在下沉较快侧回填坑内弃土,加快下沉较慢侧的挖掘,必要时应挖去井壁外侧土方,以减小阻力,保证沉井的正常下沉。如沉井不能靠自重均匀下沉时,应辅以外加压力使之均匀下沉。外加压力,可用配重法,或用千斤顶、抱杆索具下压法实施。沉井下沉过程如图 2-4-16 所示。

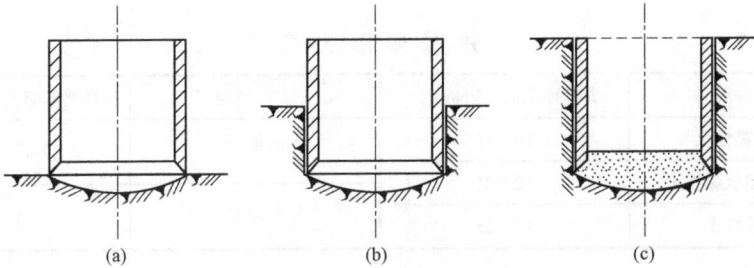

图 2-4-16　沉井下沉过程示意图
（a）开始下沉；（b）下沉过程；（c）下沉完成

2）沉井下沉系数计算。沉井下沉，其自重必须克服井壁与土间的摩阻力和刃脚下的反力，采取不排水下沉时尚需克服水的浮力。因此，为使沉井能顺利下沉，应进行分阶段下沉系数的计算，作为确定下沉施工方法和采取技术措施的依据。沉井下沉系数计算简图如图 2-4-17 所示。

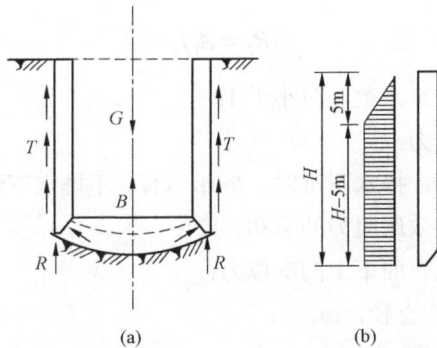

图 2-4-17　沉井下沉系数计算简图
（a）下沉力系平衡图；（b）下沉摩阻力计算简图

下沉系数 k_0 为

$$k_0=(G-B)/T \qquad (2-4-12)$$

式中　G——井体自重及附加重量，kN；

B——下沉过程中地下水的浮力，为井壁排出水量重，排水施工时，$B=0$，kN；

T——井壁总摩阻力，kN；

k_0——下沉系数，宜为 1.05～1.25，位于淤泥质土中的沉井取小值，位于其他土层中取大值。

井壁摩阻力可参考表 2–4–7。

表 2–4–7 井 壁 摩 阻 力 表

土的种类	井壁摩阻力（kN/m²）	土的种类	井壁摩阻力（kN/m²）
流塑状黏性土	10～15	砂卵石	17.7～29.4
软塑及可塑状黏性土	12～25	泥浆套	3～5
砂和粉性土	15～25		

当下沉系数较大，或在软弱土层中下沉，沉井有可能发生突然急速下沉时，除在挖土时采取措施外，宜在沉井刃脚下加设横梁等作为防止的措施，并按式（2–4–13）～式（2–4–15）验算下沉稳定性

$$K = \frac{G - B}{R_f + R_1 + R_2} \qquad (2\text{–}4\text{–}13)$$

$$R = \pi D_0 \left(C + \frac{n}{2} \right) \qquad (2\text{–}4\text{–}14)$$

$$R_2 = A_1 f_u \qquad (2\text{–}4\text{–}15)$$

式中　K——沉井下沉稳定系数，应小于 1；

　　　G——沉井的自重力；

　　　B——地下水浮力，排水下沉时，$B=0$，kN，不排水下沉时取总浮力的 70%；

　　　R_f——沉井外壁有效摩阻力的总和，kN；

　　　R_1——刃脚踏面及斜面下土的支撑力；

　　　D_0——沉井的平均直径，m；

　　　C——刃脚踏面宽度，m；

　　　n——刃脚斜面与井内土体接触面的水平投影宽度，m；

　　　R_2——沉井底部横梁等支撑物下面土的支撑力，kN；

　　　A_1——横梁等支撑物的总支撑面积，m²；

　　　f_u——按表 2–4–8 所建议的每平方米土的极限承载力，kN/m²。

（6）沉井测量控制。沉井位置标高的控制，是在沉井外部地面及井壁顶部四面设置纵横十字中心控制线、水准基点，以控制位置和标高，如图 2–4–18 所示。沉井垂直度的控制，可在井筒内按 4 等分标出垂直轴线，并设置吊线坠进行控制，并定时用两台经纬仪进行垂直偏差观测。当线坠离墨线达 50mm，或四面标高不一致时，应进行

纠正。沉井下沉深度可通过在井外壁两侧用白铅油画标尺进行控制。沉井下沉中应加强位置、垂直度和标高（沉降值）的观测，2h/次，预防超沉，由专人负责并做好记录，以便根据沉降记录调整挖土顺序和速度。

表 2-4-8　　　　　地基每平方米土的极限承载力 f_u　　　　　　（kN/m²）

土的种类	f_u	土的种类	f_u
淤泥	100～200	坚硬、硬塑黏性土	300～500
淤泥质黏土	200～300	细砂	200～400
可塑粉质黏土	200～300	中砂	300～500
坚硬、硬塑粉质黏土	300～400	粗砂	400～600
可塑黏性土	200～400		

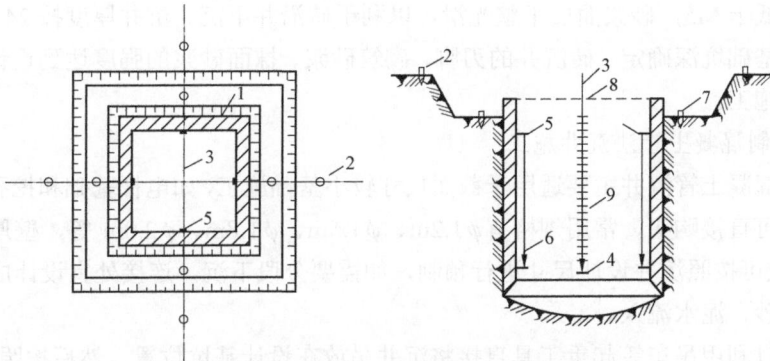

图 2-4-18　沉井下沉测量方法示意图

1—沉井；2—中心线控制点；3—沉井中心线；4—钢标板；5—铁件；6—线坠；
7—下沉控制点；8—沉降观测点；9—壁外下沉标尺

（7）沉井封底。当沉井下沉到距设计标高 0.1m 时，应停止井内挖土和抽水，使其靠自重下沉至设计或接近设计标高，再经 2～3 天下沉稳定，或经观测在 8h 内累计下沉量不大于 10mm 时，即可进行沉井封底。封底方法有排水封底和不排水封底两种，宜尽可能采用排水封底。

1）排水封底。排水封底是通过井筒内集中排水，然后再进行封底。封底一般采用先铺一层 150～200mm 厚碎石或卵石层,再在其上浇制一层厚约 50～100mm 的混凝土垫层,在刃脚下切实填严,振捣密实,以保证沉井的最后稳定。垫层达到设计强度 50%以后,开始进行基础钢筋绑扎及支模。

2)不排水封底。当井底涌水量很大或出现流沙现象时,沉井可在水下进行封底。待沉井基本稳定后,将井底浮泥清除干净,向井筒内抛卵石、碎石垫层。然后采用导管法浇筑混凝土进行水下封底。待水下垫层达到所需强度后,方可从沉井内抽水,检查封底情况,进行检漏补修。

3. 砖沉井流砂坑施工

砖沉井法流沙坑挖掘施工,即在预定挖掘基础处地面上用普通砖砌筑圆形井筒,利用拱形原理承担坑壁的侧压力,利用其自重之下沉,达到流砂坑、泥水坑护壁挖掘施工的目的。

砖沉井的制作、养护、下沉工艺参考混凝土沉井进行。制作砖沉井的茹土砖强度不宜低于 MU10,砂浆强度不宜小于 M10,必要时应使用早强型水泥,以缩短养护时间。砌筑过程中每隔 4～6 层砖应加不少于 2 根 ϕ4mm 钢筋,以保证其整体强度。砖沉井的最下层应设钢筋混凝土刃脚。在井壁外侧表面应抹 10～20mm 厚的水泥砂浆,其强度不应低于 M5,砂浆面要平整光滑,以利于砖沿井下沉。沉井厚度按 24 墙结构,高度根据基础坑深确定。砖沉井的刃脚、砌筑砂浆、抹面砂浆的强度达到设计要求后,方可下沉施工。

4. 预制混凝土管法沉井施工

预制混凝土管沉井主要适用于截面尺寸较小基础施工,如电杆基础和挖孔桩基础。混凝土管可直接购买,常用规格有 ϕ1.2m、ϕ1.5m、ϕ1.8m、ϕ2.0m 等,壁厚为 0.1～0.15m。也可按照沉井设计尺寸进行预制,如需要分段下沉,连接处宜设计成槽口型,以防止流砂、泥水流入。

施工时利用吊车等起重工具直接将沉井吊放在设计基坑位置,然后按照混凝土沉井施工工艺进行下沉施工。

三、掏挖扩底式基坑的施工

掏挖扩底式基础是以原状土构成的抗拔土体保持基础的上拔稳定,它能充分发挥原状土的特性,不仅具有良好的抗拔性能,而且具有较大的横向及下压承载力。掏挖式基础具有土方工程量小、工艺简单、简化冬期养护、避免回填等优点,可以有效地缩短基础施工周期,加快工程进度、降低工程造价等,在输电线路工程设计和施工中被广泛使用。

掏挖基础一般适用于硬塑或可塑的黏性土及无地下水或渗入水土质,传统施工方法为人工掏挖成型。人工掏挖的优点是使用工器具简单，可以组织多点同时作业，但用工量大，效率较低。

（1）施工前应进行安全、技术交底，并应组织掏挖施工试点，验证确实安全可靠，方可全面施工。

（2）在挖掘施工前，应按设计图纸进行分坑定位和放线。首先在基坑中心设一标记，以此标记为中心，以设计坑口半径在地面上放线。然后在圆形坑口外合适位置设置十字形辅助桩，以便挖掘过程中和成型后进行找正检查。

（3）应根据基坑开挖尺寸线先挖出样洞，深度约 300mm，样洞直径宜比设计的基础尺寸小 30～50mm。样洞挖好后应复测根开、对角线等尺寸，合格后再继续开挖。

（4）基础主柱挖掘过程中为防止超挖，应经常量测，保持设计尺寸和形状，每挖掘 0.5m，在基坑中心利用垂球检查坑位及主柱直径。

（5）基础主柱开挖深度距设计要求尚有 100～200mm 时，检查主柱直径正确后，用钢尺在主柱坑壁上量出基础底部扩大位置线，由扩大位置线下方 20～40mm 处开始挖掘扩底部分。

（6）基坑开挖至距设计要求深度尚有约 50mm 时，在基坑底部钉出基坑中心桩，边挖掘边检查尺寸，直至基坑周边尺寸符合设计图纸要求，掏挖成型后清除坑内余土。

（7）基坑施工的铲、镐等工具的把柄长度视坑口直径而定，一般应限制在 500mm 以下，以方便操作。

（8）基坑内取土应采用吊篮或吊桶。提运方法宜采用辘护或三脚架，以人力操作将土提运至坑口再倒运至安全地带，在扩底范围内地面上不得堆放土方。

（9）在基坑内作业人员必须佩戴安全帽，以防落物伤人。当坑深超过 1m 时，应设爬梯，以便坑内作业人员可随时出入。坑口设置安全监护人员，如发现土体异常，应立即通知坑内作业人员迅速离开作业地点。

（10）基坑挖掘过程中如发现地质情况与设计不符或坑壁有塌方先兆时应暂停施工，报告技术负责人研究处理。

（11）当基坑掏挖完成之后，应妥善掩盖坑口，雨季施工应在坑口设置挡水墙或排水沟。并应设置警示标志，防止人畜落入基坑。

（12）基坑掏挖成型后，应及时进行支模及混凝土浇筑等后续工作，否则应采取防止土体塌落的措施。

【思考与练习】

（1）本模块共介绍了几种特殊基坑开挖方法？

（2）泥水坑土方排水施工有几种排水的方法？其中直接排水又可以分为哪几种排水方法？

（3）流沙坑有哪几种施工方法？沉井基础施工按照建筑材料划分又可以分为哪几类？

（4）对于渗水速度不同的水坑应如何开挖？流沙坑如何开挖？淤泥坑如何开挖？

第三章

现浇混凝土基础施工

▶ 模块1　混凝土及原材料（新增模块）

【**模块描述**】本模块包含混凝土的特性，砂、石、水、水泥等原材料的性能及质量要求等内容。通过内容介绍，掌握混凝土原材料选配要求。

【**模块内容**】

通常所说的混凝土，是以胶凝材料、水、细骨料、粗骨料以及必要时掺入的外加剂和混合材料，按一定比例配合，经过均匀拌制、密实成型及养护硬化而成的人工石材。

混凝土按施工工艺不同划分主要有预拌混凝土、现场搅拌混凝土、离心成型混凝土、喷射混凝土等。按新拌混凝土工作性能分类主要有：低塑性混凝土、塑性混凝土、流动性混凝土、大流动性混凝土、流态混凝土。按照是否配制钢筋，混凝土又分为素混凝土和钢筋混凝土。

一、混凝土的主要特性

本模块对混凝土的和易性、强度、密实度、耐久性和体积变化及裂缝等主要特性进行简要介绍。

1. 和易性

混凝土的和易性，也称工作性，是指混凝土拌合物易于施工操作（拌合、运输、浇筑、振捣）的性能。和易性是一项综合技术性质，包括流动性、凝聚性和保水性三项独立的性能。

目前尚没有能够全面反映混凝土拌合物和易性的测定方法，通常是通过测定混凝土拌合物的流动性以评定混凝土拌合物的和易性。测定流动性最常用的是坍落度试验方法。

（1）根据浇筑时坍落度不同要求，混凝土拌合物可分为五个等级，见表3-1-1。

表 3-1-1 混凝土浇筑时的坍落度

名　称	级别	坍落度（mm）
低塑性混凝土	T1	10～40
塑性混凝土	T2	50～90
流动性混凝土	T3	100～150
大流动性混凝土	T4	≥160
流态混凝土	T5	200～220

注　1. 当采用人工振捣时坍落度可适当增大；
　　2. 当需要配置大坍落度混凝土时，宜掺用外加剂；
　　3. 泵送混凝土的入泵时坍落度根据泵送高度取值范围为100～200mm。

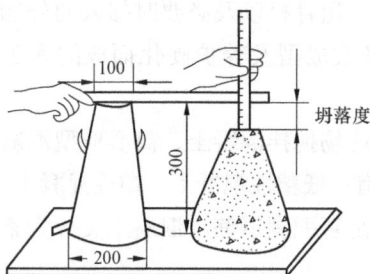

图 3-1-1　混凝土坍落度检测示意图

（2）混凝土坍落度检测方法如图 3-1-1 所示。

（3）影响混凝土坍落度变化的因素有三种：

1）坍落度与单位体积加水量成正比；

2）坍落度与砂率成反比；

3）坍落度与集料总量成反比。

总之，影响混凝土和易性的因素很多，和易性不但会影响混凝土的运输、浇注、振捣等施工操作，还会影响混凝土最终的强度，所以在拌制混凝土时应严格按照规程规范及设计要求进行控制。

2. 强度

强度是混凝土最重要指标之一，一般包括抗压强度、抗拉强度、抗弯强度和抗剪强度，其中最主要的是抗压强度。

（1）混凝土强度等级定义。混凝土的强度等级是按立方体抗压强度标准值来划分的，其立方体抗压强度标准值（f_{cuk}）是指按标准方法制作和养护的边长为 150mm 的立方体试件，在 28d 龄期，用标准试验方法测得的抗压强度，其保证率不低于 95%。

（2）混凝土强度等级表示方法。混凝土强度等级采用符号 C 与立方体抗压强度标准值（以 N/mm³ 计）表示。

（3）混凝土强度等级划分。按照抗压强度划分，混凝土的强度等级见表 3-1-2。

表 3-1-2　　　　　　　　　　　混凝土强度等级划分表

项目	混凝土强度等级划分
强度等级	普通混凝土划分为十二个强度等级：C7.5、C10、C15、C20、C25、C30、C35、C40、C45、C50、C55、C60

（4）混凝土的抗压强度主要取决于水泥标号和水灰比，砂、石料的强度、砂石的比例，混凝土施工及养护条件也对混凝土的抗压强度有较大的影响。另外，由于输电线路施工特点，现场配制混凝土时难以严格控制配合比，且所用的水泥、砂石的品质变化范围也较大，混凝土质量难以达到均匀一致，也会影响混凝土的强度。

3. 密实度

密实度是混凝土的重要性能，混凝土的强度、抗渗性及耐久性，在很大程度上均取决于密实度，提高混凝土密实度的方法有：

（1）合理选择骨料的级配，以减少骨料间的空隙。

（2）尽量选择使用普通硅酸盐水泥、硅酸盐水泥和火山灰质硅酸盐水泥以提高混凝土的密实度。

（3）混凝土拌合物中掺入专用添加剂（如减水剂、强化剂）以减少其水灰比。

（4）采用机械振捣法捣实，严格控制振捣时间，在振捣时，要快插慢拔，振点均匀，插入间距以 30～50cm 为宜。

4. 耐久性

混凝土的耐久性是指混凝土具有良好的耐磨、抗渗、耐冻和抗冲击、抗风化、耐化学腐蚀等的性能。混凝土的耐久性主要决定水灰比和水泥用量，因此对于钢筋混凝土构件的耐久性所要求的最大水灰比和最小水泥用量必须加以控制。

5. 体积变化及裂缝

混凝土结构裂缝产生的原因主要有三种：一是由于受到外部荷载作用引起的；二是结构次应力引起的裂缝，这是由于结构的实际工作状态与设计工作状态的差异引起的；三是变形应力引起的裂缝，这是由温度、收缩、膨胀、不均匀沉降等因素引起结构变形，当变形应力超过混凝土抗拉强度时产生的裂缝。

由于混凝土的裂缝是影响混凝土强度及耐久性的重要因素，所以在混凝土施工及养护过程中应采取预防措施，避免产生裂缝。

预防混凝土产生裂缝的措施有以下几种：

（1）尽量选用水化热低、凝结时间长、安定性好的水泥，优先采用低热矿渣硅酸盐水泥等；

（2）粗骨料采用连续级配，细骨料宜采用中砂；

（3）控制混凝土浇制速度，使之得到自然冷却；

（4）控制投料温度及混凝土入模温度，入模温度以 5～25℃为宜；

（5）用人工冷却方法降低混凝土内部水化热量，实时监控混凝土内外温度，采取合理养护措施，严格控制混凝土内外温差。

二、混凝土的原材料

混凝土的组成原材料主要包括水泥、砂、石子、水和外加剂等。各种原材料的性能及质量要求，除应满足国家现行标准、规定的有关要求外，还应符合如下要求。

1. 水泥

常用的水泥品种主要有硅酸盐水泥、普通硅酸盐水泥、矿渣硅酸盐水泥、火山灰质硅酸盐水泥、粉煤灰硅酸盐水泥和复合硅酸盐水泥等。

（1）常用硅酸盐水泥特性见表 3-1-3。

表 3-1-3　　　　　　　　　　常用硅酸盐水泥特性表

序号	水泥品种	代号	原材料	特性	强度等级
1	硅酸盐水泥	P·Ⅰ P·Ⅱ	硅酸盐水泥熟料、0%～5%石灰石或粒化高炉矿渣、适量石膏磨细制成的水硬性凝结材料特性	标号较高，快硬，早强，早期强度和后期强度都较高，抗冻性、耐磨性好，但水化热较高，抗腐蚀性差，不适用于厚大体积的混凝土	42.5、42.5R 52.5、52.5R 62.5、62.5R
2	普通硅酸盐水泥	P·（）	硅酸盐水泥熟料、6%～15%混合材料、适量石膏磨细制成的水硬性胶凝材料	除早期强度比硅酸盐水泥稍低，其他性能接近硅酸盐水泥	42.5、42.5R 52.5、52.5R
3	矿渣硅酸盐水泥	P·S	硅酸盐水泥熟料、20%～70%粒化高炉矿渣、适量石膏磨细制成的水硬性胶凝材料	早期强度较低，低温环境中强度增长较慢，但后期强度增长快；水化热较低，抗腐蚀性好，耐热性好；干缩变形大，析水性较大，耐磨性较差	32.5、32.5R 42.5、42.5R 52.5、52.5R
4	火山灰质硅酸盐水泥	P·P	硅酸盐水泥熟料、20%～50%火山灰质混合材料、适量石膏磨细制成的水硬性胶凝材料	早期强度较低，低温环境中强度增长较慢，高温潮湿环境中（如蒸汽养护）强度增长快，水化热低，抗腐蚀性好，耐热性好；干缩变形大，析水性较大，耐磨性较差	32.5、32.5R 42.5、42.5R 52.5、52.5R
5	粉煤灰硅酸盐水泥	P·F	硅酸盐水泥熟料、20%～40%粉煤灰、适量石膏磨细制成的水硬性胶凝材料	早期强度较低，水化热比P·P还低，和易性好，抗腐蚀性好，干缩性也较小，但抗冻、耐磨性较差	32.5、32.5R 42.5、42.5R 52.5、52.5R

续表

序号	水泥品种	代号	原材料	特性	强度等级
6	复合硅酸盐水泥	P·C	硅酸盐水泥熟料、15%～50%两种或两种以上规定的混合材料、适量石膏磨细制成的水硬性胶凝材料	介于普通水泥与火山灰水泥、矿渣水泥以及粉煤灰水泥性能之间，当掺混合材料较少（小于20%）时，它的性能与普通水泥相似，随着混合材料复掺量的增加，性能也趋向所掺混合材料的水泥	32.5、32.5R 42.5、42.5R 52.5、52.5R

注　1. 强度等级中有"R"，代号者，表示为早强型水泥，这类水泥具有较高的早期强度，其3d后强度应能达到28d强度的50%水平上。

　　2. 硅酸盐水泥分为两种类型，不掺混合材料的称Ⅰ类硅酸盐水泥，代号P·Ⅰ。在硅酸盐水泥熟料粉磨时掺加不超过水泥质量5%石灰石或粒化高炉矿渣混合材料的称Ⅱ型硅酸盐水泥，代号P·Ⅱ。

（2）水泥的选用。各种水泥在使用时的选用原则见表3-1-4。

表3-1-4　　　　　　　　水　泥　选　用　原　则

	混凝土工程特点或所处环境条件	优先选用	可以使用	不得使用
环境条件	普通气候环境	普通硅酸盐水泥	矿渣硅酸盐水泥、火山灰硅酸盐水泥、粉煤灰硅酸盐水泥	
	干燥环境	普通硅酸盐水泥	矿渣硅酸盐水泥	火山灰硅酸盐水泥、粉煤灰硅酸盐水泥
	高湿环境或水下	矿渣硅酸盐水泥		
	严寒地区露天、寒冷地区处在地下水位升降范围内	普通硅酸盐水泥	矿渣硅酸盐水泥	
	严寒地区处在地下水位升降范围内	普通硅酸盐水泥		
	水腐蚀环境或气体侵蚀环境	根据侵蚀性介质种类、浓度等具体条件按专门规定选用		
	厚大体积混凝土	粉煤灰硅酸盐水泥、矿渣硅酸盐水泥	普通硅酸盐水泥、火山灰硅酸盐水泥	硅酸盐水泥、快硬硅酸盐水泥
工程特点	要求快硬的混凝土	快硬硅酸盐水泥、硅酸盐水泥	普通硅酸盐水泥	矿渣硅酸盐水泥、火山灰硅酸盐水泥、粉煤灰硅酸盐水泥
	高强（大于C60）混凝土	硅酸盐水泥	普通硅酸盐水泥、矿渣硅酸盐水泥	火山灰硅酸盐水泥、粉煤灰硅酸盐水泥
	有抗渗性要求的混凝土	普通硅酸盐水泥、火山灰硅酸盐水泥		不宜使用矿渣硅酸盐水泥
	有耐磨性要求的混凝土	硅酸盐水泥、普通硅酸盐水泥	矿渣硅酸盐水泥	火山灰硅酸盐水泥、粉煤灰硅酸盐水泥

（3）水泥的验收与保管。

1）水泥进场时应对其品种、级别、包装、出厂日期等进行检查，并对其强度、安定性及其他必要的性能指标进行复验，其质量必须符合现行国家标准 GB 175/XG1—2009《〈通用硅酸盐水泥〉国家标准第 1 号修改单》的规定。

2）水泥储存时间不宜过长，以免结块降低强度。当在使用中对水泥质量有怀疑或水泥出厂超过三个月（快硬硅酸盐水泥超过一个月）时，应进行复检，并按复检结果使用。

3）钢筋混凝土结构严禁使用含氯化物的水泥。

4）检验方法：检查产品合格证、出厂检验报告和进场复检报告。为能及时得知水泥强度，可按 JC/T 738《水泥强度快速检验方法》预测水泥 28d 强度。

5）检查数量：按同一厂家、同一等级、同一品种、同一批号且连续进场的水泥，袋装不超过 200t 为一批，散装不超过 500t 为一批，每批抽检不少于一次。

6）入库的水泥应按品种、强度等级、出厂日期分别堆放，并设立标志，做到先到先用，并防止混掺使用。

7）为防止水泥受潮，现场仓库应尽量密闭。包装水泥堆放时，应垫起离地面约30cm，离墙亦应在 30cm 以上。堆放高度一般不超过 10 包，临时露天暂存也应用防雨篷布盖严，底板要垫高，并采取防潮措施。

8）水泥不得和石灰石、石膏、白垩等粉状物料混放在一起。

2. 砂

砂按其产源分为天然砂和人工砂。由自然条件作用而形成的粒径在 5mm 以下的岩石颗粒，称为天然砂。天然砂可分为河砂、湖砂、海砂和山砂。人工砂为经除土处理的机制砂、混合砂的统称。机制砂是由机械破碎、筛分制成的粒径小于 4.75mm 的岩石颗粒；混合砂是由机制砂和天然砂混合制成的。输电线路工程杆塔基础施工中常用的是河砂。

（1）砂的分类。砂按粒径可分为粗砂、中砂、细砂，通常是用细度模数来划分粗砂、中砂、细砂的，但习惯上仍用平均粒径来区分。砂细度模数见表 3-1-5。

表 3-1-5　　　　　　　　　　　砂 细 度 模 数 表

粗细程度	细度模数（μF）	平均粒径（mm）
粗砂	3.7～3.1	0.5 以上
中砂	3.0～2.3	0.35～0.5
细砂	2.2～1.6	0.25～0.35

（2）砂的技术要求。

1）颗粒级配。混凝土用砂按 0.63mm 筛孔的累计筛余量（以质量百分率计，下同）可分成三个级配区，见表 3-1-6，砂的颗粒级配应处在表中的任何一个区以内。

表 3-1-6　　　　　　　　　　　砂颗粒级配区划分表

筛孔尺寸（mm）	级配区累计筛余（%）		
	Ⅰ区	Ⅱ区	Ⅲ区
10.0	0	0	0
5.00	10～0	10～0	10～0
2.50	35～5	25～0	15～0
1.25	65～35	50～10	25～0
0.630	85～71	70～41	40～16
0.315	95～80	92～70	85～55
0.160	100～90	100～90	100～90

注　1. 配制混凝土时宜优先选用Ⅱ区砂。当采用Ⅰ区砂时，应提高砂率，并保持足够的水泥用量，以满足混凝土的和易性；当采用Ⅲ区砂时，宜适当降低砂率，以保证混凝土强度。

2. 砂的实际颗粒级配与表中所列的累计筛余百分率相比，除 5.00mm 和 0.630mm 外，允许稍有超出分界线，但总量百分率不应大于 5%。

3. 对于泵送混凝土用砂，宜选用中砂。

2）砂的质量要求。砂的质量要求见表 3-1-7。

表 3-1-7　　　　　　　　　　　砂 的 质 量 要 求

项　　目			质量指标
含泥量（按质量计，%）	混凝土强度等级	≥C30	≤3.0
		<C30	≤5.0
泥块含量（按质量计，%）		≥C30	≤1.0
		<C30	≤2.0
有害物质限量	云母含量（按质量计，%）		≤2.0
	轻物质含量（按质量计，%）		≤1.0
	硫化物及硫酸盐含量（折算成 SO_3 按质量计，%）		≤1.0
	有机物含量（用比色法试验）		颜色不应深于标准色，如深于标准色，则应按水泥胶砂强度试验方法，进行强度对比试验，抗压强度比不应低于 0.95

续表

项 目			质量指标
坚固性	混凝土所处环境条件	在严寒及寒冷地区室外使用并经常处于潮湿或干湿交替状态下的混凝土	循环后的质量损失（%）	≤8
		其他条件下使用的混凝土		≤10

注 1. 对于有抗冻、抗渗或其他特殊要求的混凝土用砂，含泥量应不大于 3.0%，泥块含量应不大于 1.0%。

　　2. 对于 C10 和 C10 以下的混凝土用砂，应根据水泥标号，其含泥量和泥块含量可予以放宽。

　　3. 对于有抗疲劳、耐磨、抗冲击要求的混凝土用砂或有腐蚀介质作用或经常处于水位变化区的地下结构混凝土用砂，其坚固性质量损失率应小于 8%。

（3）砂的验收、运输和堆放。

1）砂的质量检测报告内容应包括委托单位、样品编号、工程名称、样品产地和名称、代表数量、检测条件、检测依据、检测项目、检测结果、结论等。

2）正常情况下，机械化集中生产的天然砂，以 400m³ 或 600t 为一个检验批，人工分散生产的以 200m³ 或 300t 为一个检验批。总量不足以上规定者也按一个检验批，每批至少应进行颗粒级配和含泥量检验。

3）砂的数量验收：可按质量或体积计算，测定质量可用地泵或船舶吃水线为依据；测定体积可按车皮或船舶的容积为依据；用其他小型工具运输时，可按量方确定。

4）运输和堆放：砂在运输、装卸和堆放过程中，应防止离析和混入杂质，并应按产地、种类和规格分别堆放。

3. 石子

普通混凝土所用的石子分为碎石和卵石。由天然岩石或卵石经破碎、筛分而得的粒径大于 5mm 的岩石颗粒，称为碎石；由自然条件作用而形成的粒径大于 5mm 的岩石颗粒，称为卵石。

（1）石子的技术要求。

1）颗粒级配。碎石或卵石的颗粒级配，应符合表 3-1-8 规定。

表 3-1-8　　　　　　　　碎石或卵石的颗粒级配范围表

级配情况	公称粒径（mm）	累计筛余按质量计（%）										
		筛孔尺寸（圆孔筛）（mm）										
		2.50	5.00	10.0	16.0	20.0	25.0	31.5	40.0	50.0	63.0	80.0	100
连续粒级	5～10	95～100	80～100	0～15	0								

续表

级配情况	公称粒径(mm)	累计筛余按质量计(%)											
		筛孔尺寸（圆孔筛）(mm)											
		2.50	5.00	10.0	16.0	20.0	25.0	31.5	40.0	50.0	63.0	80.0	100
连续粒级	5~16	95~100	90~100	30~60	0~10	0							
	5~20	95~100	90~100	40~70		0~10	0						
	5~25	95~100	90~100		30~70		0~5	0					
	5~31.5	95~100	90~100	70~90		15~45		0~5	0				
	5~40	95~100	90~100	75~90		30~60			0~5	0			
单粒粒级	10~20	90~100			85~100	0~15	0						
	16~31.5		90~100		85~100	0~10		0					
	20~40			95~100		80~100			0~10	0			
	31.5~63	95~100						75~100	45~75		0~10	0	
	40~80					95~100			70~80		30~6	0~10	0

注　公称粒径的上限为该粒级的最大。

单粒级宜用于组合成具有要求级配的连续粒级，也可与连续粒级混合使用，以改善其级配或配成较大粒度的连续粒级。不宜用单一的单粒级配制混凝土。如必须单独使用，则应作技术经济分析，并应通过实验证明不会发生离析或影响混凝土的质量。

2）质量要求。石子的质量要求见表3-1-9。

表3-1-9　　　　　　　　石 子 的 质 量 要 求

质 量 项 目		质量指标
针、片状颗粒含量（按质量计，%）	混凝土强度等级 ≥C30	≤15
	<C30	≤25

续表

质 量 项 目			质量指标
含泥量（按质量计，%）	混凝土强度等级	≥C30	≤1.0
		<C30	≤2.0
泥块含量，按质量计（%）		≥C30	≤0.5
		<C30	≤0.7
碎石压碎指标值（%）	混凝土强度等级	水成岩 C55～C40	≤10
		水成岩 ≤C35	≤16
		变质岩或深成的火成岩 C55～C40	≤12
		变质岩或深成的火成岩 ≤C35	≤20
		火成岩 C55～C40	≤13
		火成岩 ≤C35	≤30
卵石压碎指标值（%）	混凝土强度等级	C55～C40	≤12
		≤C35	≤16
坚固性	混凝土所处环境条件	在严寒及寒冷地区室外使用并经常处于潮湿或干湿交替状态下的混凝土	循环后的质量损失（%） ≤8
		其他条件下使用的混凝土	≤112
有害物质限量	硫化物及硫酸盐含量［折算成 SO_3 按质量计（%）]		≤1.0
	卵石中有机物含量（用比色法试验）		颜色不应深于标准色，如深于标准色，则应按水泥胶砂强度试验方法，进行强度对比试验，抗压强度比不应低于0.95

注　1. 等于及小于C10的混凝土，其针、片状颗粒含量可放宽到40%。

　　2. 对于有抗冻、抗渗或其他特殊要求的混凝土，用碎石或卵石的含泥量不应大于1.0%。如含泥基本上是非著土质的石粉时，含泥量可由表 3-1-9 中的 1.0%、2.0%分别提高到 1.5%、3.0%。泥块含量应不大于 0.5%。对等于或小于 C10 级的混凝土用碎石或卵石，其含泥量可放宽 2.5%，泥块含量可放宽到 1.0%。

（2）石子的验收、运输和堆放。

1）石子的质量检测报告内容应包括委托单位、样品编号、工程名称、样品产地和名称、代表数量、检测条件、检测依据、检测项目、检测结果、结论等。

2）以汽车运输的，以 400m³ 或 600t 为一个检验批，用小型工具运输的以 200m³ 或 300t 为一个检验批。总量不足以上规定者按一个检验批。每检验批至少应进行颗粒级配、含泥量、泥块含量及针、片状颗粒含量检验。对重要工程或特殊工程应根据工程要求增加检测项目。

3）碎石或卵石的数量验收：可按质量或体积计算，测定质量可用地秤或船舶吃水线为依据；测定体积可按车皮或船舶的容积为依据；用其他小型工具运输时，可按量方确定。

4）运输和堆放：碎石或卵石在运输、装卸和堆放过程中，应防止离析和混入杂质，并应按产地、种类和规格分别堆放。堆料高度不宜超过 5m，但对单粒级或最大粒径不超过 20mm 的连续粒级，堆料高度可以增加到 10m。

4. 水

混凝土拌制用水必须符合国家现行标准 JGJ63《混凝土用水标准》的规定。现浇混凝土宜使用饮用水，当无饮用水时，可使用河溪水或清洁的池塘水。除设计有特殊要求外，可只进行外观检查不做化验。水中不得含有油脂，其上游也不得有有害化合物流入，有怀疑时应进行检验。钢筋混凝土不得使用海水拌制。

水的 pH 值、不溶物、可溶物、氯化物、硫酸盐、硫化物的含量应符合表 3-1-10 的规定。

表 3-1-10　　　　　　　水的物质含量限值表

项　　目	预应力混凝土	钢筋混凝土	素混凝土
pH 值	≥5.0	≥4.5	≥4.5
不溶物（mg/L）	≤2000	≤2000	≤5000
可溶物（mg/L）	≤2000	≤5000	≤10 000
氯化物（以 Cl⁻计）（mg/L）	≤500	≤1000	≤3500
硫酸盐（以 SO_4^{2-} 计）（mg/L）	≤600	≤2000	≤2700
碱含量（rag/L）	≤1500	≤1500	≤1500

5. 外加剂

（1）在混凝土拌合过程中，为改善混凝土性能，根据需要一般要掺用外加剂。外加剂按功能主要分为四类：

1）改善混凝土拌合物流变性能的外加剂，包括各种减水剂、引气剂和泵送剂等；

2）调节混凝土凝结时间、硬化性能的外加剂，包括缓凝剂、早强剂和速凝剂等；

3）改善混凝土耐久性的外加剂，包括引气剂、防水剂和阻锈剂等；

4）改善混凝土其他性能的外加剂，包括加气剂、膨胀剂、防冻剂、着色剂、防水剂等。

（2）外加剂的掺用量应按照其品种并根据使用要求、施工条件、混凝土原材料等因素通过试验确定。一般以水泥质量百分比表示，称量误差不应超过规定计量的2%。同时还应符合国家现行的混凝土外加剂质量标准以及有关的规程、规范要求。

（3）线路工程基础混凝土常用的外加剂有防冻剂、早强剂、减水剂等。

1）防冻剂分为氯盐类、氯盐阻锈类、无氯盐类，基础混凝土中严禁掺入氯盐。无氯盐类掺用量应符合表3–1–11的规定。

表 3–1–11 防 冻 剂 掺 用 量 表

防冻剂类别	防冻剂掺用量
无氯盐类	总量不得大于拌和水质量的20%，其中亚硝酸钠、亚硝酸钙、硝酸钠、硝酸钙均不得大于水泥质量的8%，尿素不得大于水泥质量的4%，碳酸钾不得大于水泥质量的10%

2）常用早强剂掺量应符合表3–1–12的规定。

表 3–1–12 早 强 剂 掺 量 表

混凝土种类		早强型品种	掺量（水泥质量%）
钢筋混凝土	干燥环境	硫酸钠 硫酸钠与缓凝减水剂复合使用 三乙醇胺	2 3 0.05
	潮湿环境	硫酸钠 三乙醇胺	1.5 0.05
有饰面要求的混凝土		硫酸钠	1

3）减水剂适用于各种现浇及预制混凝土、钢筋混凝土，多用于大体积混凝土、热天施工混凝土、泵送混凝土以及有轻度缓凝要求的混凝土。以小剂量与高效减水剂复合来增加后者的坍落度和扩展度，降低成本，提高效率。

6. 大块石

掺入无筋混凝土基础的大块石，不得有裂缝、夹层，其强度不得低于混凝土用石标准，尺寸宜为150~250mm，且不得使用卵石。

【思考与练习】

（1）名词解释：混凝土的和易性、坍落度、耐久性、配合比、水灰比。

（2）混凝土由哪些原材料组成？混凝土对原材料的要求有哪些？

（3）混凝土的强度与哪些因素有关？关系如何？

（4）水泥作为混凝土的重要组成原料，对其验收与保管有哪些要求？

（5）混凝土中外加剂的作用是什么？按照功能可以分为哪几类？

◢ 模块 2 模板安装（新增模块）

【**模块描述**】本模块包含模板的种类介绍，组合钢模板的组装等内容。通过内容介绍，掌握钢模板安装的要求。

【**模块内容**】

基础施工中常用的模板有钢模板、木模板、竹模板、砖模板等，由于钢模板具有通用性强、拆装方便、可重复使用等优点，在混凝土工程中被广泛使用。本模块重点就组合钢模板施工安装进行介绍。

一、模板安装作业内容

模板安装内容，主要包括：

（1）安装前的准备工作。

（2）模板的安装。

（3）安装质量要求和检查内容。

（4）模板拆除。

（5）模板运输、维修和保管。

二、危险点分析与控制措施

模板安装中存在的危险点有支模过程中因模板倒塌或跌落将工作人员砸伤。

控制措施有：

（1）采用的挡土板、撑木等强度足够，模板应用绳索沿木板滑入坑内，不得在坑边上下直接用手传递，以防脱手伤人。

（2）模板支撑牢固，连接可靠，防止倾覆。

（3）不得沿模板撑木上下或在撑木上放置重物。

三、模板安装作业前准备

（1）组合钢模板组成。

组合钢模板主要由钢模板、连接件、支撑件三部分组成。

1）钢模板。钢模板采用 Q235 钢材制成，钢板厚度 2.5mm，对于大于 400mm 宽面的钢模板，其钢板厚度应采用 2.75mm 或 3.0mm。主要包括平面模板、阴角模板、阳角模板、连接角模等。

2）连接件。连接件由 U 形卡、L 形插稍、钩头螺栓、紧固螺栓、扣件、对拉螺栓等组成。

3）支撑件。支撑件由钢楞（又称龙骨）、柱箍、斜撑、钢管脚手支架等组成。

4）钢模板选用。钢模板使用时宜选用标准化定型制成品，常用钢模板及其配件规格见表 3-2-1～表 3-2-3。

表 3-2-1   **G-70 组合钢模板平面模板规格**

代号	规格 宽×长 （mm×mm）	有效面积 （m²）	质量（kg）		单位质量（kg/m²）	
			δ=3mm	δ=2.75mm	δ=3mm	δ=2.75mm
7P6009	600×900	0.54	23.28	21.34	43.11	39.52
7P6012	600×1200	0.72	30.61	28.06	42.51	38.97
7P6015	600×1500	0.9	37.92	34.76	42.13	38.62
7P3009	300×900	0.27	13.42	12.3	49.70	45.56
7P3012	300×1200	0.36	17.67	16.2	49.08	45.00
7P3015	300×1500	0.45	21.93	20.1	48.73	44.67
7P2509	250×900	0.225	11.16	10.23	49.60	45.47
7P2512	250×1200	0.3	14.76	13.53	49.20	45.10
7P2515	250×1500	0.375	18.35	16.82	48.93	44.85
7P2009	200×900	0.18	8.38	7.68	46.56	42.67
7P2012	200×1200	0.24	11.07	10.15	46.13	42.29
7P2015	200×1500	0.3	13.78	12.63	45.93	42.10
7P1509	150×900	0.135	6.97	6.39	51.63	47.33
7P1512	150×1200	0.18	9.23	8.46	51.28	47.00
7P1515	150×1500	0.225	11.48	10.52	51.02	46.76
7P1009	100×900	0.09	5.61	5.14	62.33	57.11
7P1012	100×1200	0.12	7.43	6.81	61.92	56.75
7P1015	100×1500	0.15	9.26	8.49	61.73	56.60

表 3-2-2   **角模、连接角钢、调节板的规格、质量、单位质量**

名称	代号	规格 （mm×mm×mm）	有效面积 （m²）	质量（kg）		单位质量（kg/m²）	
				δ=3mm	δ=2.75mm	δ=3mm	δ=2.75mm
阴角模	7E1059	150×150×900	0.27	11.06	10.14	40.96	37.56
阴角模	7E1512	150×150×1200	0.36	14.64	13.42	40.67	37.28
阴角模	7E1515	150×150×1500	0.45	18.20	16.69	40.44	37.09

续表

名称	代号	规格 （mm×mm×mm）	有效面积 （m²）	质量（kg）		单位质量（kg/m²）	
				δ=3mm	δ=2.75mm	δ=3mm	δ=2.75mm
阳角模	7Y1509	150×150×900	0.27	11.62	10.65	43.04	39.44
阳角模	7Y1512	150×150×1200	0.36	15.30	14.07	42.50	39.08
阳角模	7Y1515	150×150×1500	0.45	19.00	17.49	42.22	38.87
铰链角模	7L1506	150×150×600	0.18	11.00	（δ=4～5mm）	61.11	—
铰链角模	7L1509	150×150×900	0.27	16.38	（δ=4～5mm）	60.67	—
可调阴角模	TE2827	280×280×2700	1.35	63.00	（δ=4mm）	46.67	—
可调阴角模	TE2830	280×280×3000	1.50	70.00	（δ=4mm）	46.67	—
L形调节板	7T0827	74×80×2700	0.14	15.36	（δ=5mm）	113.78	—
L形调节板	7T1327	74×130×2700	0.27	20.87	（δ=5mm）	77.30	—
L形调节板	7T0830	74×80×3000	0.15	17.07	（δ=5mm）	113.80	—
L形调节板	7T1330	74×130×3000	0.30	23.20	（δ=5mm）	77.33	—
连接角钢	7J0009	70×70×900	0.13	4.02	（δ=4mm）	30.92	—
连接角钢	7J0012	70×70×1200	0.17	5.33	（δ=4mm）	31.35	—
连接角钢	7J0015	70×70×1500	0.21	6.64	（δ=4mm）	31.62	—

表 3-2-3　　　　　　　　　　C-70 组合钢模板配件规格

名称	代号	规格（mm）	质量（kg）
楔板	J01	1 对楔板	0.13
小钢卡	J02	卡φ48mm	0.44
大钢卡	J03A	卡 2φ48mm 或□50×100	0.64
大钢卡	J03B	卡 8 号槽钢	0.60
双环钢卡	J4A	卡 2□50×100	2.40
双环钢卡	J04B	卡 2 个 8 号槽钢	1.70
模板卡	J05		0.13
板销	J06	1 个楔板、1 个销键	0.11
平台支架	P01A	40×40 方钢管	11.07
平台支架	P02B	50×26 槽钢	13.10
斜支撑	P02A	φ60mm 钢管 1 底座 2 销轴卡座	30.64
斜支撑	P02B	50φ26mm 槽钢	12.82
对拉螺栓	DS2570	T25　L=700mm	3.35

续表

名称	代号	规格（mm）	质量（kg）
对拉螺栓	DS2270	T22 L=700mm	3.00
组合对拉螺栓	Z51670	M16 L=650mm	2.14
锥形对拉螺栓	ZUS3096	ϕ26~30mm L=965mm	7.12
锥形对拉螺栓	ZUS3081	ϕ26~30mm L=815mm	6.29

（2）安装前应做好技术交底。对运到现场的钢模板及配件，应按品种规格数量逐项清点和检查，不符合质量要求的不得使用。周转使用的钢模板及配件修复后的质量标准，见表3-2-4。

表3-2-4 **钢模板及配件修复后的质量标准**

	项目	允许偏差（mm）		项目	允许偏差（mm）
钢模板	板面平面度	≤2.0	配件	U型卡卡口残余变形	≤1.2
	凸棱直线度	≤1.0		钢楞及支柱直线度	≤L^*/1000
	边肋不直度	不得超过凸棱高度			

* L 为钢楞及支柱的长度。

（3）对于面积较大模板，预组装施工时，应在组装平台或经平整处理过的场地上进行。组装完毕后应编号，并应按表3-2-5的组装质量标准逐块检验后进行试吊，试吊完毕后应进行复查，并再检查配件的数量、位置和紧固情况。

表3-2-5 **钢模板施工组装质量标准**

序号	项 目	允许偏差
1	两钢模板间的拼缝宽	≤2.0
2	相邻模板的高低差	≤2.0
3	组装模板板面平面度	≤2.0（用2m长平尺检查）
4	组装模板板面的长宽尺寸	≤长度和宽度的1/1000，最大±4.0
5	组装模板两对角线长度差值	≤对角线长度的1/1000，最大≤0.7

（4）检查合格的大模板，应按照安装程序进行堆放或装车。当大模板平行叠放时，每层立向应加垫木，上下对齐，底层模板应垫离地面100mm以上。立放时，应采取措施，保证稳定。运输时，要避免碰撞，防止倾倒。

（5）隔离剂宜在钢模板安装之前涂刷。

（6）模板组装时，应将地面预先整平夯实，并应有可靠的定位措施，立柱的模板应有可靠的支承点，其平直度应用仪器校正。

（7）钢模板的连接方法见图3-2-1。

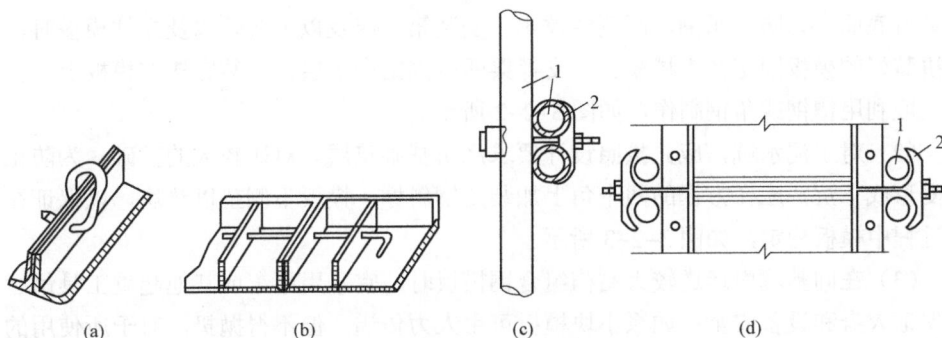

图 3-2-1　钢模板连接方法示意图
（a）U型卡连接；（b）L型插销连接；（c）紧固螺栓连接；（d）对拉螺栓连接
1—支撑件；2—连接件

（8）模板安装施工需用的主要工器具见表3-2-6。

表 3-2-6　支模主要工器具配置表（一个班组）

序号	名称	规格	单位	数量	备注
1	经纬仪		台	1	
2	垂球		个	2	
3	塔尺	5m	副	1	
4	花杆	2.5m	根	2	
5	钢尺	15m	把	2	
6	水平尺		把	2	
7	手锤	1kg	把	3	
8	钢锹		把	2	
9	撑木	ϕ60mm×0.5×2m	根		视需要定数量
10	抬木	ϕ150mm×4×6m	台	8	
11	方木	40mm×60mm×1.5m	根	8	
12	钢管		套		视需要定数量
13	钢模板及卡具		块		视需要定数量
14	铁线	8～10号	M	60	
15	斧头		把	1	

四、模板安装操作步骤

1. 模板的安装

（1）对于基础最下层台阶模板，可放置在垫层上，如无垫层可直接固定在已平整的基坑底面。为防止倾倒，两侧要撑牢。安装第二层及以上台阶以及立柱模板时，应将拼装好的模板固定在支撑梁上，支撑梁两端固定在下层已安装完毕的模板上。支撑梁一般利用槽钢或角钢制作，如图 3-2-2 所示。

（2）对于泥水坑，应先按照设计要求浇筑基础垫层。对比较大的基础，为防止模板变形或下沉，应在方框的四个角上加装角钢斜撑，模板下侧垫以垫块，以保证在浇制过程中模板稳定，如图 3-2-3 所示。

（3）在向基坑内运送较大结构组合钢模板时，宜采用吊车或其他起重工具吊运，以保证人身和设备安全；如系小块模板可用人力传递，但不得抛扔。对于所使用的柱箍、斜撑、支柱等，宜选用定型标准件。

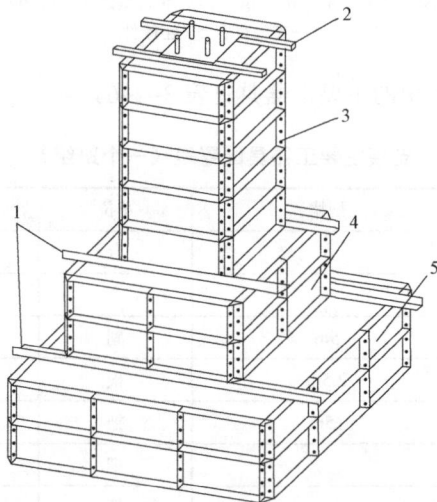

图 3-2-2　基础模板安装示意图

1—支撑梁；2—固定地脚螺栓支架；3—立柱模板；4—第二层台阶模板；5—底层模板

（4）为防止模板变形或发生倾倒，模板与坑壁之间应用钢管或圆木支撑牢固，坑壁端应加垫板，以保证稳定，如图 3-2-4 所示。基础立柱较高或坑壁土质较软时应增加斜撑数量。沿主柱方向，设置与柱高等长的垫板，并每隔 0.8～1.0m 设置一道钢管柱箍（见图 3-2-5）。在每道柱箍上也应设斜撑。斜撑应对称布量，受力要均匀，保证混凝土浇筑及捣固过程中模板安全稳定。对于连梁或截面尺寸较大的基础，也可采用内拉螺栓的方式固定模板。

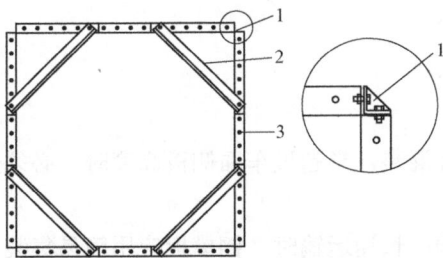

图 3-2-3 模板斜撑示意图

1—连接角模；2—角钢斜撑；3—模板

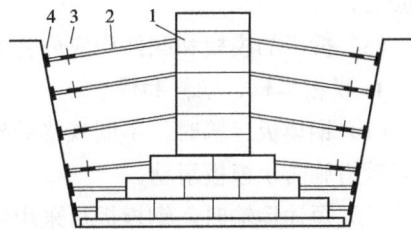

图 3-2-4 模板支撑示意图

1—钢模板；2—支撑钢管；3—调节丝杠；4—垫板

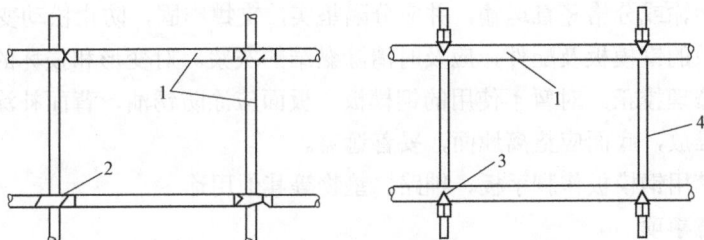

图 3-2-5 柱箍安装示意图

1—钢管；2—直角扣件；3—"3"形扣件；4—对拉螺栓

（5）模板安装完毕后，应按设计图纸尺寸进行操平找正和测量检查，保证基础根开、对角线尺寸及各部几何结构尺寸正确，模板间接缝应堵塞严密。

2. 安装质量要求和检查内容

（1）组合钢模板安装完毕，应进行安装质量检查。安装质量应符合现行 GB 50214《组合钢模板技术规范》和 GB 50233—2014《110kV—500kV 架空电力线路施工及验收规范》的有关规定。

（2）在浇筑混凝土前，还应检查下列内容：

1）斜撑、支柱的数量和着力点；

2）各种预埋件和预留孔洞的规格尺寸、数量、位置及固定情况；

3）模板结构的整体稳定。

3. 模板拆除

拆除组合钢模板时，应遵守下列规定：

（1）拆模前应制定拆模程序、拆模方法及安全措施。

（2）先拆除侧面模板，再拆除承重模板。

（3）组合结构模板宜整体拆除。

（4）支承件和连接件应逐件拆卸，模板应逐块拆卸传递，拆除时不得损伤模板和混凝土。

（5）拆下的模板和配件均应分类堆放整齐。

4．模板运输、维修和保管

（1）钢模板运输时，不同规格的模板不宜混装，当超过车厢侧板高度时，必须采取有效措施防止模板滑动。

（2）短途运输时，钢模板可采用散装运输；长途运输时，钢模板应用简易集装，支承件应捆扎，连接件应分类装箱。

（3）预组装模板运输时，可根据预组装模板的结构、规格尺寸和运输条件等，采取分层平放运输或分格竖直运输，并应分隔垫实，支撑牢固，防止松动变形。

（4）拆散的钢模板及配件，应及时清除黏结的灰浆。对变形和损坏的钢模板及配件，应及时修理校正。对暂不使用的钢模板，板面应涂防锈油，背面补涂防锈漆，并按规格分类堆放，底面应垫离地面，妥善遮盖。

（5）严禁用钢模板作脚手板、铺路、垫物等其他用途。

五、注意事项

（1）模板安装应符合现行国家标准 GB 50214《组合钢模板技术规范》的有关规定。

（2）基础施工中应首选组合钢模板，如因基础设计型式或施工条件限制，不宜使用钢模板时，也可选用胶合板、木模板、砖模板等。

（3）模板及其支设应符合下列规定：

1）模板及其支架应具有足够的承载能力、刚度和稳定性，能可靠地承受浇筑混凝土的重量、侧压及施工荷载；

2）构造简单，装拆方便，并便于钢筋的绑扎、安装以及混凝土的浇筑及振捣；

3）模板的拼（接）缝应严密，不得漏浆；

4）模板表面不宜采用油质类等影响结构的隔离剂，严禁隔离剂沾污钢筋；

5）对模板及其支架应定期维修，钢模板及钢支架应防止锈蚀。

（4）安装模板前应先复查基坑尺寸及中心位置，放出基础边线，基础模板面标高应符合设计要求。

（5）基础最下层台阶如土质良好，可以土代模，但基坑开挖尺寸必须符合基础设计要求，坑壁应修平，且应采取防止泥土等杂物混入混凝土中的措施。

（6）运抵现场的模板应进行外观检查，有无变形、裂缝等，合格后再进行拼装。

（7）浇制混凝土前应对模板安装质量进行检查，确保各部尺寸符合设计要求。

（8）浇制混凝土过程中应加强对模板支撑的观测，发现异常情况时，应及时进行处理。

【思考与练习】

（1）模板安装存在着哪些危险点？有哪些控制措施？

（2）组合钢模板由哪几部分组成？各部分由哪些元件组成？

（3）组合钢模板安装完毕后，应检查哪些内容？质量检查应符合哪些规定？

（4）模板在安装过程中，有哪些注意事项？

▲ 模块 3　钢筋加工与安装（新增模块）

【模块描述】 本模块包含钢筋的性能、加工、连接、安装等内容。通过上述内容介绍，掌握钢筋的加工与安装方法及要求。

【模块内容】

一、基本要求

（1）混凝土结构所采用的普通钢筋，可分为热轧钢筋和冷加工钢筋，其质量应符合 GB 1499.1《钢筋混凝土用钢　第 1 部分：热轧光圆钢筋》、GB 1499.2《钢筋混凝土用钢　第 2 部分：热轧带肋钢筋》、JGJ 95《冷轧带肋钢筋混凝土结构技术规程》及 GB 13788《冷轧带肋钢筋》等现行有关标准的规定。

（2）GB 50010《混凝土结构设计规范》第 4.2.1 条规定：普通钢筋宜采用热轧带肋钢筋 HRB400 级和 HRB335 级钢筋，也可采用 HRB235 级钢筋和 RRB400 级钢筋和余热处理钢筋 RRB400 级。

（3）钢筋应有出厂质量证明书或试验报告单，钢筋表面或每捆（盘）钢筋均应有标志。进场时应按炉（批）号及直径分批检验。检验内容包括查对标志、外观检查，并按国家现行有关标准的规定抽取试样做力学性能试验，合格后方可使用。

钢筋在加工过程中，如发现脆断、焊接性能不良或力学性能显著不正常等现象，尚应根据现行国家标准对该批钢筋进行化学成分检验或其他专项检验。

（4）钢筋在运输和储存时，不得损坏标志，并应按批分别堆放整齐，避免锈蚀或油污。

（5）钢筋的级别、种类和直径应按设计要求采用，当需要代换时，应征得设计单位的同意，并遵循以下原则。

1）等强度代换：当构件受强度控制时，钢筋可按强度相等原则进行代换。

2）面积代换：当构件按最小配筋率配筋时，钢筋可按面积相等原则进行代换。

3）构件受裂缝或挠曲度控制时，代换后应进行裂缝宽度或挠曲度验算。

4）钢筋代换后，应满足配筋构造规定，如钢筋的最小直径、间距、根数、锚固长度等。

5）钢筋代换计算参考 GB 50010《混凝土结构设计规范》有关规定进行。

6）当构件受裂缝宽度控制时，如以小直径钢筋代替大直径钢筋，强度等级低的钢筋代替强度等级高的钢筋，则可不做裂缝宽度验算。

（6）带肋钢筋通常有 2 道纵肋和沿长度方向均匀分布的横肋，横肋的外形分为人字形、月牙形、螺纹形 3 种，带肋钢筋由于肋的作用，与混凝土具有较大的黏结能力，因而能承受更大的外力作用，螺纹形状如图 3–3–1 所示。

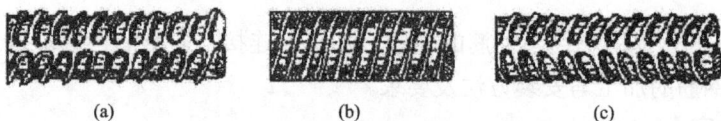

(a)　　　　　　　　　(b)　　　　　　　　　(c)

图 3–3–1　带肋钢筋横肋示意图

（a）月牙形；（b）螺纹形；（c）人字形

二、钢筋加工

1. 钢筋加工的要求

钢筋加工的形状、尺寸必须符合设计要求；钢筋的表面应洁净、无损伤，油渍、漆污和铁锈等应在使用前清除干净；在焊接前，焊点处的水锈应清除干净。

2. 钢筋应平直，无局部曲折，调直钢筋时应符合的规定

（1）采用冷拉方法调直钢筋时，HPB235 级钢筋的冷拉率不宜大于 4%；HRB335级、HRB400 级及 RRB400 级冷拉率不宜大于 1%。

（2）冷拔钢丝和冷轧带肋钢筋经调直机调直后，其抗拉强度一般要降低 10%～15%，使用前应加强检验，按调直后的抗拉强度选用。

3. 钢筋下料长度计算

钢筋加工时因弯曲或弯钩会使其长度变化，在配料中不能直接根据图纸中尺寸下料，必须考虑混凝土保护层、钢筋弯曲、弯钩等影响，经过计算确定下料长度。各种钢筋下料长度计算如下：

直钢筋下料长度=构件长度–保护层厚度+弯钩增加长度；

弯起钢筋下料长度=直段长度+斜段长度–弯曲调整值+弯钩增加长度；

箍筋下料长度=箍筋周长+箍筋调整值；

如钢筋需要搭接，还应增加搭接长度。

（1）弯曲调整值。弯曲钢筋的设计长度大于下料长度（见图 3–3–2），两者之间的差值称为弯曲调整值。根据理论推算并结合实践经验，弯曲调整值见表 3–3–1。

表 3-3-1 钢筋弯曲调整值

钢筋弯曲角度	30°	45°	60°	90°	135°
调整值	0.35d	0.5d	0.85d	2.0d	2.5d

注　d 为钢筋直径。

（2）弯钩增加长度。钢筋弯钩形式有三种，半圆弯钩、直弯钩和斜弯钩，如图 3-3-4 所示，半圆弯钩是最常用的一种弯钩，在实际加工过程中，由于实际弯心直径和理论弯心直径有时不一致，钢筋粗细和机具条件不同等影响平直部分的长短。因此，在实际配料时对弯钩增加长度常根据具体条件，采取经验数据，见表 3-3-2。

表 3-3-2 半圆弯钩增加长度参考表

钢筋直径（mm）	≤6	8~10	12~18	20~28	32~36
一个弯钩长度（mm）	40	6d	5.5d	5d	4.5d

（3）箍筋调整值。箍筋调整值（见表 3-3-3），即为弯钩增加长度和弯曲调整值两项之差或和，根据箍筋外包尺寸或内皮尺寸确定，见图 3-3-3。

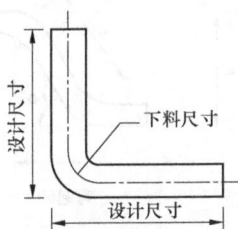

图 3-3-2　钢筋弯曲时的度量方法

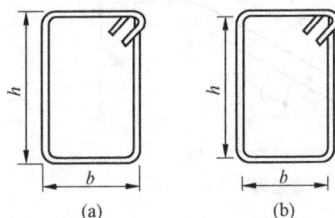

图 3-3-3　箍筋量度方法
（a）量外包尺寸；（b）量内皮尺寸

表 3-3-3 箍筋调整值

箍筋量度方法	箍筋直径（mm）			
	4~5	6	8	10~12
量取外包尺寸	40	50	60	70
量取内皮尺寸	80	100	120	150~170

4. 钢筋的弯钩或弯折应符合下列规定

（1）HPB235 钢筋末端需要做 180° 弯钩，其圆弧弯曲直径 D 不应小于钢筋直径的

2.5 倍，弯钩平直部分长度不应小于钢筋直径的 3 倍见图 3-3-4（a）。

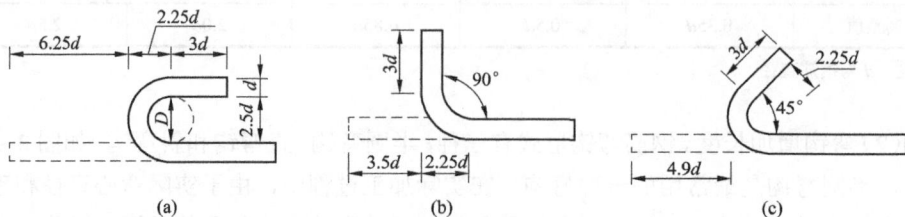

图 3-3-4 钢筋末端弯折形式
（a）半圆弯钩；（b）直弯钩；（c）斜弯钩

（2）HRB335、HRB400 钢筋末端需作 90°或 135°弯折时，钢筋弯曲直径不宜小于钢筋直径的 4 倍；平直部分长度应符合设计要求，如图 3-3-4（b）、图 3-3-4（c）所示。

（3）弯起钢筋中间部位弯折处的弯曲直径不应小于钢筋直径的 5 倍，弯起钢筋斜长计算简图见图 3-3-5，弯起钢筋斜长系数见表 3-3-4。

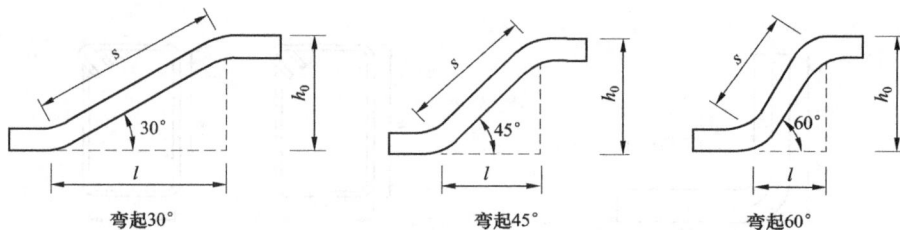

图 3-3-5 钢筋弯折加工

表 3-3-4 弯起钢筋斜长系数表

弯起角度	30°	45°	60°
斜边长度	$2h_0$	$1.41h_0$	$1.15h_0$
底边长度	$1.732h_0$	h_0	$0.575h_0$
增加长度 $s-l$	$0.268h_0$	$0.41h_0$	$0.575h_0$

5. 弯钩应符合的规定

除焊接封闭环式箍筋外，箍筋的末端应作弯钩（见图 3-3-6）。弯钩形式应符合设计要求，当设计无具体要求时，应符合下列规定：

（1）箍筋弯钩时的弯弧内直径除应满足本节 4.（1）条外，尚应不小于受力钢筋的直径。

（2）弯钩的弯折角度，对一般结构，不应小于 90°，对有抗震等要求的结构应为 135°。

（3）钩的平直部分，对一般结构，不宜小于箍筋直径的 5 倍，对有抗震要求的结构，不应小于箍筋的 10 倍。

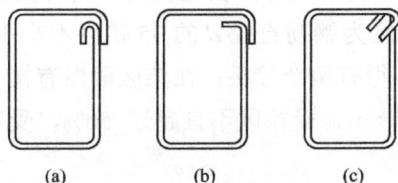

图 3-3-6　箍筋末端弯钩示意图

（a）90°/180°；（b）90°/90°；（c）135°/135°

6. 钢筋加工的允许偏差

钢筋加工的允许偏差应符合表 3-3-5 的规定。

表 3-3-5　　　　　　　　　　　　钢筋加工的允许偏差

项　　目	允　许　偏　差
受力钢筋顺长度方向全长的净尺寸	±10
弯起钢筋的弯折位置	±20
箍筋内的净尺寸	±5

三、钢筋连接

钢筋连接有焊接和机械连接两种方式。钢筋焊接方法主要有闪光对焊、电弧焊、电渣压力焊或气压焊等；机械连接方法主要有套筒挤压连接、锥螺纹套筒连接、墩粗直螺纹套筒连接、滚压直螺纹套筒连接等。机械连接在我国是近 10 年来陆续发展起来的，具有接头质量稳定可靠，不受钢筋化学成分影响，人为因素的影响也小，操作简便，施工速度快等优点，在粗直径钢筋连接中，有广阔的发展前景，在输电线路基础施工中，也在逐步推广使用。

（一）钢筋焊接

（1）钢筋焊接的接头形式、焊接工艺和质量验收，应符 JGJ 18《钢筋焊接及验收规程》的有关规定。

（2）钢筋焊接接头的试验方法应符合 JGJ/T 27《钢筋焊接接头试验方法标准》的有关规定。

（3）钢筋焊接前，必须根据施工条件进行试焊，合格后方可施焊。焊工必须有焊工考试合格证，并在规定的范围内进行焊接操作。

（4）冷拉钢筋的闪光对焊或电弧焊，应在冷拉前进行；冷拔低碳钢丝的接头，不得焊接。

（5）当受力钢筋采用焊接接头时，设置在同一构件内的焊接接头应相互错开。在任一焊接接头中心至长度为钢筋直径 d 的 35 倍且不小于 500mm 的区段 L 内（见图 3-3-7），同一根钢筋不得有两个接头；在该区段内有接头的受力钢筋截面面积占受力钢筋总截面面积的百分率，受拉区不宜超过 50%，受压区和装配式构件连接处不限制。

（6）接头距钢筋弯折处值，不应小于钢筋直径的 10 倍，且不宜位于构件的最大弯矩处。

（7）闪光对接焊：闪光对接焊的原理是通过物理化学反应，使两个分离表面的金属连为一体，达到焊接目的。接通电源并使其断面逐渐接近达到局部接触，利用电阻加热这些接触点（产生闪光）使其断面金属融化，直到断面部位在一定深度范围内达到预定温度时，迅速施加顶锻力完成焊接的方法，主要有闪光对焊、预热闪光对焊等，见图 3-3-8。

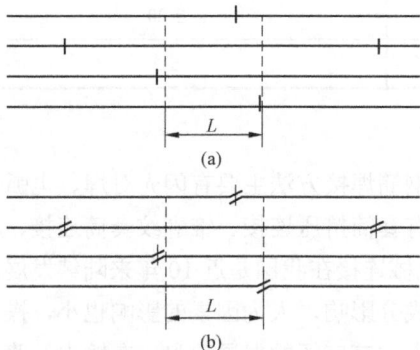

图 3-3-7 焊接接头设置

（a）对焊接头；（b）搭接焊接头

注：图中所示 L，内有接头的钢筋面积按两根计。

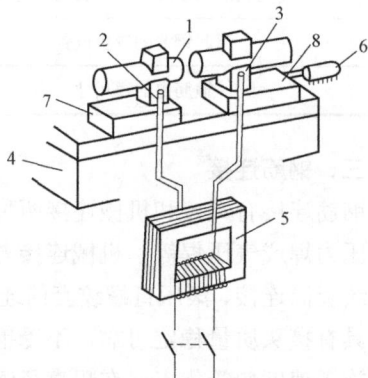

图 3-3-8 闪光对焊原理图

1—焊接的钢筋；2—固定电极；3—可动电极；4—机座；
5—变压器；6—平动顶压机构；7—固定支座；
8—滑动支座

闪光对焊具有操作简单，焊接速度快、节省钢材等特点，目前在钢筋连接中被广泛采用。

1）焊接 20mm 以上大直径钢筋需使断面平整光滑，利于闪光融化、熔接。将两段钢筋卡在夹钳电极上固定，并使两段钢筋中心轴线平直，避免焊后偏心，受力不合理。

2）焊接过程中根据钢筋截面和牌号，大直径、高强度钢筋增加预热程序，确保钢筋充分融化、焊透。

3）待接头的钢筋充分达到预定温度后，迅速施压，将两端头顶锻压接成一体。断电后，保持压力数秒，待接头温度降低后，移出完成焊接。

4）焊接完成后应按照 JGJ 18《钢筋焊接及验收规程》的有关要求进行试验。

（二）钢筋机械连接

钢筋机械连接的设计、应用与验收应符合现行标准 JGJ 107《钢筋机械连接技术规程》和各种机械连接接头技术规程的规定，其连接方法和适用范围见表 3-3-6。

表 3-3-6　　　　　　　　　　钢筋机械连接方法和适用范围表

机械连接方法		使用范围	
		钢筋级别	钢筋直径（mm）
套筒挤压连接		HPB335、HRB400、RRB400	16～40
锥螺纹套筒连接		HPH335、HRB400、RRB400	16～40
墩粗直螺纹套筒连接		HPB335、HRB400	16～40
钢筋滚压螺纹套筒连接	直接滚压	HPB335、HRB400	16～40
	挤肋滚压		16～40
	剥肋滚压		16～50

1. 套筒挤压连接

套筒挤压连接是带肋钢筋套筒挤压连接时将两根待接钢筋插入钢套筒，用挤压连接设备沿径向挤压套筒，使之产生塑性变形，依靠变形之后的钢筋套筒与被连接钢筋纵、横肋产生的机械咬合成为整体的钢筋连接方法，如图 3-3-9 所示。套筒挤压示意图如图 3-3-10 所示。

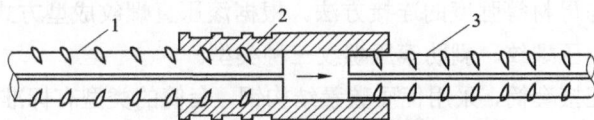

图 3-3-9　钢筋套筒挤压连接示意图

1—已挤压的钢筋；2—钢套筒；3—未挤压的钢筋

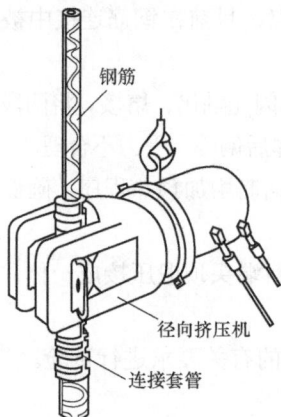

钢筋

径向挤压机

连接套管

图 3-3-10 套筒挤压示意图

这种连接方法质量稳定性好,但操作人员工作强度大,有时液压油污染环境,综合成本高。套筒尺寸与材料应与挤压工艺配套,必须经生产厂家型式检验认定。钢筋采用挤压连接,布筋时要求钢筋轴线最小间距为 90mm。

2. 锥螺纹套筒连接

钢筋锥螺纹套筒连接是将两根待接钢筋端头用套丝机做出锥形外丝,然后用带锥形内丝的套筒将钢筋两端拧紧的钢筋连接方法,如图 3-3-11 所示。

锥螺纹套筒的尺寸,应与钢筋端头锥形螺纹的牙型与牙数匹配,并应满足承载力略高于钢筋母材的要求。

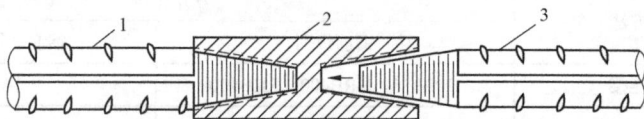

图 3-3-11 锥螺纹套筒连接示意图

1—已连接的钢筋;2—锥螺纹套筒;3—待连接的钢筋

锥螺纹套筒的验收,应检查套筒的规格、型号与标记,套筒的内螺纹圈数、螺距与齿高,螺纹有无破损、歪斜、锈蚀等现象。其中套筒检验的重要一环是用锥螺纹塞尺检查同规格套筒的加工质量。当套筒边缘在锥螺纹塞尺缺口范围内时,套筒为合格。

锥螺纹套筒连接施工及质量检查应符合现行 JGJ 109《钢筋锥螺纹接头技术规程》的有关规定。

3. 滚轧直螺纹套筒连接

钢筋滚轧直螺纹套筒连接是利用金属材料塑性变形后冷作硬化增强金属材料强度的特性,使接头与母材等强度的连接方法。根据滚压直螺纹成型方式,可分为直接滚压螺纹、挤压肋滚压螺纹、剥肋滚压螺纹三种类型。

滚轧直螺纹连接套筒,采用优质碳素结构钢,套筒的类型有标准型、正反丝扣型、变径型、加锁母型等,如图 3-3-12 所示。

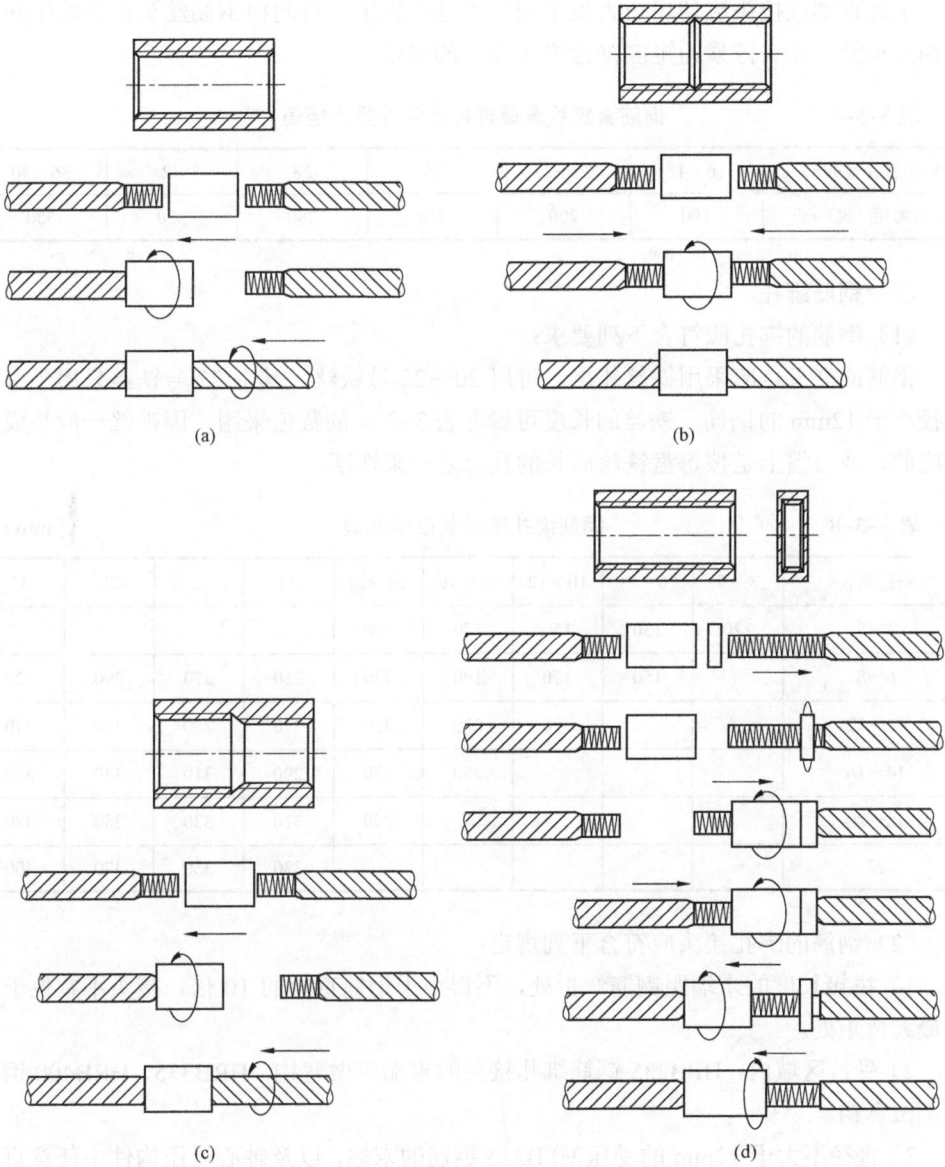

图 3-3-12　钢筋滚轧直螺纹连接示意图
（a）标准型；（b）正反丝扣型；（c）变径型；（d）加锁母型

滚轧直螺纹套筒连接施工及质量验收应符合现行 JG 163《滚轧直螺纹钢筋连接接头》的有关规定。

滚轧直螺纹接头应使用扭力扳手或管钳进行施工，将两根钢筋丝头在套筒中间位置相互顶紧，接头拧紧力矩应符合表 3-3-7 的规定。

表 3-3-7 钢筋直螺纹套筒连接接头拧紧力矩值

钢筋直径（mm）	16～18	20～22	25	28	32	36～40
拧紧力矩（N·m）	100	200	250	280	320	350

四、钢筋绑扎

（1）钢筋的绑扎应符合下列要求：

钢筋的交叉点应采用铁丝扎牢，可用 20～22 号铁丝，其中 22 号铁丝只用于绑扎直径小于 12mm 的钢筋。铁丝的长度可参考表 3-3-8 的数值采用，因铁丝一般是成盘供应的，故习惯上是按每盘铁丝周长的几分之一来切断。

表 3-3-8 钢筋绑扎铁丝长度参照表 （mm）

钢筋直径	3～5	6～8	10～12	14～16	18～20	22	25	28	32
3～5	120	130	150	170	190				
6～8		150	170	190	220	250	270	290	320
10～12			190	220	250	270	290	310	340
14～16				250	270	290	310	330	360
18～20					290	310	330	350	380
22						330	350	370	400

（2）钢筋的绑扎接头应符合下列规定：

1）搭接长度的末端距钢筋弯折处，不得小于钢筋直径的 10 倍，接头不宜位于构件最大弯矩处。

2）受拉区域内，HPB235 钢筋绑扎接头的末端应做弯钩，HRB335、HRB400 钢筋可不做弯钩。

3）直径不大于 12mm 的受压 HPB235 钢筋的末端，以及轴心受压构件中任意直径的受力钢筋的末端，可不做弯钩，但搭接长度不应小于钢筋直径的 35 倍。

4）受拉钢筋绑扎搭接接头面积百分率不大于 25% 时，其最小搭接长度应符合表 3-3-9 的规定。

表 3-3-9 受拉钢筋绑扎搭接接头的搭接长度

钢筋类型	混凝土强度等级			
	C15	C20~C25	C30~C35	≥C40
HPB235 光圆钢筋	45d	35d	30d	25d
HPB335 带肋钢筋	55d	45d	35d	30d
HPB400 带肋钢筋	—	55d	40d	35d

注 1. 受压钢筋绑扎接头的搭接长度应为表中数值的 0.7 倍。

2. 在任何情况下，纵向受拉钢筋的搭接长度不应小于 300mm；受压钢筋的搭接长度不应小于 200mm。

3. 两根直径不同钢筋的搭接长度，以较细钢筋的直径计算。

4. 当混凝土在凝固过程中受力钢筋易受扰动时，其搭接长度宜适当增加。

5. 当带肋钢筋直径 d 不大于 25mm 时，其受拉钢筋的搭接长度应按表中值减少 5d 采用。

6. 在绑扎接头的搭接长度范围内，应采用铁丝绑扎三点。

（3）同一构件中相邻纵向受力钢筋的绑扎搭接接头宜相互错开，绑扎搭接接头中钢筋的横向净距不应小于钢筋直径，且不应小于 25mm。

钢筋绑扎搭接接头连接区段的长度为 $1.3L$（L 为搭接长度），凡搭接接头中点位于该连接区段长度内的搭接接头均属于同一连接区段（见图 3-3-13）。同一连接区段内，纵向受拉钢筋搭接接头面积百分率应符合设计要求；当设计无具体要求时，应符合下列规定：

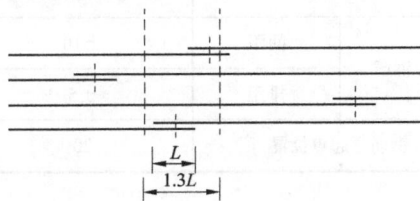

图 3-3-13 受力钢筋绑扎接头

注：图中所示区段 1.3L 内有效接头的钢筋面积按两根计。

1）对梁类、板类构件，不宜大于 25%；

2）对柱类构件，不宜大于 50%；

3）当工程中确有必要增大接头面积百分率时，对梁类构件，不应大于 50%；对其他构件，可根据实际情况放宽。

五、钢筋笼安装

基础的钢筋笼（包括钢筋骨架、钢筋网、地脚螺栓、插入式塔脚等）在地面上已绑扎或焊接完成后，可用吊车或其他起重设备将其安装在基抗或模板内，安装应遵守下列有关规定：

（1）对于大型基础的钢筋笼，吊点处应予补强以避免变形。吊点应选在钢筋笼重心以上处。钢筋笼起吊应用大绳控制，平稳放入基坑或模板内。操作人员应互相配合，确保安全。

（2）大型基础的地脚螺栓安装，由于重量较大，固定地脚螺栓的样板必须有足够的强度和稳定性，以免发生变形或下沉。

（3）对于插入式塔腿的安装，应按设计图纸在坑底设置垫块定位，如插入式塔腿为悬空设计，可以采取加长插腿或使用悬空式找正架等措施进行定位；用吊车或其他起吊设备将插腿吊入基坑或模板内，调整插入式塔腿的标高、根开、对角线、坡度及基础的相对位置尺寸；然后用单腿或整体找正架牢靠固定。

（4）受力钢筋的混凝土保护层厚度，应符合设计要求；当设计无具体要求时，不应小于受力钢筋直径。

（5）安装钢筋时，配置的钢筋级别、直径、根数和间距均应符合设计要求。绑扎或焊接的钢筋网和钢筋骨架，不得有变形、松脱和开焊。钢筋位置的允许偏差，应符合表 3–3–10 规定。

表 3–3–10 　　　　　　　　钢筋安装位置的允许偏差　　　　　　　　（mm）

项　　目		允许偏差	项　　目		允许偏差
受力钢筋	间距	±10	绑扎箍筋、横向钢筋间距		±20
	排距	±5	受力钢筋的保护层	基础	±10
钢筋弯起点位置		20		连梁	±5

【思考与练习】

（1）钢筋加工应符合哪些要求？

（2）钢筋绑扎应符合哪些要求？钢筋绑扎接头应符合哪些规定？

（3）钢筋弯钩加工应符合哪些规定？

（4）钢筋笼安装应遵守哪些规定？钢筋安装位置的允许偏差？

◢ 模块 4　混凝土浇制（新增模块）

【模块描述】本模块包含混凝土的拌制、运输、浇筑、振捣等内容。通过内容介绍，掌握混凝土浇制、试块制作、质量检查的方法及要求。

【模块内容】

一、混凝土浇制作业内容

混凝土浇制，主要内容包括：

（1）混凝土拌制。

（2）混凝土运输与浇筑。

（3）混凝土振捣。

二、危险点分析与控制措施

混凝土浇制过程中存在的危险点有砸伤、碰伤、触电。

控制措施有：

（1）检查搅拌机料斗挂钩情况时，料斗下方不得有人。

（2）搅拌机必须装设支架，不能以轮胎代替支架；搅拌机运转时，严禁将工具伸入滚筒内扒料；清洗搅拌机时，人身体不得进入滚筒内。

（3）搅拌机应可靠接地。

（4）搭设的下料平台应牢固可靠。

（5）坑边不准堆放工具和材料，并经常检查坑边有无裂缝。

（6）用手推车向坑内倾倒混凝土时，倒料平台口应有挡车设施，倒料时不得将手推车撒把。

（7）操作电动振捣棒的人员应戴绝缘手套，坑下人员应戴安全帽。

（8）施工人员禁止在横木和模板支撑木上行走。

三、混凝土浇制作业前准备

1. 场地布置

现浇钢筋混凝土基础施工场地布置要求如下：

（1）搅拌机布置在坑边附近，但不应对坑边有扰动。

（2）发电机布置在场区内边缘，配电箱布置在搅拌机附近，电源线架空布置，避免与运输道路交叉。用电设备要有可靠的接地装置。

（3）水泥、砂、石、水运输到位。砂、石料单独堆放，堆放下部铺垫彩条布，保证不落地；水泥堆放要避开积水或雨水冲刷的位置，必须下有支垫和上有防雨遮盖，防止受潮，并就近布置在搅拌台周围。

（4）生、熟料运输通道应平整，松软通道应铺垫板。

（5）地脚螺栓（插入式角钢）、模板、钢筋等材料工具运输到位，且分类堆放整齐，布置在临时工棚附近。

（6）检查、确认到位原材料符合规范要求；作业机具和安全防护用具满足使用并符合安规要求。

2. 工器具准备

混凝土浇制施工需用的主要工器具见表3-4-1。

表 3-4-1　　　　　　混凝土浇制施工主要工器具配置表（一个班组）

序号	名称	规　格	单位	数量
1	方锹	225mm×410mm	把	4
2	方锹	167mm×350mm	把	12
3	水箱	2m³	个	1
4	磅秤	100kg 级	台	1
5	薄铁板	−2mm×1000mm×1500mm	把	2
6	试块盒	150mm×150mm×150mm	个	3
7	钢卷尺	15～30m	把	1
8	钢卷尺	5m	把	1
9	游标卡尺	13cm/0.2mm	把	1
10	振捣器	插入式	台	2
11	坍落度筒	ϕ100mm×ϕ200mm×300mm	个	1
12	钢钎	ϕ18mm×1500mm	根	2
13	手推车		部	4
14	发电机	5kW	台	1
15	搅拌机	250L	台	1
16	水桶	20kg	个	1

四、混凝土浇制的操作步骤

（一）混凝土拌制

现场拌制混凝土，在一般地区应实施台秤配料、机械搅拌、机械振捣三原则。在山区或交通困难地方，大型搅拌机械难以运抵桩位时，使用可拆卸式小型搅拌机具，在特殊条件下也可采用人工拌制方法。

1. 混凝土搅拌机

混凝土搅拌机按其搅拌原理主要分为自落式搅拌机和强制式搅拌机两类，线路施工较常使用的是自落式锥形反转出料搅拌机，见图 3-4-1、图 3-4-2。

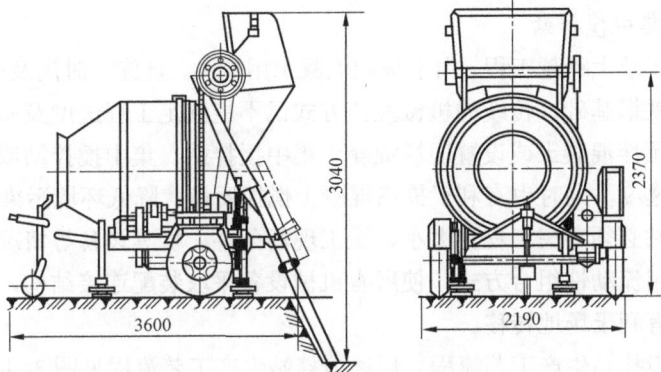

图 3-4-1 自落式锥形反转出料搅拌机

搅拌机使用注意事项如下：

（1）安装。搅拌机应设置在平坦的位置，用方木垫起前后轴，使轮胎架空，以免在启动时发生移动。固定式搅拌机应装在固定的机座或底架上。

（2）检查。搅拌机在正式使用前，必须经过 2～3min 空载试运转，确认合格后方可加载使用。试运转时应校验拌筒转速是否合适，一般情况下，空载转速比重载转速稍快 2～3r/min，如相差较多，应调整动轮与转轮的比例。

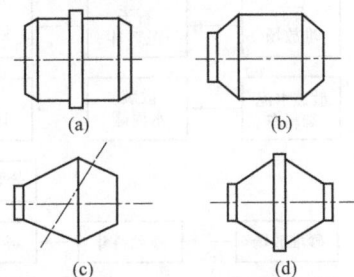

图 3-4-2 自落式锥形反转出料搅拌机筒形式
（a）鼓筒式搅拌机；
（b）锥形反转出料搅拌机；
（c）单开口双锥形倾翻出料搅拌机；
（d）双开口双锥形倾斜出料搅拌机

拌筒的旋转方向应符合箭头指示方向，如不符合时，应更正电机接线。

检查传动离合器和制动器是否灵活可靠，钢丝绳有无损坏，轨道滑轮是否良好，周围有无障碍及各部位的润滑情况等。

（3）防护。电动机应装设防护罩或采取其他保护措施，防止水分和潮气侵入而损坏。电动机必须安装调速开关，速度由缓变快。

搅拌过程中，应经常检查搅拌机各部件的运转是否正常。搅拌完成后，应检查搅拌机叶片是否被打弯，螺钉有否松动或脱落。

当混凝土搅拌完毕或预计停歇 1h 以上时，除将余料排净外，还应用石子和清水倒入搅拌筒内，开机转动 5～10min，把粘在料筒上的砂浆冲洗干净后全部卸出。料筒内不得有积水，以免料筒和叶片生锈。同时还应清理搅拌筒外积灰，使机械保持清洁完好。下班后及停机不用时，将电动机保险丝取下，确保安全。

2. 混凝土集中搅拌站

对于特高压及大跨越工程，由于基础混凝土用量大，且施工时间及范围相对集中，尤其是大跨越铁塔基础，传统的机械搅拌方式已不能满足工程进度及质量的要求。因此，一般采用预拌混凝土或设置现场混凝土集中搅拌站。集中搅拌站或预拌混凝土不但提高了供应速度，同时也有利于提高混凝土搅拌质量，降低环境污染。

现场搅拌站必须考虑工程量大小、施工现场条件、机具设备等情况，因地制宜设置。一般宜采用流动性组合方式，使所有机械设备采取装配连接结构，基本能做到拆装搬运方便，有利于场地转移。

（1）现场搅拌站生产工艺流程。现场搅拌站生产工艺流程见图3-4-3。

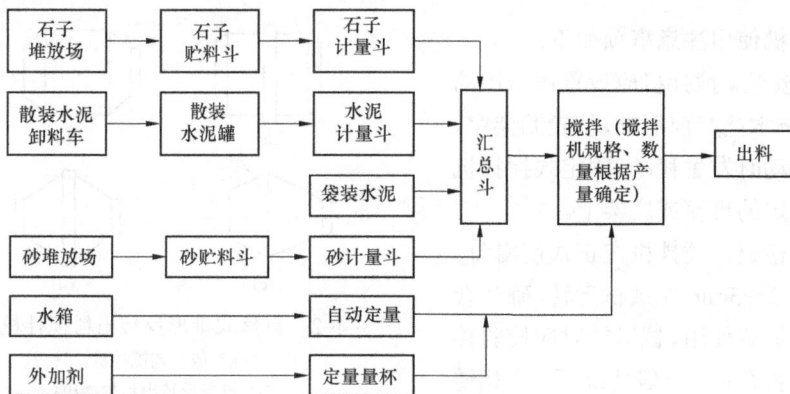

图3-4-3 现场搅拌站生产工艺流程图

（2）主要设备组成。

1）装运提升部分：抓斗、粒铲、皮带运输机、铲车及转载机等。

2）储存部分：砂、石储料斗、水泥储罐。

3）计量装置。

4）搅拌部分。

3. 混凝土搅拌施工要点

（1）混凝土原材料每盘称量的偏差，不得超过表3-4-2中允许偏差的规定。

表3-4-2 混凝土原材料称量的允许偏差

材料名称	允许偏差（%）
水泥、混合材料	±2

续表

材料名称	允许偏差（%）
粗、细骨料	±3
水、外加剂	±2

注　1. 各种衡器应定期校验，保证在有效期内；

　　2. 骨料含水率应经常测定，雨天施工应增加测定次数。

（2）混凝土人工拌制一般应采用"三三制"方法，即将砂与水泥放在铁板上混合干拌合三遍，达到混合均匀，颜色一致；在铁板上的砂、水泥混合料堆开一凹槽，加石料和水（水可逐渐加入），进行湿拌合三遍，直到水泥、砂、石、水等全部拌和均匀、和易性好、呈浓粥状为止。

（3）采用机械拌制混凝土，应先将砂料倒入提升斗中，然后将水泥、石料倒入斗中，再将提升斗内的砂、水泥、石提升，一并倒入搅拌机滚筒中。把水泥夹在砂石之间，使水泥不致飞扬，最后加入定量用水，进行拌制。机械拌制混凝土的搅拌最短时间，可按表3-4-3采用。

表3-4-3　　　　　　机械拌制混凝土搅拌的最短时间　　　　　　（s）

混凝土坍落度（mm）	搅拌机机型	搅拌机出料量（L）		
		<250	250~500	>500
≤30	强制式	60	90	120
	自落式	90	120	150
>30	强制式	60	60	90
	自落式	90	90	120

注　1. 混凝土搅拌的最短时间是指自全部材料装入搅拌筒中起，到开始卸料止的时间；

　　2. 当掺有外加剂时，搅拌时间应适当延长；

　　3. 采用强制式搅拌机轻骨料混凝土的加料顺序是：当轻骨料在搅拌前预湿时，先加粗、细骨料和水泥搅拌30S，再加水继续搅拌；当轻骨料在搅拌前未预湿时，先加1/2的总用水量和粗、细骨料搅拌60S，再加水泥和剩余用水量继续搅拌；

　　4. 输电线路工程基础施工混凝土搅拌一般采用自落式搅拌机；

　　5. 当采用其他形式的搅拌设备时，搅拌的最短时间应按设备说明书的规定或经试验确定。

（4）搅拌前，加水空转数分钟，将积水倒净，使拌桶充分润湿。

（5）搅拌好的混凝土要基本卸尽，在全部混凝土卸出之前不得再投入拌合料，更不得采取边出料边进料的方法，以确保混凝土水灰比和坍落度。

（6）搅拌第一盘混凝土时，宜按配合比多加10%的水、水泥、细骨料，或减少10%

的粗骨料用量。

（7）开始搅拌混凝土时，应注意观察和检测拌合物的和易性，如不符合要求，应立即分析情况并处理，直至和易性符合要求，方可连续生产。

（8）使用外加剂时，应注意检查核对外加剂品名、生产厂名、牌号等。使用时一般宜先将外加剂制成溶液，并加入拌合用水中，当采用粉末状外加剂时，也可采用定量小包装外加剂另加载体的掺用方式。当用外加剂溶液时，应经常检查溶液浓度，并经常搅拌外加剂溶液，使溶液浓度均匀一致，防止沉淀。

（二）混凝土运输与浇筑

（1）混凝土运至浇筑地点，应符合浇筑时规定的坍落度，当有离析现象时，必须在浇筑前进行二次搅拌。

（2）混凝土应以最少的转载次数和最短的时间，从搅拌地点运至浇筑地点。混凝土从搅

拌机中卸出到浇筑完毕的延续时间不宜超过表 3-4-4 的规定。

表 3-4-4 混凝土从搅拌机中卸出到浇筑完毕的延续时间 （min）

气温	时间			
	采用搅拌车		采用其他运输设备	
	≤C30	>C30	≤C30	>C30
不大于	120	90	90	75
大于	90	60	60	45

注 1. 对掺用外加剂或采用快硬水泥拌制的混凝土，其延续时间应按试验确定；

2. 对轻骨料混凝土，其延续时间应当缩短。

（3）混凝土运输常用设备有手推车、机动翻斗车、混凝土搅拌输送车等。

（4）采用泵送混凝土应符合下列规定：

1）混凝土的供应，必须保证输送混凝土的泵车能连续工作；

2）输送管线宜直，转弯宜缓，接头应严密，如管道向下倾斜，应防止混入空气，产生阻塞；

3）泵送前应选用适量的与混凝土内成分相同的水泥浆或水泥砂浆润滑输送管内壁；预计泵送间歇时间超过 45min 或当混凝土出现离析现象时，应立即用压力水或其他方法冲洗管内残留的混凝土；

4）在泵送过程中，受料斗内应具有足够的混凝土，以防止吸入空气产生阻塞。

5）泵送混凝土施工应符合现行 JGJ/T 10《混凝土泵送施工技术规程》的相关规定。

（5）在浇筑混凝土时，应清除基坑地面淤泥和杂物，并应有排水和防水措施。对干燥的非黏性土，应用水湿润；对未风化的岩石，应用水汽清洗，但其表面不得留有积水。

（6）对模板及其支架、钢筋和预埋件必须进行检查，并做好记录，符合设计要求后方能浇筑混凝土。

（7）在浇筑混凝土前，对模板内的杂物和钢筋上的油污等应清理干净；对模板的缝隙和孔洞应予堵严；对木模板应浇水湿润，但不得有积水。

（8）混凝土自高处倾落的自由高度，不应超过 2m。当结构浇筑高度超过 3m 时，应采用串筒、溜管或斜槽下料，如图 3-4-4 所示。

（9）在降雨雪时不宜露天浇筑混凝土，当需浇筑时，应采取有效措施，确保混凝土质量。

（10）混凝土浇筑层的厚度，应符合表 3-4-5 的规定。

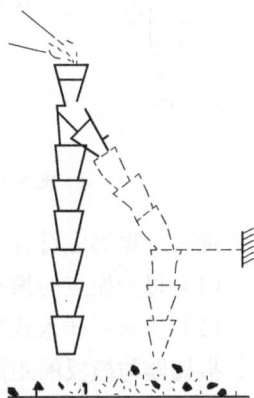

图 3-4-4　串筒示意图

表 3-4-5　　　　　　　混凝土浇筑层厚度

捣实混凝土的方法		浇筑层的厚度
插入式振捣		振捣器作用部分长度的 1.25 倍
表面振捣		200
人工捣固	在基础、无筋混凝土或配筋稀疏的结构中	250
	在梁、柱结构中	200
	在配筋密列的结构中	150

（11）浇筑混凝土应连续进行，当必须间歇时，其间歇时间宜缩短，并应在前层混凝土凝结之前，将次层混凝土浇筑完毕。

（12）在混凝土浇筑过程中，应经常观察模板、支架、钢筋、预埋件和预留孔洞的情况，当发现有变形、移位时，应及时采取措施进行处理。

（13）当混凝土浇筑到基础立柱上表面（基面）时，应立即进行操平，达到浇筑和抹面一次完成，避免二次抹面。

（三）混凝土振捣

混凝土施工振捣设备有插入式振捣器、平板式振捣器、附着式振捣器、振动台（如图 3-4-5 所示）。线路施工中较常使用的是插入式振捣器和平板式振捣器。

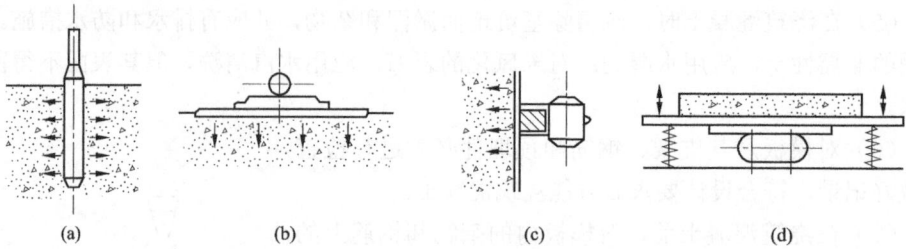

图 3-4-5 振捣机械示意图

（a）插入式振捣器；（b）平板式振捣器；（c）附着式振捣器；（d）振捣台

混凝土振捣应符合下列规定：

（1）每一振点的振捣延续时间，应使混凝土表面呈现浮浆和不再沉落。

（2）当采用插入式振捣器时，捣实移动间距，不宜大于振捣器作用半径 R 的 1.5 倍；振捣器与模板的距离，不应大于其作用半径的 0.5 倍，并应避免碰撞钢筋、模板、预埋件等；振捣器插入下层混凝土内的深度应不小于 50mm。振捣方法分为行列式和交错式，如图 3-4-6 所示。

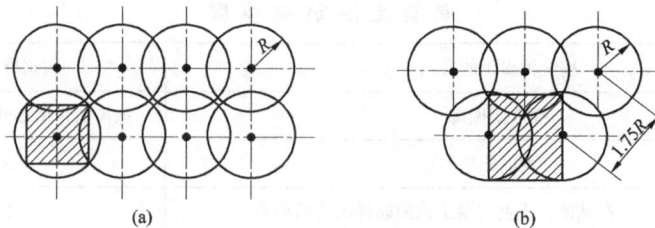

图 3-4-6 插入式振捣器振捣方法

（a）行列式；（b）交错式

（3）当采用平板式振捣器时，其移动间距应保证振捣器的平板能覆盖已振实部分的边缘。

（4）插入式振捣器如图 3-4-7 所示。

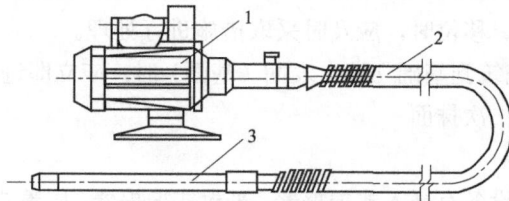

图 3-4-7 插入式振捣器

1—电动机；2—软轴；3—振捣棒

五、注意事项

（1）雨天不宜露天浇制混凝土，浇制后应覆盖立柱顶面，防止雨水冲刷。

（2）基础每个腿基础浇制应连续施工，不宜间断，如间断超过 2h 不得浇制，应按二次浇制处理。

（3）浇制混凝土时，严格控制水灰比和配合比，按配合比投料。机械振捣必须充分，做到"快插慢拔"，保证混凝土内部密实，混凝土与模板接触面用插钎插透，防止石子堆积，避免出现蜂窝、麻面、狗洞、露筋等缺陷，保证混凝土表面光滑。

（4）不同品种、不同标号、不同厂家的水泥不能混用于同一个基础上，若在同一基础（不同腿）中使用，必须分别制作试块，并做好记录。

【思考与练习】

（1）混凝土浇制中存在哪些危险点？控制措施有哪些？

（2）混凝土人工拌制一般采用什么方法？请详细解释。

（3）采用泵送混凝土运输方法时，应符合哪些规定？

（4）混凝土振捣设备有哪些？振捣应符合哪些规定？

◢ 模块 5　养护与拆模（新增模块）

【模块描述】本模块包含混凝土养护方法、拆模要求、混凝土外观检查、保护帽浇制等内容。通过内容介绍，掌握混凝土养护、拆模、保护帽浇制方法及要求。

【模块内容】

为保证已浇筑完成的混凝土在规定龄期内达到设计要求的强度和耐久性，并防止产生收缩和温度裂缝，必须认真做好养护工作。

一、混凝土养护与拆模的危险点分析及控制措施

养护与拆模时的危险点有模板脱落伤人、炭火燃烧伤人、液化气爆炸伤人、养护液挥发毒气伤人。控制措施有：

（1）拆装模板时应用绳索或起吊工具吊运，不能用手直接传递。装模板时，各部位应连接牢固，并用支撑撑牢。

（2）冬季采用炭火暖棚养护时，火源不得靠近易燃物。工作人员不能在坑内睡觉。

（3）采用液化气保暖时，应采取防止液化气罐爆炸的措施，并要防止液化气罐漏气。

（4）采用养护液自然养护时，涂刷养护液的工作人员必须戴防毒面具。自然养护期间人员进入坑内检查应防止中毒。

二、混凝土养护与拆模

现浇混凝土的养护有自然养护和过氯乙烯薄膜养护等。自然养护是指在自然气候条件下，采取浇水润湿或防风保湿等措施进行养护；过氯乙烯薄膜养护混凝土（简称薄膜养护），是指在基础混凝土拆膜后，随即在混凝土外表面全部涂刷一层过氯乙烯溶液并形成薄膜，防止混凝土内部自身水分的蒸发，达到自身养护的目的。

1. 自然养护

（1）覆盖养护。当平均气温高于 5℃时，可用适当的材料对混凝土表面加以覆盖并浇水，使混凝土在一定的时间内保持水泥水化作用所需要的适当温度和湿度条件。覆盖浇水养护应符合下列规定：

1）应在浇筑完毕后的 12h 以内（当天气炎热，干燥有风时，应在 3h 以内）对混凝土加以覆盖和浇水；

2）混凝土的浇水养护和时间，对采用硅酸盐水泥、普通硅酸盐水泥或矿渣硅酸盐水泥拌制的混凝土，不得少于 7d，对掺用缓凝型外加剂或有抗渗性要求的混凝土，不得少于 14d；当采用其他品种水泥时，混凝土的养护应根据所采用水泥的技术性能确定；

3）浇水次数应能保持混凝土处于润湿状态；

4）混凝土的养护用水宜与拌制用水相同；

5）当日平均气温低于 5℃时，不得浇水；

6）基础拆模后经表面检查合格后应立即回填土，并应按规定加以覆盖和浇水。

（2）薄膜布养护。在有条件的情况下，可采用不透水、气的薄膜布（如塑料薄膜）养护。用薄膜布把混凝土敞露的全部表面覆盖起来，保证混凝土在不失水的情况下得到充分的养护。这种养护方法的优点是不必浇水，操作方便，能重复使用，能提高混凝土的早期强度，加速模具的周转，但应保持薄膜布内有凝结水。

2. 薄膜养生液养护

混凝土的表面不便浇水或使用塑料薄膜布养护时，可采用涂刷薄膜养生液，防止混凝土内部水分蒸发的方法进行养护。这种养护方法一般适用于表面积大的混凝土施工和缺水地区，但应注意薄膜的保护。

3. 基础模板的拆除

基础模板的拆除时间，应保证混凝土表面及棱角不受损坏。拆模时间随养护时的环境温度及所用的水泥品种而有所不同。

（1）在不同气温自然养护条件下的基础拆模时间，可参照表 3-5-1 执行。

表 3-5-1   基础模板允许拆模时间参考表   （d）

平均温度（℃） 水泥品种	5	10	15	20	25	30
硅酸盐水泥或普通硅酸盐水泥	7	5	4	3.5	3.0	2.5
矿渣硅酸盐水泥	10	8	7	6	5	4

注　火山灰质硅酸盐水泥、复合硅酸盐水泥、粉煤灰硅酸盐水泥可参照本表执行。

（2）拆模应自上而下进行，轻轻敲击减少对混凝土的振动，要使混凝土表面四周棱角不受损坏。

（3）拆除的模板应立即将表面残留的水泥、砂浆清除干净，木模板外露的圆钉应打弯或拔除。

（4）基础拆模后应立即进行其质量检查，并做好维修工作。

三、混凝土质量检查与表面缺陷修补

（1）混凝土在拌制和浇筑过程中应按下列规定进行检查：

1）检查拌制混凝土所用原材料的品种、规格和用量，每一工作班日或每基基础至少两次

2）检查混凝土在浇筑地点的坍落度，每一工作班日或每个基础腿至少两次；

3）混凝土的搅拌时间应随时检查。

（2）检查混凝土质量应进行抗压强度试验。对有抗冻、抗渗要求的混凝土，尚应进行抗冻、抗渗性等试验。

（3）当采用预拌混凝土时，供货方应提供下列资料：

1）预拌混凝土合格证；

2）砂、石、水泥及外加剂等原材料合格证及检验报告；

3）混凝土配合比通知单；

4）混凝土抗压试验报告（标养、同养）；

5）如果是抗渗混凝土还要有抗渗试验报告。

（4）当采用预拌混凝土时，应在商定的交货地点进行坍落度检查，实测的混凝土坍落度与要求坍落度之间的允许偏差应符合表 3-5-2 的要求。

表 3-5-2   混凝土实测坍落度允许偏差值

要求坍落度	实测允许偏差
≤40	±10
50～90	±20
≥100	±30

（5）用于检查结构构件混凝土质量的试件，应在混凝土的浇筑地点随机取样制作。其养护条件与构件（基础）相同。试件的留置应符合下列规定：

1）转角、耐张，终端及悬垂转角塔的基础，每基应取一组；

2）一般直线塔基础，同一施工班组每 5 基或不满 5 基应取一组，单基或连续浇筑混凝土量超过 100m³ 时亦应取一组；

3）按大跨越设计的直线塔基础及拉线塔基础，每腿应取一组，但当基础混凝土量不超过同工程中转角或终端塔基础时，则应各基取一组。

注：预拌混凝土除应在预拌混凝土厂内按规定留置试件外，混凝土运到施工现场后，尚应按本条的规定留置试件。

（6）同条件养护试件应在达到等效养护龄期时进行强度试验。等效养护龄期应根据同条件养护试件强度与在标准养护条件下 28d 龄期试件强度相等的原则确定。同条件自然养护试件的等效龄期及相应的试件强度代表值，宜根据当地的气温和养护条件，按下列规定确定：

1）等效养护龄期可取按日平均气温逐日累计达到 600℃·d 时所对应的龄期，0℃及以下的龄期不计入，等效养护龄期不应小于 14d，也不宜大于 60d。

2）同条件养护试件的强度代表值应根据强度试验结果，按现行国家标准 GB/T 50107《混凝土强度检验评定标准》的规定确定后，乘折算系数取用，折算系数宜取为 1.10，也可根据当地的试验统计结果做适当调整。

（7）每组三个试件应在同盘混凝土中取样制作，并按下列规定确定该组试件的混凝土强度代表值：

1）取三个试件强度的平均值；

2）当三个试件强度中的最大值或最小值之一与中间值之差超过中间值的 15%时，取中间值；

3）当三个试件强度中的最大值和最小值与中间值之差均超过中间值的 15%时，该组试件不应作为强度评定的依据。

（8）现场浇筑混凝土基础允许偏差。

1）铁塔基础。

a）保护层厚度：－5mm；

b）立柱及各底座断面尺寸：－1%；

c）同组地脚螺栓中心对立柱中心偏移：10mm；

d）地脚螺栓露出基础顶面高度：+10mm，－5mm。

2）拉线基础。

a）基础尺寸偏差：

断面尺寸：–1%；

拉环中心与设计位置的偏移：20mm。

b）基础位置偏差，拉环中心在拉线方向前、后、左、右与设计位置的偏差：1%L。

注：1. L为拉环中心至杆塔拉线固定点的水平距离。

2. X形拉线基础位置允许有前后方向位移，保证在安装后拉线交叉点不得相碰。

（9）整基铁塔基础在回填夯实后尺寸允许偏差见表3–5–3。

表3–5–3　　　　　　　　　整基铁塔基础尺寸施工允许偏差表

项　　目		地脚螺栓式		主角钢插入式		高塔
		直线	转角	直线	转角	30
整基基础中心与中心桩的位移（mm）	顺线路	30	30	30	30	30
	横线路	—	30	—	30	—
基础根开及对角线尺寸（‰）		±2		±1		±0.7
基础顶面或主角钢操平印记相对高差（mm）		5		5		
整基基础扭转（′）		10		10		5

（10）混凝土缺陷修整。对混凝土表面缺陷的处理应符合现行国家标准 GB 50204—2015《混凝土结构工程施工质量验收规范》的规定。

1）现浇结构的外观质量不应有严重缺陷。对已经出现的严重缺陷，应由施工单位提出技术处理方案，并经监理（建设）单位认可后进行处理。对经处理的部位，应重新全数检查验收，并检查技术处理方案。

说明：外观质量的严重缺陷通常会影响到结构性能、使用功能或耐久性。

2）现浇结构的外观质量不宜有一般缺陷。对已经出现的一般缺陷，应由施工单位按技术处理方案进行处理，并重新检查验收。

说明：外观质量的一般缺陷通常不会影响到结构性能、使用功能，但有碍观瞻。

3）混凝土表面缺陷的修整，可参照下列措施进行：

a）面积较小且数量不多的蜂窝或露石的混凝土表面，可用1:2～1:2.5水泥砂浆抹平，在抹砂浆之前，必须用钢丝刷或加压水洗刷基层；

b）较大面积的蜂窝、露石和露筋应按其全部深度凿去薄弱的混凝土层和个别突出的骨料颗粒，然后用钢丝刷或加压水洗刷表面，再用比原混凝土强度等级提高一级的细骨料混凝土填塞，并仔细捣实。

（11）组立塔完成并进行中间验收检查合格之后，应在基础上表面与塔脚连接处，按设计要求浇筑保护帽，保护帽应全线统一，规格一致，整齐美观，质量可靠。

（12）有关施工记录按照 DL/T 5168《110kV～500kV 架空电力线路工程施工质量及评定规程》执行。

四、浇制保护帽

铁塔组立完成后，塔脚底板应与基础面应接触良好，有空隙时应垫铁片，并灌注水泥砂浆。铁塔经检查合格后可随即浇制保护帽。

（1）浇制塔脚保护帽必须设置模板，保护帽的断面尺寸及高度应符合设计要求，如设计无规定时，可下述要求制作：顶面应高出地脚螺栓顶面 100～150mm，断面尺寸应超出塔脚板边缘 100～150mm，或与基础立柱断面相同。

（2）浇制前应将立柱顶面保护帽范围内打毛并清洗干净。保护帽的混凝土强度等级应符合设计要求，设计无规定时，可按基础混凝土强度等级或低一级施工。

（3）保护帽的浇制应里实外光、无裂纹，顶面应有自然淌水坡度。保护帽的混凝土内严禁掺片石及其他杂物。

（4）保护帽的浇制、捣固、养护必须由专人负责，按照基础混凝土施工进行管理。

【思考与练习】

（1）混凝土自然养护分为哪几种？覆盖浇水养护应符合哪些规定？

（2）基础拆模应符合哪些规定？不同气温的自然养护条件下，基础拆模的时间分别是多少？

（3）现场浇筑混凝土基础的容许偏差是多少？

（4）混凝土缺陷如何分类？不同缺陷的处理办法有哪些？

◢ 模块 6　冬期混凝土施工（新增模块）

【模块描述】本模块包含混凝土冬期施工的基本规定、混凝土配制与搅拌、运输和浇筑、养护等内容。通过内容介绍，掌握混凝土冬期施工方法。

【模块内容】

在本章模块 5 混凝土的养护与拆模中提到，混凝土的强度与养护过程中温度的控制有很大关系。在低温环境下，如何控制低温对于混凝土施工质量的影响是混凝土施工的难点。本模块将重点介绍冬季施工的定义及相关的操作要领。内容如下。

一、基本要求

（1）当室外日平均气温连续 5d 稳定低于 5℃时，混凝土施工应采取冬期施工技术措施。

（2）混凝土冬期施工的关键是确保混凝土受冻前达到受冻临界强度。普通混凝土采用硅酸盐水泥或普通硅酸盐水泥配置时，受冻临界强度为设计混凝土强度标准值的

30%；采用矿渣硅酸盐水泥配制时，为设计强度标准值的 40%，但当混凝土强度为 C10 及以下时，不得小于 5.0N/mm²。

（3）混凝土冬期施工应符合国家现行标准 JGJ/T 104《建筑工程冬期施工规程》的有关规定。

（4）使用矿渣硅酸盐水泥，宜采用蒸汽养护；使用其他品种水泥应注意其中掺和材料对混凝土抗冻、抗渗等性能的影响。

（5）混凝土冬期施工热工计算本节从略，若需进行热工计算时，可参考规程进行相关计算。

二、冬期施工现浇混凝土配制与搅拌

（1）配制冬期施工混凝土，应优先选用硅酸盐水泥或普通硅酸盐水泥。水泥强度等级不应低于 42.5，最小水泥用量不宜少于 300kg/m³，水灰比不应大于 0.6。

注：1. 大体积混凝土最小水泥用量应根据实际情况确定。

2. 强度等级不大于 C10 的混凝土，最大水灰比和最小水泥用量可不受上述要求限制。

（2）掺加防冻剂时，宜使用无氯盐类防冻剂，对抗冻性能要求高的混凝土，宜使用引气剂或引气减水剂。

（3）冬期拌制混凝土时应优先采用加热水的方法，当加热水仍不能满足要求时，再对骨料进行加热。水泥不得直接加热，并宜在使用前运入暖棚内存放。水及骨料的加热温度应根据热工计算确定，但不得超过表 3-6-1 的规定。

表 3-6-1　　　　　　　　　拌和水及骨料最高温度　　　　　　　　　（℃）

项　目	拌和水	骨料
强度等级小于 52.5 的普通硅酸盐水泥、矿渣硅酸盐水泥	80	60
强度等级等于及大于 52.5 的硅酸盐水泥、普通硅酸盐水泥	60	40

注　当骨料不加热时，水可加热到 100℃，但水泥不应与 80℃以上的水直接接触，投料顺序为先投入骨料和已加热的水，然后再投入水泥。

（4）混凝土所用骨料必须清洁，不得含有冰、雪等冻结物及易冻裂的矿物质。在掺用含有钾、钠离子防冻剂的混凝土中，不得混有活性骨料。

（5）拌制掺用防冻剂的混凝土应符合下列规定：

1）防冻剂溶液的配制及防冻剂的掺量应符合现行国家标准的有关规定；如外加剂为粉剂，可按要求掺量直接撒在水泥上面和水泥同时投入。如外加剂为液体，使用时应先配置成规定浓度溶液，然后根据使用要求，用规定浓度溶液再配置成施工溶液。

2）严格控制混凝土水灰比，由骨料带入的水分及防冻剂溶液中的水分均应从拌和水中扣除。

3）搅拌前，应用热水冲洗搅拌机，使其充分预热。混凝土搅拌时间应取常温搅拌时间的 1.5 倍。

4）混凝土拌合物的出机温度不宜低于 10℃，入模温度不得低于 5℃。

（6）搅拌混凝土最短时间不应少于表 3–6–2 的规定。

表 3–6–2   搅拌混凝土最短时间表   （s）

混凝土坍落度（mm）	搅拌机型	搅拌机容积（L）		
		<250	250～650	>650
≤30	自落式	135	180	225
	强制式	90	135	180
>30	自落式	135	135	180
	强制式	90	90	135

三、冬期混凝土的运输和浇筑

（1）混凝土在浇筑前，应清除模板和钢筋上的冰雪和污垢。

（2）运输混凝土用的容器应具有保温措施，以尽量减少运输过程中的热量损失，可采取下列措施：

1）合理选择放置搅拌机的地点，尽量缩短运距，选择最佳的运输路线。

2）合理选择运输容器的形式、大小和保温材料。

3）尽量减少混凝土的装卸、倒运次数。

（3）冬期施工不得在已冻胀的基坑底面上浇筑混凝土，已开挖的基坑底面应采取防冻措施。

（4）对加热养护的现浇混凝土结构，混凝土的浇筑程序和施工缝的位置，应能防止在加热养护时产生较大的温度应力，当加热温度在 40℃ 以上时，应征得设计单位同意。

四、冬期施工混凝土养护

混凝土冬期施工养护有覆盖法、暖棚法、蒸汽法或负温养护法等，可根据施工具体条件合理选择不同的养护方法。

（1）当室外最低温度不低于 –15℃ 时，地面以下的工程或表面系数不大于 15/m 的结构，应优先采用蓄热法养护。

说明：表面系数系指结构冷却的表面积（时）与其全部体积（时）的比值。

用蓄热法养护，混凝土强度增长较慢，因此宜使用强度等级较高、水化热较大的硅酸盐水泥、普通硅酸盐水泥或快硬硅酸盐水泥。可选择导热系数小，价廉耐用的保温材料，保温层敷设后要注意防潮和防止透风，对结构容易受冻的部位，必要时应采取局部加热措施。

（2）当在一定龄期内采用蓄热法养护达不到要求时，可采用暖棚法、蒸汽法、电热法等其他养护方法。

（3）整体浇筑的结构，当采用蒸汽法或电热法养护时，混凝土的升、降温速度，不得超过表3-6-3的规定。

表 3-6-3　　　　　　　加热养护混凝土的升、降温速度　　　　　　　（℃/h）

表面系数	升温速度	降温速度
≥6/m	15	10
<6/m	10	5

注　大体积混凝土应根据实际情况确定。

1）蒸汽养护的混凝土，当采用普通硅酸盐水泥时，养护温度不宜超过 80℃；当采用矿渣硅酸盐水泥时，养护温度可提高到 85～95℃。

2）电热法养护混凝土的温度，应符合表3-6-4的规定。

表 3-6-4　　　　　　　　电热法养护混凝土的温度　　　　　　　　　（℃）

	结构表面系数		
	42.5/m	40/m	35/m
水泥强度等级	<10	10～15	>15

（4）当采用蒸汽养护混凝土时，应使用低压饱和蒸汽，加热应均匀，并须排除冷凝水和防止结冰。对不应受水浸的基土或掺用引气型外加剂的混凝土，不应采用蒸汽法养护。

（5）当采用电热法养护混凝土时，电极的布置，应保证混凝土温度均匀，且混凝土仅应加热到设计的混凝土强度标准值的 50%，并应符合下列规定：

1）应在混凝土的外露表面覆盖后进行。

2）宜采用工作电压为 50～110V，在素混凝土和每立方米混凝土含钢量不大于 50kg 的结构中，可采用 120～200V。

3）在养护过程中，应观察混凝土外露表面的湿度，当表面开始干燥时，应先停电，并浇温水湿润混凝土表面。

（6）当采用暖棚法养护混凝土时，棚内温度不得低于 5℃，并应保持混凝土表面湿润。

（7）掺用防冻剂混凝土的养护应符合下列规定：

1）在负温条件下养护时，严禁浇水，外露表面必须覆盖；

2）混凝土的初期养护温度，不得低于防冻剂的规定温度，达不到规定温度时，应立即采取保温措施；

3）当拆模后混凝土表面温度与环境温度之差大于 20℃时，应对混凝土采用保温材料覆盖养护。

（8）几种简易的蓄热保温养护方法。工程技术人员根据线路施工特点及取材条件，总结出了暖棚法、覆盖法和回填法等几种简单实用的蓄热保温养护方法。这些方法简易、有效、经济，在混凝土冬期施工中被广泛采用。

1）基本规定。

a）所采用的简易混凝土冬期蓄热保温养护法，均应经过实地试验，取得科学数据，确实能达到冬期现浇混凝土养护效果，并能符合 JGJ/T 104《建筑工程冬期施工规程》的有关规定；

b）所采用的简易混凝土冬期蓄热保温养护法，均应经过施工设计，结构必须安全可靠，并应有防火、防煤气等安全措施。施工人员必须严格按照施工设计实施；

c）经常检查蓄热保温状况，并应遵守本节冬期施工混凝土质量检查中关于温度测量的规定。

2）几种蓄热保温养护法。

a）暖棚加热法。在混凝土浇筑地点，用架构和保温材料搭设暖棚，在暖棚内升火炉加温，达到防风、防雨雪和升温、保温的养护目的，能使混凝土周围温度保持在 10～20℃，但不得短时升温过快、过高，也不得低于 5℃，且应保持混凝土表面湿润，这种方法简单易行效果较好。但应特别注意防火、防煤气，严禁值班人员在暖棚内休息。

b）覆盖法。在混凝土浇筑地点，用保温材料（如锯末、稻草、草袋等）进行覆盖，而后在保温材料上面用苫布或较厚塑料薄膜罩住，以保持混凝土水化热温度，并达到防风、防雨雪、防冻的目的。如温度过低，可在湿锯末中加适量生石灰碎块（粒径为 20～30mm），配合比以质量计，为水:锯末:石灰=1:1:0.9。

如石灰过多会引起失火。为防止保温材料散落在基坑内，可将松散的保温材料装入草袋或编织袋中。如使用稻草，应理顺并捆扎，使其不致散落在坑内。在回填前，应将覆盖材料，特别是散落在坑内的材料清理干净。

c）回填土法。当混凝土拆模后气温在 0℃以上时，可立即回填湿润的未冻土，在基础露出地面部分上面覆盖草袋、塑料布或稻草，并用土覆盖好。这种方法对于掏挖式基础地面以上部分的养护非常实用。

五、冬期施工混凝土质量检查

（1）混凝土冬期施工，除按常温施工的要求进行质量检查外，尚应符合下列规定：

1）检查外加剂的质量和掺量。

2）测量水和外加剂溶液以及骨料的加热温度和加入搅拌时的温度。

3）测量混凝土自搅拌机中卸出时和浇筑时的温度。

4）水、骨料和混凝土出机温度，每工作班日至少应测量 4 次。

（2）混凝土养护温度的测量应符合下列规定：

1）当采用蓄热法养护时，在养护期间至少每 6h 一次；

2）对掺用防冻剂的混凝土，在强度未达到 3.5N/mm² 以前每 2h 测定一次，以后每 6h 测定一次。

3）当采用蒸汽法或电流加热法时，在升温、降温期间每 1h 一次，在恒温期间每 2h 一次。

（3）混凝土养护温度的测量方法应符合下列规定：

1）全部测温孔均应编号，并绘制测温孔布置图。

2）测量混凝土温度时，测温表应采取措施与外界气温隔离；测温表留置在测温孔内的时间应不少于 3min。

3）测温孔的设置，当采用蓄热法养护时，应在易于散热的部位设置；当采用加热养护时，应在离热源不同的位置分别设置；大体积结构应在表面及内部分别设置。

（4）混凝土试件的制作除应符合常温施工试块制作规定外，尚应增设不少于两组与结构同条件养护的试件，分别用于检验受冻前的混凝土强度和转入常温养护 28d 的混凝土强度。

（5）与结构构件同条件养护的受冻混凝土试件，解冻后方可试压。

【思考与练习】

（1）混凝土冬季施工的基本要求有哪些？

（2）冬期施工拌制掺有防冻剂的混凝土应符合哪些规定？

（3）冬期运输混凝土的容器应采取哪些措施？

（4）冬期混凝土的养护方法有哪些？各种方法的选择原则是什么？

（5）冬期混凝土养护测量温度应符合哪些规定？测量方法应符合哪些规定？

模块 7 混凝土配合比设计（新增模块）

【模块描述】本模块包含混凝土设计强度配制及水灰比、配合比等计算内容。通过内容介绍和计算举便，掌握混凝土配合比的设计方法。

【模块内容】

本节主要介绍普通混凝土配合比设计方法，泵送混凝土、大体积混凝土及其他有特殊要求的混凝土配合比设计可参考相关规定进行。普通混凝土配合比设计，应根据混凝土强度等级及施工所要求的坍落度指标进行。如果混凝土还有其他技术性能要求，除在计算和试配过程中予以考虑外，还应增添相应的试验项目，进行试验确认。进行混凝土配合比设计时，应符合 JGJ55《普通混凝土配合比设计规程》的有关规定。

一、混凝土配制强度的确定

（1）混凝土配制强度应按下式计算。

$$f_{cu,o} \geqslant f_{cu,k} + 1.645\sigma \qquad (3-7-1)$$

式中　　$f_{cu,o}$ ——混凝土配制强度，MPa；

　　　　$f_{cu,k}$ ——混凝土立方体抗压强度标准值，MPa；

　　　　σ ——混凝土强度标准差，MPa。

（2）遇有下列情况时应提高混凝土配制强度：

1）现场条件与试验室条件有显著差异时。

2）C30 级及其以上强度等级的混凝土，采用非统计方法评定时。

（3）混凝土强度标准差宜根据同类混凝土统计资料计算确定，并应符合下列规定：

1）计算时，强度试件组数不应少于 25 组。

2）当混凝土强度等级为 C20 和 C25 级，其强度标准差计算值小于 2.5MPa 时，取 σ=2.5MPa；当混凝土强度等级等于或大于 C30 级，其计算值小于 3.0MPa 时，取 σ=3.0MPa。

3）当无统计资料计算混凝土强度标准差时，可按表 3-7-1 取值。

表 3-7-1　　　　　　　　　　　混 凝 土 强 度 标 准 差

混凝土强度等级	<C15	C20～C35	>C35
σ（N/mm²）	4	5	6

二、混凝土配合比设计中的基本参数

（1）每立方米混凝土用水量的确定，应符合下列规定：

1）干硬性和塑性混凝土用水量的确定，应符合下列规定：

a）水灰比在 0.40～0.80 范围时，根据粗骨料的品种、粒径及施工要求的混凝土拌合物稠度，其用水量可按表 3–7–2、表 3–7–3 选取。

b）水灰比小于 0.40 的混凝土以及采用特殊成型工艺的混凝土用水量应通过试验确定。

表 3–7–2　　　　　　　　干硬性混凝土的用水量　　　　　　　　　（kg/m³）

拌合物稠度		卵石最大粒径（mm）			碎石最大粒径（mm）		
项目	指标	10	20	40	16	20	40
维勃稠度（s）	16～20	175	160	145	180	170	155
	11～15	180	165	150	185	175	160
	5～10	185	170	155	190	180	165

表 3–7–3　　　　　　　　塑性混凝土的用水量　　　　　　　　　（kg/m³）

拌合物稠度		卵石最大粒径（mm）				碎石最大粒径（mm）			
项目	指标	10	20	31.5	40	16	20	31.5	40
坍落度（mm）	10～30	190	170	160	150	200	185	175	165
	35～50	200	180	170	160	210	195	185	175
	55～70	210	190	180	170	20	205	195	185
	75～90	215	195	185	175	230	215	205	195

注　1. 本表用水量是采用中砂时的平均取值。采用细砂时，每立方米混凝土用水量可增加 5～10kg；采用粗砂时，则可减少 5～10kg。

2. 掺用各种外加剂或掺合料时，用水量应相应调整。

2）流动性和大流动性混凝土的用水量宜按下列步骤计算：

a）以表 3–7–3 中坍落度 90mm 的用水量的为基础，按坍落度每增大 20mm 用水量增加 5kg，计算出未掺外加剂时的混凝土的用水量。

b）掺外加剂时的混凝土用水量为

$$m_{wa}=m_{wo}(1-\beta) \tag{3–7–2}$$

式中　m_{wa}——掺外加剂混凝土每立方米混凝土的用水量，kg；

m_{wo}——未掺外加剂混凝土每立方米混凝土的用水量，kg；

β——外加剂的减水率，%。

c）外加剂的减水率应经试验确定。

（2）当无历史资料可参考时，混凝土砂率的确定应符合下列规定：

1）坍落度为 10～60mm 的混凝土砂率，可根据粗骨料品种、粒径及水灰比按表 3-7-4 选取。

表 3-7-4 混 凝 土 的 砂 率 （%）

水灰比 (W/C)	卵石最大粒径（mm）			碎石最大粒径（mm）		
	10	20	40	16	20	40
0.40	26～32	25～31	24～30	30～35	29～34	27～32
0.50	30～35	29～34	28～33	33～38	32～37	30～35
0.60	33～38	32～37	31～36	36～41	35～40	33～38
0.70	36～41	35～40	34～39	39～44	38～43	36～41

注　1. 本表数值系中砂的选用砂率，对细砂或粗砂，可相应地减少或增大砂率。

　　2. 只用一个单粒级粗骨料配制混凝土时，砂率应适当增大。

　　3. 对薄壁构件，砂率取偏大值。

　　4. 本表中的砂率系指砂与骨料总量的重量比。

2）坍落度大于 60mm 的混凝土砂率，可经试验确定，也可在表 3-7-4 的基础上，按坍落度每增大 20mm，砂率增大 1% 的幅度予以调整。

3）坍落度小于 10mm 混凝土，其砂率应经试验确定。

（3）在已知混凝土用水量、水泥用量和砂率的情况下，可用质量法或体积法求出粗细骨料的用量，从而得到混凝土的初步配合比。

1）质量法。当采用质量法时

$$m_{c0}+m_{g0}+m_{s0}+m_{w0}=m_{cp} \qquad (3-7-3)$$

$$\beta_s = \frac{m_{s0}}{m_{g0}+m_{s0}} \times 100\% \qquad (3-7-4)$$

式中　m_{c0}——每立方米混凝土的水泥用量，kg；

　　　m_{g0}——每立方米混凝土的粗骨料用量，kg；

　　　m_{s0}——每立方米混凝土的细骨料用量，kg；

　　　m_{w0}——每立方米混凝土的用水量，kg；

　　　β_s——砂率，%；

　　　m_{cp}——每立方米混凝土拌和物的假定质量，kg，其值可取 2350～2450kg。

2）体积法。当采用体积法时

$$\frac{m_{c0}}{\rho_c}+\frac{m_{g0}}{\rho_g}+\frac{m_{s0}}{\rho_s}+\frac{m_{w0}}{\rho_w}+0.01\alpha=1 \qquad (3-7-5)$$

$$\beta_s = \frac{m_{s0}}{m_{g0} + m_{s0}} \times 100\% \qquad (3-7-6)$$

式中 ρ_c——水泥密度，kg/m^3，可取 $2900 \sim 3100kg/m^3$；

ρ_g——粗骨料的表观密度，kg/m^3；

ρ_s——细骨料的表观密度，kg/m^3；

ρ_w——水的密度，kg/m^3，可取 $1000kg/m^3$；

α——混凝土的含气量百分数，在不使引气型外加剂时，可取为1。

（4）当进行混凝土配合比设计时，混凝土的最大水灰比和最小水泥用量，应符合表 3-7-5 中的规定。

表 3-7-5 混凝土的最大水灰比和最小水泥用量

环境条件	结构物类别		最大水灰比（W/C）			最小水泥用量（t）		
			素混凝土	钢筋混凝土	预应力混凝土	素混凝土	钢筋混凝土	预应力混凝土
干燥环境	正常的居住或办公用房屋内部件		不作规定	0.65	0.60	200	260	300
潮湿环境	无冻害	高湿度的室内部件 室外部件 在非侵蚀性上和（或）水中的部件	0.70	0.60	0.60	225	280	300
	有冻害	经受冻害的室外部件 在非侵蚀性土和（或水中且经受冻害的部件 高湿度且经受冻害的室内部件）	0.55	0.55	0.55	250	280	300
有冻害和除冰剂的潮湿环境	经受冻害和除冰剂作用的室内和室外部件		0.50	0.50	0.50	300	300	300

注 1. 当用活性掺合料取代部分水泥时，表中的最大水灰比及最小水泥用量即为替代前的水灰比和水泥用量。

2. 配制 C15 级及其以下等级的混凝土，可不受本表限制。

（5）外加剂和掺和料的掺量应通过试验确定，并应符合国家现行标准 GB 50119《混凝土外加剂应用技术规范》、GB/T 1596《用于水泥和混凝土中的粉煤灰》、GBJ 146《粉煤灰混凝土应用技术规程》等的规定。

三、混凝土配合比的试配、调整与确定

（1）试配。

1）进行混凝土配合比试配时应采用工程中实际使用的原材料和搅拌方法，根据计算出的配合比进行试拌。混凝土试拌的数量不应少于表 3-7-6 的规定；当采用机械搅拌时，其搅拌量不应小于搅拌机额定搅拌量的 1/4。

表 3–7–6　　　　　　　　　　　　混凝土试配的最小搅拌量

骨料最大粒径（mm）	拌和物数量（L）
31.5 及以下	15
40	25

2）按计算的配合比进行试配时，首先应进行试拌，以检查拌和物的性能。当试拌得出的拌和物坍落度或维勃稠度不能满足要求，或茹聚性和保水性不好时，应在保证水灰比不变的条件下相应调整用水量或砂率，直到符合要求为止。然后提出供混凝土强度试验用的基准配合比。

3）混凝土强度试验时至少应采用三个不同的配合比。当采用三个不同的配合比，其中一个应为上述方法确定的基准配合比，另外两个配合比的水灰比，宜较基准配合比分别增加和减少 5%；用水量应与基准配合比相同，砂率可分别增加和减少 1%。

当不同水灰比的混凝土拌和物坍落度与要求值的差超过允许偏差时，可通过增、减用水量进行调整。

4）制作混凝土强度试验试件时，应检验混凝土拌和物的坍落度或维勃稠度、豁聚性、保水性及拌和物的表观密度，并以此结果作为代表相应配合比的混凝土拌和物的性能。

5）进行混凝土强度试验时，每种配合比至少应制作一组（三块）试件，标准养护到 28d 时试压。

需要时可同时制作几组试件，供快速检验或较早龄期试压，以便提前定出混凝土配合比供施工使用。但以后仍必须以标准养护 28d 强度的检验结果为准，据此调整配合比。

（2）配合比的调整与确定。

1）根据试验得出的混凝土强度与其相对应的水灰比（W/C）关系，用作图法或计算法求出与混凝土配制强度 $f_{cu,o}$ 相对应的水灰比，并应按下列原则确定每立方米混凝土的材料用量：

用水量（m_{ww}）应在基准配合比用水量的基础上，根据制作强度试件时测得的坍落度或维勃稠度进行调整确定；

水泥用量（m_C）应以用水量乘以选定出来的水灰比计算确定；

粗骨料和细骨料用量（m_g 和 m_s）应在基准配合比和粗骨料和细料用量的基础上，按选定的水灰比进行调整后确定。

2）经试配确定配合比后，尚应按下列步骤进行校正：

a）应根据前款确定的材料用量按下式计算混凝土的表观密度计算值 $\rho_{c,c}$

$$\rho_{c,c}=m_e+m_g+m_s+m_w \tag{3-7-7}$$

b）应按下式计算混凝土配合比校正系数 δ

$$\delta = \frac{\rho_{c,t}}{\rho_{c,c}} \tag{3-7-8}$$

式中　$\rho_{c,t}$——混凝土表观密度实测值，kg/m^3；

　　　　$\rho_{c,c}$——混凝土表观密度计算值，kg/m^3。

c）混凝土表观密度实测值与计算值之差的绝对值不超过计算值的 2%时，前款确定的配合比即为确定的设计配合比；当二者之差超过 2%时，应将配合比中每项材料用量均乘以校正系数 δ，即为确定的设计配合比。

【思考与练习】

（1）遇到什么情况应提高混凝土配置强度？

（2）混凝土强度标准差应根据什么来计算确定？并应符合什么规定？

（3）混凝土配合比设计应遵循什么原则？试简述几种不同环境下的最大水灰比和最小水泥用量。

第四章

掏挖型基础施工

▲ 模块1　掏挖型基础施工（新增模块）

【模块描述】本模块包含掏挖基础的工艺流程、施工要点等内容。通过上述内容介绍，掌握掏挖基础施工的方法及要求。

【模块内容】

掏挖型基础是指在杆塔基础施工时，保证紧贴基础周围的原状土全部或大部分不被破坏而成型的基础。掏挖型基础施工包括基础的开挖和基础的浇制。下面就这两个方面具体介绍。

一、掏挖型基础施工作业内容

（1）掏挖型基础开挖。

常见的掏挖型基础可分为以下两类。

1）全掏挖型基础如图4-1-1（a）、（b）和（c）所示。图4-1-1（c）又称嵌固式基础。

2）半掏挖型基础如图4-1-1（d）所示。

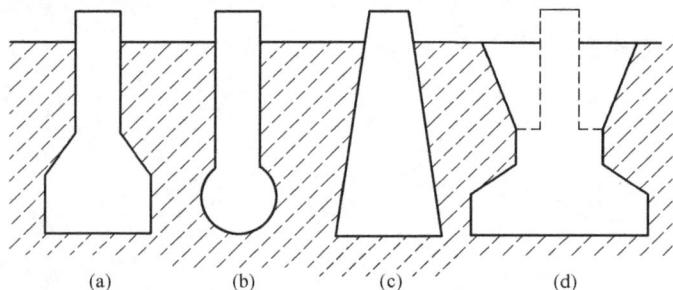

图4-1-1　掏挖型基础

（a）、（b）、（c）全掏挖型基础；（d）半掏挖型基础

（2）掏挖型基础浇制。

1）掏挖型基础施工适用于地质条件为黏土、亚黏土、松砂石及不同风化程度的岩石。当地下水位高于坑底时，不宜用掏挖型基础。

2）钢筋的加工绑扎、模板的组装。

3）混凝土的搅拌、浇灌与振捣。

4）基础的养护与拆模。

二、危险点分析与控制措施

1. 掏挖型基础开挖中存在的危险点

（1）土石回落坑内砸伤坑内工作人员。控制措施：

1）基坑施工的全过程必须设安全监护人。

2）挖坑时，应及时清除坑口附近浮土、石块，坑边禁止外人逗留，工作人员不得在坑内休息。

3）在超过 1.5m 深的坑内工作时，向外抛土石应防止土石回落坑内。

4）坑深超过 2m 时，应设爬梯，供施工人员上下用。

5）基坑施工人员一律戴安全帽。

6）在施工过程中，应随时注意土质条件有无变化、裂缝等异常现象。隔夜再重新开挖基坑之前，应检查坑壁有无变形、裂缝等异常现象，经确认安全无误后再继续掏挖。

7）基坑开挖后不能当天浇制混凝土时，坑口应设置防水土坎，高出地面 0.2m，且必须用防雨水用具覆盖，以防雨水流入，造成坍方。在易坍方的地区，如当天不能浇制混凝土时，应缓挖扩大头部分。

（2）挖破地下管线，造成触电。控制方法是进行土石方开挖前应调查清地下管线情况，防止损坏其他管线，造成人员触电伤害。

（3）挖坑工具伤人。控制措施：

1）距坑口边 1m 范围内不准堆土及工器具等，以防止土及工具掉落坑内伤人。

2）基坑内只允许一人挖掘。挖掘应采用特制的短把镐、铲或其他工具。挖掘工具用手或绳索传递，严禁抛掷。

（4）其他行人或动物掉入坑内受伤。控制措施：

1）在居民区和交通道路附近开挖基础，开挖现场白天应设醒目标志，夜间应挂红灯，并设坑盖。

2）城镇地区施工时必须设置安全围栏。

（5）有毒有害气体伤人。控制方法是在下水道、煤气管线、潮湿地、垃圾或有腐质物等附近挖坑，坑深超过 2m 时，应戴防毒面具，向坑中送风等。

（6）炸药、雷管运输不当，爆炸伤人。控制措施：

1）炸药、雷管应由专门人员押运。

2）炸药、雷管应分别运输、携带和存放，严禁和易燃物品放在一起，并设专人保管。

3）运输中雷管应有防震措施，如在车辆不足的情况下，允许同车携带少量炸药（不超过 20kg），携带雷管人员应坐在驾驶室内，车上炸药应有专人管理。

4）携带电雷管时，应将引线短路，电雷管与起爆器不得由同一人携带，雷雨天不应携带电雷管。

5）运送炸药时，不得使炸药、雷管受到强烈冲击挤压。

（7）炸药和雷管保管、使用不当，爆炸伤人。控制措施：

1）爆破工作必须由有爆破资质的人员担任。

2）爆破施工必须有专人指挥，设置警戒员，防止危险区内有人通行或逗留。

3）装填炸药时不得使炸药、雷管受到强烈冲击挤压。

4）雷管和导火索连接时，应使用专用的钳子夹雷管口，严禁碰雷汞部分和用牙咬雷管。

5）在强电场下严禁用电雷管。

6）使用电雷管时，起爆器由专人保管，电源由专人控制，闸刀箱应上锁；放爆前严禁将点火钥匙插入起爆器；引爆电雷管应使用绝缘良好的导线，其长度不得小于安全距离，电雷管接线前，其脚线必须短接。

7）使用的导火索要有足够的长度，点火后点火人员要迅速离开危险区；如需在坑内点火时，应事先考虑好点火人能迅速撤离坑内的措施。

8）遇有哑炮时，应等 20min 后再去处理，不得从炮眼中抽取雷管和炸药；重新打眼时深眼要离眼 0.6m，浅眼要离原眼 0.3～0.4m，并与原眼方向平行。

9）爆破时应考虑对周围建筑物、电力线、通信线等设施的影响，必要时应采取保护措施。

2. 掏挖型基础浇制时存在的危险点

（1）支模过程中因模板倒塌或跌落将工作人员砸伤，控制措施是：模板应连接牢固、可靠，防止倾覆。

（2）混凝土浇筑过程中砸伤、碰伤、触电，控制措施有：

1）检查搅拌机料斗挂钩情况时，料斗下方不得有人。

2）搅拌机必须装设支架，不能以轮胎代替支架；搅拌机运转时，严禁将工具伸入滚筒内扒料；清洗搅拌机时，人身体不得进入滚筒内。

3）搅拌机应可靠接地。

4）搭设的下料平台应牢固可靠。

5）坑边不准堆放工具和材料，并经常检查坑边有无裂缝。

6）用手推车向坑内倾倒混凝土时，倒料平台口应有挡车设施，倒料时不得将手推车撒把。

7）操作电动振捣棒的人员应戴绝缘手套；坑下人员应戴安全帽。

三、掏挖型基础施工作业前准备

1. 技术准备

技术准备包括以下方面：

（1）技术资料：技术资料包括查找基础施工图纸，弄清基础型式、基础埋深、杆塔明细表、基础型式配制表、基础施工图、基础施工手册。

（2）根据杆塔基础坑中心桩进行基础分坑，找到基础坑开挖的位置。对施工人员进行技术交底。内容有基础的型式、尺寸、施工方法、安全措施、质量要求等。

2. 工具器的准备

根据基础坑所在位置的土壤情况准备好相应的挖坑工具。如黏土、亚黏土、松砂石等地区应准备短把镐、铲或其他工具；岩石地区则要准备钻孔用的凿岩机或钢钎、铁锤、掏勺及砸药、雷管、导火索等。掏挖型基础浇制需用到的工具器有混凝土搅拌用的工具（如小型搅拌机或钢板、铁锹等）、钢筋加工机器（包括拉、弯、割）、插入式振捣器、磅秤、坍落度筒、试块盒、测量工具（如经纬仪、垂球、钢尺）及模板等。

3. 材料准备

掏挖型基础浇制所用到的材料与现浇混凝土基础相同。

四、掏挖型基础施工作业步骤与质量标准

（一）掏挖型基础开挖

1. 施工基面的平整与降低

（1）当设计图纸有降低基面要求时，应在杆塔中心桩的前、后、左、右钉上副桩，以便施工基面平整和降低（简称平降基）后恢复中心桩。

（2）根据杆塔基础根开、基础底阶边宽、基础边坡最小距离及设计降低基面等尺寸，确定平降基边缘线。

（3）平降基一般采用人工开挖，当土方量较大或遇岩石时，应采用松动爆破法施工。应注意不因降基而将基坑四周土壤振松。

（4）为了保证接地装置施工质量，可在平降基的同时将弃土方向的接地沟挖至设计深度并埋好接地线，然后降基弃土，并注意接地线接头位置应设置标记。

（5）如果设计图纸有护面要求，则在施工降低基面时，应考虑护面厚度，以便清理基面浮土。

（6）平降基弃土应采取适当措施，以避免损害建筑物和占用农田。

（7）平降基完成后，应用经纬仪恢复杆塔位中心桩。

2. 全掏挖型基础的开挖

（1）根据确认的杆塔中心桩及基础尺寸，测量定出基础坑口开挖尺寸线。

（2）基坑施工分为开挖和清理两个步骤。基坑施工一般采用人工挖掘。

（3）基坑初挖时，宜比设计规定尺寸小 30～50mm，以便中间修整基坑。

（4）基坑开挖至接近设计深度时，再挖掘扩大头部分。在基坑底部钉立基坑中心桩，边挖边检查尺寸。各部分尺寸应预留 50mm 左右，待清理基坑时再修整。

（5）基坑清理应从上而下进行，严格按设计图纸的基础外形尺寸施工。

（6）基坑清理完毕后，应测量断面尺寸及坑深，并做好记录。整基基坑清理完毕后，应立即测量基础根开及对角线等项尺寸，其误差在确认符合 GB 50233—2005《110kV～500kV 架空送电线路施工及验收规范》的规定后，方可进行下一道工序施工。

（7）对于中等强风化或风化的Ⅲ、Ⅳ类岩石地区的掏挖型基础，可采用人工挖掘与放小炮开挖相结合的方法成型。

（8）岩石地区的掏挖型基础施工，除执行岩石基础开挖有关技术规定外，其基坑开挖应按如下步骤操作。

1）根据确认的杆塔中心桩及基础尺寸测量定出基础坑口开挖尺寸线。

2）按开挖尺寸线挖掘样洞，深度为 50～100mm。

3）经检查复核，确认样洞无误后，视岩石坚硬程度挖掘基坑护洞：较坚硬的岩石可放小炮，挖深 0.2～0.3m，注意装药量要适当，不要炸松洞壁；强风化的岩石，人工挖掘 0.3～0.5m 或者更深。

4）基坑开挖可采用松动爆破法。人工掏挖修整坑壁及坑底，岩碴应清除干净。

（9）在试验试点的基础上，积极推广光面微差爆破的先进施工工艺。

3. 半掏挖型基础的开挖

（1）根据确认的杆塔中心桩、基础上阶边宽尺寸及设计要求的放坡系数，测量定出基础坑口开挖尺寸线。

（2）人工开挖基坑。当基坑挖至上阶顶面高度时，应竖直向下挖掘至设计深度，然后进行扩大头的掏挖。

（3）阶台部位及扩大头部位的开挖，宜预留 50mm 左右，以便清理基坑时修整。

（4）基坑开挖和清理，应同时遵守以下规定：

1）基坑初挖时，宜比设计规定尺寸小 30～50mm，以便中间修整基坑。

2）基坑开挖至接近设计深度时，再挖掘扩大头部分。在基坑底部钉立基坑中心桩，边挖边检查尺寸。各部分尺寸应预留 50mm 左右，待清理基坑时再修整。

3）基坑清理应从上而下进行，严格按设计图纸的基础外形尺寸施工。

4）基坑清理完毕后，应测量断面尺寸及坑深，并做好记录。

5）岩石地区的掏挖型基础施工，执行岩石基础开挖有关技术规定。

6）基坑开挖和清理过程中，还应执行掏挖型基础施工中安全措施的要求。

（二）掏挖型基础浇制

（1）配置钢筋骨架。针对掏挖型基础型式、特点配置钢筋骨架并进行焊接或绑扎。

（2）安装主柱模板。全掏挖型基础浇制前，应在地面以上部分安装主柱模板。半掏挖型基础也应安装主柱模板，其方法执行模板安装的有关规定。

（3）混凝土的搅拌、浇灌与振捣。

1）混凝土的搅拌。掏挖型基础混凝土用量较少，现场宜采用机械搅拌，也可用人工搅拌。当采用人工搅拌混凝土料时，应严格执行"三干四湿"的搅拌方法，确保混凝土配料拌和均匀。其中，三干四湿是指水泥和砂子先干拌 2 次，加入石料后干拌 1 次，加水后湿拌 4 次。

2）混凝土的浇灌与振捣。混凝土浇制前应复查基础根开、对角线、地脚螺栓根开及地脚螺栓中心偏移等尺寸符合要求后，方可浇制混凝土。

为保证掏挖型基础扩大头部位的混凝土容易捣固密实，可将其混凝土坍落度适当选大一级，机械振捣选用 5～7cm。为满足混凝土和易性要求，可适当调整含砂量或增减水泥浆量，保持水灰比不变。

浇制混凝土的振捣管理，具体措施如下。

a）使用插入式振捣器振捣，以提高混凝土的强度和密度性。振捣器应由有经验的技工人员操作，并设专人监督检查。

b）使用插入式振捣器的振捣方法有两种：一种是垂直振捣，另一种是斜向振捣。使用时要快插慢拔，插点要均匀排列、逐点移动、顺序进行，不得遗漏，达到均匀振实。

c）振捣器插点移动间距，应不大于振捣棒作用半径（一般半径为 300～400mm）的 1.5 倍。

d）振捣上一层，振捣器应插入下一层 30～50mm，以消除层间的接缝。

e）振捣器的振捣深度，一般不应超过振捣器长度的 1.25 倍和振捣棒的上盖接头处。

f）振捣器在每一位置上的振捣延续时间，以混凝土表面呈水平并出现水泥浆和不再出现气泡、不再显著沉落为宜。振捣时间一般为 20～30s。

g）用手持捣件分层插捣时，应由高处向低处插捣、均匀布点、顺序进行，直到出现水泥浆为止。

（4）混凝土基础的养护管理及拆模。

1）基础浇制完后，应将露出基础的地脚螺栓表面上的砂浆等杂物清除干净，并涂黄油保护。

2）及时将基础顶面用砂浆抹面：直线塔四个基础顶抹成平面；转角及终端塔应根据设计提出预偏要求，抹成斜面。

3）加强混凝土基础的养护管理。注意保护基础周边使其湿润。养护时间执行钢筋混凝土基础施工中的有关技术规定。

4）基础养护到规定的强度时即可拆模。

混凝土基础浇筑的质量检查（包括坍落度、配合比和强度等）按现浇钢筋混凝土基础施工中的有关规定执行。

五、注意事项

（1）本模块适用于 110～500kV 高压架空电力线路的掏挖型基础。

（2）掏挖型基础必须按设计的基础图组织施工。当需要将其他基础形式改为掏挖型基础时，应经现场设计代表签证同意后，方准施工。

（3）掏挖型基础适用于地质条件为黏土、亚黏土（硬塑）、松砂石及不同风化程度的岩石。当地下水位高于坑底时，不宜用掏挖型基础。

（4）为了保证掏挖型基础尺寸准确，地表土及杂物必须清理干净，并平整。

（5）如遇基础尺寸有增大或超深时，其增大或超深部分应用混凝土填充，并保证钢筋笼在立柱中的尺寸准确。

（6）地质条件为岩石的掏挖型基础，除执行本规定外，还必须执行岩石基础开挖有关的技术规定。

（7）掏挖型基础的施工质量应符合 GB 50233—2005《110kV～500kV 架空送电线路施工及验收规范》的有关规定。

（8）为保证掏挖基础的浇制质量，粗骨料宜用 0.5～4cm 的连续级配骨料，也可用 85%的 2～4cm 石子掺 15%的 0.5～1cm 石子混合使用。

（9）混凝土的强度等级应按设计图纸规定执行。

（10）在基础养护到期后，应填写养护记录。

（11）基础拆模后，应立即对整基基础根开、对角线及地脚螺栓根开、对角线等尺寸进行复检，在符合规范要求后填写施工技术记录。

【思考与练习】

（1）什么叫掏挖型基础？掏挖型基础有哪两种类型？

（2）掏挖型基础坑开挖的一般规定有哪些？

（3）为保证掏挖基础的浇制质量，粗骨料宜选用什么样的骨料？

（4）为保证掏挖型基础扩大头部位的混凝土容易捣固密实，混凝土坍落度怎样选择？

（5）什么叫"三干四湿"的搅拌方法？

（6）掏挖型基础施工中存在哪些危险点？

第五章

岩石基础施工

◢ 模块1　岩石基础施工（ZY0200101007）

【模块描述】本模块包含岩石基础的适用范围、使用原则、工艺流程、施工要点等内容。通过工艺介绍，掌握岩石基础的施工方法及要求。

【模块内容】

一、岩石基础施工作业内容

（1）岩石基础是通过水泥砂浆或混凝土在岩孔内胶结，使锚筋与岩体结成整体以承受杆塔传来外力的基础。

（2）岩石基础具有如下优点：

1）土石方开挖量小，不存在基础施工回填的工作量。

2）基础浇制的混凝土量小，节约钢筋、水泥等原材料；减少了人力运输工作量。

3）抗上拔、下压力高，安全可靠。

4）不需要加工和安装模板（除承台外），施工方便、周期短，具有一定的经济效益。

（3）岩石基础常用形式有直锚式、承台式、嵌固式、掏挖式，另外还有拉线岩石基础。

1）直锚式岩石基础（如图5-1-1所示），一般用于裸露或覆盖层薄的Ⅰ类，即未风化或微风化的硬质岩石中。它是将铁塔地脚螺栓直接锚入用钻机钻成的岩石孔内，顶部浇以不小于塔脚底板尺寸的混凝土承台，其厚度应满足设计要求。

2）承台式岩石基础（如图5-1-2所示），一般用于覆盖层稍厚的轻风化或中等风化的Ⅱ、Ⅲ类岩石中。它是将群锚型锚筋锚固在下部基岩中，作为基础底盘，基础的立柱地脚螺栓则安装浇制在承台中；锚桩用砂浆或细石混凝土锚固，承台用钢筋混凝土浇成。

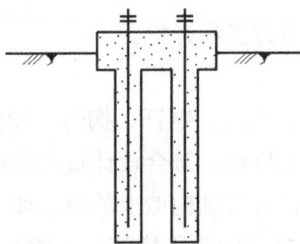

图 5-1-1   直锚式岩石基础

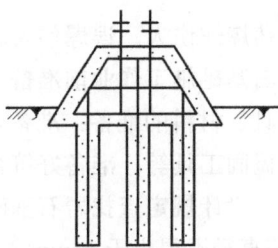

图 5-1-2   承台式岩石基础

3）嵌固式和掏挖式岩石基础（如图 5-1-3、图 5-1-4 所示），一般用于中等风化或强风化的Ⅲ、Ⅳ类岩石地区。它是采用人工开挖或放小炮开挖成型，安装地脚螺栓和钢筋后进行浇制。

4）拉线式岩石基础（如图 5-1-5 所示），一般用于微风化或中风化的岩石处。它是将拉线棒用水泥砂浆或细石混凝土直接锚在拉线棒岩孔内。

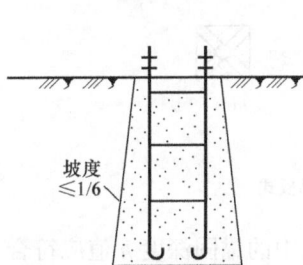

图 5-1-3   嵌固式岩石基础

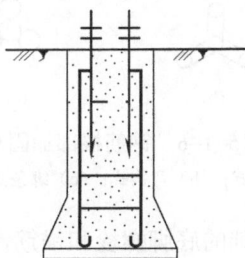

图 5-1-4   掏挖式岩石基础

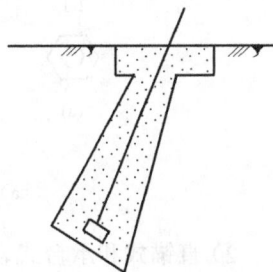

图 5-1-5   拉线式岩石基础

二、危险点分析与控制措施

岩石基础施工存在的危险点有：

（1）因工具、机械使用不当造成粉尘伤人、风压伤人、机械伤人。

控制措施：

1）钻机和空压机操作人员与作业负责人之间应保持通信畅通。

2）钻孔前应对设备全面检查，进出风管不得绞结，连接良好，注油器及各部螺栓坚固可靠。

3）采用钻架钻空时，钻架必须可靠固定，防止坍塌。

4）钻机工作中发生冲击声或机械运转异常时，必须立即停机检查。

5）装拆钻杆时，操作人员站立的位置应避开风马达回转机和滑轮箱。

6）风管控制阀操作架应加装挡风护板，并应设置在上风向。

7）吹气清洗风管时，风管端口严禁对人。

（2）炸药爆炸伤人、误爆伤人。控制措施同石方工程开挖。

三、岩石基础施工作业前准备

（1）工具、材料的准备：准备合格的钻孔机、铁锤、钢钎、掏勺、搅拌混凝土的锹、拌板、捣固工具等；准备好符合要求的混凝土材料、符合设计规定的钢筋。

（2）根据设计规定查找岩石基础构造要求。岩石基础构造上的要求如下：

1）锚筋直径不得小于16mm，根部必须设有可靠的锚固措施，一般采用绑条式、锚板式、焊螺帽式和弯钩式加固端头，如图5-1-6所示。

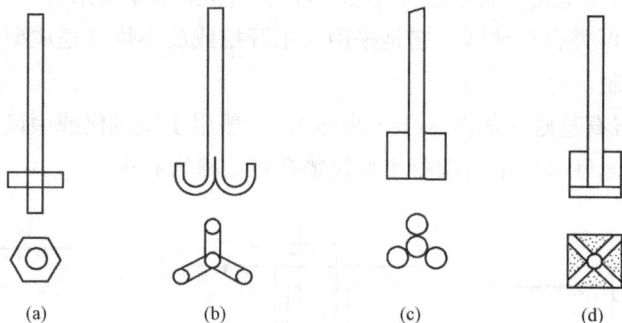

图 5-1-6　钢筋根部加固形式

（a）焊螺帽式；（b）弯钩式；（c）绑条式；（d）锚板式

2）直锚式和承台式岩石基础的底脚螺栓和锚筋，在基岩中的锚固深度 h 值应符合下列要求：

a）对Ⅰ、Ⅱ类轻微风化岩石：$h \geqslant 25d$；

b）对Ⅲ类中等风化岩石：$h \geqslant 35d$；

c）对Ⅳ类强风化岩石：$h \geqslant 45d$；

其中，d 为地脚螺栓或锚筋的直径。

3）锚孔直径 D，一般取用（2～3）d，对软质岩石钻孔不宜小于 $d+50mm$。

4）群锚桩的间距，要求Ⅰ类岩石处不小于 $4D$，Ⅱ、Ⅲ类岩石中不小于 $6D$，最小孔距不应小于160mm，其中，D 为锚孔直径。

5）岩石基础填充的水泥砂浆或混凝土强度等级应符合规定。

四、岩石基础施工操作步骤与质量标准

1. 清理施工基面、分坑定位

（1）根据复测后的杆塔中心桩，定出各基础的位置，按设计要求，开挖和清理施工基面。清理的范围应比基坑坑口或锚筋孔边各放出0.5m。当覆盖层较厚时，为了防止坍塌，应放出坡度以保证安全。

（2）清理施工基面过程中，应尽量保护好杆塔中心桩使其不移动。如要清理掉或可以移动时，则应在其四周适当位置打上控制桩，以便在清理施工基面后恢复桩位。

（3）清理后的施工基面应使岩石暴露出来，并尽量开挖平整。若岩石不易铲平，地面标高的差别可以在浇制承台或防风化层时操平。

（4）清理施工基面过程中，如需爆破，应用小炮，以保证岩石地基的整体性和稳定性。

（5）各种岩石基础的分坑定位方法如下。

1）直锚式岩石基础。先测量分出各个腿的中心位置，并打上标记；再根据地脚螺栓根开定出每个腿地脚螺栓的中心位置，并做好标记。

2）承台式岩石基础。先根据分坑尺寸分出各个坑的中心位置和坑口位置；然后在承台坑开凿完成后，再根据锚筋的分布情况，定出锚筋孔的中心位置。

3）嵌固式和掏挖式岩石基础。按分坑尺寸定出各个坑的中心位置和坑口位置，并做好标记。

（6）分坑时如发现坑口或岩孔位于岩石裂隙处，应停止开凿，及时与设计单位联系，研究处理措施。

2. 岩石基础坑开挖

开挖应逐基核查岩石地基的表面覆盖层厚度和岩体的稳定性、坚固性、风化程度、层理和裂隙情况。当发现与设计不符合时，可根据本节的要求进行验算，并会同设计单位及时采取措施，因地制宜地做好修改方案，一般常有下列几种。

（1）将直锚式改为嵌固式。

（2）增加锚筋根数，或增大孔径和锚筋直径。

（3）各塔腿处岩石表面标高不同时，可调整承台高度，如图 5-1-7 所示。

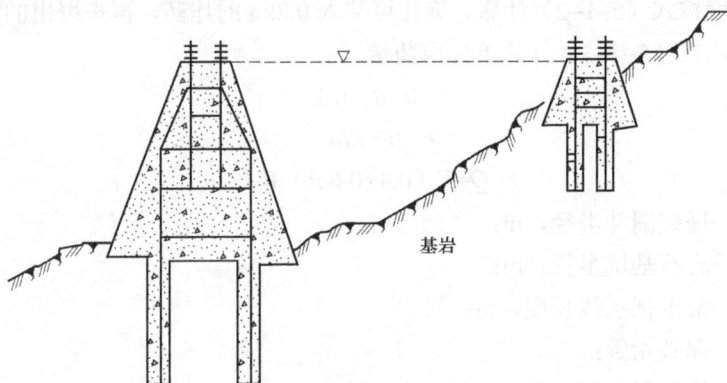

图 5-1-7　岩石表面标高不同时承台高度调整图

（4）当基岩覆盖层较厚，覆盖土已能满足基础抗拔和抗压要求时，则可不用岩石基础或按图 5-1-8 所示进行开挖处理。

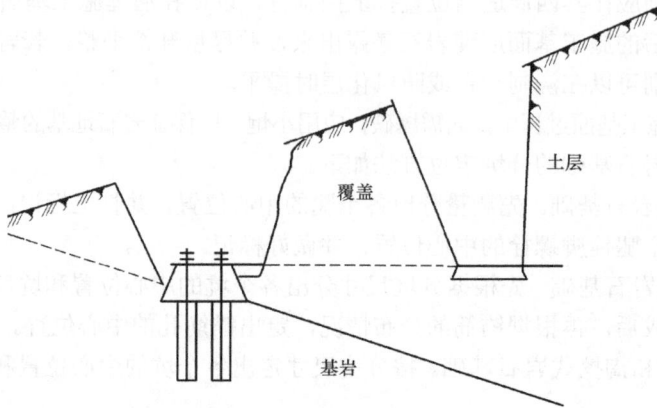

图 5-1-8 基岩覆盖土时岩石基础坑开挖处理

3. 岩石坑孔的开凿

（1）岩石坑的开凿。

1）嵌固式和掏挖式岩石基础一般用在风化较严重的岩石上，基坑一般采用人工开挖，如果需用爆破，宜采用松动爆破。爆破不应破坏岩石坑壁的完整性和基岩的稳定性。

2）岩石基坑开挖爆破前，可进行松动爆破漏斗试验。松动爆破指数。一般取 0.8，松动爆破漏斗半径尺可按式（5-1-1）计算，松动爆破按最小抵抗线长度凿出炮孔，最小抵抗线长度按式（5-1-2）计算。炮孔可装入 0.2kg 的炸药，再按爆出的漏斗半径修正装药量，由式（5-1-3）计算单位用药量

$$R=R_1-0.1 \tag{5-1-1}$$

$$W=R/n \tag{5-1-2}$$

$$Q=E（0.4+0.6n^3）W^3 \tag{5-1-3}$$

式中　R——爆破漏斗半径，m；

R_1——岩石基坑半径，m；

W——最小抵抗线长度，m；

n——爆破指数；

Q——炸药量，kg；

E——单位用药系数，kg/m³。

松动爆破漏斗示意图如图 5-1-9 所示。

3）在风化比较轻的岩石地区，当采用爆破开挖基坑时，可在基础中心打一个主炮

孔，再在基础坑内圈打一些防振孔，以控制放炮时坑壁的振裂破坏范围，保证基础岩石的整体稳定性。主炮孔直径一般取 $\phi30\sim\phi36mm$，深度为 $0.5\sim1.0m$；防振孔一般为 $10\sim14$ 个，直径可以与主炮孔相同，深度控制在 0.5m 左右。其示意图如图 5-1-10 所示。

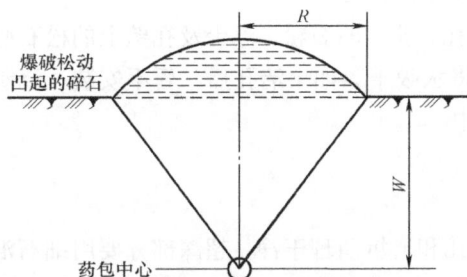

图 5-1-9 松动爆破漏斗　　　图 5-1-10 主炮眼与防振孔示意图

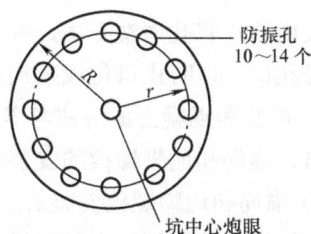

4）用于岩石爆破的岩石钻孔，其成孔直径较小，一般采用人工打孔或内燃凿岩机钻孔。

用内燃凿岩机钻孔时应注意以下几方面。

a）凿岩机启动后，应让机器先空转 1min 左右，使机体温度稍为升高，再开始钻孔。

b）钻孔时，应使钎子竖直对准炮眼中心，双手应紧握凿岩机把手，适当加些压力，使机器不至在钎尾上跳动。另外，不得用人身压机器，以免断钎时发生人身事故。

c）开始钻孔时用短钻杆，炮眼较深时再换长钻杆，并钻成口大底小的眼孔，以免卡钎。

d）操作时，必须戴好风镜、口罩和安全帽，并应随时注意机器运转情况，一旦发现不正常现象，应立即停止运转和进行检修。

5）岩石坑的开挖要保证设计的锥度，不得开凿成上大下小或鼓肚形。石坑不应产生负误差。开凿成形后，应将坑内浮土及坑壁上松散的石块清除干净。

（2）岩石锚桩钻孔。

1）用于岩石基础锚固地脚螺栓和钢筋的锚桩岩石钻孔，直径较大，一般为 $\phi60\sim\phi120mm$，深度可达 2m 或更深，一般采用专用钻机钻孔。钻孔时要及时排出岩粉，以免钻头难以拔出。

2）对锚桩钻孔的要求如下。

a）孔位正确。施钻前要准确测定孔位，可用 10mm 厚钢板制成模板固定在地面上，施钻时从模板孔中钻进。

b）成孔倾斜度不得超过 2%。在钻机就位后，必须将底座调平、垫稳，以防止钻孔时钻机因振动而倾斜。

c）成孔深度不小于设计值。

d）成孔直径不得产生负误差，正误差为+20mm。

3）岩石基础锚孔钻成后，要进行清孔。孔中的石粉、浮土及孔壁上的松石必须清除，要用清水将孔清洗干净，并用泡沫将水吸干。如果清孔后，暂不安装、浇制，则应盖好孔口，以防止风化或杂物进入孔中。

4. 砂浆和混凝土的浇注与养护

（1）锚筋和地脚螺栓的安装。

1）锚筋和地脚螺栓安装前，应将锚孔和岩坑清理干净，超深部分要用细石混凝土充填。锚筋和地脚螺栓上的浮锈要清除掉。对易风化岩石，从开孔到浇注的间歇时间应尽量缩短。

2）地脚螺栓安装时，必须找正，其根开距离、外露部分长度应符合设计要求。

3）锚筋和地脚螺栓在锚孔中的位置要求居中，埋入深度不得小于设计值，钢筋保护层的厚度应符合设计要求，安装后要有临时固定措施，以防止松动。

4）对于承台式岩石基础，要先将锚筋安装入锚孔后，再绑扎承台钢筋，使其成为一体，承台钢筋与锚筋交叉点要用细铁线绑扎。

5）对于拉线岩石基础，要先将拉线棒放入坑内，使其下端固定在锚坑中心，然后找正拉线棒地面出土处的位置。

（2）砂浆和混凝土的浇注与养护。

1）岩石基础浇注用的砂浆和混凝土的强度等级按设计要求执行，一般直锚式和承台式锚桩填充用的水泥砂浆或细石混凝土强度等级不得小于 C20 级；嵌固式和掏挖式锚桩的混凝土强度等级不得小于 C15 级。

2）锚孔浇注前，要将锚孔岩石壁用水湿润，以保证砂浆（或细石混凝土）与坑壁的黏结力。

3）水泥砂浆的水灰比应由试验确定，一般可以控制在 0.4～0.5。水泥与砂的比例范围可采用 1:1～1:1.5，砂浆稠度取 3～7cm，水泥标号不应低于 525 号。

4）拌制砂浆和混凝土时，原材料要过秤，要严格控制水灰比和坍落度，搅拌宜采用机械搅拌。采用减水剂时用量应控制好。

5）灌注时要分层捣固密实，一次不应浇灌得太多，以防石子卡住形成空隙。岩孔内的浇注量不得少于设计规定值。捣固时要防止锚筋或地脚螺栓位置移动。

6）对于承台式岩石基础、锚筋和承台的浇注可以分别进行，也可以一次连续浇注完成。采用一次浇注完成时，应先支模板，安装好承台钢筋和地脚螺栓，再进行锚孔灌浆，最后浇注承台。承台浇制应在锚桩浇注的初凝时间内进行。

为了保证承台与岩石黏结牢固，承台下部岩石面应打毛，应用钢刷或扫帚清扫，并用清水冲洗，坑内积水应排净。

7）掏挖式岩石基础混凝土浇制参照模块 2 的技术规定执行。

8）对浇制的砂浆和混凝土的强度检查，应以同条件养护的试块为依据，试块制作数量为每基每种标号各一组。

9）水泥砂浆和混凝土浇制完毕，应做好养护工作，基础顶面要覆盖草袋或其他遮盖物，定时浇水保护湿润，养护时间不得少于五昼夜。冬季施工养护要采取相应的保温养护措施，如采用暖棚法、蓄热法养护，可以加入早强剂、减水剂，以减小水灰比，加强振动捣固，加速混凝土硬化。

10）基础浇制完成后，应再对每个塔腿的尺寸和整基基础的尺寸进行检查，其尺寸允许误差应符合 GB 50233—2014《110kV～750kV 架空输电线路施工及验收规范》中的要求，并做好施工技术记录。

（3）防风化处理。

1）为了防止岩石基面继续风化，保证岩石基础稳定可靠，应按设计要求对基础周围表面进行防风化处理。通常的办法是，在基础周围岩面上浇一层混凝土保护层。设计无明确要求时，要求保护层范围不得小于 1.2 倍坑（孔）深，厚度不小于 25mm，如图 5-1-11 所示。

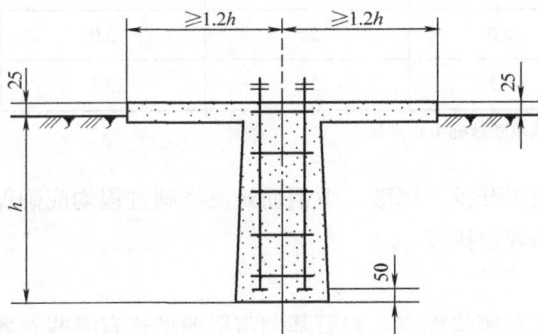

图 5-1-11 岩石基础防风化

2）防风化保护层一般采用细石素混凝土进行浇制，强度等级按设计要求执行。

3）浇层防风化层前，应将岩石基面打毛并用清水清洗干净，以保证混凝土的黏结强度。

4）防风化层浇制完成后，要认真进行养护，以防止层薄干裂。

五、注意事项

（1）各类岩石基础施工的基本程序如下。

1）直锚式岩石基础。清理施工基面、分坑、浇灌水泥砂浆（或细石混凝土）、浇制小承台、养护、拆模。

2）承台式岩石基础。清理施工基面、分坑、打锚筋孔、安装锚筋、浇灌锚孔水泥砂浆（或细石混凝土），待达到设计强度的 70%后，绑扎承台钢筋，安装承台模板和地脚螺栓，浇制承台混凝土，养护、拆模、回填土，亦可一次浇注完成。

3）嵌固式和掏挖式岩石基础及拉线岩石基础。清理施工基面、分坑、挖凿坑孔、安装地脚螺栓和钢筋或拉线棒、浇灌混凝土养护。

（2）岩石基础应按设计要求施工。基础施工开挖后，应逐基核查岩石地基的表面覆盖层厚度和岩体的稳定性、坚固性、风化程度、层理和裂隙情况。

（3）铁塔基础边坡距离的控制是保证塔位稳定性的重要因素，应按设计要求予以保证。当塔位临近悬崖陡壁时，若设计无明确规定，则对边坡的最小距离可参考表 5-1-1 的要求予以控制。

表 5-1-1　　　　　　基础边坡最小距离要求（坑、孔深的倍数）　　　　　　（m）

边坡地形	直锚和承台式		嵌固式和掏挖式	
	岩石坚固完整	岩石风化破碎	岩石坚固完整	岩石风化破碎
一面临空	1.5	2.0	2.5	3.0
二面临空	2.0	2.5	3.0	3.5
三面临空	2.5	3.0	3.5	4.0

注　表中的数值，系从单腿基础中心算起。

（4）岩石基础施工开挖、爆破、下钢筋笼及浇制过程均应确保安全，其具体措施应按有关安全规程和规定执行。

【思考与练习】

（1）岩石基础具有哪些优点？岩石基础常用的型式有哪些？各类岩石基础适用于哪些场所？

（2）直锚式岩石基础的施工程序如何？承台式岩石基础的施工程序如何？嵌固式和掏挖式岩石基础及拉线岩石基础的施工程序如何？

（3）岩石基础构造上的要求有哪些？

（4）用内燃凿岩机钻孔时应注意哪些事项？岩石锚桩钻孔有哪些要求？锚筋和地脚螺栓的安装应注意哪些事项？

（5）直锚式岩石基础如何分坑定位？承台式岩石基础如何分坑定位？嵌固式和掏挖式岩石基础如何分坑定位？

（6）砂浆和混凝土的浇注与养护有哪些规定？

第六章

桩 基 础 施 工

◢ 模块 1　机械钻（冲）孔灌注桩基础施工（新增模块）

【模块描述】本模块包含机械成孔桩基础的工艺流程、施工要点、常见问题处理、质量检测方法等内容。通过工艺介绍，掌握机械成孔桩基础的施工方法及要求。

【模块内容】

一、机械钻（冲）孔灌注桩基础施工作业流程

机械钻（冲）孔灌注桩基础施工工艺流程如图 6-1-1 所示。

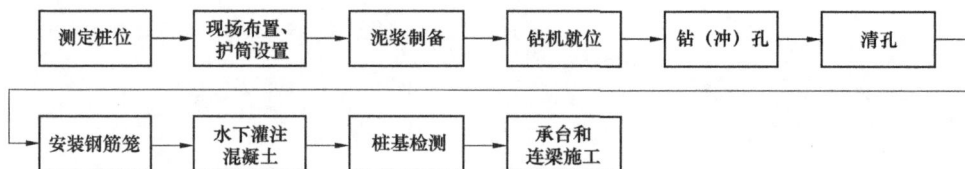

图 6-1-1　机械钻（冲）孔灌注桩基础施工工艺流程图

二、危险点分析与控制措施

机械钻（冲）孔灌注桩基础施工的危险点主要有工具使用不当、机具使用不当引起倒架、设备损坏、砸伤工作人员、工作人员触电等。

控制措施有：

（1）应设专人指挥，作业人员听从统一指挥。

（2）作业前全面检查机电设备，确保电气绝缘和制动装置良好，传动部分有防护罩。

（3）钻机和打桩机运转时不得进行检修。

（4）打桩时，起吊速度应均匀，被吊桩下方严禁有人；吊装前应将装锤提起，并固定牢靠；发现异常应停止锤击，检查处理后方可继续作业；停止作业或转移桩架时，应将桩锤放到最低位置。

（5）电钻应使用封闭式防水电机，电缆不得破损、漏电。

（6）接钻杆时，应先停止电钻转动，后提升钻杆。

（7）严禁作业人员进入没有护筒或其他防护设施的钻孔中工作；坑边应有防护措施，夜间应有照明，防止人员掉入坑内。

（8）吊放、焊接网笼时，应防止伤人。

三、机械钻（冲）孔灌注桩基础施工作业前准备

（一）人员准备

机械钻（冲）孔灌注桩基础施工劳动组织及岗位职责见表 6-1-1。

表 6-1-1　　　　　　　　　　劳动组织及岗位职责

序号	岗位	人数	岗 位 职 责
1	现场指挥	1	负责组织管理工作及施工生产
2	技术员	1	负责现场的技术指导及施工技术资料
3	安全员	1	负责现场安全文明施工管理
4	质检员	1	负责现场质量检查、质检资料整理
5	钻机操作	6	操作钻机
6	导管操作	4	负责导管及护筒的洗刷、装卸
7	混凝土拌合	12	上料拌和混凝土
8	材料运输	6	负责混凝土输送泵
9	混凝土灌注	3	测量混凝土面高度，计算导管及护筒埋入深度，指挥导管及护筒提升和拆除
10	钢筋制作	4	负责钢筋笼安装制作、焊接
11	试验	1	检查配合比、坍落度，制作混凝土试件

（二）工器具准备

钻（冲）孔灌注桩施工的主要机械与工器具见表 6-1-2。

表 6-1-2　　　　　　钻（冲）孔灌注桩施工的主要机械与工器具

序号	设备名称	型号及规格	数量（台）
1	旋转钻机	GPS-20	1
2	冲孔钻机	22-5	1
3	电焊机	XDI-185	4
4	经纬仪	J2	2
5	钢筋切断机	—	1
6	装载机	—	1

续表

序号	设备名称	型号及规格	数量（台）
7	挖掘机	—	1
8	运输车	—	1

（三）测定桩位

钻（冲）孔的位置应根据工程设计图纸和设计说明书的要求进行定位测量。桩位中心点应有明显标记，并在桩位中心的外围顺、横线路方向各 15～20m 处，能够可靠保留的位置设置辅助桩并做好记录，以备当钻（冲）孔桩位标记被挖除后仍可利用辅助桩，找出钻（冲）孔桩位中心。

（四）现场布置、护筒设置

1. 现场布置

钻（冲）孔灌注桩施工的现场布置，应根据具体工程灌注桩的设计分布和施工机具的设备情况，采取相应的布置方式，在施工前进行施工技术设计，绘制现场布置图（见图 6–1–2）。在布置图中应考虑设置泥浆池、沉淀池、排水沟、水电管线、水泵设备安放处，还应选择和布置砂、石、水泥堆放场，混凝土搅拌站和运输通道等，并按布置图的要求实施。

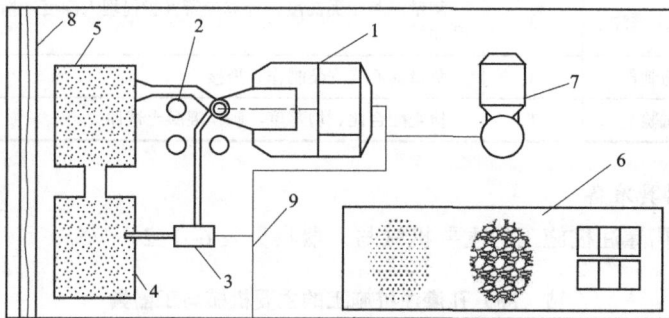

图 6–1–2　灌注桩基础施工平面布置图

1—钻机；2—桩孔；3—泥浆泵；4—泥浆池；5—沉淀池；6—砂、石、水泥堆放场；

7—搅拌机；8—排水沟；9—供电管线

在钻（冲）孔桩位处，应挖表土，设置护筒。

在钻机安放处搭设高度约 0.5m 的操作平台。平台一般用道木和木板制成，并用水平尺找平，以卡钉固定牢固。

搅拌站应距塔位较近（一般距塔位中心 15～20m 为宜），进出料方便。

2. 护筒设置

护筒是保证钻杆沿桩位垂直方向掘进的辅助工具，同时还起着保护孔口和提高桩孔内泥浆水头，防止塌孔的作用。护筒设置应注意下列事项：

（1）地表土层较好，开钻后不塌孔的孔位，可不埋设护筒。

（2）在杂填土或松软土层中钻孔时，应埋设护筒。护筒用钢板制作，钢板厚度一般为 4~8mm，内径比钻头直径大 100mm，埋入土中深度不宜小于 1.0m（砂土中不宜小于 1.5m），护筒顶部应高出地面，高度应满足容纳孔内泥浆所需，一般为 0.6m，其上部宜开设 1~2 个溢浆孔。

（3）应保持护筒的位置正确、稳定，护筒埋入地表以下部分与孔壁之间用无杂质的黏土填实，必要时可在上表面铺设 20mm 的水泥砂浆，以防漏水。护筒中心与桩位中心的偏差不得大于 50mm。

（4）受水位涨落影响或水下施工的钻孔灌注桩，护筒应加深加高，必要时应打入不透水层。

（五）泥浆制备

（1）泥浆循环系统的设置应遵守以下规定。

1）泥浆循环系统由泥浆池、沉淀池、循环槽、废浆池、泥浆泵、泥浆搅拌设备等装置组成，并配有排水、清渣、排废浆等设施。

2）泥浆循环池不宜少于两个，可串联使用，泥浆池的容积为所钻孔容积的 1.2~1.5 倍，一般不宜小于 8~10m³。

3）循环槽应设 1:200 的坡度，槽断面面积应能保证泥浆正常循环而不外溢。

4）沉淀池、泥浆池、循环槽可用砖块和水泥砂浆砌筑，不得有渗漏和垮塌。泥浆池、沉淀池等不能建在新堆积的土层上，以免池体下陷开裂、泥浆漏失，宜设在地势较低处。

5）循环槽和沉淀池内沉淀的钻渣应及时清除。在砂土或容易造浆的黏土中钻进时，应根据泥浆比重和戮度的变化，采取添加絮凝剂加快钻渣的絮沉，适时补充低比重、低黏度稀浆，或加入适量清水等措施，调整泥浆性能。泥浆池、沉淀池和循环槽应定期进行清理，清除的钻渣应及时运离现场，防止钻渣废浆污染施工现场及周围环境。

（2）设置浆池。泥浆池一般应设置两个，包括沉淀池和护壁泥浆池。沉淀池是作为钻孔排渣沉淀用的。如本身自然造浆仍能满足护壁泥浆要求时，可不必设置泥浆池。护壁泥浆池，是做制备护壁泥浆和回收储存从沉淀池抽回的泥浆用。沉淀池、泥浆池的位置及容积应按施工设计确定。

（3）制备泥浆。除孔位穿越能自然造浆的土层外，均应制备泥浆。泥浆用高塑性勃土或膨润土制备。拌制泥浆应根据施工机械、工艺及穿越土层的需要进行配合比设计。

泥浆护壁应符合 JGJ 94—2008《建筑桩基技术规范》中的规定：

1）施工期间护筒内的泥浆面应高出地下水位 1.0m 以上，在受水位涨落影响时，泥浆面应高出最高水位 1.5m 以上；

2）在清孔过程中，应不断置换泥浆，直至浇筑水下混凝土；

3）浇筑混凝土前，孔底 500mm 以内的泥浆比重应小于 1.25，含砂率不得大于 8%，黏度不得大于 28s；

4）在容易产生泥浆渗漏的土层中应采取维持孔壁稳定的措施；

5）废弃的浆、渣应进行处理，不得污染环境。

（六）钻机就位

（1）施工时首先要根据施工图绘出打桩顺序图，对每个桩进行编号，安排好先后次序，然后进行钻孔成桩，一般采用跳打法施工。在打桩正式开始以前，应先打好试验桩，检测无误后方可正式打桩，在正式桩施工完毕后应另做检验。自桩基施工开始到结束，应做好各种记录，主要记录有钻机型号、使用钻头情况、30min 的钻进记录、泥浆稠度记录、特殊问题的处理记录和清渣记录。

（2）选择钻机。根据设计提供的地质报告，合理选择适应的钻机。

1）潜水钻机是由封闭式防水电动机和减速机构组成。电动机和减速机构装设在具有各种绝缘和密封装置的外壳内，故能够潜入水中工作。

潜水钻机在地面部分有钻架、钻杆、卷扬机、电缆盘等，在孔下部分为潜水电动机、潜水抽渣泵、压重物的钻头刀架等，其安装方法和顺序应按钻机安装说明书进行。

2）回旋钻机一般是将原机上的压力水泵改用外接高压水泵，原钻杆的内接头改为方齿内接头，并配制宝塔形钻头等。

（3）待泥浆循环池及护筒施工完毕后，即可将钻机运至桩位就位。

（4）钻机就位偏差。钻机就位前由现场技术人员对原桩位进行复核，桩位偏差应小于 10mm，并用十字线定位，然后进行钻机就位。

钻机就位要求：钻机安装就位后，底座和顶端应平稳、牢固，转盘水平、钻杆垂直。钻机顶部的起吊滑轮缘、转盘中心和钻孔中心保持在同一铅垂线上，施工过程中经常检查，发现问题及时纠正。由于机身不稳，钻机安放位置地基松软等原因引起的钻机偏移，发现后要及时停机，校正钻机及钻杆，如图 6-1-3 所示。

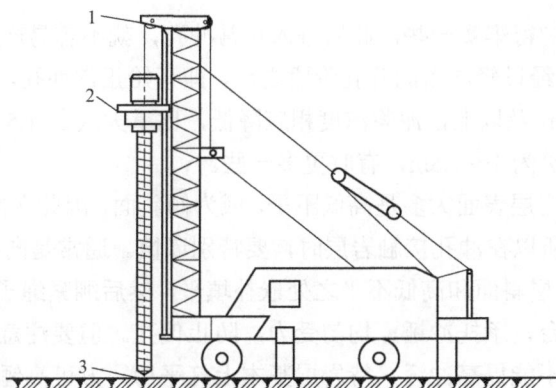

图 6-1-3　钻机就位示意图
1—起吊滑轮；2—转盘；3—钻孔中心

四、机械钻（冲）孔灌注桩基础施工操作步骤与质量标准

（一）钻（冲）孔

1. 钻（冲）孔过程

（1）潜水钻机钻孔。当钻（冲）孔前的准备工作完成后，如果采用潜水钻机，即用第一节钻杆（每节长约 5m，各节用钢梢相连接）接好钻头，另一端接上钢丝绳，吊起潜水钻对准埋好的护筒，缓缓放下至地面桩位标记处，先空转，然后缓慢钻入土中，至整个潜水钻头基本入土内，并检查无误后，才能正常钻进。检查时应特别注意护壁泥浆的比重（一般为 1.1 左右，穿过砂夹卵石层等应适当增大），循环水是否正常、钻机有无摇晃跳动。钻孔过程中如果泥浆比重不适宜，循环水不正常，应及时纠正；钻头难进、摇晃、跳动大时，可能遇到硬层，应即略微提起，待摇晃跳动消失后，再降低速度，尽量慢钻进，穿过硬层后方可正常钻进；如提高至地面仍跳动不止，是机械故障，应立即修复，然后再钻。每钻进一节钻杆前，应准备好下一节并随时与前节钻杆接好，以保证迅速钻进，避免停歇过久，直至全部钻完为止。

（2）回旋钻机成孔。选择回旋钻机成孔，首先用水平尺校正机身及钻杆的水平及垂直度，开动电机，放下钻头，用泥浆泵注入泥浆，钻头缓缓钻进，一节钻杆钻入后及时停机。如此反复，直至钻到设计深度。

（3）冲孔钻机成孔。

1）开孔。在开孔阶段冲孔进度不宜太快，一般控制台班进尺在 1m 以内，相应的提锤高度要小，冲击次数要多，这样产生的冲击力小，使孔壁逐渐受水平力的挤压而密实。此时如果冲击过猛，进度太快，孔壁不能较好地形成，反而会引起坍孔。在开孔阶段要严格控制冲孔进度，以利于加强孔壁。在开孔深度，护筒底以下 3~4m 之内，要求尽可能把孔壁护得牢实一些，此后进入正常冲孔，就不容易产生坍孔。

2）正常冲孔。经过轻冲击的开孔阶段之后，即开始正常冲孔，以加快速度。提锤高度可增至 1.5～2m 及以上，泥浆浓度相应降低，比重大致在 1.5 以下。在正常情况下，冲孔进尺每台班为 1～1.5m，有时更多一些。

3）冲打岩层。岩层表面大多是高低不平，或为倾斜面，因此在冲孔刚进到岩层时，最容易产生偏孔。所以在冲孔接触岩层时，要特别谨慎。通常是向孔底抛掷直径 20～30cm 的片石，将岩层斜面和高低不平之处嵌补填平，然后绷紧绳子进行低锤快打，造成一个较紧密的平台，承托冲锤，均匀受力，防止偏孔。但要注意岩层倾斜突出部分没有冲平以前，仍不能提高冲锤，待岩层基本上打平后，方可高锤猛打，加快冲孔进度。冲进岩层后，泥浆比重降到 1.2 左右，以减少阻力和豁锤的毛病，但不能太小，否则石渣浮不上来，掏渣困难。

2. 钻（冲）孔施工注意要点

（1）不同类别的土层应采用不同型式的钻头。一般豁性土、淤泥和淤泥质土及砂土，宜用笼式钻头。穿过不厚的砂夹卵石层，或在强风化岩层中钻进时，可镶焊硬质合金刀头的笼式钻头，遇孤石或旧基础，可用带硬质合金齿的筒式钻头钻穿。

（2）应根据土层类别、孔径大小、钻孔深度、供水量，确定相应的钻进速度。对于淤泥和淤泥质土，最大钻进速度不宜大于 1m/min；对于其他土层，钻进速度以钻机不超过许用负荷为准；在风化岩或其他硬质土层中的钻进速度以钻机不产生跳动为准。

（3）钻进中出现缩径、坍孔时，可加大泥浆比重以稳定孔的护壁，也可在缩径、坍孔段投入黏土、泥膏，并使潜水钻空转不进尺进行护壁。

当缩径、坍孔严重，或泥浆突然漏失时，应立即停钻，此时可回填豁土，待孔壁稳定后再钻。

钻孔倾斜时，可用钻机扫孔纠正，如纠正无效，应在孔中局部回填茹土至偏孔处 0.5m 以上，再重新钻进。

（4）应随时注意钻机运转是否正常。如果钻速高、钻进快、泥浆比重大，削出的泥块未成浆，对钻杆产生的阻力大，有可能使马达超负荷而损坏，或使抽水齿轮磨损，或钻杆折断。发现时应立即调整泥浆比重。

（5）钻机施工时应注意检查，特别是连接潜水钻机的电缆不得有绝缘损坏或有其他电气设备的漏电现象。操作中应由专人收放电缆线和进浆胶管。接钻杆时，应先停钻再提升钻杆。钻进时，不得超负荷进钻。严禁作业人员在没有护筒和其他防护设施时进行钻孔工作。

（6）为保证钻孔垂直度，钻机设置的导向装置应符合下列规定：潜水钻的钻头上应有不小于 3 倍直径长度的导向装置；使用钻杆加压的正循环回转钻孔，在钻具中加设扶正器。

（7）泥浆护壁成孔的灌注桩施工应按规定按时进行检查，并做好记录。灌注桩成孔施工允许偏差详见 JGJ 94—2008 中相关规定。

（二）清孔

（1）清孔的目的是将已钻好孔的孔内泥浆用清水冲淡，一般需 15～30min。清孔可用压缩空气喷翻孔内泥浆，同时注入清水，被稀释的泥浆逐渐流出孔外，护筒内仍保持原有的水位；也有用压力水通过钻头喷出，以逐步稀释泥浆。

（2）对于原土造浆的钻孔，钻到设计孔深时，可使钻机空转不进尺，同时射水，待孔底残余的泥块已磨成浆后排出，排出泥浆比重降到 1.1 左右（或以手触泥浆无颗粒感觉），即可认为清孔已合格。

（3）对注入制备泥浆的钻孔，可采用换浆法清孔，至换出泥浆比重小于 1.15～1.25 时为合格。

（4）孔底沉渣（或淤泥）厚度，应符合以下规定：端承桩沉渣不大于 5cm，摩擦端承、端承摩擦桩沉渣不大于 10cm，摩擦桩沉渣不大于 30cm。清孔完毕，应立即装设钢筋笼和灌注水下混凝土。

（5）冲孔灌注桩的淘渣：在冲孔过程中被冲碎的石渣，一部分和泥浆挤入孔壁空隙之中，其余大部分靠掏渣筒清除出外。在开孔阶段，为了要使石渣泥浆夹石子尽量挤入孔壁周围孔隙，以加固孔壁，在冲击过程中不掏石渣，待冲进达到 4～5m 之后，再掏渣，以降低泥浆浓度。在正常冲孔阶段，掏渣要及时，否则阻力太大，不利于冲击。

（三）安装钢筋笼

当桩孔钻成并清孔后，应尽快连续进行吊放钢筋笼，以便尽早灌注混凝土，使之不过夜。尽量做到钻孔、清孔、安装钢筋笼和灌筑混凝土四个工序连续进行。根据现场具体情况，可考虑三班倒作业方式，尽早完成灌筑混凝土工作，防止孔壁坍塌。

较长的钢筋笼可分段吊放，并宜用钢管加强钢筋笼骨架刚度。需要焊接时，可将下段悬挂在孔内。吊下第二段进行焊接，逐段接续逐段放下，骨架外侧应绑扎水泥垫块或垫以导杆，控制保护层厚度。钢筋笼骨架下放时不得碰撞孔壁，以防止坍壁和将泥土杂物带入孔内。吊入后应校正其位置和垂直度，并防止扭曲变形。

（四）水下灌注混凝土

钢筋笼安装完毕并验收合格后，应立即安装灌注水下混凝土机具。其机具布置示意图见图 6-1-4。灌注水下混凝土，应遵守下列规定。

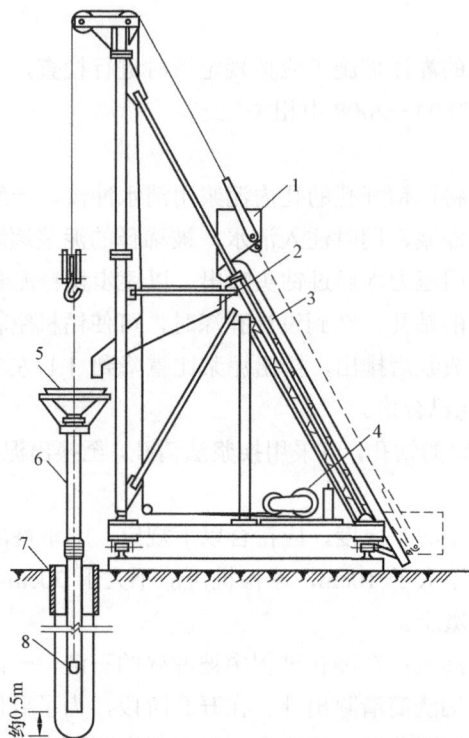

图 6-1-4　水下灌注混凝土的机具布置示意图

1—上料斗；2—储料斗；3—滑道；4—卷扬机；5—漏斗；6—导管；7—护筒；8—隔水栓

1. 水下混凝土的配合比应符合的规定

（1）水下混凝土应具备良好的和易性，配合比应通过试验确定，坍落度宜为180～220mm，水泥用量不少于360kg/m³。

（2）水下混凝土的含砂率宜为 40%～50%，并宜选用中粗砂；粗骨料的最大粒径应≤40mm。

（3）为改善和易性及缓凝，水下混凝土宜掺外加剂。

2. 导管的构造和使用应符合的规定

（1）导管壁厚不宜小于3mm，直径宜为200～250mm，直径制作偏差不应超过2mm，导管的分节长度视工艺要求确定，底管长度不宜小于 4m，接头宜用法兰或双螺纹方扣快速接头。

（2）导管提升时，不得挂住钢筋笼，为此可设置防护三角形加筋板或设置锥形法兰护罩。

（3）导管使用前应试拼装、试压，试水压力为 0.6～1.0MPa。

3. 使用的隔水栓应符合的规定

使用的隔水栓应有良好的隔水性能，应能保证顺利排出。

4. 浇筑水下混凝土应符合的规定

（1）开始灌注混凝土时，为使隔水栓能顺利排出，导管底部至孔底的距离宜为300～500mm，桩直径小于600mm时可适当加大导管底部至孔底距离。

（2）先浇筑的混凝土应有足够的量，可使导管一次埋入混凝土表面以下0.8m以上。

（3）导管埋深宜为2～6m，严禁导管提出混凝土面，应有专人测量导管埋深及管内外混凝土面的高差，填写水下混凝土浇筑记录。

（4）水下混凝土应连续施工，每根桩的浇筑时间按初盘混凝土的初凝时间控制，对浇筑过程中的一切故障均应记录备案。

（5）控制最后一次灌注量，桩顶不得偏低，应凿除的泛浆高度应保证暴露的桩顶混凝土达到强度设计值。

（五）桩基检测

水下混凝土浇筑完成后，在规定的时间内按照设计要求进行桩基检测。

灌注桩基础混凝土强度检验应以试块为依据，试块的制作应每根桩取一组，承台及连梁每基取一组。

（六）承台和连梁施工

1. 钻孔灌注桩的桩头处理

浇筑钻孔灌注桩时，混凝土灌注到地面后应清除桩顶部浮浆层，灌注桩桩顶标高应高于设计标高的0.5～1.0m，以保证桩基混凝土强度。桩头高出设计标高部分在后续工序中予以凿除处理。首先将标高线准确测出，在桩上作出明显的标记，采用风镐破碎桩头时不得超过标记线，处理后的桩头表面应平整，标高应准确。

2. 承台和连梁施工

（1）地面以下承台和连梁施工工艺。承台施工应遵照工程设计图纸和GB 50204—2002《混凝土结构工程施工质量验收规范（2011年版）》进行。铁塔地脚螺栓设置时，应依据设计尺寸和位置，用样板可靠固定。对于现浇混凝土应保证其设计标号。独立桩基承台，施工程序宜先深后浅；承台埋设较深时，应对邻近建筑物和市政设施，采取相应的保护措施，并在施工期间进行监控。

1）基坑开挖和回填。

a）基坑开挖前应对边坡稳定（无支护基坑）、支护型式（有支护基坑）降水措施、挖土方案、运土路线、堆土位置编制施工方案，并经审查批准。基坑在打桩全部结束并停顿一段时间后方准开挖。

b）承台和连梁的模板支护方式经设计或监理确认可采用砖模板，也可采用钢模板支护结构。

c）地下水位较高需降水时，可视周围情况采用适当的降水措施。

d）挖土应分层进行，层间高差不宜过大。软土地区的基坑开挖，基坑内土面高度应保持均匀，高差不宜超过 1m。

e）挖出的土方不得堆置在坑口附近。

f）机械挖土时应确保基坑内的桩体不受损坏。

g）基坑开挖结束后，应在基坑底做好排水盲沟及集水井，周围如有降水设施仍应维持运转。

h）基坑回填前，应排除积水，清除含水量较高的浮土和建筑垃圾，填土应分层夯实，围绕承台对称进行。

2）钢筋和混凝土施工。

a）绑扎钢筋前应将灌注桩头浮浆部分或锤击面破坏部分去除，并应确保桩体承台长度符合设计要求。

b）承台和连梁混凝土应一次浇筑完成，混凝土入槽宜用平铺法。大体积承台的混凝土施工，应采取有效措施防止温度应力引起裂缝。

（2）地面以上承台和连梁施工工艺。

1）承台和连梁的模板支护。灌注桩基础承台和连梁位于地面填土层以上的混凝土施工时，通常采用钢模板支护工艺，钢模板的支护可采用木材或钢管支撑，模板采用钢管及管箍按照适当的间距卡住，防止连梁的扭转及鼓胀。

为保证承台和连梁的安全施工和满足施工质量标准，需要编制具有操作性、内容细致的模板支护专项技术方案并进行详尽的技术交底，严格按照审批后的方案执行。方案中需明确模板种类及支撑材料；模板接头方法、构造大样有施工详图，大模板、高支模及支撑系统有设计计算；立柱、水平撑、剪刀撑的设置尺寸及要求均应详细注明等。

用木材作支撑材料时，材质不宜低于Ⅲ等材，原木小头直径不能小于ϕ12cm，不能有腐朽变质、干裂或虫蛀等。

用钢管做支撑材料时，钢管材质应符合 GB/T 700—2006《碳素结构钢》中 Q 235–A 级钢及 GB/T 13793—2008《直缝电焊钢管》或 GB/T 3091—2008《低压流体输送用焊接钢管》中普通 3 号钢的规定，凡是弯曲的钢管要调直，变形损伤和严重磨损的钢管不能使用。

2）承台和连梁的模板设计计算。

3）钢筋和混凝土施工。

a）按照施工图纸要求绑扎钢筋，并应确保保护层厚度符合设计要求。

b）承台和连梁混凝土应一次浇筑完成，对于大体积承台的混凝土施工，应采取有效措施防止温度应力引起裂缝。

（七）常见问题和处理办法

钻（冲）孔灌注桩施工常见问题和处理方法，见表6-1-3。

表 6-1-3　　　　　　　　　钻孔灌注桩常见问题和处理方法

常见问题	情况说明	主要原因	处理方法与防止措施
坍孔壁	在钻孔过程中孔壁土壤不同程度地坍下	（1）提升下落冲锤、挖渣筒及放钢筋骨架时碰撞护筒及孔壁。 （2）护筒周围未用私土紧密填封。 （3）未及时向孔内补充加水，孔内水压降低而坍孔	（1）在坍塌的一段用石子勃土投入，重新开钻，并分析原因，调整泥浆比重和水位高程。 （2）使用冲孔机时，重行开孔阶段，要低锤勤打，使混合料填补密实，造成坚固孔壁后，再恢复正常冲击。 （3）清孔时要留意保持泥浆有一定浓度，清完后立即灌注混凝土
钻孔偏移倾斜	在钻孔过程中出现孔位偏移或孔身倾斜	（1）桩架不稳固，钻杆导架不垂直，钻机磨损，部件松动。 （2）用冲孔机成孔多发生于遇到探头石或基岩倾斜	（1）将桩架重新安装牢固，并对导架进行水平和垂直校正，并检修钻孔设备。 （2）如有探头石时，一般宜用取岩钻除去，若用冲孔机施工时，可用低锤密击，把石打碎
孔底隔层	孔底残留石渣过厚；桩脚涌进砂泥或坍壁泥土落在孔底	（1）清孔后泥浆浓度减小，孔壁坍塌或孔底涌进泥沙。 （2）清渣未净。 （3）浇灌混凝土前，钢筋骨架、导管等物碰撞孔壁，使泥土坍落孔底	（1）桩底有隔层，影响桩的承载力应予以避免。 （2）做好清孔工作，经常测深，达到要求后立即灌注混凝土。 （3）注意泥浆浓度及孔内水位的变化，使孔内水压经常高于孔外水压。施工中注意保护孔壁，不让重物碰撞
夹泥	在桩身的混凝土内混进泥土或夹层	灌注混凝土时，孔壁土坍下，落在混凝土内	（1）灌注混凝土时经常测定混凝土表面标高，如发现突然增高，就有坍泥可能。 （2）操作中避免碰撞孔壁，并随时注意控制泥浆的和比重，防止坍塌

（八）桩质量检查、检测方法

桩的检测方法应根据检测的目的进行选择。

1. 单桩竖向抗压静载试验方法适用范围

（1）确定单桩竖向抗压极限承载力；

（2）判定竖向抗压承载力是否满足设计要求；

（3）通过桩身内力及变形测试，测定桩侧、桩端阻力；

（4）验证高应变法的单桩竖向抗压承载力检测结果。

2. 单桩竖向抗拔静载试验方法适用范围

（1）确定单桩竖向抗拔极限承载力；

（2）判定竖向抗拔承载力是否满足设计要求；

（3）通过桩身内力及变形测试，测定桩的抗拔摩阻力。

3. 单桩水平静载试验方法适用范围

（1）确定单桩水平临界和极限承载力，推定土抗力参数；

（2）判定水平承载力是否满足设计要求；

（3）通过桩身内力及变形测试，测定桩身弯矩和挠曲。

4. 钻芯法试验方法适用范围

（1）检测灌注桩桩长、桩身混凝土强度、桩底沉渣厚度；

（2）鉴别桩底岩土性状，判定桩身完整性类别。

5. 低应变法试验方法适用范围

检测桩身缺陷及其位置，判定桩身完整性类别。

6. 高应变法试验方法适用范围

（1）判定单桩竖向抗压承载力是否满足设计要求；

（2）检测桩身缺陷及其位置，判定桩身完整性类别；

（3）分析桩侧和桩端土阻力。

7. 声波透射法适用范围

检测灌注桩桩身混凝土的均匀性、桩身缺陷及其位置，判定桩身完整性类别。

（九）冻土层内桩头部分的保护

在我国西北和东北地区进行基础施工过程中，由于冬季高寒且持续时间较长，基础土层由冻土层和非冻土层两部分叠加，在不同的土层产生的对桩身的切向力不同，产生桩身整体上拔或倾斜，对基础造成损害。

对于桩式基础，首先是保证其成孔工艺和混凝土施工工艺，避免在冻层内产生凸凹不平或出现扩大头。同时为消除切向冻胀力对桩的作用，可将冻深范围内的桩侧土换成松散材料（如碎石等），换填宽度不应小于 50cm（见图 6-1-5），换土高度内应按无摩阻力计算桩基竖向承载力。

五、注意事项

（1）桩基的轴线应从线路杆塔中心桩引出。在打桩地点附近设置水准点，其位置应不受打桩影响，数量不得少于 2 个。

（2）桩基的轴线位置与杆塔位中心桩之间的允许偏差，在桩基施工完后不得超过 30mm。

（3）桩基轴线的控制桩，应设在不受桩基施工影响的地点。施工过程中对桩基轴线应做系统检查，每根桩不得少于 2 次。控制桩应妥善加以保护，移动时，应先检查其正确性，并做好记录。

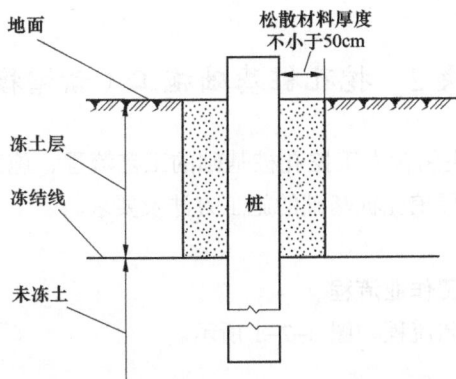

图 6-1-5 冻土层内桩头部分的保护措施

每根桩施工前，应检查样桩位置是否符合设计要求。

（4）桩基施工前应处理高空及地下障碍物，施工场地应平整。桩基移动范围内除应保证桩基垂直度的要求外，并应考虑地面的承载力，施工场地及周围应保持排水沟畅通。

（5）桩基施工前，必须具备下列资料：

1）施工区域内建筑物场地的工程地质勘察报告。

2）地基与基础的施工图纸，并应附有原有地下管线和其他障碍物的资料。

3）施工组织设计或施工方案。

4）必要的试验资料。

（6）在邻近原有建筑物或构筑物进行地基与基础工程施工时，应符合下列规定：

1）施工前必须了解邻近建筑物或构筑物的原有结构及基础等详细情况。

2）地基与基础施工，如影响邻近建筑物或构筑物的使用和安全时，会同有关单位采取有效措施处理。

【思考与练习】

（1）灌注桩基础根据成孔方法的不同分为哪几种？桩基础施工流程包括哪两大部分？

（2）桩基础施工中存在哪些危险点？控制措施有哪些？

（3）冲击钻孔灌注桩，其施工流程如何？冲击钻成孔施工要注意哪些事项？

（4）泥浆护壁成孔灌注的护筒埋设应符合哪些规定？钢筋笼吊装应符合哪些规定？

（5）冲击钻成孔多采用怎样清孔？旋转钻孔清孔怎样清孔？空压机清孔应按哪些规定进行？

▲ 模块 2 挖孔桩基础施工（新增模块）

【模块描述】 本模块包含人工挖孔桩基础的工艺流程、施工要点、护壁措施等内容。通过工艺介绍，掌握挖孔桩基础的施工方法及要求。

【模块内容】

一、挖孔桩基础施工作业流程

挖孔桩基础施工工艺流程如图 6–2–1 所示。

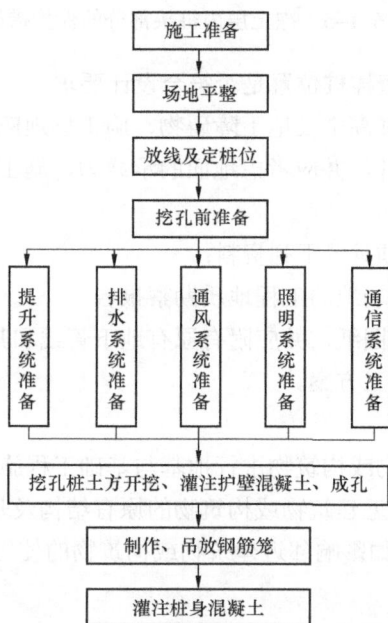

施工准备

↓

场地平整

↓

放线及定桩位

↓

挖孔前准备

↓

提升系统准备	排水系统准备	通风系统准备	照明系统准备	通信系统准备

↓

挖孔桩土方开挖、灌注护壁混凝土、成孔

↓

制作、吊放钢筋笼

↓

灌注桩身混凝土

图 6–2–1 挖孔桩基础施工工艺流程图

二、危险点分析与控制措施

挖孔桩基础施工的危险点包括土方工程开挖和钢筋笼加工与安装的危险点，具体的控制措施分别见第二部分第一章模块 2 和第二章模块 3 的危险点分析与控制措施。

三、挖孔桩基础施工作业前准备

（1）材料及施工工器具准备。

1）按照设计和规范要求，采购水泥、砂、石、钢筋等基础施工材料。

2）施工工器具准备。

a）一般应备有三木搭、卷扬机组或电动葫芦、手推车或翻斗车、镐、锹、手铲、钎、线坠、定滑轮组、导向滑轮组、混凝土搅拌机、吊桶、溜槽、导管、振捣棒、插钎、粗麻绳、钢丝绳、安全活动盖板、防水照明灯（低压 36V、100W）、电焊机、通风及供氧设备、扬程水泵、木辘护、活动爬梯、安全帽、安全带等。

b）模板：一般由组合式钢模、卡具、挂钩、木板、木方、槽钢和零配件等组成。挖孔桩基础施工的主要工器具见表 6-2-1。

表 6-2-1　　　　　　　　　　人工挖孔桩的主要工器具

序号	设备名称	型号及规格	数量	单位	备注
1	卷扬提升装置	自制	4	台	孔内土运至地面
2	手推车		4	辆	
3	镐		16	把	
4	锹		16	把	
5	手铲		12	把	
6	装载机	ZL-40	1	台	
7	电焊机	BX3—500—1	2	台	
8	吊车	25t	1	台	
9	潜水泵	15kW	15	台	
10	柴油发电机	30kW	1	台	备用

（2）对建筑场地和邻近区域内的地下管线（管道、电缆）、地下构筑物、危房、精密仪器车间等施工前应会同有关单位和业主进行详细检查，并将建（构）筑物原有裂缝特殊情况记录备查，对挖孔和抽水可能危及的邻房应事前采取处理措施。

（3）施工前应组织图纸会审，会审纪要连同施工图等作为施工依据并列入工程档案。

（4）根据建筑物场地、工程地质资料、必要的水文地质资料和桩基工程施工图及图纸会审纪要等有关资料制订切实可行的施工方案。

（5）桩基施工用的临时设施，如供水、供电、道路、排水、临设房屋等，应在开工前准备就绪，施工场地应进行平整处理，以保证施工机械正常作业。

（6）按基础平面图设置桩位轴线、定位点，测定高程水准点，并应设在不受施工影响的地方。开工前，经复核后应妥善保护，施工中应经常复测。

（7）场地及四周应设备排水沟、集水井，并制订泥浆和废渣的处理方案，施工现场的出土路线应畅通。

（8）施工前应由施工单位的技术负责人和施工负责人逐孔全面检查各项施工准备，逐级进行技术、安全交底和安全教育。

（9）挖孔桩基础施工的劳动组织及岗位职责见表6-2-2。

表6-2-2 劳动组织及岗位职责

序号	岗位	人数	岗 位 职 责
1	现场指挥	1	负责组织管理工作及施工生产
2	技术员	1	负责现场的技术指导及施工技术资料
3	安全员	1	负责现场安全文明施工管理
4	质检员	1	负责现场质量检查、质检资料整理
5	钻机操作	6	操作钻机
6	导管操作	4	负责导管及护筒的洗刷、装卸
7	混凝土搅拌	12	上料拌和混凝土
8	材料运输	6	负责混凝土输送泵
9	混凝土灌注	3	测量混凝土面高度，计算导管及护筒埋入深度，指挥导管及护筒提升和拆除
10	钢筋制作	4	负责钢筋笼安装制作、焊接
11	试验	1	检查配合比、坍落度，制作混凝土试件

四、挖孔桩基础施工操作步骤

（一）场地平整

（1）对施工场地进行平整。

（2）施工现场设置临时土方堆放现场。

（二）放线及定桩位

安装提升设备时，使吊桶的钢丝绳中心与桩孔中心线一致，以作挖土时粗略控制中心线用。

开孔前，桩位应定位准确。在桩位外四个方向设置定位龙门桩，用龙门桩拉十字线确定桩位。在适当位置设置高程基准点用以控制高程。

将桩位控制的十字线以及高程引到第一节混凝土护壁上，在混凝土上埋铁钉定点，再用护壁上的点设十字线，从十字线吊大线坠控制下面各节护壁对应的桩位中心，然后在桩位中心用尺杆画圆周，以高程控制点测量孔深，以保证挖掘时桩位中心、孔深和截面尺寸正确。桩位允许偏差见表6-2-3。

表 6-2-3 桩 位 允 许 偏 差

成孔方式	桩位允许偏差（mm）
人工挖孔（混凝土护壁）	50

（三）挖孔前准备

1. 提升系统准备

孔内设置安全有效的应急爬梯；准备有效的垂直提升运输系统。在孔上口安装支架、用Ⅰ漫速卷扬机或辘护提升吊笼或吊桶，系统应安全可靠，并配有自锁保险装置。

2. 排水系统准备

挖桩孔时，如果地下水丰富、渗水或涌水量较大时，可根据情况采取不同的排水措施。排水系统中包括吊水桶、潜水泵、排水管等，关于排水措施将在后面章节介绍。

3. 通风系统准备

桩孔挖进深度超过 s m 时，应安装有效的送风系统。送风系统包括送风机、送风管及其他配套设施。常用的送风系统为 1.5kW 的鼓风机配以直径为 100mm 的塑料薄膜送风管。

4. 照明系统准备

桩孔底采用矿灯或 12V 安全灯照明，桩孔周围在夜间设置安全设施及安全灯。

5. 通信系统准备

桩孔下作业人员和地面指挥人员应佩戴无需手持、即时接听的通信设备，保持地面与桩孔内作业人员的通信畅通。

（四）挖孔桩土方开挖、灌注护壁混凝土、成孔

1. 挖孔桩土方开挖

（1）挖孔由人工从上而下逐层用镐、锹进行，遇到坚硬土层及岩层时用锤、钎或者风镐、凿岩机等进行破碎。挖土次序为先挖中间部分后挖周边，允许尺寸误差为50mm，将桩身挖成圆柱体。扩底部分采取先挖桩身圆柱体，再按扩底尺寸从上到下削土，形成扩底形状。

（2）桩孔开挖直径。

开挖直径=桩基础直径+2×护壁厚度

桩中线控制是在第一节混凝土护壁上设十字控制点，每一节设横杆吊大线坠作中心线，用水平尺杆测定圆周。

（3）采取按深度分段开挖方式，一般以 800～1000mm 为一施工段，前一段开挖后立即进行混凝土护壁浇筑，待到混凝土浇筑后时间到 24h（或护壁强度达到 1.2MPa，如需要确定具体时间，可以根据试验而定）后，再进行下一段挖进。

（4）弃土装入活底吊桶，用专用垂直提升工具吊至地面后，用机动翻斗车或手推车运出。专用垂直提升工具如图 6-2-2 所示。

（5）掘进一个施工段后，清理桩孔，检验桩的桩位、直径及垂直度，成孔施工的允许偏差见表 6-2-4。

表 6-2-4 灌注桩成孔施工允许偏差

成孔方式	桩径偏差（mm）	垂直度允许偏差（%）	桩位允许偏差（mm）
人工挖孔（混凝土护壁）	50	<0.5	50

2. 灌注护壁混凝土、成孔

（1）为防止坍孔和保证操作安全，在掘进一个施工段后浇筑混凝土护壁。混凝土护壁的厚度一般为 150mm，在护壁中加配适量 6～9mm 的钢筋。第一节护壁高出地面 200mm，厚度为 250mm。第一节护壁上口做桩位十字形控制点和高程标记，并设置锁口便于挡水、定位以及保护护壁的稳定。桩孔护壁示意图如图 6-2-3 所示。

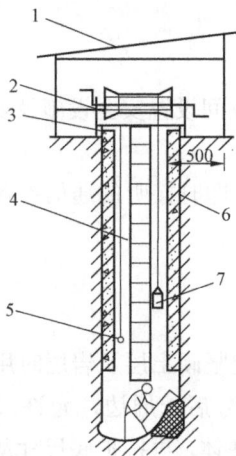

图 6-2-2 专用垂直提升工具
1—遮雨棚；2—提升辘护；3—砖砌井圈；4—钢筋爬梯
5—低压灯照明；6—混凝土护壁；7—装土铁桶

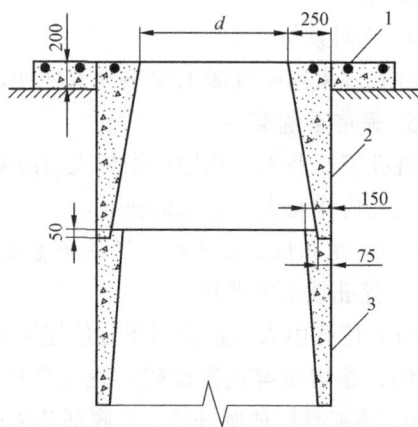

图 6-2-3 桩孔护壁示意图
1—锁口；2—第一节护壁；3—第二节护壁

（2）如果地质条件较好，可以考虑使用素混凝土护壁，或者不使用混凝土护壁，但对于这种选择应慎重。

（3）护壁混凝土施工与养护。护壁混凝土应严格按配合比投料搅拌，坍落度控制在 4～6cm 为宜，为提高早期强度可适当加入早强剂，混凝土浇筑时应分层沿四周入模，用钢钎捣实，施工前应将上节护壁底清理打毛，以便连接牢固。为便于施工，可在模板顶设置角钢、钢板制成的临时操作平台，供混凝土浇筑使用。当护壁混凝土经养护，强度达到 1.2MPa 后，便可拆除模板，进行下一节施工。

（4）为了防止振扰桩孔周围土体，护壁混凝土应采取人工振捣的方式。

（五）制作、吊放钢筋笼

1. 制作钢筋笼

（1）在钢筋笼内侧每隔 2.5m 加设一道直径为 25～30mm 的加强钢筋箍，每隔一箍在箍内设一井字形加强支撑，与主筋焊接成牢固的骨架以便于吊装。钢筋笼可分段制作，分段长度应根据钢筋的长度来决定，最好选 5～8m 为宜。主筋一般采用搭接焊，主筋与箍筋以电焊固定，控制平整度误差不大于 5cm。钢筋笼外侧每隔 3m 设置护板（见图 6-2-4），以控制保护层厚度符合 60mm，护板具体尺寸见施工图纸。

（2）钢筋笼搬运时应适当采取措施，防止扭曲变形。

2. 吊放钢筋笼

吊装钢筋笼时，要对准孔位，吊直扶稳，然后缓缓下降，避免碰撞孔壁，钢筋笼下放到设计位置后，应立即固定。

（六）灌注桩身混凝土

灌注混凝土应注意下列事项：

（1）灌注前应清除孔底、孔壁的残渣，排除孔底积水，并经项目部检验及监理收合格。

（2）混凝土采用机械搅拌，搅拌时间不得少于 1.5min，坍落度控制在 4～8cm。

（3）浇筑混凝土时使用串筒，串筒末端距离孔底不宜大于 2m，并应连续分层浇筑，每层厚度不超过 1.5m；发生离析现象的混凝土严禁灌入。

（4）混凝土采用机械振捣，分层振捣密实。

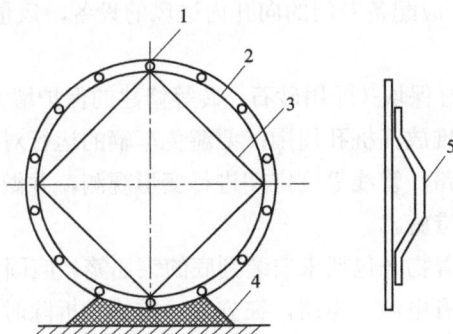

图 6-2-4 钢筋笼的加固

1—主筋；2—箍筋；3—加劲支撑；4—枕木；5—护板

（5）不同品种、不同标号的水泥不得混合使用。

（6）桩顶标高要要满足设计图纸要求。

（7）在浇筑桩身混凝土时应注意对钢筋保护层厚度的控制。

（8）混凝土浇筑 12h 后，桩顶外露部分应覆盖草袋，并洒水养护，养护时间不少于 7d。

（9）桩基检测和试块制作。混凝土浇筑完成后，在规定的时间内按照设计要求进行桩基检测。

人工挖孔桩桩基础混凝土强度检验应以试块为依据，试块的制作应每根桩取一组。

五、注意事项

（1）施工前应调查施工场地历史情况，调查施工场地周围有无排放有害、有毒气体的企业或工厂等。

（2）孔内设置安全有效的应急爬梯；施工人员进入桩孔内应正确佩戴安全帽，配挂安全带或绳；电动葫芦或者人力辘转及吊笼等应安全可靠并配有自锁保险装置。

（3）孔内有害气体含量超标造成事故的预防措施。地下特殊地层中往往含有 CO、SO_2、H_2S 或其他有毒气体，人工挖孔桩深度超过 5m 时，每天开工前应进行有毒气体的检测。应对桩孔内气体进行抽样检测（可用快速检测管），发现有害气体含量超过允许值时，应将有害气体清除至最低允许浓度的卫生标准，并采用足够的安全卫生防范措施，如设置专门设备向孔内通风换气（通风量不少于 25L/s）等措施，以防止急性中毒事故的发生。在施工过程中，还应随时检查空气中的含氧量，防止出现施工人员缺氧窒息事故。

在施工过程中，施工人员每隔 2h 出孔休息并用鼓风机向孔内送风 5min；当人工挖孔桩。

深度超过 10m 时，应配备专门的向孔内送风的设备，风量不宜少于 25L/s；孔底凿岩时应加大送风量。

（4）在开挖前先做好保坎（即用砂石、砖等修建的保护墙），挖出的土石方要立即运送到保坎处，而不能堆放在桩孔周围；要避免车辆的运行对桩孔壁造成影响。对周围的建（构）筑物、道路、管线等应定期进行变形观测，并做好记录，发现异常情况立即停止作业，并采取措施。

（5）孔口和孔壁附着物（包括未安装到底的钢筋笼）应固定牢靠。

（6）施工现场的所有电源、电路，在安装、维修和拆除时应由持证电工操作，电器应严格接地和使用保护漏电器，严禁一闸多用。

（7）桩孔底采用矿灯或 12V 安全灯照明；桩孔周围设置有效围护设施，夜间设置安全灯。

（8）在桩孔开挖过程中如果遇到人工掘进极其困难的地质段，向设计、监理单位报告，如果需进行爆破，应另行制定专项保护措施及管理办法。

（9）测量孔深时应搭设简易平台，测量人员腰上系安全带、绳。

（10）吊装钢筋笼时，根据现场指挥的指令统一操作。其他人员发现异常立即汇报现场指挥，但无指挥权。

（11）基础浇制中，不得下料过猛。

（12）暂停施工的孔口应加设通透的临时网盖，防止人员误踏孔口。

【思考与练习】

（1）简述挖孔桩基础施工的基本流程？

（2）挖孔前应进行哪些准备工作？各准备工作有何要求？

（3）灌注护臂混凝土施工与养护有哪些具体要求？

（4）灌注混凝土施工时有哪些注意事项？

▲ 模块 3　微型桩基础施工（新增模块）

【模块描述】本模块包含微型桩基础的工艺流程、施工要点等内容。通过工艺介绍，掌握微型桩基础的施工方法及要求。

【模块内容】

微型桩（Micro Pile）是在树根桩基础上发展起来的一种小直径钻孔灌注桩。通过小型的钻孔灌注设备在地基中先成孔，然后在孔中放入钢筋笼和注浆管，经清孔后在孔中投入一定规格的石料或细石混凝土，再采用二次压力注浆工艺将水泥浆液灌入孔中，形成直径为 200～400mm 的直桩或斜桩，直桩和斜桩组合小桩与连接于桩顶的承台共同组成微型桩基础。其型式一般如图 6-3-1 所示。

一、微型桩基础施工的作业流程

微型桩基础施工的工艺流程如图 6-3-2 所示。

二、危险点分析与控制措施

微型桩基础施工的危险点主要有起重伤害、触电、机械事故等。

控制措施有：

（1）加强材料制作现场和基础浇制现场的用电安全检查。

（2）健全安全管理网络，职责分明，定期开展各项安全活动。

（3）基础开工前全体人员进行一次"安规"学习，增强全员的安全意识。

（4）钻机、搅拌机的开、关由专人负责，其搬运也应由专人指挥，确保安全。

（5）施工现场材料、工器具堆放整齐，文明施工。

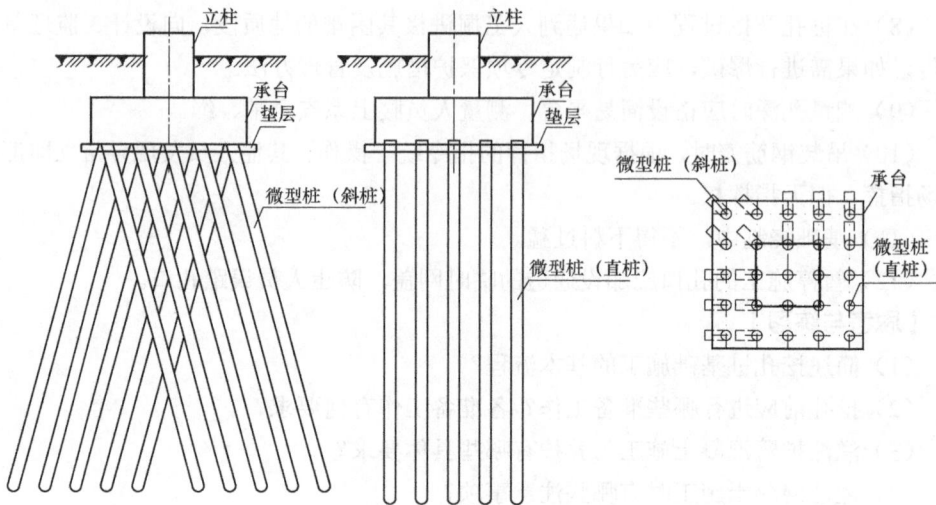

图 6-3-1　微型桩基础型式

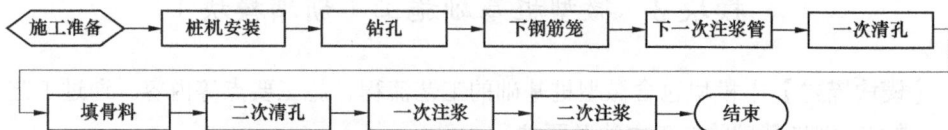

图 6-3-2　微型桩施工流程图

（6）加强生活用电和施工用电的安全，野外严禁用火，雷雨季节应注意自我保护，远离易遭雷击区域。同时签订个人防火责任书。

（7）严格按照施工方案施工，未经批准任何人不得擅自更改施工。

（8）对易发生事故的环节绘制出不安全因素因果图，制定出相应对策表，切实做到安全预控。

（9）做到精心组织、精心指挥、精心施工，杜绝质量事故，保证人身设备安全，高效优质地完成本线路的建设任务。

三、微型桩基础施工作业前准备

1. 工具、材料的准备

（1）常用机械设备：工程勘查钻机、锚固钻机、灌浆机械、钻头、注浆管等。

（2）施工材料及要求。

常见的施工材料有混凝土浇筑的相关原材料，水泥、砂、石、水、添加剂等。

微型桩施工对施工材料的要求有：

1）碎石骨料的粒径宜在 10～25mm，坚硬、清洁且含泥量应小于 2%。

2）桩体注浆材料一般选用水泥浆，水泥浆的配比应符合设计混凝土强度的等级要求，一般水泥浆水灰比宜为 0.4～0.5。

3）必须使用经现场取样试验合格后的水泥，且水泥在现场须按规范要求堆放。不得使用过期及结块、硬化的水泥。

4）现场用于水泥浆制备的水，必须符合混凝土用水标准。

5）桩体配筋牌号、规格必须符合设计要求，不得随意代用。主筋焊接必须做好焊接工艺试验和焊接拉力试验。

2. 制定施工方案及了解微型桩施工的相关规定

（1）施工方案。

1）钢筋笼采用环状分段加工，钻体机架自身吊装就位，焊接成型。

2）桩身采用先填灌碎石骨料，后利用高压注浆泵、注浆管自孔底而上注浆成型，注浆液现场机械搅拌制作。

3）承台砼采用现场机械搅拌，机械浇捣。

（2）一般规定。

1）桩基布置可采用对称或其他排列形式，应使其受水平力和力矩较大方向有较大的截面模量，其基本形式见图 6-3-3。

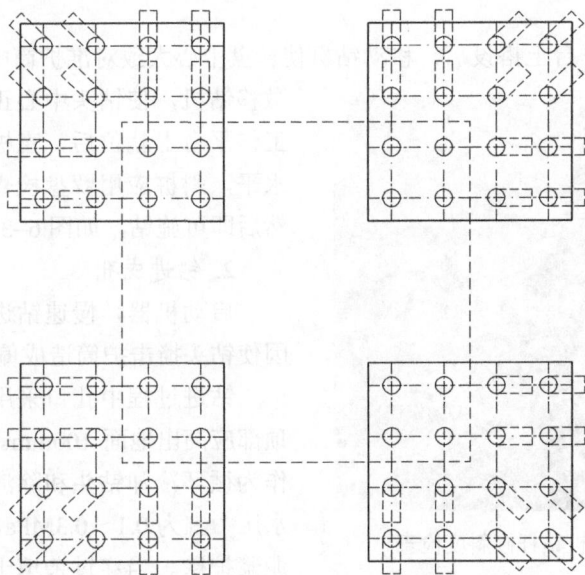

图 6-3-3　微型桩基础的常用布置形式

注：图中虚线部分为斜桩倾斜方向。

2）钢筋一般采用 HPB235、HRB335 级。

3）桩身主筋规格应经设计计算确定，纵向主筋应沿桩身周边均匀布置，应尽量减少主筋接头，混凝土保护层不得小于 50mm。

4）采用螺旋式箍筋，一般每隔 2m 左右设置一道 ϕ12 的焊接加劲箍筋。

5）桩身主筋的保护层一般为 50mm，承台底部钢筋保护层为 70mm，其他为 50mm。

6）桩身混凝土强度一般为 C20，承台混凝土强度一般为 C25，具体按设计要求执行。桩顶进入承台不得小于 50mm。

3. 微型桩基础施工基本技术参数及要求

（1）定位误差：定位平面误差≤10mm；

（2）施工误差：垂直度≤1%，桩顶水平位移偏差≤50mm，标高偏差≤50mm；

（3）成孔桩长：设计桩长+超灌 50cm+超钻 20cm，基坑开挖后，把超灌部分凿去。

（4）成孔过程检验：在成孔结束后须验孔深及孔径。

钻孔前准备工作：主要有测量放样、整理场地、布设便道、制作埋设护筒、设置沉淀池和供水池等。

四、微型桩基础施工的操作步骤

（一）操作步骤

1. 钻机就位

钻机在工作平台上搭设后，移动钻机使转盘中心大致对准护筒中心，起吊钻头，微移钻机，使钻头中心正对桩位。钻机在工作平台上就位后，直桩应保持钻机底盘水平，斜桩应用罗盘检查钻杆的倾斜度。然后即可施钻，如图 6-3-4 所示。

2. 钻进成孔

启动机器，慢速钻进，避免因操作原因使钻头撞击护筒造成偏位。

钻进过程中孔口采用护孔套管，套管顶部应高出地面 100mm。钻进过程中用水作为循环冷却钻头和除渣方法，配套的供水压力宜为 0.1～0.3MPa，在钻进过程中以泥浆护壁。当穿过杂填土层、砂层或其他

图 6-3-4 斜桩钻杆倾斜度检查

易坍塌土层时，可向中空钻杆内注入泥浆水，浆液从钻头排出并实施桩孔护壁，也可向孔中投入泥块，减慢钻进速度，使泥块、水和孔周围土（砂）粒混合，形成泥浆护壁，此时应采用较大功率的泥浆泵供水。当桩长较短，且土层易成孔时，可以采用螺

旋钻头干钻成孔。

严格控制钻速，首先慢速，钻入 4～5m 左右中档进尺。在砂黏土钻进时，可用二、三档转速，自由进尺。在砂土中钻进时，宜用一、二档转速，并控制进尺，以免陷没钻头或速度跟不上。当进入粉砂层时，宜用低档慢速钻进，减少钻进对粉砂土的搅动。

钻进过程中如遇到坚硬地层，可改用筒式钻头。

在钻进从始至终，应保持孔内水头（应高出地下水位 1m），达到设计深度后，再钻进 10～20cm 左右。利用钻杆进行一次清孔，一次清孔后的泥浆比重控制在 1.20～1.25（无易坍塌土层时取低值），且沉渣厚度小于 200mm，清孔完成后，应迅速上提钻杆，以尽快进行下一步工序，避免钻孔坍塌。如果沉渣厚度始终不能满足要求，应调整钻进深度，以保证净桩长（钻孔长度–沉渣厚度）不小于设计桩长，特别是当桩长范围内有较厚易坍塌土层时，应以净桩长作为控制标准。当一节点杆钻完时，先停止转盘转动，以便孔底沉渣基本排净。

在粉砂层或砂砾石层时，钻进时应防坍孔，小心流砂，在粉砂土或流砂中钻进时，应控制进尺速度，发生孔口坍塌时，应判明坍塌位置，回填砂和黏土混合物到坍孔处以上 1～2m，如坍孔严重应全部回填，待回填物沉积密实后再行钻进。如图 6-3-5 所示。

图 6-3-5 工程勘查钻机钻进成孔

钻进时的注意事项：

（1）钻进过程中要加强检查，发现偏斜及时纠正，方法是将钻提升至开始偏斜处慢速扫孔削正。

（2）随时注意钻机操作有无异常情况，如发现摇晃、跳动或钻进困难，可能遇到硬层或一边软一边硬土层碰撞摇动所致此时要放慢进度，待穿过硬层或不均匀土层后方可正常钻进。

（3）钻孔过程中应严格控制护筒内外水位差，必须使孔内水位高于地下水位，以防坍孔。

（4）应严格控制钻进速度，如钻机转速高，钻进过快，切削出的泥块过大，对钻机产生较大阻力，有可能使电机超负荷而损坏或使钻杆折断等。

3. 钢筋笼、注浆管制作及安装

钢筋笼按设计和施工规范要求加工，加劲箍设在主筋外侧，主筋一般不设弯钩，用圆形可转动的砂浆块作保护层，保护层一般不小于 50mm。当施工的空间较小时，可以把钢筋笼分段制作，在沉放时进行焊接，分段接头纵筋错开，主筋接头焊接环向并列，焊接质量要求达到相关规范要求。

钢筋笼内绑扎二次注浆管。二次注浆管一般采用 PVC 高抗压劈裂注浆管或PE 管。二次注浆管每间隔 100cm 布置一个孔径为 ϕ5mm 的注浆孔，注浆孔以橡皮套封闭，注浆管底部开口密封。二次注浆管绑扎在钢筋笼内，与钢筋笼一起沉放到钻孔内。

下钢筋笼前须检查孔深，保证实测净孔深不小于设计孔深。

埋设钢筋笼时，要对准孔位吊直扶稳，沿孔方向缓缓下沉，避免碰撞孔壁。如发生在任何深度无法下沉时，必须将钢筋笼吊出孔位，进行扫孔。严禁用桩机吊起钢筋笼重落或人力扭动等方法将钢筋笼强制下沉。钢筋下到设计位置后，立即在上面焊一提钩提起钢筋笼固定在机架或搁置在地面的钢管上，防止由于不断清孔而使钢筋笼进入更深；

钢筋笼吊放完毕，向孔内下一次注浆管（采用 ϕ40mm 镀锌钢管），注浆管下端管口距离钻孔底部不大于 200mm，如图 6-3-6 所示。

4. 填注碎石骨料

钢筋笼、注浆管沉放结束后用一次注浆管注水对孔底进行冲洗排渣，使沉渣厚度小于 200mm，且泥浆比重降到 1.1～1.2 以下。符合要求后填灌粒径 10～25mm，坚硬、洁净，且含泥量小于 2%碎石骨料至设计桩顶标高，碎石骨料填入的同时，通过一次注浆管继续向钻孔内注入高压清水进行清孔，防止泥土随石子的填入而混入钻孔内。

在填灌过程中，必须准确记录碎石骨料的投放方量，当石料投放量少于理论方量时，应及时分析原因，调整成孔工艺，如图 6-3-7 所示。

图 6-3-6 钻机配合下钢筋笼作业

图 6-3-7 填灌碎石骨料

5. 水泥浆制备

注浆水泥一般采用 P.O.42.5 级普通硅酸盐水泥。使用前先对其进行质量检查，在注浆前 30min 左右开始制备水泥浆。

在搅拌器中充分搅拌，搅拌均匀后从出浆口流出，经过滤网过滤，除去浆液中没有水化的颗粒和杂质。过滤的浆液进入泥浆泵，再由泥浆泵送入注浆管。

水泥浆的水灰比一般取 0.4～0.5。水灰比过小则水泥浆流动性小，注浆困难；水灰比过大则水泥浆粘聚性和保水性不良，会产生流浆和离析现象，从而使水泥浆固结体强度降低，无法满足设计要求。

6. 一次注浆

持续清孔至泥浆比重小于 1.05 时，开始一次注浆。一次注浆时注浆泵工作压力控制在 0.1～0.3MPa（桩长越长，压力越大）。在整个压浆过程中，由于压浆过程引起振动，使钻孔顶部石子有一定数量沉落，故需逐步灌入石子至顶部，注浆液应均匀上冒，浓浆泛出孔口，压浆才告结束。注浆完毕，立即拔一次注浆管，每上拔 1m，补注一次水泥浆，直至把注浆管全部拔出。注浆应连续进行，不得中断，如发生堵管，应及时采取适当处理措施。在一次注浆过程中，若出现跑浆现象，则按 0.5min/m 匀速上拔注浆管，在拔管过程中持续注浆，直至孔口开始返水停止上拔，继续注浆，记录该深度。该深度以下二次注浆上拔速度为 1min/m。

7. 二次注浆

在一次注浆液初凝以后，终凝以前（约一次注浆后 4～6h，具体按试验报告要求）

图 6-3-8 二次注浆施工

进行二次注浆。当采用 PVC 管作为二次注浆管时，可采用管径略小于二次注浆管（PVC 管）的镀锌钢管作为二次注浆的压浆管，压浆管的低面密封，底部 50cm 范围内开一些出浆口，上下分别安装二个外径略大于二次注浆管内径的橡皮环，形成喷射头，进行二次注浆时，把压浆管从二次注浆管中插入到进行二次注浆的深度，橡皮环与二次注浆管内壁贴紧，这样水泥浆在压力作用下就顶开二次注浆管的橡皮套注入桩体内。二次注浆施工示意图如图 6-3-8 所示，二次注浆示意图如图 6-3-9 所示。压浆管按 0.5min/m 匀速上拔，至桩身上部 5m 时，持续注浆，直至水泥浆从桩顶冒出。二次注浆的挤压效果受注浆压力、初凝时间、水灰比与土层特征等因素影响。二次注浆的注浆压力取 0.3～1.0MPa，初期为顶开橡皮套，注浆压力控制在 1.5MPa 以上。

桩身的总注浆量应控制在 2～3 倍的按桩身体积计算的注浆量，但应首先保证一次注浆浆液从孔口冒出且二次注浆量不少于按桩身体积计算注浆量的 30%。

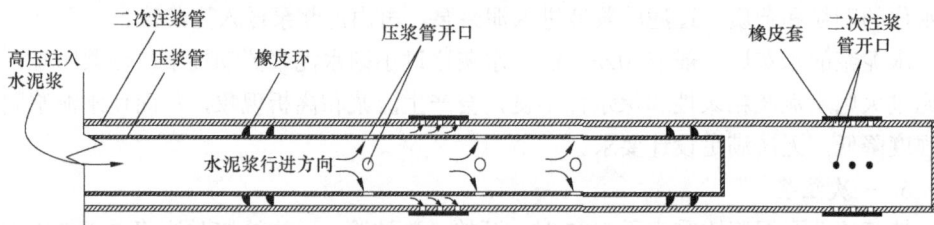

图 6-3-9 二次注浆示意图

8. 截桩、接桩、承台浇筑

（1）截桩：截桩是接桩、承台浇捣的先行，对整个工程施工的进度起决定性作用，截桩人员必须根据施工测定的高程进行截桩，当截至离设计标高 10cm 左右时，应采用人工凿打到设计高度，以免损坏桩顶面的混凝土、影响桩与承台的有效接触面积。

（2）接桩：模板采用定型钢模，先测定好桩位中心偏差，将钢模支好、稳固。扎筋，放入预埋地脚螺栓，按图纸规定尺寸固定，并经反复多次测定、调整，方浇捣混凝土，混凝土采用机拌、机振。边浇混凝土时，边应随时检查地脚螺栓根开尺寸，以防松动。

（3）承台浇筑：桩体施工完毕，待养护期过后，开挖桩体，破除桩顶超灌部分，开始浇筑承台。桩体埋入承台部分不得少于100mm。混凝土养护的好坏直接影响到混凝土的质量。必须派专人负责对浇筑完成的承台进行规范地养护，确保承台混凝土质量。

（二）质量控制措施

1. 原材料控制

（1）砂：选用自然河砂，并做含泥量、细度模数等试验，不得使用海砂。

（2）石：选用人工碎石，并做压碎指标、针片状含量等试验。碎石颗粒粒径宜控制在10～25mm，且清洁、坚硬，含泥量小于2%。

（3）水：因钻孔施工用水量大，现场可以因地制宜使用河水、水塘水等水源，混凝土浇制用水必须符合规范要求。

（4）注浆液施工前必须按设计图纸要求做好配合比，并在施工现场严格按配合比定时计量下料、搅拌，严格控制水灰比。

（5）混凝土浇筑前必须按设计图纸要求做好配合比，并在施工现场严格按配合比定时计量下料、搅拌。

（6）严格控制粗骨料的粒径，以保证混凝土浇制的密实度，保证混凝土施工质量。

（7）各种原材料必须使用符合精度要求的计量器具进行现场称量。

2. 施工测量控制

（1）施工测量使用的经纬仪其最小读数不应大于1。

（2）测量用的仪器及量具在使用前必须进行检查，误差超过标准时，应加以校正。

（3）分坑测量前必须复核杆塔中心桩位置无误后才能分坑。

（4）施工测量时，根据杆塔位中心桩位置，订出必要的作为施工及质量检查的辅助桩位置作记录，以便复核中心桩。

3. 确保桩身的质量措施

（1）钢筋笼规格须符合设计和施工规范要求，需分段制作时，分段长度不大于2倍钻机支架高度，分段接头纵筋错开，接头位置≥500mm，同一断面内不超过50%，主筋接头焊接环向并列，焊缝长度不小于$10d$（单面焊）或$5d$（双面焊），螺旋箍和加强箍均与主筋点焊，电焊工持证上岗。

（2）骨料采用10～25mm粒径的碎石料，碎石应坚硬、洁净，含泥量应<2%。

（3）确保注浆管的孔内深度。

（4）清孔至孔口冒出的水不是很浑浊时，方可开始注浆；一次注浆的水灰比控制在0.4～0.5；注浆工作时，注浆液应均匀上冒，直至灌满，孔口冒出浓浆为止。故在整个压浆过程中，逐步灌入石子至顶部，浓浆泛出孔口，压浆才告结束。注浆应连续进行，不得中断，如发生堵管，应及时采取适当处理措施；一次注浆结束后应记录一次注浆量和注浆压力；严格控制终浇顶面标高（设计桩顶标高以上加灌长度应≥500mm）；一次注浆结束以后4～6小时进行二次注浆，二次注浆的水灰比控制在0.4～0.5；在桩体施工完毕14d以后对部分桩体进行低应变检测，判断桩身的完整性和成桩质量。

（5）采用跳孔施工、间歇施工或增加速凝剂等措施来防止出现穿孔和浆液沿砂层大量流失的现象。

4. 微型桩基础施工工艺控制标准

具体标准如表6-3-1所示。

表6-3-1 施工工艺控制标准

		项　　目		检验方法
保证项目	1	原材料必须符合设计要求和施工规范的规定		观察检查和检查材料合格证、试验报告
	2	成孔深度必须符合设计要求，沉渣厚度严禁大于200mm		观察检查和检查施工记录
	3	碎石骨料填灌至设计桩顶标高		观察检查和检查施工记录
	4	浇筑后的桩顶标高、桩径及浮浆的处理必须符合设计要求和施工规范的规定		观察和测量
	5	清孔至孔口冒出清水		观察检查
	6	一次注浆至孔口冒出浓浆		观察检查
		项　　目	允许偏差（mm）	检验方法
允许偏差项目	1	钢筋笼 主筋间距	±10	测量检查
	2	箍筋间距	±20	
	3	直径	±10	
	4	长度	±50	
	5	桩的偏位	$d/6$ 且不大于200（d 为桩径）	拉线和测量检查
	6	垂直度	$H/100$（H 为桩长）	拉线和测量检查

五、注意事项

（1）保证钻孔时有足够的水头差，不同土层选用不同的转速和进尺。

（2）起落钻头时对准钻孔中心插入。

（3）钻孔形成后，应随即下放钢筋笼并填注石料，同时在填注过程中通过一次注浆管继续注入清水进行清孔。

（4）若在成孔过程中或成孔后，由于突发原因（如雷雨天气等）造成停工，应拔起钻头，待开工后重新下放钻孔进行钻孔或扫孔。

（5）在下方钢筋笼过程中，若发生钢筋笼沉不下去的情况，必须将钢筋笼吊出孔位，进行扫孔，严禁用桩机吊起钢筋笼重落或人力扭动等方法将钢筋笼强制下沉。

（6）在成孔过程中，若出现卡钻情况，切忌强行上拔钻头，此时应稍微加大循环水压力，同时钻头在零压力状态下，低速空转直至转动正常，并逐步上提钻头，直至取出钻头，检查卡钻原因。

（7）按预先设定的二次注浆距一次注浆的时间间隔进行二次注浆时，若出现二次注浆液迅速由孔口冒出的情况，应根据现场情况适当的延长两次注浆的时间间隔；若出现二次注浆注浆液无法注入的情况，则应适当的减短两次注浆的时间间隔；

（8）成孔后，应用探孔器验孔深和孔径，避免缩径或沉渣等原因造成钢筋笼无法下放和成桩质量问题。

（9）施工图纸、手册、验收规范、安规、各项文件、各项制度、会议记录、施工形象进度表、台账等应放置或悬挂整齐、醒目、有条不紊。材料、工器具等应摆放整齐合理，做到工完料尽场地清。

（10）驻地的材料、工器具仓库应有防潮、防火、防爆、防盗措施。

（11）经常清理驻地和施工现场，生产遗留的砂、石应全部修复和清理干净，不产生遗留问题，不给当地群众造成不便。

【思考与练习】

（1）简述微型桩基础的定义。微型桩基础施工流程包括哪几个部分？

（2）微型桩基础施工对施工原材料有哪些具体要求？

（3）微型桩基础施工的一般规定？施工基本技术参数及要求？

（4）微型桩基础施工的钢筋笼制作有哪些规定和要求？

（5）微型桩基础施工的工艺标准有哪些？请详述钢筋笼的容许偏差。

（6）微型桩基础施工中施工测量有哪些控制措施？

第七章

插入式基础施工

▶ 模块1 插入式基础施工（新增模块）

【模块描述】本模块包含机械成孔桩基础的工艺流程、施工要点、常见问题处理、质量检测方法等内容。通过工艺介绍，掌握机械成孔桩基础的施工方法及要求。

【模块内容】

一、插入式基础施工作业内容

主角钢插入式基础施工的内容主要包括：

混凝土垫块的安装及找正操平；安装绑扎底板部位的钢筋；安装底板侧模板（如果是半掏挖型基础，此步骤取消）；吊装主角钢就位并找正，粗调合格后在上端固定；绑扎主柱钢筋；安装主柱钢模板；主角钢在模板上方固定。

二、危险点分析与控制措施

插入式基础施工中包含了土石方工程开挖、钢筋笼的安装、模板安装、混凝土浇制、养护与拆模等，危险点和控制措施请参考第一、二章相关模块的内容。

三、作业前准备

（一）技术准备

技术准备包括以下方面。

（1）技术资料。技术资料包括杆塔明细表、基础型式配制表、基础施工图、基础施工手册。

（2）对施工人员进行技术交底内容有基础的型式、尺寸、施工方法、安全措施、质量要求等。

（二）工具器的准备

（1）基础施工工器具（例如模板等）运往现场前必须进行检查、维修，确保合格的工器具运往现场。

（2）基础施工阶段使用的计量仪器及量具（例如钢尺等）应在施工前送计量检测单位校验，确保使用的计量仪器及量具正确无误且在校验有效期内。

（3）基础施工用的机械设备（例如搅拌机、振捣器等）必须选择适用的规格、型号。施工前必须试机检查。现浇钢筋混凝土基础施工过程中所用到的工具主要有：混凝土搅拌机，发电机，电焊机，钢筋加工机，配电箱，插入式振捣器，测量工具（包括经纬仪、塔尺、钢卷尺、垂球等），磅秤，生、熟料推车，溜槽，试块盒，坍落度筒，模板等。预制基础安装中所用到的工具主要有：木杆、麻绳、钢绳、滑车组、地滑车、钢绳套、铁锹、木杠挂钩、绞磨（人工吊装法工器具）；撬棍、枕木、千斤顶、经纬仪或水平仪、垂球、鱼弦、钢尺、塔尺、花杆、十字样板等（操平找正工器具）。

四、操作步骤与质量标准

（一）插入式基础的类型

铁塔主材（即主角钢）直接插入混凝土而

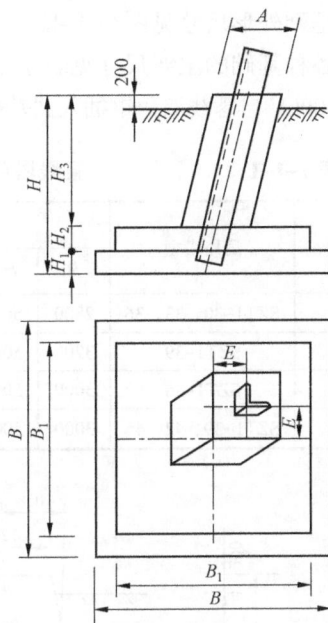

图 7-1-1　主角钢插入式基础外形尺寸

形成的铁塔基础称为主角钢插入式基础或称角钢斜插式基础。它的结构特点是铁塔与基础间的连接取消了地脚螺栓，采用铁塔的主角钢与基础连接。

主角钢插入式基础改善了基础受力，降低了工程造价，构造简单，已在 500kV 送电线路上广泛应用。但是，它对施工精确度有了更严格的要求。《验收规范》规定主角钢插入式基础的根开及对角线尺寸允许偏差为±1‰，比地脚螺栓式基础（允许值为±2‰）提高了一倍。

主角钢插入式基础由于构造上的需要，设计为斜柱基础，因此，模板的制作及安装、混凝土的施工与斜柱基础相同。

主角钢插入式基础由于角钢数量的不同分为单角钢插入式和双角钢插入式两种。500kV 线路工程的直线铁塔多为单角钢插入式，转角塔基础多为双角钢插入式。

一般情况下，主角钢插入式基础的主角钢直插至基础底板，但也有的工程，设计中将主角钢只插至基础埋深的中部位置（称此为主角钢悬浮插入式基础）。后者施工尺寸的控制较困难，采取的措施一般是用小角钢接长主角钢的办法，使主角钢能稳固地竖立在基础底部的混凝土垫块上。

也有的施工单位采用铁线悬吊主角钢下端使其呈悬浮状态进行控制。

单角钢插入式基础的主角钢一般为∠160×16 或∠200×14。500kV 阳淮线主角钢插入式基础外形尺寸见图 7-1-1。

各种基础的主要尺寸见表 7-1-1。

500kV 自蓉线双角钢插入式基础外形尺寸见图 7-1-2。双角钢的组合结构见图 7-1-3。

表 7-1-1 直线塔单角钢插入式基础的主要尺寸

图号	适用塔型	主要尺寸（mm）							混凝土（C20）（m³）	钢材（kg）
		H	H_1	H_2	B	B_1	A	E		
01	SZT1-30、33、36	2800	500	500	3600	1800	800	300	37.06	2732.7
02	SZT1-39	3200	500	500	3600	1800	800	342	38.10	3021.5
03	SZT1-36	3000	500	500	3600	1800	800	361	38.10	3029.4
04	SZT1-39、42、45	3000	500	500	4200	1800	800	339	46.94	3612.3

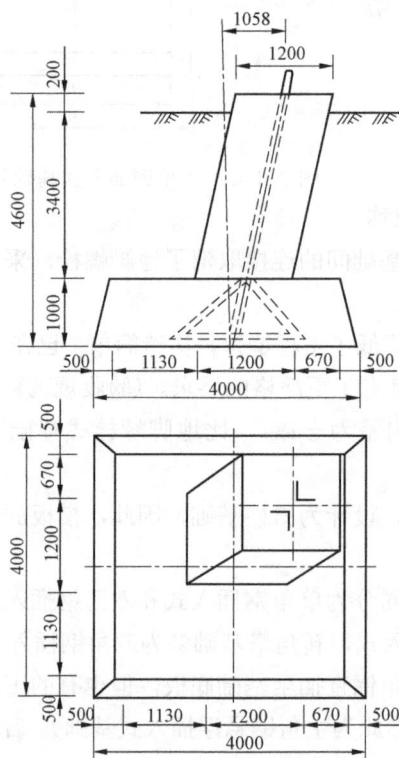

图 7-1-2 双角钢插入式基础外形尺寸

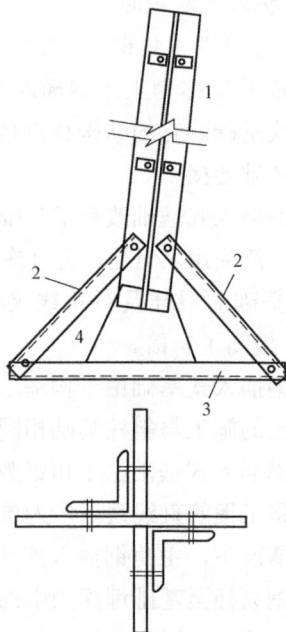

图 7-1-3 双角钢组合结构示意图

1—主角钢；2—支撑角钢；3—底座角钢；4—十字形钢板

（二）混凝土垫块的找正与操平

（1）为了固定插入角钢的底部，应制作厚度为 80mm 边宽为 390mm×390mm 的混凝土垫块。垫块强度与基础混凝土相同。垫块中部有一个角钢凹槽，如图 7-1-4 所示。

（2）为了防止垫块前后左右移动，在混凝土垫层上凿出（或预留）一个 390mm×390mm 深度约 40mm 的凹坑，将垫块置于凹坑内。

（3）在塔位中心桩安平经纬仪，顺线路方向对零后，望远镜水平旋转 450，在对角线方向钉立水平桩。每个坑的前后应有两个水平桩，并用 18 号镀锌铁线连起。由中心桩量出角钢下端半对角线线长后画印。由画印点悬吊垂球定出垫块位置。再用经纬仪调整垫块角钢槽的方向及检查垫块高程。

（4）4 个垫块都设置好之后，应根据水平线上的画印示意图点测量 4 个基础间的下端根开、对角线尺寸及相互间的高差，调整至合格为止。

（5）垫块找正、操平后应在其四周用砂浆及碎石填塞，使其稳定，经 2～3 天后可安装主角钢。

（三）主角钢的吊装及就位

主角钢吊装前应在其下端的锚固钢筋处绑扎两条 ϕ16 棕绳。在坑口上方的中间处放置一根圆木。每根主角钢重量为 140～160kg，由四人将主角钢抬运至坑口边，下端吊在坑口上方的圆木上，上端搭在坑口旁边。

推移主角钢使其向坑底下落。下落过程中将棕绳在圆木上绕一圈后用人拉住，主角钢一边下落，棕绳缓慢松出直至角钢下端就位在垫块的凹槽内。

通过调整圆木位置，使主角钢向中心桩方向倾斜，开口方向与设计要求基本相符合后，将角钢与圆木临时绑扎固定。然后安装主柱钢筋，再安装主柱模板。

（四）主角钢上端位置的调整

根据设计图纸要求将基础主柱钢筋及模板位置调整合格后，还应对主角钢上端水平位置进行微调。调整内容包括对角线、根开、倾斜角度及开口方向。

在中心桩处安平经纬仪，复核对角线方向的水平桩，拉好水平线。根据主角钢上端的对角线尺寸及根开数据调整主角钢上端位置符合设计要求为止。为了保证主角钢插入方向准确，应对插入角钢的方向进行校准找正，其方法是：如图 7-1-5 所示，预先制作一块锐角为 45°的直角三角板，靠直角位置的尖头应剪去（因为角钢内侧为圆弧形状）。在三角板中心位置画出 90° 角的平分线；将三角板的两个直角边紧贴角钢内侧的两个边，三角板的平面应与角钢轴线垂直；经纬仪按顺线路方向的 45° 角位置，观测三角板的平分线与望远镜内的垂直线是否相重合，如重合则说明角钢方向正确。

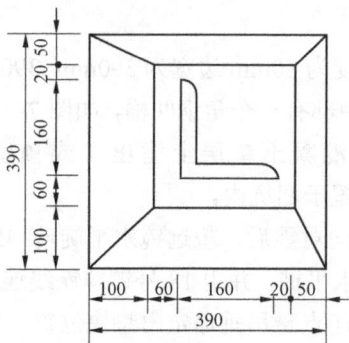

图 7-1-4 混凝土垫块

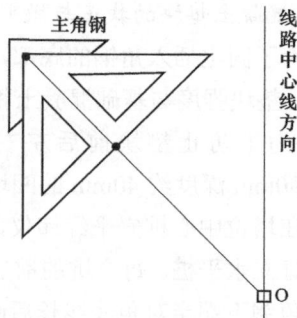

图 7-1-5 主角钢方向

由于主角钢上下两端的根开、对角线尺寸均已符合设计及规范要求，而且角钢方向已找正，那么角钢的坡度必然符合要求，一般不应再规定坡度误差值。角钢坡度应为角钢上下端半对角线长之差除以角钢长度的反正弦值。根据施工经验，当对角线尺寸误差为 1‰以内时，坡度可能有 0.4°的误差，角度误差率约为 4.05%。应当注意，当主柱模板支好后，仅以主柱顶部外露部分的主角钢长度检查主角钢坡度往往只能作为参考。

五、注意事项

（1）底坑和垫块操平找正按混凝土杆的操平方法操平坑底。超深部分处理按地脚螺栓基础。然后将混凝土垫块放入坑内，并在垫块中心做一标记以便找正。

（2）插入式基础的底模板和立柱模板位置，是根据塔脚主材位置决定的。

（3）四方形断面铁塔基础的插入主角钢，其水平位置主要是控制上下端的根开、对角线尺寸应在规范允许偏差之内。等高基础时，根开、对角线两个尺寸同时控制；不等高基础时，主要是控制半对角线尺寸及半根开。

【思考与练习】

（1）插入式基础施工的主要内容有哪些？

（2）插入式基础施工分为哪几种类型？请分别简述。

（3）插入式基础施工混凝土垫块应如何操平找正？有哪些要求？

（4）插入式基础施工有哪些注意事项？

第八章

装配式基础施工

▲ 模块 1 装配式基础施工（新增模块）

【模块描述】本模块包含装配式基础的基本类型、工艺流程、施工要求等内容。通过工艺介绍，掌握装配式基础的施工方法及要求。

【模块内容】

预制装配式基础由立柱、底板、锚固用底梁、法兰盘螺栓、槽钢、锚固用螺栓构成（见图 8-1-1），其特征在于：立柱与底板分别设置法兰孔，法兰盘螺栓通过立柱与底板的法兰盘孔把立柱与底板连接成整体，锚固用螺栓设置于锚固用地梁上，底板左

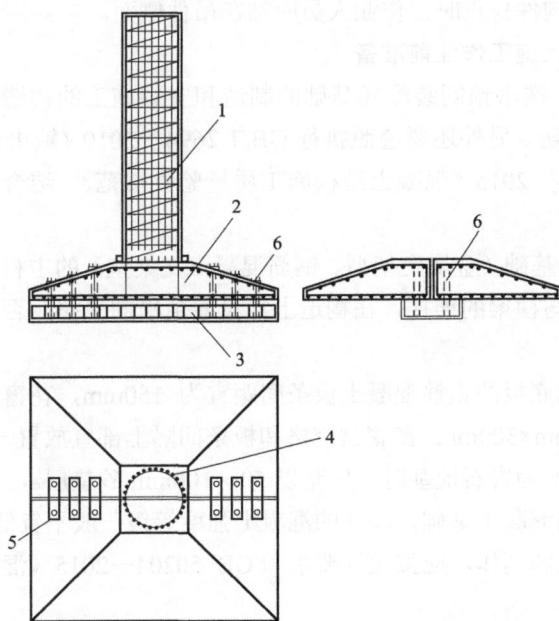

图 8-1-1 预制装配式基础结构示意图

1—立柱；2—底板；3—锚固用底梁；4—法兰盘螺栓；5—槽钢；6—锚固用螺栓

右两部分通过槽钢连接成为整体，底板整体通过锚固用螺栓与锚固用地梁连接。预制件混凝土强度等级采用 C40 混凝土。

一、装配式基础施工作业流程

装配式基础施工工艺流程如图 8-1-2 所示。

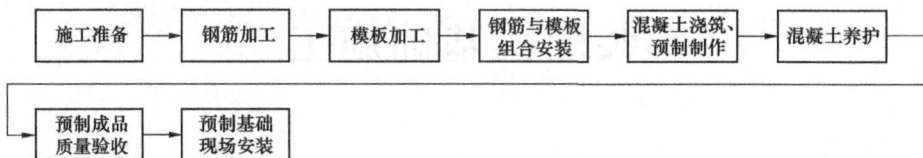

图 8-1-2　施工工艺流程图

二、危险点分析与控制措施

装配式基础施工中存在的危险点有因为绳索断裂、预制构件跌落而造成碰伤、砸伤。控制措施有：

（1）吊装预制构件的绳索强度应足够。

（2）预制构件不得直接将其推入坑内。

（3）吊装构件时，坑内不得有人，作业人员不得随吊件上下。

（4）坑内预制构件找正时，作业人员应站在吊件侧面。

三、装配式基础施工作业前准备

（1）技术准备。铁塔预制装配式基础的制造和安装施工的构造要求，主要依据工程设计图及设计说明。另外还要遵照执行 GB/T 2694—2010《输电线路铁塔制造技术条件》和 GB 50204—2015《混凝土结构施工质量验收规范》。结合其特点，还应符合下列要求：

1）角锥支架类基础（金属支架型、钢筋混凝土支架型）的主材准线在构造上宜交于顶板面上，支架与横梁的连接，在构造上尽量避免横向受扭，否则横梁截面需配置抗扭钢筋。

2）装配式基础底板的钢筋混凝土板条间距宜为 150mm，花窗式金属底板的方形空格不宜大于 300mm×300mm。在底盘空格和板条间隔上部宜放置一层大于 150mm 的大块石。在底板下部为岩石地基时，应垫以 50～100mm 砂垫层。

3）预制的钢筋混凝土基础，部件的混凝土强度等级一般不宜低于 C20 级。

4）钢筋的配置和制作，应按设计要求和 GB 50204—2015《混凝土结构施工质量验收规范》进行。

5）装配式基础的预制构件宜在工厂加工，有条件时应尽量采用预应力钢筋混凝土构件。

6）部件间的连接节点宜少而简单，且宜用穿孔方式连接，孔位应考虑加工的误差。当采用预埋件连接时，应考虑凸出部件的预防撞碰措施。

7）底板侧向稳定，除设计上保证必要的安全系数外，在施工工艺方面必须有相应措施，确保回填土的夯实质量，以防底板侧滑移。

（2）做好施工图审查，认真查看基础加工图，熟悉基础结构型式、连接方式，了解设计意图。

（3）按设计加工图纸材料表统计所需钢筋、焊条的规格及数量，注意不同部位钢筋材质及焊接材料的不同要求。

（4）根据工程实际结合以往施工经验，编制作业指导书、质量保证措施等文件。

（5）材料准备。采用钢板作为模板材料，根据基础结构和尺寸等情况，确定模板规格，保证基础模板的强度和刚度，确保基础尺寸和外观质量。按材料采购程序采购钢材、螺栓及焊条等材料，检查材料的产品合格证和出场检验报告，其品种、规格、性能等应符合国家现行标准和设计要求，同时认真进行外观质量检查。

（6）场地准备。加工场选场要求：要选择进出中、大型车辆方便、较宽敞的加工场地，并具有厂房、蒸汽养护池、行吊设备等。

（7）机具准备。为保证施工质量和预制工作的操作方便，基础预制现场应配备表 8-1-1 中所列的主要机具。

表 8-1-1   **主 要 机 具 一 览 表**

序号	名　称	型号	数量（台/套）	备注
1	龙门式起重机	MH	1	
2	20t 行车	HC-30j	1	厂房、场地吊装用
3	10t 行车	HC-20	1	厂房、场地吊装用
4	电焊机	BX1-500	若干	根据加工数量配置
		BX3-500	若干	根据加工数量配置
5	连续钢筋冷拔机-6	LW560	若干	根据加工数量配置
6	钢筋骨架滚焊机	380	若干	根据加工数量配置
7	钢筋调直切断机	DN-35	若干	根据加工数量配置
8	4t 蒸汽锅炉		2	
9	强制式双卧轴搅拌机	JS500	2	
10	模板加工模具	各种机具	若干	根据加工数量配置

续表

序号	名　称	型号	数量（台/套）	备注
11	钢筋加工钢模	各种机具	若干	根据加工数量配置
12	350 强制式搅拌机		若干	根据加工数量配置
13	混凝土浇筑机具	各种机具	若干	根据加工数量配置
14	各种测量设备	各种工具	若干	根据加工数量配置
15	蒸养池 1 号（长×宽×高）	12.6m×1.8m×1.95m	1	
16	蒸养池 2 号（长×宽×高）	10.6m×1.8m×1.95m	1	
17	蒸养池 3 号（长×宽×高）	10.6m×5.4m×1.95m	1	

四、装配式基础施工操作步骤

1. 钢筋加工

（1）钢筋放样。

（2）根据基础结构尺寸及材料用量，参照设计材料表中钢筋尺寸，重新计算各部位钢筋的尺寸及间距，不得直接按加工图中标注尺寸加工。

（3）以计算尺寸为准下料，下料前应对照图纸对不同部位的钢筋级别进行核对，防止混淆。

（4）由于结构复杂，尤其底板钢筋尺寸较多，每一根底板钢筋尺寸都不一致，下料时须确保准确，以免各节点间出现错位现象。

（5）法兰盘眼孔放样时，按眼孔数量平分法兰盘，并按直径对称分布，不得按同一方向转动确定眼孔位置。

（6）选取方便的眼孔做好标记，作为浇筑立柱时放置地脚螺栓的参考方向。

（7）钢筋加工。

（8）钢筋、预埋螺栓、地脚螺栓的材质应符合设计文件的规定。

（9）HPB235 级钢筋末端应作 180° 弯钩，其弯弧内直径不应小于钢筋直径的 2.5 倍，弯钩的弯后平直部分长度不小于钢筋直径的 3 倍。

（10）当设计要求钢筋末端续作 135° 弯钩时，HRB335 级钢筋的弯弧内直径不应小于钢筋直径的 4 倍。

（11）钢筋做不大于 90° 的弯折时，弯折处的弯内直径不应小于钢筋直径的 5 倍。

（12）加工后的钢筋骨架应无变形、扭曲，间距均匀。各部尺寸误差应满足表 8-1-2 规定。

表 8-1-2 钢 筋 加 工 偏 差

项 目	允许偏差	项 目	允许偏差
受力钢筋顺长度方向全长的净尺寸	±5	钢筋弯起点的位置	20
弯起钢筋的弯折位置	±20	绑扎箍筋、横向钢筋间距	±20
箍筋内净尺寸	±5	钢筋网、骨架尺寸	±5
受力钢筋的排距	±5		

（13）加工的样件经验收合格后，方可进行批量加工。

（14）钢筋连接。

（15）钢筋的接头宜设置在受力较小处。同一纵向受力钢筋不宜设置两个或两个以上接头。接头末端至钢筋弯起点的距离不应小于钢筋直径的 10 倍。

（16）在受力钢筋焊接接头时，设置在同一构件的接头应相互错开。同一连接区段内，纵向钢筋的接头面积百分率应符合设计要求，当设计无具体要求时，不应超过 50%。

（17）同一构件中相邻纵向受力钢筋的接头宜相互错开。接头中钢筋的横向净距不应小于钢筋直径，且不应小于 25mm。同一连接区段内，纵向受拉钢筋搭接接头面积百分率应符合设计要求，当设计无具体要求时，不应超过 50%。

（18）钢筋焊接宜采用双面焊。当不能进行双面焊时，方可采用等强度单面焊。

（19）钢筋焊接所用焊条、焊剂等焊接材料的型号、属性应与所焊接金属相适应。

（20）焊接工必须持证上岗。焊接的有关质量要求及焊接工艺，按国家相关标准执行。

（21）钢筋绑扎时，在保证不影响预埋螺栓位置及钢筋保护层厚度（40mm）的前提下，应均匀分布。

（22）为了避免绑扎好的钢筋骨架在搬运、组合过程中因绑扎点松动而发生变形，可将各绑扎点采取点焊方式连接。

（23）圆形内箍筋、外箍筋应与主筋紧密接触，接触点不得有较大缝隙，并保证其圆形截面尺寸符合图纸要求。

2. 模板加工

（1）模板尺寸。应使用钢制模板，依据预制基础设计尺寸分底梁、底板、立柱三部分进行放样、下料和制作。

（2）模板加工及工艺要求。

（3）在专用平台上按设计尺寸用钢板尺画线下料，偏差不得大于 3mm，画线时先在钢板面上设置精确的直角坐标，然后根据尺寸要求划定裁剪线，最后进行仔细复核方可剪切。

（4）为了保证钢板的剪切面的整齐，采用剪板机进行剪切。

（5）模板各构件之间的连接，应在专用拼装平台上进行。连接时，首先要确保相互连接构件的组装顺序和正确位置。对需经常装拆的螺栓，可在安装时涂抹黄油，以便拆卸。

（6）模板应进行外观检查，不得出现裂纹、夹渣或锈蚀等缺陷，不应有明显的敲打（校正）痕迹。

（7）拼合面应做到平整、无错口。浇筑面不得有毛刺、焊疤等。

（8）底板上层板与下层板眼孔（预埋穿管眼孔）应保持在同一铅垂线上，其间距应与底梁预埋螺栓间距一致。

（9）预埋法兰螺栓眼孔间距应与立柱法兰盘一致，并且满足设计要求。尤其要注意两块底板连接缝隙处的螺栓间距，应充分考虑保护层、预留缝隙（15mm）的影响。成形模板的尺寸误差应满足表 8-1-3 的规定。

表 8-1-3　　　　　　　　　　成形模板的尺寸误差

项次	项目名称	允许偏差（mm）	检查方法
1	板面平整度	2	用 2mm 直靠尺及塞尺检查
2	模板高度	±2	用钢尺检查
3	模板宽度	±1	用钢尺检查
4	板面对角线长	±3	用钢尺检查
5	模板边平整度	2.5	拉线用直钢尺检查
6	模板翘曲	L1/1000	在检查平台上检查
7	眼孔位置（垂直度）	±1	用钢尺检查
8	眼孔尺寸	±0.5	用钢尺检查

注　L1 为结构长度。

3. 钢筋与模板组合安装

（1）底板与底梁的模板安装放置点应操平，使其处于同一个水平基准面，误差控制在 3mm 之内。

（2）底梁、立柱底部必须采用模板，严禁铺垫木板或塑料模代替。

（3）模板接缝应严密，接缝内应采取加垫双面胶等措施，防止浇筑过程中漏浆。

（4）模板支撑一定要牢固、可靠，模板及支撑应具有足够的承载能力、刚度和稳定性，能承受浇筑混凝土的重力、侧压力以及施工负荷。

（5）底梁预埋螺栓使用固定架控制，使其保持垂直，螺栓间距应一致，横、顺线路方向应处在同一铅垂线上。当钢筋影响其预埋位置时，在保证保护层的前提下可根据需求适当调整钢筋间距。

（6）预埋穿管应垂直，以免造成底板与底梁间不能完全接触、底板表面不平、接缝处法兰螺栓间距不能满足要求。

（7）法兰螺栓预埋，严格控制其间距、垂直度，保证间距均匀，与法兰盘配套。严格控制法兰螺栓露出长度，丝扣部分严禁进入剪切面。

（8）应保证各部位钢筋保护层满足设计要求。

（9）预埋吊环的强度应满足施工吊装安全要求，其预埋位置应满足钢筋保护层要求，且不影响螺栓固定位置。

（10）模板组合安装完成后，用经纬仪操平，检查模板四角高差。用钢卷尺检查断面尺寸、螺栓间距等。

4. 混凝土浇筑、预制制作

（1）原材料采集及检验。

（2）选择具有满足施工需求生产能力的砂、石场作为采集点。水泥规格、标号应符合设计要求。

（3）按原材料见证取样程序采集砂石样品，填写见证取样记录表，并送往具有鉴定能力的试验机构进行检验。

（4）使用砂、石应符合 JGJ 52—2006《普通混凝土用砂、石质量及检验方法标准（附条文说明）》的有关规定。

（5）水泥必须符合 GB 175—2007/XG 1—2009《〈通用硅酸盐水泥〉国家标准第 1号修改单》的要求。

（6）浇筑。

（7）浇筑前复核支模后螺栓的规格、间距、钢筋的规格、布置及保护层厚度。

（8）严格按照混凝土配合比报告的规定配料，计量称重投料，防止泥土等杂物混入混凝土中。混凝土配比材料用量每班日应至少检查两次，其重量误差应控制在允许范围之内。混凝土原料每盘称量的偏差不得超过砂、石±3%，水泥、水±2%。

（9）混凝土浇制过程中应严格控制水灰比，每班日应检查两次以上。

（10）混凝土振捣采用机械振捣，混凝土应分层捣固，每层厚度不应超过振动棒长度的 1.25 倍。

（11）振捣棒应快插慢拔，插点均匀排列，不遗漏，逐点移动，均匀振实，有序进行。

（12）振捣器的移动间距应不大于作用半径的 1.5 倍，一般为 300～400mm。每一位置的振捣时间（一般宜为 20～30s），应能保证混凝土获得足够的捣实程度，以混凝土表面呈现水泥浆和不再出现气泡，不再显著沉落为止。

（13）在浇筑地点随机抽取混凝土制作试块，作为检查施工混凝土质量的依据，试块制作应符合以下规定：

1）每 100 盘，但不超过 100m³ 的同配合比的混凝土，取样次数不得少于一次；

2）每一工作班拌制的同配合比的混凝土不足 100 盘时，其取样次数不得少于一次。

（14）试块应与基础同条件养护，并按时送检做抗压强度试验，由试验单位出具真实数据报告归档备查。

（15）浇筑完成后，在混凝土初凝前操平预制件顶面高差，预制件应一次成型，严禁二次抹面。

（16）再次校核螺栓间距、断面尺寸，确保各项尺寸满足规范要求。

5. 混凝土养护

（1）混凝土采用自然养护，如果自然养护不能满足施工需求，可采用蒸汽养护。

（2）蒸汽养护分为静停、升温、恒温、降温四个阶段，为了避免由于蒸汽温度骤然升降而引起混凝土构件产生裂缝变形，必须严格控制升温和降温的速度。

（3）静停期间保持棚内温度 5℃ 以上，增强混凝土对升温阶段结构破坏作用的抵抗能力，这个阶段一般需要 2～4h。

（4）升温阶段。浇筑完 2～4h 后开始升温，不能直接将蒸汽喷射在构件上，要严格控制温度升高。为避免构件因受热体积膨胀太快而开裂，蒸汽升温阶段的蒸汽温度控制为 50～55℃ 之间，升温速度控制在 10～25℃/h。养护升温时间为 2.5h。

（5）恒温阶段。温度保持稳定的时间越长，构件强度增加越高。温度越高，早期强度增加就越快，但温度过高会引起后期强度降低；恒温的时间太长，会使强度增加的速度减慢，造成周期长、周转慢、影响施工进度。恒温时混凝土温度不超过 55℃，恒温时间控制在 6h 为宜。

（6）降温阶段。恒温 6h 之后即可停止供应蒸汽，采取降温措施，使构件温度徐徐下降，降温速度不宜大于 15℃/h，降温过程应持续 3h。

（7）蒸养过程中，应检查蒸养栅覆盖是否严密，发现漏气及时覆盖。

（8）混凝土蒸养过程由专人负责蒸养过程的温度控制，全程跟踪观测记录。

6. 预制成品质量验收

（1）混凝土预制成品表面应平整、光滑，工艺美观。

（2）混凝土预制成品质量应满足 DL/T 5168《110kV～500kV 架空电力线路工程施工质量及评定规程》等规程规范的要求，并满足表 8-1-4 中的规定。

表 8-1-4   混凝土预制成品尺寸允许误差

序号	项 目	允许误差	备 注
1	长度	±0.8%	同一面不得同时出现正负误差
2	宽度	±0.8%	同一面不得同时出现正负误差
3	高度	1mm	
4	顶面高差	2mm	同一预制件表面
5	螺栓、眼孔间距	2mm	
6	螺栓及预埋穿管垂直度	2mm	
7	眼孔尺寸	0.5mm	眼孔大小应根据设计要求加工
8	螺栓中心与混凝土中心偏移	5mm	
9	地脚螺栓露高	5mm, -3mm	
10	平整度	5mm	

（3）预制件经试组装合格后，方可批量加工。

7. 预制基础现场安装

预制基础现场安装按以下流程进行，如图 8-1-3 所示。

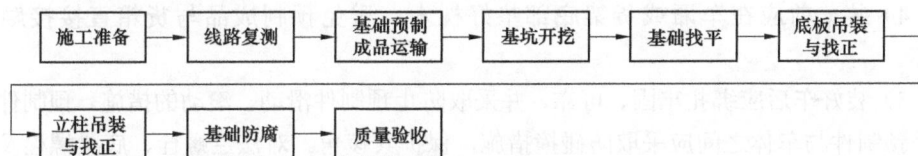

图 8-1-3 预制基础现场安装流程图

（1）施工准备。

1）施工机具。

a）施工使用的测量仪器和量具应在检测有效期内，其精度满足施工需求，主要有经纬仪、塔尺、花杆、钢卷尺、游标卡尺、水平尺等。

b）调配足够数量的大型运输车辆，保证预制成品的运输能力能够满足现场施工进度需求。

c）基坑开挖根据现场具体情况采取机械开挖或爆破结合机械开挖的方式，挖掘机性能应良好，作业半径能满足现场需求。

d）由于预制基础重量大，为确保吊装施工安全、质量，采取用吊车起吊，分段安装的方法。选择 25t 吊车起吊安装，起吊索具的安全系数满足起重作业的规定。

2）技术准备。

a）熟悉杆塔明细表、平断面图等设计施工图纸，为线路复测、调查做好准备。

b）特殊工种作业人员应经过培训，并持证上岗。

c）需爆破施工时，应提前按规定程序办理爆破物品的审批手续。

（2）线路复测。

1）以杆塔明细表、平断面图等设计施工图纸作为线路复测的依据。

2）线路直线桩横线路偏移不大于 50mm，转角桩的角度值偏差相对设计值不大于 1′30″。

3）线路桩位间高程偏差不大于 0.5m，档距偏差不大于设计值的 1%。

4）复测过程中补钉已丢失的桩位，其精度应符合施工规范要求。

（3）基础预制成品运输。

1）为减少预制件的装、卸次数，降低对成品的损坏，宜优先采取公路运输的方式。若公路运输存在较大困难，可考虑铁路运输的方式。

2）为保证施工人员安全，降低对预制件的损坏，装、卸过程必须使用吊车。

3）起吊时应使用预埋吊环或专用吊板，严禁用钢丝绳"兜"吊预制件，以免损坏预制件的棱角。

4）装车前应在车厢或货架底部垫好枕木，避免预制成品与货箱直接接触而损坏。

5）装好车后应绑扎牢固、可靠，并采取防止预制件滑动、滚动的措施。预制件之间、预制件与车体之间应采取防碰撞措施，保护其棱角。对法兰螺栓、底梁螺栓及地脚螺栓采取保护措施，防止其变形、丝扣损坏。

6）运输路途中，应根据路况条件和行驶距离，定期检查绑扎索具是否完好，有无损伤情况；绑扎措施是否可靠。

7）施工现场具备条件的可直接将基础预制件运至施工塔位，不具备条件的，可选择中转站进行二次转运。

8）详细调查线路沿线的道路情况，合理选择材料运输中转站。

9）运输车辆应在施工便道和工程划定的范围内作业，不得擅自任意行驶。机械、车辆严格固定行走路线。

10）卸车时使用吊车，严禁采用撬杠直接将预制件翻下，造成预制件棱角、螺栓及地表植被的破坏。

11）预制件的堆放应定置化，合理选择摆放位置，并在此区域内原地表铺垫土层或铺草垫并加垫钢板和木板，以保护植被。

（4）基坑开挖。

1）基础开挖前，应先做好工地防洪和周围排水措施，以保证基坑不受雨水浸泡。

2）基坑开挖采用爆破配合机械开挖，挖掘机械开挖至基底标高以上 200～300mm 后，人工清理剩余土方。

3）合理选择挖掘机械的停放点，尽量减少来回走动的次数。

4）统筹安排、合理组织，使各工序施工衔接紧密。基坑开挖完成后尽快安装基础，减少工序间隔，缩短基坑暴露时间。

5）根据基础施工图纸给定的尺寸，进行分坑。基坑分坑应考虑基础安装所需的工作面，安装工作面从底板边沿往四周扩挖 500mm。

6）为防止基坑坍塌，开挖时应考虑放坡，具体坡度根据基坑土质、气温及基坑深度而定。

（5）基坑操平。

1）底板与底梁安装放置点应操平，使其处于同一个水平基准面，误差控制在 3mm 之内。

2）为确保底梁顶面平整，应对预制底梁编号，与每个基坑对号安装。在底梁两端及中间用钢卷尺量取其厚度，记录误差，在操平底梁槽时予以消除，提高底梁操平找正的效率。

3）基坑深度误差为 100mm，当超挖时超挖部分应用碎石垫层回填。基础开挖前，应先做好工地防洪和周围排水措施，以保证基坑不受雨水浸泡。

（6）底板吊装与找正。

1）将吊点钢丝绳连接在底板预埋设的吊环上，另一端与吊钩相连。起吊件为二分之一的梯形状底板，要反复起吊试验，调整两端吊点长度，直至吊件水平时方可与底梁连接。

2）拆除底梁预埋螺栓的螺母，对螺杆丝扣部分采取保护，防止在穿管时损坏螺杆丝扣。

3）启动吊车，将底板轻轻吊起，使吊件保持水平状态，吊车吊臂慢慢转动，使底板移向坑内、下放，注意防止底梁预埋螺栓变形。

4）坑下配合穿管人员站在侧面，尾随吊件，给驾驶员发出操作信号，直至所有螺栓全部穿入。

5）安装拆卸的螺母，并进行预紧固。

6）由于底板穿管的位置与预埋螺栓的位置是相对应的，是提前预埋好的，因此不再找正可直接穿管连接。待底板安装完成后，放线找出底板预埋法兰螺栓圆的中心，用垂球检查其中心与基础半对角线是否重合，底板顶面选择 4 个以上的点操平，确保底板水平，避免立柱吊装后倾斜。

7）用同样的方法吊装其余三块底板，各底板间顶面高差应控制在 2mm 以内。

（7）立柱吊装与找正。

1）拆下地脚螺栓螺母，将加工的专用吊板套在地脚螺杆上，再将拆下的螺母全部带上（双螺母），并紧固可靠。

2）将吊点绳锁在吊板上，另一端与吊钩连接。

3）对预埋的法兰螺栓丝扣采取保护措施，防止丝扣损坏，并将螺母准备好。

4）启动吊车，慢慢吊起立柱向坑中心移动，使立柱对准底板缓慢落下。

5）坑下配合连接法兰盘的人员站在侧面，尾随立柱吊件，给驾驶员发出操作信号。连接前应注意立柱地脚螺栓的方向，确保地脚螺栓的对角线与基础对角线重合。

6）穿入所有法兰螺栓，并初步紧固。

7）用经纬仪测量基础根开、立柱倾斜值等是否满足技术要求。若测得数据不满足验收规范要求，应进行调整。

8）调整完成，确认无误后，将所有的连接螺栓重新紧固。

9）用同样的方法吊装其余三个立柱，四个立柱间的顶面高差应控制在 5mm 以内。

（8）基础防腐。

1）基础防腐材料应满足设计和规范的要求。

2）防腐施工前应熟悉防腐材料的性能、使用方法及主要事项。

3）防腐材料在涉及有毒有害物质时，需制定安全技术措施，保证施工人员安全和健康。

4）基础防腐工程施工完毕后应经过质量验收后方可对基础进行回填。

（9）基础回填。

1）预制装配式基础的回填是施工的重点和难点，回填质量的好坏关系到塔基的稳定和线路安全运行，因此，回填土必须严格按施工验收规范要求进行。

2）回填土每 300mm 夯实一次，回填密实度应达到原状土密实度的 80% 以上，砂土粒径大于 2mm 的颗粒含量不超过全重 50%，粒径大于 0.075mm 的颗粒含量超过全重 50%。

3）预制装配式基础回填土的夯实，在条件允许的情况下尽量采用机械夯实的方式，打夯要按一定方向进行，打夯时应一夯压半夯，夯夯相接，行行相连。各层回填土分层夯实，夯实方向层间要纵横交叉。

（10）质量验收。基础安装过程中，安装质量应符合 DL/T 5168—2002 的规定，其允许误差见表 8-1-5。

表 8-1-5   基 础 安 装 允 许 误 差

序号	项目	允 许 误 差	
1	底板连接梁	中心（mm）	横线路±2 顺线路±2
		梁四端高差（mm）	±3
2	底板	中心（mm）	横线路±2 顺线路±2
		上口矩形四个角高差（mm）	2
3	立柱	立柱倾斜（%）	1
		中心与同组螺栓中心偏移（mm）	±8
		基础根开（‰）	±1.6
		顶面高差（nm）	5

8. 施工及验收的技术要求

铁塔装配式预制基础施工及验收，应符合 GB 50233—2014《110kV～500kV 架空送电线路施工及验收规范》的规定。

（1）装配式预制基础的底座与主柱连接的螺栓、铁件及找平用的垫铁，必须采取有效的防锈措施。当采用浇筑水泥砂浆时应与现场浇筑基础同样养护，必要时回填土前应将接缝处用热沥青或其他有效的防水涂料涂刷。

（2）立柱顶部与塔脚板连接部分需用砂浆抹面垫平时，其砂浆或细骨料混凝土强度不应低于立柱混凝土强度，厚度不应小于 20mm，并应按规定进行养护。

注：现场浇筑基础的二次抹面厚度，也应符合（2）的规定。

（3）钢筋混凝土枕条、框架底座、薄壳基础及底盘底座等与柱式框架的安装应符合下列规定：

1）底座、枕条应安装平正，四周应填土或砂石夯实。

2）钢筋混凝土底座、枕条、立柱等组装时不得敲打和强行组装。

3）立柱倾斜时宜用热浸镀锌垫铁垫平，每处不得超过两块，总厚度不应超过 5mm。调平后立柱倾斜不应超过立柱高的 1%。

注：设计本身有倾斜的立柱，其立柱倾斜允许偏差值是指与原倾斜值相比。

（4）整基基础安装尺寸的允许偏差在填土夯实后应符合表 8-1-6 的规定。

表 8-1-6   整基基础安装尺寸施工允许偏差

项　目		地脚螺栓式		主角钢插入式		高塔基础
		直线	转角	直线	转角	
整基基础中心与中心桩间的位移（mm）	横线路方向	30	30	30	30	30
	顺线路方向		30		30	
基础根开及对角线尺寸（%）		±0.2		±0.1		±0.07
基础预面或主角钢操平印记间相对高差（mm）		5		5		
整基基础扭转（′）		10		10		5

五、注意事项

（1）基础施工前，应对砂、石、水取样送检，经试验单位鉴定合格才可采用，且水泥、钢筋采购时应有质保书。

（2）钢筋安装前应除锈，钢筋笼绑扎应牢固。安装时不得碰到模板，并应留有足够的保护层，以免发生露筋现象。

（3）雨天不宜露天浇制混凝土，浇制后应覆盖立柱顶面，防止雨水冲刷。

（4）基础每个腿基础浇制应连续施工，不宜间断，如间断超过 2h 不得浇制，应按二次浇制处理。

（5）浇制混凝土时，严格控制水灰比和配合比，按配合比投料。机械振捣必须充分，做到"快插慢拔"，保证混凝土内部密实，混凝土与模板接触面用插钎插透，防止石子堆积，避免出现蜂窝、麻面、狗洞、露筋等缺陷，保证混凝土表面光滑。

（6）不同品种、不同标号、不同厂家的水泥不能混用于同一个基础上，若在同一基础（不同腿）中使用，必须分别制作试块，并做好记录。

【思考与练习】

（1）简述装配式基础施工的施工工艺流程。

（2）铁塔混凝土预制装配式基础如何安装？铁塔金属支架装配式基础如何安装？

（3）预制基础现场安装的基坑操平流程及要求有哪些？

（4）装配式基础施工基础防腐施工有哪些要求？

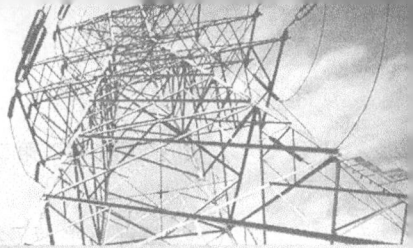

第九章

接 地 装 置 施 工

◢ 模块 1 接地装置施工（新增模块）

【模块描述】本模块包含接地体埋置形式、土壤电阻率及其杆塔接地电阻、接地装置的敷设、回填等内容。通过内容的介绍，能够了解接地体的埋置形式，熟悉各类土壤的土壤电阻率及其与杆塔工频接地电阻之间的关系，掌握接地装置施工方法及要求。

【模块内容】

一、接地装置施工作业内容

接地体埋置形式有单杆及单基础铁塔水平敷设接地装置、双杆水平敷设接地装置和铁塔水平敷设接地装置。

（1）单杆及单基础铁塔水平敷设接地装置。单杆及单基础铁塔水平敷设接地装置正面及平面如图 9-1-1 所示。

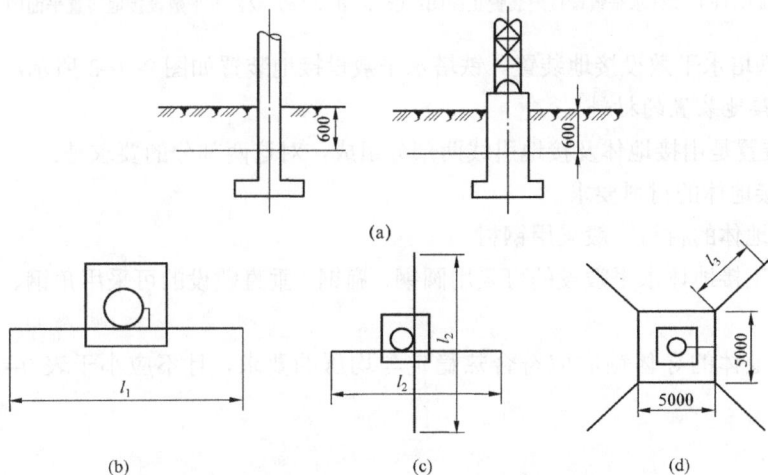

图 9-1-1 单杆及单基础铁塔水平敷设接地装置图

（a）单杆及单基础铁塔水平敷设接地装置正面图；（b）、（c）、（d）单杆及单基础铁塔水平敷设接地装置平面图

l_1、l_2、l_3—接地体长度

（2）双杆水平敷设接地装置。双杆水平敷设接地装置正面及平面如图9-1-2所示。

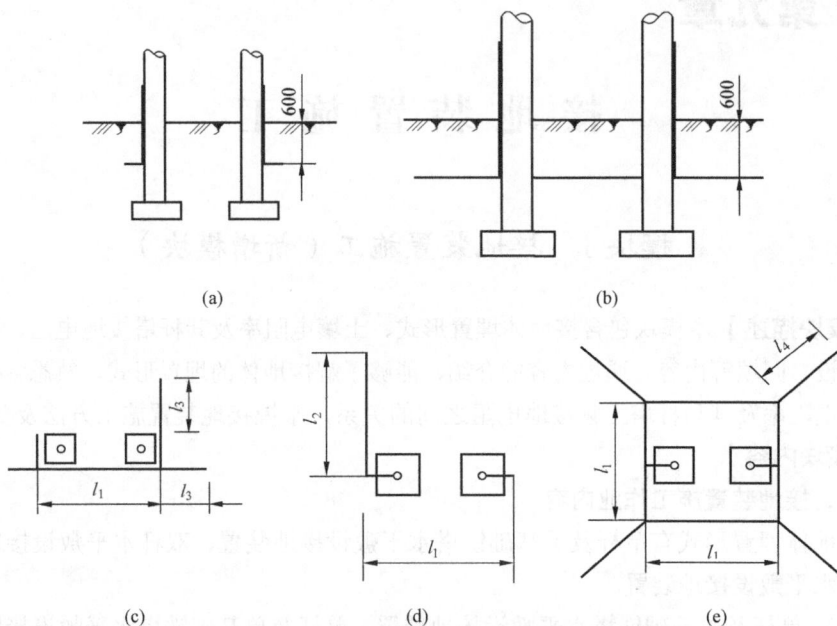

图 9-1-2 双杆水平敷设接地装置图
（a）、（b）双杆水平敷设接地装置正面图；（c）、（d）、（e）双杆水平敷设接地装置平面图

（3）铁塔水平敷设接地装置。铁塔水平敷设接地装置如图9-1-3所示。

（一）接地装置的材料

接地装置是由接地体及接地引线两部分组成，对这两部分的要求是：

（1）接地体的材料要求。

1）接地体的材料一般采用钢材。

2）人工接地体水平敷设的可采用圆钢、扁钢，垂直敷设的可采用角钢、钢管、圆钢等。

3）接地体的导体截面应符合热稳定与均压的要求，且不应小于表9-1-1所列规格。

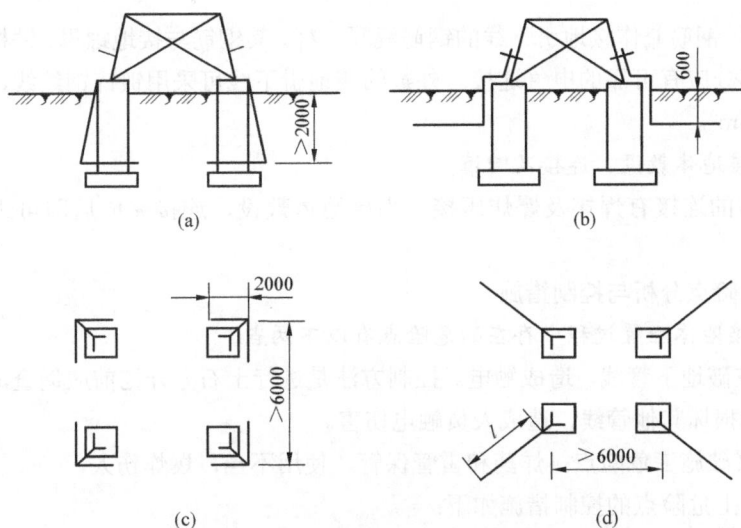

图 9-1-3 铁塔水平敷设接地装置图

（a）、（b）接地装置正面图；（c）、（d）接地装置平面图

表 9-1-1 钢接地体和接地引下线的最小规格

种类	规格及单位	地上（屋外）	地下
圆钢	直径（mm）	8	8/10
扁钢	截面（mm²）	48	48
	厚度（mm）	4	4
角钢	厚度（mm）	2.5	4
钢管	管壁厚度（mm）	2.5	3.5/2.5

注 1. 电力线路杆塔的接地体引下线截面积不应小于 50mm²，并应热镀锌。

2. 地下部分圆钢直径，分子对应于架空线，分母对应于发电厂及变电站。钢管壁厚：分子对应于埋于土壤，分母对应于埋于室内素混凝土地坪中。

4）敷设在腐蚀性较强场所的接地体，应根据腐蚀的性质采取热镀锡、热镀锌等防腐措施，或适当加大截面。

5）对非腐蚀性地区，一般采用有 ϕ10mm 圆钢作接地体。

（2）接地引下线材料要求。

1）在实际线路工程中，接地引下线采用 ϕ12mm 圆钢。

2）接地体引下线的截面不应小于表 9-1-1 的规定。

3）接地引下线应与钢筋混凝土杆的避雷线支架、导线横担有可靠的电气连接。

4）利用钢筋兼作接地引下线的钢筋混凝土杆，其钢筋与接地螺母、铁横担或瓷横担的固定部分应有可靠的电气连接。外敷的接地引下线可采用镀锌钢绞线，其截面不应小于 $50mm^2$。

（二）接地体敷设、连接及回填

接地体的连接有焊接及爆炸压接。当接地体敷设、连接完成后即可进行地槽的回填。

二、危险点分析与控制措施

（一）接地体埋置过程中存在的危险点有以下两点。

（1）挖破地下管线，造成触电。控制方法是进行土石方开挖前应调查清地下管线情况，防止损坏其他管线，造成人员触电伤害。

（2）爆破施工危险点：炸药和雷管保管、使用不当，爆炸伤人。

针对以上危险点的控制措施如下：

（1）爆破工作必须由有爆破资质的人员担任。

（2）爆破施工必须有专人指挥，设置警戒员，防止危险区内有人通行或逗留。

（3）装填炸药时不得使炸药、雷管受到强烈冲击挤压。

（4）雷管和导火索连接时，应使用专用的钳子夹雷管口，严禁碰雷汞部分和用牙咬雷管。

（5）在强电场下严禁用电雷管。

（6）使用电雷管时，起爆器由专人保管，电源由专人控制，闸刀箱应上锁；放爆前严禁将点火钥匙插入起爆器；引爆电雷管应使用绝缘良好的导线，其长度不得小于安全距离，电雷管接线前，其脚线必须短接。

（7）使用的导火索要有足够的长度，点火后点火人员要迅速离开危险区；如需在坑内点火时，应事先考虑好点火人能迅速撤离坑内的措施。

（8）遇有哑炮时，应等 20min 后再去处理，不得从炮眼中抽取雷管和炸药；重新打眼时深眼要离原眼 0.6m，浅眼要离原眼 0.3～0.4m，并与原眼方向平行。

（9）爆破时应考虑对周围建筑物、电力线、通信线等设施的影响，必要时采取保护措施。

（二）接地装置施工过程中存在的危险点如下：

（1）进行接地体、接地引线连接时爆炸伤人、烧伤及触电。控制措施有：

1）焊接工作必须由有资质证的人员担任。

2）禁止使用有缺陷的电焊工具和设备，防止电焊机、电源线和焊把漏电。

3）运输和放置氧气瓶时应套配橡皮圈，防止滚动和暴晒等引起爆炸。

4）焊接时，焊工应穿帆布工作服，戴工作帽，上衣不准扎在裤子里，口袋须有遮盖，脚面应有鞋罩，戴防护皮手套，戴防护目镜。

5）进行焊接工作时，必须设有防止金属渣飞溅的措施。

（2）工具、材料伤人。控制措施有：

1）现场埋设接地体时防止弹伤脸和眼睛。

2）挖地槽时注意防止尖镐伤脚或磕伤手。

三、接地装置施工作业前准备

1. 判断杆塔基础所在地区的土壤电阻率

工程设计中，各类土壤的电阻率见表 9–1–2。

表 9–1–2　　　　　　　　　　常用土壤计算用电阻率

土壤类别	电阻率（Ω·m）
耕土、腐殖土、黏土、淤泥、黑土、泥沼地带、盐渍土	1×10^2
石质黏土、潮湿沙土、黄土、细沙混合土、亚砂土、亚黏土	3×10^2
湿砂、风化砂、砂质土壤、砾石混合砂土、河砂淤积土	6×10^2
砂子（干砂）、含有卵石和碎石的砂土、含硬质砂岩的亚黏土	10×10^2
卵石、碎石、风化岩石、风化泥质页岩	20×10^2
花岗岩、石英岩、石灰岩	20×10^2 以上

计算防雷接地装置所采用的土壤电阻率，DL/T 621—1997《交流电气装置的接地》规定，应取雷季中最大可能的数值，建议按式（9–1–1）计算

$$\rho = \rho_0 \Psi \qquad\qquad (9\text{–}1\text{–}1)$$

式中　ρ——土壤电阻率，Ω·m；

　　　ρ_0——雷季中无雨水时所测得的土壤电阻率，Ω·m；

　　　Ψ——考虑土壤干燥所取的季节系数。

季节系数 Ψ 根据规程规定，可采用表 9–1–3 所列数据。测定土壤电阻率时，如土壤比较干燥，则应采用表中较小值，如比较潮湿，则应采用较大值。

表 9–1–3　　　　　　　　　防雷接地装置的季节系数 Ψ

埋深（m）	Ψ	
	水平接地体	2～3m 的垂直接地体
0.5	1.4～1.8	1.2～1.4
0.8～1.0	1.25～1.45	1.15～1.3
2.5～3.0（深埋接地体）	1.0～1.1	1.0～1.1

2. 根据土壤电阻率与杆塔工频接地电阻确定接地体型式

（1）在土壤电阻率 $\rho \leqslant 100\Omega \cdot m$ 的潮湿地区，塔的自然接地电阻不大于表 9-1-4 的规定，可利用铁塔和钢筋混凝土杆的自然接地（包括铁塔基础以及钢筋混凝土杆埋入地中的杆段和底盘、拉线盘等），不必另设人工接地装置，但发电厂、变电站的进线段除外。在居民区，如自然接地电阻符合要求，也可不另设人工接地装置。

表 9-1-4　　　　　　　有避雷线架空输电线路杆塔的工频接地电阻

土壤电阻率 ρ（$\Omega \cdot m$）	100 及以下	100~500	500~1000	1000~2000	2000 以上
工频接地电阻（Ω）	10	15	20	25	30

（2）如土壤电阻率很高，接地电阻很难降低到 30Ω 时，可采用 6~8 根总长不超过 500m 的放射形接地体或连续伸长接地体，其接地电阻可不受限制。

（3）在 $100 < \rho \leqslant 300\Omega \cdot m$ 的地区，除利用杆塔和钢筋混凝土杆的自然接地外，还应加设人工接地装置。接地体埋设深度不宜小于 0.6m。在 $300 < \rho \leqslant 2000\Omega \cdot m$ 的地区。一般采用水平敷设的接地装置，接地体埋设深度不宜小于 0.5m。在耕地中的接地体，应埋设在耕作深度以下。

（4）在 $\rho > 2000\Omega \cdot m$ 的地区，可采用 6~8 根总长度不超过 500m 的放射形接地体，或连续伸长接地体。放射形接地体可采用长短结合的方式。接地体埋设深度不宜小于 0.3m。

（5）大跨越高塔为了减少接地电阻值，常采用两个接地装置的形式，一个接地装置是环型与放射型组合型的外接地装置；另一个接地装置是利用基础的钢筋（如灌注桩的钢筋）作为接地体，称为内接地装置，这两个接地装置分别用接地引下线接在铁塔塔脚的角钢处。

3. 按设计规定准备好合格的接地装置材料

4. 选用合格的施工工具并进行检查，合格后方可使用

接地装置施工所需用的主要工具有钢筋加工机、电焊机、配电箱、氧气瓶、乙炔瓶、锹、镐、钢丝钳、扳手等。

5. 检查接地体、接地引线是否已按要求敷设完毕，降阻措施是否符合规定

6. 接地装置施工应准备齐全施工技术资料

接地装置施工的人员应经过技术交底，并熟练掌握接地装置施工技术。焊工应由考试合格的正式工担任。

四、接地装置施工作业步骤

（一）接地沟位置测定及开挖

（1）根据设计图纸，进行接地沟位置测定。

（2）因避开道路、地下管道、电缆和岩石等障碍物必须改变接地沟的形状时，应符合以下要求：

1）接地装置为环型的改变后仍为环型。

2）接地装置为放射型的，改变后可不受限制，但应尽量减少弯曲。

3）若不能按设计图纸开挖接地沟敷设接地体，应根据具体情况，在施工记录上绘制接地装置敷设简图，并标明其位置和尺寸。

4）在倾斜地形应按等高线开挖接地沟，避免被雨水冲刷或受其他侵害。

（3）确定沟位置后，即可进行接地槽开挖。接地沟的开挖应按下列要求进行：

1）挖掘深度应符合设计要求。挖掘宽度以方便挖掘和敷设为原则，一般为 0.3～0.4m。

2）接地沟应尽量减少弯曲。

3）挖掘方法可采用人工挖掘或爆破施工，可根据现场具体情况确定。

4）接地沟底面应平整，并清除沟中一切可能影响接地体与土壤接触的杂物。

（二）接地体敷设

1．接地体的敷设步骤

（1）检查接地槽的深度是否符合设计规定。

（2）对接地体进行质量检查和必要的调整工作，连接焊口不得有开焊或裂纹等缺陷，否则应进行补焊。

（3）按设计的接地型式敷设接地体，接地体为扁钢时，则扁钢应立放。

（4）带有垂直接地极的接地装置，应先将接地极打入土壤中，然后再进行接地带和极管的连接（焊接）。打入极管的方法如下：

1）置接地极于指定的位置上，使用适当夹具扶正接地极；扶正接地极者应站锤击方向的侧面，防止误击或击偏伤人；

2）锤击接地极，将接地极打入土壤至要求的深度为止。当利用大锤打击时，应先检查锤头是否牢靠，锤把是否结实，禁止使用不符合安全要求者；开始打击时，应轻轻进行，待接地极稳定后再用力。

2．接地体的敷设要求

（1）接地体的规格及埋深不应小于设计规定。

（2）接地体敷设后，应保持平直，不得有明显的弯曲、裂纹等缺陷。

（3）采用扁钢接地体时，应将扁钢置于沟内，采用打入式垂直接地体时应垂直打入，并防止晃动。

（三）接地体的连接

接地装置的连接必须可靠，除设计规定断开处用螺栓连接外，其他均应用焊接或爆压连接，并应将连接处的铁锈等附着物清理干净。

（1）焊接连接：

1）焊接操作要点应遵守焊接施工操作规程。

2）搭接长度：圆钢为直径的 6 倍，并双面施焊；扁钢带为其宽度的两倍，并应四面施焊。

3）带有垂直极管的接地装置，垂直极管与钢带或圆钢的连接应按设计规定进行，若设计无规定时，可按图 9-1-4 所示的连接方式进行。

（2）爆炸压接的连接宜在现场进行，并符合下列规定：

1）爆炸压接连接操作应遵守外爆压接施工工艺规程的有关规定。

2）爆压管壁厚不得小于 3mm，长度不得小于：当采用搭接时，为圆钢直径的 10 倍；当采用对接时，为圆钢直径的 20 倍，如图 9-1-5 所示。

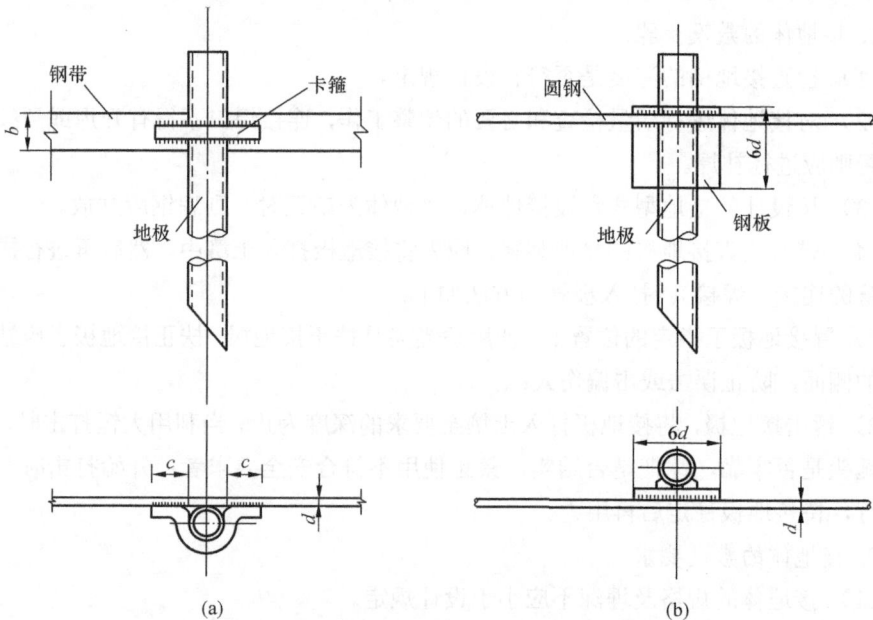

图 9-1-4　垂直极管与钢带或圆钢的连接

（a）垂直极管与钢带的连接；（b）垂直极管与圆钢的连接

b—钢带宽度；c—卡箍伸出部分的宽度；d—接地体直径

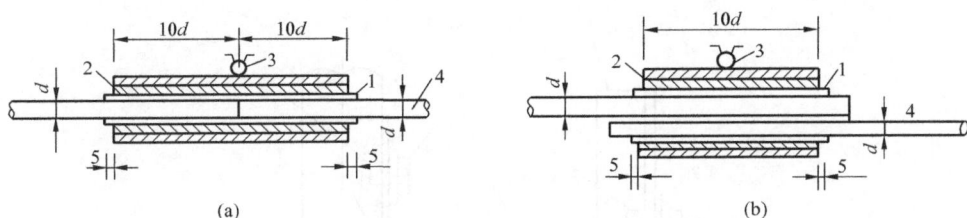

图 9-1-5　爆压连接圆钢示意（单位：mm）

（a）圆钢对接爆压；（b）圆钢搭接爆压

1—钢管；2—炸药包；3—雷管；4—圆钢；5—炸药边线到压接管边线的距离；d—圆钢直径

接地装置加工后，应妥善保管，并在施工前按照各桩号设计型式运往现场。在运输中，应谨慎装卸，避免焊缝损坏或出现不易修复的硬弯。

接地引下线与杆塔的连接应接触良好，并应便于打开测量接地电阻。当引下线直接从架空避雷线引下时，引下线应紧靠杆身，并应每隔一定距离与杆身固定一次。

（四）接地体的回填土

（1）接地沟的回填土应尽量使用好土，土中不得掺杂石块、树根和其他杂物。对于在山区地带，如无好土回填则应将接地体周围 200～300mm 范围内从其他地方运来好土回填。冻土块应打碎后再回填。

（2）回填土必须夯实，并应依次夯打。回填后，应留有不低于 100mm 高的防沉层（回填冻土及不易夯实的土壤时，防沉层应高出地面 200mm）。

（五）接地体引下线的连接

接地体引下线应采用热镀锌导体，下端与接地体焊在一起，上端用连板与杆塔用螺栓连接，如图 9-1-6 所示。接地引下线及其地下 300mm 部分，必须做防腐处理。为了测量接地装置的接地电阻，引下线应在设计规定的位置预留断开处。

五、注意事项

（1）接地沟位置在测定时，应尽量避开道路、地下管道和电缆等建筑物。

（2）不能按原设计图形敷设接地体时，应在施工记录上绘制接地装置敷设简图。

（3）敷设水平接地体时，在倾斜地形宜沿等高线敷设，两接地体间的平行距离不应小于 5m。

（4）挖好接地槽后，应及时敷设接地体和培土夯实。

（5）在山区，当接地槽需要采用爆破法施工时，应在杆塔组立前完成。

（6）深埋式接地装置应和杆塔施工同时完成。

（7）在雷雨季节，接地装置的施工应在架线前完成。

（8）接地装置的施工应遵照设计单位确定的措施施工。

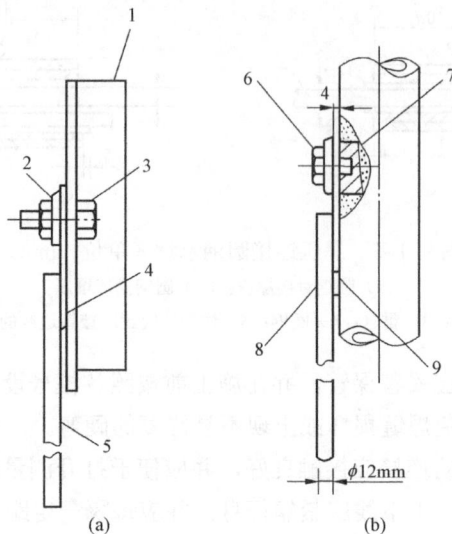

图 9-1-6 接地引下线与杆塔连接方式图

(a) 铁塔；(b) 钢筋混凝土杆

1—铁塔主材角钢；2—垫圈；3—铁塔螺栓；4、9—40mm×4mm 镀锌扁铁；

5、8—ϕ10mm 镀锌圆钢；6—M16 螺母；7—混凝土

（9）如土壤电阻率很高，接地电阻很难降到 30Ω 以下时，可采用 6～8 根总长不超过 500m 的放射形接地体或连续伸长接地体。

（10）用盐类水溶液与土壤混合降低接地电阻时，必须将接地体热镀锌处理。

【思考与练习】

（1）画出单杆及单基础铁塔水平敷设的接地装置正面图和平面图。

（2）画出铁塔水平敷设接地装置的正面图及平面图。

（3）如何敷设接地体？接地体敷设有什么要求？

（4）对接地体和接地引下线材料有哪些要求？

（5）接地装置施工过程中存在哪些危险点？如何控制？

（6）接地体的连接有哪几种方法？接地体焊接应符合哪些规定？接地体爆炸压接应符合哪些规定？

▶ 模块 2 接地模块施工（新增模块）

【模块描述】本模块包含接地模块类型、在高土壤电阻率地区的应用、埋设要求等内容。通过内容的介绍，熟知接地模块的降阻机理，掌握接地模块的安装使用方法。

【模块内容】

降低高土壤电阻率地区的杆塔接地装置的接地电阻，有土壤化学处理、换土、延长接地体（有时辅以引外接地）等措施，但采用哪种措施，应由设计单位和施工单位根据技术经济比较确定，其施工注意事项如下：

（1）应遵照设计单位确定（或同意）的措施施工。

（2）采用延长接地体方法时，宜采用多根并联较短的接地线。据 DL/T 620—1997 规定，如土壤电阻率很高，接地电阻很难降低到 30Ω 时，可采用 6～8 根总长不超过 500m 放射线或连续伸长接地体，其工频接地电阻可不受限制。

（3）采用物理降阻措施。

1）物理长效降阻剂，区别于化学降阻剂，物理降阻剂对接地体无腐蚀，降阻效果明显。

2）降阻模块，一般由非金属导电材料合成，属物理型降阻材料，降阻效果显著、性能稳定、使用寿命长、安装工艺简单，是一新型无污染、无毒害、无腐蚀的环保型产品。

一、降阻剂施工

1. 施工流程

降阻剂施工流程如图 9-2-1 所示。

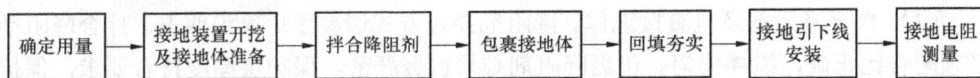

图 9-2-1 降阻剂施工流程图

2. 劳动组织及工器具配置

一般情况下，降阻剂施工劳动组织及岗位职责见表 9-2-1。

表 9-2-1   降阻剂施工劳动组织及岗位职责

序号	岗位	人数	岗位职责
1	现场指挥	1	负责接地施工的总指挥工作
2	焊工	1	负责接地装置焊接
3	普工	3～5	负责接地沟开挖、降阻剂拌合及接地敷设
4	安全负责人	1	负责接地施工的安全工作
5	质量负责人	1	负责接地施工的质量工作

注 该表为一个降阻剂施工班组的劳动组织及岗位职责。

降阻剂施工机具配备见表 9-2-2。

表 9-2-2　　　　　　　　　　　降阻剂施工机具配备

序号	机具名称	数量	单位	规格	备注
1	电焊机	1	台	BX3-500	表中所列为常用型号
2	发电机	1	台		功率需大于等于 5kW
3	接地电阻测量仪	1	台	MC-O7	表中所列为常用型号
4	铁锹	3	把		
5	搅拌容器	1	台		参照厂家说明书,也可用铁板
6	镐	3	把		
7	活动扳手	2	把		
8	手钳	2	把		

3. 施工步骤

(1) 确定用量。降阻剂使用量由设计单位确定。

(2) 接地沟开挖及接地体准备。接地沟开挖施工注意事项请参照本章模块 1 中的要求。

(3) 拌合降阻剂及包裹接地体。降阻剂拌合方式请参照厂家说明书。拌合降阻剂必须配合比正确,搅拌均匀。包裹降阻剂必须包裹严密,保护层厚度符合要求,保护层出口处的钢筋按要求的长度做有效的防腐蚀处理。

(4) 回填夯实。接地沟的回填土(在接地体周围 200~300mm 范围内)应使用不掺杂石块、树根和其他杂物的土。接地沟挖出的土不符合回填土要求时,应予更换。如为冻土块可打碎后再回填。

1) 回填土必须夯实。回填后,应留有不低于 100mm 高的防沉层(回填冻土及不易夯实的土壤时,防沉层应高出地面 200mm)。

2) 如接地沟中有残留积水,则在回填前将积水排出。

(5) 接地引下线安装请参照本章模块 1 中的要求。

(6) 接地电阻测量。如接地电阻测量值符合设计要求,则完成降阻剂施工;如不合格,则增大降阻剂用量直至合格为止,同时将结果反馈给设计单位。

二、降阻模块施工

1. 施工流程

降阻模块施工流程如图 9-2-2 所示。

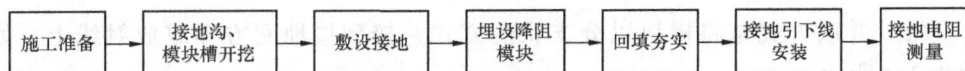

图 9-2-2　降阻模块施工流程图

2. 劳动组织及工器具配置

一般情况下，降阻模块劳动组织及岗位职责见表 9-2-3。

表 9-2-3　　　　　　　　降阻模块施工劳动组织及岗位职责

序号	岗位	人数	岗位职责
1	现场指挥	1	负责接地施工的总指挥工作
2	焊工	1	负责接地装置焊接
3	普工	3～5	负责接地沟开挖、模块安装及接地敷设
4	安全负责人	1	负责接地施工的安全工作
5	质量负责人	1	负责接地施工的质量工作

注　该表为一个降阻模块施工班组的劳动组织及岗位职责。

降阻模块施工机具配备见表 9-2-4。

表 9-2-4　　　　　　　　降阻模块施工机具配备

序号	机具名称	数量	单位	规格	备注
1	电焊机	1	台	BX3-500	表中所列为常用型号
2	发电机	1	台		功率需大于等于 5kW
3	接地电阻测量仪	1	台	MC-O7	表中所列为常用型号
4	铁锹	3	把		
5	镐	3	把		
6	活动扳手	2	把		
7	手钳	2	把		

3. 模块布置方式

模块布置有串联、并联、混联三种连接方式，上述三种方式需根据设计要求进行选用。

下面以输电线路铁塔的大方环加射线接地装置施工为例，进行简要说明如下：

（1）串联方式是将模块以首尾相连的方式串联到接地网方环或放射线上，如图 9-2-3 所示。

（2）并联方式是将模块以分支状的方式并接到接地网方环或放射线上，如图 9-2-4 所示。

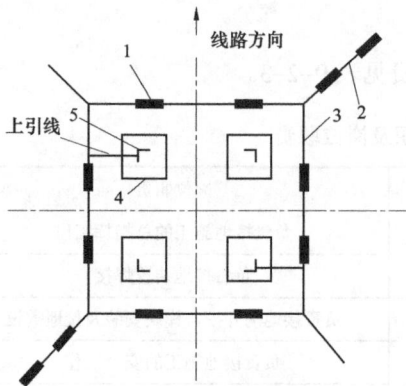

图 9-2-3 模块串联布置方式

1—接地模块；2—接地网射线；3—接地网方环；
4—线路基础；5—铁塔插腿

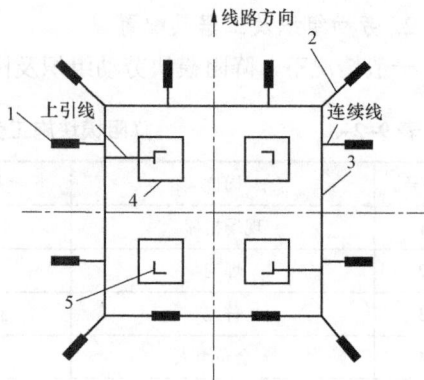

图 9-2-4 模块并联布置方式

1—接地模块；2—接地网射线；3—接地网方环；
4—线路基础；5—铁塔插腿

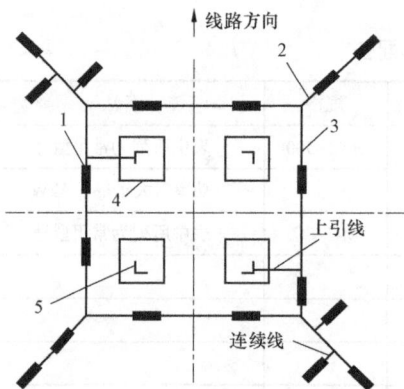

图 9-2-5 模块混联布置方式

1—接地模块；2—接地网射线；3—接地网方环；
4—线路基础；5—铁塔插腿

（3）混联方式是将模块以串联和并联的混合方式连接到接地网方环或放射线上，如图 9-2-5 所示。

4. 施工步骤

（1）施工准备。

1）施工前应由设计对施工现场的地形、地貌、土壤电阻率进行详细勘察，并根据实际情况设计地网施工方案。应尽量将模块设计在土壤电阻率较低、地形低洼、不易受雨水冲刷的区域，并避开可能遭受化学腐蚀及高温影响的地方，必要时可采用外引方式。

2）确定用量。用量估算经验公式

$$N = M_0 P / R_S$$

式中 N——总用量；

P——土壤电阻率，$\Omega \cdot m$；

R_S——接地电阻设计值，Ω；

M_0——模块类型选取系数，当埋深为 0.6～0.8m 时选取范围为 0.20～0.32。

3）单模块接触电阻值估算式如下

$$R_{nj}=K_P$$

式中　R_{nj}——单模块接触电阻值，Ω；

　　　K_P——单模块电阻系数，方形模块时，$K_P=0.25$；圆柱形模块时，$K_P=0.22$；梅花形模块时，$K_P=0.20$。

模块使用数量请参考设计文件资料。

（2）接地沟、模块槽开挖。接地沟开挖施工注意事项请参照本章模块 1 中的要求。模块槽开挖的方式及注意事项请参照各厂家说明书。

（3）埋设降阻模块。

1）模块可采取水平埋设方式或垂直埋设方式（见图 9-2-6、图 9-2-7），可根据现场条件选择。采用水平埋设时，埋设深度一般不小于 0.6m；采用垂直埋设时，埋设深度一般不小于 0.6m；对于高土壤电阻率的地区或深层土壤电阻率较小的地区应适当深埋；在高寒地区，接地模块应埋设在冻土之下。

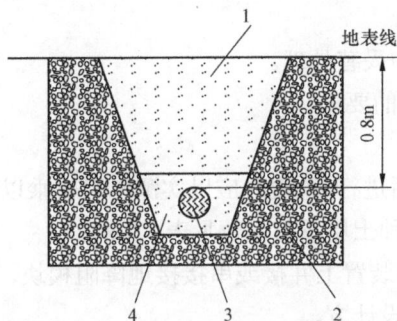

图 9-2-6　模块水平埋设剖面示意图
1—回填土；2—原土层；3—模块；4—回填细土

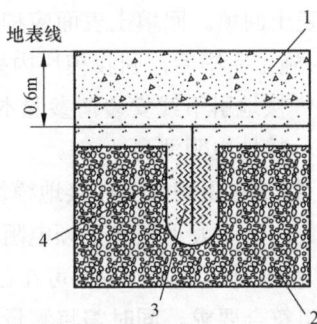

图 9-2-7　模块垂直埋设剖面示意图
1—回填土；2—原土层；3—模块；4—回填细土

相邻模块之间的距离，应按照设计图纸要求施工。在设计不作规定时，考虑模块间的屏蔽效应，水平埋设时，相邻两个模块之间的距离不宜小于 4m；垂直埋设时，相邻两个模块之间的距离不宜小于垂直接地体长度 2.5 倍。

2）模块包装应在安装前拆除，拆箱后搬动时轻抬轻放，以免损坏、断裂。

3）有条件时，宜在安装前将接地模块充分浸水（或浇水），以缩短降阻模块的吸水过程，从而有效提高降阻效果。

4）模块之间及模块与地网之间的连接，可选用放热焊、液压连接或电弧焊等连接方式。放热焊、液压连接均适用于对接及 T 接方式，液压连接圆钢极芯时，接续管的壁厚不得小于 3mm、长度不应小于圆钢极芯直径的 20 倍，且接续管的规格应与所压接接地网圆钢相匹配。电弧焊适用于搭接方式，圆钢极芯的搭接长度应不小于 6 倍圆钢直径并应双面施焊，扁钢极芯的搭接长度应为其宽度的 2 倍并应四面施焊。

5）无论采用何种连接方式，均应清除连接处焊渣、毛刺或飞边，并在连接处涂刷防腐导电漆。

6）为了防止或降低模块外露电极可能出现的腐蚀，应在电极外露部分 30cm 长度范围内涂刷防腐导电漆。

（4）回填夯实。

1）接地沟的回填土（在接地体周围 200～300mm 内）应使用不掺杂石块、树根和其他杂物的土，不符合要求回填土时，应予更换。冻土块可打碎后再回填。

2）回填土应夯实。回填后，应留有不低于 100mm 高的防沉层（回填冻土及不易夯实的土壤时，防沉层应高出地面 200mm）。

3）模块四周用细土回填（见图 9-2-6、图 9-2-7），回填土时可注入充足的水分，让模块与土壤充分吸湿，以保证模块尽快达到最佳降阻效果，然后用细土回填并夯实后再用表土回填。回填土表面应稍高于地表面。

4）施工完毕后，回收模块内外包装，集中妥善处理。

（5）接地引下线安装请参照本章模块 1 中的要求。

（6）接地电阻测量。

1）接地电阻测试应在接地模块吸湿 48h 后进行，验收时应以实测电阻值乘以土壤季节系数，以不大于允许工频电阻为合格。各种土壤季节系数见表 11-6-2。

2）如接地电阻不合格，可在已敷好的接地装置上并接或串接接地降阻模块，直至接地电阻符合要求，同时需将测量结果反馈给设计方。

【思考与练习】

（1）何为降阻模块？简述降阻模块施工的流程。

（2）降阻模块的埋设方式有哪几种？埋设深度、距离等有何要求？

（3）接地模块的布置方式有哪几类？请分别说明。

（4）接地模块施工中，土壤的回填夯实有哪些具体要求？

▲ 模块 3 接地电阻及土壤电阻率测量（ZY0200104004）

【模块描述】本模块包含接地电阻及土壤电阻率测量等内容。通过操作技能训练，达到熟悉土壤电阻率的测量方法，掌握接地电阻的测量方法。

【模块内容】

一、作业内容

1. 杆塔接地电阻测量

杆塔接地电阻测量的目的是检查杆塔接地电阻是否合格，是否能保证当线路产生雷击过电压时能迅速将雷电流泄入大地，从而使线路不遭受过电压的危害。

杆塔接地电阻测量方法很多，本书主要介绍普遍使用的 ZC-8 型接地电阻测量仪测接地电阻及数字式钳型接地电阻测试器测接地电阻 ZC-8 型接地电阻测量仪外形及结构如图 9-3-1 所示，钳型接地电阻测试仪结构如图 9-3-2 所示。

其中，测量钳口可张合，用于钳绕被测接地线；（POWER）为电源开关按钮，控制电源的接通及断开；（HOLD）为保持按钮，按此钮可保持仪表的读数，再按一次则脱离 HOLD 状态；数字（液晶）显示屏用于显示测量结果以及其他功能符号；钳柄可控制钳口的张合；测试环用于检验钳型接地电阻测量仪的准确度。

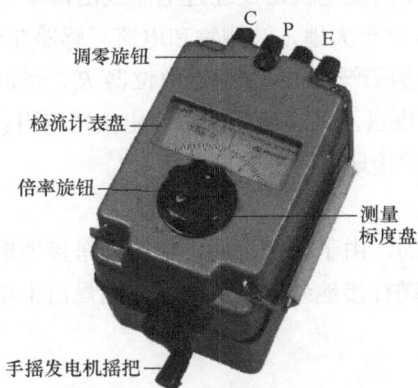

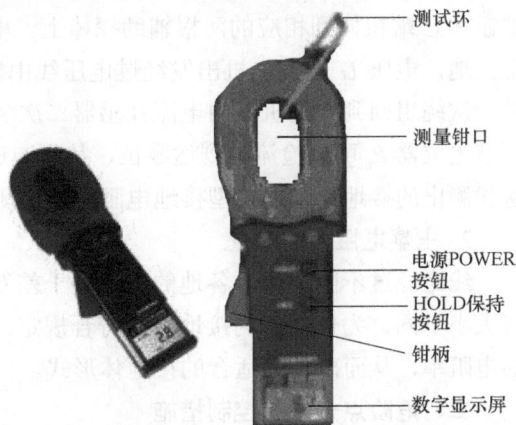

图 9-3-1 ZC-8 型接地电阻测量仪　　　　图 9-3-2 钳型接地电阻测量仪

钳型接地电阻测试仪是利用电磁感应原理通过其前端卡口（内有电磁线圈）所钳入的导线（该导线已构成了环向）送入一恒定电压 U，该电压被施加在接地装置所在的回路中，钳型接地电阻测试仪可同时通过其前端卡口测出回路中的电流 I，根据 U 和 I，即可计算出回路中的总电阻，即

$$\frac{U}{I} = R_x + \frac{1}{\left(\dfrac{1}{R_1} + \dfrac{1}{R_2} + \dots + \dfrac{1}{R_n}\right)}　　　　　（9-3-1）$$

式中　U——钳型接地电阻测试仪所加的恒定电压；

　　　I——钳型接地电阻测试仪卡口测出的回路中电流；

R_x——被测接地电阻。

$1/R_1+1/R_2+\cdots+1/R_n$ 为 $R_1R_2\cdots R_n$ 并联后的总电阻，在分布式多点接地系统中，通常有被测接地电阻 R_n 远远大于 $R_1R_2\cdots R_n$ 并联后的总电阻，所以 $U/I=R_n$。

事实上，钳型地阻表通过其前端卡环这一特殊的电磁变换器送入线缆的是 1.7kHz 的交流恒定电压，在电流检测电路中，经过滤波、放大、A/D 转换，只有 1.7kHz 的电压所产生的电流被检测出来。正因这样，钳型地阻表才排除了商用交流电和设备本身产生的高频噪声所带来的地线上的微小电流，以获得准确的测量结果，也正因为如此，钳型地阻表才具有了在线测量这一优势。实际上，该表测出的是整个回路的阻抗，而不是电阻，不过在通常情况下它们相差极小。钳型地阻表可即刻将结果显示在 LCD 显示屏上，当卡口没有卡好时，它可在 LCD 上显示"open jaw"或类似符号。

ZC-8 型接地电阻测量仪测接地电阻时，当发电机摇柄以 150r/min 的速度转动时，产生 105~115Hz 的交流电，测试仪的 E 端经过 5m 导线接到被测物接地引下线上，P 端钮和 C 端钮接到相应的两根辅助探棒上。电流 I 由发电机出发经过电流线由探棒 C' 至大地，电压 U 由发电机出发经过电压线由探棒 P' 至大地，被测物和电流互感器 TA 的一次绕组回到发电机，由电流互感器二次绕组感应产生电流 I' 通过电位器 R_s，借助调节电位器 R_s 可使检流计到达零位，从而通过标度盘及倍率旋钮即可读出接地电阻。这样测出的接地电阻比钳型接地电阻测试仪测得的接地电阻准确度要高。

2. 土壤电阻率的测量

线路经过不同地区，各地的土壤是千差万别的。由于土壤不同，使得杆塔接地电阻大小不同，为使杆塔的接地电阻符合规定，在进行接地装置施工前，应测量出土壤的电阻率，从而确定出适合的接地体形式。

二、危险点分析与控制措施

接地电阻测量过程中存在的危险点主要是电击，其控制措施如下：

（1）雷雨天气严禁测量杆塔接地电阻。

（2）测量杆塔接地电阻时，探针连线不应与导线平行。

（3）测量带有绝缘架空地线的杆塔接地电阻时，应先设置替代接地体后方可拆开接地体。

三、作业前准备

准备好合格的测量工具、仪表，并对测量仪表进行检查，合格后方可使用。

（1）进行杆塔接地电阻测量所需的工具、仪表有接地电阻测量仪一只、接地探针两根、多股的铜绞软线三根、扳手两把、榔头一把、凿刀一把、钢丝刷一把。

（2）检查测量仪表的好坏。对 ZC-8 型的接地绝缘电阻表使用前一是要进行静态检查。检查时，看检流计的指针是否指"0"，如果指针偏离"0"位，则调整调零旋扭，使指针指"0"。二是要进行动态测试。动态测试时，可将电压接线柱"P"和电流接线柱"C"短接，然后轻轻摇动摇把，看检流计的指针是否发生偏转，如指针偏转，说明仪表是好的，如指针不发生偏转，则仪表损坏。

对国产 701 型接地电阻测试器使用前必须检查干电池和蜂鸣器是否正常，如干电池良好，但揿下 C 钮时耳机内听不到蜂音，这是由于蜂鸣器内炭精受潮凝结的缘故。此时可启开右侧箱盖，用钢笔杆轻敲数下，以帮助引起振动。当插入耳机揿下按钮，耳机内发出蜂音，则表示仪器良好。

（3）断开接地引下线与杆塔的连接，并在接地引下线上除锈，以保证线夹与接地引下线连接良好。

（4）根据接地装置施工图查出接地体的长度。

四、作业步骤、质量标准

（一）接地电阻测量

1. 用 ZC-8 型接地电阻测量仪测接地电阻

（1）布线、连线。在离接地引下线距离为接地体长度 2.5 倍的地方打入一电压接地探针 P′，离接地引下线距离为接地体长度 4 倍的地方打入一电流接地探针 C′，并用绝缘连接线分别将 P′ 与仪表上的 P 端钮相连、C′ 与仪表上的 "C" 端钮相连，接地引下线与 E 端钮相连。ZC-8 型接地绝缘电阻表测量接线如图 9-3-3 所示。

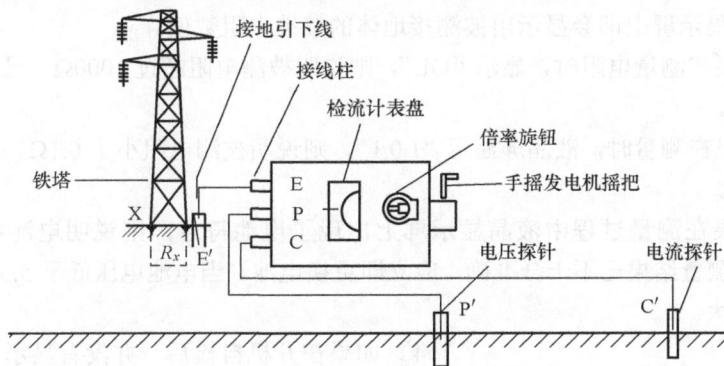

图 9-3-3　ZC-8 型接地摇表测量接线布置

为保证测量的准确性，P′C′ 的连线不能与线路方向平行，也不能与地下热力管道平行，且 P′C′ 打入地下的深度不得小于 0.5m。当地下接地体很长，无法使测量连接线达到接地体长度的 2.5 及 4 倍时，可采用经验数据长度，即电压线采用 20m，电流线采用 40m。

（2）测量。先将仪表倍率旋钮调在最高挡，慢慢匀速摇动手摇发电机的摇把，同时旋动"测量标度盘"使检流计指针指于中心线，当检流计指针接近平衡时，加快摇把的转速，应使之达到 120r/min，并调整"测量标度盘"使检流计指针指于中心线上。此时，测量标度盘上的读数乘倍率旋钮的倍数即为所测得的接地电阻。如果此时测量标度盘上的读数小于 1，则应减小倍率旋钮的倍数重新按上述方法测量。

2. 用数字式钳型接地电阻测试器测接地电阻

（1）按下"POWER"按钮后，仪表通电。此时钳表处于开机自检状态。应注意在开机自检状态时一定要保持钳表的自然静止状态，不可翻转钳表，钳表的手柄不可施加任何外力，更不可对钳口施加外力，否则将不能保证测量精度。

（2）开机自检状态结束后，液晶的显示为"OL"，此时说明自检正常完成，并已进入测量状态。

如果开机自检时出现了 E 符号或自检后未出现"OL"，而是显示其他一些数字，则说明自检错误，不能进入测量状态。出现这种情况有以下两种可能：

1）钳口在钳绕了导体回路（而且电阻较小）的情况下进行自检。此时只须去除此导体回路后，重新开机即可。

2）钳表有故障。

（3）自检正常结束后（即显示"OL"），用随机的测试环检验一下仪表的准确度，检验时，显示值应该与测试环的标称值一致，例如：测试环的标称值为 5.1Ω 时，显示为 5.0Ω 或 5.2Ω 都是正常的。

（4）按住钳柄，使钳口张开，用钳口钳住被测接地体的接地引下线，然后松开钳柄，此时，显示屏上即会显示出被测接地体的接地电阻数值。

1）如果在测量电阻时，显示"OL"，则说明被测电阻超过 1000Ω。已超出本仪表的测量范围。

2）如果在测量时，液晶屏显示"L0.1"，则说明被测电阻小于 0.1Ω，已超出本仪表测量范围。

3）如果在测量过程中液晶显示屏上出现了电池符号，则说明电池电压已低于 5.3V，此时测量结果已不十分准确，应立即更换电池。当电池电压低于 5.3V 时，测量结果往往偏大。

4）如果在开机自检后，并没有显示电池符号，但每当压动钳柄时即自动停机，这也说明电压过低，应立即更换电池。

5）本仪表在开机 5min 后，液晶屏即进入闪烁状态，闪烁状态持续 30s 后自动关机，以降低电池消耗。如果在闪烁状态按压 POWER 按钮，则仪表重新进入测量状态。

用数字式钳型接地电阻测试器测接地电阻的现场如图 9-3-4 所示。

图 9-3-4 钳形接地电阻测试仪测接地电阻的现场

（二）土壤电阻率测量

测量土壤电阻率时，在被测地区按照直线埋在土内四根棒，它们之间的距离为 S，棒的埋入深度不应低于 $S/20$。打开 C_2 和 P_2 的连接片，用四根导线连接到相应的探测棒上，如图 9-3-5 所示。

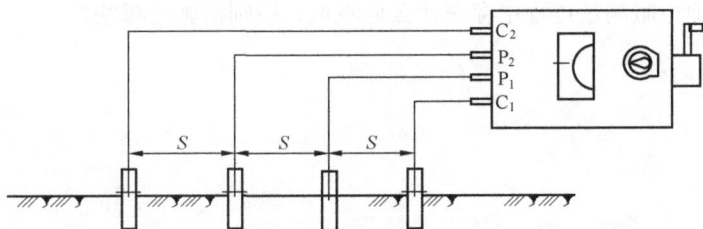

图 9-3-5　ZC-8 型接地绝缘电阻表测量土壤电阻率接线布置图

接好线后按测接地电阻的方法测出接地电阻的数值 R，则土壤电阻率为

$$\rho = 2\pi S R \times 10^{-2} \tag{9-3-2}$$

式中　ρ——土壤电阻率，$\Omega \cdot m$；

　　　R——接地电阻测量的读数，Ω；

　　　S——棒间距离，cm。

五、注意事项

（1）用 ZC-8 型接地电阻测量仪测接地电阻时，仪表应放置平稳。

（2）用接地电阻测量仪测接地电阻时，至少应测量两次，如两次测量结果误差不大，则取这两次测量的平均值，如两次测量结果误差较大，则应分析原因，重新测量。

（3）当检流计的灵敏度过高时，可将电位探针插入土壤中浅一些，当检流计的灵敏度不够时，可沿电流探针、电压探针注水湿润。

（4）钳型接地电阻测试器开机自检时应使仪表处于松弛的自然状态，单手握持仪表时手指不可接触钳柄。这对保证测量精度是很重要的。

（5）当被测电阻较大时（例如大于 100Ω），为保证测量精度，最好在按"POWER"按钮之前（即仪表通电之前），按压钳柄使钳口开合 2~3 次，再启动仪表。这对保证大于 100Ω 电阻的测量精度是很重要的。

（6）任何时候都要保持钳口接触平面的清洁。

（7）长时间不使用仪表时应从电池仓中取出电池。

【思考与练习】

（1）试述 ZC-8 型接地电阻测量仪测的结构。使用 ZC-8 型接地电阻测量仪测杆塔接地装置的接地电阻前应做哪些检查？如何检查？

（2）画出用 ZC–8 型接地电阻测量仪测杆塔接地电阻的接线图。

（3）简述用 ZC–8 型接地电阻测量仪测杆塔接地装置接地电阻的方法。

（4）简述用数字式钳型接地电阻测量仪测杆塔接地装置接地电阻的方法。

（5）土壤电阻率如何测量？

（6）接地电阻测量过程中存在什么危险点？控制措施有哪些？

第十章

特殊基础施工及新工艺

▲ 模块 1 大体积混凝土施工（新增模块）

【模块描述】本模块包含大体积混凝土的概念、施工基本规定、热工计算、温控措施等内容。通过工艺介绍和案例分析，掌握大体积混凝土的施工方法及要求。

【模块内容】

GB 50496—2009《大体积混凝土施工规范》中对大体积混凝土的定义是：混凝土结构物实体最小几何尺寸不小于 1m 的大体量混凝土，或预计会因混凝土中胶凝材料水化引起的温度变化和收缩而导致有害裂缝产生的混凝土。

根据输电线路基础特点，当有承台和连梁且尺寸符合上述定义时，应进行混凝土温差验算，必要时应按大体积混凝土施工。

本节主要介绍大体积混凝土施工原材料选择、配合比设计、浇筑施工、养护、温度测量等方面内容。

一、基本规定

（1）施工前应进行图纸会审，提出施工阶段的综合抗裂措施，编制施工组织设计或关键部位施工技术方案。

（2）施工前应做好各项准备工作，并与当地气象部门联系，掌握近期气象情况。必要时，应编制相应的技术措施，在冬期施工时，应符合国家现行有关混凝土冬期施工的标准。

（3）大体积混凝土宜采用预拌混凝土，应根据混凝土运输距离、供应能力、材料批次、环境温度等调整预拌混凝土的有关参数。

（4）混凝土的供应能力应满足连续施工的需要，不宜低于单位时间所需混凝土量的 1.2 倍。

（5）混凝土的测温监控设备配置和布设应符合规范要求，调试正常，保温用材料应齐备，并应设专人负责测温作业管理。

二、原材料要求

1. 水泥

尽量选用水化热低、凝结时间长、安定性好的水泥，可优先采用低热矿渣硅酸盐水泥等，大体积混凝土施工所用水泥其 3d 的水化热不宜大于 240kJ/kg，7d 的水化热不宜大于 270kJ/kg；所用水泥在搅拌站的人机温度不应大于 60℃。

2. 骨料

骨料除应符合国家现行标准 JGJ 52《普通混凝土用砂、石质量及检验方法标准》的有关规定外，尚应符合下列规定：

（1）细骨料宜采用中砂，其细度模数宜大于 2.3，含泥量不大于 3%；

（2）粗骨料粒径宜在 5~31.5mm 之间，并连续级配，含泥量不大于 1%；

（3）当采用非泵送施工时，粗骨料的粒径可适当增大；

（4）应选用非碱活性的粗骨料；

（5）在保证混凝土强度及坍落度要求的前提下，可提高掺合料及骨料的含量，以降低混凝土的水泥用量。

3. 外加剂

外加剂可采用缓凝剂、减水剂，掺合料宜采用粉煤灰、矿渣粉等，外加剂的使用应根据现场实际情况及设计要求慎重使用，并应符合外加剂规范要求。

4. 配合比

大体积混凝土配合比设计，除应符合国家现行标准 JGJ 55《普通混凝土配合比设计规程》要求外，尚应符合下列规定：

（1）所配制的混凝土拌和物，到浇筑工作面的坍落度不宜低于 160mm；

（2）拌和水用量不宜大于 175kg/m³；

（3）粉煤灰掺量不宜超过水泥用量的 40%，矿渣粉的掺量不宜超过水泥用量的 50%；

（4）粉煤灰和矿渣粉掺合料的总量不宜大于混凝土中水泥用量的 50%；

（5）水灰比不宜大于 0.55；

（6）砂率宜为 38%~42%；

（7）拌和物泌水量宜小于 10L/m³。

在确定混凝土配合比时，应根据混凝土的绝热温升、温控施工方案的要求等，提出混凝土制备时粗细骨料、拌合用水及入模温度控制的技术措施。

三、施工方法

大体积混凝土工程的施工宜采用整体分层连续浇筑施工或斜面分层连续浇筑施工方法。

1. 整体分层

整体分层即在第一层全部浇筑完毕后，再回头浇筑第二层，此时，应保证第一层混凝土还未初凝。如此逐层连续浇筑，直至全部浇筑完成为止。采用这种方法，一般结构的平面尺寸不宜太大，浇筑时从短边开始，沿长边推进。必要时可分成两段，从中间向两端或从两端向中间同时进行浇筑，分层浇筑如图 10-1-1 所示。

2. 斜面分层

斜面分层即在混凝土浇筑时，先从结构一端开始，按照结构高度浇筑至一定距离，然后再开始浇筑下一层（如图 10-1-2 所示），如此依次向前推进。这种方法适用于结构的长度超过厚度的 3 倍。振捣工作应从浇筑层的下端开始，逐渐上移，以保证混凝土施工质量。

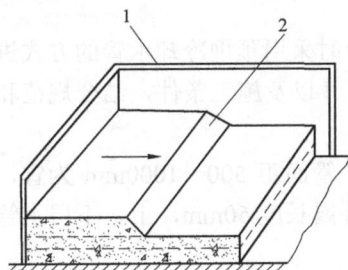

图 10-1-1　整体分层浇筑示意图　　　　　图 10-1-2　斜面分层浇筑施工
1—模板；2—新浇筑的混凝土　　　　　　　1—模板；2—新浇筑的混凝土

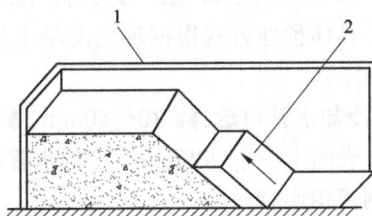

3. 分层浇筑施工过程中的注意事项

在分层浇筑施工过程中应特别注意层间缝面的结合处理与层间的间歇时间，层间间歇时间不宜过长，也不宜过短。间歇时间过长，可能在上下层结合面上出现连接缺陷；间歇时间过短，下层混凝土还处于升温阶段，水化热无法及时释放，将使整个结构升温增高，达不到分层浇筑的最佳效果。

四、浇筑技术措施

大体积混凝土的浇筑应符合下列规定：

（1）混凝土的浇筑厚度应根据所用振捣器的作用深度及混凝土的和易性确定，整体连续浇筑时宜为 300～500mm。

（2）分层连续浇筑应缩短间歇时间，并在前层混凝土初凝之前将次层混凝土浇筑完毕。层间最长的间歇时间不应大于混凝土的初凝时间。混凝土的初凝时间应通过试验确定。当层间间隔时间超过混凝土的初凝时间时，层面应按施工缝处理。

（3）混凝土浇筑宜从低处开始，沿长边方向自一端向另一端进行。当混凝土供应量有保证时，亦可多点同时浇筑。

（4）混凝土宜采用二次振捣工艺。

（5）大体积混凝土施工采取分层间歇浇筑混凝土时，层间缝面的处理应符合下列规定：

1）清除浇筑表面的浮浆、软弱混凝土层及松动的石子，并均匀地露出粗骨料；

2）对非泵送及低流动性混凝土，在浇筑上层混凝土时，应采取接浆措施。

（6）在大体积混凝土浇筑过程中，应采取措施防止受力钢筋、定位筋、预埋件等移位和变形，并及时清除混凝土表面的泌水。

（7）浇筑时随时观察混凝土表面的情况，保证混凝土表面随时有新的混凝土覆盖，以免出现冷缝。对混凝土在初凝前进行二次振捣，散发其内温和增加密实性，减少表面所产生的泌水现象。混凝土浇筑 4~6h 后，表面有时会出现裂缝，可采取多次压光处理。

（8）冷却水管法降温。必要时，浇筑混凝土时采用预埋冷却水管的方式进行水化热释放。具体预埋方式根据现场混凝土基础的尺寸以及施工条件，结合规范和设计意见进行确定。

1）冷却水管可选择 $\phi 30~50mm$ 薄壁钢管，管间距 500~1000mm 为宜，最外层距混凝土表面不小于 200mm，冷却水管进出口外露长度 50mm，上、下层水管通过同样直径钢管相连。

2）冷却水管使用前应进行压水试验，防止管道漏水、阻水。

3）混凝土浇筑到各层冷却水管标高后即开始通水，各层混凝土升温峰值过后即停止通水，通水流量不小于 25L/min，通水时间根据测温结果确定。

4）严格控制进出水温度，在保证冷却水管进水温度与混凝土内部最高温度之差不超过 30℃条件下，尽量使进水温度最低，必要时加冰块。

5）待水冷却结束后，应采用同标号水泥浆或砂浆封堵冷却水管。

（9）为防止大体积混凝土收缩时产生干裂，可在混凝土表层布设抗裂钢筋网片。

五、养护和拆模

大体积混凝土的养护，除应按普通混凝土进行常规养护外，还应及时按温控技术的要求进行保温养护。

（1）保湿养护的持续时间不得少于 14d，应经常检查塑料薄膜或养护剂涂层的完整情况，保持混凝土表面湿润。

（2）根据施工季节的不同，可分别采用降温法和保温法施工。

1）夏季采用降温法施工，即在搅拌混凝土时掺入冰水，温度控制在 5~10℃。混凝土浇筑后用冷水养护，或采用覆盖材料养护。

2）冬季采用保温法施工。

a）采用保温法是在结构物外露的混凝土表面以及模板外侧覆盖保温材料（如草

袋、锯木、湿砂等），在缓慢的散热过程中，使混凝土获得必要的强度，以控制混凝土的内外温差小于 25℃。

b）塑料薄膜、麻袋、阻燃保温被等，可作为保温材料，覆盖混凝土和模板，必要时，可搭设挡风保温棚或遮阳降温棚。

c）在保温养护过程中，应对混凝土浇筑体的里表温差和降温速率进行现场监测，随时控制混凝土内的温度变化，及时调整保温及养护措施，使内外温差控制在 15~25℃以内，以有效控制有害裂缝的出现。

d）保温覆盖层的拆除应分层逐步进行，当混凝土的表面温度与环境最大温差小于 20℃时，可全部拆除。

（3）大体积混凝土拆模后，地下结构应及时回填土；地上结构应尽早进行装饰，不宜长期暴露在自然环境中。

六、温度监控

施工及养护过程中，要对混凝土内部温度、表面温度、大气温度进行监测，大气温度测量用棒式温度计，混凝土内部温度可采用电子测温仪。要准确记录所有数据，及时对测量情况进行监控、汇总、处理，以指导养护措施。

（1）温控指标宜符合下列规定：

1）混凝土在入模温度基础上的温升值不宜大于 50℃；

2）混凝土里表温差（不含混凝土收缩的当量温度）不宜大于 25℃；

3）混凝土降温速率不宜大于 2.0℃/d；

4）混凝土表面与大气温差不宜大于 20℃。

（2）大体积混凝土内部监测点的布置。应真实地反映出混凝土内最高温升、里表温差、降温速率及环境温度，可按下列方式布置：

1）监测点的布置范围应以所选混凝土平面图对称轴线的半条轴线为测试区，在测试区内监测点按平面分层布置。

2）在测试区内，监测点的位置与数量可根据混凝土浇筑体内温度场分布情况及温控的要求确定。

3）在每条测试轴线上，监测点位宜不少于 4 处，应根据结构的几何尺寸布置。

4）沿混凝土厚度方向，必须布置表面、底面和中间温度测点，其余测点宜按测点间距不大于 600mm 布置。

5）保温养护效果及环境温度监测点数量应根据具体需要确定。

6）混凝土外表温度，宜为混凝土外表以内 50mm 处的温度。

7）混凝土底面的温度，宜为混凝土浇筑体底面上 50mm 处的温度。

8）预埋式测温线在混凝土中的布置示意图见图 10-1-3 和图 10-1-4。

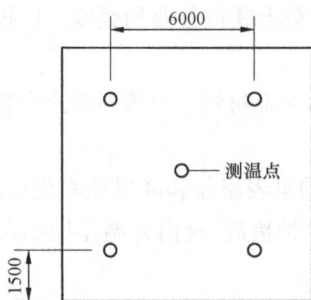

图 10-1-3　测温点平面布置示意图　　图 10-1-4　感温器断面布置示意图

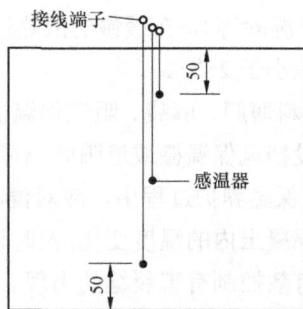

（3）混凝土浇筑体里表温差、降温速率及环境温度及温度应变的测试，在混凝土浇筑后，每昼夜不少于 4 次；入模温度的测量，每台班不少于 2 次。

（4）测温元件的选择应符合下列规定：

1）测温元件的测温误差不应大于 0.3℃（25℃环境下）。

2）测试范围：-30～150℃。

3）绝缘电阻应大于 500MΩ。

（5）温度和应变测试元件的安装及保护，应符合下列规定：

1）测试元件安装前，必须在水下 1m 处经过浸泡 24h 不损坏。

2）测试元件接头安装位置应准确，固定应牢固，并与结构钢筋及固定架金属体绝热。

3）测试元件的引出线宜集中布置，并应加以保护。

4）测试元件周围应进行保护，混凝土浇筑过程中，下料时不得直接冲击测试测温元件及其引出线；振捣时，振捣器不得触及测温元件及引出线。

（6）测试过程中宜及时描绘出各点的温度变化曲线和断面的温度分布曲线。

（7）发现温控数值异常应及时报警，并采取相应措施。

（8）电子定时测温系统由数据采集器、测温探头、预埋式测温线组成。主机可分别与测温探头或测温线连接构成测温系统，可根据现场需要和测温点数量灵活配置。

1）数据采集器。一般为便携式仪表，并设有电源开关、照明开关、插座和液晶显示屏，可实现数字显示被测温度值，并应具有夜间测温读数照明功能。一般应采用密封性能良好的薄膜轻触开关，并应防尘、防潮、防磕碰。

2）测温探头。测温探头由插头、导线、金属管及测温传感器组成，温度传感器内置于管内前端。

3）测温线。预埋式测温线由插头、导线和温度传感器制成，用于测量混凝土内部温度，每支测温线可测一点温度，在施工中根据测温方案布置测温点。每支测温线现场根据需要制定，并应贴有相应长度的标签。

（9）电脑自动测温系统。电脑自动测温系统可实现对混凝土内部温度变化的实时监控，其组成一般包括：计算机及监测软件、数据适配器、电源系统、数据及电源传输线、现场数据采集器、传感器等。

计算机软件通过对数据适配器的控制和收发数据，能控制各个现场数据采集器的运行，并采集各个现场数据采集器的测量数据，然后进行汇总、处理，储存。能实现温度变化图形动态屏显、打印图形及报表、远程网络浏览等功能，方便施工管理工作。

1）自动测温系统的安装。测温传感器要按照测温方案的设计高度，绑定到基础的钢筋上，或专门设置的支架上，感温部位不得直接接触钢筋，传感器应设置编号。测温线插头留在外面，并用塑料袋罩好，避免潮湿，保持清洁，留在外面的测温线长度应大于20cm。混凝土浇筑后3～5h，将现场数据采集器与传感器的传出端口连接，连上数据及电源传输线（以下简称总线），测温系统开始工作。

2）测温点的布置。测温点根据基础的浇筑方向、结构特点及预计温度场布置。每一个测点，沿高度方向布置上、中、下三个传感器，布置方式见图10-1-4。平面内测温点布置间距不宜大于6m，且距基础边沿不应太近。

除埋在混凝土里面的传感器外，每次测温时，还应另外使用了2个传感器检测混凝土的表面温度，并测量大气温度。

3）现场数据采集器到数据适配器间的数据及电源传输线需要做必要的保护，防止施工中轧断。

4）当数据采集器已经和系统总线连接好，并且已经和计算机端的数据适配器总线端子连接好后，把"电源开关"打开，打开现场各个数据采集器，测温系统即开始工作，这时电脑就应该显示出各数据采集器所测得的各个传感器的温度值。

自动测温系统安装示意图见图10-1-5。

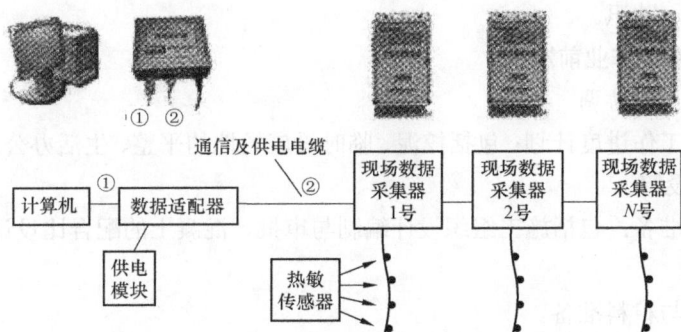

图 10-1-5 自动测温系统安装示意图

【思考与练习】

（1）大体积混凝土施工的定义是什么？大体积混凝土施工的基本规定是什么？

（2）大体积混凝土施工的原材料中水泥的要求有哪些？骨料应符合哪些规定？

（3）大体积混凝土施工原材料的配合比应符合哪些规定？

（4）大体积混凝土浇筑后用什么方法降温？简述此降温法的具体要求。

（5）大体积混凝土施工完成后对温度监控的指标应符合哪些规定？

◢ 模块 2   水中施工（新增模块）

【模块描述】本模块包含江中、海中等水中基础类型、工艺流程、施工要点等内容。通过工艺介绍，了解水中基础的施工方法及要求。

【模块内容】

一、水中施工的作业内容

水中施工的内容主要包括：材料运输，挖泥施工，钢护筒及防撞桩的打设施工，水上钢平台搭建，钻孔灌注桩施工，防撞钢管桩施工，防腐施工等。

二、危险点分析与控制措施

水中施工的危险点主要有：设备故障、冬、雨季影响、台汛影响。

控制措施有：

（1）精心组织，人员到位；

（2）优化施工工艺，合理组织施工；

（3）保证机械设备合理配置；

（4）劳动力的合理调配；

（5）做好冬、雨季施工安排；

（6）防台、防汛。

三、水中施工作业前准备

1. 施工准备与协调

（1）准备工作进度计划：包括挖泥、临时设施场地的平整、生活办公用房的建设、供电线路的架设等。

（2）技术准备：包括施工组织设计编制与审批、混凝土的配合比设计、原材料的检验与试验等。

（3）设备与材料准备。

1）原材料主要包括混凝土原材料（砂、石、水泥、外加剂等）、钢筋、搭设平台所需的贝雷片、钢管桩及型钢等钢材等；

2）主要设备包括：打桩船、起重船、拖轮、方驳、搅拌船、钻机、汽车吊、振动锤等。

（4）作业队伍及管理人员准备：项目部管理人员按规定时间内调入，项目部根据类似工程的管理经验，结合本工程的特点和业主要求，建立各项管理制度，对施工人员进行考核，确保工程安全、优质、按期完成。

（5）协调工作。

2. 施工现场总平面布置

（1）施工现场平面布置图说明：施工总平面布置原则为"简捷紧凑、科学布置、功能齐全、方便施工、美化环境"。

（2）施工现场平面布置图。

四、水中施工的操作步骤

（一）材料运输

具体的材料运输方法详见第一部分施工运输。

（二）挖泥施工

（三）钢护筒及防撞桩的打设施工

1. 钢护筒、防撞钢管桩制作

钢护筒及防撞钢管桩根据施工要求进行组拼焊接，然后在出运码头上装驳，水运至打桩现场。

钢护筒及防撞钢管桩焊接材料须按该钢材规程要求的焊接材料，并须有材质合格证明书，焊接采用粉芯焊丝自半自动焊接法，焊丝型号 H08 或与母材相匹配焊丝应按制造厂要求妥善保管，防止受潮。焊接前，在焊缝上下 50mm 范围内清除铁锈、油污，如有潮湿应先烘干，管桩经锤打后如有变形，应该修整合格。上下焊接桩时应该保证其垂直度，偏差不应超过 0.5%。焊接接头采用三层焊，焊完每层焊缝后，应及时清除焊渣，并作外观检查，每层焊缝的接头应错开。每个接头焊接完毕后，应冷却一分钟后，方可锤击。焊接质量应符合国家标准《钢结构工程施工质量验收规范》（GB 50205—2001）和《建筑钢结构焊接规程》（JGJ 81—2002）的规定，每个接头除按下要求做好外观检查外，还应按设计要求做超声波检查、X 射线检查及焊接接头拉力试验。检查合格后方可出厂。

2. 沉桩施工顺序安排

为保证沉桩顺利进行，减少更换替打次数，加快沉桩进度，本工程沉桩施工顺序原则上安排如图 10-2-1 所示。

3. 吊桩

施工时，桩驳停靠在老锚驳侧向，打桩船移到桩驳前方吊桩。桩船、桩驳、老锚驳三者位置如图 10-2-2 所示。

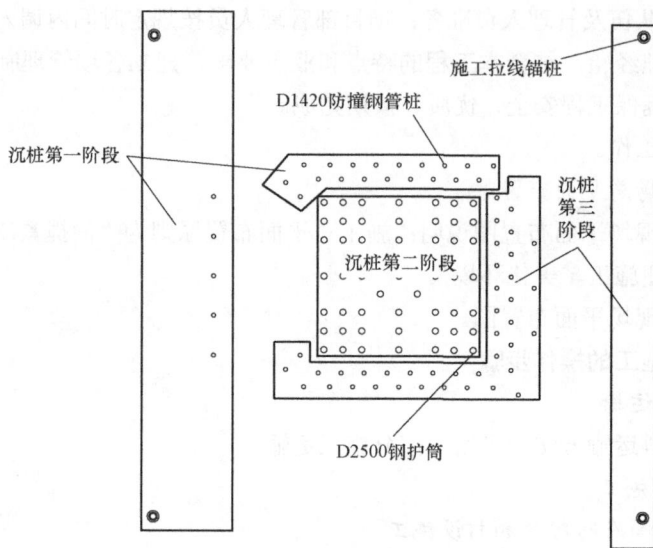

图 10-2-1 沉桩施工顺序图

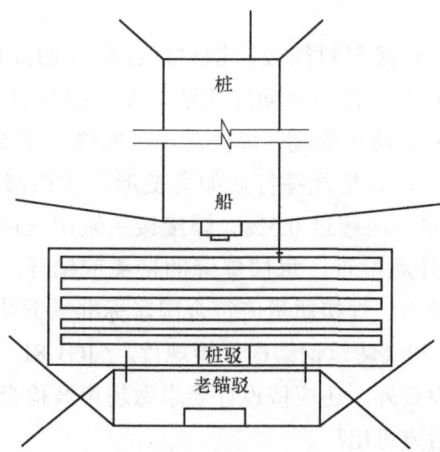

图 10-2-2 桩船、桩驳、老锚驳三者位置图

桩的吊点严格按设计要求执行；如设计无具体要求，我方将按 JTJ 254—1998《港口工程桩基规范》要求采用四点吊如图 10-2-3 所示。

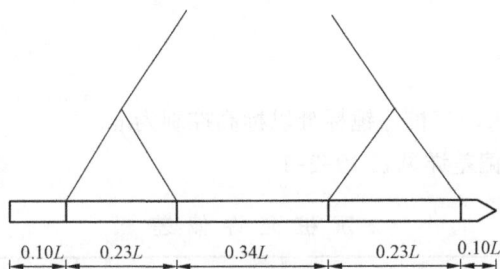

图 10-2-3　桩的四点起吊图

4. 沉桩定位测量

本工程采用 GPS 沉桩技术进行沉桩平面定位。GPS 沉桩定位系统采用中交三航局研制的"GPS 打桩定位系统"。该系统采用 GPS-RTK 模式、免棱镜测距仪、测倾仪、锤击计数器等先进的定位和传感设备，能直接可靠地确定桩身位置和桩顶标高，所有的定位数据以图像和数字形式显示在打桩船操作室的电脑的屏幕上，能准确地反映出施打桩的设计桩中坐标、桩顶标高、平面扭角、倾斜坡度和当前施打桩的实时位置的桩中坐标偏差、桩顶标高偏差、平面扭角偏差、实时倾斜坡度、实时贯入度等。便于操作人员进行对照比较，调整船体，准确定位。根据我局在杭州湾跨海大桥工程、东海大桥工程、洋山港一期码头工程中的实际应用效果，证明该系统的定位精度能够满足《港口工程桩基规范》（JTJ 254-98）要求。且与常规定位方法相比，具备全天候、连续性、精度高的导航定位功能等优点。

打桩船 GPS 沉桩定位：GPS 在打桩船上进行沉桩定位，采用"海工工程远距离 GPS 沉桩定位系统"，由三台固定在打桩船上的 GPS 流动站以 RTK 模式（动态），结合相应的打桩软件，进行实时控制船体的位置、方向和姿态。桩身的倾斜度由桩架控制。桩顶标高由安装在龙口后方的摄像机及测距仪实时测定，同时由"锤击计数器"记录沉桩时的锤击数，自动进行沉桩贯入度的计算，并显示在系统计算机屏幕上。沉桩结束后，系统能自动打印出"沉桩记录表"。在定位过程中，要注意实时检查"海工工程远距离 GPS 沉桩定位系统"中的三台 Trimble5700GPS 接收天线之间的夹角误差、距离误差、高差误差及三台 GPS 接收机的 RTK 状态的质量因子等是否符合相应的规范要求。

桩顶标高控制采用 GPS 和岸上设置的全站仪双重控制，确保设计桩顶标高的精确度。

5. 沉桩

定位、下桩、停锤等操作，由现场沉桩施工员根据测量人员的提供的信息和现场实际情况作出判断，并发布施工口令。桩船、方驳等船机设备，由现场施工员统一指挥。

6. 沉桩控制标准

（1）停锤标准。

严格按照设计要求，打桩停锤标准以标高控制为准。

（2）桩沉桩允许偏差详见表 10-2-1。

表 10-2-1　　　　　　　　　沉桩允许偏差　　　　　　　　　（mm）

沉桩区域　　　　　桩型	混凝土方桩		预应力混凝土大直径管		钢管桩	
	直桩	斜桩	直桩	斜桩	直桩	斜桩
近岸无掩护水域	150	200	200	250	150	200
离岸无掩护水域	200	250	250	300	250	300

注　1. 近岸指距岸≤500m，离岸指距岸＞500m；

　　2. 墩台中间桩可按上表规定放宽 50mm；

　　3. 表列允许偏差不包括由锤击震动等所引起地岸坡变形产生的桩基位移。

（四）钻孔灌注桩施工

1. 施工准备

（1）测量放样。

1）依据设计图纸，测量放样定出钻孔桩桩位，要求桩中心与护筒中心重合，要求桩位偏差符合设计及规范要求，并提请监理工程师复核桩位。

2）标高控制。

对每个孔钢护筒顶口标高进行测量复核，经甲方、监理核对无误后作为标高控制点，以控制孔底标高、钢筋笼顶标高、桩顶标高。

3）平面控制。

在钢护筒顶口上拉十字线，用于钻机定位和钢筋笼定位。

（2）前期准备。

1）施工人员进场。

2）进行技术交底，使每位施工人员明确技术质量、工期要求，了解施工条件和工作环境。

3）对职工进行质量、安全教育。

（3）冲孔及钻孔施工准备。

1）黏土等材料进场，焊接泥浆箱并建立泥浆循环系统。

2）设备进场并安装调试。

2. 钻机就位

钻机由海上运输船送至平台处，利用履带式起重机或起重船吊上将钻机安放在孔位上。并调整钻机冲击中心与相应的孔位中心保持一致，并用枕木铺垫在钻机底座下方。保持钻机底座平稳牢固，在钻进过程中不得产生位移和沉陷。钻机就位后底座应平稳牢固，在钻进过程中不得产生位移和沉陷。钻机就位后，钻机应垂直于水平面。任意方向的偏差应小于 3cm，钻头轴线与桩位中心的最大偏差小于 5cm。

3. 钻机试运转

钻机安装就位后，首先应进行试运转，认真检查钻机、泵组的运转情况，并对易损零配件进行检查，必要时更换。用 JK-8 型冲击钻机正循环冲击成孔。钻机性能参数如表 10-2-2 所示。

表 10-2-2　　　　　　　　JK-8 型冲击钻机性能参数表

序号	性能名称	性能参数	备　注
1	最大提升力（kN）	80	
2	最大冲孔直径（mm）	$\phi 2500$	
3	主机功率（kW）	55	
4	泥浆泵功率（kW）	22	
5	主机重量（t）	12	
6	底盘尺寸（mm×mm×mm）	2400×7900×8600	宽×长×高

4. 泥浆制备

该地层覆盖层较厚，护筒没有下沉到岩面，因而使用优质泥浆。具体的参数如表 10-2-3 所示。

表 10-2-3　　　　　　　　　制备泥浆性能参数表

相对密度	黏度（Pa·s）	含砂率（%）	胶体率（%）	失水率（mL/30min）	泥皮厚（mm/30min）	静切力（Pa）	酸碱度（pH）
1.05～1.1	16～22	≤4	≥96	≤25	≤2	1.0～2.5	8～10

5. 钻孔嵌岩起始面确定

嵌岩桩施工前积极与监理、设计、业主代表联系、沟通，首先明确"嵌岩起始面确认"制度和标准，以及"嵌岩起始面""终孔确定"和"清孔验收"的确认程序、检测方法及施工表识。

嵌岩起始面从以下五个方面进行确定：

（1）参考地质资料。

（2）取样分析。从出渣口取出岩样，当发现有中风化岩样时，说明已到中风化岩顶面，由于岩面倾斜，未全断面进入岩石。每进尺 10cm 取样一次，中风化岩比例逐渐增大。

（3）通过岩样比例分析。当取出岩样中，中风化岩含量达 50% 以上时（因泥浆中始终含有中风化顶面破碎岩及上部强风化岩渣），说明已全断面进入中风化，可初步确定嵌岩起始面。

（4）嵌岩面确定后继续取样，中风化比例保持稳定或增大，初步确定嵌岩起始面即为正式嵌岩起始面。入岩后，每 10cm 取一次岩样，及时报甲方、监理、设计、勘探单位，以鉴定嵌岩起始面。

（5）达到设计深度后，及时请监理人员验孔。

6. 终孔确定

终孔确定，项目部技术人员会同监理，用校正之后的测绳量孔深，根据嵌岩起始面、地质报告、孔底取样和终孔深度确定嵌岩深度和孔底标高。嵌岩深度（包括成孔直径和垂直度）满足设计要求后，报请现场监理工程师审核批准。

7. 清孔

（1）对冲孔及钻孔施工均采用正循环工艺、旋流器净化泥浆进行清孔。在完成钻孔深度后，提升钻锥至距孔底钻渣面 0.1～0.3m，以大泵量泵入符合清孔后性能指标的新泥浆维持正循环 4h 以上，直到清除孔底沉渣、减薄孔壁泥皮、泥浆性能指标符合要求为止。

（2）成孔达到设计深度后，及时清孔换浆，最后泥浆比重的控制符合规范要求，且清孔时必须保证孔内有足够的水头，以免坍孔。清孔结束后用测锤和专用测绳测量孔深，若达不到设计要求，应重新下钻，直到满足要求。

（3）终孔质量要求。

1）钻孔平面位置偏差任何方向不大于 5cm。

2）钻孔直径不小于设计直径。

3）垂直度偏差小于 1%。

4）沉渣厚度应小于 50mm。

（4）二次清孔。在下完钢筋笼后，如孔底沉渣厚度和泥浆质量达不到设计要求时可进行二次清孔，直到满足要求。

二次清孔采用空压机进行汽举反循环清孔，用泥浆分离机除渣。二次清孔泥浆性能参数必须符合表 10-2-4 要求。

表 10-2-4　　　　　　　　　　　　二次清孔泥浆性能参数

相对密度	黏度 (Pa·s)	含砂率(%)	胶体率 (%)	失水率 (mL/30min)	泥皮厚 (mm/30min)	静切力 (Pa)	酸碱度 (pH)
1.1~1.2	16~22	≤4	≥96	—	—	—	—

8. 钢筋笼制作与安放

（1）钢筋笼制作统一在临时场地钢筋加工区制作，钢筋必须有质量保证书，并通过抽样复检合格后才能制作钢筋笼。钢筋笼分节制作，每节长 9m。先根据桩径制作加强筋，并设置主钢筋定位板，然后按主筋根数均匀分布点焊加强筋上，绕上箍筋并梅花点焊。钢筋笼制作时必须做到成型钢筋笼直、箍筋圆，直观效果好。接头用螺纹接头，钢筋笼制作完成并检查合格后，用吊车吊运到平台上。

（2）因桩长根据地层而变化，所以钢筋笼的制作十分复杂。在钢筋制作场将不同规格及长度主筋、不同规格半成品箍筋分开堆放。先将底笼、中笼制好，待嵌岩面确定后，再制作顶笼。

（3）钢筋笼保护措施：为了保证钢筋笼主筋不产生露筋现象，定位钢筋每隔 2m设置一组，每组四根均匀设于加强筋四周。骨架顶端应设置吊环。

（4）钢筋笼入孔用钻机配合吊车。起吊应按钢筋笼的编号入孔。

（5）钢筋笼骨架的制作和吊放的允许偏差为：主筋间距±10mm；箍筋间距±20mm；骨架外径±10mm；骨架倾斜度±0.5%；骨架保护层厚度±20mm；骨架中心平面位置 20mm；骨架顶端高程±20mm；骨架底面高程±50mm。

（6）钢筋笼制作与安放按《钢筋焊接及验收规范》（JGJ 18—1996）及《港口工程嵌岩桩设计与施工规程》（JTJ 285—2000）执行。

（7）钢筋笼孔口对接下放用吊车，安放吊装时钢筋笼应呈垂直状态，对准孔中心，缓缓下放，注意轻吊、慢放，注意钢筋笼成品保护避免碰撞孔壁。就位后用两道插杠固定。安放钢筋笼时应，严禁将钢筋笼高起猛落强行下放。

钢筋笼制作与安放按《钢筋焊接及验收规范》（JGJ 18—1996）及《港口工程嵌岩桩设计与施工规程》（JTJ 285—2000）执行，质量检验标准如表 10-2-5 所示。

（8）根据设计要求作 100%的混凝土身超声波检测。超声波管采用三根$\phi 57$ 的钢管，在钢筋笼现场拼接时、同时将超声波管牢固地固定在笼内主筋上，超声波管固定采用绑扎工艺，接头采用丝扣连接，管底封口，防混凝土浇灌中的上浮。

超声波管接头不允许渗水，管底密封，管口要临时封堵，防止水、浆液、杂物落入管内。

表 10-2-5   钢筋笼质量检验标准

项目		允许偏差（mm）	检测点数（根）
主筋长度		+5；-15	2
钢筋笼直径		±5	6
箍筋间距或螺旋间距	焊接	±10	3
	绑扎	±20	
主筋（受力）间距		±10	3
钢筋保护层		±5	4

9. 水下灌注混凝土

根据设计，钻孔桩桩混凝土浇注采用 C30，每根桩混凝土浇注量为 127～228m³/桩。混凝土供应配置三航混凝土 16 号或三航混凝土 18 号混凝土两艘搅拌船，混凝土浇筑采用布料臂输送至浇筑部位。混凝土搅拌船主要技术参数如表 10-2-6 所示。

表 10-2-6   混凝土搅拌船主要技术参数

船名	满载吃水	总吨（t）	船体尺寸（m）			生产能力（m³/h）	一次上料最大浇注方量（m³）
			长	宽	深		
三航混凝土 16	3.3	2649	82.43	19.5	4.5	100	1000
三航混凝土 18	3.3	2531	69.8	19.6	4.5	100	750

（1）采用 ϕ250 丝扣接头式导管，导管底节长度大于 3.5m，同时配备有若干节长 2m、1.0m、1.5m 的短节。

（2）导管使用前，须做水密性试验，试验压力为 1.5 倍水压，应为 0.8～1MPa。以后每灌两个孔做一次水密性试验。

（3）混凝土灌注时，首灌混凝土必须符合埋深要求。混凝土导管上拔前，必须测量桩孔内混凝土顶面高程，核对导管底端高程，保证导管上拔后埋深不小于 2m。混凝土应加缓凝剂，缓凝时间应为 6～8h。混凝土灌注过程中应做 2～3 次坍落度试验。

（4）为防止钢筋笼上浮，将钢筋笼顶端主筋用型钢固定到钢护筒上，在钢筋笼底部 4m 以内降低混凝土的灌注速度，当混凝土面上升钢筋笼底口 4m 以上时，提升导管，使其底口高于钢筋笼底 1m 以上，即可恢复正常灌注速度。

（5）严格控制导管提拔长度，及时测定混凝土面高度，严格按规范控制导管埋深（2～6m）。在混凝土面接近桩顶标高时，应控制加料量及测定混凝土面标高，使浇筑后混凝土面高出设计桩顶标高 1m。导管全部安放后，采用正循环进行二次清孔，当沉渣厚度小于 5cm、泥浆含砂率等指标符合规范要求时，拆除排渣系统，立即进行混凝土灌注。混凝土拌制和灌注：混凝土配置时，其水泥用量不仅需满足设计强度要求，同时必须符合规范规定最低水泥用量等要求。混凝土中掺入高效减水和缓凝型外加剂，保证每根桩混凝土在灌注完成前不产生初凝。

（6）混凝土的浇注应连续进行，不得中断，按规范要求进行混凝土试块的制作和坍落度试验，均须按相关规范要求进行留取混凝土试块，必要时增加组数，并编号、养护、及时送检。坍落度应为 18～22cm。

（7）混凝土按水下混凝土配比，应加缓凝剂。

（8）在灌注将近结束时，应核对混凝土的灌入数量，以确定所测混凝土的灌注高度是否正确。

（9）混凝土灌注过程中，专业质检员填写"水下混凝土灌注记录"。

（10）混凝土浇注完毕后，及时对桩孔进行封盖，保护声测管及养护好桩头。

10. 泥浆处理

桩施工时溢出的泥浆按环保要求进行处理。

11. 混凝土浇注质量控制

混凝土浇注施工严格按设计要求控制各类材料的质量及材料的批量检验（项目部设专门人员管理），并认真做好级配比试验和试压工作，施工中由混凝土试验工负责试块的工作，确保混凝土供应的质量。各项工作严格按规范要求执行。

此外在浇注施工中还要加强以下几项工作：

（1）混凝土浇灌前全面检查包括混凝土供应船等在内的所有配套机具的完好性和就位状态，混凝土导管投入施工前，必须作水密性试验，防止混凝土浇灌中途停顿。

（2）如中途发生因机械故障中断时，应采取以下措施：

1）组织抢修，中断时间不宜超过 1.5h。

2）上下窜动导管，防止管内混凝土堵塞，但必须确保窜动时埋管最后深度保持 2m。

（3）混凝土浇灌前认真做好二次清孔工作。混凝土浇灌结束应采用人工挖除办法排除虚渣混凝土达到砼设计标高以上 0.3m。

（4）如混凝土浇灌期处于炎热夏季，施工应避开高温的中午前后时分，尽量利用早、晚、夜间实施作业，还应切实注意混凝土的坍落度，在混凝土试验工的协调下进行及时的调整和掺加缓凝剂量。

（5）健全混凝土浇注过程管理。嵌岩桩混凝土浇灌前应经项目部技术部门审定后及时报请监理同意后，下达混凝土浇灌令。

（五）防撞钢管桩施工

（1）在沉桩完毕后焊接水平钢管及斜梁，水平钢管及斜梁由海上运输船运至现场，吊车配合进行焊接安装，然后在施工的防撞桩周边安设简易钢结构施工平台，作为工人操作平台。

（2）利用吊机将潜水钻机徐徐放入孔内。

（3）将固定钻杆的钢结构支架在确定好钻杆位置后固定在钢护筒口并与钢护筒连接固定，利用钢护筒作为钻机钻孔反扭矩结构。

（4）启动钻机，并开启放置在钢管桩上部护筒内的泥浆泵抽排部分泥浆。

（5）启动钻孔循环泥浆泵并徐徐下放潜水钻机进行成孔施工。

（6）钻至设计深度后，停止下放钻机并调减循环泥浆比重，利用泥浆循环进行清孔。

（7）清孔至泥浆比重达到规范要求，停止泥浆循环，停钻并利用吊机将钻机徐徐起吊。

（8）解除固定钻杆的钢结构支架与钢管桩的固定连接，将钻机移出钢管桩。

（9）钻孔效果。从以往的实际成孔检测及现场混凝土灌注来看，采用潜水钻机成孔孔壁规则，成孔垂直度高（垂直度＜1%），沉渣厚度均可满足要求，一般不用回钻处理。

（10）下段钢管桩水下灌注混凝土。采用 C30 素混凝土，用搅拌船送入导管内进行混凝土灌注，灌注时应注意以下几点：

1）采用 ϕ250 丝扣接头式导管，导管底节长度大于 3.5m，应配备有若干节长 2m、1.0m、1.5m 的短节。

2）初灌时，导管底距孔底控制在 30cm 左右，初灌量保证导管埋管达到 0.8m 以上。

3）灌注过程中由专人负责探测混凝土面指导拆管，导管埋深宜控制在 2.5～10m 之间，杜绝夹泥、断桩。

4）为保证桩顶混凝土质量，所有桩均需超灌，桩顶上部混凝土灌注后采用振捣棒予以振捣密实。

5）水下混凝土灌注的整个过程，包括灌注桩桩号，灌注时间，混凝土实际灌注量，拔管记录应由专人负责详细记录，便于分析和总结。

6）每根桩灌注过程中，按规范要求留取混凝土试块，并编号、养护，及时送检。

（11）上段钢管施工。在拉索和套管安装完且拧紧索夹后进行上段钢管桩的焊接安装，钢护筒及防撞钢管桩焊接材料须按该钢材规程要求的焊接材料，并须有材质合格证明书，焊接采用粉芯焊丝自半自动焊接法，焊丝型号 H08 或与母材相匹配焊丝应按制造厂要求妥善保管，防止受潮。焊接前，在焊缝上下 50mm 范围内清除铁锈、油污，如有潮湿应先烘干，管桩经锤打后如有变形，应该修整合格。上下焊接桩时应该保证其垂直度，偏差不应超过 0.5%。焊接接头采用三层焊，焊完每层焊缝后，应及时清除焊渣，并作外观检查，每层焊缝的接头应错开。每个接头焊接完毕后，应冷却 1min 后，方可锤击。焊接质量应符合国家标准《钢结构工程施工质量验收规范》（GB 50205—2001）和《建筑钢结构焊接规程》（JGJ 81—2002）的规定，每个接头除按下要求做好外观检查外，还应按设计要求做超声波检查、X 射线检查及焊接接头拉力试验。焊接检查合格后进行混凝土浇筑及桩顶水平封板的施工，混凝土由搅拌船供应，干法施工。

（六）防腐施工

1. 喷砂除锈

采用压力式喷砂机对钢管外表面进行喷砂除锈，除去表面全部锈蚀产物和焊渣等溅射物，得到清洁度 Sa2.5 级、粗糙度 Rz40～80μm 的表面。

喷砂时在表面清洁度达到 Sa2.5 级后，应在原喷砂时间基础上延时 25% 以达到相应粗糙度。

对于非喷涂部位，在喷砂时应采取遮挡、覆盖等措施加以保护，避免喷砂处理时，磨料的飞溅造成非喷涂部位的损伤。

每台喷砂机配备两名喷砂操作工，一名拿枪操作，另一名照看喷砂机并配合拿枪操作工工作，负责装砂、自检或翻转工件等。喷砂操作工应穿戴好劳保用品，呼吸供气正常后进入涂装车间喷砂操作。

喷砂完毕后清除磨料，吹净表面灰尘。

喷砂工艺参数如表 10-2-7 所示。

表 10-2-7　　　　　　　　喷 砂 工 艺 参 数

参数名称	空气压力	喷射角度	喷射距离	喷枪移动速度
指标要求	0.5MPa 以上	70°～80°	300～350mm	一次性达到要求

喷砂后检查喷砂除锈质量，检验不合格处应及时重新喷砂直到合格为止。

喷砂质量标准和检验方法如表 10-2-8 所示。

表 10-2-8　　　　　　　　喷砂质量标准和检验方法

检验项目	质量要求	检验标准	检验方法
清洁度	Sa2.5 级	GB 8923—1988《涂装前钢材表面锈蚀等级和除锈等级》	用比较样块目视对比检验
粗糙度	Rz40～80μm	GB 11373—1989《热喷涂金属件表面预处理通则》	塑胶贴纸法，每一施工段检测 3 点

2. 电弧喷铝

手持电弧喷涂机每套设备配备两名喷涂操作工，操作工穿戴好劳保用品，呼吸供气正常后进入涂装车间喷涂操作，其中一名操作喷涂枪进行喷涂，另一名照看喷涂机并配合拿枪操作工工作。

喷涂开始时首先合上喷涂机电源，打开喷涂机供气开关，调节电流和电压到要求的工艺参数，喷枪对着非喷涂面试喷，喷涂正常后再对需喷涂面进行正式喷涂。

当喷涂完毕后停止喷涂，关闭气源，拉下电源开关。当检测涂层厚度不够时需继续补喷直到合格为止。

电弧喷铝工艺参数如表 10-2-9 所示。

表 10-2-9　　　　　　　　　电 弧 喷 铝 工 艺 参 数

工艺参数	
喷涂电压（V）	24~34
喷涂电流（A）	100~300
雾化气体压力（MPa）	≥0.5
喷涂距离（mm）	250~300
喷涂角度（°）	60~80
喷涂速度	手工喷涂二次达到规定厚度，相邻喷涂区应有1/3宽度重叠

喷铝质量标准和检验方法如表 10-2-10 所示。

表 10-2-10　　　　　　　　　喷铝质量标准和检验方法

检验项目	质量要求	检验标准	检验方法
外观	外观均匀、致密，无未熔化大颗粒等缺陷	GB/T 9793—1997《金属和其他无机覆盖层热喷锌、铝及其合金》	用目视法检验
厚度	220μm		磁性测厚仪测量
附着力	≥9.8MPa		划格法、拉拔法
密度	2.3g/cm³	GB 9796—1988《热喷铝及铝合金涂层及其试验方法》	称重法
孔隙率	少于1~3 点/cm²	JB/T 7509—1994《热喷涂涂层孔隙率试验方法铁试剂法》	铁试剂法

3. 封闭涂层涂装

封闭涂料采用环氧乙烯磷化底漆。

用铲刀、毛刷或压缩空气清除铝涂层表面的灰尘和大颗粒。对铝涂层表面进行封闭涂装；对边角、焊缝等喷涂死角使用刷涂或滚涂方法预涂，然后使用高压无气喷涂机喷漆。封闭漆涂装一道。

为达到较好的封闭效果，封闭涂料应添加适量的稀释剂，降低封闭涂料黏度，使封闭涂料更好地渗透进铝涂层内。

封闭涂层的质量指标主要为外观和附着力。

检验标准：GB/T 9286—1998《色漆和清漆 漆膜的划格试验》。

检验方法：漆膜附着力：采用划格法进行划格评级；

漆膜外观：采用目视法。

涂层质量：涂层外观应颜色均匀，无漏涂、无流挂、无起泡等现象；划格法检测达到 1 级。

4. 中间漆涂装

对封闭涂层表面进行清理，清除表面污物和灰尘，局部粗糙处应用砂纸打磨，涂装环氧玻璃磷片厚浆漆一道。

对边角、焊缝等部位先进行预涂，然后用高压无气喷涂方法喷涂。

中间漆涂层质量标准和检验方法如表 10–2–11 所示。

表 10–2–11　　　　　　　　中间漆涂层质量标准和检验方法

检验项目	质量要求	检验标准	检验方法
外观	颜色均匀，无漏涂、无流挂、无起泡等缺陷	TB/T 1527—1995《铁路桥梁保护涂装》	用目视法检验
厚度	150μm	GB 4956—1985《磁性金属基体上非磁性覆盖厚度测量磁性方法》	磁性测厚仪测量
附着力	1 级及以上	GB/T 9286—1998《色漆和清漆 漆膜的划格试验》	划格法

5. 脂肪簇丙烯酸聚氨酯面漆涂装

对中间漆涂层表面进行清理，清除表面污物和灰尘。

对边角、焊缝等部位先进行预涂，然后用高压无气喷涂方法喷涂面漆。

面漆涂层质量标准和检验方法如表 10–2–12 所示。

表 10–2–12　　　　　　　　面漆涂层质量标准和检验方法

检验项目	质量要求	检验标准	检验方法
外观	颜色均匀，无漏涂、无流挂、无起泡等缺陷	TB/T 1527—1995《铁路桥梁保护涂装》	用目视法检验
厚度	50μm	GB 4956—1985《磁性金属基体上非磁性覆盖厚度测量磁性方法》	磁性测厚仪测量
附着力	1 级及以上	GB/T 9286—1998《色漆和清漆 漆膜的划格试验》	划格法

五、注意事项

1. 沉桩施工注意事项

（1）进行现场勘察及地质情况分析，并制定相应措施确保施工质量；

（2）建立测控网和 GPS 参考站并报监理验收批复；

（3）仔细排定沉桩顺序、制定抛锚方案；审查桩位图，验算有否碰桩情况，确保沉桩顺利进行；

（4）对打桩船和沉桩有关施工技术人员进行施工前技术交底，并书面备案；

（5）沉桩施工时，现场所有施工船只由施工员统一协调指挥、密切配合；

（6）做好内业计算和校核工作，确保沉桩定位数据正确无误；

（7）做好沉桩落驳工作，避免现场翻桩；

（8）开锤前应检查锤、替打与桩是否在同一轴线上，避免偏心锤击；

（9）动船移位避免绊桩，沉桩结束后设置警戒值班船只，确保已完桩基的安全；

（10）做好沉桩记录和施工日记，并保持记录的清晰、完整。

2. 冲孔过程注意事项

（1）在钻头锥定和提升钢丝绳之间应设置保证钻头自转向的装置，以防产生梅花孔。

（2）冲孔时应注意落锤高度，正常以 1～1.5m 为宜，开始冲程较小，随后逐步加大冲程。

（3）根据地质报告，本工程岩面有倾斜，若遇到倾斜岩面，则在钢护筒底口上下用小冲程冲孔，冲程 0.5～0.8m。冲击到钢护筒底口，提钻，向孔内抛掷 50～60cm 高的块石，冲击出钢护筒底口 20～30cm，再向孔内抛掷 50～60cm 高的块石，再冲击。如此反复，直至岩面打平，钻头全断面进入基岩 1m 后，正常冲击成孔。

（4）冲击成孔应符合下列规定：

1）冲孔中遇到斜孔、弯孔、梅花孔、塌孔、护筒周围冒浆等情况时，应停止施工作业并采取措施后才能在进行施工；

2）除能自行造浆的土层外，均制备泥浆，泥浆制备选用高塑性黏土或膨润土，拌制泥浆应根据施工机械、工艺及穿越土层进行配合比设计。

（5）施工期间护筒内的泥浆面应高出最低潮位 1.0m 以上。

（6）当孔内水头突然升高或突然降低，说明坍孔，应立即停钻，并向孔内反复投放黏土夹块石回填，停止泥浆循环，反复冲击，待孔壁稳定后，再进行正常冲孔。

3. 防腐施工注意事项

（1）焊口处预留 50mm 宽不喷涂铝涂层和油漆涂层，以免影响焊接，用木板或胶带纸遮挡保护。

在工序交叉施工时如果出现工序间的相互影响，应进行充分的保护。

如有特殊部位需进行保护不能受喷砂、喷铝或油漆涂装的影响，要遮挡保护。

（2）搬运工件要轻拿轻放，并按指定位置放置，不能乱扔乱摔，以防碰坏工件或破坏防腐涂层。

（3）进行喷砂工序、喷涂工序和油漆工序过程中要佩戴无油污的干净手套，不得裸手接触工件。

（4）施工过程中严格按规定的安全操作规程施工，注意通风，安全用电。

【思考与练习】

（1）水中基础施工的作业流程包括哪些内容？

（2）水中基础钻孔灌注桩施工终孔有哪些质量要求？

（3）水下灌注混凝土对埋深、缓凝时间、浇筑过程有何要求？

（4）水下基础防撞钢管施工灌注混凝土时有哪些注意事项？

（5）水中基础施工有哪些防腐施工方法？

（6）沉桩施工中有哪些安全注意事项？

第十一章

基础施工安全及环保措施

▲ 模块1　基础施工安全及环保措施（新增模块）

【模块描述】本模块包含基础施工的安全措施、环境保护措施等内容。通过内容介绍，掌握基础施工安全及环保要求，采取对应措施。

【模块内容】

前文基础施工的每个操作项目里都有提及危险点及安全控制措施，因此，本模块重点介绍基础施工的环保措施。相关的安全措施请参照具体的基础施工项目。

一、一般要求

（1）施工前，应对线路施工现场进行调查，了解线路沿线居民区、矿产资源、文物古迹、风景区、保护区、野生动植物、河流、树木、农作物等情况。熟悉国家、当地政府、业主有关环境保护（以下简称环保）的法规及其他要求。

（2）施工前及采用新技术、新材料、新工艺、新设备前，应对线路施工活动可能产生的环境影响因素进行识别和分析，并在施工组织设计、安全文明施工实施细则、作业指导书、施工方案中编制相应的环保措施。

（3）施工单位应按设计要求组织施工，确保线路投产后环境影响的最小化。

（4）施工技术交底的同时，应对工程项目的环保措施进行交底。

（5）应对施工人员进行环保施工教育培训，增强施工人员环保意识。

（6）应定期对施工现场环保措施的实施情况进行检查，做好检查记录。

（7）在施工现场的办公区和生活区应设置明显的节能宣传标识。

二、资源节约措施

1. 节约土地及防水土流失

（1）施工临时占地在满足施工要求的前提下，保持最小化。

（2）施工场地应实行封闭管理。采用安全围栏进行围护、隔离、封闭。

（3）按设计要求控制基面开挖，严禁随意弃土。

（4）场地位于耕地时，要求生土、熟土分别堆放，施工完后恢复原貌。

（5）山区施工宜尽量利用原有的小道作为小运道路，减少对山体植被的破坏。

（6）位于坡面的基础，开挖前应设置拦挡和排水设施。

（7）材料站、加工区选择时，应优先考虑利用荒地、废地或闲置的土地。

（8）爆破开挖应控制装药量和爆破范围，采取措施，控制可能造成的水土流失及对周围环境的影响。

2. 节能

（1）油品节约措施。

1）施工机械宜选用高效节能型设备。

2）施工机械设备应建立按时保养、保修、检验制度。

3）建立机械、车辆燃油统计台账，制订设备油料消耗定额。

4）合理选择材料站位置，缩短运输半径。

5）合理组织施工，提高机械设备的使用率。

（2）电能节约措施。

1）照明器具宜选用节能型。室外照明宜采用高强度气体放电灯，办公室等场所宜采用细管荧光灯，生活区宜采用紧凑型荧光灯。在满足照度的前提下，办公室节能型照明器具功率密度值不得大于 $8W/m^2$，宿舍不得大于 $6W/m^2$，仓库照明不得大于 $5W/m^2$。

2）规定合理的温、湿度标准和使用时间，提高空调和采暖装置的运行效率。夏季室内空调温度设置不得低于 26℃，冬季室内空调温度设置不得高于 20℃。空调运行期间应关闭门窗。

3）220V/380V 单相用电设备接入 220V/380V 三相系统时，宜使三相负荷平衡。

4）用电必须装设电表，进行电能计量与控制。

5）用电电源处应设置明显的节约用电标识。

（3）力、公区、生活区宜安装太阳能装置提供生活热水。

（4）临时设施的设计、布置与使用，应采取有效的节能降耗措施，并符合下列规定：

1）利用场地自然条件，合理设计办公及生活临时设施的体形、朝向、间距和窗墙面积比，冬季利用日照并避开主导风向，夏季利用自然通风。

2）临时设施宜选用由高效保温隔热材料制成的复合墙体和屋面，以及密封保温隔热性能好的门窗。

（5）施工使用的材料宜就地取材。

3. 节水

（1）用水宜使用节水型生活用水器具，在水源处应设置明显的节约用水标识。

（2）施工井点降水，必须经项目部审查；排水不得漫灌地面，应导入地表沟、渠、河流或地下。

（3）应充分利用雨水资源，保持水体循环。

（4）提倡对废水进行回收后循环利用。

4. 节约材料与资源利用

（1）优化施工方案，选用绿色材料，积极推广新技术、新材料、新工艺，促进材料的合理使用，降低实际施工材料的消耗量。

（2）对周转材料进行保养维护，维护其质量状态，延长其使用寿命。按照材料存放要求进行材料装卸和临时保管，避免因现场存放条件不合理而导致浪费。

（3）施工现场应建立可回收再利用物资清单，制订并实施可回收废料的回收管理办法，提高废料利用率。

（4）推广先进工艺、技术，降低钢筋、导线剪裁浪费；合理确定混凝土掺和料及配合比，降低水泥消耗。

三、防治环境污染措施

1. 扬尘污染控制

（1）施工现场土方作业应采取防止扬尘措施，土方应集中堆放。

（2）运输过程中应对运输物采取相应保护措施，防止沿途散溢。

（3）材料存放区、加工区及模板存放场地应平整坚实。

（4）有条件的施工现场可使用预拌混凝土。

2. 有害气体排放控制

（1）施工车辆、机械设备的尾气排放应符合国家的排放标准。

（2）施工中所使用的阻燃剂、混凝土外加剂氨的释放量应符合国家标准。

3. 水土污染控制

（1）灌注桩施工须设置泥浆沉淀池，禁止将泥浆水直接排入农田、池塘。

（2）施工现场机械设备不得漏油；现场维修机械设备，应在地面铺垫或使用容器，避免油料污染土地。

（3）食堂应设隔油池，并应及时清理。

（4）临时厕所应有防污染措施。

4. 噪声污染控制

（1）选用噪声较低的施工机械、设备，对机械、设备采取必要的消声、隔振和减振措施，同时做好机械设备日常维护工作。

（2）临近居住区的施工现场应根据国家标准的要求制订降噪措施，并对施工现场场界噪声进行检测和记录，噪声排放不得超过国家标准。

施工现场场界噪声应符合表 11-1-1 规定。

表 11-1-1　　　　　　　　　　施工现场场界噪声限值表

施工阶段	主要噪声源	噪声限值（dB）	
		昼间	夜间
土石方	推土机、挖掘机、装载机等	75	55
打桩	各种打桩机等	85	禁止施工
结构	混凝土搅拌机、振捣棒、电锯等	70	55
装修	吊车、升降机等	65	55

（3）邻近居民区施工，对因生产工艺要求或其他特殊需要，确需在夜间进行超过噪声标准施工的，施工前应向有关部门提出申请，经批准后方可进行夜间施工。

（4）装卸材料应做到轻拿轻放。

5. 施工固体废弃物控制

（1）砂石、水泥等材料现场存放时应铺垫。

（2）施工后，对施工中产生的固体废弃物应全部清除。

（3）施工垃圾、生活垃圾应分类存放，并按规定及时清运消纳。

6. 水上施工环保措施

（1）所有参与海上施工的船舶不得随意向海上丢放生产、生活垃圾，垃圾集中保管，由专用垃圾运输船送至海事部门指定的区域。在钻机平台上设垃圾箱，指定专人收集，定时集中送到指定地点处理。

（2）所有施工船舶不得随意向海上排放油污和污水。油污和污水用水泵抽到专用运污船上交由海事部门统一处理。

（3）施工中产生的泥浆、残余混凝土等排放至当地环保部门指定地点。

7. 其他环境影响控制

在施工过程中发现文物时，应立即停止施工，保护现场并通报文物管理部门。

【思考与练习】

（1）基础施工中对于节约土地及防水土流失有哪些要求？对于节水的环保措施有哪些具体要求？

（2）基础施工中对于水土污染控制有哪些具体要求？

（3）水中基础施工的环保措施有哪些？

（4）基础施工中施工固体废弃物的具体要求有哪些？

第十二章

基础工程检查验收

▲ 模块 1　基础及接地工程检查验收（GYSD00701003）

【模块描述】本模块包含基础防沉层及防冲刷得要求、接地引下线及接地网的要求、基础外形及尺寸要求、接地电阻要求等内容。通过内容介绍，掌握基础工程检查验收标准和方法。

【模块内容】

基础及接地工程是输电线路工程的重要组成部分。由于在验收检查阶段，大部分基础和接地工程均已隐蔽或埋在地下，因此在验收检查时，应对重点部位进行抽查，同时，需认真检查相应的施工、监理、验收等方面的记录，核查监理人员隐蔽工程旁站监理的签名。

基础和接地工程的验收主要包括基础防沉层及防冲刷措施、接地引下线及接地网、基础外形及尺寸、接地电阻等方面的内容。

一、基础防沉层及防冲刷的要求

（1）杆塔基础坑及拉线基础坑回填，应符合设计要求。一般应分层夯实，每回填300mm 厚度夯实一次。坑口的地面上应筑防沉层，防沉层的上部边宽不得小于坑口边宽。其高度视土质夯实程度确定，基础验收时宜为 300～500mm。经过沉降后应及时补填夯实。工程移交时坑口回填土不应低于地面。

（2）石坑回填应以石子与土按 3:1 掺合后回填夯实。

（3）泥水坑回填应先排出坑内积水然后回填夯实。

（4）冻土回填时应先将坑内冰雪清除干净，把冻土块中的冰雪清除并捣碎后进行回填夯实。冻土坑回填在经历一个雨季后应进行二次回填。

（5）接地沟的回填宜选取未掺有石块及其他杂物的泥土并应夯实，回填后应筑有防沉层，其高度宜为 100～300mm，工程移交时回填土不得低于地面。

（6）位于山坡、河边或沟旁等易冲刷地带基础的防护，应按设计要求做好排水沟、护坡等措施。

二、接地引下线及接地网的要求

（1）接地体的规格、埋深不应小于设计规定。

（2）接地装置应按设计图敷设，受地质地形条件限制时可作局部修改。但不论修改与否均应在施工质量验收记录中绘制接地装置敷设简图并标示相对位置和尺寸。原设计图形为环形者仍应呈环形。

（3）敷设水平接地体宜满足下列规定：

1）遇倾斜地形宜沿等高线敷设。

2）两接地体间的平行距离不应小于 5m。

3）接地体铺设应平直。

4）对无法满足上述要求的特殊地形，应与设计方协商解决。

5）接地体的埋深一般应按以下规定执行：岩石为 0.3m，山区和丘陵为 0.6m，平地为 0.8m，当设计有规定时，按设计要求执行。

（4）垂直接地体应垂直打入，并防止晃动。

（5）接地体连接应符合下列规定：

1）连接前应清除连接部位的浮锈。

2）除设计规定的断开点可用螺栓连接外，其余应用焊接或液压、爆压方式连接。

3）接地体间连接必须可靠。

当采用搭接焊接时，圆钢的搭接长度应为其直径的 6 倍并应双面施焊；扁钢的搭接长度应为其宽度的 2 倍并应四面施焊。

当圆钢采用液压或爆压连接时，接续管的壁厚不得小于 3mm，长度不得小于搭接时圆钢直径的 10 倍，对接时圆钢直径的 20 倍。

接地用圆钢如采用液压、爆压方式连接，其接续管的型号与规格应与所压圆钢匹配。

（6）接地引下线与杆塔的连接应接触良好，并应便于断开测量接地电阻，当引下线直接从架空地线引下时，引下线应紧靠杆身，并应每隔一定距离与杆身固定。

（7）接地线回填土必须采用泥土，特别是接地线周围的泥土不得含有石块，新建线路不得采用降阻剂措施，该裕度应留给运行单位，当该杆塔遭受雷击后的接地电阻处理用。

三、基础外形及尺寸要求

基础工程是线路工程中的隐蔽工程，其内部质量以验收隐蔽工程签证及试块试验报告为准，同时核查监理人员对该检测制作试块时的旁站监督签名和记录。在竣工验收检查时，由于铁塔已经组立完成，混凝土保护帽已经浇筑完成，因此，在验收过程中除对基础的表面质量和外型尺寸进行检查外，还应抽查部分保护帽，检查保护帽质量及其杆塔地脚螺栓是否紧固、完好。对于条件允许的验收单位，应在核查试块报告的同时，也可在现场采用混凝土回弹仪检测强度或现场取混凝土芯送试验所做混凝土强度试验来验证基础强度质量。

基础外形及尺寸应符合以下要求：

（1）基础表面应平整，无露筋、无明显的损伤等缺陷，并应符合 GB 50204—2002《混凝土结构工程施工质量验收规范》的规定。

（2）浇筑基础单腿尺寸允许偏差应符合下列规定：

1）保护层厚度：−5mm（外观检查没有漏筋现象即可）。

2）立柱及各底座断面尺寸：合格为−1%，优良为−0.8%。

（3）浇筑拉线基础的允许偏差应符合下列规定：

1）基础尺寸。

断面尺寸：合格为−1%，优良为−0.8%；

拉环中心与设计位置的偏移：20mm。

2）基础位置：拉环中心在拉线方向前、后、左、右与设计位置的偏移：1%L。

3）X 形拉线基础位置应符合设计规定，并保证铁塔组立后交叉点的拉线不磨损。

注：L 为拉环中心至杆塔拉线固定点的水平距离。

四、接地电阻要求

（1）测量接地电阻可采用接地摇表。所测得的接地电阻值应根据当时土壤干燥、潮湿情况乘以季节系数，其乘积不应大于设计规定值。季节系数可参照表 12-1-1 所示。

表 12-1-1   **接地电阻测量的季节系数**

埋深（m）	水平接地体	2～3m 的垂直接地体
0.5	1.4～1.8	1.2～1.4
0.8～1.0	1.25～1.45	1.15～1.3
2.5～3.0（深埋接地体）	1.0～1.1	1.0～1.1

注　测量接地电阻时，如土壤比较干燥，则应采用表中较小值，比较潮湿时，取较大值。

（2）测量接地电阻时，应避免在雨雪天气测量，一般可在雨后三天左右进行测量。

（3）在雷季干燥时，每基杆塔不连地线的工频接地电阻，不宜大于表 12-1-2 所列数值。

土壤电阻率较低的地区，如杆塔的自然接地电阻不大于表 12-1-2 所列数值，可不装人工接地体。

表 12-1-2　　　　　　　　　　有接地线的线路杆塔的工频接地电阻

土壤电阻率（Ω·m）	100 及以下	100 以上至 500	500 以上至 1000	1000 以上至 2000	2000 以上
工频接地电阻（Ω）	10	15	20	25	30*

* 如土壤电阻率超过 2000Ω·m，接地电阻很难降到 30Ω时，可采用 6～8 根总长不超过 500m 的放射形接地体或连续延长接地体，其接地电阻不受限制。

（4）中性点非直接接地系统在居民区的无地线钢筋混凝土杆和铁塔应接地，其接地电阻不宜超过 30Ω。

五、基础及接地工程验收项目、标准、方法

（1）现浇混凝土铁塔基础质量等级评定标准及检查方法见表 12-1-3。

表 12-1-3　　　　　现浇混凝土铁塔基础质量等级评定标准及检查方法

序号	性质	检查（检验）项目	评级标准（允许偏差）		检查方法
			合格	优良	
1	关键	地脚螺栓、钢筋及插入式角钢规格、数量	符合设计要求	制作工艺良好	现场抽查，与设计图纸核对
2	关键	混凝土强度	不小于设计值		检查试块试验报告或回弹仪等抽查
3	关键	底板断面尺寸（%）	-1	-0.8	查监理记录、施工记录、中间验收记录
4	重要	基础埋深（mm）	+100，-50	+100，-0	查监理记录、施工记录、中间验收记录
5	重要	钢筋保护层厚度（mm）	-5		观察
6	重要	混凝土表面质量	基础表面应平整，无露筋、无明显的损伤等缺陷，并应符合 GB 50204—2002 的规定		观察
7	重要	立柱断面尺寸	-1%	-0.8%	钢尺测量
8	重要	回填土	坑口回填土不低于地面	无沉陷，防沉层整齐美观	观察

预制装配式铁塔基础、岩石、掏挖基础质量等级评定标准及检查方法可参照表 12-1-3。

（2）现浇拉线（含锚杆拉线）基础质量等级评定标准及检查方法见表 12-1-4。

表 12-1-4 现浇拉线（含锚杆拉线）基础质量等级评定标准及检查方法

序号	性质	检查（检验）项目	评级标准（允许偏差）		检查方法
			合格	优良	
1	关键	拉线基础埋件钢筋规格、数量	符合设计要求	制作良好	现场抽查，与设计图纸核对
2	关键	混凝土强度	不小于设计值		检查试块试验报告或回弹仪等抽查
3	关键	底板断面尺寸（%）	−1	−0.8	查监理记录、施工记录、中间验收记录
4	重要	基础埋深（mm）	+100，−50	+100，−0	查监理记录、施工记录、中间验收记录
5	重要	钢筋保护层厚度（mm）	−5		观察
6	重要	混凝土表面质量	基础表面应平整、无露筋、无明显的损伤等缺陷，并应符合 GB 50204—2002 的规定		观察
7	重要	回填土	坑口回填土不低于地面	无沉陷，防沉层整齐美观	观察
8	一般	拉线棒	无弯曲、锈蚀	回头方向一致	观察

混凝土杆预制基础质量等级评定标准及检查方法可参照表 12-1-3。

（3）灌注桩基础质量等级评定标准及检查方法见表 12-1-5。

表 12-1-5 灌注桩基础质量等级评定标准及检查方法

序号	性质	检查（检验）项目	评级标准（允许偏差）		检查方法
			合格	优良	
1	关键	地脚螺栓、钢筋及插入式角钢规格、数量	符合设计要求	制作工艺良好	现场抽查，与设计图纸核对
2	关键	混凝土强度	不小于设计值		检查试块试验报告或回弹仪等抽查
3	关键	连梁（承台）标高	不小于设计值		查监理记录、施工记录、中间验收记录
4	重要	连梁断面尺寸（%）	−1	−0.8	查监理记录、施工记录、中间验收记录
5	重要	连梁钢筋保护层厚度（mm）	−5		观察
6	重要	混凝土表面质量	基础表面应平整，无露筋、无明显的损伤等缺陷，并应符合 GB 50204—2002 的规定		观察
7	一般	地面整理	地面无沉陷，平整美观		观察

灌注桩基础质量等级评定标准及检查方法可参照表 12-1-5。

（4）埋深式接地装置质量等级评定标准及检查方法见表 12-1-6。

表 12-1-6 埋深式接地装置质量等级评定标准及检查方法

序号	性质	检查（检验）项目	评级标准（允许偏差）		检查方法
			合格	优良	
1	关键	接地体规格、数量	符合设计要求		现场抽查，与设计图纸核对
2	关键	接地电阻值	符合设计要求	比设计值小 5%	接地电阻表测量
3	关键	接地体连接	符合本模块第二章要求		开挖，钢尺测量，外观检查
4	重要	接地体防腐	符合设计要求		开挖，外观检查
5	重要	接地体敷设	符合本模块第二章要求	平整不宜冲刷	开挖，钢尺测量，外观检查
6	重要	接地体埋深	符合设计要求	大于设计值	开挖，钢尺测量
7	重要	回填土	符合本模块第一章第5条要求	表面平整	观察
8	一般	接地引下线	符合设计要求	牢固、整齐、美观	观察

【思考与练习】

（1）杆塔基础坑回填应符合哪些要求？

（2）接地体间的连接有哪些规定？

（3）浇筑基础单腿尺寸允许偏差应符合哪些规定？

（4）各类土壤电阻率下的工频接地电阻值一般是如何规定的？

第三部分

杆 塔 施 工

第十三章

杆塔构件地面组装

◢ 模块1　杆塔组立概述（ZY0200102001）

【模块描述】本模块包含杆塔基本类型、组立方法概述。通过内容介绍，了解杆塔型式及其组立方法。

【模块内容】

一、铁塔的分类

1. 按用途分类

（1）直线型铁塔。直线型铁塔（含悬垂转角塔）用于线路的直线地段或小转角处，主要承受导线及地线的垂直荷重和水平风压荷重。

直线型铁塔名称分类如下：单回路中分别分为 ZB—酒杯塔（平腿）、ZBC—酒杯塔（长短腿）、ZJ—直线转角塔（平腿）、ZJC—直线转角塔（长短腿）等，双回路中分别分为 SZ—同塔双回直线鼓型塔（平腿）、SZC—同塔双回直线鼓型塔（长短腿）、SZJ—同塔双回直线转角塔（平腿）、SZJC—同塔双回直线转角塔（长短腿）等。

（2）耐张型铁塔。耐张型铁塔用于线路的直线耐张、转角及进出变电站终端等处，它包括下述三种铁塔：

1）直线耐张铁塔，其作用是将线路的直线部分分段及控制事故范围。在事故情况下，承受断线拉力而不致扩展到相邻的耐张段。

2）转角铁塔用于线路的转角地点，其具有耐张铁塔相同的作用和特点。在正常情况下，承受导地线向内角的合力。

3）终端铁塔，位于线路的起止点，它同时允许线路转角。在正常情况下承受线路侧与构架侧的架空线不平衡张力；在事故情况下它承受架空线的断线张力。

耐张型铁塔名称分类如下：

单回路：J—耐张转角塔（平腿）、JC—耐张转角塔（长短腿）、DJ—终端塔。

同塔双回路：SJ—同塔双回耐张转角塔（平腿）、SJC—同塔双回耐张转角塔（长短腿）、SDJ—同塔双回终端塔。

（3）特殊型铁塔。包括用于跨越、换位、分支等特殊要求的铁塔。

1）跨越铁塔，当线路跨越河流、铁路、公路或其他电力线等障碍物时，常常需要较高的直线塔或耐张塔，一般以直线塔居多。跨越塔分为普通跨越塔和大跨越塔，后者是指跨越档档距超过 1000m 且总高度在 100m 以上的铁塔。

2）换位铁塔，主要起导线换位作用，有直线换位塔和耐张换位塔两种。

3）分支铁塔，用于线路分支处，有直线分支和耐张分支两种。

2. 按导线回路数分类

（1）单回路铁塔，导线仅有一回（交流三相、直流两相），无地线或为一至两根地线的铁塔。

（2）双回路铁塔，导线为两回（交流六相、直流四相）同塔架设，地线为一至两根的铁塔。

（3）多回路铁塔，导线为三回及以上同塔架设的铁塔。

3. 按结构型式分类

（1）拉线塔，铁塔的拉线一般用高强度钢绞线做成，能承受很大的拉力，因而使拉线塔能充分利用材料的强度特性而减少钢材耗用量，但其占地面积较大。

（2）自立式铁塔（含钢管塔），指不带拉线的铁塔，因其塔身较宽大，刚性好，也称刚性铁塔。

（3）自立式钢管杆，此类杆塔近年在国内城市电网中应用较为普遍。

二、铁塔型号及型式

铁塔型号以名称代号表达，其名称代号一般是按 GB 2695《输电线路铁塔型号编制规则》的要求规定。

1. 表示铁塔用途分类的代号

表示铁塔用途分类的常用代号见表 13-1-1。

表 13-1-1 铁塔用途分类代号表

序号	种类	代号	序号	种类	代号
1	直线塔	Z	6	换位塔	H
2	耐张塔	N	7	分支塔	F
3	转角塔	J	8	直线转角塔	ZJ
4	终端塔	D	9	拉线塔	L
5	跨越塔	K	10	双回塔	S

2. 表示铁塔外形或导地线布置形式的代号

铁塔外形或导地线布置形式代号见表 13-1-2。

表 13-1-2　　　　　　　铁塔外形或导地线布置形式代号表

序号	种类	代号	序号	种类	代号
1	上字型	S	8	V 字型	V
2	三角型	J	9	干字型	G
3	叉骨型	C	10	鼓　型	Gu
4	猫头型	M	11	伞　型	Sn
5	桥型	Q	12	羊字型	Y
6	酒杯型	B	13	倒伞型	Sd
7	门型	Me			

3. 拉线塔简介

拉线塔按电压等级分为 110kV、220kV、330kV、500kV 及 750kV。

拉线塔按其外形分为单柱式、门型、V 型及猫头型。如图 13-1-1～图 13-1-3 所示。

4. 自立式铁塔

由于电压等级、回路数的不同，铁塔有多种型式。常用各种塔型如图 13-1-4～图 13-1-21 所示。

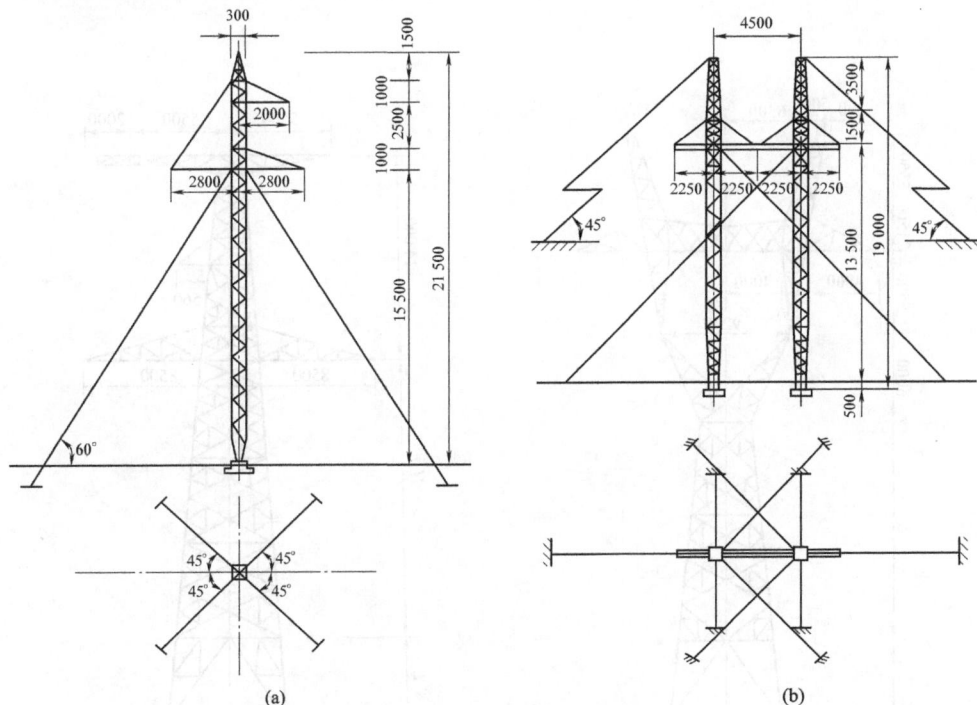

图 13-1-1　110kV 单柱式及门型拉线塔单线图

（a）Z 型杆；（b）J（0-10°）耐张杆

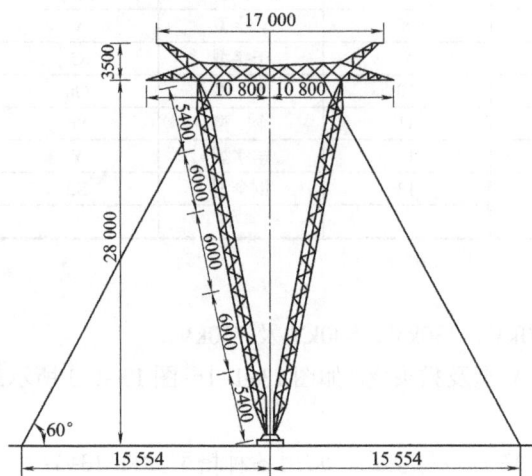

图 13-1-2　330kV 拉 V 塔单线图

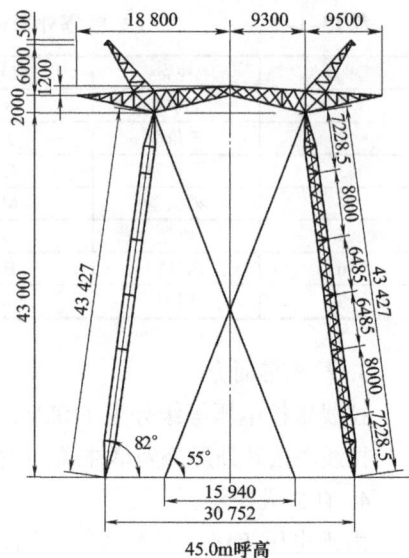

图 13-1-3　750kV 拉门塔单线图

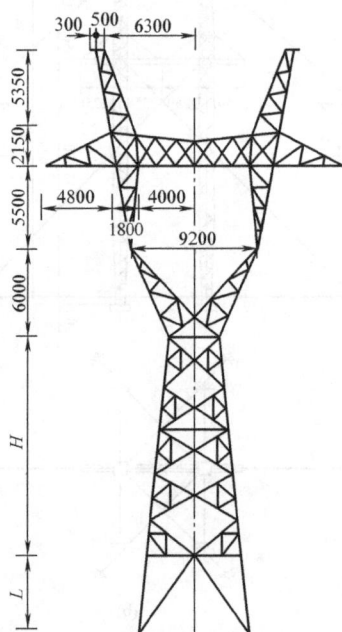

图 13-1-4　330kV ZB11 直线塔单线图

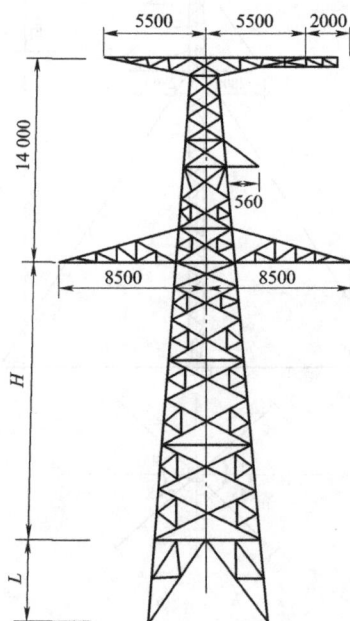

图 13-1-5　330kV JG1 转角塔单线图

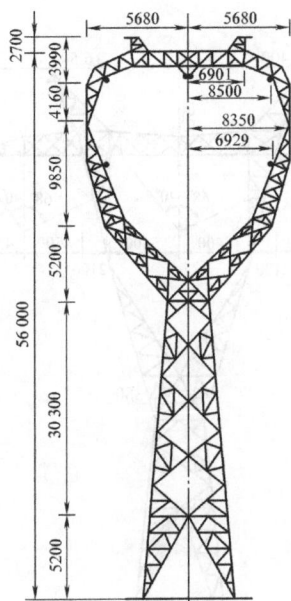

图 13-1-6 500kV 紧凑型线路直线塔单线图

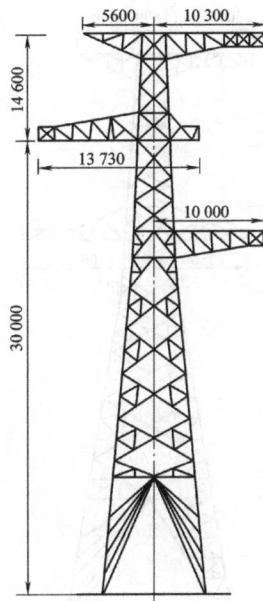

图 13-1-7 500kV 紧凑型线路转角塔单线图

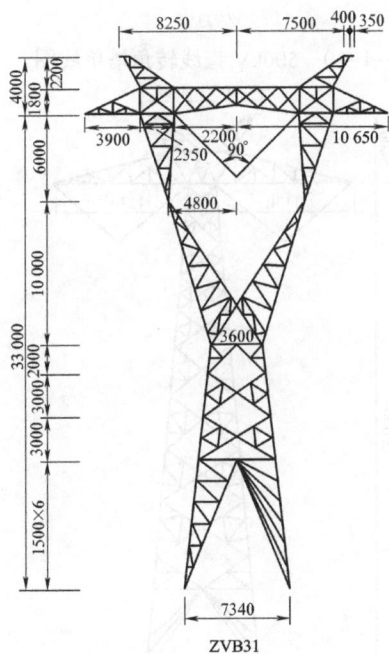

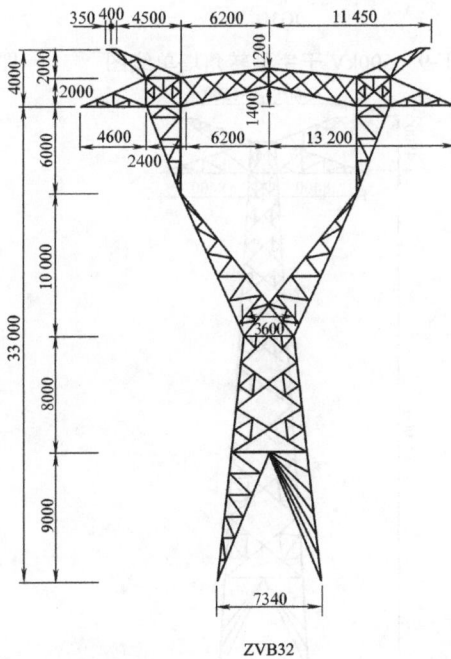

图 13-1-8 500kV 酒杯型直线塔单线图

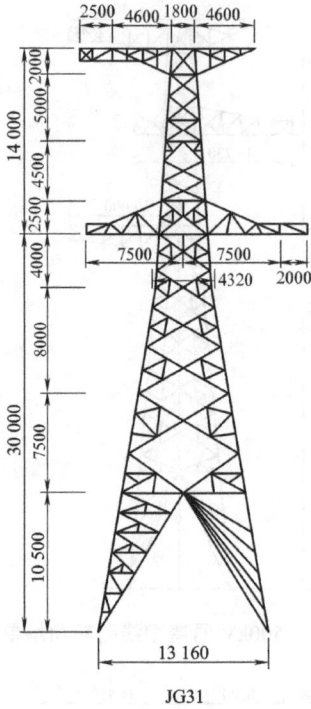

JG31

图 13-1-9 500kV 干字型转角塔单线图

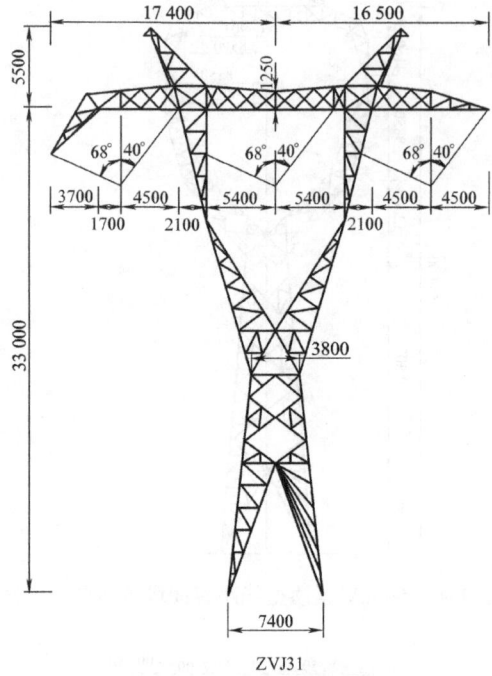

ZVJ31

图 13-1-10 500kV 直线转角塔单线图

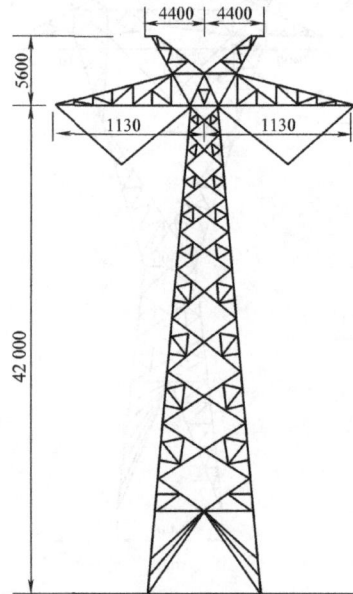

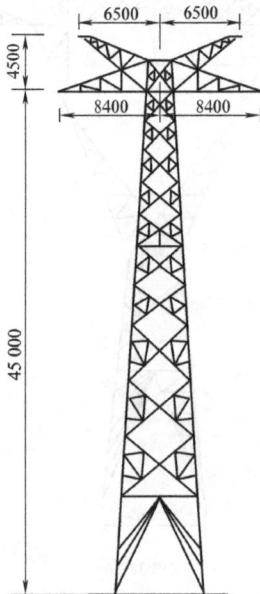

图 13-1-11 ±500kV 直流线路直线塔单线图

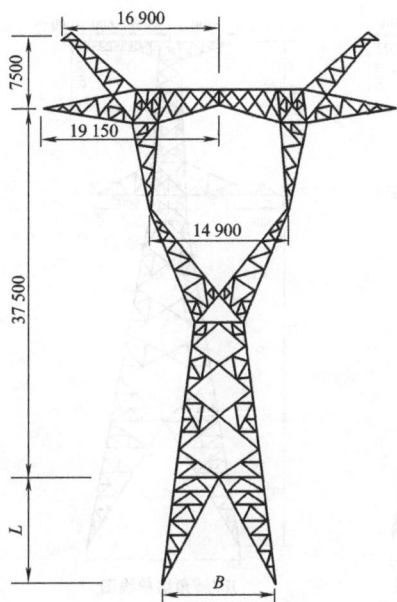

图 13-1-12　750kV 酒杯型直线塔单线图　　图 13-1-13　750kV 酒杯型直线转角塔单线图

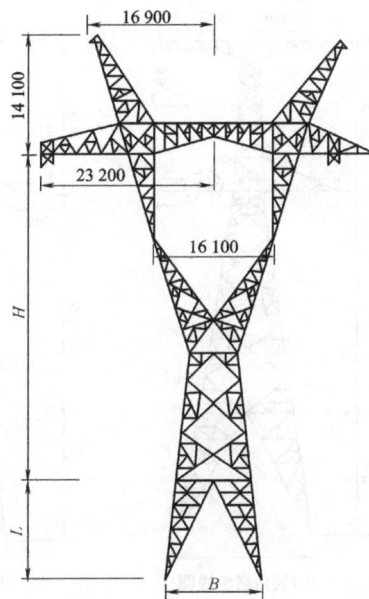

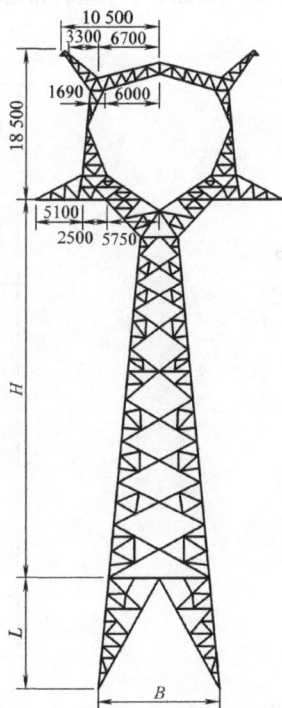

图 13-1-14　750kV 猫头型直线塔单线图

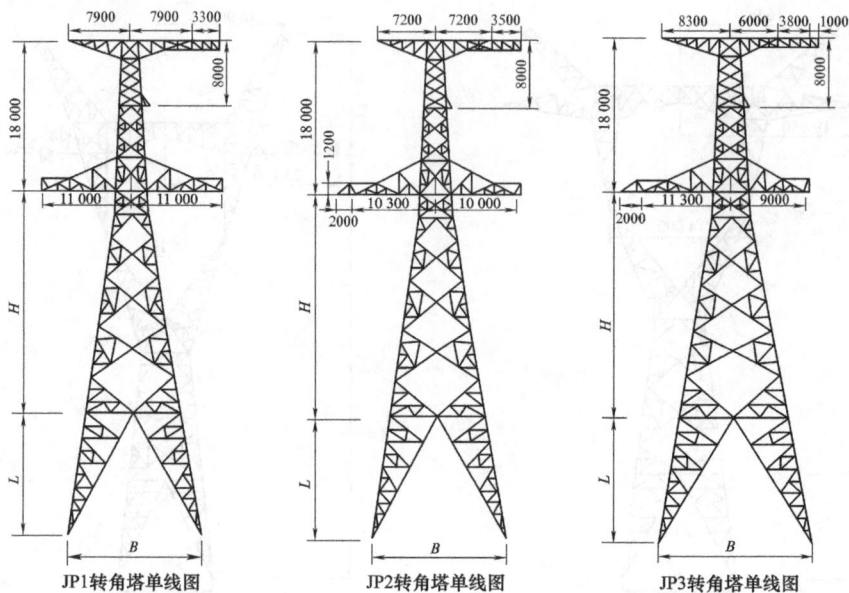

图 13-1-15　750kV 干字型转角塔单线图

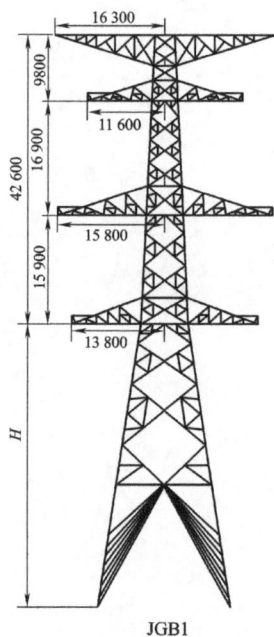

图 13-1-16　750kV 双回路转角塔单线图

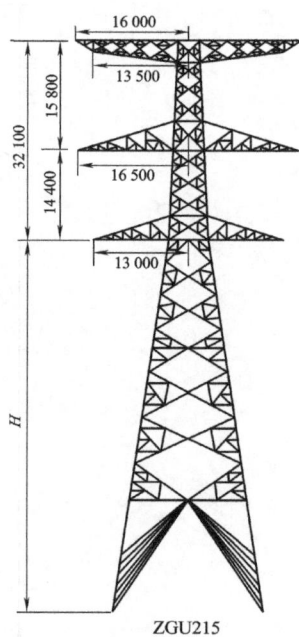

图 13-1-17　750kV 双回路直线塔单线图

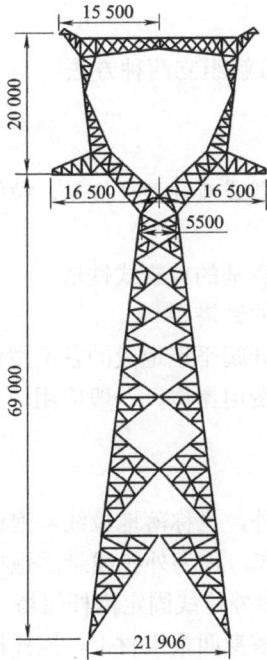

ZMP4塔总图

图 13-1-18　1000kV 猫头型直线塔单线图

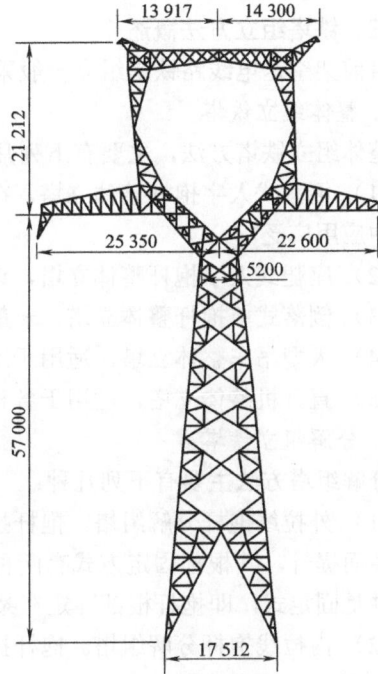

ZMPJ塔总图

图 13-1-19　1000kV 猫头型直线转角塔单线图

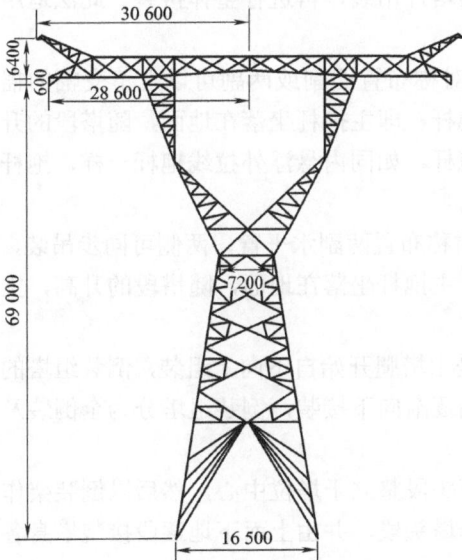

ZBS4塔总图

图 13-1-20　1000kV 酒杯型直线塔单线图

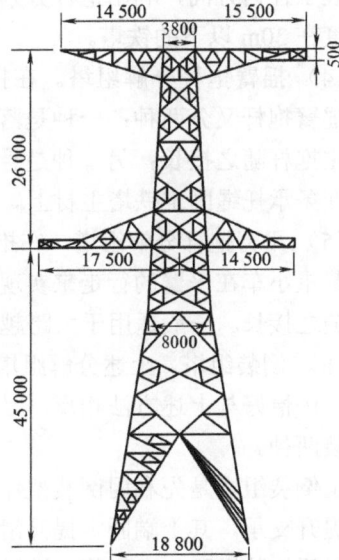

JTP3塔总图

图 13-1-21　1000kV 干字型转角塔单线图

三、铁塔组立方法概述

目前架空送电线路铁塔组立一般采用整体组立和分解组立两种方法。

1. 整体组立铁塔

整体组立铁塔方法，主要有下列几种：

（1）倒落式人字抱杆整体立塔，在带拉线的单柱型或双柱型（拉V，拉门）铁塔组立中应用广泛。

（2）座腿式人字抱杆整体立塔，该方法仅适用于宽基的自立式铁塔。

（3）倒落式单抱杆整体立塔，一般用于质量较轻的铁塔。

（4）大型吊车整体立塔，适用于道路畅通、地形开阔平坦地段的各类型铁塔。

（5）直升机整体立塔，适用于各种铁塔，但施工费用昂贵，一般应用较少。

2. 分解组立铁塔

分解组塔方法主要有下列几种：

（1）外拉线抱杆分解组塔。抱杆拉线落在塔身之外，也称落地拉线。抱杆随塔段的组装而提升，其根部固定方式有两种：一种是悬浮式，称为外拉线悬浮抱杆组塔；另一种是固定式，即抱杆根部固定在某一主材上，也称外拉线固定抱杆组塔。

（2）内拉线抱杆分解组塔。抱杆拉线下端固定在塔身四根主材上，抱杆根部为悬浮式，靠四条承托绳固定在主材上，是在外拉线抱杆的基础上演变而来的新方法。

（3）通天抱杆分解组塔。抱杆座于塔位中心地面并配以落地拉线，吊装的塔片可以组装于任何方向，利用抱杆分别将相对的两塔片吊装，再进行整体拼装。此法适用于高度在30m以下的铁塔。

（4）摇臂抱杆分解组塔。在抱杆的上部对称布置四副或两副可以上下变幅的摇臂，摇臂抱杆又分两种：一种是落地式摇臂抱杆，即主抱杆坐落在地面，随塔段的升高，主抱杆随之接长；另一种是悬浮式摇臂抱杆，如同内悬浮外拉线抱杆一样，抱杆根靠四条承托绳固定铁塔主材上。

（5）平臂抱杆分解组塔。在抱杆的上部对称布置两副水平臂，两侧可同步吊装，利用载重小车在平臂的行走来实现变幅操作，主抱杆坐落在地面，随塔段的升高，主抱杆随之接长。一般适用于大跨越高塔的组立。

（6）倒装组塔。上述分解组塔方法顺序是由塔腿开始自下向上组装，倒装组塔的施工次序恰好与上述方法相反，是由塔头开始逐渐向下接装，倒装组塔分为全倒装及半倒装两种。

全倒装组塔是先利用倒装架作抱杆，将塔头段整立于塔位中心，然后以倒装架作倒装提升支承，其上端固定提升滑车组以提升塔头段，并由上而下地逐段接装塔身各段，最后接装塔腿，直至整个铁塔就位。

半倒装组塔是先利用抱杆或起重机组立塔腿段，再以塔腿段代替抱杆，将塔头段整立于塔位中心；然后由上而下逐段按顺序接装塔身各段，直至塔腿以上的整个塔身与塔腿段对接合拢就位。

（7）吊车分解组塔。利用合适型号的吊车分片或分段进行铁塔组立，该方法使用工具最少，但需要有较好的道路运输条件和合适的吊装场地。

（8）无拉线小抱杆分件吊装组塔。利用一根小抱杆分片或单件吊装塔材，进行高空拼装。适用于塔位地形险峻、无组装塔片的场地及运输条件极为困难的塔位。

（9）混合组塔法。混合组塔有两种方式：一是先将铁塔下部用抱杆整体组立，铁塔上部再利用分解组塔法继续组立，这个方法称为整立与分解混合组塔法。二是吊车与轻便机具混合组塔，铁塔下部用吊车整体或分片、分段吊装；铁塔上部再利用抱杆分解组塔法完成。

（10）直升机分段组塔。适用于各种铁塔，尤其适用于地形极为险峻地段的铁塔，但施工费用较昂贵。

3. 选择立塔方法的基本原则

（1）基本原则是：根据塔型结构、地形条件等选择安全技术上可靠、经济上合理、操作上简便、使用工具较少且有利于环境保护的组塔方法。

（2）凡是带拉线的铁塔，包括带拉线轻型单柱塔、拉门塔、拉猫塔、拉 V 塔等均应优先选用倒落式人字抱杆整体立塔。因为带拉线的铁塔在设计终勘定位时基本上已考虑了地形起伏不大或虽起伏较大但塔身较轻，这就为整体立塔创造了条件。

（3）地形平坦、连续使用同类型铁塔较多时也宜优先选用整体立塔的方法。

（4）自立式铁塔以分解组塔的方法为主。分解组塔的方法较多，推荐使用内悬浮内拉线或内悬浮外拉线抱杆立塔，其他方法视塔型参数、机具条件、施工习惯和环保要求等具体选用。

（5）对于高度为 100m 以上的跨越铁塔，应根据塔型结构、地形条件、机具条件及环保要求等进行组立铁塔方案的比较，选择优化的立塔方案。

【思考与练习】

（1）杆塔的主要作用是什么？

（2）杆塔按其作用有哪些分类？

（3）常用杆塔的施工组立方法有哪些？

◢ 模块 2　杆塔构件地面组装（3–1–2）

【模块描述】本模块包含杆塔构件地面组装的一般规定、组装流程及要求等内容。通过内容介绍，掌握杆塔构件的地面组装方法。

【模块内容】

杆塔构件地面组装，按铁塔结构来分，一般有两种：① 按塔片组装；② 按塔段组装。多数情况下前者用于塔腿及塔身，后者用于横担及地线支架。塔片包括两根主材及辅材；塔段包括四根主材及辅材。

杆塔塔片组装中，由于受地形条件限制分为平组和立组两种布置。平组是指铁塔的一个侧面平放在地面上进行组装；立组是指铁塔的一个侧面竖靠在陡坎或塔腿旁进行组装。

铁塔地面组装应根据选择的组立方法、塔型结构、容许吊重及地形条件等选择适宜的方法。

一、一般规定

1. 脚钉的安装要求及方位

脚钉安装的基本要求如下：

（1）脚钉安装方位应符合设计图纸或运行单位的要求。

（2）同基铁塔的脚钉应上、下段间具有连续性。

（3）脚钉螺母应紧固，弯钩方向应一致。

当设计或运行单位对安装方位无要求时，可按下列规定布置：

直线塔：面向受电侧，单回塔脚钉设置在右后腿（D 腿），如图 13-2-1 所示。双回塔脚钉设置在左、右后腿（A、D 腿）。

转角塔：面向受电侧，单回路塔左转角时脚钉设置在右后腿（D 腿），如图 13-2-2（a）所示；右转角时脚钉设置在左前腿（B 腿），如图 13-2-2（b）所示。双回塔脚钉设置在左、右后腿（A、D 腿）。

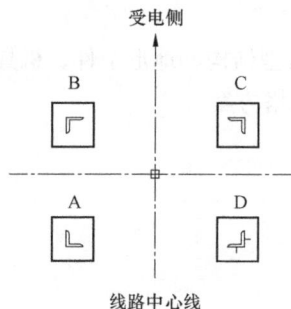

图 13-2-1　直线塔脚钉方位图　　　　图 13-2-2　转角塔脚钉方位图
（a）左转角时；（b）右转角时

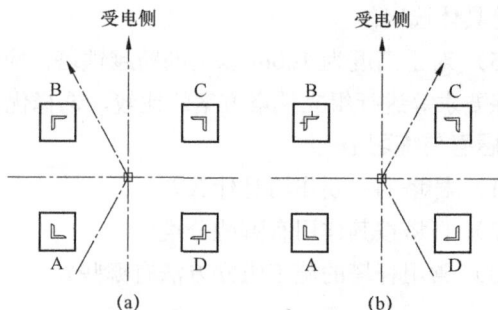

2. 导地线横担的方位

导线横担及地线横担（也称地线支架）的方位必须符合设计图纸要求。对直线塔，横担轴线应垂直于线路方向；对转角塔，一般横担轴线应与分角线重合。导线横担两段有长短区分者，长段在外角侧，短段在内角侧；地线横担相反，长的在内角侧，短的在外角侧。对于分支塔等特殊塔的横担方位应设计明确。

3. 螺栓的穿入方向

螺栓的穿入方向一般应符合以下规定：

（1）对立体结构。

1）水平方向由内向外；

2）垂直方向由下向上；

3）斜向宜由斜下向斜上穿，不便时应在同一斜面内取统一方向。

（2）对平面结构。

1）顺线路方向，由电源侧穿入或按统一方向穿入；

2）横线路方向，两侧由内向外，中间由左向右（指面向线路方向或受电侧，下同）或按统一方向穿入；

3）垂直地面方向由下向上；

4）斜向宜由斜下向斜上穿，不便时应在同一斜面内取统一方向。

注：个别螺栓不易安装时，穿入方向允许变更处理。

二、工艺流程

杆塔构件地面组装应按吊装顺序安排，一般情况下应先组塔腿，再组塔身，最后组塔头（包括导、地线横担）。每段组装的工艺流程如图 13-2-3 所示。

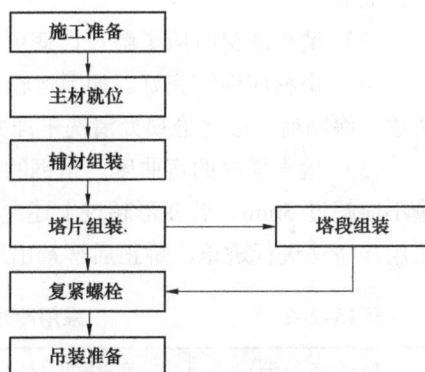

图 13-2-3　杆塔构件地面组装工艺流程图

三、危险点分析与控制措施

杆塔构件地面组装作业危险点分析与控制措施见表 13-2-1。

表 13-2-1　　　　　　杆塔构件地面组装危险点与控制措施

序号	作业内容	危险点	预防控制措施
1	地面组装	搬运材料碰撞伤人	搬运材料防止碰撞他人，两人同抬一根塔材时，必须同肩，同起同落，步伐一致
2		塔片倾倒伤人	拼装塔片必须用绳索控制，防止塔片倾倒伤人
3		螺栓眼孔找正伤害	应用尖扳手或小撬杠进行找正螺栓眼孔，严禁用手指找正螺栓眼孔
4		地脚螺帽脱落	单插塔腿部分时，地脚螺栓应及时加垫片，拧紧螺帽表面打铆

续表

序号	作业内容	危险点	预防控制措施
5		塔腿主材过长倾倒	主材联接不得超过两段，最高不得超过 10m，在四根主材未联成整体前，严禁拆除控制绳
6		绳索断裂	牵引绳、控制绳必须使用钢丝绳，严禁棕绳或其他绳索代替钢丝绳
7		高空落物打击	施工人员严禁在起吊物下方走动、逗留

四、杆塔构件地面组装前准备工作

1. 杆塔塔材的清点

（1）清点塔材数量。核查实物与材料清单、铁塔安装图是否相符；做好缺料、余料的填表登记，并及时报告队长（或班长）；清点塔材的同时，应根据图纸逐段按编号顺序排列。

（2）清点组装用的螺栓、脚钉及垫圈数量。螺栓、垫圈等应分规格、分级别堆放，严禁混放。

（3）清点塔材时应了解设计变更及材料代用引起的塔材规格及数量的变化。

（4）塔材应镀锌完好。如因运输造成局部锌层磨损时，在可修补范围内应补刷防锈漆；涂刷前，应将磨损处清洗干净并保持干燥。

（5）检查塔材的弯曲度。角钢的弯曲不应超过相应长度的 2‰，且最大弯曲变形量不应超过 5mm。若变形超过上述允许范围而未超过表 13-2-2 的变形限度时，容许采用冷矫法进行矫正，矫正后严禁出现裂纹。

表 13-2-2 采用冷矫法的角钢变形限度

角钢宽度（mm）	变形限度（‰）	角钢宽度（mm）	变形限度（‰）
40	35	90	15
45	31	100	14
50	28	110	12.5
56	25	125	11
63	22	140	10
70	20	160	9
75	19	180	8
80	17	200	7

2. 构件的布置

地面组装前，应进行构件布置。构件布置应遵循以下原则：

（1）根据抱杆的高度、容许吊重等，按施工设计方案合理确定吊装构件的分段、分片及应带辅材的数量。

（2）根据现场地形、塔段本身对塔材有无方向限制、地面组装与构件吊装是否同时作业等，确定构件的布置方位。

（3）构件的分段，原则上按铁塔结构图的分段进行分片或分段组装。当抱杆提升高度、承载能力及构件变形允许时，也可将两段塔材组成一体进行吊装，以减少吊装次数。注意不应将两段以上塔材连成整体吊装，以避免塔材变形过大。

（4）组装构件的地面应平整坚实，靠地面的主材下方应支垫方木，避免构件受力变形。待吊装的构件应尽量靠近塔基，不宜距塔基过远。

3. 地面组装应具备的条件

（1）已到塔位的塔材经过清点，确认符合设计及规范要求。螺栓与螺母应试装配，确认规格、数量及质量，并符合设计图纸及规范要求。必要时应将螺母与螺栓接触处涂以少许黄油，以利紧固。

（2）参加地面组装的施工人员均经组塔工序的技术交底并考试合格。

（3）根据现场地形及设备条件确定地面组装方法。

（4）根据确定的地面组装方法，选择配套合适的工器具。各类工器具使用前均应经过检查，不合格者不得使用。

（5）塔片或塔段地面组装前应在其地面设置支点。支点宜靠近塔段两端节点附近但不影响安装辅材。每根主材不宜少于2个支点。

五、杆塔构件地面组装操作步骤和质量标准

（一）塔片组装方法及现场布置要求

1. 塔片组装方法

塔片地面组装一般常用人力平组和立组两种方法。平组就是组装后的塔片平放在垫木上，该方法适用于地形平坦或坡度平缓的塔位。立组就是将组装后的塔片竖靠在已组立的塔腿或陡坎边，该方法适用于地形狭窄的塔位。

塔片组装的顺序是先排列两根主材于垫木上，再安装联板，最后安装两主材间的辅材。对塔材的规格、尺寸等检查无误后再拧紧螺栓。

组装对孔应使用尖扳手。主材需要移动时，应使用撬杠。

2. 塔片组装的布置要求

（1）地面组装的塔片，由于地形限制有时要重叠放置，此时应注意先吊的塔片后组装，后吊的塔片先组装。如果发现部分塔材容易变形时，应用圆木或钢管进行补强。

（2）塔片组装的，内侧朝向地面时，主材上端应朝向塔中心。如果塔片内侧朝上时，主材下端应朝向塔中心。

（3）塔片两主材之间的辅材应尽可能装齐，连接螺栓应拧紧。

（4）两塔片的侧面辅材应尽可能地带在主材上。侧面辅材在两塔片之间的分配力求均衡；侧面辅材与塔片连接螺栓不应拧紧，但螺母应出扣；侧面辅材自由端与主材间用棕绳或铁丝捆在一起，避免吊装中晃动或被挂住。

（5）横担分片吊装时，应将其前后片分别组装于铁塔前后侧。

（6）塔片组装后的重量（含吊具、补强等附加重量）应小于抱杆的容许吊重。

（7）塔片在地面组装后，应布置在起吊绳的下方，且应尽量靠近塔基，以减轻抱杆的负荷。

（二）塔段组装方法及现场布置要求

1. 塔段组装方法

（1）对于每一个塔段，在垫木排好的基础上用人力组装靠地面的塔片（即下塔片），内侧应朝上，以便与上塔片合拢。

（2）组装顺序是在下塔片组装后，先安装塔段侧面上下端各一根辅材；然后，将上塔片主材用人力抬高至规定高度，与侧面的辅材连接；最后，将辅材全部安装完毕并拧紧螺栓。

2. 塔段组装的布置要求

（1）组装的塔段应布置在起吊绳的下方。如果采用摇（平）臂抱杆的组塔方法，其塔段重心应布置在摇（平）臂端起吊绳的垂直下方，以最大限度地减少摇（平）臂的偏心力。

（2）组装后塔段重量不得大于抱杆的容许吊重。

（三）构件的绑扎与补强

1. 构件的绑扎

（1）塔身平面桁架体的吊点绳绑扎位置示意如图 13-2-4 所示。

（2）横担平面桁架体的吊点绳绑扎位置示意如图 13-2-5 所示。

1）图 13-2-5（a）所示为两吊点布置，适用于较短的横担，例如 220kV 线路酒杯型塔横担；

2）图 13-2-5（b）所示为四吊点布置，适用于较长的横担，例如 500kV 线路的酒杯型塔横担。

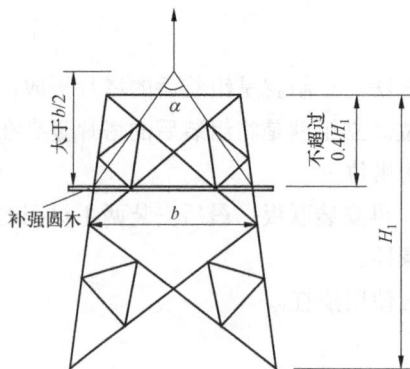

图 13-2-4 塔身平面桁架体的吊点绳绑扎位置示意图

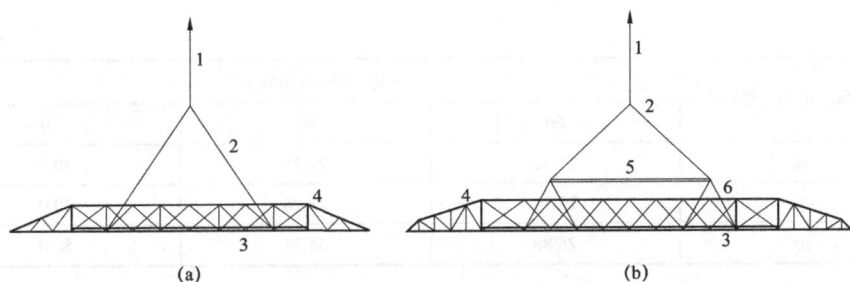

图 13-2-5　横担平面桁架体的吊点绳绑扎位置示意图
（a）两吊点布置；（b）四吊点布置
1—起吊绳；2—吊点绳；3—补强圆木；4—横担；5—钢横梁；6—分吊点绳

（3）吊点绳的绑扎应遵循以下规定。

1）吊点绳应由两条等长的钢丝绳或专用高强度吊带组成倒 V 字型，呈等腰三角形布置。

2）吊点绳下端应分别捆绑在塔片两根主材的对称节点处；在吊点绳即 V 字型绳套的顶点穿一只卸扣与起吊绳或起吊滑车组的动滑车相连接。

3）吊点绳在塔片上的绑扎位置，必须高于塔片的重心 1.0～2.0m 处；绑扎后的吊点绳中点或其合力线，应位于塔片的中心线上，以保持塔片上下顺直。

4）吊点绳宜通过专用夹具与主材连接，若无夹具时，主材绑扎处应加垫方木、麻带等软物。

5）对于水平起吊的长横担，吊点绳应对称地绑扎，使横担能保持起吊过程中处于水平状态。

6）绑扎吊点绳的同时应根据被吊构件结构采取适当的补强措施，以避免吊件变形。

（4）吊点绳的张力。两吊点绳间夹角 α 不得大于 120°（见图 13-2-4）。当被吊构件重力为 5～50kN 时，不同夹角 α 下的吊点绳受力值见表 13-2-3。

表 13-2-3　　　　　　　　不同夹角 α 下的吊点绳受力值

被吊构件重力（kN）	吊点绳间夹角 α（°）		
	60	90	120
5	2.89	3.54	5.00
10	5.77	7.07	10.0
15	8.66	10.61	15.0
20	11.55	14.14	20.0

续表

被吊构件重力（kN）	吊点绳间夹角 α（°）		
	60	90	120
30	17.32	21.21	30.0
40	23.10	28.28	40.0
50	28.88	35.35	50.0

2. 构件的补强

（1）塔片根部的主材与大斜材（即直接连通两主材间的斜材）应绑扎连接，以形成整体结构。若不成整体时，应用圆木或钢管接长主材后再与大斜材绑扎。圆木直径不宜小于 $\phi100mm$，钢管直径不宜小于 $\phi60mm$，视塔片结构进行选择。

（2）塔片较宽大较薄弱时，在两吊点间应设置补强圆木或钢管，示意如图 13-2-4 所示。

（3）水平吊装横担时，在横担上的吊点间应设置补强圆木或钢管，示意如图 13-2-5 所示。

（4）塔片根部的补强圆木或钢管，在塔片离开地面后即可拆除，以减少高处作业。

（四）杆塔构件组装质量标准

（1）脚钉安装位置、螺栓的使用规格及穿入方向，垫圈的加垫位置及数量应符合设计图纸及验收规范的规定。

（2）塔材的连接应牢固。交叉处有空隙者，应装设相应厚度的垫圈或垫板；装设的垫板应符合设计图纸规定；装设的垫圈应采用标准垫圈并经热镀锌。

（3）防卸、防松螺栓的安装位置应符合设计和运行单位的要求。若无要求时，应在图纸会审时提出并予以明确。

（4）螺栓的级别应在螺栓头上明确标识，使用时，其级别应符合设计图纸规定，不同级别螺栓严禁混用。

（5）同直径不同长度螺杆的螺栓不应混用。

（6）螺杆应与构件平面垂直，螺栓头与构件的接触处不应有空隙。产生空隙的原因可能有螺栓头加工不规则、残留锌渣、塔材表面不平整、对孔不准及螺栓未拧紧等，应注意查明原因并处理之。

（7）塔材组装有困难时应查明原因，严禁强行组装。构件组装困难可能的原因有：① 塔材的孔间距离误差超标；② 安装塔材规格有误或是安装方向有误。

（8）个别螺孔需扩孔时，扩孔部分不应超过 3mm；当扩孔需超过 3mm 时，应先堵焊再重新打孔，并应进行防腐处理。严禁用气割进行扩孔或烧孔。

（9）塔片组装后，应依据设计图纸进行核对和检查，发现问题要及时在地面进行处理，切忌留待高空作业处理。

（10）杆塔连接螺栓应逐个紧固，4.8 级螺栓的扭矩不应小于表 13-2-4 的规定。4.8 级以上的螺栓的扭矩标准值由设计规定，若设计无规定时，宜按 4.8 级螺栓的扭矩执行。

表 13-2-4　　　　　　　　　　　螺 栓 紧 固 扭 矩 标 准

螺栓规格	扭矩标准值（N·m）	螺栓规格	扭矩标准值（N·m）
M12	40	M20	100
M16	80	M24	250

（11）螺杆与螺母的螺纹有滑牙或螺母的棱角磨损以致扳手打滑的螺栓必须更换。

（12）构件的连接螺栓，凡不影响后续作业者均应在地面紧固。

（13）杆塔构件地面组装后应对其质量作一次全面检查，包括以下内容：

1）构件是否齐全。缺少的构件是送料缺件还是加工构件尺寸错误应登记清楚；

2）组装尺寸是否正确；

3）组装后的构件是否有弯曲变形，空隙处是否已加垫圈或垫板；

4）防锈层剥落处是否已补涂灰漆或喷锌；

5）螺栓是否已紧固。

六、注意事项

（1）地面组装前应清除影响地面组装的障碍物。

（2）观察组装场地的周围，如有陡坎应设置防护栏杆。

（3）组装过程中严禁用手指伸入孔内对孔。

（4）山坡地面组装时，塔材不得顺斜坡堆放。塔片垫木应稳固，且有防止滚动的措施。

（5）现场传递物件和小型工具及材料，严禁抛掷。

（6）尽量避免上下层同时作业。如出现上下层作业时，上层人员严禁物件坠落。

（7）在离地 2m 以上高处组装时，作业人员应系好安全带，上下应使用梯子。

【思考与练习】

（1）杆塔螺栓的穿入方向规定有什么要求？

（2）简要说明杆塔地面组装前构件布置应遵循的原则。

（3）简要说明构件吊点绳绑扎应遵循的规定。

（4）杆塔构件组装的质量标准有哪些？

第十四章

内悬浮抱杆组塔

▲ 模块1 内悬浮内拉线抱杆分解组塔（新增模块 3-2-1）

【模块描述】本模块包含内悬浮内拉线抱杆的结构介绍、工艺流程、现场布置、抱杆起立、提升、拆卸、构件吊装、主要工器具选择等内容。通过工艺介绍，掌握内悬浮内拉线抱杆分解组塔的施工方法及要求。

【模块内容】

内悬浮内拉线抱杆分解组塔方法是将抱杆的临时拉线下端固定已组塔架的四根主材上（即内拉线），抱杆根部置于铁塔结构轴心线，通过承托绳悬挂于塔架的四根主材。由于抱杆在铁塔结构内部中心呈悬浮状态，故称其为内悬浮抱杆。

内悬浮内拉线抱杆分解组塔主要有以下优点。

（1）工具简单。用内拉线替代外拉线，减少了地锚数量，缩短了临时拉线长度。

（2）受地形条件限制较小。当铁塔塔位处于陡坡地形时，由于不用外拉线，使组塔受地形条件的限制较小。

（3）吊装过程中，抱杆处于铁塔结构内部，铁塔四根主材受力均衡，宜于保证安装质量。

（4）操作人员较少，主要是减少了抱杆拉线操作人员，提高工作效率。

内悬浮内拉线抱杆分解组塔适用于各种地形条件及各种塔型，但是，当塔头断面尺寸较小，内拉线对水平面夹角大于 75° 时，应增设辅助拉线。

内悬浮内拉线抱杆分解组塔均采取单侧塔片吊装。

内悬浮内拉线抱杆分解吊装较长横担有困难时应增加辅助抱杆。

一、工艺流程

内悬浮内拉线抱杆分解组塔的工艺流程如图 14-1-1 所示。

二、危险点分析与控制措施

杆塔组立施工危险点与控制措施见表 14-1-1。

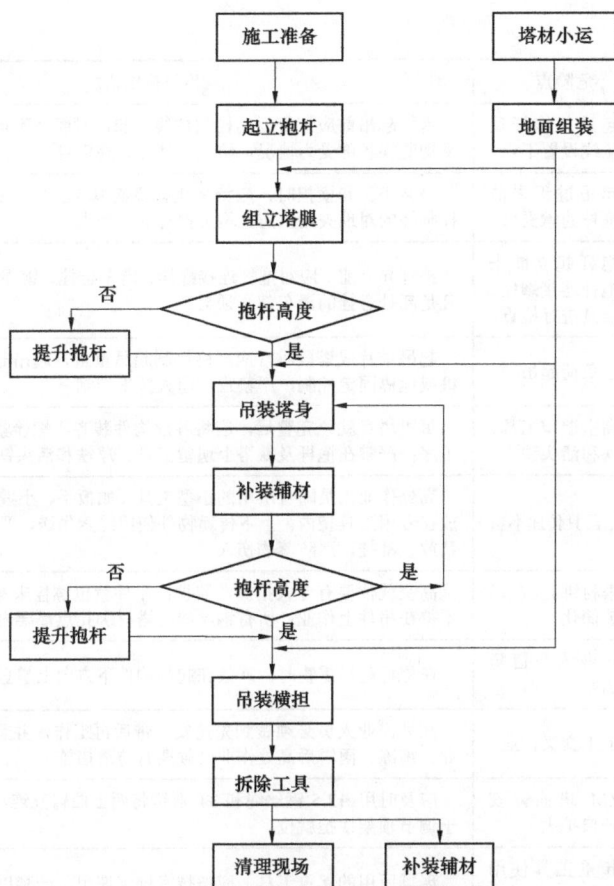

图 14-1-1　内悬浮内拉线抱杆分解组塔施工工艺流程图

表 14-1-1　　　　　　　　　　**杆塔组立危险点与控制措施**

序号	作业内容	危险点	预防控制措施
1		高处作业人员无证操作	高处作业人员必须持证上岗，无证人员不得进行高处作业
2		登高人员移动过程中失去保护	安全带要系在作业上方牢固的主材上；移动过程中根据实际情况使用攀登自锁器、速差自控器、水平防坠器
3	高空作业	高处作业无安全监护	现场必须设安全监护人。在转移作业位置时不得失去保护，手扶的构件必须牢固
4		抱杆固定不当	抱杆提升高度到位后，承托绳应绑扎在塔身节点上方，紧靠节点处。起吊前应检查抱杆倾斜角，其角度最大不宜超过 10°
5		提升抱杆未使用腰环	提升抱杆时必须打好两道腰环，腰环之间相距应符合技术要求，提升滑车必须用钢丝套悬挂，严禁直接挂在角铁、联板和角钉上；塔身斜材及内撑铁未安装好前严禁提升抱杆

续表

序号	作业内容	危险点	预防控制措施
6	高空作业	起吊前抱杆反向拉线设置不当	抱杆起吊前应打好反向控制拉线；起吊时腰环不得受力；指挥人员要密切监视各部受力情况，防止吊件挂、磨塔身
7		起吊过程未监控抱杆的承受力	吊装塔头和横担时，应特别注意调整抱杆的倾斜度及稳定状况，以及控制绳的对地夹角，防止增加抱杆的承受力
8		抱杆起立前未对抱杆连接螺栓、工器具进行检查	抱杆起立前，应对抱杆连接螺栓、滑车悬挂、钢绳连接等做全面检查，凡是高处悬挂的滑车都必须封口
9		超负荷起吊	起吊塔片或塔段时，应严格控制起吊重量，起吊时，控制绳必须用锚桩或地锚固定控制，严禁直接用人拉来控制
10		高空遗留工具、浮铁和活头铁	每段塔身就位完整后，应将各部构件装齐、螺栓紧固后方可进入下道工序；严禁在抱杆及铁塔上遗留工具、浮铁和活头铁等
11		工器具传递不当	高处作业人员随身所用的小型工具（如扳手、小撬杠、榔头等），必须放在专用工具袋内。上下传递物件使用绳索吊送，严禁抛掷。严禁乱插、乱放、乱挂，严防落物伤人
12		塔材绑扎、起吊安装简化	高空就位要有专人指挥、监护；吊件就位螺栓未穿齐、紧固前任何人不得在吊件上作业；所有钢丝绳与塔材绑扎点都要内垫方木外包麻袋片
13		作业人员冒险登高空	在抱杆起吊重物时，严禁在起吊构件下方向上攀登。严禁顺抱杆上下
14		上下交叉作业	高处作业人员必须做到先拴安全带后再工作，并且应尽量避免双层作业。霜冻、雨雪后高处作业必要要有防滑措施
15		ZM 塔曲臂安装开口扩大	应及时用 ϕ12.5 钢丝绳和 3T 双钩将两上曲臂互连，避免开口扩大并利于调节顶架横担就位
16		起重工具使用不当	现场所用的起重工具，应按技术规定使用，严禁以小代大，以次充好
17		起重物下方有人站立或逗留	塔片起吊过程中，高处作业人员应选择合理的安全位置。待塔片到位后再进行就位安装。起重物下方严禁有人站立或逗留
18		地锚埋设不当	立塔使用的地锚必须按施工技术措施要求埋设。地锚埋设要采取防雨水冲刷、渗淹措施，防止进水后被拔出；严禁利用树桩等作锚桩用
19		机械带病运行	机械操作人员在工作开始前，应对机械进行全面检查，严禁机械带病运行
20		高空检修未设置安全监护人	高空检修、消缺工作人员不得少于两人，且必须设置安全监护人。作业时应严格按照高空检修安全工作票的要求进行操作
1	起重作业	无证人员操作机械设备	起重作业所使用的机械必须完好，保证其有效率达到 100%。起重机械操作人员应按国家有关操作规定严格操作。严禁无机械操作证人员操作机械设备
2		工器具损坏	工器具应定期检查和保养，不合格的必须更换
3		超重起吊	起重作业时，起吊重量严格按照作业指导书中规定的重量进行起吊，严禁超重起吊

续表

序号	作业内容	危险点	预防控制措施
4	起重作业	钢丝绳受割	起吊物件的绑扎工作，必须由专人进行绑扎。绑扎点要有防止钢丝绳受割的措施，棱角处要垫软物
5		吊件和起重臂下方有人	吊件和起重臂下方严禁有人，起重臂、吊件上严禁有人或有浮置物
6		吊件悬空停留指挥人员离开现场	吊件不得长时间悬空停留；短时间停留时，操作人员、指挥人员不得离开现场。工作结束后，起重机械的各部应恢复原状
7		电力线下方或临近处起重作业	在电力线下方或临近处起重作业，必须办理安全作业票，设安全监护人，严禁起重臂跨越电力线进行作业
8		恶劣气候吊装作业	杆塔组立时接地连接及时可靠，遇有雷雨、浓雾及六级以上大风时，不得进行铁塔吊装作业

三、内悬浮内拉线抱杆分解组塔前准备工作

（一）现场布置

内悬浮内拉线抱杆分解组塔，由于吊重不同有两种典型的现场布置方案。

1. 带有朝天滑车的内悬浮抱杆分解组塔现场布置

带有朝天滑车的内悬浮抱杆分解组塔布置示意如图 14–1–2 所示，该布置方式对抱杆压力的偏心较小，一般适用于吊件较轻的情况。其具有以下特点：

（1）抱杆为竖直状态布置，抱杆拉线固定于已组塔架的 4 根主材节点下方。

（2）起吊绳通过朝天滑车后引至地面的牵引设备。

（3）承托绳通过平衡滑车或单独与抱杆根部连接。

2. 挂有边滑车的内悬浮抱杆分解组塔现场布置

挂有边滑车的内悬浮抱杆分解组塔布置示意如图 14–1–3 所示。该布置方式对抱杆偏心压力较大，适用于吊件较重的情况，其具有以下特点：

（1）抱杆有竖直和倾斜两种布置，抱杆拉线固定在已组塔架的 4 根主材节点的下方。

（2）起吊绳滑车组挂于抱杆顶部的侧面，起吊绳通过边滑车引至地面。

（3）承托绳由 4 条独立的钢丝绳或承托绳滑车组组成。

（4）吊装塔头部构件时，抱杆应增加辅助拉线。

（二）内悬浮内拉线抱杆结构

1. 抱杆系统的布置

（1）抱杆有两种情况：当吊件较轻时，抱杆顶部设置朝天滑车，以便穿过起吊钢丝绳；抱杆下端设置朝地滑车，以备提升抱杆；当吊件较重时，抱杆顶端的侧面挂多轮滑车（简称边滑车），抱杆下端设置两个单滑车，以备提升抱杆。

（2）抱杆插入已组塔架的长度应满足两个条件：① 承托绳与抱杆轴线间夹角不得大于 45°；② 抱杆插入已组塔体的长度不得小于抱杆全长的 30%。

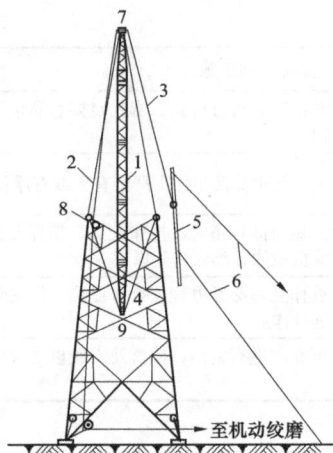

图 14-1-2 带有朝天滑车的内悬浮
抱杆分解组塔现场布置示意图

1—抱杆；2—内拉线；3—起吊绳；4—承托绳；

5—被吊塔片；6—控制绳；7—朝天滑车；

8—腰滑车；9—朝地滑车

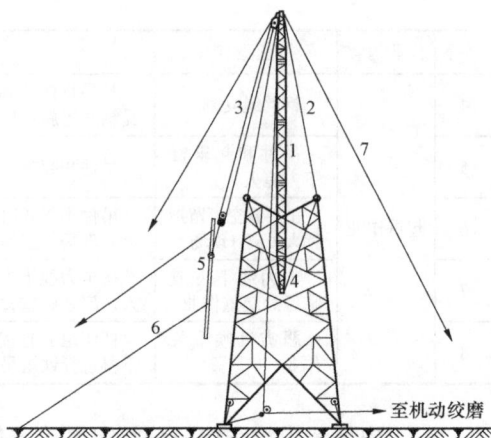

图 14-1-3 挂有边滑车的内悬
浮抱杆分解组塔布置示意图

1—抱杆；2—内拉线；3—起吊滑车组；

4—承托绳；5—被吊构件；

6—控制绳；7—辅助拉线

（3）抱杆的分段连接应采取内法兰螺栓连接（即抱杆分段连接螺钉装在主材内侧），以便提升抱杆能顺利穿过腰环。

（4）腰拉线布置。在提升抱杆的过程中，采用上、下两道腰拉线以稳定抱杆。腰拉线由腰环、双钩紧线器（简称双钩）及钢绳等组成，腰拉线安装示意如图 14-1-4 所示。腰环结构示意如图 14-1-5 所示。上腰环应布置在已组塔体的上端，下腰环应布置在抱杆提升后的根部位置，两腰环间垂直距离不应小于 4m。抱杆越长，腰环间距离应越大。

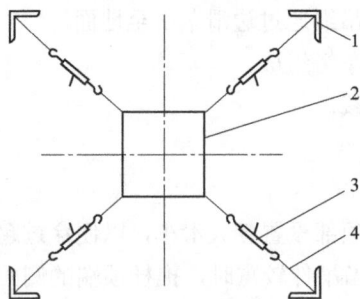

图 14-1-4 腰拉线安装示意图

1—铁塔主材；2—腰环；3—双钩；4—腰环拉绳

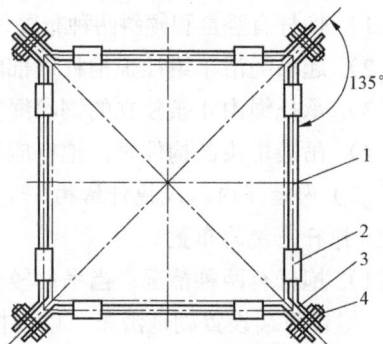

图 14-1-5 腰环结构示意图

1—连杆；2—滚轮；3—连接板；4—螺栓

（5）对于酒杯型铁塔，上下曲臂安装后，如果还需提升抱杆时，上下曲臂间的 K 形节点断面处的腰环安装示意如图 14-1-6 所示。

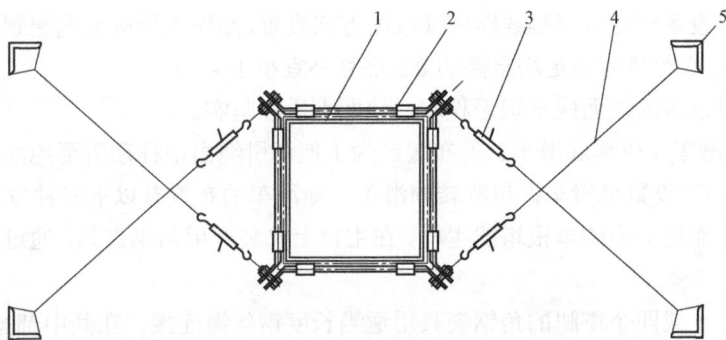

图 14-1-6　酒杯型铁塔曲臂断面处的腰环安装示意图
1—抱杆；2—腰环；3—双钩；4—钢丝绳；5—下曲臂主材

2. 拉线系统的布置

（1）抱杆拉线是由四根钢丝绳及相应索具组成。拉线的上端通过卸扣与抱杆帽的拉环连接，下端通过卸扣和专用夹具连接在已组塔架四根主材节点的下方。

（2）如果单根抱杆拉线采用规格较大，难以操作时，可以选择拉线滑车组，拉线下端宜引至塔腿处通过拉线控制器与其主材连接，示意如图 14-1-7 所示。

3. 起吊牵引系统的布置

牵引绳自机动绞磨引出，依次穿过地滑车、腰滑车（有时不用腰滑车）、朝天滑车或起吊滑车组，经吊点绳直至构件，以上组成牵引系统。

对于通过朝天滑车的单根起吊绳，其进入机动绞磨的牵引绳与起吊绳为同一根绳，为了论述方便，将抱杆顶至构件侧的绳称为起吊绳，将抱杆顶至机动绞磨的绳称为牵引绳（俗称磨绳）。

（1）牵引绳一般选用 $\phi 11 \sim \phi 15$mm 钢丝绳，机动绞磨卷筒直径应满足"卷筒的细腰部直径与钢丝绳直径之比不应

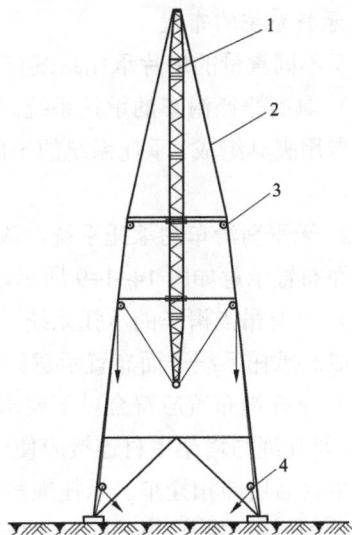

图 14-1-7　内拉线在塔腿处控制布置示意图
1—抱杆；2—内拉线；3—转向滑车；4—拉线控制器

小于 10"的安全规定。

（2）牵引设备一般选用 30～50kN 额定荷载的机动绞磨。牵引设备的布置要求如下：

1）牵引设备应尽可能顺线路或横线路方向设置，操作人员应能观测到起吊构件的吊装，距塔中心距离应满足塔全高的 0.5 倍且不宜小于 40m。

2）牵引设备的地面应平坦无积水，地面土质应坚实。

（3）地滑车（也称底滑车）的布置。为了使牵引绳由抱杆顶引至地面后转向进入牵引设备，必须设置地滑车，也称转向滑车。地滑车的布置有以下三种方式。

1）挂在靠近地面的单根塔腿主材。在主材上安装专用角钢夹具，通过夹具悬挂地滑车。

2）将三个或四个塔腿的角钢夹具用适当长度钢丝绳连接，在其中部悬挂地滑车。

3）在塔位中心附近位置挖埋地锚，在地锚出土的钢绳套悬挂地滑车。值得注意的是该地锚受垂直向上的拔力，埋深应满足设计要求，填土必须夯实。

（4）腰滑车的布置。为了减少牵引绳对抱杆的轴向压力，避免牵引绳与抱杆杆身摩擦，在已组塔架上端平口处设置腰滑车，起转向作用。腰滑车的布置应符合以下要求：

1）腰滑车应布置在已组塔架上平面起吊构件的对侧主材上或经加固的水平材上。

2）固定腰滑车的钢绳套应越短越好。

3）当牵引绳与起吊滑车组不在抱杆的同一侧引下时方准安装腰滑车。

4. 承托系统的布置

对于不同重量的塔片承托系统有以下三种布置方式。

（1）具有平衡滑车的承托系统。该系统由承托钢丝绳（简称承托绳）、平衡滑车、双钩及专用夹具组成。承托系统的平面布置示意如图 14–1–8 所示，它适用于吊重较轻的构件。

（2）无平衡滑车的承托系统。该系统由承托绳、双钩及专用夹具等组成。承托系统的平面布置示意如图 14–1–9 所示，它适用于吊较中等重的构件。

（3）具有吊点滑车的承托系统。该系统由承托绳、吊点滑车、手扳葫芦及专用夹具等组成。承托系统平面布置示意如图 14–1–10 所示，它适用于起吊较重的构件。

（4）承托绳布置应符合以下要求：

1）承托绳与塔架主材连接应使用专用夹具；若无专用夹具，可将承托钢丝绳直接缠绕在主材后用卸扣拴牢。承托绳与主材间应垫圆木、麻带等软物。

2）承托绳在塔架的固定点（即专用夹具安装处）应位于已组塔架上部某节点的上方且靠近节点处。塔架固定点处的四根主材间应有水平材连接，若无水平材应进行加固处理。

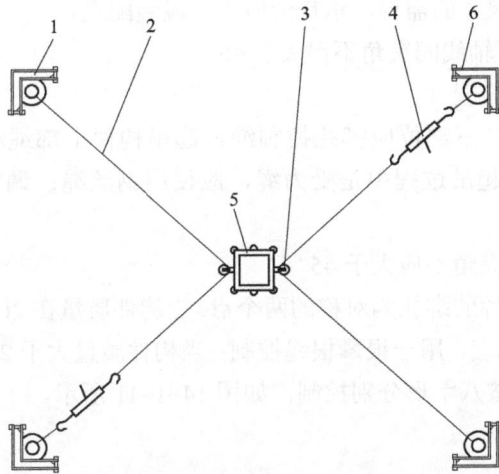

图 14-1-8　具有平衡滑车的承托系统平面布置示意图

1—塔段主材；2—承托绳；3—平衡滑车；4—双钩；5—抱杆底座；6—夹具

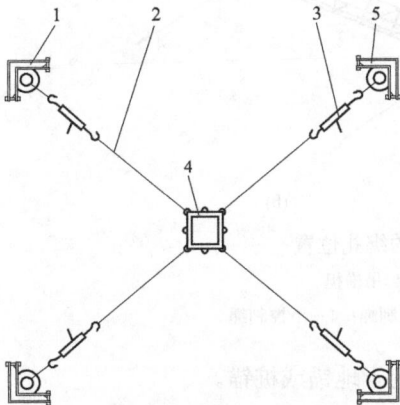

图 14-1-9　无平衡滑车的承托
系统平面布置示意图

1—塔段主材；2—承托绳；3—双钩；
4—抱杆底座；5—专用夹具

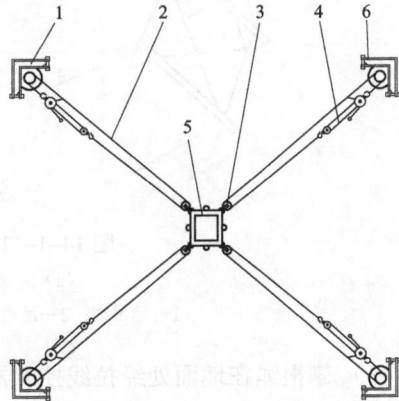

图 14-1-10　具有吊点滑车的
承托系统布置示意图

1—塔段主材；2—承托绳；3—吊点滑车；
4—手扳葫芦；5—抱杆底座；6—专用夹具

3）承托绳若采用平衡滑车时，当起吊构件在铁塔左右侧时，平衡滑车应布置在铁塔左右侧；当构件在铁塔前后侧时，平衡滑车应布置在铁塔前后侧。当需要抱杆倾斜后吊装构件时，不宜使用平衡滑车。

4）承托系统的四条承托绳应等长，且各条绳的连接方式应相同，固定点应等高。为适应塔体断面不同尺寸的需要，承托绳应为分段装配式。

5）承托绳与抱杆轴线间夹角不得大于 45°。

5. 控制绳系统的布置

在起吊构件的上、下部位应绑扎控制绳。起吊构件上部绳称调整绳，构件根部称攀根绳。攀根绳在起吊过程中是受力绳，应使用钢丝绳；调整绳应使用白棕绳或尼龙绳。

（1）攀根绳对地夹角不应大于 45°。

（2）攀根绳与塔片的绑扎为对称的两个点。当构件质量在 2t 以下且塔片宽度小于 2m 时，采用 V 型钢绳套，用一根攀根绳控制；当构件质量大于 2t 或塔片宽度大于 2m 时，宜用两根攀根绳按八字形分别控制，如图 14-1-11 所示。

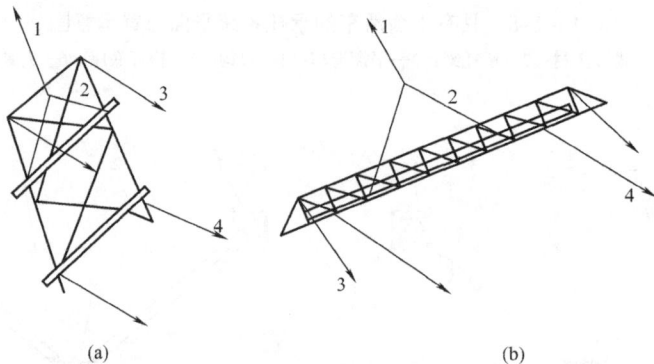

图 14-1-11 控制绳的绑扎位置

（a）起吊塔身；（b）起吊横担

1—起吊绳；2—吊点绳；3—上控制绳；4—下控制绳

（3）攀根绳在地面处经拉线控制器后再固定于地锚或桩锚。

（4）起吊过程中，调整绳不受力；起吊构件就位时，收紧调整绳以协助就位。

6. 锚桩的布置

内拉线抱杆分解组塔锚桩布置如图 14-1-12 所示。

（三）工器具配置

限制吊重 2t 的内悬浮内拉线抱杆分解组塔主要工器具配置见表 14-1-2。

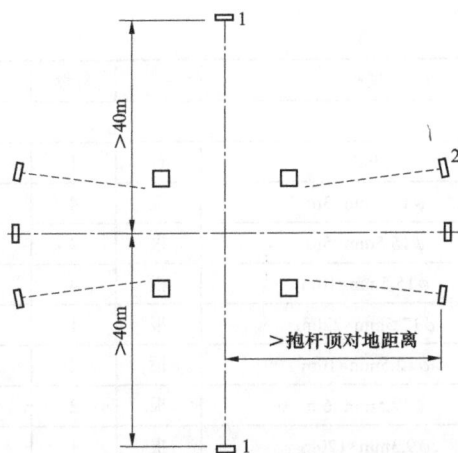

图 14-1-12　内拉线抱杆分解组塔锚桩布置示意图
1—机动绞磨锚桩；2—攀根绳锚桩

表 14-1-2　　内悬浮内拉线抱杆（限制吊重 2t）分解组塔工器具配置

序号	机具名称	规格	单位	数量	备注
一、抱杆系统					
1	抱杆	□600mm×25m	副	1	
2	腰环	□630	副	2	
3	钢绳套	φ12.5mm×6m	只	8	
4	双钩	15kN	只	4	
5	卸扣	20kN	只	16	
6	钢绳套	φ11mm×1m	只	8	
二、拉线系统					
7	钢丝绳	φ12.5mm×18m	根	4	拉线用
8	钢丝绳	φ12.5mm×15m	根	4	拉线接长用
9	钢丝绳	φ12.5mm×80m	根	2	辅助拉线
10	卸扣	30kN	只	20	
11	双钩	30kN	只	4	
12	拉线控制器	φ100mm	只		辅助拉线用
13	角铁桩	L75mm×8mm×1500mm	块	7	辅助拉线用
14	花篮螺丝	M20	副	4	辅助拉线用
15	元宝螺丝	φ6mm	只	8	辅助拉线用
16	钢绳套	φ12.5mm×1.5m	根	2	辅助拉线用

续表

序号	机具名称	规格	单位	数量	备注
三、起吊及牵引系统					
17	机动绞磨	30kN	台	1	
18	钢丝绳	$\phi 15.5mm \times 3m$	根	4	吊点用
19	钢丝绳	$\phi 15.5mm \times 5m$	根	4	吊点用
20	钢丝绳	$\phi 15.5mm \times 10m$	根	4	吊点用
21	钢丝绳	$\phi 12.5mm \times 220m$	根	1	牵引绳
22	钢丝绳	$\phi 12.5mm \times 10m$	根	2	挂地滑车
23	钢丝绳	$\phi 12.5mm \times 6m$	根	2	挂地滑车
24	钢丝绳	$\phi 9.3mm \times 120m$	根	1	反拉牵引绳
25	起重滑车	30kN 单轮	只	3	
26	地滑车夹具	30kN	副	4	挂于塔腿下方
27	钢丝绳	$\phi 11mm \times 70m$	根	2	攀根绳用
28	钢丝绳	$\phi 11mm \times 15m$	根	4	接长用
29	棕绳	$\phi 18mm \times 70m$	根	4	
30	拉线控制器	$\phi 100mm$	只	2	攀根绳
31	角铁桩	L75mm×8mm×1500mm	块	6	
32	花篮螺丝	M20	副	4	
33	卸扣	50kN	只	2	
34	卸扣	30kN	只	9	
35	卸扣	20kN	只	6	
四、承托系统					
36	钢丝绳	$\phi 15.5mm \times 16m$	根	4	承托绳
37	钢丝绳	$\phi 15.5mm \times 5m$	根	4	接长用
38	尼龙滑车	50kN	只	4	
39	卸扣	50kN	只	4	
40	卸扣	30kN	只	8	
41	双钩	50kN	把	2	
42	专用夹具	50kN	副	4	
五、提升系统					
43	钢丝绳	$\phi 12.5mm \times 160m$	根	1	提升绳
44	起吊滑车	30kN 单轮	只	2	
45	卸扣	30kN	只	3	

序号	机具名称	规格	单位	数量	备注
六、通用工具					
46	尼龙绳	$\phi 12\text{mm} \times 120\text{m}$	根	4	
47	尼龙滑车	5kN	只	4	
48	铁锤	8kg	把	2	
49	铁锤	1.5kg	把	4	
50	补强木	$\phi 100\text{mm} \times 4\text{m}$	根	2	或用补强钢管
51	补强木	$\phi 100\text{mm} \times 2\text{m}$	根	2	或用补强钢管
52	补强木	$\phi 100\text{mm} \times 10\text{m}$	根	1	或用补强钢管
53	经纬仪		台	1	
54	钢尺	5m、10m	把	各1	
55	尖扳手	M16、M20、M24	把	各8	

四、内悬浮内拉线抱杆分解组塔操作步骤及质量标准

（一）抱杆组立

内悬浮内拉线抱杆的竖立方法与内悬浮外拉线抱杆竖立方法相同，参见"内悬浮外拉线抱杆分解组塔"（新增模块3-2-2）中的抱杆组立。

（二）塔腿组立

1. 组立地脚螺栓式基础铁塔的塔腿

地脚螺栓式基础的铁塔，组立塔腿有两种方法：分件组立塔腿和整体组立半边塔腿。

分件组立塔腿即先竖立主材，然后逐一由下向上安装辅材，直到完成塔腿组立。该方法适用于主材为单角钢的铁塔，需用工具少。整体组立半边塔腿的方法是将塔腿的一半在地面组装后再用抱杆起吊，该方法适用于塔腿较轻，根开较小的铁塔，且地形平坦的塔位，使用工具较多。塔腿组立方法应根据塔型特点及地形条件选择确定。

（1）分件组立塔腿。先将铁塔底座置放在基础上，拧紧地脚螺母，再将塔腿主材下端与底座立板用一只螺栓连接，利用此螺栓作为起立塔腿主材的回转点。

当组立塔腿的主材长度在8m以下且质量在300kg以内时，可以用木叉杆将主材立起，使主材与底座板相连的螺栓全部装上。当组立的塔腿主材长度大于8m且质量超过300kg时，应利用小人字木抱杆（$\phi 100\text{mm} \times 5\text{m}$）或钢管抱杆按整立抱杆的方法将主材立起，布置示意如图14-1-13所示。也可用单抱杆方式起立。

人字抱杆组立塔腿主材的操作步骤如下：

1）将铁塔下部 2～3 段单根主材连接，其总长度不宜超过 15m，质量不宜超过 500kg。主材上的联板应装上，相应的斜材及水平材用一只螺栓连接。

2）将主材根部用一只螺栓连接在塔脚底座立板上，作为起立塔腿主材的回转点。

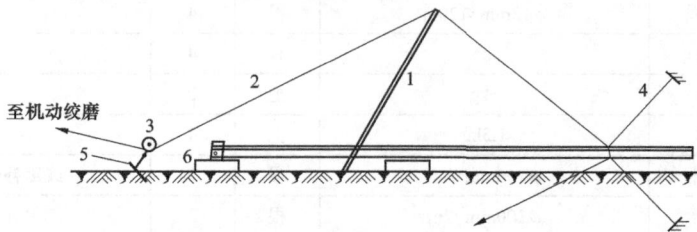

图 14-1-13　人字抱杆组立塔腿主材布置示意图

1—人字抱杆；2—牵引绳；3—地滑车；4—临时拉线；5—角钢桩；6—铁塔基础

3）按图 14-1-13 做好现场布置后，启动机动绞磨，使主材缓慢起立，直到主材接近设计方位，将其根部与塔座立板的连接螺栓全部装上为止。

4）将塔腿主材用临时拉线固定后拆除起吊索具。其余三根主材用同样的方法起立或者利用已立主材作为单抱杆起立。

塔腿四根主材立好后，由下而上组装三个侧面斜材及水平材，并将螺栓紧固。留出一个侧面的辅材暂不装，待内拉线抱杆立起后再补装。

（2）整体组立半边塔腿。根据现场地形条件，选择好塔腿组装的位置，将铁塔底座板垂直地面安置在基础的垫木上。垫木的厚度应略高于地脚螺栓露出基础顶的高度。塔座底板应尽可能安装塔脚铰链。

在地面上对称组装好两个半边塔腿且拧紧螺栓。两个半边塔腿之间的辅铁应尽量带上，但螺栓不可拧紧。

将内拉线抱杆立于基础中心，抱杆的拉线分别固定在角铁桩上，按现场布置图（见图 14-1-14）绑扎好吊点绳及牵引绳等。

整体组立半边塔腿前，塔腿根部应绑扎 2 条制动绳，塔腿两主材顶端应绑扎 4 根 ϕ11mm 钢丝绳作为临时拉线。吊点绳应绑扎在距离塔腿顶部 1/4～1/3 塔腿高度的节点处（高于塔腿重心高度）。启动机动绞磨后，应收紧制动绳，使铁塔底座跟随塔脚铰链转动。塔腿起立约 30°后，松出抱杆构件侧的拉线；起立约 50°时应带住塔腿主材的后方拉线。塔腿立至设计位置后，机动绞磨停止牵引。使塔座孔对准地脚螺栓就位。套上垫板，安装地脚螺母并拧紧。固定塔腿临时拉线后，拆除吊点绳。同样的步骤组立另一侧塔腿。

两个半边塔腿组立后，将塔腿之间的斜材等辅铁全部装齐并拧紧螺栓，拆除塔腿临时拉线。

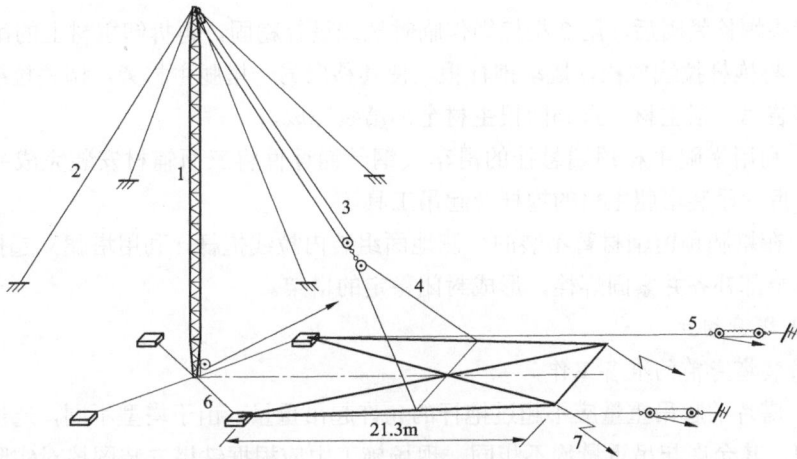

图 14-1-14　分片吊装塔腿布置示意图

1—抱杆；2—拉线；3—起吊滑车组；4—吊点绳；5—制动绳；6—锁脚绳；7—后方拉线

2. 组立插入式角钢基础及高低腿基础的铁塔

插入式角钢基础及高低腿基础的铁塔组立塔腿有两种方法：分件组立和抱杆吊装。分件组立塔腿同地脚螺栓式基础铁塔的塔腿组立。

抱杆吊装塔腿方法：

（1）抱杆吊装塔腿现场布置如图 14-1-15 所示。

（2）抱杆立在塔腿旁约 1m 处，顶部打好四方临时拉线，使抱杆向塔腿主材侧倾斜，然后收紧四侧拉线并绑扎牢固。

（3）塔腿主材的顶端应悬挂一只 10~30kN 开口滑车并穿入钢丝绳，以便塔腿主材组立后用来提升水平材和斜材。塔腿主材的吊点上方应绑扎两根 ϕ18mm 棕绳，以便塔腿主材组立后作临时拉线。

（4）吊点绳绑扎在距塔腿主材顶部 1/4~1/3 段长位置，吊点绳与主材间应垫软物，防止磨损。有条件时，吊点绳尽可能使用尼龙吊带。

（5）启动机动绞磨，将主材吊离基础顶面，使其下端与塔座主材对接。包钢

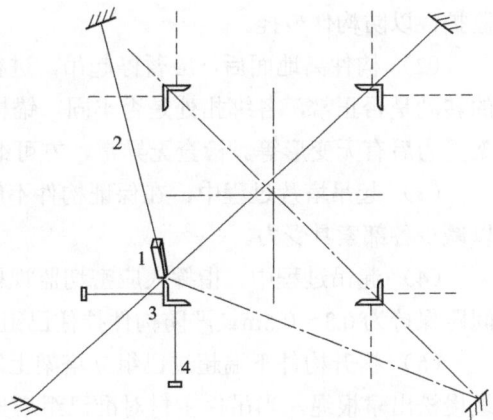

图 14-1-15　单吊主材平面布置示意图

1—抱杆；2—抱杆临时拉线；

3—已立主材；4—主材临时拉线

或法兰接头螺栓紧固后，用 2 根棕绳作临时拉线进行稳固，再拆卸主材上的吊点绳。

（6）将抱杆拉线放松，撬动抱杆根，使其移向另一塔腿主材旁，调整拉线并固定后，再吊装另一根主材，直到四根主材全部吊装完成。

（7）利用塔腿主材顶端悬挂的滑车及钢丝绳逐件将三面辅材安装完成并紧固全部螺栓。拆除吊装塔腿主材的抱杆及起吊工具等。

（8）在塔腿预留辅材暂不装的一侧地面组装内拉线抱杆，利用塔腿立起抱杆，最后将辅材全部补齐并紧固螺栓，形成封闭稳定的塔架。

（三）塔身组立

1. 吊装塔身前的准备工作

（1）塔片的起吊重量应不超过抱杆的允许起吊重量。由于塔型不同，选用的抱杆规格不同，其允许起吊重量均不相同，现场施工中应根据铁塔安装图核对实际的起吊重量，塔片应按规范要求在地面组装合格。

（2）为方便塔片就位，吊装塔身前，应调整抱杆向吊件侧适当倾斜，倾斜角不宜大于 10°，调整抱杆倾斜时应考虑拉线受力后的伸长影响，避免过量倾斜。

（3）如果抱杆置于地面时，抱杆应采取防沉防滑措施。抱杆承托绳的一端应系在铁塔基础上，另一端系在抱杆根部，使抱杆根固定在四个基础的中心位置。

（4）塔片在地面应按作业指导书要求进行补强。

2. 构件吊装过程中的操作步骤

（1）构件开始起吊，攀根绳应收紧，调整绳应松弛；构件着地的一端，应设专人监护，以防构件被挂。

（2）构件离地面后，应暂停起吊，进行一次全面检查。检查内容包括：牵引设备的转动是否正常，各绑扎处是否牢固，锚桩是否牢固，滑轮是否转动灵活，已组立塔架受力后有无变形等。检查无异常，方可继续起吊。

（3）起吊塔片过程中，在保证构件不触碰已组塔架的前提下，尽量松出攀根绳，以减少各部索具受力。

（4）起吊过程中，指挥人应密切监视构件起吊上升情况，应使塔片与已组塔架的间距保持为 0.3～0.5m。严防构件挂住已组塔体。

（5）提升构件下端超过已组立塔架上端时，应暂停牵引，由塔上作业负责人指挥缓慢松出攀根绳。当吊件主材对准已组塔架主材时，应慢慢松出牵引绳，按先低后高的原则（即先到位的主材先就位，后到位的主材后就位）进行就位。

（6）塔上作业人员应分清斜材的内外位置。就位前，主材连接时，先穿尖扳手，再穿螺栓。两主材就位后，按先两端、后中间的顺序安装并拧紧全部包钢上的接头螺栓。

（7）构件接头螺栓安装完毕，松出起吊绳、吊点绳及攀根绳等。再进行另一侧塔片吊装，最后，安装全部斜材及水平材等。

（四）塔头横担吊装

1. 酒杯型铁塔横担及地线支架的吊装

酒杯型铁塔横担的吊装有两种方法：① 分片分段吊装；② 整体吊装。应根据抱杆容许吊重及中心压力选择。

（1）分片分段吊装法。

1）吊装顺序：第一步分前后片吊装中横担；第二步吊装地线支架；第三步利用地线支架吊装边横担。横担及地线支架吊装顺序示意如图 14-1-16 所示。

2）吊装中横担的操作步骤

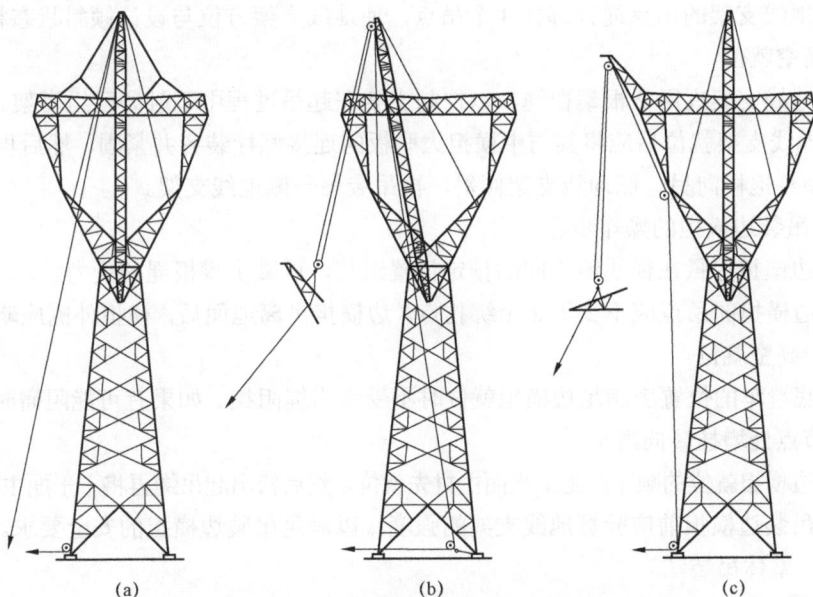

图 14-1-16　横担及地线支架吊装顺序示意图
（a）吊装中横担；（b）吊装地线支架；（c）吊装边横担

a）将中横担分前后两片沿顺线路方向组装，利用顺线路的起吊滑车组进行吊装。前、后片横担的螺栓应全部拧紧。

b）调整抱杆向吊装构件反侧略有倾斜，当起吊滑车组受力后，抱杆宜在铁塔结构中心线位置。

c）吊装过程中，横担应在不触碰塔架的前提下尽量靠近塔架，避免攀根绳受力过大。应随吊件的提升而适时松出攀根绳，以吊件不触碰塔体为原则，两根攀根绳应同步松出，使横担始终处于水平状态。

d）横担片吊至设计位置时，调整攀根绳，使横担低端先就位，再调整上曲臂根开加固绳使高端就位。

e）上曲臂与横担连接处的顺线路方向交叉铁安装完毕且螺栓紧固后，再松出绞磨绳及吊点绳，按相同方法和步骤吊装另一片中横担。

3）吊装地线支架的操作步骤。

a）地线支架应根据吊装方位及地形条件整段在地面组装，且应拧紧螺栓。

b）地线支架吊装前应在地线挂孔处悬挂 30kN 单轮滑车（视边横担重量而定）并穿入 $\phi11mm$ 钢丝绳，以备起吊边横担。

c）调整抱杆向横线路方向倾斜，以满足吊装地线支架就位的需要。

d）地线支架的吊点绳宜绑扎 4 个吊点，使地线支架方位与设计倾斜状态相一致，以方便高空就位。

e）地线支架宜用 2 根攀根绳，以控制支架在起吊过程中不触碰已组塔架。

f）地线支架就位后应将其与中横担大联板的连接螺栓装齐并紧固，然后再松出起吊绳，调整抱杆向另一侧地线支架倾斜，再吊装另一侧地线支架。

4）吊装边横担的操作步骤。

a）边横担尽量在横线路方向的预定位置组装，以减少攀根绳的受力。

b）边横担的吊点应不少于 2 个绑扎点。边横担吊离地面后，横担外侧应略向上翘起，便于高空就位。

c）底滑车的位置应满足边横担就位时不受牵引绳阻挡。如果有可能阻碍时，应在上曲臂节点处增挂转向滑车。

d）边横担就位的顺序应是上平面主材先就位，然后松出起吊绳再将下平面主材就位。

e）吊装边横担前应验算地线支架的强度，以满足吊装边横担的安全要求。

（2）整体吊装法。

1）整体吊装法有两种组装方式：一种是横担及地线支架组装成整体；另一种是将中横担及地线支架组装成整体，边横担再单独吊装。

2）整体吊装横担前，通过调整抱杆拉线及承托绳，使抱杆顺线路方向位移约横担宽度一半，且略向非吊件侧倾斜，留出空位以方便横担就位。

3）横担就位时应确保横担与抱杆保持约 0.3m 间距，严防横担压在抱杆身上。

4）整体吊装横担的操作步骤与塔身分片吊装基本相同。

2. 交流双回路直线塔及直流线路铁塔横担的吊装

110～500kV 双回线路直线塔上横担与 ±500kV、±800kV 线路铁塔横担吊装方法基本相同，现以 ±800kV 线路直线塔横担吊装为例介绍。

±800kV 线路直线塔的横担长度为 40～45m，塔头断面尺寸为 3.4～4.8m，可以采用前后分片吊装或左右分段吊装。

采用前后分片吊装时，塔头整体稳定性差，且横担补强作业量大，但组装工作较简单安全，在地面只组一个平面。一般情况下，应采用分段吊装。左右分段吊装横担，在地面的组装工作量大。

（1）左右分段吊装。

1）竖直吊装横担的现场布置如图 14-1-17 所示。

2）吊点绳在横担上的绑扎点位置：吊点距横担端头距离约为横担长度的 1/3。当横担吊离地面时，横担端头朝上近似呈竖直状态。

3）随横担的升起，应及时松出攀根绳，使横担与塔身始终保持 0.3～0.5m 的间距。

4）如图 14-1-18（a）所示，横担下端升至就位处时，先将横担上平面主材螺栓连接 A 孔对准塔头上平面的对应的 A_1 孔，各安装一只无扣较长螺栓，长度需以螺母拧完丝扣后两构件间还处于活动状态。

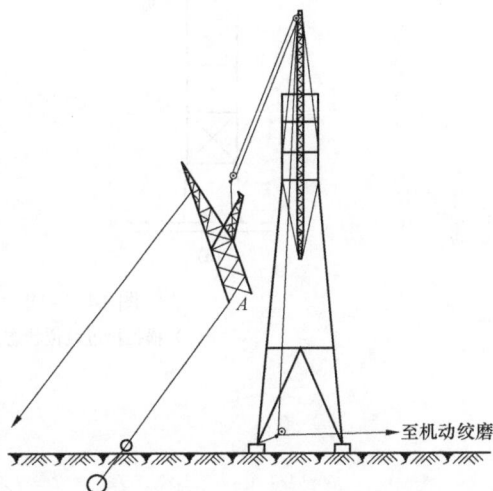

图 14-1-17　竖直吊装横担现场布置示意图

5）利用螺栓作为回转支点，缓慢松出绞磨绳，使横担向下旋转，如图 14-1-18（b）所示。

6）当横担接近水平状态时，将横担下平面主材连接的 B 孔，对准塔头下平面相应的 B_1 孔，安装螺栓。

7）当横担呈水平状态时，将横担与塔头段间的连接螺栓全部安装并拧紧。螺栓未全部穿入孔前不应将螺栓拧紧。

8）如果横担与塔头间连接螺孔对不准时，允许利用起吊滑车组协助对孔，但不得强行硬拉，应查明原因后再进行对孔。

（2）前后分片吊装。

1）分片吊装±800kV 线路直线塔横担补强方式示意图如图 14-1-19 所示。

2）横担在顺线路方向前后侧地面组装一个完整的侧面，根据横担的重量情况应将前后面间的连接辅材适当带上，每端不应少于 2 根，以便前后面间的连接。

3）横担吊装伊始，应注意观察横担有无变形。吊离地面后，横担应基本呈水平状态。

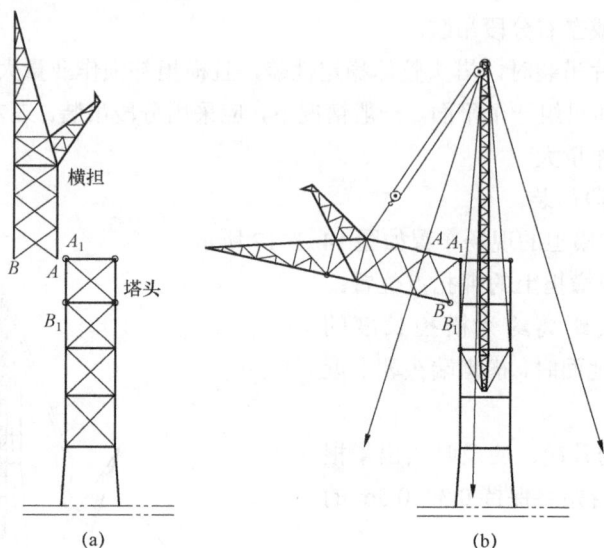

图 14-1-18　横担就位状态

（a）横担接近就位状态；（b）横担向下旋转就位

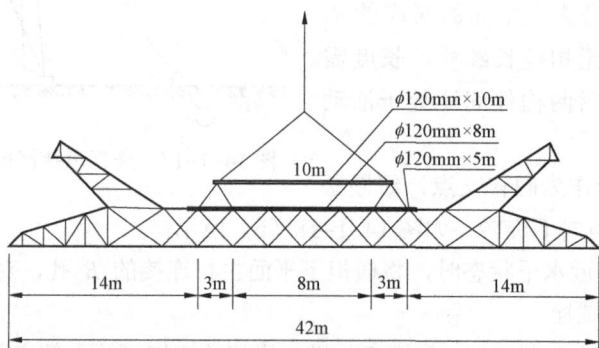

图 14-1-19　分片吊装±800kV 线路直线塔横担补强方式示意图

4）横担吊至设计位置后应停止牵引，按先低后高的顺序就位。一侧主材就位后再就位另一侧，严禁强拉硬拽。

5）横担片就位后，应沿顺线路方向连接塔头主材间的辅材，以保持横担的稳定。当横担结构处于稳定状态时，方准拆除起吊绳索和补强钢管。

6）横担另一侧面就位后，应及时将前后面间辅材连接并拧紧螺栓。

3. 干字型耐张塔横担的吊装

以±800kV 线路铁塔为例介绍耐张塔横担的吊装方法。

（1）地线横担（也称地线支架）的吊装。转角耐张塔地线横担长度约为 29.4m，可以用吊装直线塔导线横担的方法吊装转角耐张塔地线横担。

（2）导线横担的吊装。耐张塔导线横担长度约为 45m，单侧长度约为 20m。吊装导线横担可以利用地线横担或抱杆。如果利用地线横担分片或分段吊装，应验算地线横担挂点处的强度是否满足要求。

利用地线横担吊装导线横担布置示意如图 14-1-20 所示。

1）起吊滑车组采用 50kN 走 2 走 2 滑车组，最大吊重不得超过 40kN。

2）横担应组装在地线横担的垂直下方。

3）横担的吊点绳应用 2 根等长的钢丝绳，在横担下平面绑扎 4 点，当横担吊离地面后应呈水平状态。

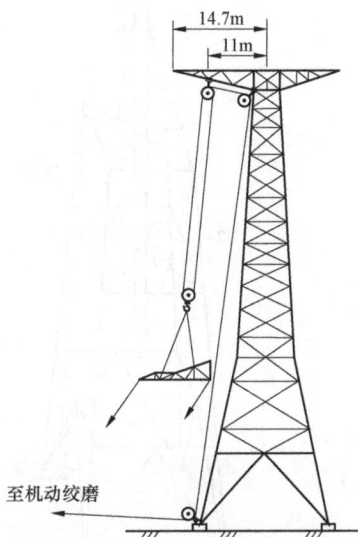

图 14-1-20　利用地线横担吊装
导线横担布置示意图

4）起吊过程中，横担与塔身间应保持 0.3～0.5m 的间距，严防被塔身挂住。

5）横担接近设计位置应暂停牵引，使横担的塔身端与塔身对应螺孔对准，穿入螺栓，待全部连接螺栓穿上后再逐个拧紧。

6）一侧横担安装后，再经抱杆顶滑车，将吊装导线横担的滑车组移到另一侧地线横担悬挂，并完成另一侧横担的吊装作业。

利用抱杆吊装导线横担现场布置同图 14-1-17。起吊滑车组应穿过地线横担的中空位置，必要时可设置转向滑车。操作步骤与利用地线横担吊装方法相同。

（五）抱杆提升与拆除

1. 抱杆提升

将提升抱杆的牵引绳由绞磨引出后，经地滑车、起吊滑车、抱杆底部滑车直至已组装塔段上端主材节点处绑扎。提升抱杆前，绑扎上下两道腰环，使抱杆竖立在铁塔结构中心的位置并处于稳定状态。将四根拉线由原绑扎点松开，移到新的绑扎位置上予以固定。拉线固定在已组塔段上端主材节点处的下方，各拉线的长度应相等，连接方式要相同，拉线呈松弛状态。

启动牵引绞磨，收紧提升钢丝绳，使抱杆提升约 1m 后，将抱杆的承托绳由塔身上解开。继续启动绞磨，使抱杆逐步升高到四根拉线张紧为止。将四根承托绳固定于已组塔段主材节点处的上方，调整承托绳使其受力一致。

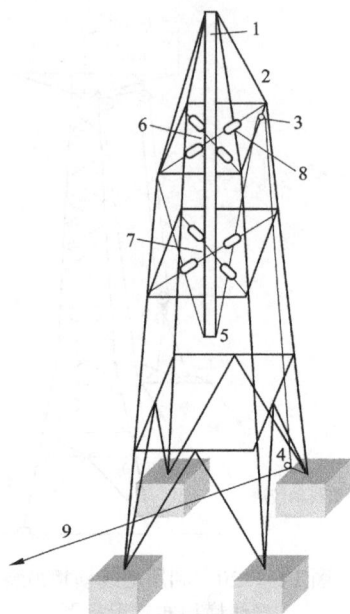

图 14-1-21　抱杆提升布置示意图

1—抱杆；2—内拉线；3—起吊滑车；4—地滑车；
5—抱杆承托；6—上腰环；7—下腰环；
8—双钩；9—提升牵引绳

调整抱杆拉线，使抱杆顶部向被吊侧略有倾斜。放松上下腰环及提升系统，做好起吊塔片的准备。

抱杆的倾斜度宜使抱杆顶的铅垂线接近于塔片就位点，但抱杆的倾斜角不得大于10°。提升抱杆现场布置示意图如图14-1-21所示。

2. 抱杆拆除

（1）拆除抱杆的布置。铁塔组立完毕后方可拆除抱杆。拆除抱杆的布置示意如图14-1-22（a）所示。

1）在塔头顶部挂一只 30kN 单轮滑车（开口），在抱杆底部倒挂一只 30kN 单滑车。将提升钢丝绳（ϕ12.5mm）一端绑扎在塔头顶部与单滑车相对应的节点处，另一端经抱杆底部滑车、塔头部滑车后引至地面处的地滑车，直至机动绞磨。

2）安装上、下两道腰拉线，并收紧固定。

（2）拆除抱杆的操作步骤。

1）启动机动绞磨，收紧提升牵引绳，使承托绳处于松弛状态时即停止牵引。

2）拆除承托绳与塔身处的连接卸扣，使承托绳挂在抱杆底部。

3）启动机动绞磨，缓慢松出牵引绳，使抱杆缓缓下降。当抱杆头部接近塔头顶部时停止牵引。

4）用 2 根钢丝绳套将抱杆与塔头部绑扎牢固。再缓慢启动机动绞磨，松出牵引绳，直至 2 根钢丝绳套完全受力为止。

5）拆除牵引绳在塔头部的绑扎点。在塔头下部的抱杆上方挂一只 30kN 单轮开口滑车，将牵引绳穿过开口滑车后与抱杆上部绑扎，示意图如图14-1-22（b）所示。

6）拆除抱杆内拉线与抱杆帽的连接卸扣。

7）启动机动绞磨，收紧牵引绳，使 2 根钢丝绳套不受力后再拆除。

8）缓慢松出牵引绳，使抱杆徐徐下降，直至地面。再通过承托绳及棕绳，用人力将抱杆根部拉出塔腿外侧，使抱杆平放在地面。

9）拆除牵引工具并整理后集中。根据运输条件将抱杆分段螺栓拆卸后，准备运输至下一基塔使用。

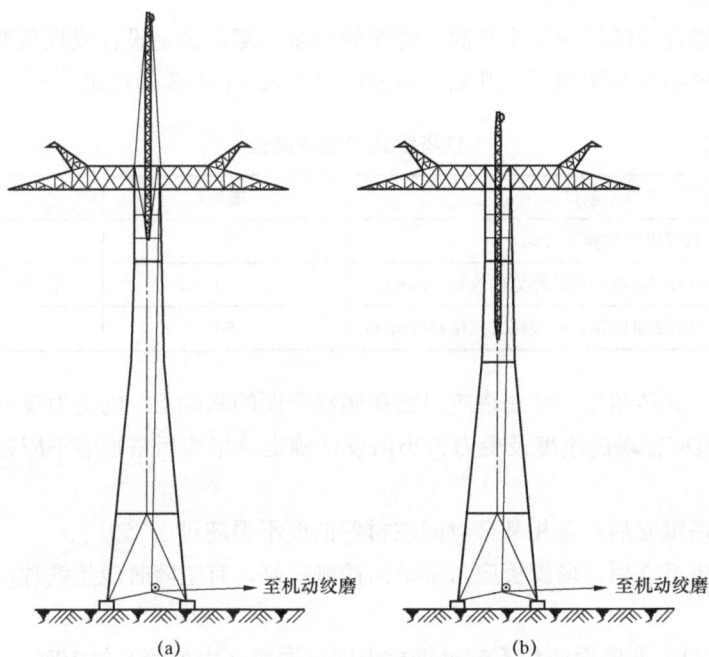

图 14-1-22　拆除抱杆布置示意图
（a）起始状态；（b）中间状态

（六）铁塔组立的质量标准

铁塔组立施工质量应符合 GB 50233—2014《110kV～750kV 架空输电线路施工及验收规范》、设计图纸和工艺要求，各部件应齐全，螺栓紧固合格率达到 95%（螺栓架线后应再复紧一次，紧固合格率达到 97%），检查扭矩合格后应及时安装防盗螺栓和防松螺母。

（1）铁塔各构件的组装应齐全、牢固，交叉处有空隙者，应装设相应厚度的垫圈或垫板。

（2）当采用螺栓连接构件时，应符合下列规定：

1）铁塔螺栓应使用防卸、防松装置。

2）螺栓应与构件平面垂直，螺栓头与构件间的接触处不应有空隙。

3）螺母拧紧后螺杆露出螺母的长度：对单螺母，不应小于两个螺距；对双螺母，可与螺母相平。

4）螺杆必须加垫圈，每端不宜超过两个垫圈。

（3）螺栓的穿入方向、脚钉安装位置及方向等应符合工艺要求。

（4）铁塔部件组装有困难时应查明原因，严禁强行组装。

（5）铁塔连接螺栓应逐个紧固，螺栓的扭紧力矩应满足设计或规范要求。

（6）铁塔组立及架线后，其允许偏差应符合表 14–1–3 的规定。

表 14–1–3　　　　　　　　　　　　铁塔组立的允许偏差

偏差项目	一般铁塔	高塔
直线塔结构倾斜（‰）	3	1.5
直线塔结构中心与中心桩间横线路方向位移（mm）	50	—
转角塔结构中心与中心桩间横、顺线路方向位移（mm）	50	—

（7）自立式转角塔、终端塔应组立在倾斜平面的基础上，向受力反方向产生预倾斜，预倾斜值应视塔的刚度及受力大小由设计确定。架线后塔顶端不应超过铅垂线而偏向受力侧。

（8）铁塔组立后，各相邻节点间主材弯曲度不得超过 1/750。

（9）铁塔组立后，塔脚板应与基础面接触良好，有空隙时应垫铁片，并应浇筑水泥砂浆。

（10）塔材表面麻面面积不超过钢材表面总面积（内处侧）的 10%。

（11）塔材镀锌颜色基本一致，镀锌层不允许有面积超过 200mm² 的脱落；小于 200mm² 的脱落只允许有一处，出现时应用环氧富锌漆进行防锈处理。

（12）螺杆与螺母的螺纹有滑牙或螺母的棱角磨损以致扳手打滑的，螺栓必须更换。

（13）铁塔应保持洁净，不应有锈蚀、油渍、污泥、附着杂物等。

五、注意事项

（1）地面作业人员与塔上人员要密切配合，统一指挥。塔上作业人员应设一名高空负责人与地面联系。

（2）主材接头螺栓安装完毕，侧面的必要斜材已安装，构件已组成整体，方可拆除起吊绳和控制绳。

（3）塔段的四面辅材全部组装完毕且螺栓全部紧固后方准提升抱杆。

（4）内拉线抱杆提升过程中应设置两道腰拉线，以保持抱杆基本处于竖直状态。

（5）抱杆起吊过程中，腰拉线必须松弛，不得受力。

（6）抱杆拆除前，起吊抱杆的牵引绳收紧后，方准解开承托绳。

（7）吊装塔头部构件时，应按要求设置辅助拉线。

【思考与练习】

（1）简要说明内悬浮内拉线抱杆分解组塔的优点。

（2）简要说明构件吊装过程中的操作步骤。

（3）试分析内悬浮内拉线抱杆分解组塔的主要危险点及预控措施。

◢ 模块2　内悬浮外拉线抱杆分解组塔（新增模块3-2-2）

【**模块描述**】本模块包含内悬浮外拉线抱杆的结构介绍、工艺流程、现场布置、抱杆起立、提升、拆卸、构件吊装、主要工器具选择等内容。通过工艺介绍，掌握内悬浮外拉线抱杆分解组塔的施工方法及要求。

【**模块内容**】

内悬浮外拉线抱杆分解组塔与内悬浮内拉线抱杆分解组塔在布置上的主要区别在于前者抱杆临时拉线为外拉线（也称落地拉线），后者为内拉线。

内悬浮外拉线抱杆分解组塔主要有以下优点：

（1）抱杆外拉线固定在地面上，外拉线对地平面夹角按45°布置，宜于满足抱杆稳定性要求。

（2）吊装铁塔头部时，外拉线布置不受铁塔断面尺寸的影响。

（3）吊装构件过程中，抱杆处于铁塔结构中心，铁塔四根主材受力均衡，宜于保证安装质量。

内悬浮外拉线抱杆的拉线由于固定在地面上，一般较适用于平坦及丘陵地形。对于地形陡峭的山地，由于受地形条件影响，外拉线抱杆组塔受到一定限制。一般情况下，铁塔全高不宜大于150m，或者拉线长度不宜大于250m。

内悬浮外拉线抱杆分解吊装较长横担有困难应增设辅助抱杆。

一、工艺流程

内悬浮外拉线抱杆分解组塔的施工工艺流程与内悬浮内拉线抱杆分解组塔相同，参见"内悬浮内拉线抱杆分解组塔"（新增模块3-2-1）中的工艺流程。

二、危险点分析与控制措施

内悬浮外拉线抱杆分解组塔的危险点分析与控制措施和内悬浮内拉线抱杆分解组塔相同。参见"内悬浮内拉线抱杆分解组塔"（新增模块3-2-1）中的危险点分析与控制措施。

三、内悬浮外拉线抱杆分解组塔前准备

（一）现场布置

（1）内悬浮外拉线抱杆分解组塔的现场布置示意如图14-2-1所示。

（2）内悬浮外拉线抱杆分解组塔布置具有以下特点。

1）抱杆有竖直和倾斜两种方式。

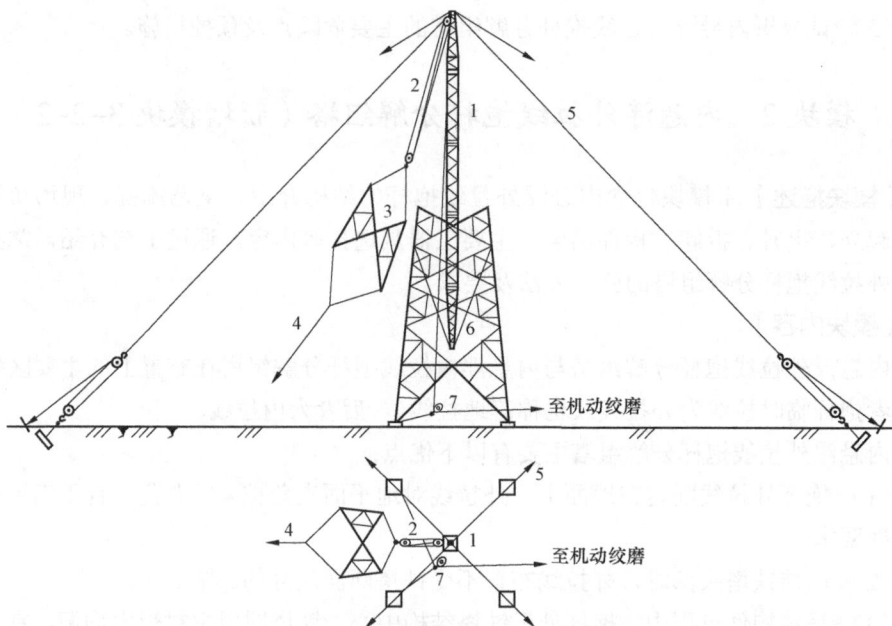

图 14-2-1　内悬浮外拉线抱杆分解组塔现场布置示意图

1—抱杆；2—起吊滑车组；3—构件；4—攀根绳；5—外拉线；6—承托绳；7—地滑车

2）抱杆拉线布置在铁塔基础的对角线方向。

3）起吊滑车组挂在抱杆顶部的侧面，牵引绳通过边滑车引至地面。

（二）内悬浮外拉线抱杆结构

1. 抱杆系统的布置

（1）抱杆应尽量铅垂布置，若需要倾斜时，倾斜角不应大于 10°。

（2）抱杆插入已组塔架的长度应满足承托绳安装后，其对抱杆轴线的夹角不应大于 40°。

（3）一般情况下，不设置腰拉线。如果设置，应按内悬浮内拉线抱杆布置腰拉线。

2. 拉线系统的布置

（1）抱杆拉线由 4 根钢丝绳及相应索具组成。其上端通过卸扣连接抱杆帽上的拉环，其下端通过滑车组及拉线控制器与地锚或桩锚连接。

（2）抱杆拉线对地夹角不宜大于 45°。

（3）拉线在地面的锚固方式应根据其土质条件选择。当地面为坚土时，宜使用角铁桩锚定；当地面为松软土质时，宜使用地钻锚定；当不适宜用角铁桩及地钻时，应使用钢板或钢管地锚。

3. 起吊牵引系统的布置

内悬浮外拉线抱杆的起吊牵引系统与内悬浮内拉线抱杆相同，参见"内悬浮内拉线抱杆分解组塔"（新增模块 3-2-1）中的起吊牵引系统的布置。

4. 承托系统的布置

内悬浮外拉线抱杆的承托系统布置方式与内悬浮内拉线抱杆相同，参见"内悬浮内拉线抱杆分解组塔"（新增模块 3-2-1）中的承托系统的布置。

5. 控制绳系统的布置

内悬浮外拉线抱杆的控制绳系统与内悬浮内拉线抱杆相同，参见"内悬浮内拉线抱杆分解组塔"（新增模块 3-2-1）中的控制绳系统的布置。

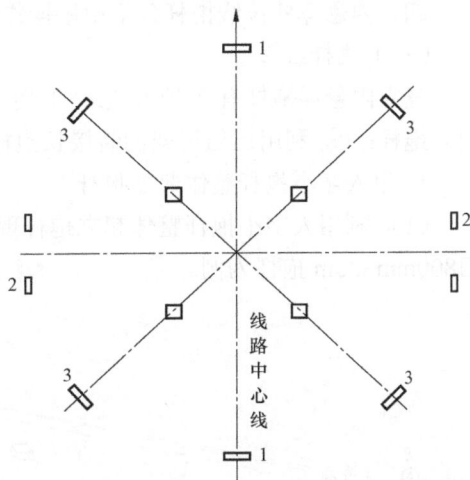

图 14-2-2　地锚及桩锚平面布置示意图
1—机动绞磨桩锚；2—攀根绳桩锚；3—拉线地锚

6. 锚桩布置

内悬浮外拉线抱杆分解组塔桩锚布置示意如图 14-2-1 所示。

（三）工器具配置

内悬浮外拉线抱杆与内悬浮内拉线抱杆分解组塔的工器具配置除拉线系统外基本相同。此处仅列出内悬浮外拉线抱杆的拉线系统工器具，见表 14-2-1。

表 14-2-1　　内悬浮外拉线抱杆（限制吊重 2t）分解组塔拉线系统工器具配置

序号	机具名称	规格	单位	数量	备注
拉线系统					
1	拉线钢丝绳	ϕ12.5mm×100m	根	4	外拉线
2	拉线钢丝绳	ϕ12.5mm×15m	根	4	接长拉线
3	钢绳套	ϕ15.5mm×3m	根	4	地锚套
4	钢绳套	ϕ11mm×1m	根	4	
5	拉线控制器	ϕ100mm	只	4	
6	钢板地锚	−200mm×400mm×1200mm	块	4	
7	角铁桩	L75mm×8mm×1500mm	块	4	
8	元宝螺栓	ϕ6mm	只	12	
9	双钩	50kN	把	4	
10	钢丝绳卡线器	ϕ12.5mm	只	4	

四、内悬浮外拉线抱杆分解组塔操作步骤

（一）抱杆组立

竖立内悬浮抱杆有 3 种方法：① 用人字小抱杆整体起立抱杆；② 利用已立塔腿起立抱杆；③ 利用已组塔架倒装接长抱杆。

1. 用人字小抱杆整体起立抱杆

（1）利用人字小抱杆整体起立抱杆现场布置示意如图 14-2-3 所示。以整体起立 □800mm×35m 抱杆为例。

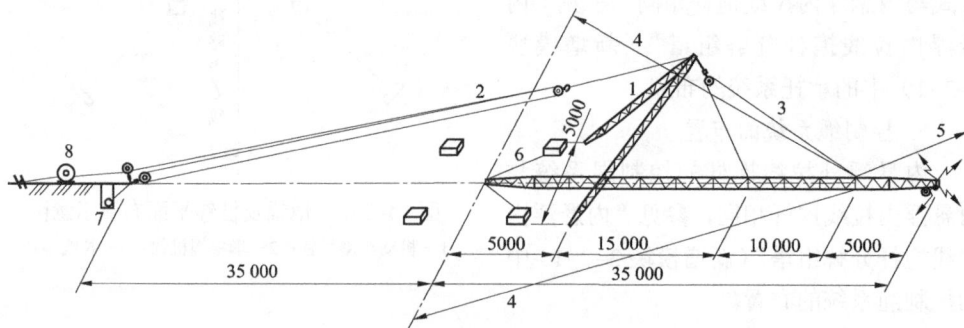

图 14-2-3　整体起立 35m 钢抱杆布置示意图

1—铝合金抱杆；2—总牵引滑车组；3—吊点绳；4—侧拉线；
5—后方拉线；6—制动绳；7—地锚；8—机动绞磨

（2）利用人字小抱杆整体起立抱杆的操作步骤

1）将抱杆置于塔位中心桩处，并在选定的方位组装抱杆，接头螺栓应拧紧，抱杆顶的临时拉线和起吊滑车组应挂上并临时绑扎于抱杆杆身。

2）按要求布置制动绳、吊点绳、总牵引绳及立抱杆用临时拉线。

3）对现场布置进行全面检查，各岗位作业人员应全部到位。

4）组立抱杆过程中，应加强监视，控制好临时拉线，防止抱杆偏斜。主要是监视以下四个环节。

a）抱杆吊离地面 0.5～0.8m 时，应暂停牵引，进行各部位检查并作冲击试验；

b）抱杆立至 50°～60°时，注意抱杆脱帽，应暂停牵引，待脱帽后再继续牵引；

c）抱杆脱帽后，应带住后方临时拉线，并随抱杆的起立而随之松出；

d）抱杆立至约 80°，应暂停牵引，利用总牵引滑车组张力和后方临时拉线松出调正抱杆，然后固定抱杆顶部的四侧临时拉线；

5）抱杆四侧拉线固定后，方准拆除起立抱杆的工具。将抱杆顶的起吊滑车组拉至地面，准备吊装塔片。

2. 以塔腿为支承体整体起立抱杆

（1） 以塔腿（即已组立的塔架）整体起立抱杆的现场布置示意如图 14-2-4 所示。以塔腿代替小人字抱杆起立抱杆时，塔腿高度不宜低于 12m。

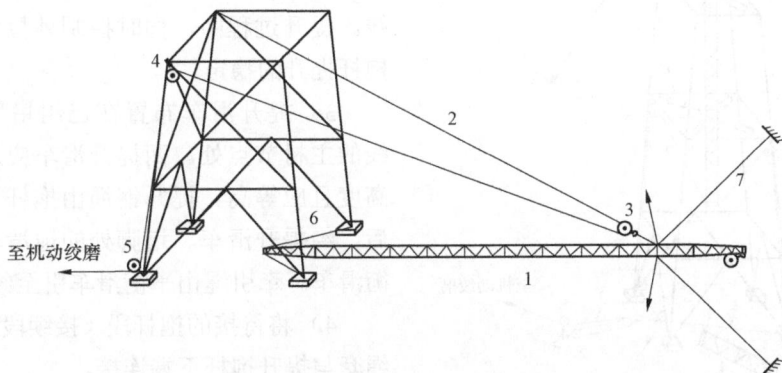

图 14-2-4 以塔腿整体起立抱杆的现场布置示意图
1—抱杆；2—牵引绳；3—吊点滑车；4—起吊滑车；5—转向滑车；6—制动绳；7—后方拉线

（2） 在塔腿上方的内侧挂两只单轮起重滑车，塔腿下端前外侧挂两只转向滑车（即地滑车）。将起立抱杆的牵引绳穿入吊点滑车后，两尾端穿过上方起吊滑车再经过地滑车后与平衡滑车连接，直到机动绞磨。

（3） 起立抱杆过程中应监视的环节。

1） 抱杆顶部吊离地面 0.8m 时，应暂停牵引，进行各部位检查并作冲击试验；

2） 抱杆立至约 60°时，应带住后方临时拉线，并随抱杆起立缓慢松出；

3） 当抱杆立至约 80°时，停止牵引，收紧牵引侧的抱杆拉线，同时缓缓松出后方拉线，直至抱杆达到竖直状态，收紧并固定抱杆四侧拉线。

4） 抱杆拉线在塔架上部固定后，拆除起立抱杆的牵引系统工具及制动工具等。

5） 补装塔腿辅材，使其形成牢固完整的四面封闭结构。

6） 如果抱杆高度能满足吊装塔身需要时，则可进行起吊塔片布置；如果抱杆高度不能满足起吊塔片要求时，则可进行提升抱杆布置。

（4） 抱杆竖立后，应将塔腿的开口面辅材补装齐全并拧紧螺栓。

3. 用塔腿倒装提升抱杆

如果由于地形限制，用塔腿整体起立抱杆的长度不是抱杆全长时，抱杆起立后，应再利用塔腿倒装接长抱杆。

（1） 利用塔腿倒装接长抱杆现场布置示意如图 14-2-5 所示。

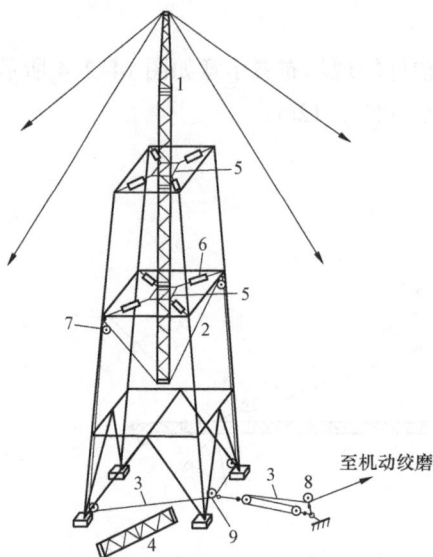

图 14-2-5 利用塔腿倒装接长
抱杆现场布置示意图

1—抱杆；2—提升钢绳；3—牵引钢绳；
4—抱杆的接续段；5—腰环；6—双钩；
7—提升滑车；8—地滑车；9—平衡滑车

（2）倒装提升抱杆前的准备工作。

1）将已吊装好的塔架辅材装齐，并拧紧螺栓，防止塔架受力变形。

2）在已组塔架上部安装顶层的腰拉线。提升过程中，同时控制外拉线以保证抱杆提升的稳定。

3）提升滑车布置在已组塔段呈对角线的主材节点处。两提升滑车应选择适当高度且应等高。提升钢绳由抱杆下端绑扎后，经提升滑车、塔脚处的地滑车直到平衡滑车。牵引绳由平衡滑车引至绞磨。

4）将待接的抱杆段（接续段）用钢丝绳套与提升抱杆下端连接。

5）接长抱杆时，每次以一段为宜。提升前应准备好符合规格的抱杆接头螺栓。

（3）倒装提升抱杆的操作步骤。

1）提升抱杆时，四方临时拉线配合抱杆的提升由人力均匀松出。

2）抱杆提升至接续段下端高出抱杆底座后，将接续段扶正，慢慢将上部抱杆落下，使接续段下端对准底座并固定好；继续回落，使提升段的下端与接续段的连接螺孔对正，安装连接螺栓；最后全部松出提升钢绳。每次提升接高一段后，将提升钢绳拉下来以备下次再提升。

3）提升完毕后，重新调直抱杆，拆除腰拉线，准备继续吊塔作业。

（二）塔腿组立

用抱杆吊装塔腿有半边吊装及单件吊装两种方法。半边吊装方法即同"内悬浮内拉线抱杆分解组塔"（新增模块 3-2-1）中的"整体组立半边塔腿"的方法。单件吊装方法适用于插入式基础及高低腿基础的铁塔，尤其适用于主材为角钢或钢板组合构件或重型钢管构件。

1. 现场布置

假设单腿主材构件质量为 5t 时，直立抱杆吊装单腿主材的现场布置示意如图 14-2-6 所示。

2. 现场布置的要求

（1）抱杆应置于靠近塔基础内侧约 5m 处。抱杆倾斜角不应大于 10°。

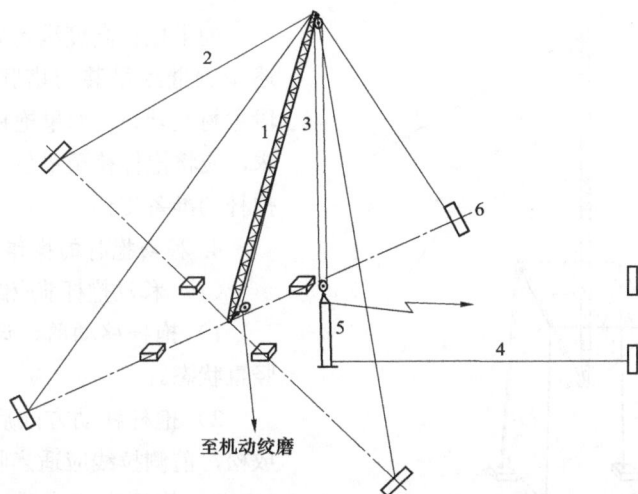

图 14-2-6 吊装单腿主材现场布置示意图

1—抱杆；2—外拉线；3—起吊滑车组；4—攀根绳；5—塔腿件；6—地锚

（2）抱杆 4 根拉线应设置在基础对角线方向的延长线上。

（3）塔腿主材根部应用攀根绳拴牢控制。

（4）抱杆根部应置于坚土上，如不是坚土则需用道木垫实，且用 4 根钢绳连在 4 个基础腿上。

（5）吊点绳应绑扎在主材顶部或通过专用吊具连接在法兰处（钢管主材）。

3. 吊装塔腿的操作步骤

（1）吊装前，对现场布置进行全面检查，确认布置符合设计要求且各岗位人员已到位，方准起吊。

（2）起吊开始，攀根绳适当收紧，避免主材碰撞基础；主材离地后，使主材移向基础。

（3）当主材吊离基础顶面后，调整攀根绳使主材底端与基础地脚螺栓或插入角钢对准，然后，松出牵引绳，使主材与基础对接并安装连接螺栓或螺母。主材上部应设置一条棕绳拉线并与抱杆拉线共用地锚，收紧固定。

（4）松出起吊绳，将抱杆移至第 2 个基础旁进行第 2 根主材吊装。

（5）第 2 根主材吊装后，抱杆向一侧倾斜，进行两塔腿主材间辅材吊装，宜先吊塔腿上部水平材，再吊大斜材及其他辅材。

（6）再次移动抱杆至第 3 个基础旁进行第 3 根主材吊装，然后吊装第 2～3 根主材间的辅材。

（7）第 3 次移动抱杆至第 4 个基础旁进行第 4 根主材吊装，然后吊装第 3～4 根及第 4～5 根主材间的辅材。

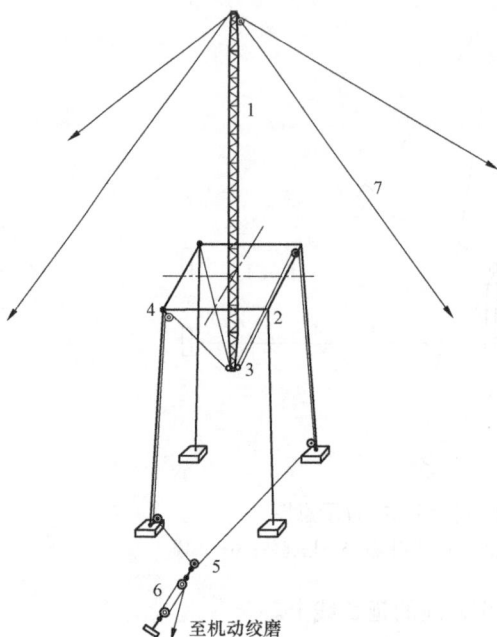

图 14-2-7 提升抱杆布置示意图

1—抱杆；2—提升钢绳；3—抱杆朝地滑车；
4—提升滑车；5—平衡滑车；6—牵引滑车组；7—外拉线

如果抱杆高度满足要求，可以按上述步骤继续吊装与塔腿相连接的塔身段主材及辅材。如果抱杆高度不满足要求，应将抱杆移至塔位中心，做好提升抱杆的准备工作。

4. 移动抱杆的操作步骤

（1）移动抱杆前应做好的准备工作。

1）抱杆移动前，调整抱杆使其呈竖直状态。

2）抱杆移动方向后侧的拉线适当放松，前侧拉线应适当收紧。

3）抱杆底部地面应坚实平整，如不平坦应铺垫钢板或方木。

4）抱杆底座系一根 ϕ11mm 钢丝绳穿过转向滑车后进入机动绞磨。

（2）启动机动绞磨，使抱杆及底座向一侧缓缓移动，移动 20～30cm，停止牵引，调整抱杆拉线，再移动一段距离，再调整拉线，直至移动到规定的位置。

（三）抱杆提升

提升抱杆布置示意如图 14-2-7 所示。

1. 提升抱杆前的准备工作

（1）已组塔架构件间连接螺栓应拧紧，特别是挂钢绳或提升滑车处节点的螺栓应拧紧。

（2）按图 14-2-7 所示安装提升系统的滑车及钢丝绳，连接牵引系统滑车组，使牵引绳进入绞磨。

（3）抱杆拉线下端应通过拉线控制器进行操作。

2. 提升抱杆的操作步骤

（1）对现场布置进行全面检查，符合要求后方准提升抱杆。

（2）启动机动绞磨使抱杆上升。当抱杆离开地面后暂停牵引，检查提升系统、牵引系统及抱杆拉线系统连接是否牢固。

（3）检查无误后，继续牵引，使抱杆上升至要求高度后，安装 4 根承托绳于已组塔架。4 根承托绳应连接在已组塔架上端的同一水平面，且固定在主材节点上方。悬挂承托绳的塔架断面应有大水平材或斜材，以保持塔架稳定。

（4）缓慢松出牵引绳，使抱杆由承托绳支撑，收紧抱杆四侧拉线。必要时可通过葫芦收紧拉线。最后调整抱杆倾斜角符合吊装构件要求后，将拉线下端固定。

（5）松出牵引系统及提升系统，做好吊装构件的准备工作。

（四）塔身组立

组立塔身采取分件或分片吊装方法，视主材构件或塔片重量而定。

组立塔身的准备工作及操作步骤与内悬浮内拉线抱杆相同，参见"内悬浮内拉线抱杆分解组塔"（新增模块 3-2-1）中的塔身的组立。

（五）利用辅助抱杆吊装特长横担

对于一般铁塔横担的吊装方法参见"内悬浮内拉线抱杆分解组塔"（新增模块 3-2-1）中的吊装横担。本模块主要介绍对于特长横担吊装中需要采用辅助抱杆的施工方法，该方法主要适用于 1000kV 线单回酒杯型直线塔及双回路钢管塔、±800kV 部分直线塔型的特长横担吊装。

1. 利用辅助抱杆吊装横担的现场布置

（1）利用辅助抱杆吊装酒杯型铁塔边横担的布置示意如图 14-2-8 所示。

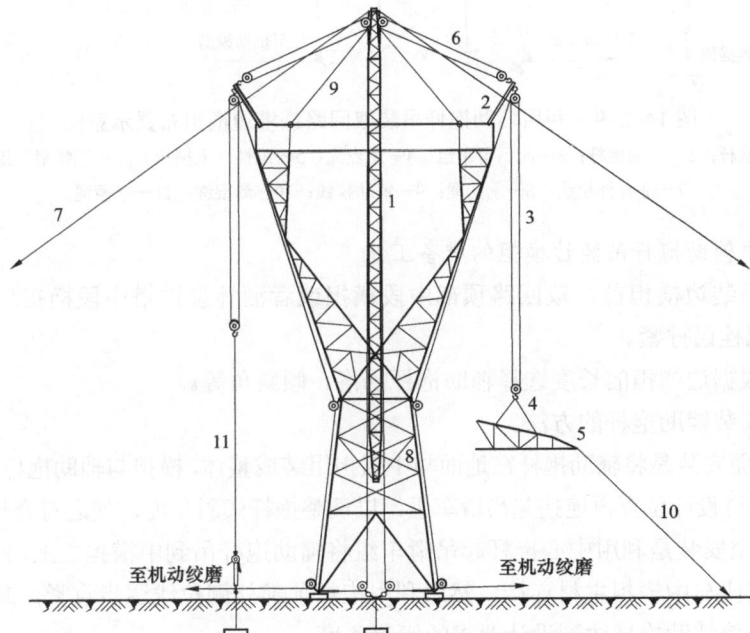

图 14-2-8　利用辅助抱杆吊装酒杯型铁塔塔边横担布置示意图

1—抱杆；2—辅助抱杆；3—起吊滑车组；4—吊点绳；5—边横担；6—变幅滑车组；
7—外拉线；8—承托系统；9—辅助拉线；10—攀根绳；11—平衡绳

（2）利用辅助抱杆吊装双回路铁塔边横担的布置示意如图 14-2-9 所示。

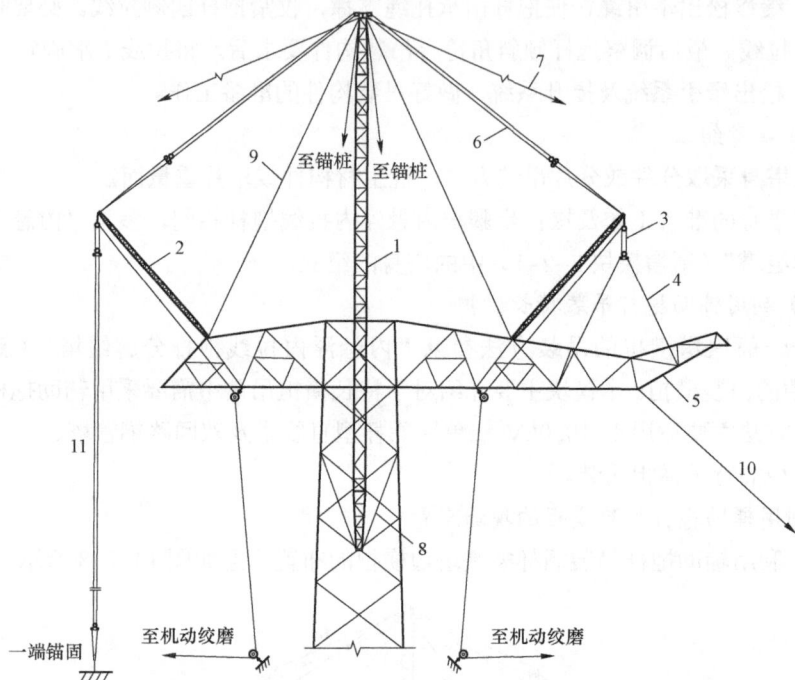

图 14-2-9 利用辅助抱杆吊装双回路铁塔边横担布置示意图
1—抱杆；2—辅助抱杆；3—起吊滑车组；4—吊点绳；5—吊件（上横担）；6—变幅滑车组；
7—抱杆外拉线；8—承托绳；9—辅助拉线；10—攀根绳；11—平衡绳

2. 利用辅助抱杆吊装边横担的准备工作

（1）吊装边横担前，双回路顶部中段横担或者酒杯型铁塔中段横担均已安装完毕，连接螺栓已拧紧。

（2）根据边横担的长度选择辅助抱杆规格、倾斜角等。

（3）安装辅助抱杆的方法。

1）地面安装是将辅助抱杆在地面与中横担组装成整体，横担与辅助抱杆一起吊装。辅助抱杆吊至设计位置再连接起吊滑车组，以调整抱杆倾斜角度，使之符合设计要求。

2）高空安装是利用中心抱杆起吊滑车组将辅助抱杆吊到中横担之上，先将抱杆根部通过铰链座与中横担主材连接，然后利用抱杆顶部外侧拉线逐步收紧，起吊滑车组随之松出，使辅助抱杆达到设计要求的倾斜角度。

（4）为减少中段横担端部下压力，应在中心抱杆顶部至辅助抱杆下端处连接一根 $\phi 21.5 \text{mm}$ 钢丝绳作为辅助拉线。

（5）安装辅助抱杆顶部起吊滑车组，并拉至地面与边横担吊点绳连接，为吊装边横担做好准备。

3. 吊装边横担的操作步骤

（1）吊装前，对现场布置应进行全面检查，检查合格后方可起吊。

（2）起吊开始，攀根绳应适当收紧，并随边横担的移动随之松出，直至吊装边横担的起吊滑车组处于铅垂状态时，使攀根绳处于松弛状态。

（3）边横担吊离地面 0.5～0.8m 时，应暂停牵引，由塔上人员检查辅助抱杆与中段横担连接的铰链座、辅助拉线等是否牢固，地面人员检查外拉线受力情况等，检查无异常再继续起吊。

（4）边横担吊至设计位置后，应注意构件有无阻碍现象，有阻碍就位的斜铁应暂时拆掉一端的螺栓。边横担就位的接头螺栓安装齐全后再逐个将螺栓紧固。

（5）边横担就位后，应将起吊滑车组移至上横担的合适位置，做吊装中横担的准备。

拆除辅助抱杆的操作按吊装的逆程序实施。

4. 利用上横担吊装中或下横担

双回路铁塔上横担吊装就位后，将各部位连接螺栓拧紧，然后将起吊滑车组挂点移至上横担适当位置，并在挂点与抱杆间连接补强滑车组，示意如图 14-2-10 所示。

利用上横担吊装中、下横担的布置及操作步骤如下：

（1）起吊钢绳经过上横担转向滑车、抱杆定滑车、塔脚处的地滑车至机动绞磨。

（2）起吊过程中，中横担任一处与塔身间应保持 0.5m 左右的间距，严防被塔身挂住。

（3）横担接近设计位置应暂停牵引，使横担的塔身端与塔身对应螺孔对准，穿入螺栓，待全部连接螺栓穿上后再逐个拧紧。

（4）中横担内侧段安装后，利用上横担的起吊滑车组再吊装中横担外侧段。

（5）用同样的方法利用中横担吊装下横担或者用上横担吊装下横担。

五、注意事项

（1）外拉线的规格及锚定装置应符合作业指导书的要求。

（2）吊装构件过程中，外拉线必须有专人负责监视，随时观察拉线受力情况及地锚有无变化，发现异常应及时报告指挥人。

（3）吊装构件过程中，如果需要调整拉线，机动绞磨必须暂停牵引，调节装置（如双钩等）必须设置保险钢绳。

（4）抱杆提升过程中，外拉线应通过拉线控制器随时松出，四方拉线松出应均匀一致。

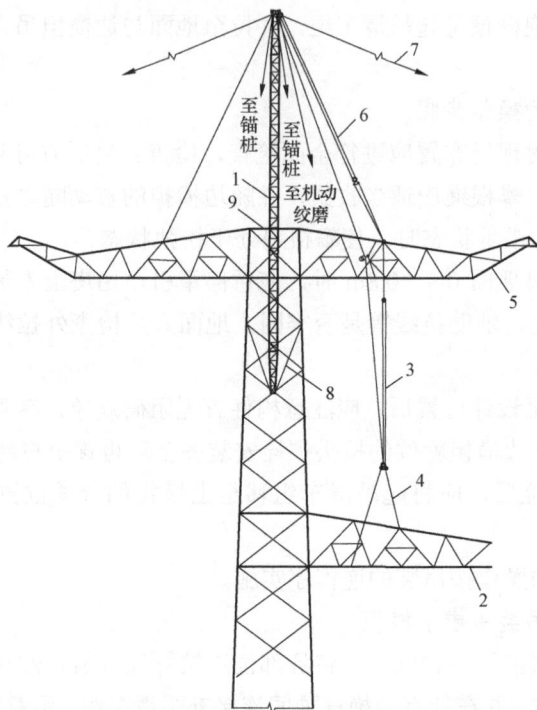

图 14-2-10 中、下横担分段吊装示意图

1—抱杆；2—中横担靠塔身段；3—起吊滑车组；4—吊点绳；5—上横担；

6—补强滑车组；7—抱杆外拉线；8—承托绳；9—塔头井口

（5）拉线作业人员应能看到指挥人的指挥信号，对指挥人的信号不明确时不得随意收紧或松出。

（6）拆除抱杆的开始阶段，外拉线应随抱杆的下降而随之收紧。当抱杆头部落至上横担（酒杯型塔、猫头型塔为中横担）以下，牵引绳直接挂于抱杆头部后，方准拆除外拉线。

【思考与练习】

（1）简要说明内悬浮外拉线抱杆分解组塔的优点。

（2）内悬浮抱杆的竖立方法有哪几种？试画出利用人字小抱杆整体起立抱杆的现场布置示意图。

（3）简要说明辅助抱杆的安装方法。

第十五章

摇臂抱杆组塔

▲ 模块 1 座地四摇臂抱杆分解组塔（新增模块 3-3-1）

【模块描述】本模块包含座地四摇臂抱杆的结构介绍、工艺流程、现场布置、抱杆起立、提升、拆卸、构件吊装、主要工器具选择等内容。通过工艺介绍，掌握座地四摇臂抱杆分解组塔的施工方法及要求。

【模块内容】

座地式抱杆也称通天抱杆，距抱杆顶适当距离安装四侧摇臂时，称为座地式四摇臂抱杆。座地式四摇臂抱杆分解组塔有以下特点：

（1）抱杆竖立在铁塔中心的地面处，利用已组塔架设置多层腰拉线对抱杆进行固定，抱杆长细比较小。

（2）距抱杆顶适当距离设置四根摇臂，施工起吊半径大。

（3）一侧摇臂吊装构件时，对侧摇臂悬挂的起吊绳用作平衡拉线以保持抱杆稳定。

（4）抱杆随铁塔安装高度的增加而升高，它的最终高度应大于铁塔全高 5～10m。抱杆较高，使用工具较多。

（5）抱杆上部露出塔架的部分近似为悬臂梁杆件，稳定性稍差，吊较重的构件受到限制。

座地四摇臂抱杆因无拉线，能适用于平原、丘陵及山地等各种地形条件。

座地四摇臂抱杆适用于各种类型铁塔，特别是酒杯型、猫头型塔横担的安装，更显现其优越性。

一、工艺流程

座地四摇臂抱杆分解组塔工艺流程如图 15-1-1 所示。

二、危险点分析与控制措施

座地四摇臂抱杆分解组塔的危险点除内悬浮抱杆分解组塔的危险点外，还存在危险点与控制措施见表 15-1-1。

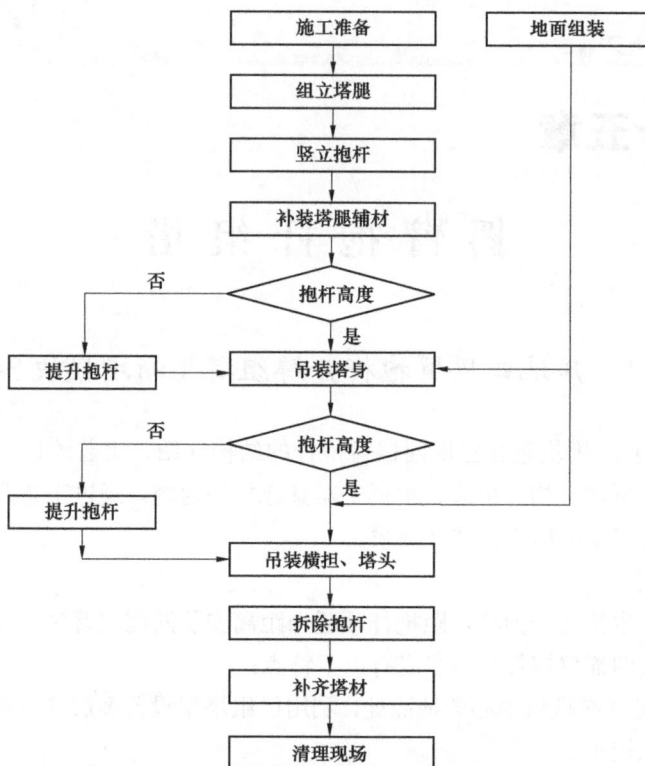

图 15-1-1　座地四摇臂抱杆分解组塔工艺流程图

表 15-1-1　　　　　　　　　座地四摇臂抱杆分解组塔危险点与措施

序号	作业内容	危险点	预防控制措施
1	牵引设备布置	机具伤害	为保证牵引设备及操作人员的安全，牵引设备应布置在安全距离之外，必须符合规程要求
2	临时地锚布置	机具伤害	（1）地锚埋设前，应派专人检查深度，马槽的开挖情况，受力方向。 （2）回填土应夯实
3	地面组装	其他伤害	塔材组装连铁时，应用尖头扳手找孔，如孔距相差较大，应对照图纸核对件号，不得强行敲击螺栓。任何情况下禁止用手指找正
4	组立塔腿	机械伤害	绞磨应设置在塔高的 1.2 倍安全距离外，排设位置应平整，绞磨应放置平稳
5	起立抱杆	机械伤害 起重伤害	按土质情况，绞磨的锚桩应设置牢固，铁桩打入地下长度应大于三分之二桩长或打连桩、梅花桩
6	第一次倒装抱杆	物体打击	提升抱杆应设置两道腰环；采用单腰环时，抱杆顶部应设临时拉线控制
7	吊装塔段	机具伤害	（1）吊件在起吊时，应检查绑扎点位置及绑扎点应用麻袋或软物衬垫。 （2）吊点在重心上

续表

序号	作业内容	危险点	预防控制措施
8	倒装抱杆	起重伤害	要加装腰环，并收紧固定
9	酒杯塔曲臂吊装	物体打击	起吊前，将所有可能影响就位安装的活铁固定好，绑扎牢固
10	吊装顶架、横担	物体打击机具伤害	（1）严格落实作业指导书安全技术要求。 （2）按抱杆的吊载计算书要求，仔细核对图纸手册的吊段重量参数，严禁超重吊装
11	抱杆拆除	物体打击	（1）拆除过程中要随时拆除腰环，避免卡住抱杆。 （2）当抱杆剩下一道腰环时，为防止抱杆倾斜，应将吊点移至抱杆上部，循环往复，将抱杆拆除

三、座地四摇臂抱杆分解组塔前准备

（一）现场布置

座地四摇臂抱杆分解组塔现场布置示意如图 15-1-2 所示。

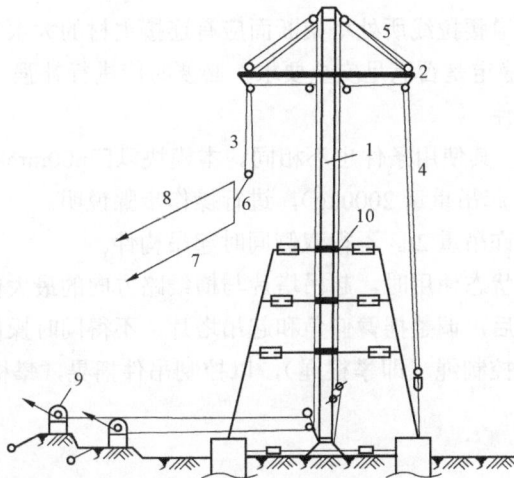

图 15-1-2　座地四摇臂抱杆分解组塔现场布置示意图

1. 布置说明

本模块以□600mm×76m 抱杆为例进行说明。主抱杆为格构式正方形断面，边宽 600mm×600mm，全高 76m，主材为 L63mm×5mm，摇臂长 6m，容许吊重 2000kg。

（1）座地四摇臂抱杆包括一根主抱杆及四根摇臂。主抱杆由抱杆帽、抱杆上段、加强段、标准段、底座等组成。

（2）抱杆底座通过四根 φ11mm 钢丝绳固定在铁塔基础中心。

（3）在抱杆加强段上通过长螺杆安装四个摇臂，分别布置在横、顺线路方向。

（4）摇臂端头与抱杆顶部通过 30kN 的走 1 走 2 滑车组（即变幅滑车组或调幅滑车组）相连，使摇臂与铅垂线在 5°～80° 范围内活动。

（5）摇臂端头与抱杆顶之间另连接一根 ϕ15.5mm 钢丝绳起保险作用，称为保险钢丝绳。当变幅滑车组失控时，摇臂仍将处于水平位置。当塔片在左（右）侧起吊时，前后侧摇臂的变幅滑车组可以省略。省略变幅滑车组后，应挂一根钢丝绳连至地面并收紧。

（6）摇臂端头下方悬挂 30kN 走 1 走 1 起吊滑车组，作起吊构件或平衡拉线用。起吊绳经滑车组后穿过挂在摇臂与抱杆杆身结合部的转向滑车及地面处的地滑车直至绞磨。

（7）抱杆由下至上每隔 8～10m 布置一道腰拉线。每组腰拉线由四根 ϕ11mm 钢丝绳、四把 10kN 双钩及一套腰环组成。腰拉线固定在已组塔架的四根主材上。四根腰拉线应在同一水平面内，且受力均衡，以保证抱杆在吊装构件及倒装提升时始终位于铁塔结构中心线位置。

（8）抱杆最上一道腰拉线所处塔架断面应有连接主材的大水平材或斜格材。若没有时应验算塔架主材稳定是否满足安全要求，必要时应进行补强。

2. 抱杆的使用条件

不同规格的抱杆，其使用条件也不相同。本模块以 □600mm×76m 四摇臂抱杆为例（摇臂长 6m，容许起吊重量 2000kg），进行操作步骤说明。

（1）抱杆单侧容许吊重 2t。不得双侧同时起吊构件。

（2）摇臂呈水平状态使用时，起吊塔片与横线路方向的最大偏斜角不得大于 5°。

（3）当摇臂受力后，调整摇臂仰角和起吊塔片，不得同时操作。

（4）吊件应设置控制绳（即攀根绳），以控制吊件摇晃，攀根绳对地夹角不得大于 45°。

（二）工器具配置

座地四摇臂抱杆分解组塔主要工器具配置见表 15–1–2。

表 15–1–2　　　　　　座地四摇臂抱杆分解组塔主要工器具配置

序号	机具名称	规格	单位	数量	备注
一、抱杆系统					
1	角钢抱杆	□600mm×600mm×76m	副	1	（含摇臂四根） 主材 L63mm×5mm，Q345
2	钢丝绳	ϕ11mm×10m	根	4	固定底座

续表

序号	机具名称	规格	单位	数量	备注
3	卸扣	30kN	只	12	
4	双沟	10kN	把	4	固定底座用
5	抱杆底座	□800mm×800mm	只	1	
6	方木	150mm×200mm×1500mm	根	4	
7	专用夹具	30kN	副	4	
二、起吊系统					
8	钢丝绳	ϕ11mm×120m	根	4	攀根绳
9	钢丝绳	ϕ9.3mm×120m	根	4	回拉绳
10	钢丝绳	ϕ11mm×270m	根	4	绞磨绳
11	起重滑车	30kN（单轮）	只	16	
12	起重滑车	10kN（单轮）	只	4	提升小件塔材
13	卸扣	M30	只	28	
14	机动绞磨	30kN	台	2	牵引用
15	手扳葫芦	30kN	台	2	起吊滑车组用
16	钢丝绳	ϕ12.5mm×3m	根	6	绑扎掉电用
17	钢丝绳	ϕ15.5mm×5m	根	4	绑扎吊点用
18	钢丝绳	ϕ12.5mm×8m	根	8	挂平衡吊钩
19	钢丝绳	ϕ12.5mm×10m	根	4	绑扎吊点用
20	钢丝绳套	ϕ12.5mm×1.5m	根	2	绑扎吊点用
21	棕绳	ϕ16mm×80m	根	6	
22	棕绳	ϕ16mm×150m	根	4	调整绳
23	钢管地锚	ϕ230mm×1.6m	个	2	
三、摇臂系统					
24	钢丝绳	ϕ11mm×120m	根	4	起伏滑车组
25	滑车	30kN（双轮）	只	4	起伏滑车组
26	滑车	30kN（单轮）	只	8	起伏滑车组
27	卸扣	M30	只	20	
28	双钩	30kN	把	4	
29	钢丝绳套	ϕ12.5mm×2m	根	4	
30	钢丝绳	ϕ15.5mm×8.4m	根	4	保险用

续表

序号	机具名称	规格	单位	数量	备注
四、腰拉线系统					
31	腰环	□640mm×640mm	个	8	
32	钢绳套	ϕ11mm×1.5m	根	12	
33	钢绳套	ϕ11mm×3.5m	根	12	
34	钢绳套	ϕ11mm×5m	根	8	
35	钢绳套	ϕ11mm×7m	根	4	
36	卸扣	10kN	只	64	
37	双钩	10kN	把	32	
五、提升系统					
38	钢丝绳	ϕ12.5mm×200m	根	1	起吊用
39	钢丝绳	ϕ11mm×160m	根	1	牵引绳,立抱杆牵引用
40	滑车	30kN（单轮）	只	10	
41	卸扣	M30	只	9	
42	钢丝套	ϕ11mm×1.5m	根	5	
43	钢丝套	ϕ11mm×5m	根	4	
六、整立抱杆系统					
44	铝抱杆	□400mm×13m	根	2	立抱杆用
45	钢丝绳	ϕ11mm×80m	根	4	立抱杆用拉线
46	双钩	30kN	把	1	
47	方木	150mm×200mm×1.5m	根	12	支垫用
48	钢丝绳	ϕ11mm×10m	根	2	补强用
49	角铁桩	L75mm×8mm×1.5m	块	8	
50	钢管地锚	ϕ230mm×1600mm	套	1	
七、通用工具					
51	尼龙滑车	5kN	只	4	
52	尼龙绳	ϕ12mm×140m	根	4	
53	圆木	ϕ120mm×5m	根	2	
54	圆木	ϕ120mm×9m	根	2	
55	经纬仪		台	1	
56	撬杠	ϕ25mm×2m	根	4	
57	铁锤	8kg	把	2	

四、座地四摇臂抱杆分解组塔操作步骤

（一）抱杆组立

抱杆的组立有三种方法，可根据现场情况和设备条件选择。

（1）用人字抱杆整体起立座地四摇臂抱杆。

（2）先组立塔腿，再利用塔腿作支承，起立座地四摇臂抱杆。

（3）用汽车起重机（简称吊车）吊装座地四摇臂抱杆。

第二种方法的操作步骤参见"内悬浮外拉线抱杆分解组塔"（新增模块 3-2-2）中的抱杆组立，第三种方法可参考"塔式起重机分解组塔"（新增模块 3-5-2）中的塔式起重机安装。本模块介绍第一种方法。

1. 抱杆的组装

（1）抱杆断面尺寸及主材规格应符合作业指导书要求。地面组装的抱杆高度应满足吊装塔腿及以上一段塔身高度，一般不宜小于 26m。

（2）抱杆组装前，应根据塔位地形情况选定整体起立方向。抱杆宜组装在平整的场地上，且支垫方木。

（3）抱杆组装后应正直，弯曲度不应超过 1‰，若超过时，应在接头处加垫圈来校直。接头螺栓应装齐、拧紧。

（4）抱杆的四根摇臂长度需满足铁塔吊装的要求。一般情况下，四根摇臂都装有起吊滑车组、变幅滑车组及保险钢丝绳。可任选一根摇臂作起吊用，其余摇臂作平衡用。为方便整体起立，四根摇臂与抱杆组装后，应使其自由端朝上且与抱杆捆绑在一起。

（5）用于固定抱杆的腰环，在抱杆起立前应先套在抱杆上，且不少于 2 套，并用棕绳绑在抱杆杆身上，以备提升时用。

2. 整体起立抱杆的布置

（1）整体起立座地四摇臂抱杆（高度选择为 26m）采用倒落式人字小抱杆，布置示意如图 15-1-3 所示。

（2）人字小抱杆为格构式铝合金抱杆，断面为□400mm×400mm，高度为 13m，当主材规格为 L45mm×5mm 时，其容许中心压力为 60kN。

（3）总牵引绳：ϕ17mm 钢丝绳；牵引滑车组绳（绞磨绳）：ϕ11mm 钢丝绳；吊点绳：ϕ12.5mm 钢丝绳；制动绳：ϕ12.5mm 钢丝绳；三侧（左、右、后）临时拉线：ϕ11mm 钢丝绳。按图 15-1-3 将各部位索具连接并展放布置。临时拉线长度应满足对地面夹角为 45° 的要求。

（4）抱杆组装方向，尽可能选在塔基的对角线方向，以便用塔基作制动地锚。绑扎制动绳时，应避免抱杆底座的铰链部位受到弯曲。抱杆起立前，制动绳应收紧固定。

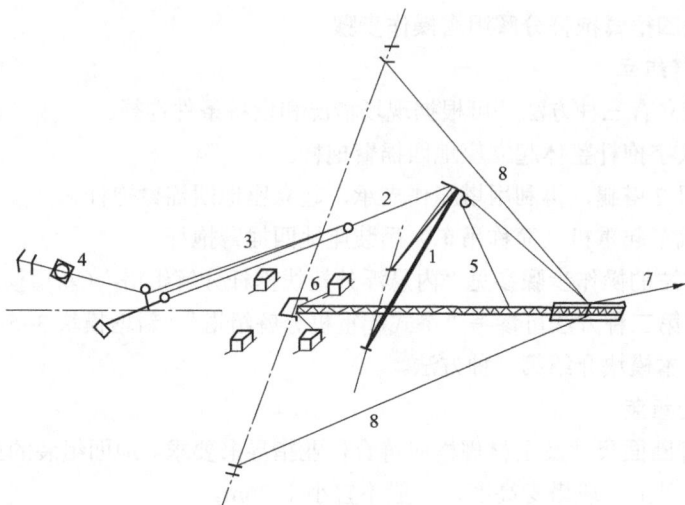

图 15-1-3　整体起立座地式摇臂抱杆布置示意图

1—铝合金抱杆；2—总牵引绳；3—总牵引滑车组；4—机动绞磨；5—吊点绳；
6—制动绳；7—后方临时拉线；8—左、右侧拉线

（5）抱杆底座应置于坚硬的土质上。如遇软土，底座下方应垫□150mm×200mm× 1.5m 方木，且不少于 2 根。抱杆底座位于斜坡上时，应开挖底座地槽，使底座位于平整地面上且应垫方木以加固。

（6）总牵引侧应设置地锚，左、右、后三侧临时拉线应设置桩锚。在坚土地质条件，桩锚用 2 联或 3 联角铁桩；在软土地质条件，桩锚用 2 只或 3 只地钻，视现场地质条件选择。

3. 整体起立抱杆的操作步骤

（1）立抱杆前应先起立小抱杆。人字型小抱杆应设置制动绳，且两杆应置于坚土的地坑内，防止滑移。启动绞磨，收紧牵引滑车组，用人力抬起小抱杆头部，使其缓慢竖立，直至达到对地夹角为 65°～70°时停止牵引。小抱杆立起后应设置锁脚绳（即两抱杆根部间连接的钢丝绳）。

（2）对起立座地四摇臂抱杆的布置进行全面检查，无异常后，可启动绞磨，使抱杆坐在底座上缓慢旋转起立。

（3）起立座地四摇臂抱杆过程中，应重点监视以下四个环节：

1）抱杆离地面 0.5～0.8m 时，应暂停牵引，进行各部位检查并作冲击试验；

2）抱杆立至 50°～60°时，应注意人字小抱杆脱帽，待脱帽后再牵引；

3）抱杆立至约 60°（即脱帽）时，应带住后方临时拉线，并随抱杆的起立而随之松出；

4）抱杆立至约 80°时，应暂停牵引，利用总牵引滑车组张力和松出后方临时拉线使抱杆立正。

（4）抱杆起立后，其底座应位于塔位中心。调整抱杆正直后，应固定抱杆顶部的四侧临时拉线。抱杆底座的四角方向用钢丝绳及双钩分别固定于 4 个塔基，示意如图 15-1-4 所示。

（5）抱杆未安装 2 道腰环前，抱杆应按吊装塔腿要求布置好四侧临时拉线。

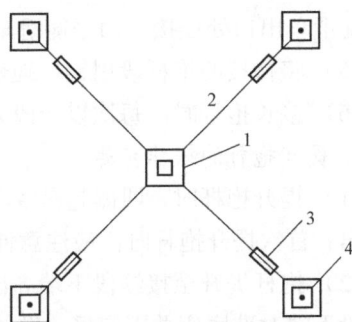

图 15-1-4　抱杆底座固定示意图
1—抱杆底座；2—钢丝绳；3—双钩；4—塔脚底座

（6）抱杆临时拉线固定后，应将摇臂平放并逐一放下起吊滑车组，为吊装塔腿做好准备工作。

（7）摇臂抱杆起立后，如果提升抱杆采取专用提升架时，利用已立抱杆吊装提升架，使之就位待用。

（二）抱杆的提升

1. 提升抱杆的准备工作

（1）将已吊好的塔架辅材安装齐全并拧紧螺栓，防止塔架受力变形。

（2）在已组塔架的合适高度装好顶层的腰拉线。提升过程中，腰拉线总数应不少于 2 道，以保证抱杆提升的稳定。各道腰拉线中心应与铁塔中心在同一铅垂线上。腰环间距不应小于 4m。

（3）提升抱杆现场布置示意如图 15-1-5所示。提升滑车布置在已组塔架上平面呈对角线的主材节点处，该节点应有大水平材连接，以保持塔架稳定。两提升滑车应等高，悬挂点高度应满足提升高度不小于12m。

（4）两根提升钢丝绳的尾端固定在已组塔架上平口的对角节点处，经抱杆下端的动滑车、提升滑车、塔脚处的地滑车直

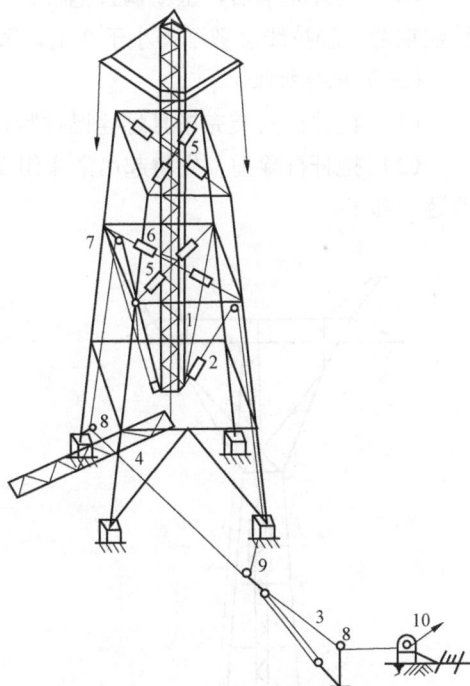

图 15-1-5　提升抱杆现场布置示意图
1—抱杆；2—提升钢绳；3—牵引钢绳；
4—抱杆的接续段；5—腰环；6—双钩；7—提升滑车；
8—地滑车；9—平衡滑车；10—机动绞磨

至平衡滑车出口处连接。由平衡滑车连接牵引滑车组直至机动绞磨。

（5）将待接的抱杆段用钢丝绳套与提升的抱杆下端相连接。

（6）接长抱杆时，每次以一段为限。提升前应准备好抱杆接头螺栓。

2. 提升抱杆的操作步骤

（1）提升抱杆时，四侧起吊滑车组尾绳应挂在塔脚上，配合抱杆的提升由人力均匀松出。首次提升抱杆时，应注意伸出最上一道腰环的长度不应超过抱杆长度的1/2。

（2）抱杆提升至接续段下端高出抱杆底座后将其扶正，慢慢将上部抱杆落下，使接续段下端对准底座并固定好；继续回落，使接续段与提升段的连接螺孔对正，安装连接螺栓；最后全部松出提升钢绳。每次提升接长一段后，将提升钢绳及动滑车拉下至抱杆底部，以备下次提升。

（3）接长后的抱杆伸出最上一道腰环的高度，应满足继续吊装塔片的要求，但也不能超出抱杆的设计要求。

（4）提升完毕后，重新调直抱杆，固定好腰拉线，各道腰拉线中心应与抱杆中心轴线重合。腰拉线总数不得小于2道，腰环间距应为8~10m。

（三）抱杆拆除

（1）构件已安装完毕且螺栓已拧紧，铁塔已形成稳定结构，方可拆除抱杆。

（2）抱杆拆除前，先将起吊滑车组及变幅滑车组卸下，再将顺线路方向的前后摇臂逐一卸下。

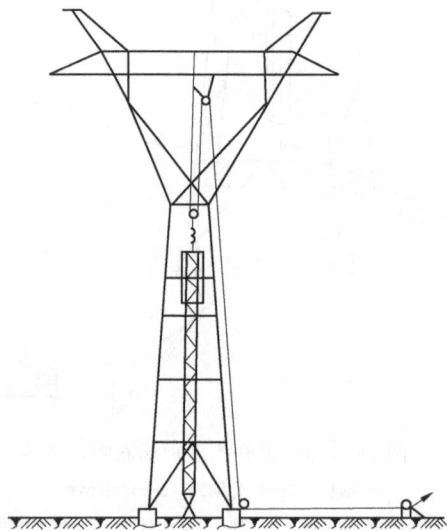

图15-1-6 利用横担拆除抱杆现场布置示意图

（3）将左、右摇臂与抱杆上段合拢捆绑在一起进行拆卸。

（4）利用原提升抱杆的滑车组，按倒装提升的逆程序逐段拆除。当抱杆降低到上部腰拉线有阻挡时，拆除腰拉线后再继续逐段拆卸。

（5）抱杆顶部已落至横担下方时，布置牵引钢丝绳使其一端固定在抱杆上端，另一端通过挂在适当高度的起吊滑车经地滑车进入绞磨，示意如图15-1-6所示。缓慢松出牵引绳，抱杆逐段拆除。

（6）当抱杆高度仅有15~20m时，将抱杆吊离地面1~3m，用人力将抱杆根部从塔中心拖到塔外，直至抱杆全部落到地面。

（四）塔腿的吊装

1. 吊装前调整抱杆

（1）竖立的抱杆应垂直于地面,各道腰环中心应与抱杆轴心线相重合,收紧并固定各道腰拉线。

（2）起平衡作用的对侧摇臂的起吊滑车组应拉至地面,通过钢丝绳套挂于塔脚上,示意如图 15-1-7 所示。钢丝绳套的夹角 β 应不大于 90°。起吊滑车组的牵引绳应通过机动绞磨收紧,使抱杆顶向起吊反侧偏移 200~300mm,以控制在起吊构件过程中向起吊侧偏移不超过 100mm。

（3）与起吊构件摇臂相垂直的两根摇臂应平放,由保险绳受力。其起吊滑车组应收缩至最短状态,下方连接一根钢丝绳及钢丝绳套挂在塔脚上。起吊滑车组尾绳应串接双钩并收紧固定。

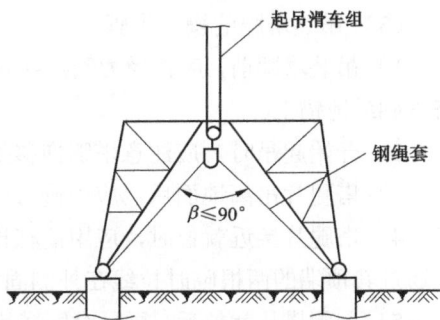

图 15-1-7　起吊滑车组与塔脚的连接示意图

（4）起吊侧及对侧摇臂的变幅滑车组应收紧,其尾绳通过双钩挂于抱杆底座。

（5）调整抱杆应由测工用经纬仪配合监视。

2. 塔腿的吊装现场布置

（1）塔腿吊装的现场布置示意如图 15-1-8 所示。

（2）吊装塔腿的布置要求。

1）应沿基础对角线方向在抱杆顶设置 4 根落地拉线,拉线下端固定于桩锚或地锚。

2）吊装的塔腿片质量应不大于抱杆容许吊重。若超过时可按单腿单面或单件起吊。

3）吊件的下端应设置攀根绳,以控制其拖移。

4）吊装塔腿片的两吊点绳应等长,吊点绳间夹角应不大于 120°。

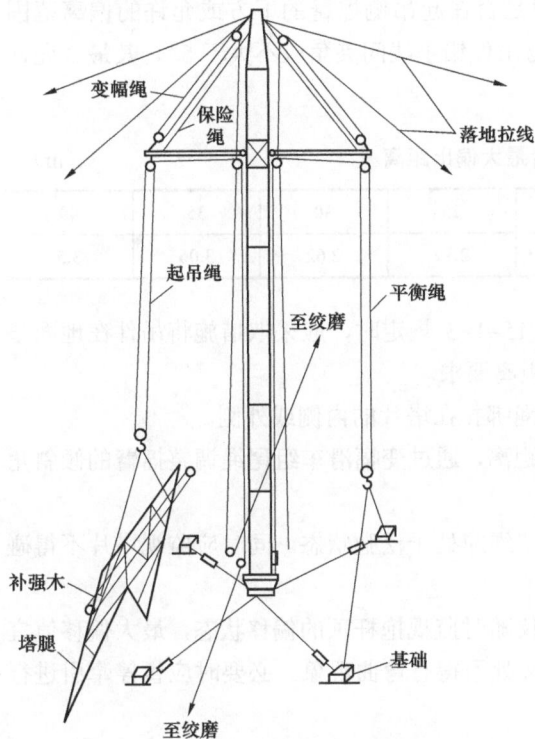

图 15-1-8　塔脚吊装的现场布置示意图

（3）吊装塔腿的操作步骤。

1）吊装塔腿前，应将受力侧拉线收紧，起吊对侧的起吊滑车组应收紧，且挂在铁塔基础或地锚上。

2）开始起吊时，应注意塔腿拖移处有无障碍物挂住，注意抱杆是否正直。

3）·塔腿片吊离地面后，应慢慢松出攀根绳，使其靠近塔基。

4）塔腿片接近就位时，应用撬杠推至基础上就位。一侧塔片或一根构件就位后，应通过其顶端的两根临时拉线在外侧固定。临时拉线用ϕ11mm钢丝绳或ϕ20mm棕绳。

5）一侧塔片就位后，再吊对侧塔片，最后吊装另外两侧面的辅材。塔腿四个侧面的辅材安装完毕，拆除塔腿外侧临时拉线。

6）塔腿全部吊装完成后，应检查抱杆高度是否还能继续吊装塔身段。如果抱杆高度满足要求，可继续吊装塔身；如果不满足要求，应作提升抱杆的准备。

塔腿吊装完毕后应立即将接地装置与塔腿连接。

（五）塔身的吊装

（1）塔片吊装前，对侧摇臂应平放，将其起吊滑车组拉下并收紧，起平衡拉线作用。

（2）吊装前，应检查塔片组装位置是否在起吊侧摇臂的下方或允许的偏离范围内。塔片吊离地面时，起吊滑车组中心与吊件铅垂线间夹角应不大于5°，其最大允许偏出距离见表15-1-3。

表 15-1-3 　　　　　　　　　　 允许塔片最大偏出距离 　　　　　　　　 （m）

摇臂吊点高度	18	20	25	30	35	40
允许偏出距离	1.4	1.75	2.19	2.62	3.06	3.5

（3）如果塔片偏离摇臂下方超出表 15-1-3 规定时，应采取措施将吊件在地面垫圆木后进行平面移动，以满足允许偏出距离要求。

（4）根据塔片就位的需要，将吊点绳绑扎在塔片的内侧或外侧。

（5）根据塔片就位后与塔位中心的距离，通过变幅滑车组尾绳调整摇臂的倾斜角度，以满足塔片就位需要。

（6）起吊塔片过程中，攀根绳及调整绳应处于松弛状态。同时应监视塔片不得碰撞或挂住已组塔架。

（7）起吊塔片过程中，应使用经纬仪随时监视抱杆顶的偏移状态，最大偏移值宜限制在50mm内；监视抱杆最上一道腰环处不得有弯曲现象。必要时应暂停牵引进行调整，始终使抱杆保持正直状态。

（8）当塔片接近就位时，通过变幅滑车组调整使其就位，不得用压迫攀根绳的方法调整塔片就位。就位时按先低后高的原则进行主材对孔；螺孔对准后，用尖扳手插孔后再依次穿入螺栓。塔片主材连接后，应及时安装侧面大斜材，使塔片成为稳定结构。

（9）起吊塔片前，起吊滑车组与吊点绳连接处应另挂一根回抽钢丝绳。当塔片就位后，拆除吊点绳，松出绞磨绳，将回抽钢丝绳引入绞磨进行回牵，将起吊滑车组拉至地面。

（10）第一副塔片吊装完成后，应将其摇臂平放，并将该起吊滑车组拉至地面，作为平衡拉线使用。对侧的平衡摇臂改作起吊摇臂用，吊装另一侧塔片。

（11）如果塔身段断面边宽尺寸小于 4m，且起吊重力不超过 15kN 时，可将该段组成一节不封口的塔段进行起吊。起吊时，开口向外，就位时通过控制绳使开口转向内，就位后补齐开口面辅材。

（六）横担吊装

1. 酒杯型铁塔曲臂的吊装

（1）对于不同电压等级的酒杯型塔，其曲臂质量不相同，选择吊装方法也不尽相同。一般情况下，220kV 线路酒杯型塔单边上下曲臂质量平均不超过 1.5t，可以采取曲臂整体吊装；500kV 线路单边上下曲臂质量为 2t 左右，不宜整段吊装，可将上、下曲臂分段吊装。

（2）吊装曲臂前，线路方向的前后侧摇臂应平放且起平衡作用，两摇臂端各悬挂一根钢丝绳在塔脚处适度收紧。

（3）曲臂吊装均采用横线路方向摇臂。若为整段吊装时，吊点绳宜绑扎在立体结构内侧的上下曲臂 K 形节点处，使曲臂呈斜向提升，示意如图 15-1-9 所示。

（4）曲臂若采用分段吊装时，下曲臂吊点绳宜绑在其重心的中心线位置，使曲臂下平面呈水平提升，待提升到设计高度后，通过变幅滑车组将摇臂缓慢上扬，直到下曲臂至就位位置，再松出起吊绳。上曲臂吊点绳宜绑扎在其内侧，呈竖直提升。一般情况下，上曲臂质量均在 1t 以下，允许用控制绳适当收紧使其就位。

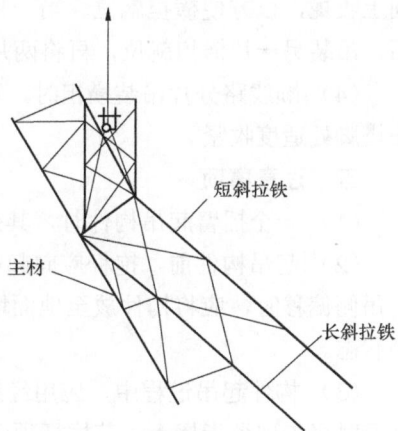

图 15-1-9　整体吊装上下曲臂的吊点绳绑扎示意图

（5）下曲臂主材就位时，应先将内侧一根长主材对孔装上螺栓，再缓慢松出起吊绳，安装外侧主材。最后将内侧一根短主材用钢丝绳套及双钩收紧于塔身平口主材。下曲臂形成稳定结构后，再吊装另一侧下曲臂。

（6）上下曲臂全部安装完毕，应在其上部用钢丝绳和双钩适度拉紧，保持上曲臂

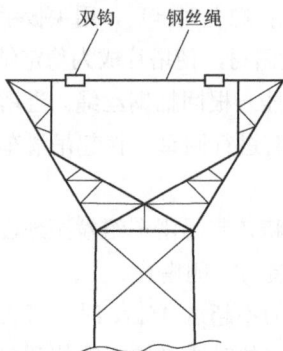

图 15-1-10　上曲臂开口的加固钢丝绳

开口距离与设计图纸相一致，以方便横担就位，示意如图 15-1-10 所示。

2. 横担的吊装

（1）由于塔型不同，横担吊装布置也不相同。对于酒杯型塔、猫头型塔的横担，应在顺线路方向分片吊装；对于干字型塔及双回路铁塔（鼓型或伞型塔）的上横担及单回直流线路的横担可以顺线路分片吊装或横线路方向分段吊装。吊装方法参见"内悬浮内拉线抱杆分解组塔"（新增模块 3-2-1）中的塔头横担吊装。

（2）对于 500kV 双回直线塔及 ±500kV 单回直线塔，其单边横担长度为 8～12m，有两种吊装方式：① 竖向旋转吊装；② 水平吊装。

当采用横线路方向竖向旋转吊装横担时，提升至塔顶时，先将横担上平面主材与塔头主材对孔安装两个螺栓（露扣不拧紧）作为旋转轴，调整变幅滑车组使摇臂放平，再松出起吊绳，旋转横担呈水平状态，安装横担下平面主材与塔头主材连接螺栓。

当采用横线路方向水平吊装，即将横担一次吊装就位。

（3）对于酒杯型及猫头型塔，顺线路方向分片吊装横担时，吊装前，应将摇臂，向上收拢，以方便横担就位。当一片横担安装就位后，将摇臂平放作平衡臂使用。然后，吊装另一片横担就位，再将两片横担间的辅材连接。最后松出起吊滑车组。

（4）顺线路分片吊装横担时，左、右侧摇臂应平放，两摇臂端各悬挂一根钢丝绳在塔脚处适度收紧。

五、注意事项

（1）一个摇臂起吊构件时，其余摇臂起平衡作用。

（2）起吊构件前，抱杆应向起吊反侧预偏 200～300mm。试吊构件，若发现仍向起吊侧偏移时，应将构件放至地面增大预偏值，以保持在起吊过程中抱杆始终处于铅垂状态。

（3）构件起吊过程中，应用经纬仪随时监视抱杆露出已组塔体部分的正直隋况，并及时报告现场指挥人。若桅杆顶向吊件侧偏移超过 50mm 时，应调整调幅滑车组使抱杆保持正直。

（4）构件起吊过程中，应尽量松出攀根绳。构件就位困难时，应调整摇臂角度协助构件就位，不得强行收紧攀根绳协助就位。

（5）塔片就位尚未稳固前，不得登上塔片作业，也不得拆卸起吊索具。

（6）非起吊侧的摇臂均应平放，且保险钢丝绳应处于张紧状态。停工或过夜时，摇臂均应平放。不得悬挂构件在高空停留过夜。

（7）不得在摇臂的中间或非吊挂位置悬挂起吊滑车。

【思考与练习】

（1）试说明座地四摇臂抱杆分解组塔的工艺流程。

（2）试画出座地四摇臂抱杆分解组塔的现场布置示意图。

（3）简要说明座地四摇臂抱杆分解组塔时的注意事项。

▲ 模块 2　座地双摇臂内拉线抱杆分解组塔（新增模块 3-3-2）

【模块描述】本模块包含座地双摇臂内拉线抱杆的结构介绍、工艺流程、现场布置、抱杆起立、提升、拆卸、构件吊装、主要工器具选择等内容。通过工艺介绍，掌握座地双摇臂内拉线抱杆分解组塔的施工方法及要求。

【模块内容】

座地双摇臂内拉线抱杆的内拉线上端固定在紧靠回转支承（也称转动支承）的下方，下端固定在已组塔架上平面的主材节点下方。

座地式双摇臂内拉线抱杆分解组塔具有以下特点：

（1）座地双摇臂抱杆由于采用内拉线布置，受地形条件限制较小，一般较适宜组立 100m 以上的高塔。

（2）抱杆坐于铁塔基础中心的地面，每隔 10～12m 设置一道腰拉线固定在已组塔架的 4 根主材，稳定性较好。

（3）抱杆上部安装有回转支承及两根摇臂。摇臂可根据吊件位置要求进行旋转，起吊半径大，便于构件就位。

（4）抱杆结构较为复杂，重量较大。

国内各送变电施工企业设计的座地双摇臂内拉线抱杆，根据不同铁塔型式的需要，其容许吊重、摇臂长度、主抱杆的规格（断面尺寸及主材规格等）及桅杆高度等参数均不相同。本模块介绍的座地双摇臂内拉线抱杆是根据安徽送变电工程公司在多次大跨越铁塔组立中使用成熟的抱杆，其设计条件为双侧摇臂同时吊重 8t。

本方法主要适用于高度为 100m 以上的跨越高塔组立。

一、工艺流程

对于 100m 以上跨越高塔的施工，其塔腿及抱杆通常是采用大吨位（50～100t）汽车起重机（简称吊车）进行吊装，再利用抱杆吊装塔身及塔头各部构件。

座地双摇臂内拉线抱杆分解组塔工艺流程如图 15-2-1 所示。

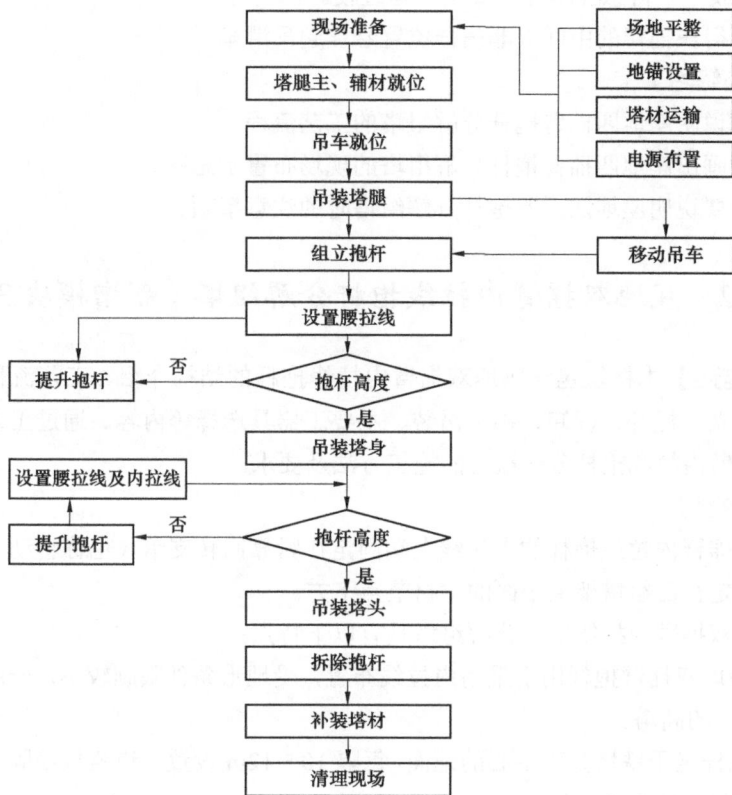

图 15-2-1 座地式双摇臂内拉线抱杆分解组塔工艺流程图

二、危险点分析与控制措施

座地双摇臂内拉线抱杆分解组塔的危险点与控制措施参见"座地四摇臂抱杆分解组塔"（新增模块 3-3-1）中的危险点分析与控制措施。

三、座地双摇臂内拉线抱杆分解组塔前准备

（一）组塔平面布置及要求

1. 组塔平面布置的原则

（1）平面布置应因地制宜，根据塔位地形条件选择确定。

（2）卷扬机宜布置在顺线路方向，被吊构件宜布置在横线路方向，以方便观测。

（3）堆料场与塔位间应保持一定距离，以方便现场地面组装。

（4）地锚位置及方向应根据卷扬机方位布置，地锚埋深应满足起吊荷载要求。

（5）指挥台及电气集控台应尽量靠近卷扬机场，以方便指挥联络。

2. 组塔平面布置

（1）当提升抱杆的卷扬机与吊装构件的卷扬机在不同方向时，组塔平面布置示意如图 15-2-2 所示。

（2）当提升抱杆与吊装构件的卷扬机在同一侧布置时，组塔平面布置示意如图 15-2-3 所示。

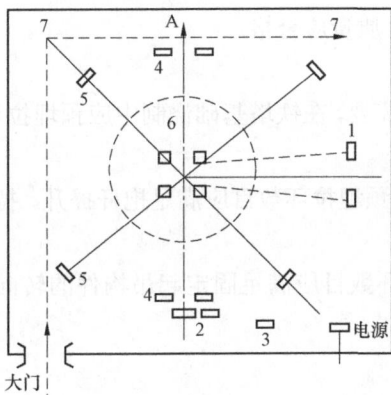

图 15-2-2　组塔平面布置之一　　　　　图 15-2-3　组塔平面布置之二

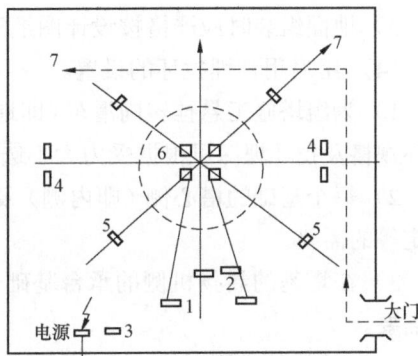

1—卷扬机（吊构件）；2—卷扬机（提升抱杆）；3—指挥台；4—攀根绳地锚；

5—拉线地锚；6—组装场；7—材料堆放场

3. 平面布置的要求

（1）塔材的摆放。

1）塔材摆放的地面应平整，不易积水。

2）塔材摆放的地面上应垫方木或混凝土方柱。

3）按铁塔塔段号由下向上，塔件号由小到大，离塔位由近及远的顺序摆放。

4）摆放塔材时，应留出叉车进出的通道，以方便搬运。

5）主材、大斜材、大水平材不允许叠放。其他辅材叠放不得超过三层且堆放高度不应超过 1m。如果叠放，同一部位辅材叠放一起，两侧设立柱，叠放时应按倒 V 字型断面排列，由下向上叠放，确保叠放稳定。

（2）塔材的卸车及搬运。塔材由摆放地搬运至塔位旁应使用 5t 叉车或平板车。塔材由汽车卸下时宜使用 16～25t 吊车。

1）根据单件主材的最大重量选用相应额定吊重的合成纤维吊带。与钢管主、辅材绑扎的吊点绳应采用合成纤维吊带，以保护钢管的镀锌层和刷漆层。

2）主材钢管在地面上搬运使用 5t 叉车，小件辅材搬运使用平板车。塔材与板车、叉车接触处均应铺垫软物以保护塔材的镀锌层或刷漆层。

3）塔位附近的地面组装场地若为松软地基，应采取铺设钢板等措施，以防叉车、板车下沉。

（3）地面组装。

1）地面组装场地位于塔位的顺线路或横线路方向，以不影响牵引绳的运行为原则。

2）地面组装时宜用 25～50t 吊车配合。

3）地面组装时应严格按设计图纸配料，构件质量应合格。

（4）组塔用预埋拉环的设置。

1）为组塔施工悬挂转向滑车（即地滑车）的需要，在铁塔基础浇制中应预埋拉环，拉环规格及拉环埋深可根据受力大小选择。

2）每个基础的塔心侧（即内侧）及塔腿外侧预埋拉环数目应满足抱杆提升、拉线固定等的需要。

3）在塔基的卷扬机侧的承台基础上预埋拉环数目应满足固定起吊构件的转向滑车需要。

（5）地锚的设置。

1）由于塔腿及塔身段主材（钢管）向塔内倾斜约一定角度，单件组立后易向内倾斜。为防止主材向内倾斜，在四根主材的顺线路和横线路方向应设置 8 个地锚。地锚容许拉力不宜小于 50kN，与主材间水平距离不宜小于 40m。

2）抱杆组立后，为保证其稳定性，在基础对角线方向应设置 4 个地锚，地锚容许拉力不宜小于 50kN，距塔基中心不宜小于 70m。

3）固定卷扬机应设置可靠的地锚。

（6）施工电源。

1）为了确保供电的可靠性，现场应引入 10kV 电力线作为施工电源，施工前应与供电部门签订供电协议。

2）现场应配备 75kW 发电机组作为备用电源。备用电源应远离现场指挥室，以避免发电机的噪声影响现场指挥和操作。

（二）2×8t 座地双摇臂内拉线抱杆介绍

1. 抱杆性能

（1）抱杆（包括主抱杆及桅杆）全高 141m，摇臂长 18.8m（按水平倾斜角 5°时，吊钩距抱杆中心的距离），抱杆结构示意如图 15–2–4 所示。

（2）抱杆的主要性能参数。

1）最大起吊重量：双侧摇臂各 8t；吊钩起吊速度分别为 1.28m/min、5.13m/min、10.26m/min。单侧起吊 8t 时，对侧应平衡吊重不小于 4t。

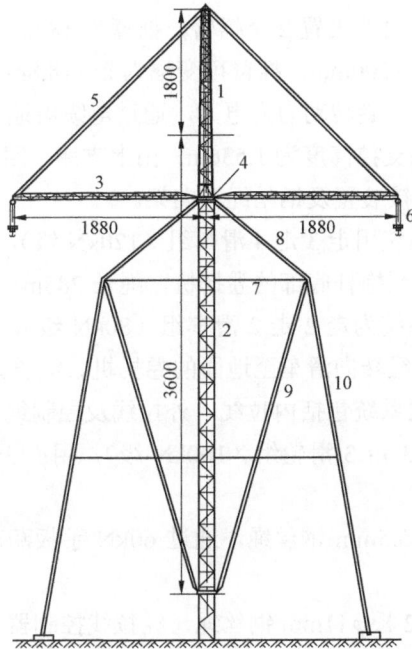

图 15-2-4　2×8t 座地式双摇臂抱杆结构示意图

1—桅杆；2—抱杆杆身（主抱杆）；3—摇臂；4—旋转支撑；5—变幅滑车组；
6—起吊滑车组；7—腰拉线；8—内拉线；9—提升滑车组；10—铁塔主材

2）摇臂工作幅度为 2～18.8m。

3）单臂覆盖平面内角度为±135°。

4）驱动动力为电力，电气控制采取集中控制，单人操作。

5）起吊构件和提升抱杆采取过载保护措施。

2. 抱杆系统

座地双摇臂抱杆包括桅杆、主抱杆、摇臂、转动支撑（旋转支撑）、变幅系统、起吊系统、拉线系统、驱动装置及电气控制系统等。

（1）桅杆。桅杆高 18m，顶部断面为 535mm×535mm，底部断面为 1329mm×1329mm，分段结构，每段长 6m，共 3 节。顶部安装变幅滑车组 2 套（每套含 4 只滑轮）。抱杆顶装有警航红旗。主材外侧设有直爬梯及攀登自锁装置的导索。

（2）主抱杆。主抱杆也是抱杆杆身。主抱杆高度近似等于铁塔高度。例如铁塔高度为 120m 时，则高度为 120.8m，包括 19 节 6m 段，1 节 3m 段（安装钢丝绳转向架）及 1 节 3.8m 段（变幅卷扬机机架）。主抱杆为四方形断面，□1650mm×1650mm。内部设有直爬梯及攀登自锁装置的导索。

（3）摇臂。一幅抱杆对称设置 2 个摇臂，摇臂长 18.8m，为四方形断面，边宽为 683mm，铰接点处根开为 1200mm。摇臂可变幅为 2～18.8m，摇臂可通过平面转动支撑水平面±135°以内旋转。旋转动力为电力，通过电缆由地面控制。

（4）转动支撑。转动支撑高度为 1.536m，由上支座、回转支撑、下支座组成。上支座装有与摇臂相连的铰接装置及钢丝绳转向架。

（5）变幅系统。该系统用走 3 走 4 滑车组（120kN 级），用ϕ13mm 钢丝绳，由桅杆中心引入抱杆中心，直至抱杆底部的卷扬机，绳长 285m。

（6）起吊系统。该系统为走 2 走 2 滑车组（80kN 级），用ϕ13mm 防捻钢丝绳，经转动支撑由抱杆内引下经转向滑车至地面的卷扬机。绳长为 1550m。

（7）拉线系统。拉线系统包括内拉线、外拉线及控制绳。

1）内拉线为四套走 3 走 3 滑轮组（100kN 级），用ϕ13mm 钢丝绳，尾绳引至地面由手扳葫芦控制。

2）外拉线用 4 根ϕ15.5mm 钢丝绳，通过 60kN 手扳葫芦控制。外拉线用于组立抱杆。

3）控制绳用 1 根或 2 根ϕ11mm 钢丝绳，经拉线控制器控制。

4）腰拉线。腰拉线包括腰箍、钢丝绳及双钩，用于将抱杆固定于铁塔中心处。沿铁塔结构中心，每隔 15～20m 设置一道腰拉线。腰拉线固定在铁塔主材有水平材的节点处。

（8）驱动装置。包括 5 台卷扬机和 1 台回转驱动电动机。

1）起重卷扬机 2 台，额定拉力 30kN，额定容绳量 1500m。

2）调幅卷扬机 2 台，额定拉力 30kN，额定容绳量 300m。

3）提升抱杆用卷扬机 1 台，额定拉力 30kN，额定容绳量 300m。

4）回转驱动电机 1 台，功率为 2.2kW，配液力耦合器。

（9）电气控制系统。

1）采用分组集中控制，分为起重、调幅、提升抱杆，回转驱动 4 组，任一时刻只能一组工作。

2）两台起重卷扬机及两台调幅卷扬机不得同时反向运转。

3）所有电动机均设有过电流保护装置。

4）起重及提升抱杆的卷扬机设有可调式超载自停保护装置。

（三）工器具准备

座地双摇臂内拉线抱杆分解组塔的主要工器具配置（吊重 2×8t）见表 15-2-1。

表 15-2-1　　座地双摇臂内拉线抱杆分解组塔的
主要工器具配置（吊重 2×8t）

序号	机具名称	规格	单位	数量	备注
一、抱杆系统					
1	主抱杆	□1650mm×1650mm	m	123	
2	转动支撑	□1650mm/□1450mm	m	1.4	
3	桅杆	□630mm/□1450mm	m	18	
4	钢丝绳	φ21.5mm×52m	根	2	保险用（即限位）
5	腰环	□1660mm	套	11	腰拉线用
6	双钩	30kN	只	44	腰拉线用
7	钢丝绳	φ15.5mm×3mm～10m	根	44	腰拉线用
8	卸扣	30kN	只	132	腰拉线用
9	摇臂	□683mm×683mm	m/根	18.8/2	
10	起重滑车	150kN 四轮	只	2	调幅用
11	起重滑车	150kN 三轮	只	2	调幅用
12	起重滑车	30kN 单轮	只	2	调幅用
13	钢丝绳	φ13mm×350m	根	2	调幅用
14	卸扣	150kN	只	4	调幅用
15	卸扣	50kN	只	4	调幅用
二、起吊系统					
16	起重滑车	100kN 三轮	只	2	起吊构件用
17	起重滑车	100kN 二轮	只	2	起吊构件用
18	起重滑车	50kN 单轮	只	2	起吊构件用
19	钢丝绳	φ13mm×1200m	根	2	防扭型钢丝绳
20	卸扣	100kN	只	4	起吊构件
21	卸扣	50kN	只	24	起吊构件
22	钢丝绳	φ11mm×250m	根	6	攀根绳
23	钢丝绳	φ11mm×80m	根	8	临时拉线
24	钢丝绳	φ11mm×50m	根	10	
25	卸扣	30kN	只	20	
26	双钩	50kN	只	10	

续表

序号	机具名称	规格	单位	数量	备注
三、拉线系统					
27	起重滑车	100kN 三轮	只	8	
28	起重滑车	30kN 单轮	只	4	
29	钢丝绳	ϕ12.5mm×30m	根	4	
30	手扳葫芦	50kN	只	4	
31	卸扣	100kN	只	8	
32	专用金具	100kN	套	4	
33	专用金具	30kN	套	4	
34	拉线控制器	30kN	副	8	
四、公用设备					
35	尼龙吊带	80kN，5m	条	16	
36	钢丝绳	ϕ21.5mm×6m	根	16	
37	尼龙吊带	50kN，5m	条	16	
38	尼龙吊带	30kN，4m	条	16	
39	电气集程台		套	1	
40	电动卷扬机	50kN	台	2	
41	电动卷扬机	30kN	台	3	
42	发电机	75kWA	台	1	
43	电焊机	315A	台	1	
44	地锚	100kN	套	1	
45	地锚	50kN	套	12	
46	机动绞磨	30kN	台	2	
47	吊车	100t	台	1	
48	吊车	25t	台	1	
49	叉车	6t	台	1	
50	钢板	−10mm×1.8m	块	50	
51	安全网	10m×10m	张	1	
52	安全网	20m×20m	张	1	
53	电视监控系统		套	1	

续表

序号	机具名称	规格	单位	数量	备注
五、提升抱杆					
54	起重滑车	150kN 四轮	只	4	
55	起重滑车	150kN 三轮	只	4	
56	起重滑车	30kN 单轮	只	4	
57	专用夹具	150kN	套	4	
58	钢丝绳	$\phi13\text{mm}\times350\text{m}$	根	4	
59	钢丝绳	$\phi21.5\text{mm}\times30\text{m}$	根	2	
60	钢丝绳	$\phi13\text{mm}\times200\text{m}$	根	1	
61	起重滑车	60kN 单轮	只	2	
62	起重滑车	100kN 三轮	只	2	
63	卸扣	150kN	只	8	
64	卸扣	100kN	只	6	
65	卸扣	50kN	只	4	
66	专用吊环	$\phi30\text{mm}$	只	4	
67	元宝卡子	$\phi12\text{mm}$	只	8	
68	元宝卡子	$\phi10\text{mm}$	只	20	
69	尼龙绳	$\phi20\text{mm}\times200\text{m}$	根	4	
70	尼龙绳	$\phi16\text{mm}\times150\text{m}$	根	4	

四、座地双摇臂内拉线抱杆分解组塔操作步骤

（一）组立抱杆

1. 准备工作

（1）为防止抱杆不均匀下沉，在位于铁塔中心处浇制边宽为 3.2m×3.2m、深度为 1m 的混凝土基座（C15 等级，约 10.2m³）。

（2）对抱杆、摇臂等部件及连接螺栓进行清点及检查，符合要求方可组装。

（3）根据选择的吊车，确定吊装塔腿、抱杆的顺序及高度。吊车选择分为两个级别：① 额定起重量为 20～25t；② 额定起重量为 50～100t。由于吊车额定起重量不同，对组立抱杆高度不同。

（4）利用吊车组立铁塔塔腿，留一个侧面辅材暂不装，以便组立抱杆。

2. 地面组装

（1）在铁塔辅材未封口的一面组装抱杆上部。抱杆上部包括桅杆、摇臂、转动支撑、一节标准段（6m）及一节过渡段，长约 26m。抱杆根部应置于塔位中心。

（2）变幅和起吊滑车组应在地面将绳索穿好并挂于抱杆及摇臂，引至地面的钢丝绳在抱杆的内部穿过，将摇臂与抱杆收拢捆绑在一起。

（3）桅杆顶应安装警航灯和警航旗，电缆固定在桅杆上从回转支撑中间穿过，与回转电动机电缆捆绑后，由抱杆内部引下。

（4）桅杆顶的旗杆为金属材质（兼做避雷针），旗杆下设有专用接地线与抱杆底部接地装置连接。

（5）各种电缆和钢丝绳应处于松弛状态，以不妨碍抱杆组立与提升为原则。

3. 组立抱杆

用吊车组立抱杆的操作步骤：

（1）固定好吊车，先组立塔腿，留出一面辅材暂不安装。塔腿组立的高度应与抱杆上部段高度相一致。

（2）将吊车移到塔架外侧，置于未封辅材的塔腿面方向。

（3）如果吊车额定起重量为 20～25t，利用吊车组装抱杆上部段（约高 26m），再吊装至塔位中心，安装四侧临时拉线（即外拉线）。

（4）如果吊车额定起重量为 50～100t 时，可以采用先吊抱杆标准段 2 或 3 节立于塔位中心，再吊装转动支撑、桅杆及摇臂等。打好抱杆四侧临时拉线后，安装电缆及调幅、起重钢丝绳等。

（5）封装塔腿一面未装的辅材，使铁塔下部（即塔腿）形成一个稳定结构。

（二）抱杆提升

抱杆提升有两种方法，一种是利用已组立的塔架提升抱杆，另一种是利用专用提升架提升抱杆，可参见"座地双平臂抱杆分解组塔"（新增模块 3-4-1）中的抱杆提升。本模块介绍第一种方法。

1. 提升抱杆的布置

提升座地双摇臂抱杆的现场布置示意如图 15-2-5 所示。

2. 提升前的准备工作

（1）选择安装提升滑车的合适高度，使提升滑车组挂在铁塔主材上与抱杆间夹角小于等于 40°。在主材合适高度的节点处安装专用提升挂板（150kN 级），4 块挂板应在同一水平面上。

（2）提升滑车组采用走 3 走 3 滑车组（150kN 级，6 绳受力），提升绳引至地面后采取 4 变 2 变 1 方式至牵引滑车组（走 3 走 3，150kN 级），直至 30kN 卷扬机。

（3）主抱杆应设置不少于 2 道腰拉线。

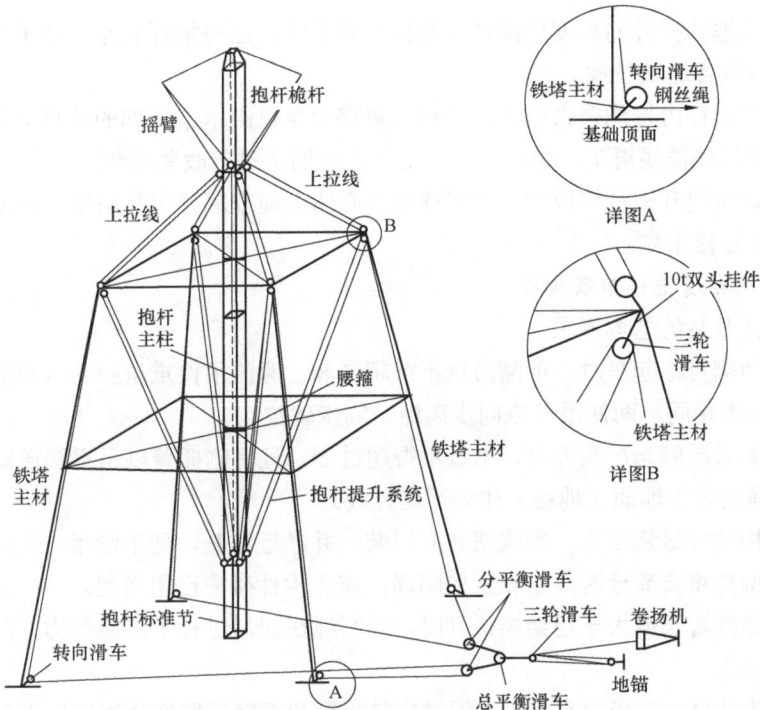

图 15-2-5　提升座地双摇臂抱杆现场布置示意图

（4）抱杆内拉线应适度松出，并设专人控制操作。

（5）在顺线路及横线路方向各设置一台经纬仪，以备观测抱杆正直情况。

3. 提升抱杆的操作步骤

（1）提升抱杆布置经全面检查符合要求后，即可启动卷扬机开始提升抱杆。当抱杆下端离开地面约 50mm 时应暂停牵引，检查抱杆是否正直，如果正直，应在平衡滑车出口处卡上元宝螺丝，以防止平衡滑车轮上的钢丝绳窜动。

（2）继续提升抱杆。在提升过程中，应对抱杆是否正直和抱杆通过腰箍的情况进行实时监视。

（3）当抱杆提升至下端离开地面的距离大于待接段长度时（例如待接段为 6m 时，离开地面距离大于 6.0m），应停止牵引。将提升滑车组钢丝绳在地滑车出口用元宝螺丝卡牢，以防滑动。利用预先挂在提升抱杆下端的滑车及尼龙绳将待接段提升至抱杆下方且对准连接螺孔，安装连接螺栓，然后启动卷扬机使抱杆及待接段落至地面。登上梯子，拧紧全部连接螺栓。

（4）每提升一次抱杆，只能接装一节标准节。每接装一节应检查腰拉线是否需要调整。

（5）当抱杆提升的高度已满足吊装构件要求时，应将抱杆底座安装于抱杆下端。然后调整收紧各道腰拉线。

（6）将抱杆内拉线在铁塔上的挂点位置移上至已组塔架上部的节点下方。通过专用拉线挂板悬挂拉线滑车，拉线经转向滑车在地面上进行收紧控制。

（7）每次提升抱杆完成后，应将抱杆中心的电缆理顺并绑扎固定，接地线应理顺并与接地体连接牢靠。

（三）用摇臂抱杆吊装构件

1. 构件吊装的基本要求

（1）两侧对称起吊时，单侧吊重不得超过 8t。两侧吊件重量应基本相等，两侧摇臂仰角应基本相同，两侧吊件应同步离地、同步就位。

（2）如果单侧起吊构件时，吊重不得超过 8t，且另侧摇臂以吊重侧摇臂相同的仰角将起吊绳固定于地面（地锚）作为平衡拉线。

（3）构件应尽量在横、顺线路方向组装，并靠近塔基，便于起吊。

（4）构件将要离地时，应收紧控制绳，避免构件碰撞已组塔架。

（5）当摇臂长度大于塔架半根开时，控制绳在起吊过程中不应受力，但应适度收紧以控制旋转。

（6）当构件达到就位高度后，通过旋转摇臂和调整摇臂仰角缓慢松出起吊绳使构件就位。

2. 吊装塔身主材构件

（1）吊装塔身构件的现场布置示意如图 15-2-6 所示。

（2）吊装塔身主材前，应根据构件摆放位置，将摇臂平放且对准构件，避免构件触碰已组塔架。

（3）在主材钢管的法兰上按塔心方向做好标记。吊点绳应通过专用吊具与主材法兰盘连接。

（4）对称起吊时，两侧构件应同时受力，同步离地，同步就位。当构件起吊至适当高度应暂停起吊，启动转向装置，将构件转到就位方向。

（5）主材就位时，应在主材法兰接头塔心内侧塞楔形钢板（横、顺线路方向各塞 1 块）。塔心外侧的连接螺栓应紧固，塔心内侧的连接螺栓应适度紧固。

（6）安装连接螺栓的塔上作业人员应站在工作平台上，且应有两道安全保护措施。第一道是安全带直接挂在法兰盘的筋板上，第二道是安全自锁防坠器挂于导索上。

（7）主材就位后，拆除吊点绳且落至地面，再吊挂另一段主材，直至全段主材吊装完毕。

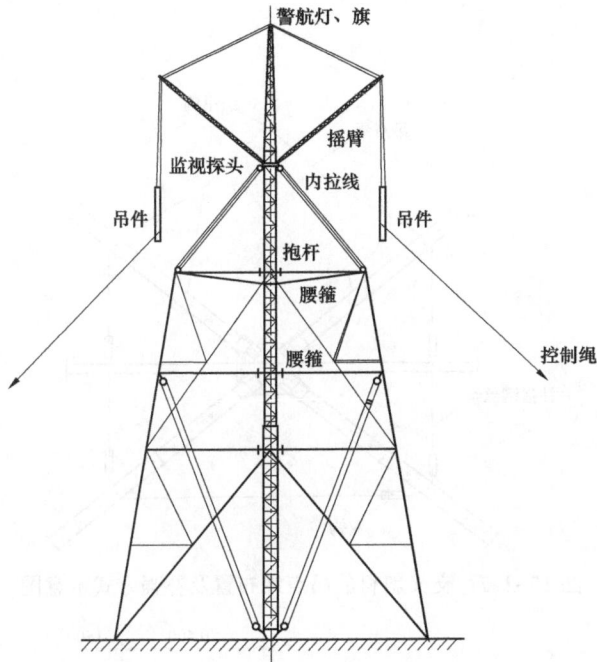

图 15-2-6　吊装塔身构件的现场布置示意图

3. 吊装塔身辅材

（1）水平材的吊装。采用摇臂抱杆吊装水平材应采用双侧对称起吊。就位时，如果主材间根开偏大，水平材一端就位后，可取出相应的楔形钢板，必要时，可用加长的法兰螺栓穿入拧紧，使两主材向内收拢。

（2）交叉斜材的安装。交叉斜材的吊点绳布置及补强方式示意如图 15-2-7 所示。将吊点绳及补强钢丝绳绑扎后，测量交叉斜材的上、下端开口尺寸应与设计图纸一致。交叉斜材在吊离地面时应顺直，否则应放下调整。

当交叉斜材提升到就位高度后，应调整变幅滑车组使交叉斜材移到合适的就位位置。先就位下端连接螺栓，再安装上端接头螺栓，直至全部接头螺栓紧固后方可拆除吊点绳及补强钢丝绳。

4. 吊装塔头构件

各种不同的塔型，应视塔头结构尺寸及重量选择分片、分段吊装顺序及次数。下面以 500kV 双回直线塔为例介绍塔头吊装顺序及方法。

（1）500kV 双回直线塔塔头尺寸示意如图 15-2-8 所示。

（2）吊装塔头构件的顺序：吊装上导线横担—吊装地线顶架—吊装下导线横担—

拆除抱杆。

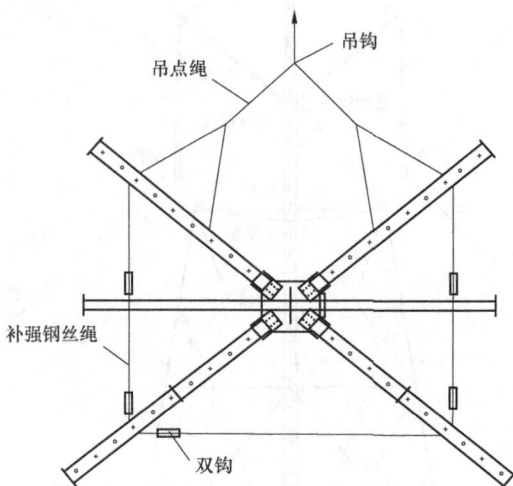

图 15-2-7 交叉斜材的吊点绳布置及补强方式示意图

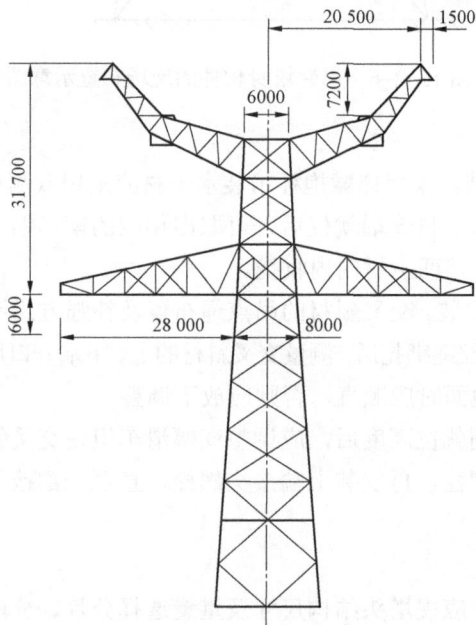

图 15-2-8 500kV 双回直线塔塔头尺寸示意图

（3）根据塔头尺寸及重量计算吊装各段重心位置，以便绑扎吊点绳。塔头横担的各段重心示意如图 15-2-9 所示。

地线顶架段2639.22kg

上导线横担段7785.36kg

导线横担段重心10.601处

地线顶架段重心18.841m处

整段重心12.687处

第一段6601.09kg

第二段4316.79kg

第三段4135.47kg

第一段重心8.9m处

第二段重心16.347m处

整段重心15.495m处

第三段重心25.123m处

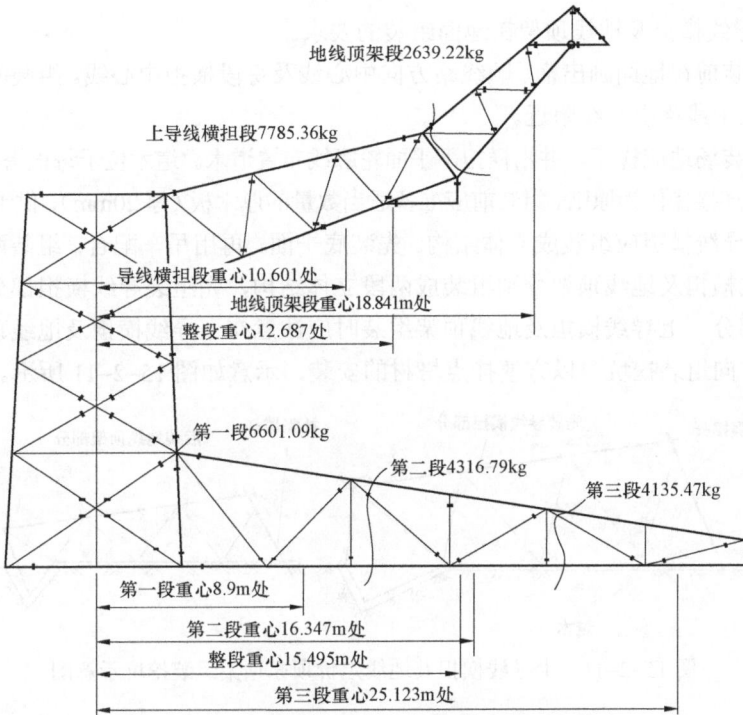

图 15-2-9 塔头横担的各段重心示意图

（4） 导线横担及地线顶架按图 15-2-10 所示进行平面布置。

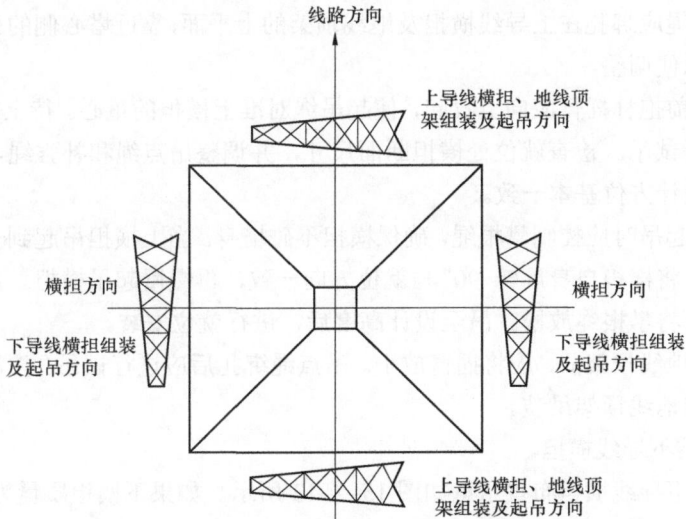

线路方向

上导线横担、地线顶架组装及起吊方向

横担方向

横担方向

下导线横担组装及起吊方向

下导线横担组装及起吊方向

上导线横担、地线顶架组装及起吊方向

图 15-2-10 导线横担及地线顶架的平面布置示意图

（5）导线横担及地线顶架在地面组装的要求。

1）组装前在地面画出横、顺线路方向中心线及每段横担中心线。组装时尽可能使横担重心位于线路中心线附近。

2）组装场地应操平，并沿横担下平面轮廓线布置道木。道木位于每根塔材两端，以不妨碍法兰连接操作为原则。组装前应准备适当数量的厚木板（厚20mm），供组装调直用。

3）下导线横担应组装成立体结构。先装底平面，再用吊车配合，组装两侧面和顶面；上导线横担及地线顶架分别组装成两段立体结构，先组装导线横担部分，再组装地线顶架部分。上导线横担及地线顶架组装时应注意在上导线横担及地线顶架端头的地面线路方向组装挖坑，以方便挂点塔材的安装，示意如图15-2-11所示。

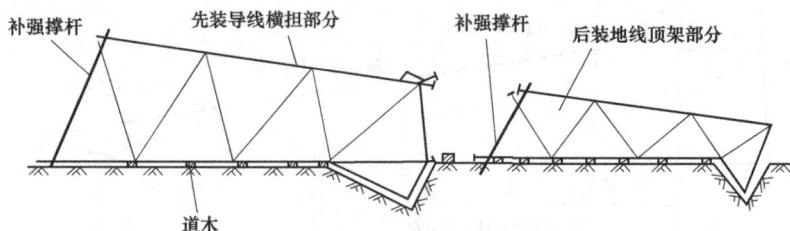

图15-2-11 上导线横担及地线定价顶家顶架组装挖坑示意图

4）组装完毕应复核塔头构件尺寸，符合设计图纸无误后复紧全部法兰连接螺栓。

（6）吊装上导线横担及地线顶架。

1）吊装上导线横担及地线支架布置示意如图15-2-12所示。

2）吊点绳应绑扎在上导线横担及地线顶架的上平面,靠近塔心侧的吊点绳应串接链条葫芦，以便调整。

3）起吊前抱杆摇臂应向上收起，使起吊绳对准上横担的重心。待上横担、吊点绳拴好后行进行试吊。检查就位处横担断面尺寸，并调整吊点绳和补强绳，使上横担在起吊过程中设计方位基本一致。

4）开始起吊时应控制攀根绳，确保横担不碰塔身。当上横担吊起到一定高度时用攀根绳控制，将横担自身旋转90°与就位方向一致，再慢慢起吊横担。在横担不碰塔身的原则下可将攀根绳放松。吊至设计高度后，进行就位安装。

5）吊装地线顶架前，应将摇臂放平。吊点绳绑扎后应进行试吊。按吊装上横担的操作顺序完成地线顶架吊装。

（7）吊装下导线横担。

1）吊装下导线横担布置示意如图15-2-13所示。如果下横担质量为8t以下时，直接用摇臂起吊；如果下横担质量超过8t时，应将横担分段起吊。

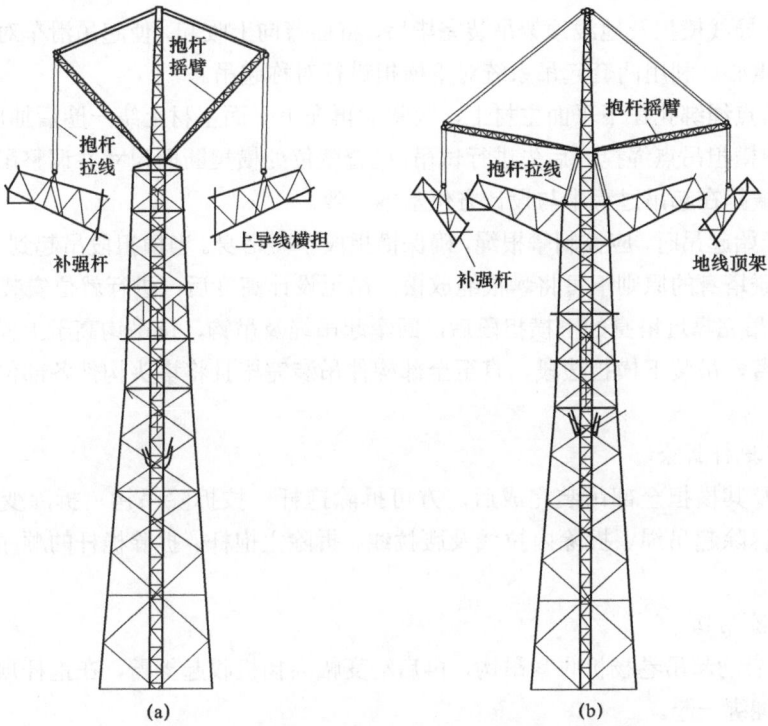

图 15-2-12 吊装上导线横担及地线支架布置示意图
(a) 吊装上导线横担；(b) 吊装地线顶架

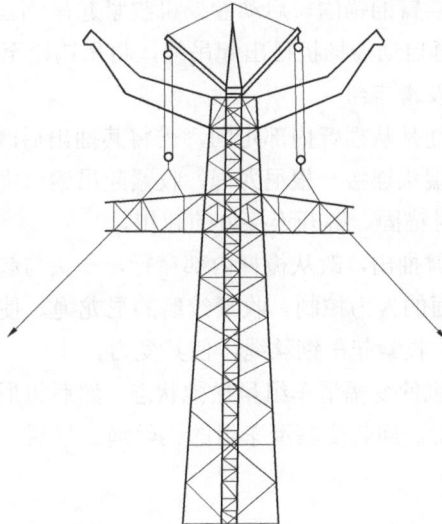

图 15-2-13 吊装下导线横担布置示意图

2）上导线横担及地线顶架吊装完毕后，将摇臂向上收起，使起吊滑车对准下导线横担段的重心。利用两套起吊系统对下横担进行对称起吊。

3）吊点绳绑扎在下平面主材上，收紧后再在上平面主材上绕一圈后抽出。

4）下横担吊点绳拴好后先进行试吊。检查就位处横担断面尺寸并调整吊点绳和补强绳，使横担在起吊过程中与设计方位基本一致。

5）开始起吊时，应控制攀根绳，确保横担段不碰塔身。当横担段吊起到一定高度，在横担不碰塔身的原则下可将攀根绳放松。吊至设计高度后，进行就位安装。

（8）吊完靠近塔身的下横担段后，回牵起吊绳及吊钩，待吊钩高于上横担后，再次调整摇臂，吊装下横担边段，直至全部构件吊装完毕且将塔头构件各部位连接螺栓复紧。

（四）抱杆拆除

铁塔及其横担全部吊装完成后，方可拆除抱杆。按拆除吊钩、拆除变幅绳、拆除摇臂、拆除起吊绳、拆除内拉线及腰拉线、拆除主抱杆、拆除桅杆的顺序进行逐一拆除。

1. 拆除吊钩

（1）启动起吊卷扬机收紧吊钩，再启动变幅卷扬机收起摇臂，在抱杆顶部将两摇臂与抱杆捆绑一起。

（2）稍稍放松起吊钢丝绳，在摇臂端头附近将起吊钢丝绳锚固。拆除起吊滑车组的钢丝绳固定端，撤出起吊滑车组钢丝绳，将起吊绳一头与吊钩连接。

（3）松出起吊绳在摇臂的锚固，启动卷扬机收紧起吊钢丝绳，使其受力，拆除吊钩与摇臂的绑扎绳套，再启动卷扬机松出起吊绳，将吊钩松至地面。

2. 拆除变幅钢丝绳及滑车组

（1）由于起吊钢丝绳是从摇臂内部走向，需将其抽出后改从桅杆内部穿行。

（2）在起吊钢丝绳端头连接一根尼龙绳。收紧起吊钢丝绳，使尼龙绳与钢丝绳连接处直至转动支撑后临时锚固。解开连接处的卸扣。

（3）将尼龙绳从摇臂抽出，改从桅杆内部穿行，一头与起吊钢丝绳连接，另一头经桅杆顶的滑车引至地面的人力控制。收紧绞磨的尼龙绳，使起吊钢丝绳端提升至桅杆顶后，与摇臂端连接。收紧起吊钢丝绳，使其受力。

（4）松出变幅卷扬机使变幅滑车组呈松弛状态，然后将尼龙绳与变幅钢丝绳尾端连接。再启动变幅卷扬机，回收变幅滑车组的钢丝绳。最后，解开尼龙绳与变幅钢丝绳的连接卸扣。

3. 拆除摇臂

（1）将尼龙绳的上端与一侧摇臂绑扎，作为拆除摇臂的控制绳。将起吊钢丝绳上端与摇臂上端约 1m 处连接。

（2）启动起吊卷扬机，收紧起吊绳后暂停牵引。拆卸一侧摇臂的保险钢丝绳（也称限位绳），再拆卸绑扎摇臂与椊杆的绳套及摇臂根部的连接轴。

（3）缓慢松出起吊绳，使摇臂（含保险绳）落至地面，在地面逐节拆卸。

（4）另一侧摇臂按上述程序同样拆除。

4. 拆除起吊绳

（1）用尼龙绳与起吊绳上端连接。尼龙绳在地面经拉线控制器收紧进行人力控制。

（2）启动卷扬机，牵引起吊绳，尼龙绳跟着慢慢松出，当起吊绳尾端接近椊杆顶部时，应停止牵引，利用起吊绳自重力使其下滑，直至起吊绳完全落地。

（3）牵引起吊绳下滑过程中，因钢丝绳重力的作用会带动起吊绳突然下滑，此时应控制好尼龙绳。起吊绳下落的同时，卷扬机应及时收卷地面的钢丝绳余绳。

5. 拆除抱杆

（1）拆除抱杆仍按图 15-2-5 布置。按提升抱杆的逆程序由下向上逐节拆除。

（2）当抱杆下降到内拉线呈松弛状态时，在抱杆座地的状态下，抱杆顶应挂 4 根钢丝绳作临时拉线，然后逐一拆除内拉线。

（3）每当抱杆下降到腰拉线有阻碍时，应拆除该腰拉线。抱杆下降过程中应保持 1 道腰拉线。

（4）当腰拉线全部拆除，且标准节拆除完毕，利用 4 根临时拉线将抱杆松至地面后再逐段拆卸。

五、注意事项

（1）为防止吊装构件过程中起吊钢丝绳自重引起的吊钩不能正常下到地面，应给吊钩挂上配重。

（2）吊装构件前应将抱杆调至垂直地面状态，摇臂宜平放以减少攀根绳受力。构件吊装过程中，攀根绳宜呈松弛状态，以使构件不触碰塔体为原则。

（3）两侧构件垂力线的摆放位置与抱杆、摇臂中心线应基本重合，以避免摇臂承受侧向力。

（4）在卷扬机与其地锚之间加装拉力传感器，以监视抱杆系统受力情况，并设定系统张力最大值。当牵引张力超过设定值时，电气控制系统将自动切除动力回路电源。

（5）测量人员用经纬仪实时对抱杆变形、偏移等进行监测，及时向总指挥报告，配合总指挥与塔上指挥，做到平衡吊装。

（6）有条件的情况下，应运用电视监控技术监督塔上安全状况。总指挥可通过抱杆上安装摄像头了解塔上作业情况。地面监视装置每天作业前应进行调试。

（7）每天应有专人接听气象情况，并及时向总指挥报告记录结果。现场的风力风向仪应有专人保管和使用，每天至少监测 3 次，并及时向总指挥报告检测结果。

（8）塔上与塔下通信联系阻断时应暂停吊装作业。

（9）当天工作结束后应检查抱杆拉线固定情况；将摇臂调整至顺线路或横线路位置，吊钩应收起并固定好。机械设备应盖好，电源应切断。

【思考与练习】

（1）试说明座地双摇臂内拉线抱杆分解组塔的特点。

（2）简要说明座地双摇臂内拉线抱杆系统。

（3）座地双摇臂内拉线抱杆分解组塔需要注意哪些事项？

▲ 模块 3　座地双摇臂外拉线抱杆分解组塔（新增模块 3-3-3）

【模块描述】本模块包含座地双摇臂外拉线抱杆的结构介绍、工艺流程、现场布置、抱杆起立、提升、拆卸、构件吊装、主要工器具选择等内容。通过工艺介绍，掌握座地双摇臂内拉线抱杆分解组塔的施工方法及要求。

【模块内容】

座地式双摇臂外拉线抱杆的外拉线挂点位置有两种情况：① 挂点在抱杆顶端；② 挂点在摇臂转动支撑底部。本模块按第一种情况论述。

座地双摇臂外拉线抱杆分解组塔具有以下特点：

（1）抱杆立于铁塔基础中心的地面。在高塔组立中，是将主抱杆坐在铁塔中心的电梯井筒或井架上。抱杆高度随铁塔组立高度的增加而增高。

（2）抱杆上部安装有转动支撑及 2 副摇臂，起吊塔片半径大，便于构件就位。

（3）座地双摇臂抱杆使用外拉线，稳定性较好。

（4）双侧摇臂可以同时吊装构件，施工效率高。

座地双摇臂外拉线抱杆分解组塔，适用于较平坦的地形。一般情况下，铁塔高度不宜大于 130m；当地形为山地时，抱杆临时拉线长度不宜大于 180m。

一、工艺流程

座地双摇臂外拉线抱杆分解组塔施工工艺流程如图 15-3-1 所示。

二、危险点分析与控制措施

座地双摇臂外拉线抱杆分解组塔的危险点及控制措施参见"座地四摇臂抱杆分解组塔"模块（3-3-1）中的危险点分析与控制措施。

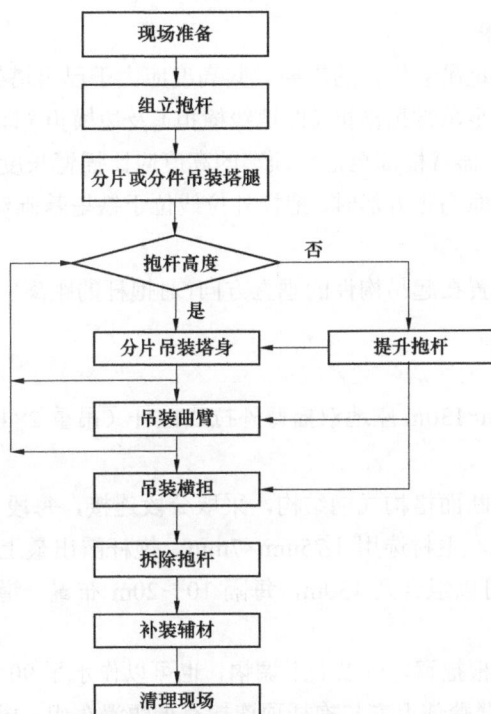

图 15-3-1　座地双摇臂外拉线抱杆分解组塔施工工艺流程图

三、座地双摇臂外拉线抱杆分解组塔前准备

1. 现场布置

（1）座地式双摇臂外拉线抱杆现场布置示意如图 15-3-2 所示。

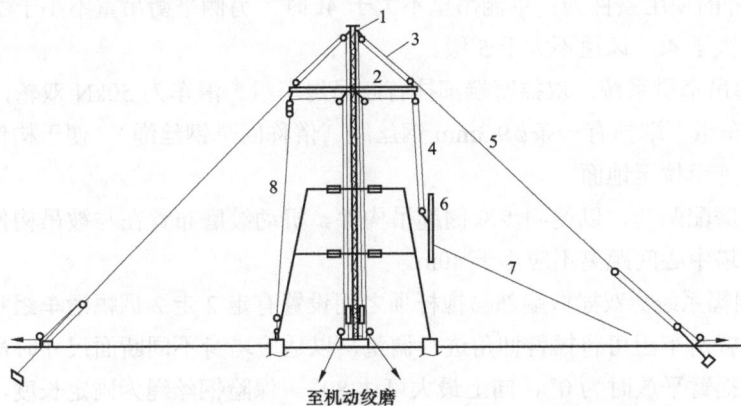

图 15-3-2　座地双摇臂外拉线抱杆现场布置示意图

1—抱杆；2—摇臂；3—调幅滑车组；4—起吊滑车组；5—外拉线；6—吊件；7—攀根绳；8—平衡吊绳

（2）现场布置要求。

1）抱杆高度应满足吊装塔片的需要。其高度应大于已组塔架高度 10～20m。

2）摇臂长度应满足吊装顶横担（即地线横担）及边横担（即酒杯型塔上曲臂外侧的横担部分）的需要。摇臂根部至抱杆顶端的高度应比摇臂长度大 1～0.5m。

3）当铁塔结构断面为正方形时，抱杆外拉线位于铁塔基础对角线的延长线上，其对地夹角不应大于 45°。

4）机动绞磨宜设置在起吊构件的垂直方向，对抱杆的距离应为抱杆高度的 1.2 倍，且不小于 40m。

2. 抱杆结构

本模块以 □800mm×130m 座地双摇臂外拉线抱杆（吊重 2×4t）为例进行介绍。

（1）抱杆系统。

1）抱杆为四方形断面格构式钢结构，采取分段连接，每段长度 3～4m，断面尺寸为 □800mm×800mm，主材选用 L75mm×7mm。抱杆露出最上一道腰拉线的容许高度为 30m。抱杆最高可以组合到 130m，每隔 10～20m 布置一道腰拉线，以保持抱杆稳定。

2）抱杆上部有两根摇臂，可以上下调幅，也可以作水平 90°回转（在摇臂端部两侧用钢丝绳控制）。摇臂端部上方与抱杆顶连接有调幅滑车组，摇臂端部下方挂有起吊滑车组。

3）抱杆底座的地面应平整坚实，如土质松软时应垫方木进行地基加固。抱杆底座的四角应用钢丝绳与铁塔基础连接收紧，防止移动。抱杆底座应设置多个挂环，以备悬挂地滑车。

4）抱杆的使用条件为：单侧吊重不大于 4t 时，另侧平衡吊重不小于 2t；双侧同时吊重应不大于 4t，风速不大于 5 级。

（2）起吊牵引系统。双摇臂端部挂有起吊滑车组。滑车为 50kN 双轮，按走 2 走 2 布置，滑车组下端挂有一条 φ9.3mm 钢丝绳（俗称回牵钢丝绳），便于构件安装后将滑车组由高处牵拉至地面。

机动绞磨配两套，以便同步双侧起吊构件。机动绞磨布置在与被吊构件近似垂直方向，与铁塔中心间距离不应小于 40m。

（3）调幅系统。双摇臂端部与抱杆顶之间设置有走 2 走 2 调幅滑车组和保险钢丝绳。通过调幅滑车组可将摇臂仰角进行调整，以适应塔身不同断面尺寸时吊装构件就位的需要。摇臂平放时为 0°，向上最大可达 80°。保险钢丝绳为固定长度，仅在摇臂平放时受力。调幅钢丝绳的牵引端沿抱杆身引下至根部通过 30kN 手扳葫芦挂在抱杆底座挂环上。

（4）控制系统。为防止构件晃动及碰撞已组塔架，在被吊塔片的下部系有 1 根或 2 根攀根绳。在塔片正常起吊过程中，攀根绳应尽量处于松弛状态，以减小起吊系统受力。攀根绳对地夹角应不大于 45°。

（5）拉线系统。抱杆顶部设置有 4 根外拉线。外拉线布置在铁塔基础对角线的延长线方向，其对地夹角不宜大于 45°。拉线下端宜设置走 1 走 1 滑车组及拉线控制器，以方便操作。同时应配置 30kN 手扳葫芦，以便需要收紧拉线时使用。

3. 锚桩设置

（1）应根据拉线、攀根绳等受力大小及地质条件布置桩锚和地锚，其平面布置示意如图 15-3-3 所示。

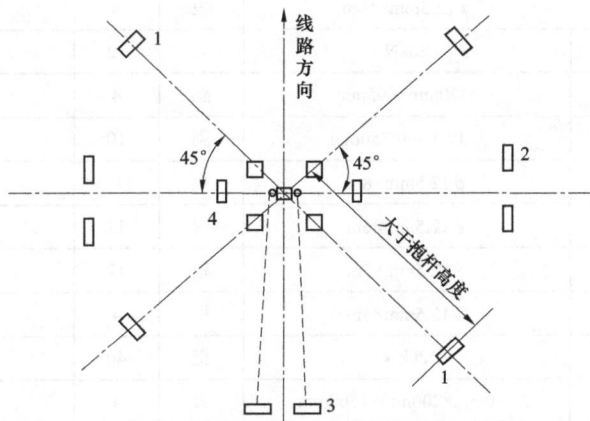

图 15-3-3　地锚平面布置示意图
1—拉线地锚；2—攀根绳地锚；3—机动绞磨地锚；4—平衡拉线地锚

（2）拉线的锚定。拉线最大受力为 35kN，应设置 50kN 级钢板地锚。在地质条件较好（坚土）时，埋深不应小于 1.5m；地质条件较差时，埋深宜为 1.7～2.0m。

为了便于拉线滑车组钢丝绳的操作，还可以在拉线地锚延长线方向设置角铁桩，在角铁桩前侧安装拉线控制器。

（3）攀根绳的锚定。攀根绳张力较小，因此，地质条件较好时选用角铁桩，地质条件较差时选用地钻，以减少土方开挖。角铁桩或地钻可选用双联或三联。角铁桩打入地面深度不应小于 1m（以下角铁桩打入深度要求相同）。

（4）机动绞磨的锚定。坚土条件下，若选用钢板地锚时，埋深不应小于 1.2m；若选用角铁桩时，应设置双联或三联桩，桩与桩间应用花篮螺丝连接收紧，使双联或三联桩间受力较均衡。

4. 工器具准备

座地双摇臂外拉线抱杆分解组塔主要工器具配置见表 15-3-1。

表 15-3-1 座地双摇臂外拉线抱杆分解组塔主要工器具配置表

序号	机具名称	规格	单位	数量	备注
一、抱杆系统					
1	主抱杆	□800mm×800mm	m	120	
2	摇臂	□500mm×500mm×8m	根	2	
3	抱杆底座	□900mm×900mm	副	1	
4	钢丝绳	φ12.5mm×10m	根	8	
5	卸扣	20kN	只	12	
6	花篮螺丝	M20mm×495mm	副	4	
7	腰环	□850mm×850mm	副	10	
8	钢丝绳	φ12.5mm×8m	根	8	腰拉线用
9	钢丝绳	φ12.5mm×6m	根	12	腰拉线用
10	钢丝绳	φ12.5mm×5m	根	12	腰拉线用
11	钢丝绳	φ12.5mm×3m	根	4	腰拉线用
12	双钩	20kN	把	40	腰拉线用
13	方木	150mm×200mm×1500mm	根	4	
二、起吊牵引系统					
14	机动绞磨	30kN	台	2	
15	钢丝绳	φ12.5mm×550m	根	2	绞磨绳
16	钢丝绳	φ12.5mm×150m	根	2	调幅绳
17	钢丝绳	φ9.3mm×100m	根	2	回牵绳
18	钢丝绳	φ18.5mm×8m	根	4	吊点绳
19	钢丝绳	φ15.5mm×5m	根	4	吊点绳
20	起重滑车	50kN 双轮	只	4	起吊滑车组
21	钢丝绳	φ15.5mm×25m	根	2	保险绳
22	起重滑车	50kN 双轮	只	4	
23	卸扣	50kN	只	8	
24	卸扣	30kN	只	4	
25	钢丝绳卡线器		只	2	

续表

序号	机具名称	规格	单位	数量	备注
三、拉线系统					
26	钢丝绳	ϕ12.5mm×150m	根	4	
27	钢丝绳	ϕ12.5mm×50m	根	4	
28	钢丝绳	ϕ11mm×100m	根	4	
29	钢丝绳	ϕ15.5mm×3m	根	8	
30	钢板地锚	200mm×400mm×1200mm	套	4	
31	角铁桩	L75mm×8mm×1500mm	块	6	
32	拉线控制器	30kN	只	4	
33	手扳葫芦	30kN	台	4	
34	钢丝绳卡线器	ϕ15.5mm	台	4	
四、控制系统					
35	钢丝绳	ϕ11mm×150m	根	4	
36	钢丝绳	ϕ11mm×60m	根	8	
37	棕绳	ϕ20mm×180m	根	4	
38	角铁桩	L75mm×8mm×1500mm	块	12	
39	拉线控制器	30kN	只	4	
五、提升系统					
40	钢丝绳	ϕ12.5mm×80m	根	4	提升绳
41	钢丝绳	ϕ12.5mm×200m	根	1	牵引绳
42	钢丝绳	ϕ15.5mm×20m	根	1	平衡绳
43	钢丝绳	ϕ12.5mm×3m	根	5	
44	专用夹具	30kN	套	4	安装在主材上
45	专用夹具	30kN	套	4	安装在抱杆主材
46	起重滑车	30kN 单轮	只	13	
47	起重滑车	50kN 单轮	只	2	
48	起重滑车	80kN 单轮	只	1	平衡绳用
49	起重滑车	80kN 双轮	只	2	牵引用
50	卸扣	70kN	只	3	
51	卸扣	30kN	只	10	
52	卸扣	15kN	只	12	
53	元宝螺丝	ϕ6mm	只	12	
54	元宝螺丝	ϕ8mm	只	6	
55	钢板地锚	200mm×400mm×1200mm	套	1	

续表

序号	机具名称	规格	单位	数量	备注
六、通用工具					
56	尼龙绳	ϕ16mm×200m	根	4	吊小件用
57	尼龙滑车	5kN	只	4	吊小件用
58	经纬仪		台	1	
59	钢杆	ϕ30mm×2000mm	根	2	
60	大锤	8kg	把	2	
61	尖扳手	M16/M20/M24	把	各8	

四、座地双摇臂外拉线抱杆分解组塔操作步骤

（一）抱杆组立

组立双摇臂抱杆有多种方法，有条件时，可使用汽车起重机组立抱杆的方法，其安全性好、效率高。在不具备汽车起重机的条件下，采用倒落式人字小抱杆整体组立双摇臂抱杆是较常用的方法。

1. 整体组立双摇臂抱杆现场布置

为了满足组立塔腿以上相邻塔身段的需要，第一次组立双摇臂抱杆的高度不宜小于 25m，吊装构件的有效高度为 20m。用人字小抱杆整体组立双摇臂抱杆的现场布置示意如图 15-3-4 所示。

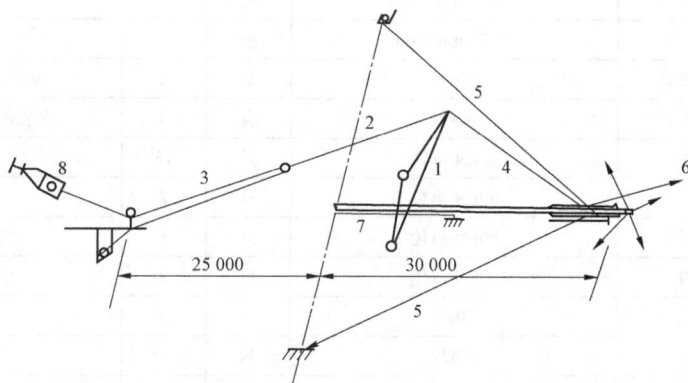

图 15-3-4 整体组立 25m 双摇臂抱杆现场布置示意图

1—抱杆；2—总牵引绳；3—牵引绳（磨绳）；4—吊点绳；5—侧向临时拉线；
6—后方拉线；7—制动绳；8—机动绞磨

2. 组立座地双摇臂抱杆的准备工作

（1）抱杆根部应位于塔位中心，依次由下向上组装。抱杆分段间连接螺栓应配齐且拧紧。抱杆组装后，放置地平面检查弯曲度不应超过 1‰。

（2）摇臂、起吊滑车组、调幅滑车组、保险钢丝绳及外拉线均应与抱杆组装在一起，索具规格应符合作业指导书要求，连接应牢固可靠。

（3）两摇臂与抱杆上段应用棕绳绕圈捆绑在一起，防止起吊过程中晃动甩出。

（4）起吊、调幅滑车组及外拉线等钢丝绳均应理顺，防止互相绞绕。

（5）制动绳应在起立抱杆前收紧固定。制动绳与抱杆根绑扎时应防止铰链部位弯曲变形。

3. 整体起立双摇臂抱杆的操作步骤

整体起立座地双摇臂抱杆的操作步骤参见"座地四摇臂抱杆分解组塔"新增模块（3-3-1）中的抱杆组立。

（二）抱杆提升及拆除

1. 提升双摇臂抱杆

（1）提升双摇臂抱杆的现场布置示意如图 15-3-5 所示。

（2）提升双摇臂抱杆的平衡滑车布置示意如图 15-3-6 所示。

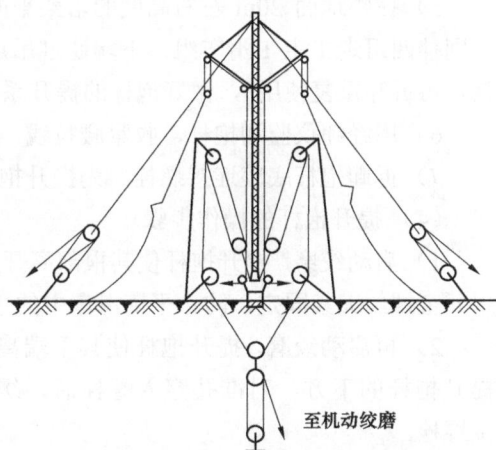

图 15-3-5　提升抱杆布置示意图

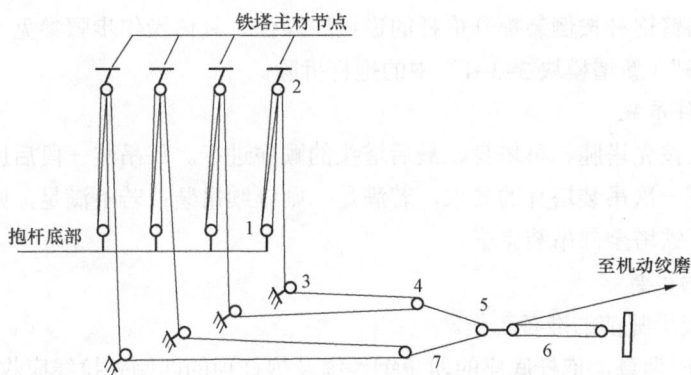

图 15-3-6　提升抱杆的平衡滑车布置示意图

1—吊点滑车；2—提升滑车；3—地滑车；4—分平衡滑车；5—总平衡滑车；6—牵引滑车组；7—平衡绳

（3）提升抱杆的准备工作。

1）检查抱杆的腰拉线应连接可靠。腰拉线不得少于 2 道，间距不得小于 10m。

2）外拉线尾部用拉线控制器控制，具有随时松出的灵活性。

3）两侧摇臂应适度上仰，并将调幅滑车组尾部钢丝绳绑扎于抱杆下部，不得影响抱杆提升操作。

4）起吊滑车组应处于松弛状态，抱杆底座的地滑车应暂时拆除。

5）在距地面 20m 左右高度的塔架平面上，选择与大水平材连接的主材节点处，分别挂四组走 1 走 1 滑车组，下端通过吊点滑车与抱杆下端挂环连接（挂环为专用工具，可拆卸重复使用），做好抱杆的提升系统准备。

6）用经纬仪监测抱杆，收紧腰拉线，使抱杆处于垂直地面状态。

7）拆卸抱杆底座连接螺栓，为提升抱杆做好准备。

（4）提升抱杆的操作步骤。

1）启动绞磨，提升抱杆使其根部离开底座后，暂停牵引。将平衡滑车出口钢丝绳用元宝螺丝夹紧固定，防止平衡滑车中的平衡钢绳窜动。

2）再启动绞磨，提升抱杆使其下端离开地面超过待接段高度后，将待接段推入提升抱杆的下方，对准孔穿入螺栓后，缓缓松出牵引绳，使抱杆落至地面，拧紧连接螺栓。

3）反复提升、接装，直至抱杆达到设计高度后，使抱杆坐落在底座上，拧紧连接螺栓。松出提升抱杆的钢丝绳，准备下次再提升。

4）将调幅滑车组、起吊滑车组恢复吊装塔片的准备状态。

2. 拆除双摇臂抱杆

拆除双摇臂抱杆按倒装提升抱杆的逆程序操作。具体操作步骤参见"座地四摇臂抱杆分解组塔"（新增模块 3-3-1）中的抱杆拆除。

（三）构件吊装

构件吊装按先塔腿、再塔身、最后塔头的顺序进行。每吊装一段后应检查抱杆高度是否满足下一次吊装塔片的要求，若满足，则继续吊装；若不满足，则提升抱杆后再吊装，直至铁塔全部吊装完毕。

1. 塔腿的吊装

（1）吊装塔腿前的准备工作。

1）抱杆应调直，抱杆底座的四角钢丝绳及抱杆顶的四侧外拉线应收紧固定。

2）塔腿的组装应符合据设计图纸要求，且应组装在规定位置。地脚螺母应按设计规定配齐并组装合格。

3）如果是分片吊装，吊点处应用圆木或钢管进行补强，防止塔片变形。

4）如果仅用一侧摇臂吊装,则另一侧摇臂的起吊滑车组下方应挂一根钢丝绳与铁塔基础或地锚连接收紧后作为平衡拉线。

5）摇臂应根据吊装塔腿的就位需要调整方位及仰角。

（2）吊装塔腿的现场布置。

1）当塔腿主材较重采取单件吊装时,布置示意如图 15-3-7 所示。

2）当塔腿主材较轻采取两片塔腿同时吊装时,布置示意如图 15-3-8 所示。

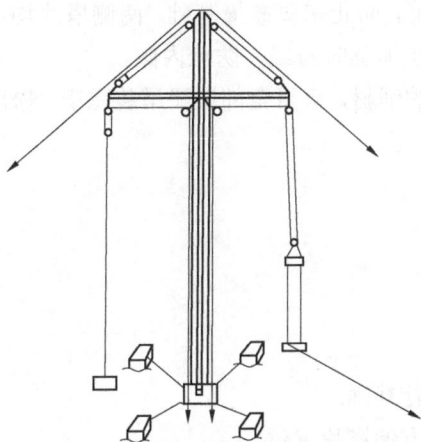

图 15-3-7　单件单侧吊装现场布置示意图　　图 15-3-8　双侧塔片吊装现场布置示意图

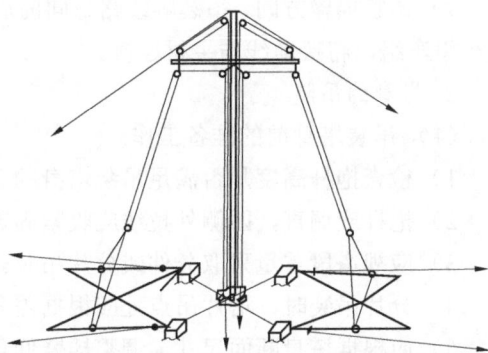

（3）单件塔腿主材吊装的操作步骤。

1）吊装前应将摇臂调整至铁塔基础对角线方向。

2）单件主材下部的攀根绳应适当收紧,防止主材触碰基础或大幅摇摆。

3）当主材吊离地面后,应使主材下端对准基础地脚螺栓。就位后立即装上螺母并拧紧。

4）主材外侧应设置一条 ϕ11mm 钢丝绳做外拉线。主材就位后,外拉线应固定于角铁桩或地钻,以防向内侧倾斜。

5）当对角两根主材吊装完毕后,应调整摇臂至另一方向对角线,再分别吊装该对角线的两根主材。

6）全部主材就位后应调整摇臂至横线路方向和顺线路方向,吊装四个侧面辅材。辅材应整片吊装或者单根逐一吊装,直至全部辅材安装完毕。塔腿吊装完毕,应立即将接地线与主材连接。

（4）塔腿两侧塔片同时吊装的操作步骤。

1）吊点绳的绑扎点必须高出塔片重心高度 1m 以上。根据需要对塔片进行补强。

2）按现场布置图（见图 15-3-8）将各索具布置后，攀根绳应适当收紧。

3）启动绞磨，将塔片头部吊离地面 0.5～0.8m 后，应暂停牵引。对抱杆及各连接部位进行检查，无异常后，再继续起吊。

4）起吊过程中，应控制两台机动绞磨牵引速度基本一致。塔腿的两侧塔片应同时吊离地面、同步就位。

5）起吊过程中，应随时监视抱杆有无偏斜，必要时应暂停牵引进行处理。

6）塔片下端将要离开地面时，应控制攀根绳，防止塔脚碰撞基础。两侧塔片均已就位且安装地脚螺母后，在外侧挂上 ϕ11mm 钢丝绳临时拉线，防止内倾。

7）调整摇臂方向，吊装顺线路方向前后面的辅材，直至全部塔腿吊装完毕。松出起吊滑车组，将接地线与主材连接。

2. 塔身的吊装

（1）吊装塔身前的准备工作。

1）检查抱杆高度是否满足吊装塔身的要求。

2）抱杆应调直，四侧外拉线应收紧固定。

3）应视塔段重量采取分件或分片吊装。

4）分片吊装时，塔片吊点处应根据需要进行补强。

5）应根据塔身断面尺寸，调整摇臂仰角，方便塔片就位。

6）如果仅用一侧摇臂吊装塔片时，另侧摇臂的起吊滑车组下方应挂一根钢丝绳与地锚连接作为平衡拉线。

7）抱杆在塔架内应设置不少于 2 道腰拉线加以固定，腰拉线垂直间距不应大于 12m，最上一道腰拉线应位于已组塔架有大水平材的平面内。

（2）吊装塔身的现场布置。

吊装塔身的现场布置示意如图 15-3-2 所示。

（3）吊装塔身的操作步骤。

吊装塔身的操作步骤参见"座地四摇臂抱杆分解组塔"（新增模块 3-3-1）中的塔身吊装。

3. 酒杯型塔曲臂的吊装

（1）准备工作。

1）应根据曲臂的重量选择整体吊装或上、下曲臂分段吊装，也可以采用单侧吊装或双侧吊装。

2）如果上下曲臂整体吊装，吊点绳宜用倒 V 字型钢丝绳绑扎在曲臂的 K 节点处或构件重心的上方 1～2m 处。

3）吊点处的塔片强度应满足吊装安全要求，必要时应进行补强。

4）下曲臂下端为不稳定结构，吊装前应进行加固补强，使其成为稳定结构。

5）吊装下曲臂的吊点绳长度应进行计算，以满足曲臂吊离地面后与设计倾斜角度基本一致。

（2）吊装曲臂的吊点绑扎。

吊装曲臂及下曲臂的吊点绑扎示意如图 15-3-9 所示。

（3）吊装曲臂的操作步骤。

吊装曲臂的操作步骤与分片吊装塔腿操作步骤相同。

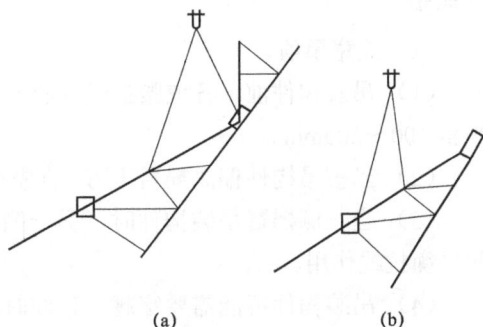

图 15-3-9　曲臂吊点绑扎示意图
(a) 曲臂整体吊装；(b) 下曲臂吊装

4. 横担的吊装

（1）酒杯型铁塔横担的吊装。

1）吊装前，应将摇臂调整至顺线路方向，收紧调幅滑车组使其向上仰起。

2）当横担长度为 30m 左右（500kV 酒杯型塔）时，可先将横担分前后两片吊装，在高空进行合拢并补装上下平面辅材。

3）当横担长度为 50m 左右（1000kV 酒杯型塔）时，可先将中横担分前后两片吊装完成，再利用地线支架或辅助横担吊装边横担。

（2）±800kV 线路直线铁塔横担的吊装。

1）可将横担分为近塔身段和远塔身段进行吊装。

2）近塔身段吊装有两种布置方式：摇臂顺线路方向布置，则前后分片吊装；摇臂横线路方向布置，则左右分段吊装。

3）远塔身段可利用地线支架或辅助横担进行吊装。

（3）干字型铁塔横担的吊装（同时适用于双回直线塔横担）。

1）干字型铁塔横担的吊装，应先吊地线横担，后吊导线横担。

2）地线横担的吊装有两种布置方式，即前后分片吊装和左右分段吊装。

3）导线横担的吊装有两种布置方式：① 摇臂的起吊滑车组直接吊装；② 利用地线横担吊装导线横担。

（4）吊装横担的注意事项。

1）采取分片吊装横担时，横担平面应用圆木或钢管进行补强，防止弯曲变形。

2）采取利用地线支架或地线横担吊装边横担或导线横担时，地线支架或地线横担的强度应进行验算，以满足吊装横担的安全要求。

3）若采用左右段横担竖直旋转吊装法时，其作为旋转轴的螺栓强度应满足强度要求。

五、注意事项

（1）吊装构件前，各道腰拉线应收紧，抱杆外拉线同步调紧，使抱杆向受力反侧倾斜 100～200mm。

（2）当被吊构件偏离摇臂下方，宜先行拖拉，待构件移至摇臂下方时再牵引起吊。

（3）当一侧摇臂吊装构件时，另一侧摇臂应悬挂钢丝绳与地锚或塔脚连接收紧，起平衡拉线作用。

（4）吊装构件可能需要穿越外拉线时，应在构件上增设控制绳，以便在需要时使构件偏移，严禁用调整或松出外拉线方法避让构件。

（5）吊装构件过程中，外拉线地锚及连接处应有专人监护，发现异常及时报告指挥人。

【思考与练习】

（1）简要说明座地双摇臂外拉线抱杆的系统结构。

（2）试画出座地双摇臂抱杆提升的平衡滑车布置示意图。

（3）简要说明各塔型曲臂、横担的吊装方法。

第十六章

双平臂抱杆组塔

▲ 模块1 座地双平臂抱杆分解组塔（新增模块 3-4-1）

【模块描述】本模块包含座地双平臂抱杆的结构介绍、工艺流程、现场布置、抱杆起立、提升、拆卸、构件吊装、主要工器具选择等内容。通过形象化介绍，掌握座地双平臂抱杆分解组塔的施工方法及要求。

【模块内容】

座地双平臂抱杆多应用于大跨越高塔的分解组立，与座地双摇臂抱杆相比，区别在于变幅方式的不同，双平臂抱杆采用载重小车在平臂的行车来实现变幅的目的。该方法具有以下特点：

（1）抱杆设有电气控制台，机械化程度高，操作灵活方便。

（2）构件可以垂直起吊，不需要控制绳。

（3）可以利用大跨越高塔自身的井架设施作为抱杆的部分杆身。

为适应不同铁塔塔型的吊装要求，国内的一些送变电施工企业设计选择的双平臂抱杆在容许吊重、抱杆高度、平臂长度等参数各有不同，本模块以浙江省送变电工程公司的 T2T120 型 8t 座地双平臂抱杆为例进行介绍。

一、危险点分析与控制措施

座地双平臂抱杆分解组塔的危险点及控制措施参见"座地四摇臂抱杆分解组塔"（新增模块 3-3-1）中的危险点分析与控制措施。

二、座地双平臂抱杆分解组塔前准备

（一）8t 座地双平臂抱杆特性

1. 抱杆参数

8t 座地双平臂抱杆性能参数见表 16-1-1。

表 16-1-1   8t 座地双平臂抱杆性能参数表

额定起重力矩（t·m）	120		备注
总工作循环次数	$N=1.25e^5$		
起升高度（m）	最大使用高度	210	
	工作时最大独立高度	21	平臂铰点距最上道腰环高度
最大起重量（t）	8		
工作幅度（m）	最小幅度	2	从抱杆中心到吊钩中心水平距离
	最大幅度	24	
起升机构	倍率	4	
	起重量（t）	8	
	速度（m/min）	1.5～25	
	电机功率（kW）	30	
回转机构	回转速度（r/min）	0～0.35	
	电机功率（kW）	2×4	
变幅机构	变幅速度（m/min）	0～20	
	电机功率（kW）	4	
顶升机构	顶升速度（m/min）	0.57	
	电机功率（kW）	11	
	工作压力（MPa）	25	
抱杆最高处设计风速（m/s）	安装状态离地 10m 高处	8	
	工作状态离地 10m 高处	10.8	
	非工作状态离地 10m 高处	28.4	
工作温度（℃）	−20～40		
回转角度	±110°		

2. 抱杆组成

双平臂抱杆由抱杆结构、传动机构和电气系统三大部分组成。

（1）抱杆结构。整付抱杆结构由塔顶、回转塔身、上支座、回转支承、下支座、井架标准节、平臂、套架、底座基础等组成，抱杆组成如图 16-1-1 所示。各部件特性如表 16-1-2 所示。

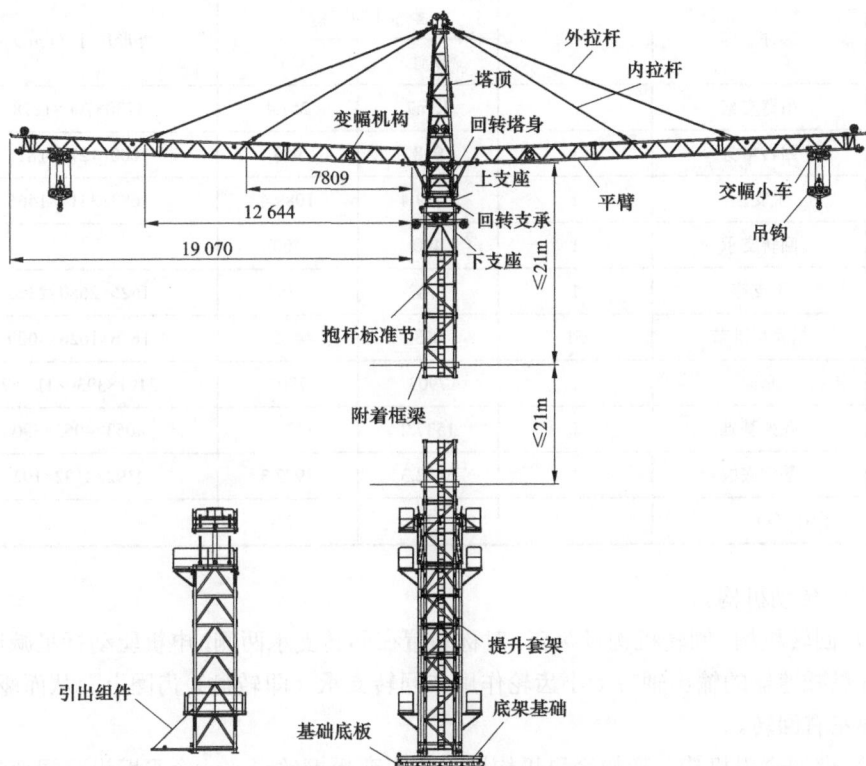

图 16-1-1　抱杆组成示意图

表 16-1-2　　　　　　　　　双平臂抱杆结构特性表

| 序号 | 部件名称 | 数量 | 参考重量（kg） | | 外形尺寸（mm） |
			单计	单计	
1	塔顶	1	1558	1558	1300×1431×7283
2	回转机构	2	1000	2000	
3	拉杆	2	276.3	552.54	内拉杆总长 10 546 外拉杆总长 14 792
4	变幅机构	2	400	800	
5	吊臂	2	1547.6	3095.2	19 108×1356×1390
6	载重小车	2	232	464	1196×1413×753
7	吊钩	2	712	1424	448×1110×1692

续表

序号	部件名称	数量	参考重量（kg）		外形尺寸（mm）
			单计	单计	
8	吊臂支架	2	125.7	251.4	1230×700×1278
9	回转塔身	1	918	918	1600×1270×1811
10	上支座	1	1089.4	1089.4	1683×3414×1466
11	回转支承	1	400	400	
12	下支座	1	1787	1787	1626×2680×2300
13	塔身标准节	51	873	44 523	1656×1626×3000
14	套架	1	7903	7903	3101×3930×11 757
15	底架基础	1	1537.2	1537.2	4053×4053×590
16	基础底板	1	3972.3	3972.3	4192×4192×192
	合计（t）	—	17.6	72.3	

（2）传动机构。

1）回转机构。回转机构设两套，对称布置在回转支承两侧，电机驱动行星减速器，再由行星减速器的输出轴带动小齿轮作用在回转支承（即转盘）齿圈上，从而驱动抱杆上部左右回转。

2）变幅牵引机构。变幅牵引机构用于牵引变幅钢丝绳，一个平臂设两根变幅绳，一根长，一根短，长、短变幅绳尾绳分别盘于卷筒上，电机通过行星减速器驱动卷筒正反转，当收紧长变幅绳的同时放出短变幅绳，反之亦然，如此实现变幅小车的前进及后退。变幅绳绳速范围为 0～20m/min。

（3）电气系统。

1）操作控制台。操作控制台采用钢琴台架式，分斜面板和竖面板两部分。斜面板为操作控制系统，竖面板为信号控制系统。如图 16-1-2 所示。

操作控制系统主要用于操控抱杆回转机构及变幅牵引机构。左侧区域控制变幅牵引机构，通过操作万能转换开关 SA1、SA2 分别控制两个小车的位置，从而改变幅度。中间区域控制回转机构，通过操作万能转换开关 SA3，改变输出频率，从而改变回转速度。

信号显示系统有信号指示灯、声音警告（电笛）及显示屏（显示重量、幅度及力矩等信息）等信号指示，根据起吊重量、起重力矩及起重力矩差情况，进行相应的报警、降速、限制动作、停机等动作。

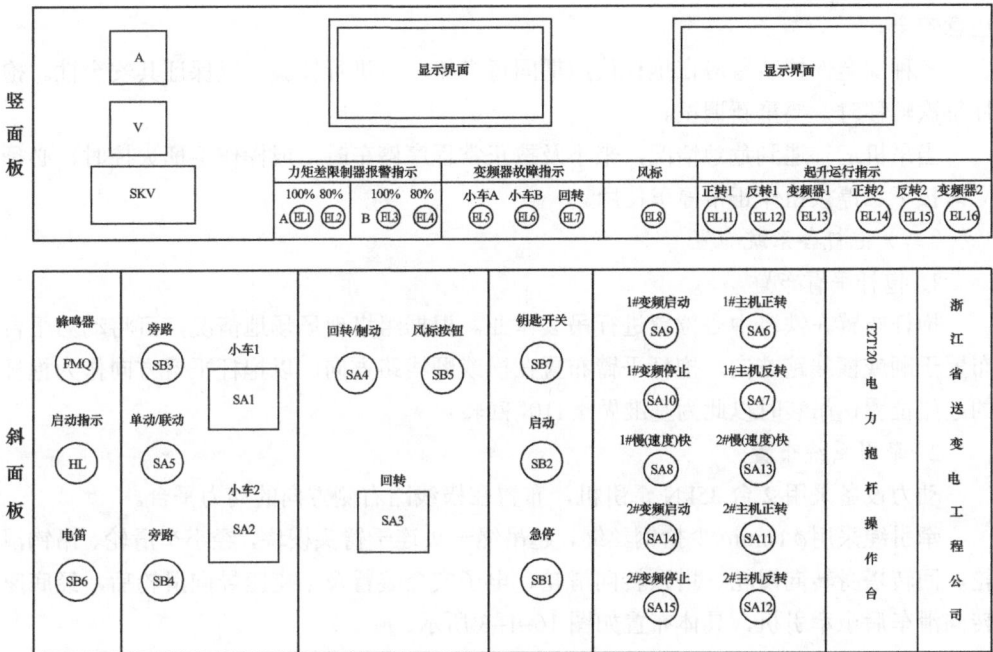

图 16-1-2　控制台示意图

各种限位及保护装置是为了机构能更加安全的运行而设置的，要求操作人员要密切注意操作台上的声光报警提示，在出现安全保护前，做出相应的有利于机构安全运行的操作，禁止操作人员每次都以保护、限位等开关起保护才停止操作。当保护开关起作用并使机构停止运动后，不管是因何原因产生保护动作，操作手柄必须回到零位。

操作控制台放在地面，并应布置于动力设备（牵引机）及提升总地锚的侧面或后面，不宜布置于动力设备（牵引机）及提升总地锚的前面。操作控制台与总配电箱距离不应过远，防止信息减弱太快，一般控制在 10～50m 左右。

2）安全保护装置。本抱杆设有机械式安全保护装置和电子式安全保护装置两大部分，机械式安全保护装置主要作用是控制本机构的电源，而电子式安全保护装置自动切断控制电源。

本抱杆共有 15 套保护装置：吊臂 A 力矩控制器、吊臂 B 力矩控制器、吊臂 A 力矩差控制器、吊臂 B 力矩差控制器、起重量限制器 A、起重量限制器 B、变幅 A 限制器、变幅 B 限制器、回转限制器、各变频器的故障保护、电机的过载保护、启动零位保护、过欠压保护、短路过载保护、错断相保护。

各电机不管何种原因而停止时，各档位开关必须马上回到零位，以防发生意外。在操作各机构动作前，一定要按电笛报警提示，提醒在场人员：抱杆准备开始动作，注意安全。

各种安全保护装置应在抱杆使用期间每半年左右进行校验，以保证其安全性。抱杆每次转移时，要重新调试。

当吊机运行遇到危急情况，来不及按正常程序停车时，或操作手柄失控时，必须立即按下急停按钮作正常停车使用。

（二）抱杆各系统布置

1. 抱杆平臂布置

抱杆布置在铁塔中心位置进行吊装作业。根据组塔现场场地情况，可将动力平台布置于顺或横线路方向，抱杆平臂布置在横或顺线路方向。以抱杆平臂方向作为抱杆的起始位置，吊装时以此为基准做±110°回转。

2. 牵引系统布置

动力设备采用 2 台 35kN 牵引机，布置在横线路右侧方向的动力平台。

牵引绳采用 ϕ16mm 少捻钢丝绳，起吊绳一头连于臂头楔块，经小车滑轮、吊钩滑轮、回转塔身转向滑轮、塔顶转向滑轮、电子安全装置及下支座导向滑轮后，经底座转向滑车后至牵引机，具体布置如图 16-1-3 所示。

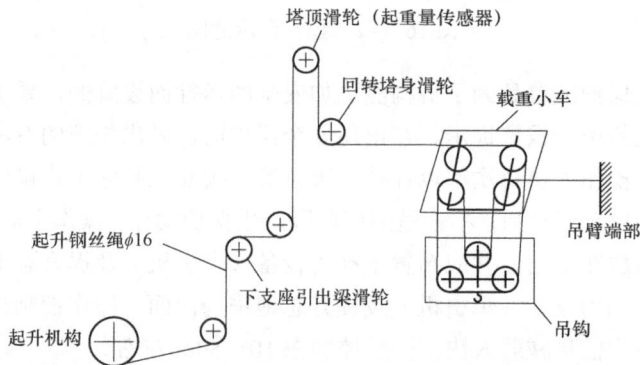

图 16-1-3　单侧起吊钢丝绳布置示意图

3. 变幅系统布置

变幅系统采用变幅牵引机构驱动，用控制台在底面控制室控制。

变幅绳采用 ϕ7.7 钢丝绳，有一长一短两根钢丝绳，长变幅绳一端连于小车一侧的防断绳装置上，经臂端滑轮、上弦杆导向滑轮盘于卷筒上，短变幅绳一端连于小车另一侧的防断绳装置上，经臂根导向滑轮直接盘于卷筒上，具体如图 16-1-4 所示。在穿绕变幅钢丝绳时，应使变幅机构卷筒上的钢丝绳每放出一段，再缓慢拉紧，直至穿绕好钢丝绳。

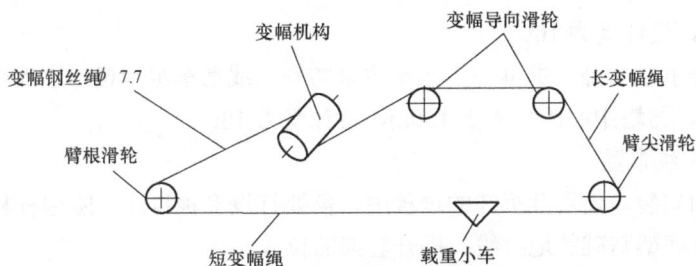

图 16-1-4　单侧变幅绳布置示意图

4. 腰拉线布置

抱杆杆身设置腰拉线，采用十二道防扭设置，腰环通过 $\phi 21.5$ 定长钢丝套与铁塔及抱杆杆身标准节连接，串接 9t 手扳葫芦收紧。具体设置如图 16-1-5 所示。

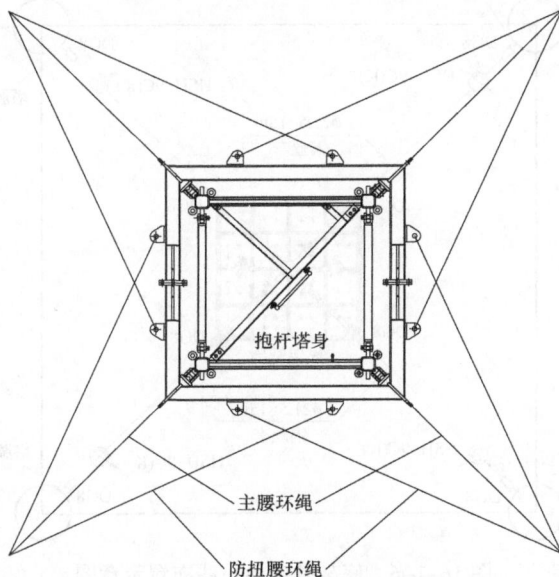

图 16-1-5　腰环绳布置示意图

腰拉线连接方式：腰环连接孔+DG8×2+9t 手扳葫芦+$\phi 21.5$ 定长钢丝套+DG8+塔身主管预留腰环板。

5. 地锚布置

（1）锁钩地锚：共 4 组，用于吊钩下拽，地锚采用锚杆组合式或重力式现浇基础地锚，布置在顺、横线路距中心为 18m 位置，设计受力 5t（垂直向上）。

（2）牵引机地锚：共 4 组，用于固定两台牵引机，采用 160kN 钢板地锚，有效埋深不小于 2m，设计受力 10t。

（3）主管拉线地锚：共 4 组，用于主管防倾拉线滑车组地锚，该地锚布置于塔腿 45°外侧方向，与塔中心距离大于 150m，设计受力 10t。

6. 拉线系统布置

在抱杆的安装、使用及拆卸的过程中，需要打设多种拉线，除抱杆杆身腰环拉线外，还有抱杆底架基础的地拉线、提升套架的拉线。

（1）底架基础的地拉线。底架基础处地拉线的打设是为了平衡抱杆基础的水平力，该拉线在抱杆的安装、使用以及拆卸的过程中需始终打设。地拉线连接方式：基础底架孔+DG8×1+ϕ21.5×15m 钢丝套+9t 手扳葫芦+DG8×1+塔腿加筋板孔。地拉线布置如图 16-1-6 所示。

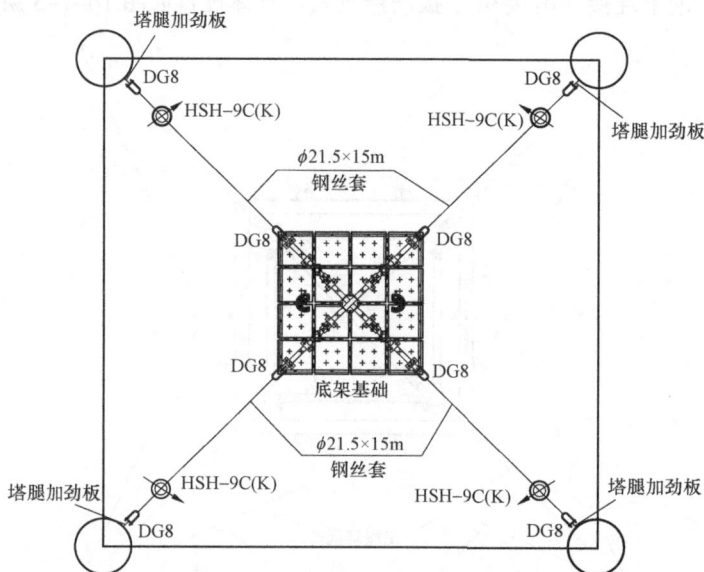

图 16-1-6 底架基础地拉线布置示意图

（2）提升套架的顶部拉线。提升套架顶部拉线在抱杆顶升或拆卸的过程中打设，但当抱杆安装了两道或两道以上腰环时，可不需打设。套架顶部拉线连接方式：套架耳板孔+DG8×1+ϕ21.5×17.5m 钢丝套+9t 手扳葫芦+DG8×1+塔腿加劲板孔。拉线布置如图 16-1-7 所示。

7. 通信及电气系统布置

（1）铁塔组立因受地形限制，交叉作业较集中，现场不但要分工明确，还必须有可靠的通信指挥系统，现场总指挥、塔上指挥、地面、牵引机及控制台操作手、临时拉线及经纬仪观测人员均应配备对讲机进行指挥联络，现场总指挥除用对讲机外，还需用车载电台保持各项工作的全面监控及指挥。

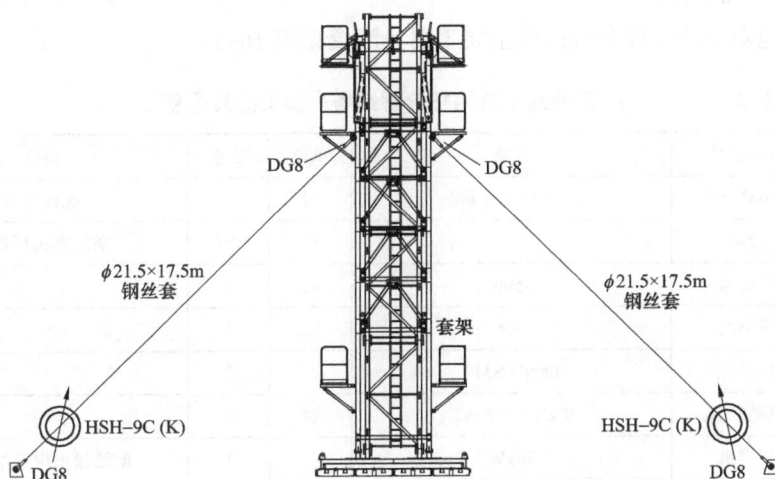

图 16-1-7　套架顶部拉线示意图

（2）抱杆的电源由用户工地电源（工地总配电箱、发电机等）通过电缆进入操作台，再由操作台通过电缆经过稳压柜后，再进入小车-回转控制箱，最后由小车-回转控制箱到达各个运动机构和各类保护控制器。抱杆本身不带漏电保护开关，工地总配电箱的设置必须符合"一机一箱一闸一保护"要求。

电缆由回转支承中间引出后，引至抱杆外侧后到地面，电缆每隔 10m 左右先用橡皮管保护后再用塑料绑扎带绑扎在抱杆杆身标准节水平材上。为方便抱杆旋转，在上支座格栅平台处应余 2m 左右电缆。

抱杆的电气系统布置示意如图 16-1-8 所示。

8. 吊件布置

根据抱杆平臂的位置布置，两侧吊件应尽量布置在抱杆平臂的正下方，并与抱杆中心保持在同一条直线，两侧吊件应对称布置（两侧吊件其中心位置与井架中心的距离应基本一致），吊点应位于平臂吊钩的中心线的下方。

9. 其他设施布置

（1）施工现场在动力平台处设置操作台、休息室、工具房，材料房可设置在施工平台上。

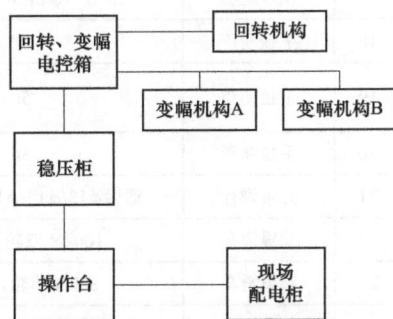

图 16-1-8　电气系统布置示意图

（2）施工平台四周围全部搭设钢护栏，禁止无关人员进入施工现场。

（3）在横线路、顺线路方向各布置一台经纬仪用于观察抱杆正直及塔身倾斜度。

（三）工器具准备

8t座地双平臂抱杆分解组塔主要工器具配置见表16-1-3。

表16-1-3　　　　　8t座地双平臂抱杆分解组塔主要工器具配置

序号	机具名称	规格	单位	数量	备注
1	双平臂抱杆	T2T120（8t级）	付	1	配标准节
2	腰环		付	10	浙江建机厂加工
3	牵引机	35kN	台	2	
4	汽车吊	70t	台	1	
5	机动绞磨	50kN（SJ4）	台	2	
6	机动绞磨	30kN（SJJ-3）	台	2	
7	发电机	30kW	台	1	配连接电缆及配电箱
8	钢丝绳	$\phi 16 \times 1500m$	根	2	起吊磨绳
9	钢丝绳	$\phi 15 \times 400m$	根	4	主管外拉线滑车组钢丝绳
10	钢丝绳	$\phi 13 \times 300m$	根	4	吊件控制绳
11	钢丝套	$\phi 21.5 \times 17.5m$	根	4	提升套架拉线
12	钢丝套	$\phi 21.5 \times 15m$	根	4	底架基础地拉线
13	钢丝套	$\phi 21.5 \times 2 \sim 14m$	根	各16	腰环绳
14	钢丝套	$\phi 19.5 \times 20m$	根	2	抱杆拆卸用绳
15	钢丝套	$\phi 19.5 \times 16.5m$	根	2	抱杆拆卸用绳
16	钢丝套	$\phi 13/\phi 15/\phi 17.5 \times 2 \sim 12m$	根	80	吊装绳
17	钢丝绳套	$\phi 11 \sim \phi 21.5 \times 1.5 \sim 6m$	根	400	
18	手扳葫芦	9t	只	140	腰拉线及地拉线用
19	手拉葫芦	5t	只	20	牵引机锚固、吊装绳调节、主管外拉线调节等用
20	手拉葫芦	3t	只	10	吊装绳调节用
21	元宝螺栓	适用$\phi 13/\phi 15/\phi 17.5$钢丝绳	只	100	
22	起重滑车	100kN双轮，高速	只	1	抱杆拆卸滑车组用
23	起重滑车	80kN单轮，高速	只	1	抱杆拆卸滑车组用
24	起重滑车	100kN单轮	只	2	抱杆拆卸V形钢丝套平衡用
25	起重滑车	80kN单轮	只	8	主管防倾拉线用

续表

序号	机具名称	规格	单位	数量	备注
26	起重滑车	50kN 单轮，高速	只	4	起吊钢丝绳地面导向
27	起重滑车	30kN/50kN 单轮	只	各25	
28	双钩	30kN/50kN，钩式	只	各20	
29	卸扣	DG10	只	20	
30	卸扣	DG8	只	420	腰拉线等连接用
31	卸扣	DG6.3	只	60	
32	卸扣	DG4	只	60	
33	卸扣	T–BW3.25	只	30	绞磨锚固用
34	卸扣	DG2	只	200	吊篮安装用
35	卸扣	DG1	只	10	
36	钢板地锚	16t	只	10	配连接钢丝套
37	铁桩	1.2m	只	30	
38	梅花扳手	适用 M27.M24.M20.M16 螺栓	把	各16	加长型，特制（薄型）
39	钢丝绳卡线器	适用 ϕ13/ϕ15/ϕ17.5 钢丝绳	只	各5	
40	经纬仪	J2	套	2	
41	无线测力仪	50kN	只	2	抱杆调试时配用
42	电工工具	常用型	套	1	含万用表、验电笔、电工钳、尖嘴钳、剥线钳、老虎钳等
43	安全网		套	2	
44	风速仪		台	1	
45	攀登自锁器		只	30	
46	速差自控器	30m	只	30	
47	补强横梁	□240×14m	套	4	

三、座地双平臂抱杆分解组塔操作步骤

（一）抱杆组立

大跨越高塔场地一般均设有临时道路，能满足大型吊机进场的要求。座地双平臂抱杆采用 70t 吊机组立。

（1）抱杆组立前，先用吊机吊装塔腿平台及部分塔身。先安装三个侧面，预留一个侧暂不安装，以便于进行抱杆组立。

（2）利用吊机起立双平臂抱杆，并打设抱杆腰拉线。

用吊机从下到上依次吊装基础底板→底架基础→4 节标准节→提升套架→7 节标准节→（下支座+回转支承+回转机构+上支座+回转塔身+吊臂支架）整体→塔顶→平臂（含载重小车、变幅钢丝绳、拉杆、吊钩），然后接通电气回路，将抱杆平臂回转至顺或横线路方向，穿好吊钢丝绳，进行整体检查及调试。其中提升套架安装顺序为套架结构→液压顶升系统→顶升承台→走台。

（3）抱杆起立后，吊机退出塔基范围，停于外侧，吊装塔腿平台的最后一个侧面。

（二）塔身及横担吊装

利用座地双平臂抱杆吊装铁塔，当平臂在 45°方向时吊装主钢管，平臂在 90°方向时吊装塔片、水平管，平臂在 26.6°时吊装侧面单根斜拉管。

（三）抱杆提升

抱杆提升有两种方式：利用已组立塔架提升和专用提升架提升。利用已组立塔架提升方式参见"座地双摇臂内拉线抱杆分解组塔"（新增模块 3-3-2）的抱杆提升，本模块介绍利用专用提升架液压顶升抱杆的方式。

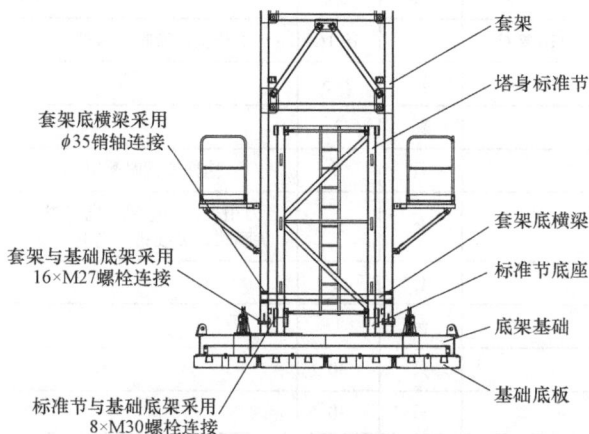

图 16-1-9 顶升加高示意图一

（1）顶升开始前，必须打好顶升套架的拉线。在要顶升的井架标准节上装好爬梯和所需要的平台（每四节一个平台）。

（2）开始顶升前，确保抱杆悬臂高度小于 21m，并放松下支座内拉线。

（3）拆除塔身与底架基础上标准节底座的 8 套 M30 连接螺栓组，拆除套架底横梁（φ35 销轴连接），如图 16-1-9 所示。

（4）将顶升承台的扳手杆摇起，使套架爬爪贴近标准节主弦杆踏步，就位后开始顶升油缸，顶升油缸过程中要保证导向滚与塔身的间隙在 3mm 左右，16 只滚轮处的间隙应当一致，如图 16-1-10 所示。

（5）安装引进组件。用 8 组 M22 螺栓与底架基础连接。

（6）吊装标准节。用吊机起吊标准节至引进梁的滚轮结构上，用 8 颗φ32 销轴连接，如图 16-1-11 所示。

（7）开始顶升加高，伸出油缸直至爬爪的顶升面和标准节上的踏步顶升面完全贴合。扳动摇杆使它处于与标准节主弦杆踏步脱开的位置，如图 16-1-12（b）所示。继续顶升直至将油缸完全伸出约 1.25m，如图 16-1-12（c）所示。

（8）再将摇杆摇起，使它贴近标准节主弦杆踏步，如图 16-1-12（d）所示；就位后开始收回油缸，使摇杆顶面与踏步顶升面完全贴合，然后将顶升承台上的扳手杆摇下，使爬爪离开标准节主弦杆踏步，如图 16-1-12（e）所示；固定好扳手杆，然后继续完全收回油缸，如图 16-1-12（f）所示。

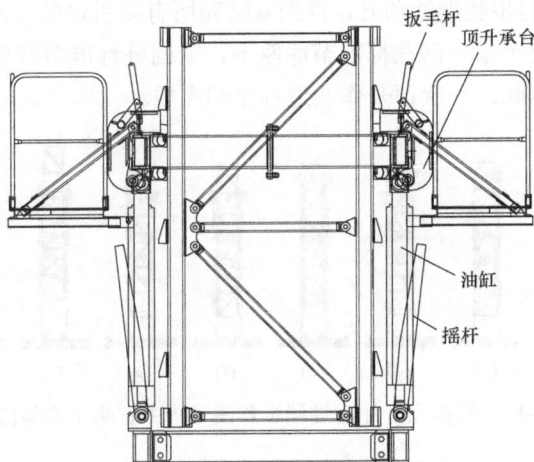

图 16-1-10 顶升加高示意图二

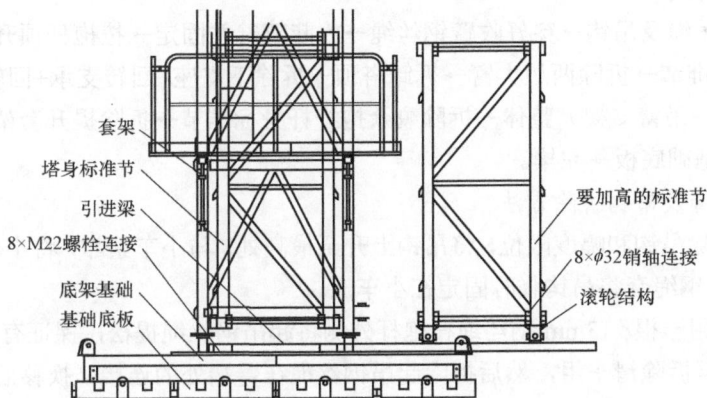

图 16-1-11 顶升加高示意图三

（9）油缸完全收回后，将摇起扳手杆，使套架爬爪贴近标准节主弦杆踏步，如图 16-1-12（g）所示。

（10）按照步骤 7—8—9—7 的顺序重复操作，这样油缸完成总共三次顶升行程，第三次顶升后油缸没有收回，保持完全伸出状态，如图 16-1-12（h）所示。

（11）推进引进梁上的标准节，就位后收回油缸，直至塔身标准节下端面与引进的标准节上端面间距约 2cm，停止油缸动作，如图 16-1-12（i）所示。用 8 组 M30 的 10.9 级高强度螺栓组将引进梁上的标准节与上面的标准节连接，然后微微顶起油缸，拆下引进的标准节上的滚轮结构，如图 16-1-12（j）所示。再按照步骤 8—9 的顺序将油缸收回，完成安装一节标准节过程。

（12）按照前面的步骤继续顶升，直到安装完所有要引进的标准节，最后拆下引进梁，收回油缸，使整个塔身落在标准节底座上，紧固好标准节底座与塔身的螺栓，并装上套架底横梁。至此，一次顶升作业过程全部完成。

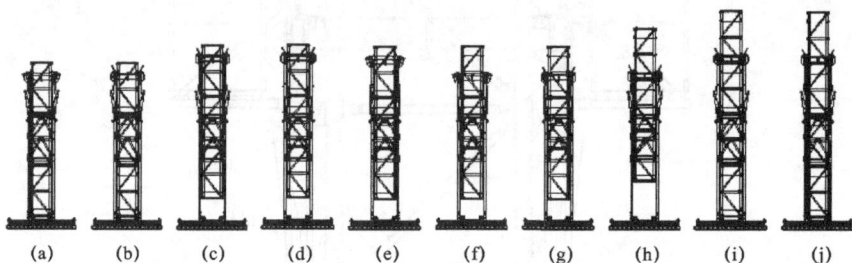

图 16-1-12　液压顶升加高过程示意图（图中省略了套架的平台）

（四）抱杆拆除

1. 拆除顺序

拆除起吊绳及吊钩→穿好收臂钢丝绳→收起双臂并固定→按抱杆顶升逆程序拆除抱杆 3m 标准节→拆除两边大臂→拆卸塔顶→拆除下支座+回转支承+回转机构+上支座+回转塔身+吊臂支架）整体→拆除剩余抱杆杆身标准节→拆除提升套架→拆除底架基础→拆除基础底板→完毕。

2. 起吊绳及吊钩拆除方法

（1）拆除吊钩和幅度限位，将吊钩上升至最高处，与小车紧靠，将小车开到臂根，利用 φ13mm 钢绳套将吊钩临时固定在小车上。

（2）利用一根 φ13mm 钢丝绳在抱杆外侧将起吊钢丝绳提松，保证有 90m 余线可用于穿引平臂拆除滑车组，然后拆除起吊钢丝绳在臂端处的连接，换移后由塔顶穿引出，经塔顶双轮滑车、平臂上主杆双轮滑车走 4 道磨绳后，用 DG4 型卸扣将钢丝绳锁于塔顶双轮滑车下方的耳板上。注意楔块拆除时，做好防护措施，防止楔块高空坠落。

（3）慢慢向前开动小车，将吊钩移至塔身外后用 φ13mm 钢丝绳走动滑车将吊钩下放至地面，然后将小车移至起重臂根部，并绑扎固定。

3. 收臂过程

（1）按图 16-1-13 所示方法穿引好滑车，钢丝绳经塔顶上的导向滑车沿抱杆中心引下在下支座处的导向滑轮引出至抱杆外侧，经地面底架基础上的导向滑轮后进入牵引机。

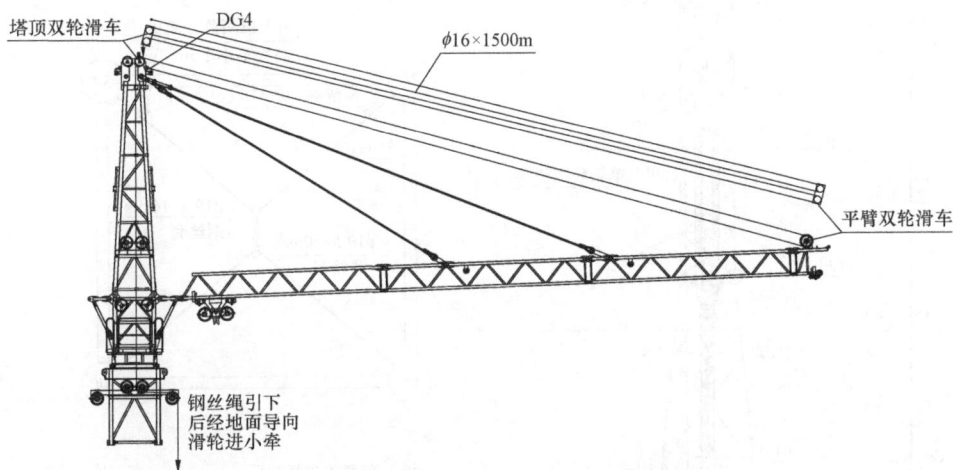

图 16-1-13　抱杆收臂示意图（另一侧相同）

（2）两侧同时（必须保持同步）用牵引机缓慢牵引 ϕ16mm 钢丝绳，直至平臂与塔顶相碰为止，将两侧平臂及拉杆用钢丝绳绑在一起固定好。

（3）将其中一根 ϕ16mm 起吊钢丝绳在下支座处临时锚固，取出在塔顶中心的余线回出至抱杆外侧，锚固于塔身上，用于穿引拆卸滑车组。另一起吊钢丝绳则通过 ϕ16mm 尼龙绳拆放至地面。

4. 抱杆拆除

（1）将影响抱杆下降的腰拉线在抱杆下降至相应位置时分别予以拆除。

（2）按抱杆顶升逆向程序拆除抱杆部分 3m 标准段，将抱杆回转塔身下降至一定高度以下。

（3）在塔顶主管内侧预留的施工板上，按 2#-3#腿、1#-4#腿分别布置一根 ϕ19.5mm×16.5m、ϕ19.5mm×20m 钢丝套，并在 2#、3#腿连接处各串联一只 9t 手扳葫芦，两根钢丝套各通过一只 100kN 单轮滑车 V 形对折，滑车再连至 10t 二联板，二联板下方配 100kN 双轮及 80kN 单轮高速滑车各 1 只，穿设成走 1 走 2 共 3 道磨绳的滑车组，利用预留的 ϕ16mm 起吊绳，尾端经塔身 5t 高速单轮滑车导向后引至地面 5t 高速单轮滑车导向再接入牵引机。拆卸滑车组设计吊重为 7t（考虑配重 0.5t，实际净吊重为 6.5t），使用时严禁超载。布置如图 16-1-14 所示。

（4）平臂逐侧拆除，先用拆卸滑车组收紧一侧平臂，适当收紧磨绳，拆除连接铰点后回松起吊绳将一侧平臂降至地面，然后按同样的方法拆除另一侧平臂。

（5）用上述方法将抱杆本体分段分次降至地面。分段时按单段重量不超过 6.5t 控制。

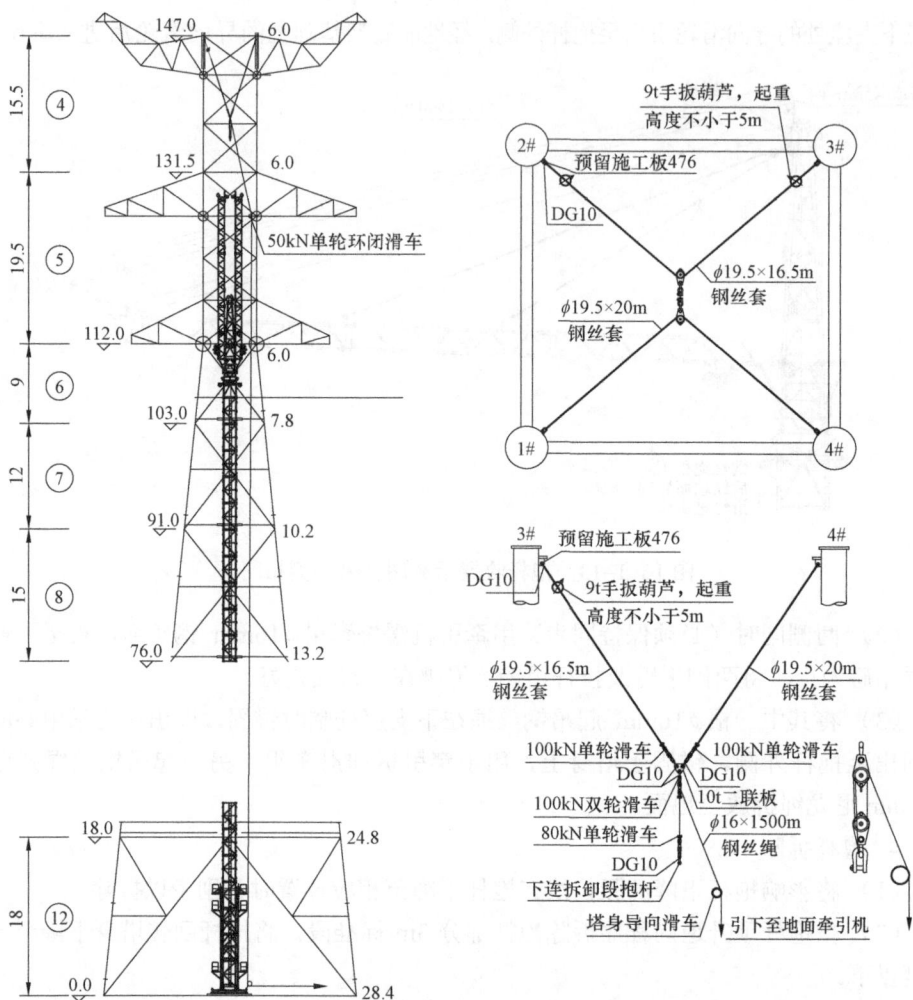

图 16-1-14 抱杆拆除示意图

四、注意事项

1. 抱杆的使用要求及注意事项

（1）严格按作业指导书要求正确设置抱杆腰拉线。

（2）抱杆杆身正直度应用 2 台经纬仪在顺、横线路中心方向观测，或用其它方法观测。

（3）抱杆（含电机等设备）在运输时应轻抬轻放，避免受撞击后变形。

（4）抱杆塔身组装螺栓应全部拧紧。

（5）起吊前，利用腰拉线将抱杆杆身调直，将待组装主管（或塔片）布置于平臂正下方，要求两侧的吊装位置应尽量与抱杆中心成一直线，以避免平臂承受侧向力，两侧吊件与抱杆中心的水平距离也应相等，以减少力臂长度。起吊时两台牵引机应缓慢加速，保证两侧吊件同时受力，同步离地，以减小抱杆的不平衡弯矩，在就位卸荷时，应使两侧吊件同步接触就位点，先穿一颗螺栓，吊件缓慢下降，尽量做到同步就位。

（6）两侧对称起吊时，保证两侧吊件重量基本相等。

（7）在吊装过程中，如遇报警，应查明原因，严禁强行吊装。当吊装重量或不平衡弯矩达到 100%设计值时，牵引设备（牵引机）将自动停止牵引（此时吊件只能作向下动作及变幅向内动作），此时总指挥指挥操作手是下降吊件还是变幅减小。

（8）为保证吊装安全，吊钩与下弦杆的限位高度应控制在 2.7m 以上，塔上指挥在吊件快接近就位位置时，应加强监视，当吊钩与下弦杆的限位高度接近 2.7m 时应及时通知总指挥。

（9）吊装时，严禁不平衡起吊，严禁超载起吊。严禁变幅、起吊、回转同时进行，即不允许多个动作同时进行，要求只能进行起吊、变幅或回转中其中一个动作。

（10）抱杆操作注意事项。

1）抱杆操作必须有专人指挥，操作必须在得到指挥信号后，方可进行操作，操作前必须鸣笛，操作时要精神集中。

2）操作人员必须严格按抱杆的允许吊重和额定起重力矩，不允许超载使用。

3）起升、回转等机构的操作，必须稳起、稳停、平稳运行逐档变速，严禁快速换档，慢速档不得长时间使用。

4）回转动作时，将"回转/制动"开关转至回转位置，只有在回转停稳之后，为防止吊臂被风吹动，才能将开关转至制动位置，严禁将"回转/制动"开关当作制动"刹车"使用。

5）工作中，吊钩不得着地或搁在物体上，防止卷筒乱绳。

6）使用时，发现异常噪音或异常情况，应立即停车检查。

7）紧急情况下，任何人发出停车信号，都应停车。

8）抱杆不得斜拉或斜吊物品，并禁止用于拔桩等类似的作业。

9）发现吊重物绑挂不牢靠，指挥错误或不安全情况，应立即停止操作，并提出改进意见。

10）工作中抱杆上严禁有闲人，并不得在工作中进行调整或维修机械等作业。

11）工作时严禁闲人走近臂架活动范围以内。

12）电器系统保护装置的调整及其他机构、结构部件的调整值（如制动器、限位开关等），均不允许随意更动。不管因何原因保护装置动作而是抱杆停止动作，操作台上的相应手柄必须回到零位位置。

13）在使用旁路按钮将变幅小车往内开时，必须在变幅小车碰到吊臂上碰块前人工停止。

14）抱杆作业完毕后，回转机构松闸，吊钩升起。

15）起吊时吊重不允许倾斜。

（11）上、下班前要做的工作。

1）每天上班前，应进行试车，以检验抱杆系统运行情况；下班前，要将吊钩升至最高位置，且载重小车回到最小幅度。

2）下班前，要打开回转制动，使大臂处于自由随风转动状态。

3）下班前，要切断系统电源。

2. 液压顶升作业注意事项

（1）在进行顶升作业过程中，必须有一名总指挥，上下两层平台必须有专人负责和观察（特别是顶升加高过程图（a）、（b）、（c）各处应仔细观察）。专人照管电源，专人操作液压系统，专人紧固螺栓，专人操作顶升承台上的爬爪扳手杆和油缸下部横梁处的摇杆，非有关操作人员不得登上套架的操作平台，更不能擅自启动泵阀开关或其他电气设备。

（2）顶升作业应在白天进行，若遇特殊情况，需在夜间作业时，必须备有充足的照明设备。

（3）只许在风速不大于 8m/s 的情况下进行顶升作业，如在作业过程中，突然遇到风力加大，必须停止工作，并安装好标准节底座并与塔身连接，紧固螺栓。

（4）顶升前必须放松电缆，使电缆放松长度略大于总的爬升高度，并做好电缆的紧固工作。

（5）自准备加节开始，到加完最后一个要加的标准节、连接好塔身和底架基础之间的高强度螺栓结束，整个过程中严禁起重臂进行回转动作及其他作业，回转制动器应紧紧刹住。

（6）自爬爪顶在塔身的踏步上，至油缸中的活塞杆全部伸出后，摇杆顶在踏步上这段过程中，必须认真观察套架相对顶升横梁和塔身运动情况，有异常情况应立即停止顶升。

（7）在顶升过程中，如发现故障，必须立即停车检查，非经查明真相和将故障排除，不得继续进行爬升动作。

（8）所加标准节的踏步必须与已有的塔身节对准。

（9）拆装标准节时，操作人员必须站在平台栏杆内，禁止爬出栏杆外或爬上被加标准节操作。

（10）每次顶升前后，必须认真做好准备工作和收尾工作，特别是在顶升以后，各连接螺栓应按规定的预紧力紧固，不得松动，爬升套架滚轮与塔身标准节的间隙应调整好，操作杆应回到中间位置，液压系统的电源应切断等。

（11）套架两边的四只爬爪或摇杆必须同时支撑在塔身两根主弦杆的踏步上，方可进行顶升。

（12）抱杆每次顶升时，应严格按要求设置腰环。腰环设置原则：抱杆顶升高度满足腰环设置要求时即应设置腰环，严禁不设置腰环连续顶升。

【思考与练习】

（1）简要说明座地双平臂抱杆的结构组成。

（2）简要说明抱杆液压顶升的操作步骤。

（3）座地双平臂抱杆应按怎样的顺序进行拆除？

（4）座地双平臂抱杆使用时应注意哪些事项？

第十七章

起重机组塔

▶ 模块 1　流动式起重机组塔（新增模块 3-5-1）

【模块描述】本模块包含流动式起重机的基本参数、工艺流程、现场布置、构件吊装、使用与管理等内容。通过工艺介绍，掌握流动式起重机分解组塔的施工方法及要求。

【模块内容】

送电线路杆塔组立施工中，当塔基地形条件较平坦且塔位能通达汽车时，适宜采用流动式起重机组立铁塔。在大跨越铁塔组立施工中，常常用流动式起重机吊装塔腿和抱杆或者安装塔机。

流动式起重机组立铁塔有以下优点：

（1）无抱杆及拉线等工具，使用工具较少；

（2）机械化程度高，吊装速度快，施工效率高；

（3）减少高空作业工作量，安全性较好。

由于流动式起重机受起重量及吊臂长度的限制，往往无法完成大跨越铁塔及较重较高铁塔的全部吊装作业。

用于组立铁塔的流动式起重机主要有两种机型：① 汽车起重机（俗称吊车）、② 履带式起重机（俗称履带吊）。

用流动式起重机组立铁塔有三种方法：① 整体吊装（即整体组塔），适用于较轻铁塔；② 分解组立，适用于较重的铁塔；③ 混合组立，适用于大跨越铁塔。

一、工艺流程

汽车起重机组塔由于组立方法的不同，施工工艺流程有一定差别：整体组塔时，一次吊装完成；分解组塔时需要吊装多次；混合组塔时，在吊装塔腿后应安装抱杆，再用抱杆分解组塔。

流动式起重机组塔的施工工艺流程如图 17-1-1 所示。

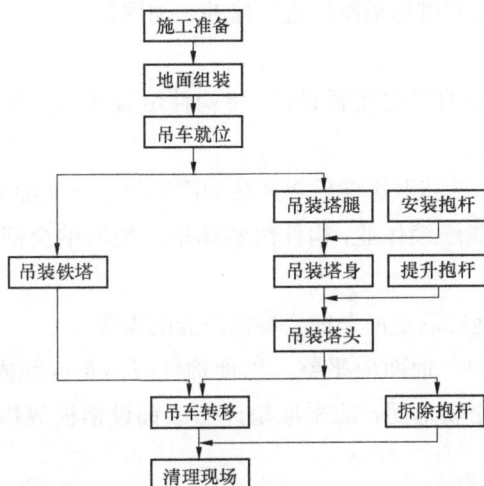

图 17-1-1　流动式起重机组塔施工工艺流程图

二、危险点分析与控制措施

起重机组塔的危险点与控制措施见表 17-1-1。

表 17-1-1　　　　　起重机组塔的危险点与控制措施

序号	作业内容	危险点	预防控制措施
1	起重机械设备及工器具的选择	起重伤害、物体打击、高处坠落	1）施工前根据杆塔高度及分片、段重量合理选择配备起重设备及工器具。 2）必须检验合格，方可投入使用
2	杆塔吊装	起重伤害、物体打击、高处坠落	1）吊装前选择确定合适的场地进行平整，衬垫支腿枕木不得少于两根且长度不得小于 1.2m，认真检查各起吊系统，具备条件后方可起吊。 2）起重机吊装杆塔必须指定专人指挥。 3）施工前仔细核对施工图纸的吊段参数（杆塔型、段别组合、段重），严格按照施工方案控制单吊重量。 4）加强现场监督，起吊物垂直下方严禁逗留和通行

三、流动式起重机组塔前准备

（一）现场施工准备

吊车组塔的现场准备工作包括进场道路、场地平整、锚桩布置及塔片或塔架地面组装。

1. 进场道路

（1）选择设计流动式起重机的进场线路。

（2）对不符合要求的进场道路应进行修补、加固。

2. 场地平整

（1）根据吊车组塔的平面布置设计，将构件组装场地及吊车就位场地进行场地平整。

（2）场地平整前，应将其影响铁塔吊装的障碍物逐一清除或移位。

（3）为保证吊车能连续作业，构件组装场地应能容纳全部构件在地面一次组装完毕。

（4）吊车就位场地应满足吊车需要移位作业的需要。

（5）对于坚土地面，地面应平整，以便构件或吊车能稳固地置于坚实场地上。对于泥沼或砂质土等松软地面，应采取垫碎石或铺设钢板等措施，以防构件或吊车下陷。

3. 锚桩布置

（1）对于整体组塔，应设置铁塔临时拉线地锚和塔根部制动地锚。地锚位置应根据铁塔在地面的排列位置而定。

（2）对于分解组塔，应设置塔片临时拉线和攀根绳地锚。地锚布置可根据塔片布置方位确定。

（3）对于混合组塔，应按不同抱杆组塔方法的需要进行地锚布置。

（4）锚桩的规格及埋深应根据吊件质量、土质条件及布置方式，经计算选择确定。

（二）起重机的基本参数

1. 汽车起重机

汽车起重机由起吊、回转、变幅和支撑腿等机构组成，装在载重汽车的底盘上。它转移工作地点迅速（转移时的速度接近汽车的行驶速度），支腿固定简便，吊重效率较高，特别适用于野外杆塔组立的分散施工。在地形及运输道路合适的条件下，用汽车起重机组立铁塔是组立杆塔的优选方案。

汽车起重机有机械传动和液压传动两种，目前广泛使用的为液压传动。

（1）全液压汽车起重机。全液压汽车起重机全部采用液压传动来完成起吊、回转、变幅、吊臂伸缩及支撑腿收放等动作。它具有操作较灵活，起吊平稳，同时伸臂可带载荷调节长度，因而增加了起重工作的特性范围。全液压汽车起重机常用的型号有QY12B、QY16、QY25G及QY50G等。QY50G型全液压汽车起重机外形如图17-1-2所示，其起升高度曲线如图17-1-3所示。额定起吊重量见表17-1-2。

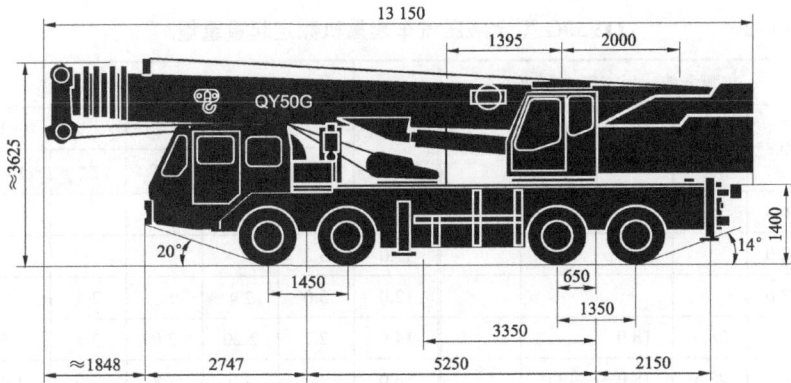

图 17-1-2　QY50G 型全液压汽车起重机外形图

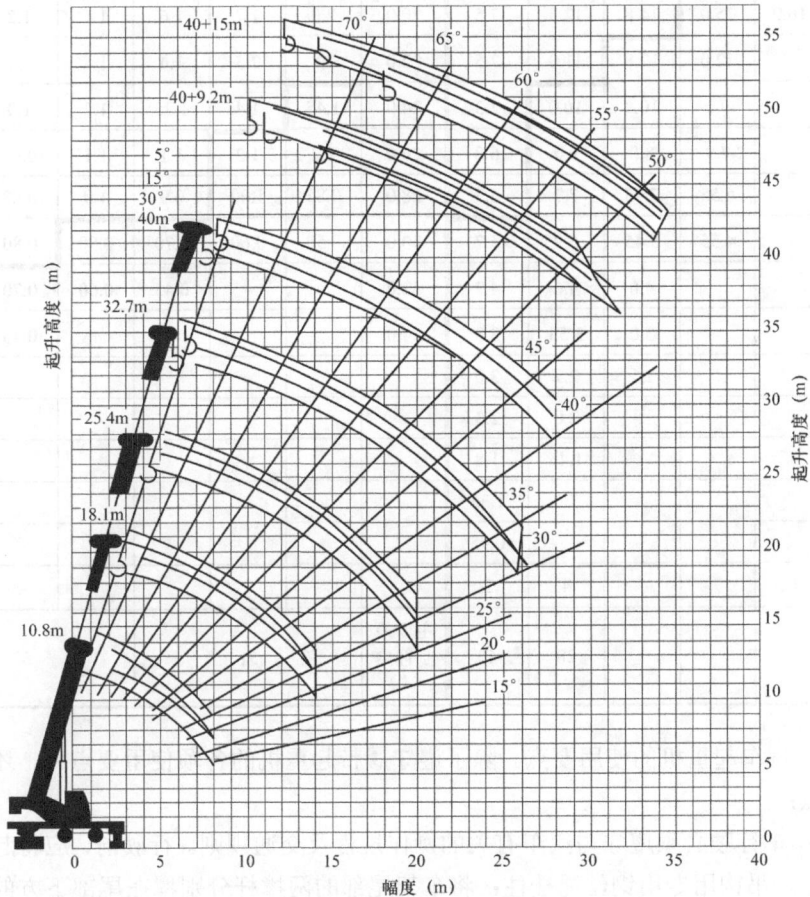

图 17-1-3　QY50G 型全液压汽车起重机起升高度曲线

表 17-1-2　　　　　　QY50G 型全液压汽车起重机额定起重重量　　　　（t）

工作幅度（m）	支腿全伸，后方侧方作业					工作幅度（m）	支腿全伸，后方侧方作业					
							40+9.2			40+15		
	10.8	18.1	25.4	32.7	40		5°	15°	30°	5°	15°	30°
3.0	50.5					10.0	3.5					
3.5	42.0					11.0	3.2					
4.0	37.0					12.0	3.0	2.4		2.4		
5.0	30.2	28.0	18.0			14.0	2.7	2.20	2.0	2.3	1.5	
6.0	24.5	23.5	18.0	13.0		16.0	2.5	2.0	1.8	2.0	1.4	
7.0	19.9	19.4	16.8	13.0		18.0	2.2	1.8	1.7	1.8	1.3	1.0
8.0	16.0	15.0	14.8	12.3	7.5	20.0	2.0	1.7	1.6	1.6	1.2	1.0
9.0		12.0	12.8	11.0	7.5	22.0	1.8	2.5	1.4	1.4	1.1	0.9
10.0		9.6	10.4	10.0	7.3	24.0	1.45	1.4	1.25	1.2	1.0	0.85
11.0		7.9	8.8	9.0	6.8	26.0	1.2	1.2	1.1	1.1	0.95	0.82
12.0		6.55	7.45	7.7	6.3	28.0	0.85	1.00	0.9	1.0	0.88	0.78
14.0		4.55	5.45	5.9	5.7	30.0	0.50	0.60	0.70	0.80	0.80	0.74
16.0		4.0	4.6	4.7	32.0			0.45	0.60	0.70	0.70	
18.0			3.0	3.55	3.8	34.0					0.45	0.65
20.0			2.1	2.7	3.0							
22.0				2.0	2.3							
24.0				1.45	1.8							
26.0				1.0	1.35							
28.0					0.95							
倍率	12	7	5	4	3							
主臂最小仰角（°）				28	40	主臂最小仰角（°）	51			53		

（2）汽车起重机的使用要点。除了遵守履带起重机的各项使用要点外，还应注意以下几点：

1）吊车行驶必须遵守与汽车有关的操作规程及交通规则。行驶前，应将起重臂放在支架上，吊钩用专用钢丝绳挂住；将车架尾部的两撑杆分别撑在尾部下方的两支座内（使撑杆稍微受力即可），并用锁架螺母锁定，以改善转台行驶时的受力情况；将锁式制动器插入销孔，以防旋转。

2）作业场地应坚实平整。如遇松软地基或起伏不平的地面，各支腿处应平整坚实，并铺垫适宜的垫块，在确认安全后方可开始作业。

3）作业时，起重臂下严禁站人；下部车驾驶室不得坐人；重物不得超越驾驶室上方，不得在车前方起吊。

4）伸缩式起重臂伸缩时，应按规定顺序进行；在伸臂的同时要相应下降吊钩，当限位器发出警报时，需立即停止伸臂；起重臂缩回时，角度不得太小。

5）起重臂伸出后，若出现前节长度大于后节伸出长度时，必须调整正常后方可作业。

6）满负荷作业时，应注意检查起重臂的挠度。侧向作业时，要注意支腿情况。发现不正常情况时，应立即放下重物，检查调整正常后方能继续作业。

7）起重机停驻后整机倾斜度一般不得大于 $1.5°$，底盘车的手制动器必须锁死。

8）吊重时不得扳动支腿操纵阀手柄。如需调整支腿时，必须将重物放至地面，起重臂放于正前方或正后方，方可调整。

9）对起重机的关键部件，如起重臂等，要定期检查是否有裂缝、变形以及连接螺栓的紧固情况。有任何不良情况都不能继续使用。

2. 履带式起重机

（1）履带式起重机的结构及特点。

履带式起重机由底盘、回转台、发动机、卷扬机、滑车组、起重臂、平衡重及履带等部件组成，外形示意如图 17-1-4 所示。

履带式起重机的特点是操作灵活、使用方便，车身可带负载向任意方向回转 $360°$，在平整坚实的路面上，还可以带负载行走。该机行走速度较慢，一般适宜在较小范围内移动。该机因履带之间距离较小，供起重机的活动范围较小，它的稳定性也较小，因此应严格执行操作规定，不得超负载起吊。由于起重机空载时的重心偏向平衡重，而且在平衡重一侧履带对地面的局部压强超过满载时的局部压强，因此，空载行走时的履带对路面破坏较大。不应在公路上行走。

（2）常用的履带式起重机起重性能参数。

常用的国产履带式起重机起重性能参数见表 17-1-3。

（3）履带式起重机的使用要点。

1）驾驶员必须熟悉起重机的技术性能。启动发动机前必须按规定执行各项检查和保养。发动机启动后，应检查各仪表指示值和听视发动机工作情况，确认正常后再操纵起重机进行试运转，以检查各机构工作是否正常。特别是制动器是否可靠。雨雪后工作应先试吊。

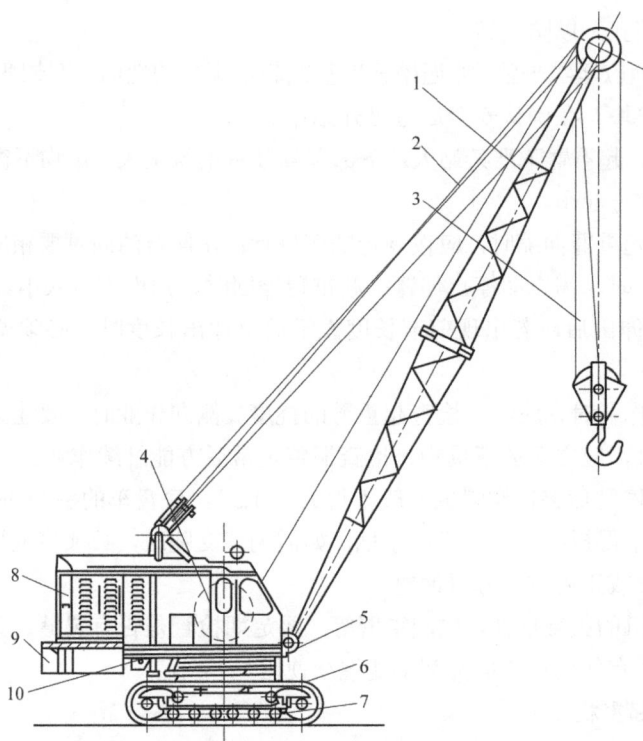

图 17-1-4 履带式起重机外形示意图

1—伸臂；2—变幅绳滑车组；3—起重滑车组；4—起重卷扬机；5—底盘；6—履带；

7—支重轮；8—机身；9—平衡重；10—变幅卷扬机

表 17-1-3 常用的国产履带式起重机起重性能参数

型号		W1-100	QU20	QU25	QU32A	QU40	QUY50	W200A	KH180-3
最大起吊重量	主钩	15	20	25	36	40	50	50	50
	副钩		2.3	3	3	3		5	
最大提升高度（m）	主钩	19	11～27.6	28	29	31.5	9～50	12～36	9～50
	副钩			32.3	33	36.2		40	
臂长（m）	主钩	23	13～30	13～30	10～31	10～34	13～52	15/30/40	13～62
	副钩	—	5		4	6.2		40，6	6.1～15.3
起升速度（m/min）		1.5	23.4/46.8	50.8	7.95～23.8	6～23.9	35/70	2.74～30	35/70
行走速度（km/h）			1.5	1.1	1.26	1.26	1.1	0.36/1.5	1.5

续表

型号	W1-100	QU20	QU25	QU32A	QU40	QUY50	W200A	KH180-3
最大爬坡度（%）	20	36	36	30	30	40	31	40
接地比压（MPa）	0.089	0.096	0.082	0.091	0.086	0.068	0.123	0.061
发动机功率（kW）	88	88.24	110	110	110	128	176	110
整机自重（t）	40.74	44.5	41.3	51.5	58	50	77	46.9

2）起重机作业范围内不得有影响作业的障碍物。作业时起重臂下方不得有人停留或通过。严禁用起重机载运人员。

3）满载起吊时，起重机必须置于坚实的水平地面上，先将重物吊离地面 20～30cm，检查并确认起重机的稳定性、制动器的可靠性和绑扎的牢固性后，才能继续起吊。起吊时动作要平稳，并禁止同时进行两种动作。

4）起重机的变幅指示器、力矩限制器和行程开关等安全保护装置，不得随意调整和拆除。严禁用限位装置代替操纵。对无提升限定装置的起重机，起重臂最大仰角不得超过 78°。

5）起重机必须按规定的起重性能作业。不得起吊重量不明的物体，严禁用起重钩斜拉、斜吊。一般不得超载，特殊情况下需超载吊装时，必须进行整机稳定性验算、起重臂强度验算并采取可靠的技术措施，作业前必须进行试吊。

6）双机抬吊构件时，构件的重量不得超过两台起重机所允许起重量总和的75%。绑扎时注意负荷的分配。每台起重机分担的负荷不得超过该机允许负荷的80%，以防任何一台负荷过大而造成事故。在起吊时必须对两机进行统一指挥，使两机动作协调，互相配合。在整个吊装过程中，两台起重机的吊钩滑车组都应基本保持垂直状态。

7）起重机负载行走时，起重臂应与履带平行，重物应拴控制摆动的拉绳。行走转弯时不可过急，路面凹凸不平处不得转弯。

8）起重机工作完毕后，应将起重机的发动机电门关闭，操纵杆推进空挡位置，制动杆推上制动位置；冬季应将水箱、水套中的水放尽，水门打开。锁住驾驶室门窗后，驾驶员方可离开。

9）起重机在坡道上无载行驶，上坡时应将起重臂的仰角放小一些，下坡时将起重臂仰角放大一些，以平衡起重机的重心。严禁下坡时空挡滑行。

10）如遇大风、大雪、大雨或大雾时，应停止起重作业，并将起重臂转至顺风方向。

四、流动式起重机组塔操作步骤

（一）吊车整体组立铁塔

1. 整体吊装铁塔的操作步骤

（1）吊装前应对铁塔组装的质量、吊点绳绑扎、铁塔补强方式等进行全面检查，确认符合规范及施工设计规定方准起吊。塔脚处地面应坚硬平整，必要时应垫钢板。

（2）起重机应按施工设计规定布置到位，支腿应全部伸出，且支腿位置地面应坚硬平整并垫以方木。

（3）塔头吊离地面约 0.5m 时应暂停起吊，检查绑扎处是否可靠，铁塔有无变形，吊车支腿受力是否稳定，制动绳应适度收紧。

（4）吊装过程中，吊点绳合力线应基本保持与地面呈垂直状态，避免偏拉斜吊。

（5）指挥人与吊车司机应配合默契，司机应按指挥人的指挥进行作业。吊装过程中，无指挥人命令其他人员不得进入作业区。

（6）吊装过程中，应设专人监视塔脚变化情况，根据塔脚受力情况收紧制动绳。注意采取防止塔脚碰撞基础的措施。

（7）当铁塔吊至基础上方时，地面作业人员应使用撬杠顶住塔脚板配合铁塔就位。

（8）铁塔就位后应立即将地脚螺栓保护套取出，再安装垫板及地脚螺栓螺母。

（9）全部地脚螺栓螺母拧紧，接地线与铁塔连接后方准登塔拆除吊点绳及补强工具等。

（10）如果是两台吊车同时抬吊一基铁塔时，应执行履带吊的使用要点中 6）的规定。

2. 起重机整体组立 500kV 线路铁塔实例简介

针对 500kV 线路的直线酒杯型和转角干字型铁塔，吉林省送变电工程公司使用 65t 汽车起重机，分别采用单台吊车和双台吊车进行整体起吊铁塔 94 基，为吊车整体组塔积累了经验。

（1）塔型简介。酒杯型塔为 ZB1、ZB2 型，干字型铁塔为 GJ1、GJ3 型。各种塔型的技术参数见表 17-1-4。

表 17-1-4　　　　　　　　　各种塔型的技术参数

塔型	呼称高（m）	重心高（m）	全重（t）	正面根开（m）	侧面根开（m）	备注
	27	17.136	10.347	6	4.956	
	30	18.608	10.347	6.6	5.378	
ZB1	33	20.146	11.883	7.2	5.8	
	36	21.492	12.690	7.8	6.222	
	39	22.786	13.676	8.4	6.644	

续表

塔型	呼称高（m）	重心高（m）	全重（t）	正面根开（m）	侧面根开（m）	备注
ZB2	33	20.466	13.540	8.0	6.4	
	36	21.517	14.568	8.714	6.856	
	39	23.186	15.489	9.446	7.332	
GJ1	21		16.206	8.328	8.328	整体吊装时拆除了横担
	27		19.183	9.88	9.88	
GJ3	21		23.740	10.153	10.153	

（2）65t 吊车的额定起重量。65t 吊车的额定起重量见表 17-1-5。

表 17-1-5 　　　　　　　　**65t 吊车的额定起重量**

工作半径（m）	额定起重量（t）		
	主臂长 26.35m 时	主臂长 33.92m 时	主臂长 41.5m 时
5.5	20.5	14.5	
6.0	19.5	14.5	
6.5	19.0	14.5	
7.0	18.0	14.5	8.0
8.0	16.5	13.5	8.0

选用吊车起重量时，应留有足够的裕度和安全系数。在起吊较重的铁塔时应采用双吊车起吊方案。

（3）双吊车起吊方案。

1）吊点选择原则：① 起吊过程中塔脚不离开地面且受力最小；② 吊点的合力点应高于铁塔重心且应离塔脚最近；③ 起吊的全过程中（包括就位）铁塔重心始终位于吊点绳夹角之内；④ 4 个吊点选在 4 根主材上，且吊车对面侧吊点应高于吊车侧吊点。

ZB1 型铁塔吊点位置示意如图 17-1-5 所示。图中，1 为上吊点，2 为下吊点。

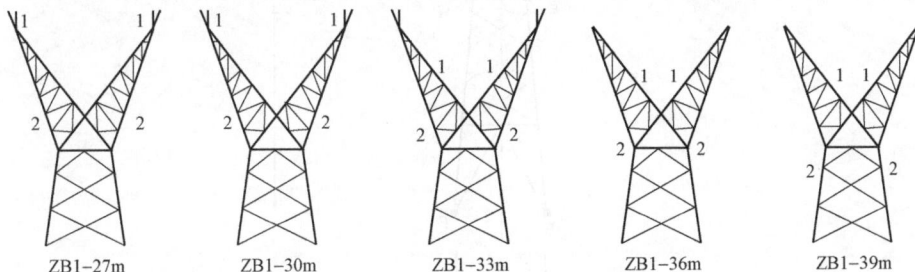

图 17-1-5　ZB1 型铁塔吊点示意图

2）运用作椭圆图法确定吊点绳长度及立塔过程中起吊绳最高点高度。

3）起吊过程中的钢绳（或吊装带）的最大受力及塔脚最大受力，经计算见表 17-1-6。

表 17-1-6 钢绳（或吊装带）和塔脚最大受力

塔号	呼称高（m）	单根吊点绳受力（kN）	单塔脚受力（kN）
ZB1	27	34.79	2.92
	30	40.00	4.23
	33	34.72	5.03
	36	32.22	7.80
	39	43.23	
ZB2	33	35.29	8.00
	36	38.94	13.58
	39	42.02	12.08

4）转角塔起吊时，由于导线横担影响吊钩运转位置，需拆除部分横担。

5）铁塔组装的平面布置。铁塔平面布置的基本原则是顺线路方向布置，铁塔结构中心线与线路中心线应重合，铁塔重心布置在基础中心附近。地面组装前，应用经纬仪测定铁塔组装位置的中心线及横担底平面位置线，用木桩标记；用钢尺量出主材位置线。现场平面布置示意如图 17-1-6 所示。ZB1 型铁塔的布置尺寸见表 17-1-7。

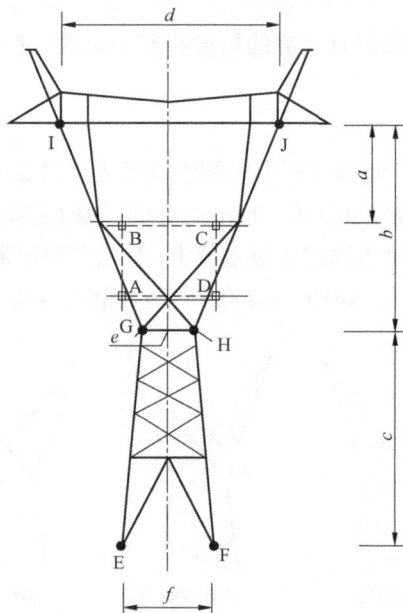

图 17-1-6 直线塔整立起吊施工现场平面布置示意图

表 17-1-7　　　　　　　　　　　　ZB1 型铁塔的布置尺寸

布置尺寸（m） 呼称高（m）	a	b	c	d	e	f
27	7.00	15.0	12.0	15.68	3.82	5.036
30	8.50	15.0	15.0	15.68	3.82	5.458
33	10.00	15.0	18.0	15.68	3.82	5.880
36	11.50	15.0	21.0	15.68	3.82	6.302
39	13.00	15.0	24.0	15.68	3.82	6.724

6）吊装铁塔的平面布置。吊车横线路方向布置，吊车尾部与塔腿距离保持在 0.6～3.5m 之间，轴线布置在 A、D 腿轴线偏外侧 1m 以内。以 ZB1-39 型铁塔为例，吊车布置示意如图 17-1-7 所示，起吊接近就位状态示意如图 17-1-8 所示。

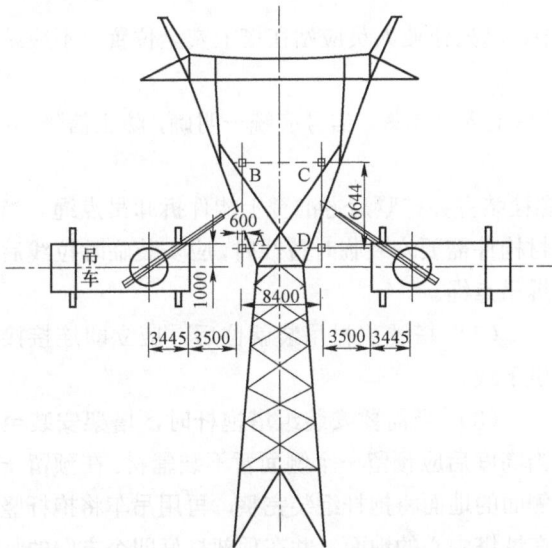

图 17-1-7　ZB1-39 型铁塔整体吊装
吊车布置示意图

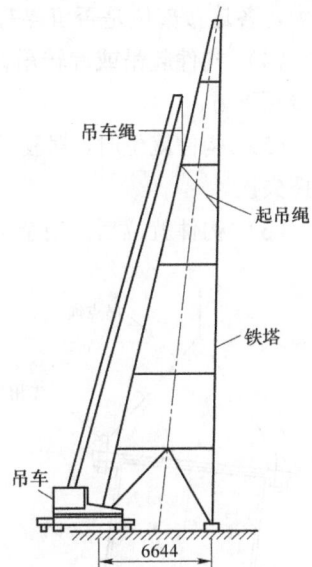

图 17-1-8　ZB1-39 铁塔接近就位
状态示意图

（二）吊车分解组塔

1. 汽车起重机站位的选择

（1）汽车起重机站位的正确选择有利于吊装安全和提高施工效率。

（2）站位选择应符合以下原则：

1）尽量减少起重机的移动。对于根开较小的铁塔，以站位不变即可吊装完成全部构件；根开较大时，应预先确定多个站位，并明确站位顺序。

2）站位应尽量靠近塔位，以减少吊臂工作幅度，发挥吊车起重能力。

3）站位距填土基坑边缘应保持不小于基础坑深 1/3 的距离，软土地质应适当增大此距离。

4）选择多个站位时，站位间的通道地质条件应满足吊车行走安全的要求。

5）站位地面应平整、坚实、无积水。

（3）站位应由现场指挥人和吊车驾驶员共同选择确定。

2. 铁塔构件的吊装要求

（1）吊装前，驾驶员应对构件的重量、吊装高度及就位位置做到心中有数。

（2）吊装前，构件应绑扎控制绳及吊点绳。吊点绳与构件连接有挂环时应使用挂环连接；无专用挂环时应使用吊装带连接构件，避免损伤镀锌层。

（3）构件起吊开始离开地面时，应注意监视构件是否有其他构件挂住，是否变形过大，各连接部位是否可靠等。

（4）构件起吊或旋转吊臂过程中，高处作业人员应站在塔上安全位置，不应站在吊臂正下方。

（5）构件就位时，驾驶员应听从塔上人员指挥，信号应统一明确，防止信号不明，指挥失误。

（6）构件就位后，当全部连接螺栓装齐并拧紧后方准登上构件拆卸吊点绳。当主材构件需要安装临时拉线时，应安装临时拉线后再拆吊点绳。

（7）塔腿主材吊装就位后，应立即连接接地引下线。

（8）当需要安装组塔抱杆时，塔架安装至适当高度后应预留一个侧面暂不装辅材。在预留一个侧面的地面将抱杆组装完整，再用吊车将抱杆竖立在铁塔中心的地面，并在顶部打好四个方向的临时拉线。如果为带摇臂抱杆时，应先吊装主抱杆，再吊装桅杆，最后吊装摇臂及各部位滑车组等。

（9）抱杆吊装完毕后，再吊装预留一个侧面的辅材，使塔架形成一个稳定结构。

3. 吊装塔脚

（1）吊装塔脚采用单件吊装，塔脚的吊点绳布置示意如图 17-1-9 所示。

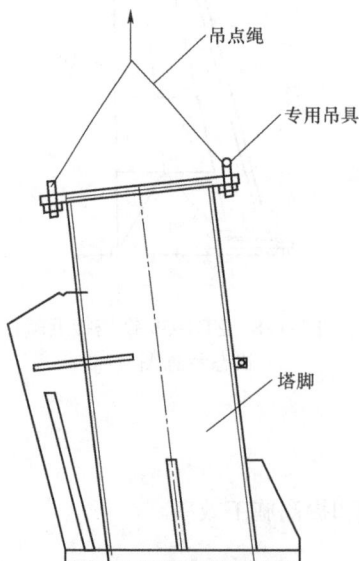

图 17-1-9 塔脚的吊点绳布置示意图

（2）吊点绳应通过专用吊具与塔脚法兰盘连接。

（3）4 只塔脚就位后，应测量塔脚部分的根开及对角线，符合设计图纸要求后，应立即拧紧地脚螺母，并将露出螺母的螺杆部位丝扣打铆。

4. 吊装主材钢管

（1）吊车站位应位于铁塔基础对角线方向的内侧。

（2）在各段主材钢管的法兰上按塔心方向做好标记；吊装主材钢管时，应将此标记对准塔心安装就位。

（3）吊装下段主材钢管采用单件吊装。吊点绳应通过专用吊具与主材钢管法兰盘连接。

（4）主材与塔脚连接螺栓拧紧后方可拆除吊点绳。

（5）吊装中段或上段主材钢管同样采用单件吊装，上端应设置顺、横线路 2 根临时拉线（或 45°对方向 1 根），以便调整钢管倾斜度，示意如图 17-1-10 所示。

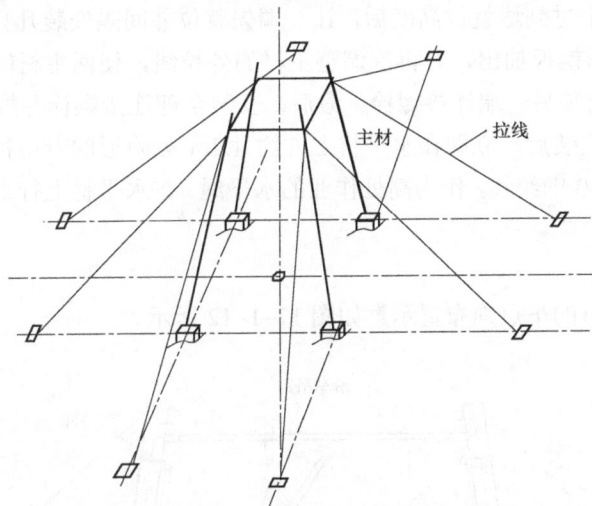

图 17-1-10　主材调整拉线布置示意图

（6）中段或上段主材钢管就位时，应先装塔心外侧的连接螺栓，在塔心内侧的两法兰盘间隙塞人楔形钢板（顺、横线路方向各塞一块），使就位的钢管上端向外预倾斜，为安装水平材时方便就位做好准备。

5. 吊装水平材

（1）吊装水平材的布置示意如图 17-1-11 所示。

（2）吊装前，将与水平材连接的主材外拉线适度收紧，以便水平材就位。水平材分段连接螺栓应拧紧。

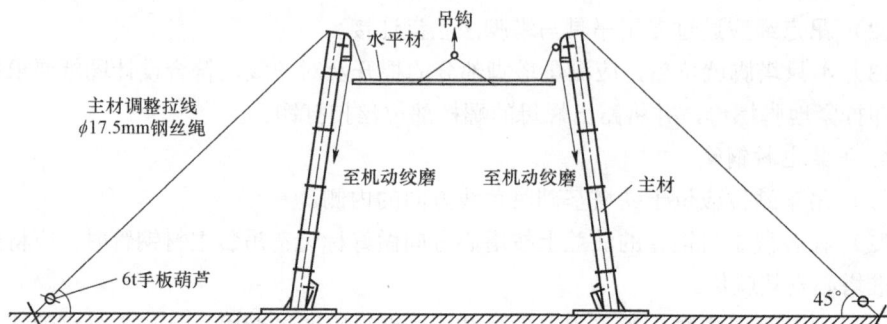

图 17-1-11 吊装水平材的布置示意图

（两台机动绞磨配合吊车吊装）

（3）水平材吊离地面约 100mm 时应暂停牵引，检查水平材是否平直，若不平直，应调整吊点位置。

（4）提升水平材到达就位高度后，让一端先就位并间隔安装几只螺栓，然后将主材法兰盘间的楔形钢板抽出，并再次调整主材的外拉线，使两主材的开口间距与水平材长度相吻合，安装另一端连接螺栓。最后，安装全部连接螺栓并拧紧。

（5）水平材安装后，立即在水平材上方约 1.2m 处附近的专用拉线板或主材法兰筋板上安装 GJ—50 钢绞线，作为高处作业的水平绳。在水平材上行走时应将安全带挂在钢绞线上。

6. 吊装斜材

（1）吊装斜材的吊点绳布置示意如图 17-1-12 所示。

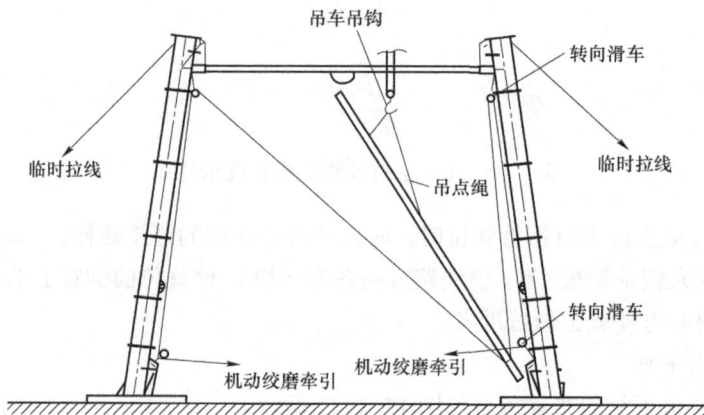

图 17-1-12 吊装斜材的吊点绳布置示意图

（2）斜材在两主材间的地面先行组装成整体，然后用两条钢丝绳（一长一短）通过尼龙吊带在斜材上绑扎两个吊点。另用一条绞磨绳绑扎在斜材下部。

（3）先由吊车吊起斜材，使斜材上端与水平材连接就位。就位过程中应启动机动绞磨，将斜材下端吊起，调整斜材倾斜角度，使斜材上、下端就位。

7. 水平材及斜材安装

按照上述方法，将四个侧面的水平材及斜材全部安装完成。

五、注意事项

使用两台起重机抬吊同一段构件时，应遵守下列要求：

（1）两台起重机起重量不同时，吊件的绑扎位置应经过重量分配计算，避免起重机超载。

（2）两台起重机吊装的重量在考虑不平衡系数后均不应超过该机的额定起重量的80%。

（3）应设专人指挥，指挥员应站在两台起重机驾驶员均能看清的地方。

（4）每台起重机的起吊绳应保持与地平面垂直状态，严禁斜吊。

（5）两台起重机起吊构件过程中应互相协调，起升速度应基本一致，避免构件不应当的倾斜。

【思考与练习】

（1）双吊车起吊时，吊点的选择原则有哪些？

（2）履带式起重机的使用要点有哪些？

（3）使用两台起重机抬吊同一段构件时，应注意哪些事项？

▲ 模块2　塔式起重机分解组塔（新增模块3-5-2）

【模块描述】本模块包含塔式起重机的结构介绍、工艺流程、现场布置、安装、顶升、拆卸、构件吊装等内容。通过形象化介绍，掌握塔式起重机分解组塔的施工方法及要求。

【模块内容】

利用附着式塔式起重机（简称塔吊或塔机）分解组立大跨越铁塔，是大跨越塔组立的常用方法之一。该方法具有以下一些特点：

（1）塔机操作灵活、方便，施工效率高。

（2）减少高处作业工作量，安全性较好。

（3）构件可以垂直起吊，不需控制绳，因此，受地形条件限制较小。

（4）组塔机械化程度高，吊装速度快，减轻了施工人员的劳动强度。

（5）设备较为笨重，安装及拆除均需要吊车配合作业。塔吊一次性投资大，而在普通线路施工中利用率不高。

塔吊分解组塔主要适用于铁塔全高为 200m 及以下，单个构件重量在 5t 左右的普通型及大型跨越塔组立。

塔吊分解组塔的关键是选择适合塔型吊装需要的塔机型式，选择满足塔机稳定要求的附着方式。建筑施工塔机多为外附着式，铁塔组立有外附着和内附着两种方式，且多为内附着式。

一、工艺流程

首先利用流动式起重机安装塔式起重机至最大自立高度；再利用塔式起重机进行铁塔构件的吊装；铁塔安装到一定高度后，塔式起重机在铁塔上附着，随铁塔的组立而提升；塔式起重机与铁塔交替安装，将地面的构件及组件尽量按照起重机相应工作幅度、最大起重量进行组合吊装；铁塔吊装完毕，拆除塔吊。

外附着塔式起重机组塔施工工艺流程如图 17-2-1（a）所示，内附着塔式起重机组塔施工工艺流程如图 17-2-1（b）所示。

二、危险点分析及控制措施

塔式起重机分解组塔的危险点及控制措施与四摇臂抱杆相同。

三、塔式起重机分解组塔前准备

（一）现场布置

1. 由于塔吊选择的站位不同，其附着有两种方式

（1）采用外附着塔吊，现场布置示意如图 17-2-2（a）所示。外附着塔吊的站位为横线路方向的两基础立柱连线的中心处，工作范围示意如图 17-2-3（a）所示。外附着式要求起重臂较长，且必须安装刚性附着撑。

（2）采用内附着塔吊，现场布置示意如图 17-2-2（b）所示。内附着塔吊的站位为铁塔基础的中心处，工作范围示意如图 17-2-3（b）所示。内附着式要求起重臂较短，一般使用柔性附着撑。

2. 送电线路利用塔吊分解组塔多用内附着式塔吊

本模块均为内附着式塔吊为例进行说明。

（二）施工准备

1. 施工技术准备

（1）编写施工技术设计及作业指导书。主要包括施工条件调查、塔式起重机的选择、塔式起重机稳定的计算、附着支撑件设计、施工程序和操作工艺、施工组织和统筹计划、每次吊装的构件及重量的明细表、自动控制设计、联络方式确定、保证安全和质量措施等。

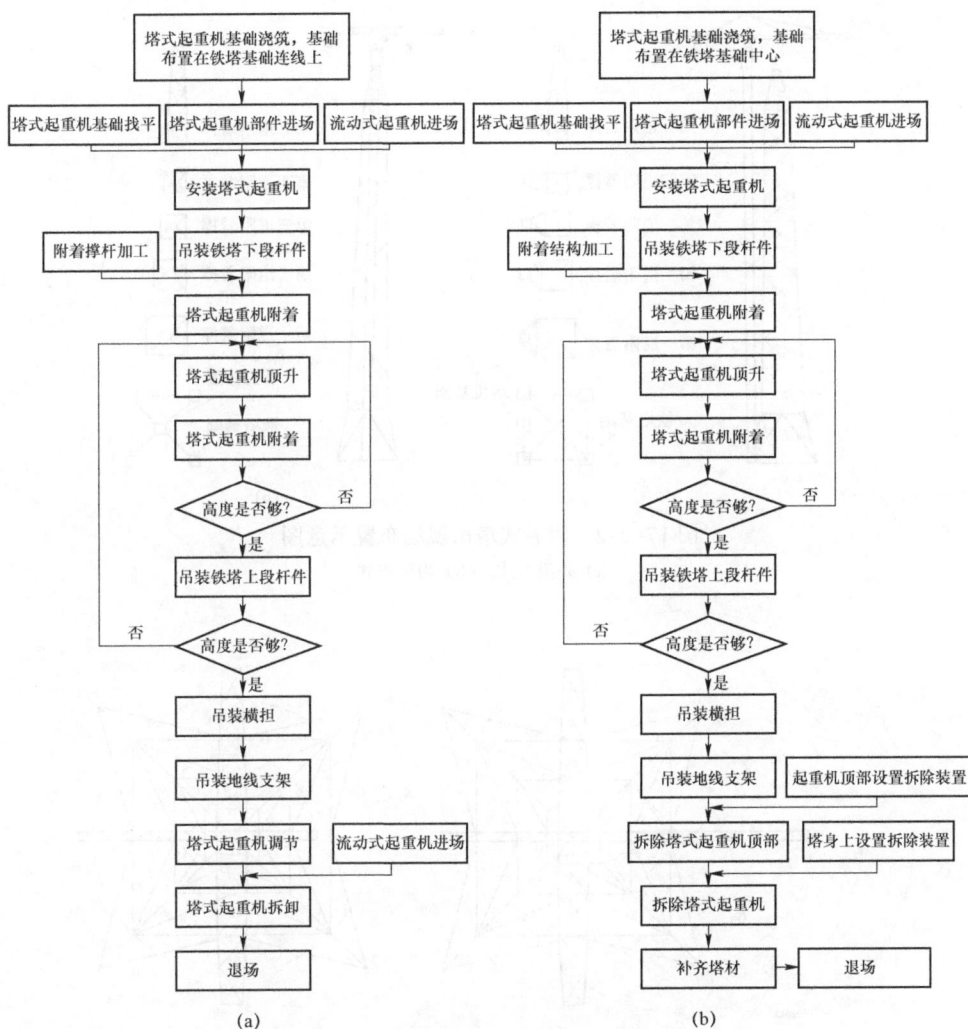

图 17-2-1 塔式起重机组塔施工工艺流程图

(a) 外附着式；(b) 内附着式

（2）组织技术试点和试验。对于首次应用的新方法、新工艺、新机具、新材料等，均要进行试验或试点。试验或试点由公司技术部门提出及组织，并作出鉴定和总结。

（3）做好技术交底。技术交底后，应组织参加施工人员进行讨论，深入领会，达到真正弄懂弄通，再进行考试，并履行技术交底签证手续。

2. 施工机具和工程材料准备

（1）根据施工技术设计对塔式起重机性能要求进行选购或租赁，并按计划运抵现场。

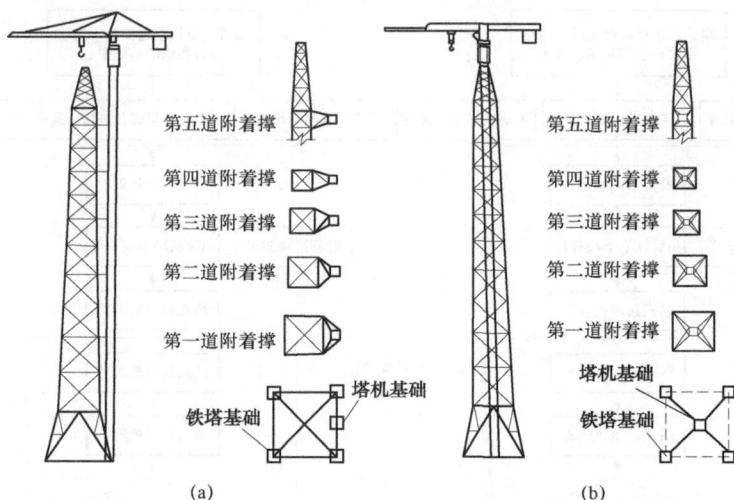

图 17-2-2 附着式塔吊现场布置示意图

（a）外附着式；（b）内附着式

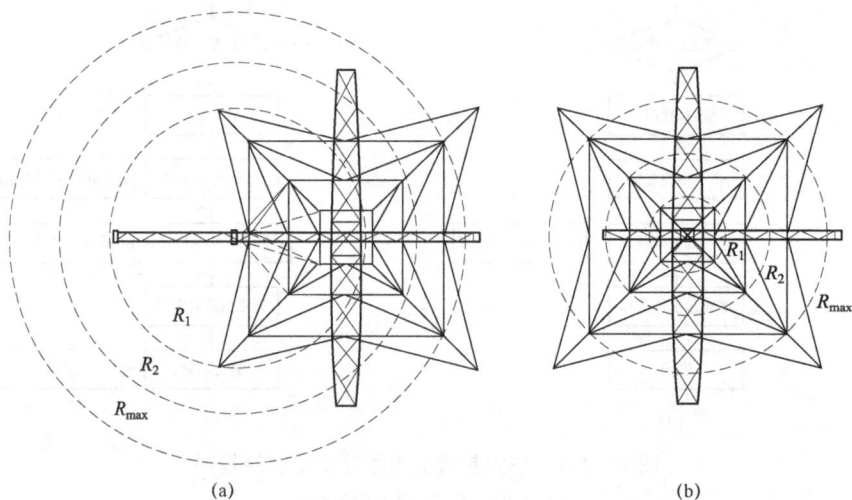

图 17-2-3 附着式塔式起重机现场工作范围示意图

（a）外附着式；（b）内附着式

（2）根据施工技术设计，加工塔式起重机附着支撑件，按设计要求检查验收，并应如期运达现场。

（3）按塔式起重机组立铁塔工器具表配置工器具，作业指挥和专责工程师等应逐件检查和验收。

（4）工程材料（塔材）应如期运到现场，作业指挥和地面组装人员应对照设计施工图进行检查和验收，并分类分段按编号放置在指定地点。

3. 施工场地准备

（1）按布置要求，设置塔式起重机基础（一般为现浇混凝土）和塔式起重机行走轨道的铺设。

（2）平整施工场地和组装场地。如为泥水地区应将积水排除后铺垫沙石，保持作业地面无泥泞、无积水。

（3）设置地面指挥台和铁塔监控站。

4. 施工监护监控准备

（1）塔式起重机组装准直监测，应配置激光准直仪。

（2）为保证塔式起重机起重安全，应配置超载自动保护装置。

（3）为保证空中飞行物安全，应配置航空警戒标志。

（4）风速监测。除应与当地气象台（站）签订专门气象预报和紧急情况预报协议（主要是6级以上大风）外，还应配置野外风速测定仪和大风自动报警装置。

（5）高空作业安全监护和监测。除应配置个人安全用具之外，还应配备如下安全监护监测用品：

1）为防高空作业人员塔上作业或塔上水平行走意外坠落，应备有防护网和安全绳，并在作业人员的下方和水平行走位置装设。

2）为保证塔上作业人员上下塔的安全，宜备有载人吊笼，并应随着吊装升高而设置。

3）宜配备高空作业监视摄像头及配套设备，以供地面安全监督用。

4）塔上作业人员应编号，并应配备对讲机，以供随时与地面指挥联络。

四、塔式起重机分解组塔操作步骤

（一）塔式起重机安装

塔式起重机安装，应按所选用的塔式起重机安装说明书和现场使用情况进行。基本分为基础设置、主体结构安装和附着支撑设置。

1. 基础设置

（1）塔式起重机基础，应根据不同工况和附着高度进行受力计算，取其最大值设计和设置塔式起重机基础。

（2）内附着塔式起重机基础，设置在铁塔中心位置，应为C15级钢筋混凝土基础。

（3）混凝土基础与台车应共同受力，使基础与塔式起重机身成为一个整体，要求在工作时不发生滑动、下沉或抬腿等情况，保证塔式起重机在工作状态或非工作状态稳定安全。

2. 主体结构安装（以 QT80A 型塔式起重机的安装为例）

（1）QT80A 型塔式起重机，主体高度为 229.72m，起重臂长设为 25.0m，平衡臂长度为 13.5m。主体结构如图 17-2-4 所示。

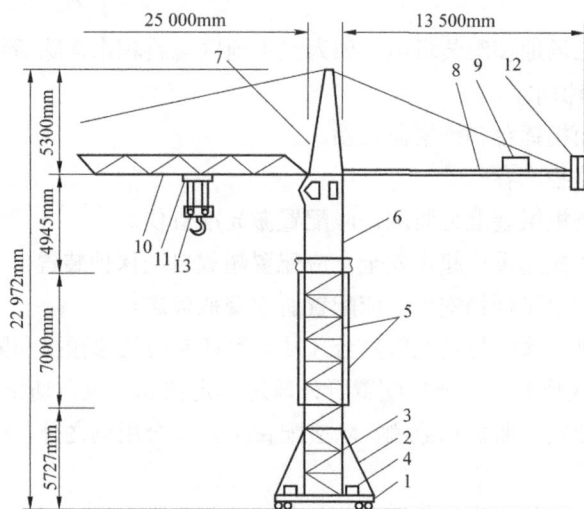

图 17-2-4　QT80A 型塔式起重机主体结构图

1—台车；2—底架；3—底节塔式起重机身；4—压重铁；5—下塔式起重机身及爬升架；

6—回转塔式起重机身（驾驶室）；7—塔式起重机帽；8—平衡臂；9—卷扬机；

10—起重臂；11—调幅小车；12—平衡铁；13—吊钩及钢绳

（2）安装方法。塔式起重机主体安装，主要是利用汽车起重机或履带起重机，将塔式起重机主体及动力设备安装齐全，然后用本身的自升装置安装塔身中间节（也称标准节）。

1）利用汽车起重机安装塔吊的步骤示意如图 17-2-5 所示。

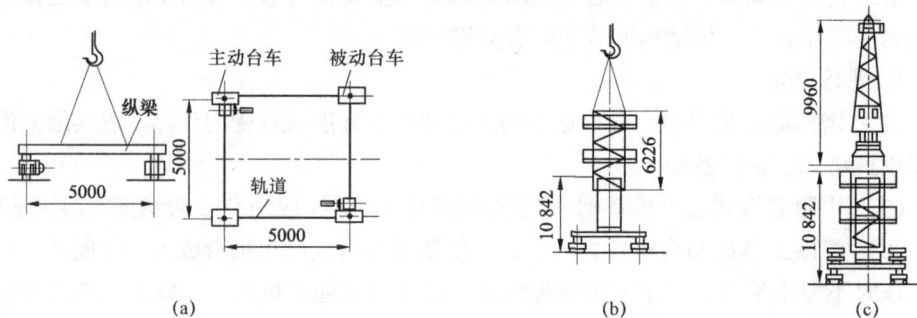

图 17-2-5　立装自升法安装塔式起重机的步骤（未包括塔身中间节）（一）

（a）安装台车；（b）安装爬升架；（c）吊装塔架

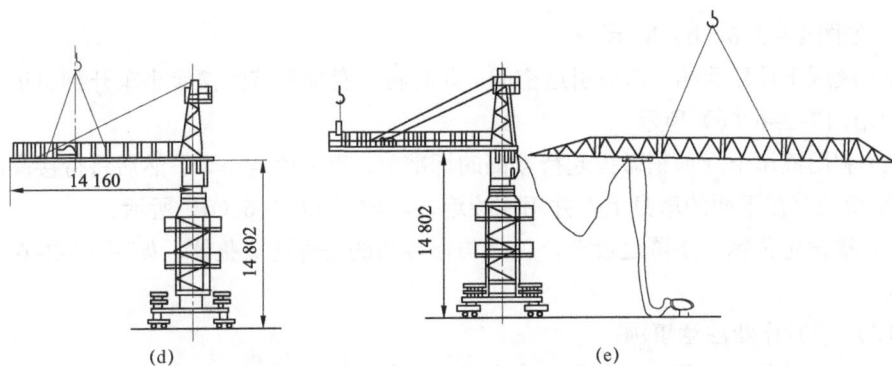

图 17-2-5　立装自升法安装塔式起重机的步骤（未包括塔身中间节）（二）
(d) 安装平衡臂；(e) 安装起重臂

2）标准节（高约 2.5m）顶升接高作业步骤。自升式塔式起重机的顶升接高系统由顶升套架、引进轨道及小车、液压顶升机组三部分组成。顶升接高的步骤示意如图 17-2-6 所示。

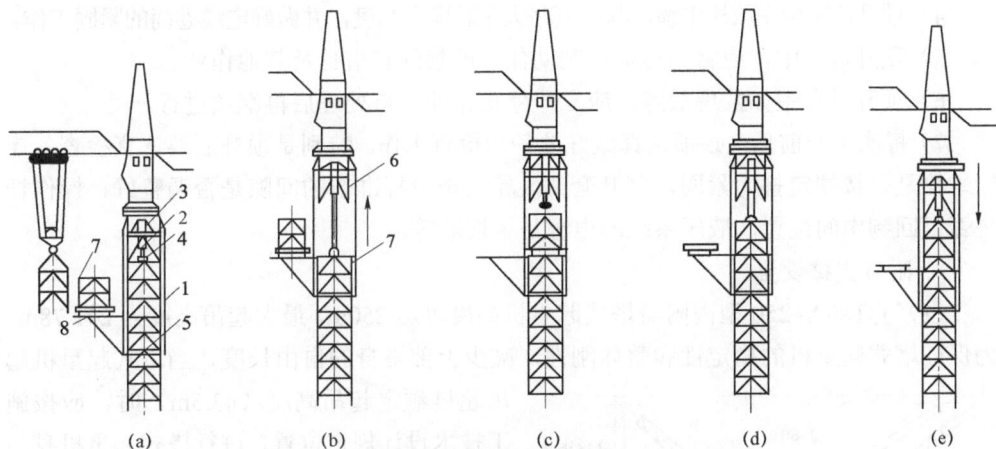

图 17-2-6　自升式塔式起重机的顶升接高的步骤
(a) 准备状态；(b) 顶升塔顶；(c) 推入塔身标准节；(d) 安装塔身标准节；(e) 塔顶与塔身联成整体
1—顶升套架；2—液压千斤顶；3—承座；4—顶升横梁；5—定位销；
6—过渡节；7—标准节；8—摆渡小车

a）回转起重臂使其朝向与引进轨道一致并加以销定。吊运一个标准节到摆渡小车上，并将过渡节与塔身标准节相连的螺栓松开，准备顶升，如图 17-2-6（a）所示。

b）开动液压千斤顶，将塔机上部结构包括顶升套架上升到超过一个标准节的高度；然后用定位销将套架固定，于是塔式起重机上部结构的重量就通过定位销传递到塔身，如图 17-2-6（b）所示。

c）液压千斤顶回缩，形成引进空间，此时将装有标准节的摆渡小车开到引进空间内，如图 17-2-6（c）所示。

d）利用液压千斤顶稍微提起待接高的标准节，退出摆渡小车；然后将待接高的标准节平稳地落在下面的塔身上，并用螺栓连接，如图 17-2-6（d）所示。

e）拔出定位销，下降过度节，使之与已接高的塔身连成整体，如图 17-2-6（e）所示。

（3）顶升作业注意事项：

1）在顶升作业过程中，必须有专人指挥，专人照看电源，专人操作液压系统，专人紧固螺栓。非操作人员不得登上爬升套架的操作平台，更不得启动液压系统的泵、阀开关或其他电气设备。

2）顶升作业应尽量在白天进行。特殊情况需在夜间作业时，必须备有充分的照明。

3）风力在四级以上时，不得进行顶升作业。在作业过程中如风力突然加大时，必须立即停止顶升，并紧固连接螺栓。

4）顶升前应预先放松电缆，其长度略大于总爬升高度，并做好电缆卷筒的紧固工作。

5）顶升过程中，应将回转机构制动住，严禁回转塔身及其他作业。

6）顶升过程中如发现故障，应立即停止作业，待处理后再继续进行。

7）每次顶升前后，必须认真做好准备和检查工作。特别是顶升后要认真检查各连接螺栓是否按规定扭力紧固，爬升套架滚轮与塔身标准节的间隙是否调整好，操作杆是否已回到中间位置，液压系统的电源是否切断等。

3. 附着支撑设置

（1）QT80A-250 型内附着塔式起重机高度可达 250m，最大起吊高度为 241.78m，为保证塔式起重机的稳定性和整体刚性，减少上部塔身的自由长度，当塔式起重机起吊超过额定起吊高度（43.5m）时，应按施工技术设计规定位置，进行塔式起重机身与已组立塔架安装附着。

（2）附着架由两套半环梁和六根撑杆组成，示意如图 17-2-7 所示。撑杆一端与塔式起重机身附着点框架铰接，另一端与铁塔主材铰接相连，撑杆两端设有正反扣调整螺栓，可调节支撑松紧程度。

（3）附着架与塔架支撑位置，均应设在有横材连接主材的节点处。附着后，要检测

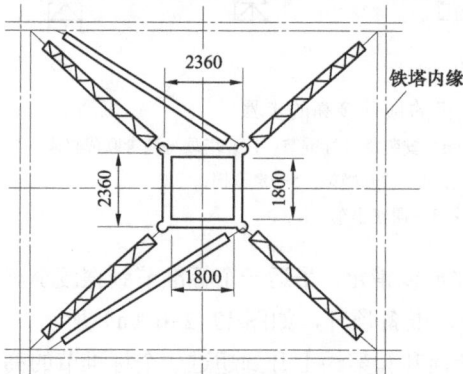

图 17-2-7　附着架与铁塔连接情况图

塔式起重机轴心线位置，其倾斜度应不超过其高度的1‰。

（二）吊装铁塔构件

1. 铁塔下部构件吊装

（1）由于施工条件或塔式起重机吊臂长度所限，塔式起重机吊臂幅度不能覆盖被吊装构件，可利用汽车起重机或履带起重机（置于铁塔基础附近），分解吊装主材、斜材、辅材和水平材至塔机吊臂下方组装。

（2）如果塔式起重机吊臂幅度可以覆盖被吊构件，即用塔式起重机按施工技术设计规定的顺序、重量和容许力矩进行吊装。

（3）铁塔下部吊装高度，对于QT80A–250型塔式起重机可达额定起吊高度43.5m以下。

2. 铁塔身部构件吊装

（1）塔身下部吊装完成后，即将塔式起重机固定在铁塔基础中心处，并按附着设计进行附着固定，然后利用塔式起重机自升装置，加装标准节，使塔式起重机升到满足下一段吊装需要。

（2）随着吊装升高，应按附着设计增加固定附着点（必要时应设置临时附着点，不要时拆除），直至下横担处塔身全部吊装完成。

3. 铁塔头部及横担构件吊装

（1）大型双回路跨越铁塔的干字型导线横担，一般均较长、较重、较大，可分为两段或三段，每段分为前后2片进行吊装，应按塔机工作幅度及容许吊重确定。

（2）分段分片吊装横担的绑扎点，必须按施工技术设计计算确定位置。一般应在被吊件近塔式起重机侧绑扎控制大绳，控制大绳通过转向滑车经近塔式起重机身引下，由地面控制。

（3）塔头和横担的吊装，必须按施工技术设计的程序，交错按序进行，直至全部构件吊装完成。

4. 塔式起重机的操作要点

（1）塔式起重机应有专职司机操作，司机必须受过专业训练。

（2）塔式起重机一般准许工作的气温为–20～40℃，风速小于六级。风速在六级及以上、雷雨天，禁止操作。

（3）塔式起重机在作业现场安装后，必须进行试验和试运转。

（4）起重机必须有可靠接地，所有电气设备外壳都应与机体妥善连接。

（5）起重机安装好后，应重新调节好各种安全保护装置和限位开关。如夜间作业必须有充足的照明。

（6）起重机行驶轨道不得有障碍或下沉现象。轨道面应水平，轨距公差不得超过

3mm。直轨要平直，弯轨应符合弯道要求，轨道末端 1m 处必须设有止挡装置和限位器撞杆。

（7）工作前应检查各控制器的转动装置、制动器闸瓦、传动部分润滑油量、钢丝绳磨损情况及电源电压等，如有不符合要求，应及时修整。

（8）起重机工作时必须严格按照额定起重量起吊，不得超载，也不准吊运人员、斜拉重物、拔除地下埋物。

（9）司机必须得到指挥信号后，方能进行操作，操作前司机必须按电铃、发信号。

（10）吊物上升时，吊钩距起重臂端不得小于 1m。

（11）工作休息或下班时，不得将重物悬挂在空中。

（12）起重机的变幅指示器、力矩限制器以及各种行程限位开关等安全保护装置，均必须齐全完整、灵敏可靠。

（13）作业后，尚需做到下列几点：

1）起重机开到轨道中间位置停放，臂杆转到顺风方向，并放松回转制动器。小车及平衡重应移到非工作状态位置。吊钩提升到离臂杆顶端 2～3m 处。

2）将每个控制开关拨至零位，依次断开各路开关，切断电源总开关，打开高空指示灯。

3）锁紧夹轨器，如有八级以上大风警报，应另设临时拉线与地面地锚固定。

（三）塔式起重机拆卸

塔式起重机拆卸是一项难度较大的工作，必须遵守塔式起重机使用拆卸说明书和施工技术设计有关塔式起重机拆卸程序及方法。

拆卸前必须根据计算得出两侧拆卸过程中的不平衡力矩，在满足塔吊设计要求的情况下，两侧交替拆除。

铁塔全部吊装完毕，塔式起重机被铁塔包围在其中间，先用爬升装置的逆程序，拆除标准节，将塔式起重机降低到起重臂靠近铁塔上横担的最低限度处，起重臂宜垂直横担，然后按序拆除。

QT80A-250 型内附着塔式起重机拆卸一般程序和拆卸操作步骤如下：

1. 拆卸起重臂、平衡臂及臂上部件

（1）先拆平衡铁块（一般为两块，一块 1.7t，另一块 1.5t）。用人字铝合金小抱杆坐在平衡臂特别插座上，利用塔式起重机的卷扬机、起吊绳，通过塔式起重机帽、抱杆、滑车拆除平衡铁块，如图 17-2-8 所示。

（2）拆除起重臂。先将起重臂上配件、设备，除调幅小车外，全部拆除放至地面，人字抱杆安装在调幅小车上，仍用塔式起重机的卷扬机、吊绳，通过塔式起重机帽、抱杆、滑车吊放，如图 17-2-9 所示。起重臂按结构分 5 段（每段 5m）拆除，顺序是第Ⅴ、Ⅳ、Ⅲ、Ⅱ、Ⅰ段，在拆除吊杆前，需先在内段打以临时吊绳，第Ⅱ段拆完后，将人字抱杆移到塔式起重机帽连接专用座上，拆除调幅小车及第Ⅰ段起重臂。

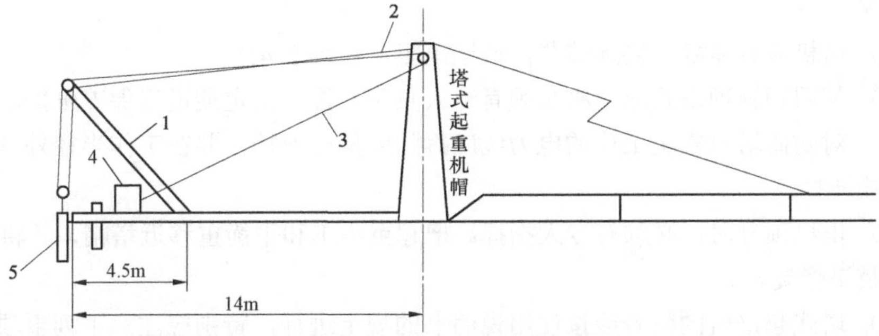

图 17-2-8　拆卸平衡铁块

1—小抱杆；2—抱杆拉线；3—起吊绳；4—塔式起重机的卷扬机；5—配重块

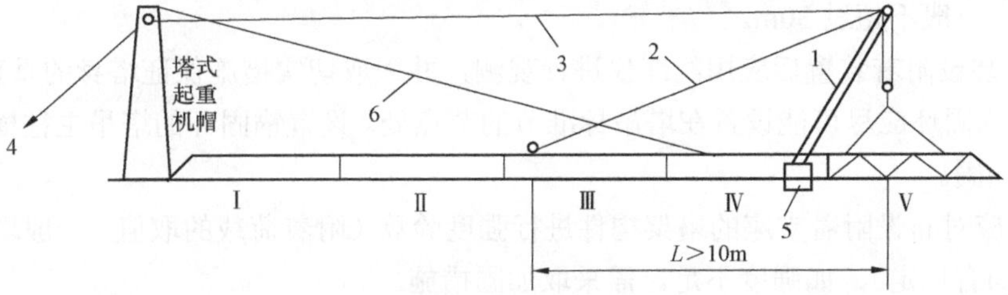

图 17-2-9　拆卸起重臂

1—小抱杆；2—抱杆拉线；3—起吊绳；4—塔式起重机卷扬机；5—调幅小车；6—吊杆；Ⅰ～Ⅴ—段号

（3）拆卸塔式起重机卷扬机。将塔式起重机卷扬机的钢绳，通过塔式起重机帽下放至地面，接入地面卷扬机，上端通过塔式起重机帽、抱杆、滑车进行吊卸。将塔式起重机卷扬机分解为滚筒、变速箱、电动机、底座四单元，进行吊卸。

（4）拆除平衡臂。平衡臂长 13.5m，由两段组成，先将内段平衡臂打以临时拉线，将人字抱杆装在内段平衡臂端内 1m 处，用地面动力吊卸外段平衡臂，再将人字抱杆移至塔式起重机帽连接专用座上，吊卸内段平衡臂。

2. 拆卸塔式起重机身部及底部

利用爬升装置，卸减标准节来进行。遇到附着架逐个拆除，直到标准节全部拆完。最后用地面起重机，拆卸塔式起重机帽、回转塔式起重机身、爬升架及底节塔式起重机身、底架、台车等。

五、注意事项

（1）塔式起重机配置的自控监测装置（超重、超力矩、航空标示灯等），在工作前应校正检查，并投入正常运行。

（2）每天吊装工作结束后，起重小车应停在规定位置；打开回转制动，置于自由回转位置。

（3）塔机应有良好的接地装置，接地电阻不得大于 4Ω。

（4）使用和管理塔式起重机必须有专人负责，按规定定期进行保养维护。

（5）对妨碍塔机安全工作的电力线应拆除或搭架保护，并在工作半径外 5m 范围设置警戒转栏。

（6）塔机顶升时，必须有专人指挥。把起重小车和平衡重移近塔帽，并将回转制动，严禁塔帽旋转。

（7）塔式起重机的附着应按使用说明书的规定进行，特别应注意下列事项：

1）根据铁塔总高度、结构特点及施工进度要求安排附着方案。

2）附着的设置间距一般为 14～20m，有的塔机可达 25～36m；附着以上的塔身自由高度，一般不超过 30m。

3）装设附着装置后应用经纬仪进行观测，并采取切实措施保证塔身的垂直度。

4）锚固环应尽可能设置在塔吊标准节的节点处。设置锚固环的塔吊主柱横截面应设斜撑加固。

5）应对布设附着支座的塔架构件进行强度验算（附着荷载的取值，一般塔机使用说明书均有规定），如强度不足，需采取加固措施。

6）在进行大型跨越铁塔施工中需设置多道附着装置时，各道附着装置的布设应符合使用说明书的有关规定。

7）施工过程中必须经常检查附着装置，发现有松动和异常情况时，起重机应立即停止工作，故障未经排除，不得继续工作。

8）在拆除起重机时，应随着降落塔吊主柱的进程拆除相应的附着装置，严禁在落塔之前先拆附着装置。

9）遇有六级以上大风时，禁止安装和拆除附着装置。

10）附着装置的安装、拆除、检查及调整均应有专人负责，工作时应遵守高空作业安全操作规程的有关规定。

【思考与练习】

（1）简要说明塔式起重机分解组塔的优缺点。

（2）简要说明塔式起重机的操作要点。

（3）如何拆卸塔式起重机？

（4）塔式起重机附着安装应注意哪些事项？

第十八章

杆 塔 整 体 起 立

▲ 模块1 倒落式人字抱杆整体组塔（新增模块3-6-1）

【模块描述】 本模块包含倒落式人字抱杆的结构介绍、工艺流程、现场布置、抱杆起立、组立方法、主要工器具选择等内容。通过工艺介绍，掌握倒落式人字抱杆整体组塔的施工方法及要求。

【模块内容】

倒落式人字抱杆整体组塔是先在地面整体组装杆塔，然后在杆塔根部附件按一定的初始倾角顺杆塔方向立一副人字抱杆，抱杆头部与杆塔适当部位用钢丝绳相连，再用钢丝绳牵引抱杆顶端，随着抱杆头部相对根部转动将杆塔整体绕地面支点扳转起立。倒落式人字抱杆整体组塔适用于整体重量较轻的各种杆塔型式，尤其是拉线塔等。

倒落式人字抱杆整体组塔的优缺点：

1）高空作业少，劳动强度低，施工较安全。

2）与分解组塔相比，施工速度快，效率高。

3）基础在起吊中有可能受到较大的水平推力。

4）要求有供整体组装和进行起立牵引的较大平坦场地。

一、工艺流程

倒落式人字抱杆整体组塔的施工工艺流程见图18-1-1。

二、危险点分析与控制措施

倒落式人字抱杆整体组塔的危险点与控制措施见表18-1-1。

三、倒落式人字抱杆整体组塔前准备

（一）现场布置

（1）起立抱杆的布置方式。组立整基铁塔的抱杆布置有两种排列方式：一种是与铁塔朝向相同，此时应在距抱杆头部约 1m 位置的塔身上方绑扎一根ϕ140mm 的圆木，以便将抱杆搁在上面进行抱杆头部连接件（包括抱杆帽、脱帽绳、吊点绳平衡滑车及总牵引绳等）的组装；另一种是与铁塔朝向相反，将抱杆组装在与铁塔相对称的地面上。

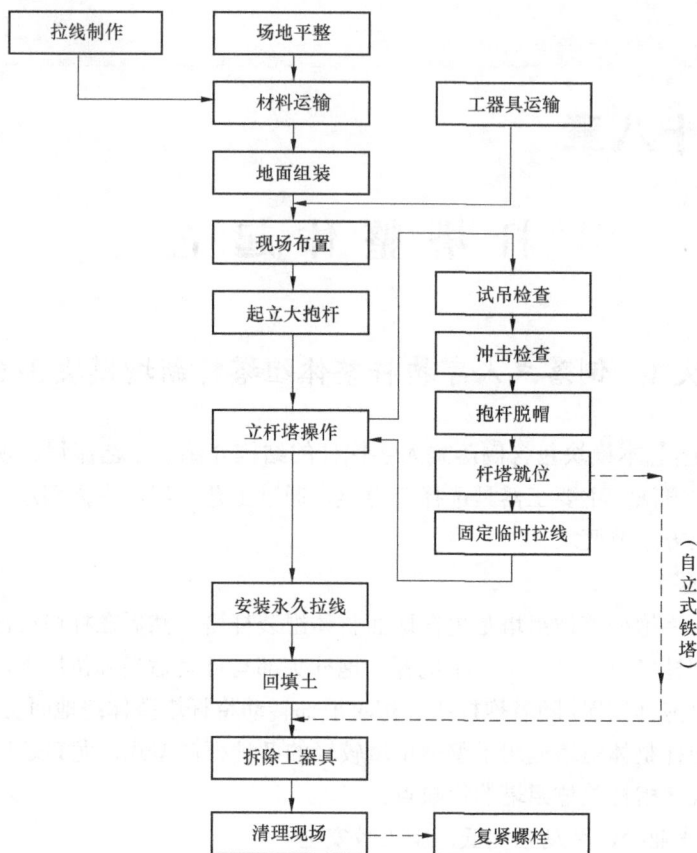

图 18-1-1　倒落式人字抱杆整体组塔的施工工艺流程图

表 18-1-1　　　　　倒落式人字抱杆整体组塔的危险点与控制措施

序号	作业内容	危险点	预防控制措施
1	地面组装	其他伤害	塔材组装连铁时，应用尖头扳手找孔，如孔距相差较大，应对照图纸核对件号，不得强行敲击螺栓。任何情况下禁止用手指找正
2	临时地锚布置	物体打击	总牵引地锚、制动系统中心、抱杆顶点及杆塔中心四点必须在同一垂直面上，不得偏移
3	抱杆系统布置	起重伤害	抱杆直接支在松软土质时，根部采取防沉措施；支在坚硬或冻结地面时，根部采取防滑措施
4	初始起立	机具伤害	现场指挥在抱杆脱帽前应位于四点一线的垂直面上，人员不得站在总牵引地锚受力前方
5	正式起立	机具伤害	在铁塔起立过程中，根部看守人员根据铁塔根部位置和铁塔起立程度指挥制动人员回松制动绳；制动绳人员根据指令同步均匀回松，不得松落

续表

序号	作业内容	危险点	预防控制措施
6	慢速起立	起重伤害	启动绞磨，慢速牵引，使牵引滑轮组各绳受力均匀
7	调整塔身固定临时拉线	起重伤害	当铁塔起立至约 80°时，现场指挥要下令停止牵引。缓慢回松后临时拉线，依靠牵引系统的重力将铁塔调直

基于抱杆有上述两种布置方式，起立人字抱杆也需采取相应措施。

针对第一种抱杆布置方式，抱杆头部在组装时已被抬高，因此起立大抱杆可直接用立塔总牵引绳及相应的机动绞磨。

针对第二种抱杆布置方式，应在铁塔腿部固定一根独抱杆，利用立塔制动绳地锚作为主抱杆的牵引绳地锚。单独设置立抱杆的牵引绳、制动绳、临时拉线等起立人字抱杆。此种情况下，如果抱杆座落点位置在基础前方（即总牵引侧）时，立抱杆不受塔腿阻挡；如果抱杆座落点在塔脚后方时，抱杆起立过程中可能与塔脚相碰撞，因此应将抱杆根开加大，抱杆立至设计位置时再将抱杆根开调小。

（2）制动绳系统的布置方式。制动绳的布置方式根据塔型的不同有单制动方式及双制动方式两种。

1）单制动方式适用于单柱型铁塔，如拉猫塔等。单制动方式又分为Ⅰ字型、Y字型，布置示意图如图 18-1-2（a）、（b）所示。

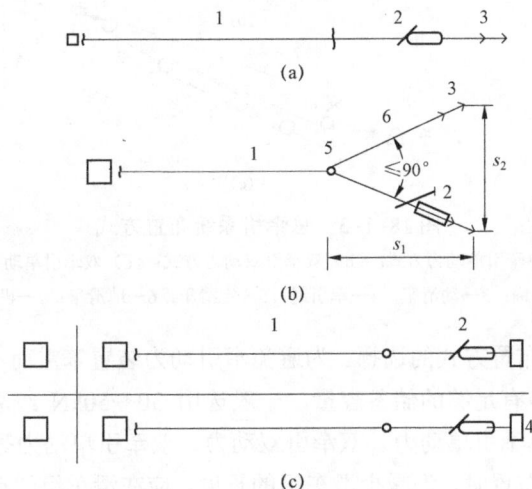

图 18-1-2　制动绳布置方式示意图

（a）单腿制动方式；（b）Y 字型制动方式；（c）双腿制动方式

1—制动绳；2—手扳葫芦；3—角铁桩；4—地锚；5—滑车；6—分制动绳

2）双制动方式适用于四脚铁塔基础和门型塔基础，其布置相当于两个 I 字型布置，示意图如图 18-1-2（c）所示。对于内拉门型塔，其制动绳应沿塔身轴线布置，使塔脚在立塔过程中不致变位。

总制动绳必须置于垫木之上，以保证制动绳受力后与塔身轴心方向基本一致。制动绳采用手扳葫芦控制松紧，其操作手柄应靠地锚侧。

当制动绳采用 Y 字型布置时，分制动绳间的夹角不应大于 90°。

（3）总牵引系统布置。

总牵引系统由总牵引地锚、滑车组、牵引动力装置及地锚等组成，如图 18-1-3 所示。

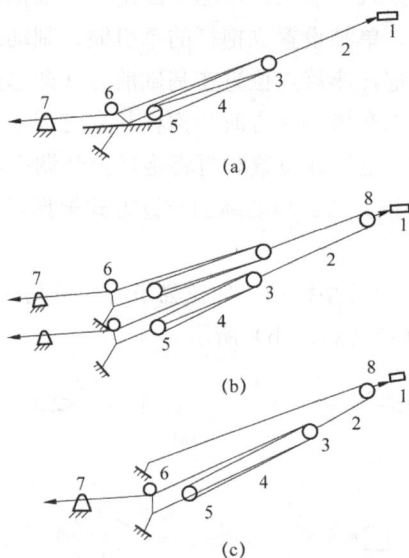

图 18-1-3　总牵引系统布置方式

（a）单牵引单动力方式；（b）双牵引双动力方式；（c）双牵引单动力方式
1—抱杆帽；2—总牵引绳；3—动滑车；4—牵引绳；5—定滑车；6—地滑车；7—机动绞磨；8—平衡滑车

1）总牵引系统布置方式的选择。为避免牵引动力装置笨重而不利于野外搬运，同时又要使牵引动力装有足够的储备容量，一般选用 30～50kN 绞磨。根据不同的总牵引受力，可以选择单牵引单动力、双牵引双动力、双牵引单动力等布置方式。

2）采用单牵引布置时，为减少滑车组的长度，应在滑车组的动滑车顶端与抱杆帽之间连接总牵引钢丝绳。

3）采用双牵引布置时，总牵引钢丝绳应采用倒 V 形布置，其顶端通过一只单滑车与抱杆帽端的卸扣连接，其下端的两个地锚间应保持适当距离，避免两套滑车组在立杆过程中碰撞。

4）为防止滑车组受力后翻转从而造成牵引绳打绞，必须在动滑车的顶端（靠总牵引绳侧）加挂重物。

（4）自立式铁塔整立时，为了保证塔腿不变形，应在上、下两塔脚之间加撑木并用钢绳收紧，距撑木顶 15～20cm 处开挖斜槽口，使塔腿斜材置于撑木槽内，以保证撑木与主材接触良好。

自立式铁塔整立前，应在不装铰链的两个基础上垫好方木。垫木高度应略高出地脚螺栓的外露长度。当塔脚就位时先坐落在垫木上，避免损坏地脚螺栓。

（二）抱杆参数及吊点布置

1. 人字抱杆参数

（1）抱杆高度：一般为杆塔重心高度的 0.8～1.1 倍。

（2）抱杆的根开：一般以保持两抱杆夹角 25°～30° 为宜。

（3）抱杆位置和初始倾角：组立自立塔时，抱杆不宜骑在塔身上，以立在塔脚后 2～3m 处为宜；立拉 V 型塔和拉门型塔时抱杆应坐落在塔身内，距塔脚以 0.2～0.3 倍抱杆高为宜，抱杆的初始对地夹角一般为 60°～70°。

2. 吊点布置

根据经验，铁塔吊点钢绳的合力点高度一般取值为 1.2～1.4 倍塔重心高度。

吊点数目及位置应根据经验和塔身强度验算确定。一般的经验是：塔高小于 20m 的拉线塔吊一点，大于 20m 的拉线塔吊两点；塔高小于 25m 的自立式塔吊一点，大于 25m 的自立式塔吊两点；拉线钢杆及自立式钢管杆一般吊两点；铁塔及钢管杆高度大于 40m 时应选择三吊点甚至更多的吊点。一般情况下，上吊点应在横担与塔身的连接点处，下吊点应在塔身的主材节点处。具体位置由施工设计规定。

（三）整体起立前应进行检查

（1）抱杆顶、总牵引地锚中心、制动绳地锚中心、杆身结构中心是否在同一垂直面上，一般控制误差不超过 0.2m。

（2）杆塔组装是否完全符合设计图纸要求。

（3）起吊绳、制动绳等规格是否符合要求，绑扎位置是否正确、牢靠。

（4）人字抱杆位置是否正确，防沉防滑措施是否可靠，抱杆脱帽的控制绳是否绑好。

（5）各种滑车组钢丝绳是否打绞，各种地锚或锚桩连接是否牢固。

（6）拉线长度能否满足立塔要求，控制装置是否可靠。

（7）施工范围内有无障碍物，杆塔组立过程中是否会碰阻。

四、倒落式人字抱杆整体组塔操作步骤

（一）人字抱杆整体组塔操作步骤

（1）当杆塔头部起立至地面约 0.5m 时，停止牵引，对抱杆系统作冲击试验，同时检查各地锚或锚桩受力位移情况，各索具间的连接情况及受力后有无异常，抱杆的工作状况，杆塔各吊点及跨间有无明显弯曲变形情况等。

（2）随着杆塔的缓慢起立，两侧拉线应根据指挥人的命令进行收紧或放松，使拉线呈松弛状态。

（3）抱杆接近脱帽时，牵引速度应放慢且将后方拉线带住。

（4）抱杆脱帽时，应停止牵引，缓慢松出抱杆脱帽拉绳，使抱杆缓缓落地。

（5）杆塔起立至 60°～70°时，后方临时拉线应开始稍微受力，并随杆塔的起立而慢慢松出。

（6）当杆塔起立至 80°～85°时，应停止牵引。利用拉线调整使杆塔立正。

（7）用经纬仪在顺线路和横线路两个方向观测杆塔是否正直，符合要求后再安装永久拉线。

（二）人字抱杆整体组塔操作实例

1. ZV–30 型拉线塔特性

呼称高 30m，全高 34.33m，塔重 6180kg，铁塔重心高度 24.6m，拉线（根数×规格）8×GJ–165，拉线对地夹角 60°，拉线对横担水平夹角 45°。ZV–30 型拉线塔图如图 18–1–4 所示。

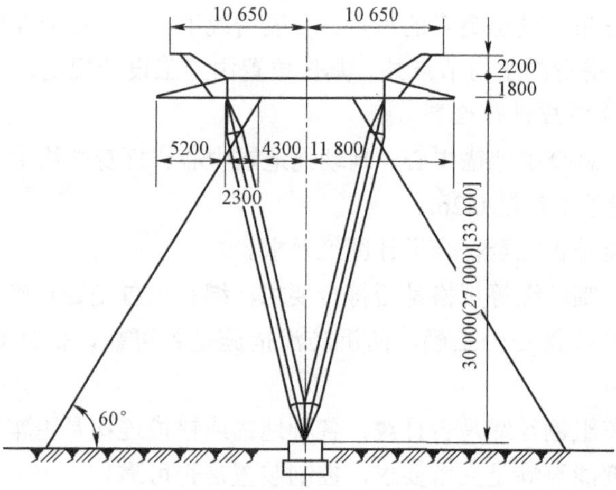

图 18–1–4　ZV–30 型拉线铁塔外形尺寸图

2. 整立的布置参数

（1）人字抱杆布置参数：初始倾角 70°，高度 21m（有效高度 20.6m），根开 8m，抱杆前移距离 6m。

（2）杆塔吊点布置：上吊点距塔顶 3.26m，下吊点实高 27.5m。

（3）总牵引地锚出土点距铁塔基础 50～55m。

ZV 型铁塔整立现场布置如图 18-1-5 所示。

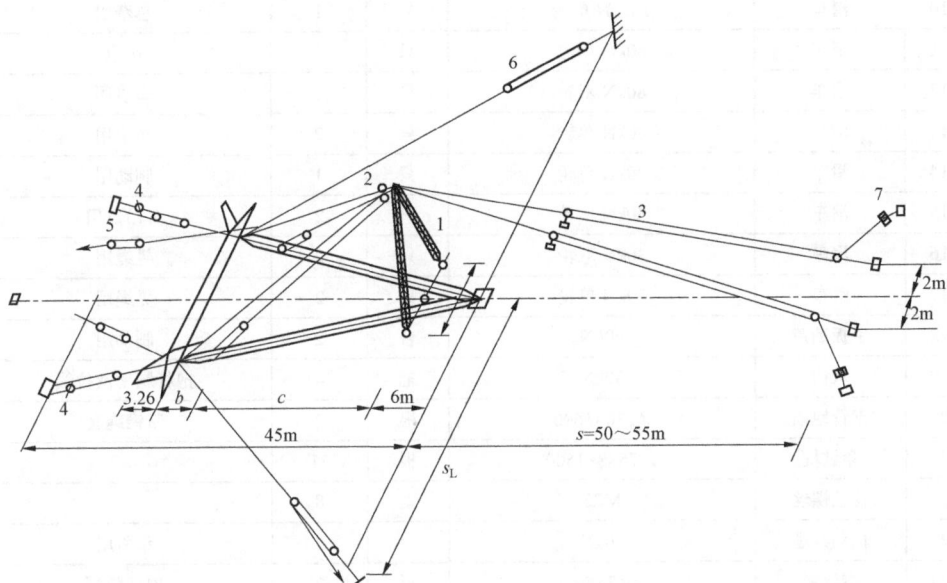

图 18-1-5　ZV 型铁塔整立现场布置图

1—人字抱杆；2—吊点绳；3—总牵引滑车组；4—制动绳；5—后方拉线；
6—两侧拉线；7—机动绞磨

3. 工器具配置

整立 ZV 型铁塔的主要工器具配置见表 18-1-2。

表 18-1-2　　　　　　　　　　整立 ZV 型铁塔主要工器具表

序号	机具名称	规格	单位	数量	备注
1	铝合金抱杆	□500×500×21m	副	1	带脱帽及抱杆座
2	钢丝绳	φ17.5×52m	根	2	大吊点绳用
3	钢丝绳	φ13×15m	根	2	小吊点绳用
4	钢丝绳	φ21.5×50m	根	2	总牵引用
5	钢丝绳	φ11×3000m	根	1	绞磨牵引用

续表

序号	机具名称	规格	单位	数量	备注
6	钢丝绳	$\phi21.5\times38m$	根	2	制动用
7	钢丝绳	$\phi15\times14m$	根	2	制动用
8	钢丝绳	$\phi14\times55m$	根	2	左右晃绳用
9	钢丝绳	$\phi9.3\times80m$	根	2	晃绳滑车组用
10	滑车	100kN 单轮	只	1	总牵引
11	滑车	80kN 单轮	只	1	吊点
12	滑车	80kN 双轮	只	2	牵引用
13	滑车	80kN 单轮	只	2	牵引用
14	滑车	80kN 单轮	只	1	制动用
15	滑车	50kN 单轮	只	2	分吊点用
16	滑车	30kN 双轮	只	2	晃绳用
17	滑车	30kN 单轮	只	2	晃绳用
18	手扳葫芦	60kN	台	2	制动用
19	双钩	30kN	把	4	抱杆制动及拉线
20	钢管地锚	$\phi230\times1600$	根	4	带钢绳套
21	角铁桩	$\angle75\times8\times1500$	根	21	
22	花兰螺丝	M22	副	8	
23	机动绞磨	30kN	台	2	牵引用
24	钢丝绳	$\phi9.3\times50m$	根	2	抱杆脱帽
25	钢丝绳	$\phi11\times6m$	根	3	抱杆制动
26	钢丝绳套	$\phi21.5\times4m$	根	4	地锚用
27	钢丝绳套	$\phi12.5\times2m$	根	5	
28	钢丝绳套	$\phi12.5\times5m$	根	4	
29	卸扣	M16	只	4	抱杆脱帽
30	卸扣	M27	只	12	吊点塔身及晃绳
31	卸扣	M36	只	2	吊点滑车
32	卸扣	M42	只	6	制动及分牵引滑车
33	卸扣	M52	只	1	总牵引滑车
34	木抱杆	$\phi120\times9m$	根	2	立大抱杆
35	白棕绳	$\phi16\times30m$	根	2	木抱杆脱帽
36	卡线器	用于 GJ-165	副	4	
37	铁板	—5×100×300	块	2	垫塔脚根

五、注意事项

（1）利用人字抱杆整立杆塔前，必须对抱杆的参数、杆塔的重量和起吊点构件的强度等进行详细计算，满足要求后方能按施工设计进行实施。

（2）凡靠永久拉线稳定的杆塔，必须待永久拉线安装完毕并收紧后，方可拆除临时拉线等工器具。

（3）牵引动力装置宜布置在总牵引绳的延长线方向上，受地形条件限制时，其偏出延长线方向不得大于 90°。动力装置应安装在平整的地面上，绞磨绳在磨芯上缠绕不小于 5 圈，由两人拉到尾绳。

（4）牵引总地锚至杆塔基础的距离应不小于 1.2 倍塔高。

（5）整立过程中，严禁非作业人员进入 1.2 倍塔高作业区内。

【思考与练习】

（1）说出倒落式人字抱杆整体组塔的优缺点。

（2）倒落式人字抱杆整体组塔的总牵引布置有哪几种布置方式，并画出示意图。

（3）简要说明倒落式人字抱杆整体组塔的操作步骤。

（4）倒落式人字抱杆整体组塔前应进行哪些检查？

第十九章

特殊杆塔施工及新工艺

▲ 模块1 倒装分解组塔施工工艺（ZY0200105002）

【模块描述】本模块包含倒装分解组塔的施工工艺流程、操作方法、施工机具的配置和使用、倒装组塔的受力分析计算等内容。通过工艺介绍，掌握倒装组塔的特点、基本步骤和施工要求。

【模块内容】

铁塔组立正常情况下都是从塔腿开始，自下而上依塔段排列次序逐段加装塔身，最后安装塔头完成全塔组立。倒装组塔指的是先把塔头组装好，然后提升塔头至一定高度加进并连接与之相接续的塔段，接下来就是将已组装部分提升，再次加进后续塔段，重复进行以上操作，直至加装完塔腿为止。倒装组塔可以降低作业人员登塔高度，是一种较安全、工作效率较高、安装质量较易控制的施工方法。我国从 20 世纪 70 年代开始采用此法，其后在全国各地得到应用。20 世纪 80 年代，随着液压提升装置的出现，倒装组塔工艺水平有了更大的提高。

一、倒装组塔法概述

倒装组塔法分为半倒装和全倒装两种施工方法，其提升过程可以采用钢丝绳和滑轮提升，也可采用液压提升。前者是广为熟悉且较经济的方法，应用也较多。

全倒装组塔法是利用专门的倒装架作提升支承，它较适用于拉线塔、窄基塔等较轻型的铁塔。例如：220kV 某双回输电线路跨越某江的 26 号、27 号塔，它们均为钢管拉线塔、全高 159m、塔重 159.8t，如图 19-1-1（a）所示。

半倒装组塔是以铁塔腿部作为提升支承（这也是与全倒装的根本区别），然后再从塔头段开始每提升一次便接装一段后续塔段，最后连接塔腿完成全塔组立。为方便对接，可在上部塔身底端安装"假腿"，用以提高塔身底端高度，或者在塔腿的上部安装起吊抱杆，用以提高吊点高度。半倒装组塔较适用于宽基自立式铁塔或较高的跨越塔。例如：110kV 某线跨越某江的 3 号和 4 号跨越塔，全高均为 94m，塔重 74.6t，塔身主材为双并角钢结构，铁塔根开 12.33m，如图 19-1-1（b）所示。

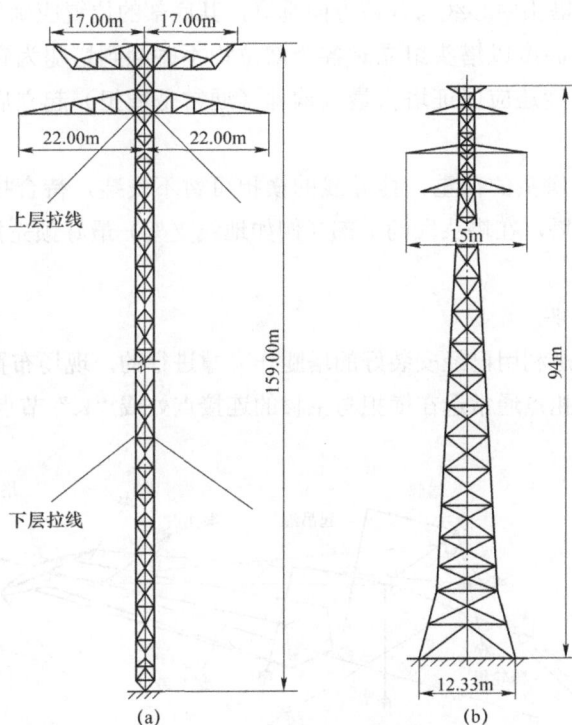

图 19-1-1 倒装组立的铁塔

（a）全倒装组塔；（b）半倒装组塔

倒装组塔与正常组塔虽然组装顺序相反，但分解而成的每个塔段仍为正常组装方法，对此不再赘述。

二、半倒装分解组塔

此处介绍的是在塔腿上加装起吊抱杆的施工方法。

1. 组立塔腿

塔腿有四个面，预留一个开口面不装辅材，以便将塔头移入或组立于塔位中心。另外，在安装塔腿之前，预先将起吊抱杆的支座安装在主材的指定位置。预留开口面根据地面组装塔头的方位及起吊的牵引方向而定。组装辅助材时，一并在四面将起吊抱杆的平支撑和底座安上。塔腿主材的接头连扳也要事先装好，并只安装下部的两个螺栓，尽量减少螺栓以避免给提升增加障碍。

为保证总提升时塔身底部能顺利通过塔腿顶部达到预定高度，主材间的水平材应临时安装在主材接头连扳的外侧，待总提升完成后再将其安装于主材内侧。

2. 塔头组装

塔头组装应使塔头中心线与开口方向垂直，其底部的位置应确保塔头起立后位于塔位中心。塔头的高度以塔头组立时各个部位均不碰触到塔腿为宜；酒杯、猫头等塔形的塔头组装高度还应保证塔头最宽构件（通常是横担）起立后应超出塔腿顶部 1～2m。

为了减少起立塔头的荷重，挂导线的横担可暂不安装，待合拢后再安装。对于"干""上"字形铁塔，在塔头段的上部（例如地线支架）最好预先挂上滑轮，以备吊装抱杆及横担之用。

3. 整体起立塔头

整体起立塔头是利用已经安装好的塔腿作支撑进行的，现场布置如图 19-1-2 所示。起立塔头的绑扎点通常选在横担与主材的连接点处或"K"节点位置。

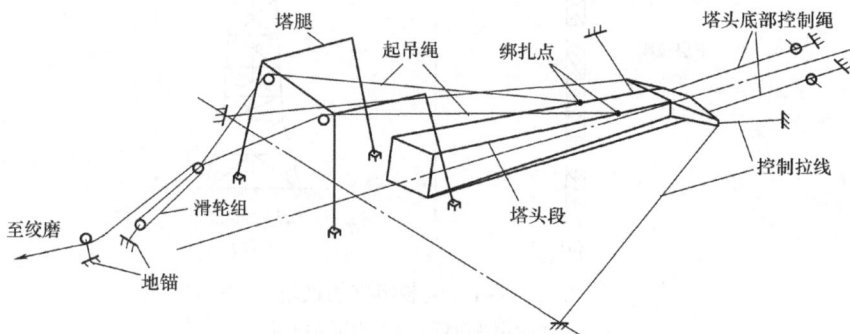

图 19-1-2 塔头整体组立现场布置示意

起立前，塔头底部在接触地面位置应铺放垫板，塔头立直后应使四根主材立于垫板上。起立后，将塔头用四条临时拉线固定在相应塔腿主材上，然后拆除起立塔头时使用的各种用具，补齐塔腿开口面的所有塔材。

4. 安装起吊抱杆

临时加装在塔腿上的起吊抱杆，应事先在地面与斜撑杆组合好，然后一起吊装上去。起吊抱杆为 $\phi 108/5mm$ 长 3m 的钢管制成，下端球脚置于底座的球窝内，上端装配两只滑轮，具体结构如图 19-1-3 所示。

斜撑杆是由 $\phi 40/2mm$ 长 3m 的钢管和两端各长 300mm 的 $\phi 28/3mm$ 钢管焊接而成，然后分别装上具有正、反丝扣的连接头，其结构形式如图 19-1-4（a）所示。

平支撑由长 1.8m 的 $\phi 40/2mm$ 钢管和槽形钢板焊接而成，上端装上长 450mm

$\phi 28/3mm$ 并带有丝扣的连接头，用以连接塔腿顶面的水平材，结构形式如图 19-1-4（b）所示。

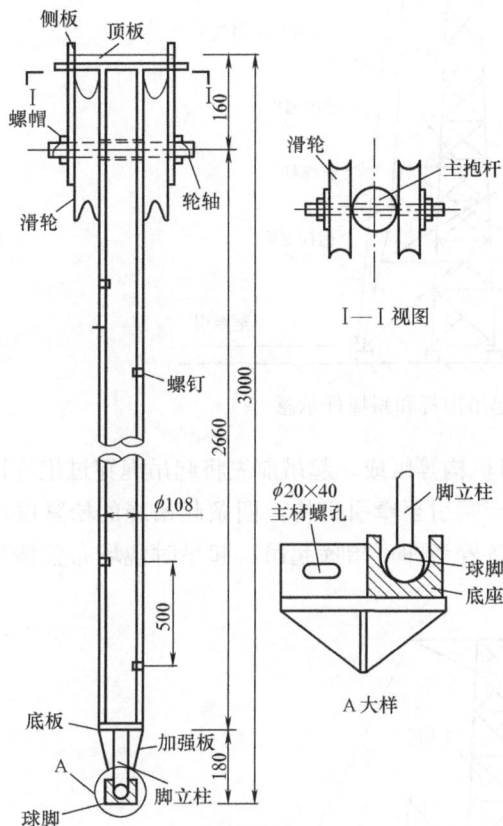

图 19-1-3 起吊抱杆结构图

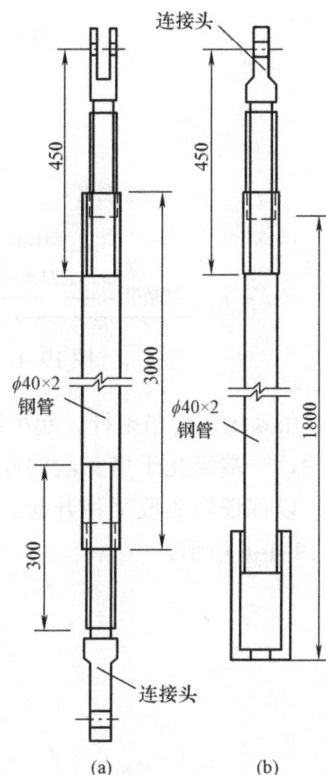

图 19-1-4 斜撑杆和平支撑
（a）斜撑杆；（b）平支撑

起吊抱杆吊装前，在塔头顶部地线支架（或横担）两端悬挂的 10kN 滑轮槽内穿以起吊绳。然后，用牵引装置将起吊抱杆和斜撑杆一并吊上去。

抱杆的球脚落入抱杆底座后，将两根斜撑杆固定在水平材上，然后转动斜撑杆端部的连接头，使起吊抱杆与塔腿主材间形成一个微小的倾角。

抱杆底座的安装位置根据不同塔型设计，主要应考虑抱杆的有效高度和强度，如塔腿主材上无螺孔可利用时，应在铁塔加工时在每根主材上增加两个专用螺孔。吊装起吊抱杆的现场布置如图 19-1-5 所示。

5. 提升塔段

塔段的每次提升操作过程基本相同，下边仅以提升塔头为例进行说明。

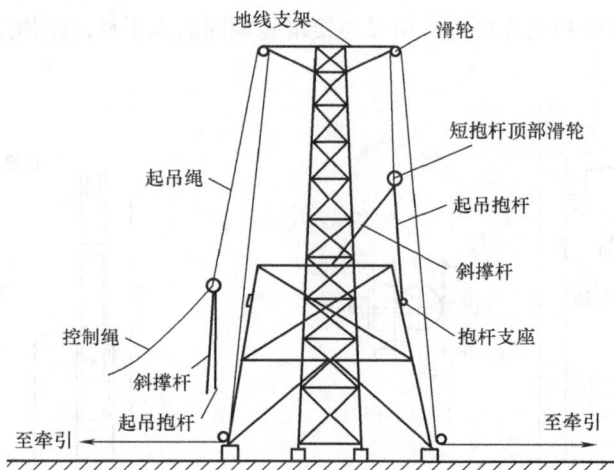

图 19-1-5 吊装起吊抱杆和斜撑杆示意

　　起吊系统由起吊抱杆、起吊绳、牵引机构等组成。起吊前先将起吊绳穿过抱杆顶部滑轮，一端绑扎于塔头段的底部，另一端引至牵引机构。四条起吊绳的松紧度应一致，以保证塔头段平稳升起。一切准备停当即可指挥起吊，起吊时现场布置情况如图 19-1-6 所示。

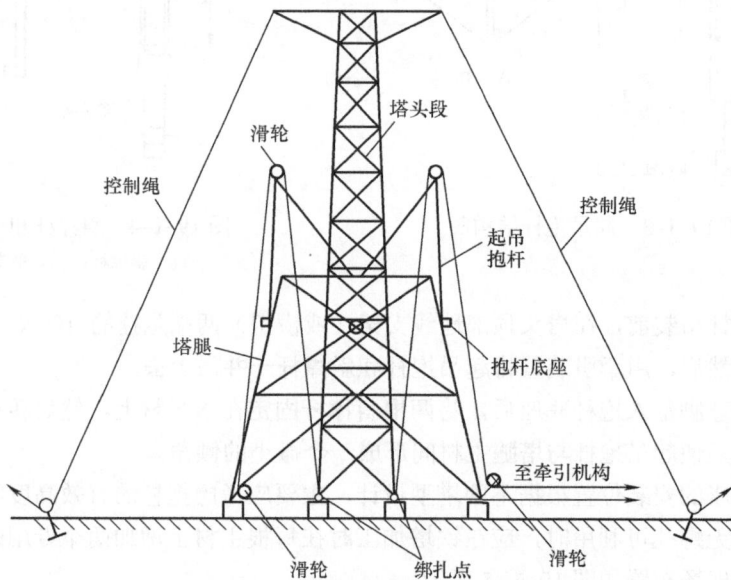

图 19-1-6 倒装组塔提升布置现场示意

提升过程中，应控制塔头在顺线路和横线路两个方向的偏移均不大于 200mm。

塔头段离地约 1m 时暂停牵引，将牵引绳临时固定。这时，将下段各主材分别接装至提升段的相应主材上，每根主材用一个长螺栓连接，然后携带接装段主材继续提升。为了方便下段塔材接装，在提升段的四个绑扎点处各挂一个单滑轮，滑轮内穿入一根 ϕ16 棕绳以便吊装辅材。

塔头段提升至超过接装段主材长度 0.3m 后，停止牵引进行接装段的组装。组装顺序是先装上端连接螺栓，再由上至下安装辅材，安装完毕后拧紧全部螺栓。缓慢放松牵引绳，使接装段慢慢落地。

上述工作完成后，将起吊绳完全放松，再将绑扎点下移至新接装塔段的根部，然后继续提升安装下一段。

6. 连接塔腿

一般提升 3～4 次即可完成铁塔的组立，其中最后一次提升称为"总提升"。此时抱杆、起吊绳、牵引绳等将处于最大受力状态。总提升的目的是将上部塔段与塔腿进行连接。

当提升段主材接近塔腿高度时放慢牵引，然后暂停调整并对位后，即可放落起吊绳，使提升段主材落入塔腿上端的接头板内，随后，立即将接头螺栓安上并初步拧紧，待全部就位后再统一拧紧一次。

7. 拆除起吊抱杆

塔腿连接完毕后，先拆除起吊绳，然后拆除起吊抱杆等。

8. 吊装横担

如果事先没有把全部横担安装在塔头上，最后还要进行横担安装。对于"干"字形塔，横担的吊装分为单边吊装和双边吊装两种，横担吊装前应在与横担连接的铁身主材间临时用双钩紧线器收紧，当横担就位时立即穿上螺栓，随后松开双钩。至此，铁塔全部安装完毕。

三、全倒装组塔

全倒装组塔是利用所谓的倒装架将铁塔从塔头段开始，不断提升不断接入下一段，最终接入塔腿完成全塔组立的施工方法。全倒装组塔与半倒装组塔有许多异同点，本文仅介绍与半倒装组塔不同之处。

全倒装组塔的施工布置如图 19–1–7 所示。

1. 倒装架安装

倒装架的安装通常有以下两种方法。

（1）利用塔头段组立倒装架。塔头段已立于铁塔的中心位置，螺栓全部拧紧并且四面已打好临时拉线并收紧。然后就可利用塔头段组装倒装架，组装过程一般选择单

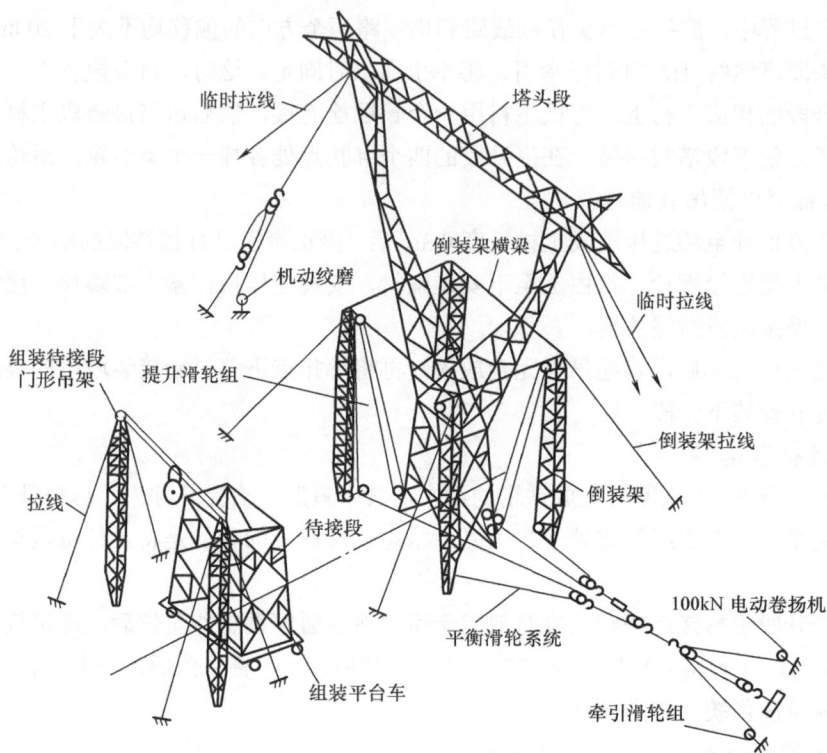

图 19-1-7 全倒装组塔施工现场布置示意

侧吊装，一侧立起后用拉线固定，再吊装另一侧，倒装架吊装完成后四面应打上固定拉线。

（2）利用抱杆起立倒装架。首先，在准备组立倒装架的位置进行地面操平、夯实并垫上枕木，也可事先修筑倒装架混凝土基础。然后，即可用"人"字抱杆逐一吊装倒装架立柱，最后安装横梁。倒装架立好后，同样四面应打上固定拉线。

2. 倒装提升

全倒装组塔的提升方法与半倒装基本相同，但应注意以下几点：

（1）待接段应在预定地点事先组装好。

（2）上部塔身的提升高度应略大于待接装段的高度。

（3）提升过程中应密切监视避免发生刮碰，如有问题随时停止提升并进行处理。

（4）待接段入位后下落提升段，当完全对位后立即安装所有螺栓并拧紧。

（5）待接段接好后经检查确无问题后，即可拆卸提升系统的下滑轮及吊挂件，将吊点下移至新提升段的底端，做好接装下一段的准备。

（6）如当天不能完工，过夜前应将安装完的塔体落地，封好拉线，设专人看守现场。

3. 滑轮组布置

提升使用的滑轮分为提升系统、平衡系统和牵引系统三个滑轮组，如图 19-1-8 所示。

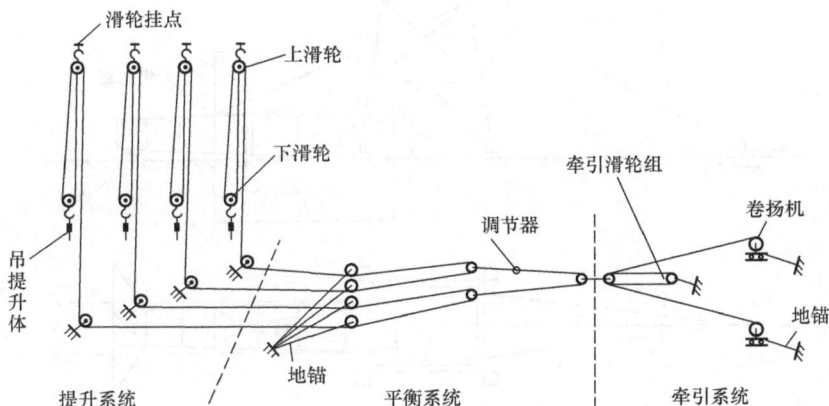

图 19-1-8　提升牵引滑轮系统布置方案

提升系统滑轮组各腿钢丝绳的穿法及上、下滑轮的吊挂方向应一致。提升时，不得妨碍提升或磨损塔体。

牵引、平衡系统滑轮组均应布置在较平坦的地面上，钢丝绳移动不得受阻，必要时可布置在平整的垫板上。平衡系统滑轮组应确保工作时各条钢丝绳能灵活走动。

提升过程中应随时检查所有滑轮是否有卡滞、扭转、转动不灵活或钢丝绳扭绞等情况，发现问题应及时处理。

4. 铁塔临时拉线的操作

铁塔临时拉线无论是人工还是自动控制，均应有效。铁塔提升过程中应随升随放，确保提升体正直平稳上升。

铁塔临时拉线如使用滑轮组控制，滑轮组应有防扭措施，避免钢丝绳扭绞。

5. 观测与监视

施工中应从横、顺线路两个方向观测提升过程中塔体是否倾斜，塔体顶端偏移应控制在 0.3～0.5m 以内（视塔高而定），如偏差较大应及时调整临时拉线。

6. 指挥及通信

指挥所应选在能够观察到整个施工现场，并且接近塔位和牵引机械的位置。通信联络应确保畅通、可靠。

四、倒装组塔施工计算

（一）整立塔头段的受力分析

以半倒装组立铁塔为例，整立塔头段的受力情况如图 19-1-9 所示。为简化计算，忽略塔头段坡度和滑轮摩擦阻力的影响。

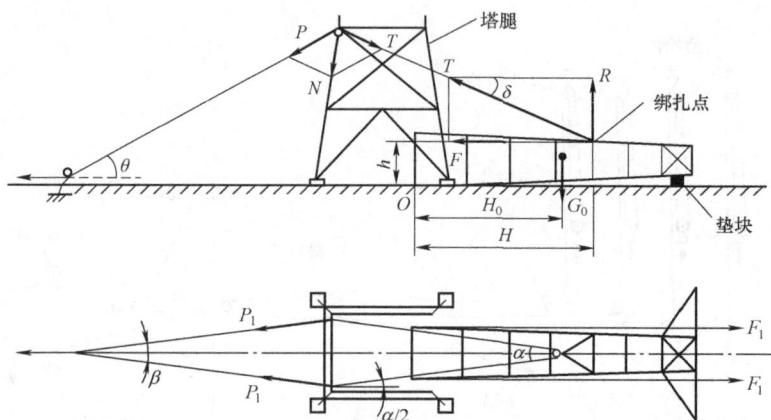

图 19-1-9　整立塔头的受力分析

（1）起吊绳的受力按式（19-1-1）计算

$$T = \frac{9.807 G_0 H_0}{H\sin\delta + h\cos\delta} \qquad (19-1-1)$$

式中　T——起吊绳所受力的合力，N；

$\quad G_0$——塔头段质量，kg；

$\quad H_0$——塔头段重心高度，m；

$\quad H$——塔头段起吊绳绑扎点高度，m；

$\quad h$——塔头段起吊绳绑扎点至塔头段底部着地点水平面的垂直距离，m；

$\quad \delta$——起吊绳与塔头（平卧）轴线间的夹角。

（2）牵引绳受力按式（19-1-2）计算

$$P_1 = \frac{T}{2\cos\dfrac{\beta}{2}} \qquad (19-1-2)$$

式中　P_1——牵引绳受力，N；

$\quad \beta$——两牵引绳间的夹角。

（3）制动绳的受力按式（19-1-3）计算

$$F_1 = \frac{T\cos\delta}{2} \tag{19-1-3}$$

式中　F_1——制动绳的受力，N。

（4）塔腿支承强度的验算。在整立塔头过程中，塔腿起支承作用，这时应考虑塔腿主材及水平材受压后强度能否满足要求。

压杆的稳定压应力应满足

$$\sigma = \frac{N}{\varphi A} \leqslant [\sigma] \tag{19-1-4}$$

式中　N——压杆外荷载，N；

　　φ——中心受压状态下压杆的容许压应力折减系数；

　　A——压杆横截面积，cm^2；

　　$[\sigma]$——许用应力，N/cm^2。

塔腿主材的外荷载 N 为

$$N = T_1(\sin\delta + \sin\theta) \tag{19-1-5}$$

其中

$$T_1 = \frac{T}{2\cos\dfrac{\alpha}{2}} \tag{19-1-6}$$

式中　θ——牵引钢绳与地平面间的夹角；

　　T_1——单根起吊绳的受力，N；

　　α——两起吊绳间的夹角。

由于起吊绳的作用，塔腿顶端水平材承受压力，其荷载为

$$N_s = \frac{1}{2}T\left(\tan\frac{\alpha}{2} + \tan\frac{\beta}{2}\right) \tag{19-1-7}$$

式中　N_s——塔腿顶端水平材的轴向压力，N。

根据施工经验，由于主材规格较大，外荷载对于主材不起控制作用，因此主要应验算水平材的稳定应力能否满足要求。

（二）总提升牵引力分析与计算

总提升时，提升段的荷重应包括被提升塔段自身荷重、风压荷重、偏心荷重及附加工具荷重。其中，风压及偏心荷重予以省略，附加工具总质量取300kg。

总提升时牵引力的计算分析，如图19-1-10（a）所示。

（1）一个腿提升重力的计算。

$$G_T = \left(\frac{G}{4}K_1K_2 + G_2\right) \times 9.807 \tag{19-1-8}$$

式中　G_T——一个塔腿的提升重力，N；

　　　G——总提升塔体质量，kg；

　　　G_2——一个塔腿的附加工具质量，kg；

　　　K_1——动荷系数，一般取 1.2；

　　　K_2——不平衡系数，一般取 1.2。

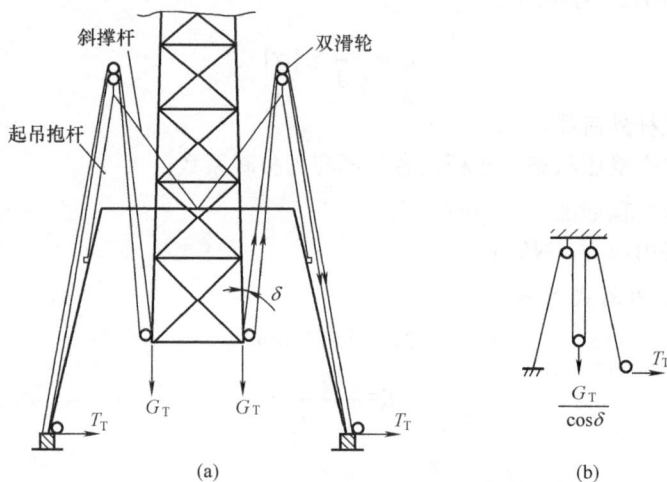

图 19-1-10　总提升牵引力计算分析

(a) 总提升牵引力系；(b) 滑轮组力系

（2）起吊绳受力 T_T 的计算。起吊系统为一对 2 滑轮组，如图 19-1-10（b）所示，T_T 的计算公式为

$$T_T = \frac{G_T}{n\cos\delta}\frac{1}{\eta^n} \qquad (19\text{-}1\text{-}9)$$

式中　δ——起吊绳与吊件铅垂线间的夹角；

　　　η——起吊滑轮组的效率，一般取 0.95；

　　　n——起吊绳的数目。

（3）总牵引力 P

$$P = NT_T = \frac{NG_T}{n\cos\delta} \times \frac{1}{\eta^n}$$

式中　N——受牵引绳牵引作用的塔腿数量，通常为 4。

（三）例题计算

现有一基 220kVJK-23 跨越塔，采用半倒装组塔方法，全塔总重 11 804kg，总提升质量（除去塔腿重量）G 为 9100kg，试计算总牵引力 P，施工布置情况如图 19-1-10 所示。

解：

将 G 代入式（19-1-8），则每根抱杆的提升重力为

$$G_T = \left(\frac{9100}{4} \times 1.2 \times 1.2 + \frac{300}{4} \right) \times 9.807 = 32\ 863.3\ (N)$$

设 $\delta=6°$，起吊绳数为 2，应用式（19-1-9），则起吊绳受力为

$$T_T = \frac{32\ 863.3}{2\cos 6°} \times \frac{1}{0.95^2} = 18\ 307.1\ (N)$$

总牵引力为

$$P = 4T_T = 4 \times 18\ 307.1 = 73\ 228.4\ (N)$$

【思考与练习】

（1）什么是全倒装组塔和半倒装组塔？

（2）半倒装组塔如何进行塔腿连接？

（3）全倒装组塔如何布置提升牵引滑轮系统？

◢ 模块 2　直升机吊装组塔（ZY0200105003）

【模块描述】 本模块包括直升机吊装飞行特性、基本理论计算、吊挂机构与连接方式、吊装过程及吊装作业注意事项等。通过形象化介绍，了解国内外直升机组塔方法。

【模块内容】

直升机由于具有可在空中悬停和平稳爬高的技术性能，用它可以执行其他类型飞机或施工机械难以完成的工作，因此在不同领域获得了广泛应用。在输电线路施工及运行中，可以用来展放导地线、线路巡视，还可用于吊装运载等。

本文通过某工程实例，介绍直升机吊装组塔施工工艺及技术特点。

一、直升机吊运飞行特性

1. 直升机飞行的力学特性

直升机能够利用旋翼的旋转实现爬升或下降，也可在一定高度上悬停，如图 19-2-1 所示，

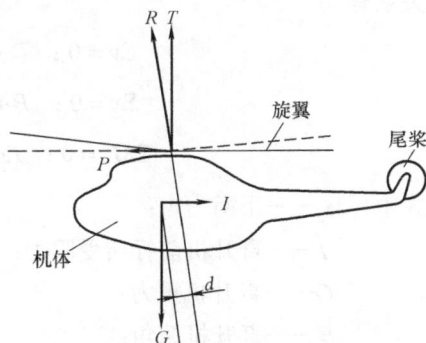

图 19-2-1　直升机工作原理示意

其工作时的力学特性为

（1）悬停时：$T=G$；

（2）垂直爬升：$T>G$；

（3）垂直下降：$T<G$。

为使直升机能够获得前进的拉力，可适当控制直升机旋翼的旋转平面有一定的倾斜角，旋翼拉力 R 由两部分组成：

（1）T（上升力），用以平衡重力 G；

（2）P（水平拉力），用以克服机体所受阻力 I。

由于 R 产生了一个相对于重心的力矩"$d \times R$"将导致机头向下倾斜。当 $|T|<|R|$ 时，垂直升力减小。对于旋翼拉力 R 而言，旋翼平面的任何倾斜（前进、转弯或侧滑）都将使上升力减小。

尾桨（反扭矩旋翼）的功能是平衡机体不向旋翼转动方向扭转。

2. 直升机吊装组塔作业特点

（1）受地形影响，飞行高度多变。

（2）受气流影响，易造成直升机颠簸、侧倾或侧滑，易引起吊挂物摆动。

（3）直升机在吊装时，功率消耗大，旋翼处于大扭矩工作状态。

（4）施工中受地形或场地影响，有时须临时着陆，飞行员要有灵活的驾驶技术。

（5）直升机悬停时稳定性差，而吊装组塔的整体就位与分段对接作业要求吊件稳定，飞行员必须与现场指挥密切配合。

（6）直升机作业效率与飞行高度、气温等有关，高海拔及高温度地带，直升机吊运能力将有所下降。

3. 直升机吊塔飞行的特性

（1）吊塔飞行直接影响到直升机飞行的姿态，如图 19-2-2 所示，这时的力平衡关系有

$$\Sigma y = 0 : \quad T-(G+q)\cos\theta - I\sin\theta = 0 \qquad (19\text{-}2\text{-}1)$$

$$\Sigma x = 0 : \quad P+(G+q)\sin\theta - I\cos\theta = 0 \qquad (19\text{-}2\text{-}2)$$

$$\Sigma M_z = 0 : \quad Tx+Py-qx_1 - M_z - \Delta M_z = 0 \qquad (19\text{-}2\text{-}3)$$

式中　M_z——平衡力矩；

　　　I——直升机前行所受阻力；

　　　G——直升机重力；

　　　θ——直升机俯角；

　　　P——直升机旋翼水平拉力；

　　q ——塔重；

　　ΔM_z ——直升机抬头力矩。

　　由于 θ 很小，$\sin\theta \approx \theta$；$\cos\theta = 1$；将式（19–2–3）进行替代整理得到

$$\theta = \frac{I - P}{G + q} \tag{19-2-4}$$

　　从式（19–2–4）可见，直升机吊塔飞行时影响到仰俯角 θ 变化的因素增加了塔重 q。当直升机重心移至旋翼轴前边时，随着吊重的增加将使直升机抬头力矩增大，仰俯角 θ 减小。

　　（2）考虑塔身受空气阻力影响，如图 19–2–3 所示，直升机力和力矩的平衡关系如下

$$\Sigma y = 0：\quad T - (G + q)\cos\theta - I\sin\theta - q_1\sin\theta = 0 \tag{19-2-5}$$

$$\Sigma x = 0：\quad P + (G + q)\sin\theta - I\cos\theta - q_1\cos\theta = 0 \tag{19-2-6}$$

$$\Sigma M_z = 0：\quad Tx + Py - qx_1 + q_1 y_1 - M_z - \Delta M_z = 0 \tag{19-2-7}$$

式中　q_1 ——塔身所受空气阻力。

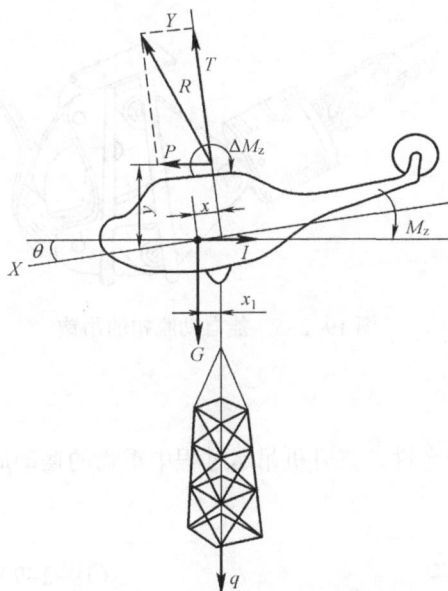

图 19-2-2　直升机吊塔时平衡力系　　　　图 19-2-3　直升机吊塔飞行时的平衡力系

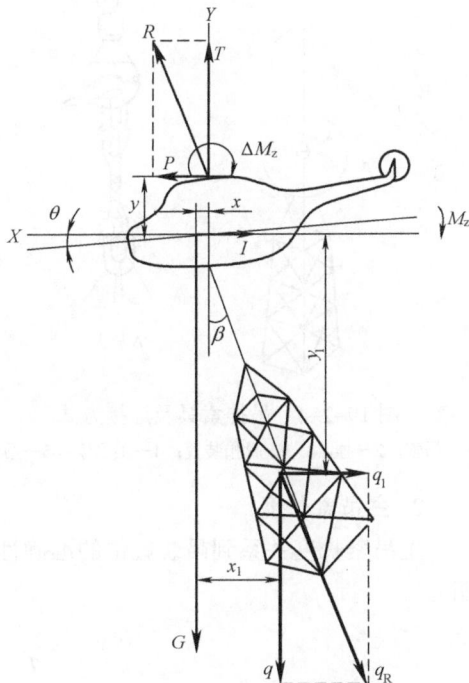

当 θ 很小时，近似计算可用式（19–2–8）

$$\theta = \frac{I + q_1 - P}{G + q} \qquad (19\text{–}2\text{–}8)$$

当阻力 q_1 较大时，将会使直升机增加一个低头力矩，俯角 θ 将增加。

二、吊挂索具及连接方式

1. 吊挂索具及吊挂连接方式

直升机吊挂索具由吊索、挂具、脱扣装置、主吊索、吊钩五个部件构成，如图 19–2–4 所示。吊钩具有自动脱扣功能，脱扣时只要操作脱扣装置即可将主吊索和吊钩一起脱掉。这种专业索具在紧急情况下应能自动脱钩，如图 19–2–5 所示。

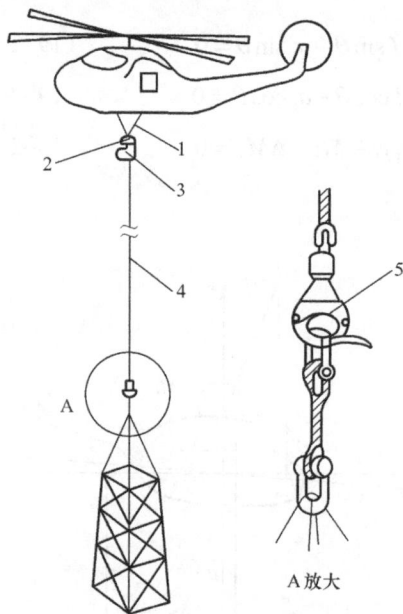

图 19–2–4 吊挂索具及连接方式

1—吊索；2—挂具；3—脱扣装置；4—主吊索；5—吊钩

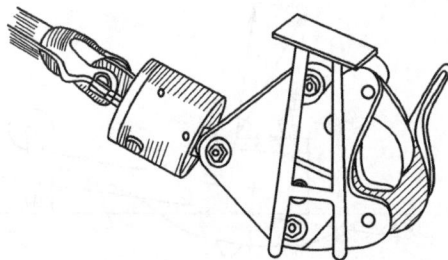

图 19–2–5 能自动脱扣的吊钩

2. 主吊索长度

主吊索长度关系到吊装就位的准确性和安全性。直升机吊运过程中重物的摆动周期为

$$T = 2\pi\sqrt{\frac{L}{g}} \qquad (19\text{–}2\text{–}9)$$

$$f = \frac{1}{T} = \frac{1}{2\pi\sqrt{\dfrac{L}{g}}} \tag{19-2-10}$$

式中　L——主吊索长度，m；

　　　g——重力加速度，9.807m/s²。

如果 L 越大，则 f 越低，但 T 增加。理论上，L 越大越有利直升机控制摆动以保持正常飞行，但太长也是不必要的。当 L=30m 时，吊件的摆动频率为 0.09Hz，摆动周期为 11s，这个周期已能满足飞行员在操作上修正直升机的飞行状态了。实践证明，主吊索过短会导致吊件就位困难。

3. 吊挂索具及吊挂方式

直升机吊运时，吊件的稳定除与上述主吊索长度有关外，还与吊件重量、体型尺寸及所采用的吊挂方式有关。直升机有几种吊挂方式，如图 19-2-6 所示。

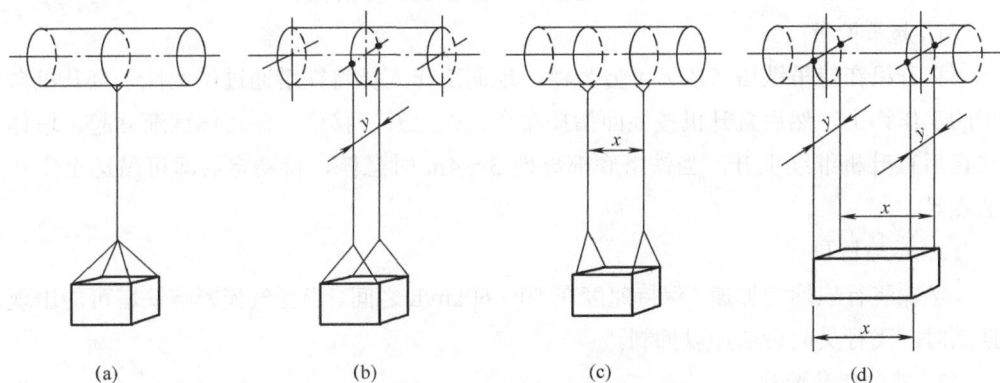

图 19-2-6　吊索的几种吊挂方式
(a) 单点连接；(b) 双点横列连接；(c) 双点纵列连接；(d) 四点连接

（1）单点连接。图 19-2-6（a）所示为一种最简单、常用的吊挂方式，吊件仅有较小摆动，稳定性尚好。

（2）双点连接。双点吊挂有两种，横列连接如图 19-2-6（b）所示，纵列连接如图 19-2-6（c）所示。其中前者对偏航有稳定作用，后者对仰俯有稳定作用。这两种吊挂方式产生的稳定力矩，可按式（19-2-11）和式（19-2-12）计算。

横列连接时

$$M_s = \frac{Gy^2}{57.3L} \tag{19-2-11}$$

纵列连接时

$$M_s = \frac{Gx^2}{57.3L} \qquad (19\text{-}2\text{-}12)$$

式中　G——吊件重量，kN；

　　　L——吊索长度，m。

（3）四点连接。四点连接如图 19-2-6（d）所示，它可同时对仰俯、偏航起稳定和抑制作用，适合于吊装车辆、集装箱等，其稳定力矩按式（19-2-13）计算

$$M_s = \frac{G(x^2 + y^2)}{57.3L} \qquad (19\text{-}2\text{-}13)$$

式（19-2-12）和式（19-2-13）表明：吊件量越大，吊挂点距离越大，吊挂索具越短，则吊件的稳定性越好。

三、吊装铁塔

直升机吊装铁塔，分为起吊、运输、就位组装三个阶段。

1. 起吊阶段

直升机在待吊铁塔（段）上方悬停，地面工作人员将铁塔通过吊索挂于直升机自带的工作钩上，然后直升机按地面指挥命令徐徐上升、移位，使塔体逐渐立起。塔体立直后直升机继续上升，当铁塔底部离地 3～4m 时悬停，待稳定后即可吊运至安装地点。

2. 运输阶段

运输飞行应均匀加速，保持速度在 50～60km/h 之间。当受气流影响铁塔可能出现摆动时，飞行员应设法加以抑制。

3. 就位组装阶段

这是直升机吊装组塔的关键工序，分为整体吊装就位和分解吊装就位两种情形。具体做法将在后续内容中介绍。

直升机吊装铁塔，应注意的事项如下：

（1）直升机悬停应考虑风向影响，直升机逆风悬停可使旋翼输出功率减少，加之尾桨的方向稳定作用，易于使直升机保持稳定。而顺风悬停尾桨作用不佳，方向难以保持。侧向风会使直升机沿风向飘移，旋翼受侧风影响会引起直升机仰俯状态发生变化，并朝迎风方向倾斜，右侧风悬停比左侧风会更有利。

（2）避免发动机出现单发工作状态，单发悬停是指直升机有一台发动机失效的工作状态，这时作业将是十分危险的。一旦出现单发悬停，直升机应果断偏离作业地点，尽快摘开工作钩，同时地面施工人员也应紧急撤离。

（3）飞行前对吊装过程可能出现的种种不利条件应充分予以估计，必要时应进行计算验证。

四、施工现场布置及准备工作

（一）前期准备

1. 料场及临时停机坪的选择

料场和停机坪应就近选择，如条件有限也可分开，但停机坪附近必须设有加油系统。料场和停机坪应能"通电、通交通、通信息"，地势平坦并能存放施工所需器材，满足摆放塔材和组装铁塔的需要。

2. 提前掌握气象情况

在制订施工作业计划前，应认真搜集和调查相关气象资料，作业尽量选在晴好天气进行。

3. 机型的选择

目前，国内的航空运输公司多拥有中、轻型直升机。整体吊装应使用中、重型机，如波音-234、S-64、波音-107等机型。分解吊装可使用中、轻型机，如S-61、波音-107、贝尔-205、米-171、米-8、海豚等机型。总之，选择机型应根据实际情况，力求经济合理、安全可靠。

4. 办理飞行手续

使用直升机作业应按《中华人民共和国民用航空法》《中华人民共和国飞行基本规则》《通用航空飞行管制条例》等法规，提前办好相关手续，经批准后在指定地域内进行飞行作业。

（二）施工现场的准备

（1）停机坪及供油系统已准备好。

（2）铁塔或塔段组装完毕，或虽未组完但不致影响直升机作业。

（3）备齐全部机具，包括索具、导轨、地脚螺栓保护帽等。

（4）安全技术注意事项：整体吊装或分段吊装的底段，由平卧吊起至直立过程中须防备塔材变形；塔脚板进入基础地脚螺栓时，须防备地脚螺栓或基础被碰坏；在塔脚主材间加装临时支撑，如图 19-2-7 所示；将地脚螺栓涂油，试好螺母后在地脚螺栓顶部加装螺栓保护帽（防止螺栓受损）。

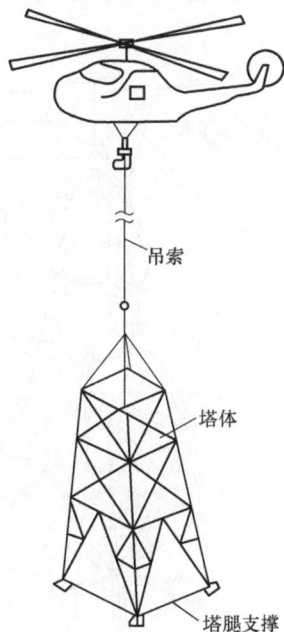

吊索

塔体

塔腿支撑

图 19-2-7 整体吊装示意

五、吊装就位

（一）整体或铁塔底段吊装就位

直升机吊运铁塔至安装地点上空悬停，稳定后指挥直升机缓慢下降，至铁塔接近基础面时，由地面人员配合使塔脚板螺孔正好套进地脚螺栓，然后迅速安装螺母。一切正常后，即可令飞行员脱去工作钩飞离现场。

（二）分解（分段）吊装

当铁塔较重或现有直升机的承载能力不足时，应采用分解吊装法。分解吊装的关键是就位对接。施工方法有以下三种：

1. 导轨自动就位法

这是一种不需要人上塔配合就可自动就位的方法，此法既安全可靠，效率又高，但直升机须加装防止塔段扭转装置。为了实现安全自动就位，专门设计了一种限制吊件旋转的装置，使用它可阻止铁塔在空中旋转，便于飞行员调整铁塔方位使之沿导轨准确就位。所谓"导轨"根据塔形结构的不同，有多种形式，对于自立塔有内导轨和外导轨。内导轨固定于塔段顶端主角钢的内侧，同时在外侧加装定位挡板，使上部待接塔段能准确入位，如图 19-2-8 所示。这种导轨可用于普通塔或酒杯塔曲臂以下塔身的自动对接，分解吊装自动就位的施工情况，如图 19-2-9 所示。外导轨固定于塔段顶端主角钢的外侧，用于酒杯塔曲臂以上塔头部分的自动对接。

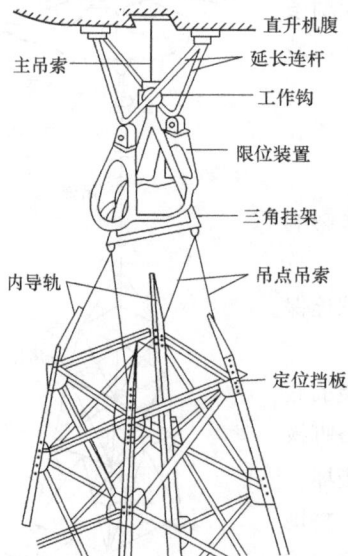

图 19-2-8　分段吊运带有内导轨的塔段

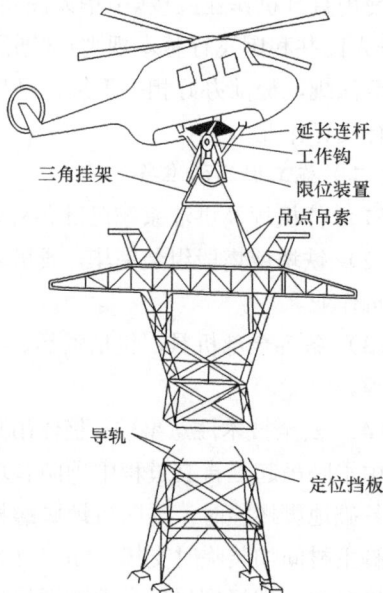

图 19-2-9　分段吊装自动就位示意

采用导轨自动就位方法施工时，直升机吊运塔段到达塔位上空即悬停，调正方位后慢慢下降，使塔段底部沿导轨下滑与下部塔身准确对正。就位完毕后，直升机即可脱开工作钩离去，之后施工人员上塔安装螺栓。

2. 塔上人工就位法

此种方法与我国传统的分解组塔法类似。直升机吊挂的塔段底部四根主角钢分别都绑有一根控制绳，塔上人员牵引绳头控制塔段方位。当直升机将塔段吊运至塔位上空时，在塔上指挥人员指挥下，缓慢下降同时调整位置使塔段准确就位，具体情况如图 19-2-10 所示。

采用这种方法塔上需有人配合，有一定危险性，要求飞行员操作精准并密切与塔上人员配合。施工注意事项如下：

（1）塔段吊点布置要正确，要求吊挂塔段悬空时与就位时的状态一致，确保四角同时就位。

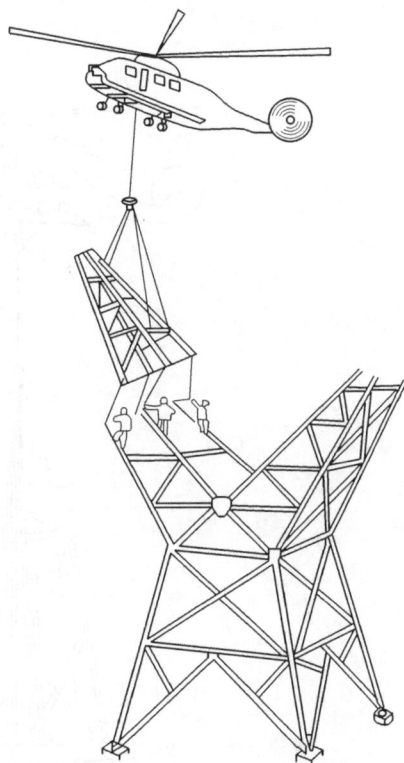

图 19-2-10　塔上人工就位示意

（2）塔上人员在接触即将就位的塔段之前，为防止其在空中运动可能产生的静电电击，须用带有接地线并做好接地的金属钩先钩住吊件。

3. 有导轨半自动就位法

应用此种方法虽然下段塔顶有导轨，但仍需要靠人控制就位绳才能使塔段就位。具体作法，结合某单位的施工实践，简要介绍如下：

（1）选用机型：如 S-61。

（2）主要配套工具：

1）对接导轨，二合式内导轨及其附件（另行设计制造）。

2）主吊索（含工作钩）。

（3）索具及附件连接方式，如图 19-2-11 所示。

（4）就位操作程序：

1）直升机吊运塔段至塔位上空悬停，下降至吊件底端接近地面，人工将已配置好的就位绳挂在限位耳板上并将余绳收回。

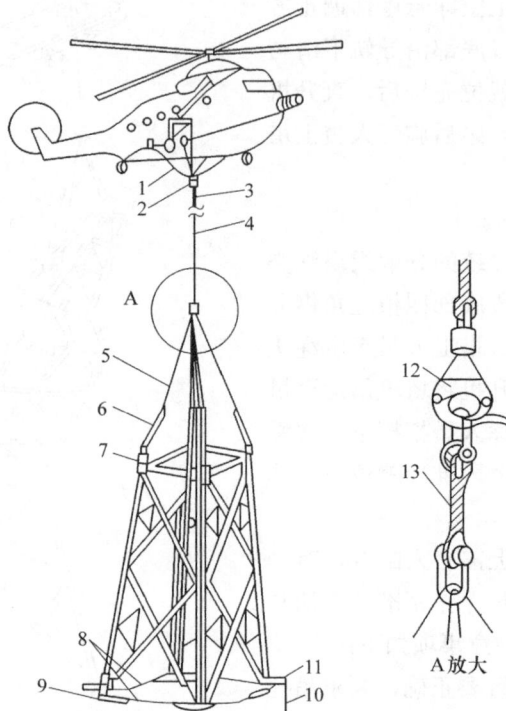

图 19–2–11　吊运带半自动就位导轨的塔段

1—连身绳；2—安全钩；3—旋转器；4—主吊索；5—吊点绳；6—内导轨；7—绑扎麻袋片；8—限位绳；
9—限位板；10—辅助就位绳；11—挂绳耳板；12—工作钩；13—短绳套

　　2）直升机升高、移位至目标塔位的上空，平稳下降，地面人员控制就位绳引导被吊塔段进入导轨。

　　（5）内导轨及附件的布置，如图 19–2–12（a）所示。内导轨 6 与外挡板 8 通过螺栓连接固定于主材上，如图 19–2–12（b）所示。利用外挡板 8 控制被吊塔段下部限位板 3 准确到位，限位板 3 上的限位板耳板 4 用于连接限位绳。

　　【思考与练习】

　　（1）直升机的飞行力学特性是什么？

　　（2）直升机吊装组塔前期准备工作有哪些？

　　（3）直升机吊装铁塔分几个阶段进行？每个阶段应注意什么？

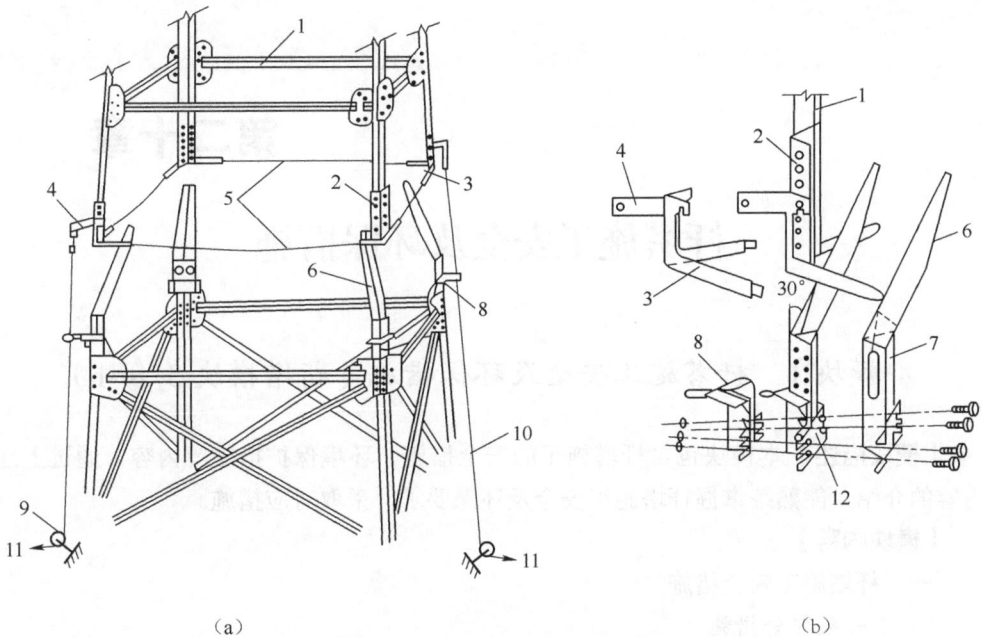

（a）

（b）

图 19-2-12 上下塔段通过导轨就位示意

（a）导轨及附件安装布置图；（b）两合式内导轨结构组装图

1—上段主材；2—主材连板；3—限位板；4—限位板耳板；5—限位绳；6—内导轨；7—下段主材；

8—外挡板；9—滑轮；10—辅助就位绳；11—控制拉绳；12—固定外挡板辅助材

第二十章

杆塔施工安全及环保措施

▲ 模块 1　杆塔施工安全及环保措施（新增模块 3-8-1）

【模块描述】本模块包含杆塔施工的安全措施、环境保护措施等内容。通过上述内容的介绍，能熟练掌握杆塔施工安全及环保要求，采取对应措施。

【模块内容】

一、杆塔施工安全措施

（一）一般安全措施

（1）施工人员应经安全技术交底，并明确施工的安全措施。

（2）现场作业人员应听从指挥人员的指挥，坚守工作岗位，严禁违章作业。进入现场必须戴安全帽。

（3）使用的工器具进场前应检查合格，不合格者不得使用。

（4）工作场地应设置明显标志，悬挂安全警示牌，非工作人员严禁入内。

（5）施工人员应熟悉作业区域内的环境，作业前应清除附近障碍物，并在作业区周围设置明显标志。

（6）施工作业应设现场指挥人和安全监护人。

（7）遇有雷雨、暴雨、浓雾、沙尘暴、六级及以上大风时，不得进行高处作业和杆塔组立作业。

（二）高处作业的安全措施

（1）严格执行 DL/T 5009.2—2004 第 8 章有关高处作业及交叉作业的规定。

（2）登塔前必须对安全用具进行全面检查。必须正确佩戴安全帽、安全带或腰绳、防坠器等。

（3）登塔前必须确认铁塔地脚螺母已装齐且拧紧，接地装置与塔腿已可靠连接。

（4）安全带或腰绳必须拴在牢固的构件上，且不得低挂高用。作业过程中应随时检查安全带或腰绳是否拴牢，不得随意解开安全带或腰绳，必须坚持"解带不作业，作业不解带"的原则。

（5）高处作业应将小件工具及螺栓、垫圈等小件材料装人工具袋，严禁以衣、裤口袋代替工具袋，严禁小件机具、材料掉落地面。

（6）高处作业传递物件应使用绳索（例如尼龙绳等），严禁向下抛掷。

（7）高处作业人员中应指定一人为负责人，并负责与地面指挥人联系，保持高处与地面作业的协调配合。

（8）已组塔体上严禁搁置暂不用的辅材，不能立即安装的辅材或规格不适用的辅材必须送回地面。

（三）吊装构件的安全措施

（1）吊装构件过程中，吊件下方严禁有人。

（2）在受力钢丝绳的内侧严禁有人。

（3）吊件的绑扎点应靠近构件的节点处，两吊点绳间夹角不应大于120°。被吊塔片纵向长度应经验算确定，一般情况下不得大于12m。构件的补强方案应符合作业指导书的要求。

（4）钢丝绳与构件绑扎处应垫麻布、方木等软垫。

（5）承托绳悬挂点的塔体断面应有大水平材（即两主材间直接连接的水平材），若无大水平材应验算塔体强度能否满足承托绳张力要求，必要时应采取补强措施。

（6）塔片吊离地面后应暂停牵引，检查各连接索具是否牢固及塔片有无变形，配装在工具袋的接头螺栓是否齐全。

（7）塔片起吊过程中，指挥人应在起吊方向的侧面，随时观测塔片与已组塔体的间距宜保持在0.2～0.5m，严防塔片与已组塔体碰撞或挂住。

（8）塔片起吊过程中，攀根绳应根据指挥人的指令缓慢松出，不得拉得过紧或过松。

（9）塔片起吊过程中，塔上作业人员应站在起吊构件反侧的安全位置，随时监视构件及拉线、承托绳工作动态，发现异常情况及时报告指挥人。

（10）塔片起吊过程中，腰环应呈松弛状态，不得受力。

（11）塔片就位时应先低侧后高侧。主材和大斜材（连接同一平面的两根主材间的斜材为大斜材）未连接牢固前，不得在吊住的塔片上作业。

（12）拆除吊点绳时，应防止甩动伤人。

（四）操作机动绞磨的安全措施

（1）机动绞磨放置应平稳，锚固必须可靠，受力前方不得有人。

（2）作业前应对机动绞磨进行全面检查并空载试运转。

（3）机动绞磨的机手应有操作合格证，不得由他人代为操作。

（4）拉磨尾绳不得少于2人，且应站于桩锚后面及绳圈外侧。

（5）牵引绳应从卷筒下方卷入，并排列整齐，缠绕不得少于 5 圈。

（6）机动绞磨的使用应执行 DL 5009.2—2004 第 14 章 14.3 节有关规定。

（五）起重机的操作安全措施

（1）起重机使用前应对其性能进行检查，确认各部位良好后再投入作业。

（2）吊装作业前，参加铁塔吊装的司机、起重工、施工负责人等应熟悉起重机性能及被吊塔片的技术参数，如重量、起吊高度、重心高度等。

（3）指挥起重机作业时，信号必须统一、清楚、正确和及时，信号不明时严禁盲目操作。

（4）起重机吊装塔片或塔段时，在吊臂回转范围内，吊件下方严禁有人通过，更不允许在塔片下方逗留。

（5）禁止起重机在高压线下方和带电区域工作。如果必须在高压线下方工作时，起重机最高点与带电线路间必须保持一定的安全距离，见表 20-1-1。

表 20-1-1   **起重机与带电体的最小安全距离**

线路电压等级（kV）	<1	1～10	35～63	110	220	330	500
最小安全距离（m）	1.5	2.0	3.5	4.0	6.0	7.0	8.0

（6）严禁起重机偏拉斜吊。

（7）起重机操作严格执行"十不吊"：① 指挥信号不明不吊；② 地下埋物不吊；③ 吊物上站人不吊；④ 吊臂下有人不吊；⑤ 零散物品没有容器不吊；⑥ 起重量不明不吊；⑦ 天气不满足吊装安全要求不吊；⑧ 严禁斜拉斜拽；⑨ 夜间照明不良不吊；⑩ 超载不吊。

（六）组立高塔的安全措施

组立高塔除应遵守常规立塔安全措施外，尚应执行下列要求。

1. 高处作业

（1）钢管主材上设置有防高空坠落自锁的导索，导索安装后应有专人检查，合格后方可使用。

（2）登塔必须使用安全自锁器。塔上作业除系好航空安全带外，还应挂好两道防护绳。塔上长距离移动时必须使用速差自控器。在塔上的任一瞬间都不得失去保护。

（3）塔上每道水平材上方约 1.5m 处应设置一条 GJ-50 型钢绞线收紧连接于相邻两主材之间，作为作业人员悬挂安全带及扶手，以便行走。

（4）塔上作业工具均应拴一尾绳，操作时将尾绳系在构件上，防止工具坠落。

（5）构件连接螺栓应装入工具袋，与构件起吊同时吊上。

（6）严禁被吊构件未就位而悬吊在空中或浮搁在已组塔体上。

（7）吊装小件物件时，所用吊绳应为循环绳，并有人在地面控制，防止物件较轻时在空中飞舞。

2. 设置安全网

（1）高塔组立一般应设置少于两道的安全网，最低一道网高度约为铁塔高度的1/3处，最高一道网应位于下横担的下方约15m处。

（2）安全网的外周用ϕ11mm钢丝绳并用花篮螺丝收紧悬挂于钢管主材上。安全网的内周用ϕ12mm迪尼玛绳收紧。网格绳用尼龙绳制作，网格尺寸不应大于200mm×200mm。

（3）安全网仅设置于铁塔平隔面断面处，但不得影响提升抱杆或上下穿行的钢丝绳。

（4）安全网的任一处容许承载力不小于5kN，20m高处坠落100kg单个非尖锐物件时不应破断。

3. 施工电源

（1）工地用电应配备经检验合格的配电盘。使用的电缆必须绝缘良好，敷设有序，不得乱拉乱搭。必须沿地面敷设的电缆应采取埋入地面或加套管等保护措施。

（2）电动机械设备均应安装漏电保护装置及可靠接地，使用前均应检查。

（3）抱杆上警航灯及转动支撑的电缆应固定在安全位置，引到地面时应留有预留长度，升抱杆时应同步放出。

（4）施工电源应有专人（电工）负责维护、巡检，及时维修。

4. 操作卷扬机

（1）卷扬机应由经过培训并考核合格的专门人员操作。操作工对电气控制柜上的各个按钮对应的功能和控制的卷扬机应十分熟悉，启动时不得快速跳挡。

（2）卷扬机操作工应在每日工作前试验和检查刹车是否可靠，检查钢丝绳运动方向上及进出口是否正常，检查过载保护是否有效，开机后不得离开岗位，不得他人代替操作。

（3）卷扬机操作工必须得到指挥开机信号后才能启动卷扬机。接到任何人发出的停机信号时，必须立即停机。

（4）卷扬机操作工当日工作结束后，应关闭电源，锁好配电箱。

（5）卷扬机操作工必须按规定开启和关闭警航灯电源。

（6）卷扬机在运转中制动失灵的情况下，应利其正转、反转来主动控制构件落地或做循环运动；不得切断主电源，使构件处失控状态；待问题处理好后方准正常操作。

（7）发生电气火灾时，应立即切断主电源。

（8）卷扬机运转中突然失电，卷扬机会自锁且停止转动，此时应立即启用备用电源，使构件缓慢落地。待失电问题消除再继续运转。

（七）锚桩及地锚设置的要求

1. 桩锚设置的要求

（1）桩锚型式有角铁桩、钢管桩、木桩及地钻等，应根据土质条件及受力大小选择确定。

（2）角铁桩宜使用在较坚硬的土质条件。使用角铁桩应遵循以下规定。

1）当受力为 8kN 以下时宜使用单桩；当受力为 14kN 以下时宜使用双联桩；受力为 14～20kN 时，宜使用三联桩。

2）角铁桩规格宜为 L75mm×8mm×1500mm，打入地面深度不应小于 1m，对地平面夹角宜为 65°～75°。

3）采用两联或三联桩时，前后桩间距不应小于 1m，前后桩间用钢绳套（或 8#铁线套）及花篮螺丝连接收紧。

4）角铁桩打入地下后，应当天使用；隔天、隔夜使用前应检查有无雨水浸入，必要时应拔出重打。

（3）地钻适用于水田或土质较松软的土质条件。使用地钻应遵循以下规定：

1）使用地钻的数目应根据其受力大小确定。

2）地钻入土深度应不小于 1.2～1.5m，依规格而定。

3）采用多根地钻时，直接与拉绳连接的地钻为主地钻，其强度应满足拉绳要求。多根地钻间的连接宜用多钻连接器，以保持受力均衡。

2. 地锚设置的要求

（1）锚体宜使用薄壁钢管或钢板，应根据其拉力大小选择符合设计要求的地锚规格。

（2）地锚的绳套应使用钢丝绳，规格宜比受力拉绳规格增大一级。

（3）地锚的埋置深度应符合作业指导书要求。

（4）地锚坑开挖的要求：

1）开挖深度应为埋置深度加锚体的有效高度。

2）斜向地锚坑应开设马道，马道深度与坡度应与拉绳受力方向基本一致。马道宽度不宜大于 10cm。

3）地锚的拉绳侧（受力方向），坑底应开挖小槽，以便部分锚体嵌固在槽内。

4）施工负责人应检查锚体埋深符合作业指导书要求后，方准填土。

5）地锚应埋土，回填土应夯实。对于坚土，填土深度不得小于埋深的 2/3；对于软土，地锚坑应回填至地面。

二、杆塔施工环保措施

杆塔施工时对环境可造成破坏的项目（如砍伐林木、挖土石方等）应与有关部门办理相关手续，签订协议，并积极争取当地政府和有关部门的配合和支持。施工现场应合理堆放材料，合理进行现场布置，尽量避免占用农田和改变地貌现状。

对杆塔组立中可能造成的环境污染应采取相应的措施。

（1）噪声污染。污染源主要是运输机动车和牵引机械（如机动绞磨等），措施是保持机动车和施工机械的完好状态，减少噪声，合理安排机械使用，减少开机次数；在人口密集区，居住人员休息时尽量不开机。

（2）林木破坏。

1）有计划的必要的林木砍伐：对此要精细测量，凡是不影响杆塔组立和送电安全的林木一律不砍，严禁乱砍。

2）发生火灾造成林木破坏：对此必须严密重视，不得在林木地区使用明火，油料等易燃品严格保管防止渗漏。

（3）水土流失。污染源主要是开挖地锚，地锚坑的开挖应符合作业指导书的规定，控出的土应保管好，组塔完后应将挖土原封回填，不得流失；地表属于坡地时应筑坡保护。

（4）废弃物乱丢。废弃物一律应回收，集中处理，例如油漆瓶、包装筒（袋）及金属和塑料制品，铁塔组立后地表不得残留废弃物。

（5）地表污染。污染源主要是机械油污。措施：施工机械应为合格产品，无泄漏缺陷；定期进行保养以保持机械的良好状态；设置专用容器回收废油。已漏油污应清理干净或进行深埋。

（6）现场机具、材料应分别摆放，摆放应整齐、有序、有标识，禁止乱堆乱放。

【思考与练习】

（1）高处作业的安全措施有哪些？

（2）操作机动绞磨的安全措施有哪些？

（3）简要说明组立高塔的安全措施。

（4）简要说明杆塔施工的环保措施。

第二十一章

杆塔工程检查验收

▲ 模块1 杆塔工程检查验收（GYSD00701001）

【模块描述】本模块包含杆塔工程验收的一般规定，验收项目、标准、方法等内容；通过内容介绍，熟知验收项目、标准，掌握验收方法的要求。

【模块内容】

杆塔是线路工程的重要组成部分，主要起到支撑导线和避雷线及其附件并保证其安全运行的作用，杆塔按类别来分主要包括自立塔、拉线塔、混凝土电杆、钢管杆等。本模块主要对杆塔工程验收的一般规定、验收项目及标准要求等进行详细描述。

一、杆塔工程验收的一般规定

（1）杆塔工程验收必须按照 GB 50233—2014《110kV～500kV 架空输电线路施工及验收规范》等的有关规定进行，查阅铁塔工厂验收纪要和提出的整改要求，杆塔镀锌均匀，镀锌层厚度符合相关规定，逐基按设计图纸登塔检查和核测。杆塔各部件应齐全，规格符合规程和图纸要求。

（2）杆塔各构件的组装应牢固，交叉处有空隙时应装设相应厚度的垫圈或垫板。

（3）当采用螺栓连接构件时，应符合下列规定：

1）螺栓应与构件平面垂直，螺栓头与构件间的接触处不应有空隙。

2）螺母紧固后，螺栓露出螺母的长度：对单螺母，不应小于 2 个螺距；对双螺母，可与螺母相平。

3）螺栓加垫时，每端不宜超过 2 个垫圈。

4）连接螺栓的螺纹不应进入剪切面。

（4）螺栓的穿入方向应符合下列规定：

1）对立体结构：

a）水平方向由内向外。

b）垂直方向由下向上。

c）斜向者宜由斜下向斜上穿，不便时应在同一斜面内取统一方向。

2）对平面结构：

a）顺线路方向，应由小号侧穿入或按统一方向穿入。

b）横线路方向，两侧应由内向外，中间应由左向右或按统一方向穿入。

c）垂直地面方向，应由下向上。

d）斜向者宜由斜下向斜上穿，不便时应在同一斜面内取统一方向。

e）对于十字形截面组合角钢主材肢间连接螺栓，应顺时针安装。

注：个别螺栓不易安装时，穿入方向允许变更处理。

（5）杆塔部件组装有困难时应查明原因，不得强行组装。个别螺孔需扩孔时，扩孔部分不应超过 3mm，当扩孔需超过 3mm 时，应先堵焊再重新打孔，并应进行防锈处理。不得用气割扩孔或烧孔。

（6）杆塔连接螺栓应逐个紧固，受剪螺栓紧固扭矩值不应小于表 21-1-1 的规定。其他受力情况螺栓紧固扭矩值应符合设计要求。螺栓与螺母的螺纹有滑牙或螺母的棱角磨损以致扳手打滑的，螺栓应更换。

表 21-1-1　　　　　　　　螺栓紧固扭矩标准

螺栓规格	扭矩值（N·m）
M16	80
M20	100
M24	250

（7）杆塔连接螺栓在组立结束时应全部紧固一次，检查扭矩值合格后方可架线。架线后，螺栓还应复紧一遍。

（8）杆塔组立及架线后，其结构允许偏差应符合表 21-1-2 的规定。

表 21-1-2　　　　　　　　杆塔结构的允许偏差

偏差项目	110kV	220～330kV	500kV	750kV	1000kV	高塔
杆塔结构根开	±30mm	±5‰	±3‰	±2.5‰	—	—
杆塔结构面与横线路方向扭转	30mm	1‰	4‰	4‰	—	—
双立柱杆塔横担在主柱连接处的高差（‰）	5	3.5	2	2	—	—
悬垂杆塔结构倾斜（‰）	3	3	3	3	3	1.5
悬垂杆塔结构中心与中心桩间横线方向位移（mm）	50	50	50	50	50	—

续表

偏差项目	110kV	220～330kV	500kV	750kV	1000kV	高塔
转角塔杆结构中心与中心桩间横、顺线路方向位移（mm）	50	50	50	50	50	—
等截面拉线塔主柱弯曲（‰）	2	1.5	1（最大30mm）	1	—	—

注　悬垂杆塔结构倾斜不含套接式钢管电杆。

（9）自立式转角塔、终端耐张塔组立后，应向受力反方向预倾斜，预倾斜值应根据塔基础底面的地耐力、塔结构的刚度以及受力大小由设计确定。架线挠曲后仍不宜向受力倾斜。对较大转角塔的预倾斜，其基础顶面应有对应的斜平面处理措施。

（10）拉线塔、拉线转角杆、终端杆、导线不对称布置的拉线直线单杆，组立时向受力反侧（或轻载侧）的偏斜不应超过拉线点高的 3‰。在架线后拉线点处的杆身不应向受力侧挠倾。

（11）角钢铁塔塔材的弯曲度应按现行国家标准《输电线路铁塔制造技术条件》GB/T 2694 的规定验收。对运至桩位的个别角钢，当弯曲度超过长度的 2‰，但未超过 GB 50233—2014 表 7.1.11 的变形限度时，可采用冷矫正法矫正，但矫正的角钢不得出现裂纹和锌层脱落。

（12）为防止杆塔塔材遭窃而倒塔等，杆塔基准面以上主材 2 个段号的塔材连接应采用防盗螺栓。

（13）杆塔标志验收要求。

工程移交时，杆塔上应有下列固定标志：

1）线路名称或代号及杆塔号。

2）耐张型、换位型杆塔及换位杆塔前后相邻的各一基杆塔的相位标志。

3）高塔按设计规定装设的航行障碍标志。

4）多回路杆塔上的每回路位置及线路名称。

（14）拉线验收检查要求。

1）拉线安装后应符合下列规定：

a）拉线与拉线棒应呈一直线。

b）X 形拉线的交叉点处应留足够的空隙，避免相互磨碰。

c）拉线的对地夹角允许偏差应为 1。

d）NUT 形线夹带螺母后的螺杆必须露出螺纹，并应留有不小于 1/2 螺杆的可调螺纹长度，以供运行中调整；NUT 形线夹安装后应将双螺母拧紧并应装设防盗罩。

e）组合拉线的各根拉线应受力均衡。

2）对于楔形线夹安装的拉线，应符合下列要求：

a）线夹的舌板与拉线应紧密接触，受力后不应滑动。线夹的凸肚应在尾线侧，安装时不应使线股损伤。

b）拉线弯曲部分不应有明显松股，断头侧应采取有效措施，以防止散股。线夹尾线宜露出 300～500mm，尾线回头后与本线应用镀锌铁线绑扎或压牢。

c）同组及同基拉线的各个线夹，尾线端方向应力求统一。

二、杆塔工程验收项目、标准、方法

（1）自立塔检查验收等级评定标准及检查方法见表 21-1-3。

表 21-1-3　　　　　　　自立塔检查验收等级评定标准及检查方法

序号	性质	检查（检验）项目	评级标准（允许偏差）		检查方法
1	主控	部件规格、数量	符合设计要求		与设计图纸核对
2	主控	节点间主材弯曲	1/750		弦线、钢尺量
3	主控	转角塔、终端塔倾斜	符合设计要求		经纬仪、塔尺测量
4	一般	直线塔结构倾斜（%）	一般塔	0.3	经纬仪、塔尺测量
			高塔	0.15	
5	一般	螺栓与构件面接触及露扣情况	符合现行 GB 50233—2014《110kV～500kV 架空输电线路施工及验收规范》第 7.1.3 条规定		检查
6	一般	螺栓防松	符合设计要求		检查
7	一般	螺栓防卸	符合设计要求		检查
8	一般	脚钉	符合设计要求		检查
9	一般	螺栓紧固	符合现行 GB 50233—2014《110kV～500kV 架空输电线路施工及验收规范》第 7.1.6 条规定，且紧固率应满足：组塔后 95%，架线后 97%		扭矩扳手检查
10	一般	螺栓穿向	符合现行 GB 50233—2014《110kV～500kV 架空输电线路施工及验收规范》第 7.1.4 条规定		检查
11	一般	保护帽	符合设计要求		检查

（2）拉线塔检查验收评定标准及检查方法见表 21-1-4。

表 21-1-4 拉线铁塔检查验收评定标准及检查方法

序号	性质	检查（检验）项目	评级标准（允许偏差）	检查方法
1	主控	铁塔部件规格、数量	符合设计要求	核对设计图纸
2	主控	拉线部件规格、数量	符合设计要求	
3	主控	相邻主材节点间弯曲	1/750	弦线、钢尺测量
4	主控	拉线压接管	符合设计要求及现行 DL/T 5285《输变电工程架空导线及地线液压压接工艺规程》规定	检查试验报告、压接记录
5	一般	转角塔向受力反方向倾斜（%）	符合设计要求	经纬仪、塔尺测量
6	一般	导线不对称布置时拉线挂线点向轻载侧倾斜（%H/a）	大于 0，并符合设计要求	经纬仪、塔尺测量
7	一般	结构倾斜（%）	0.3	经纬仪、塔尺测量
8	一般	螺栓与构件接触及露扣情况	符合现行 GB 50233—2014《110kV～500kV 架空输电线路施工及验收规范》第 7.1.3 条规定	检查
9	一般	主柱弯曲（%）	0.1，最大 30mm	弦线、钢尺测量
10	一般	螺栓防松	符合设计要求	观察
11	一般	螺栓防卸	符合设计要求	观察
12	一般	楔形、UT 型线夹与拉线连接情况	符合现行 GB 50233—2014《110kV～500kV 架空输电线路施工及验收规范》第 7.5.1 条规定	观察
13	一般	拉线安装检查	符合现行 GB 50233—2014《110kV～500kV 架空输电线路施工及验收规范》第 7.5.4 条规定	观察
14	一般	脚钉	符合设计要求	观察
15	一般	螺栓穿向	符合现行 GB 50233—2014《110kV～500kV 架空输电线路施工及验收规范》第 7.1.4 条规定	观察
16	一般	螺栓紧固	符合现行 GB 50233—2014《110kV～500kV 架空输电线路施工及验收规范》第 7.1.6 条规定，且紧固率应满足：组塔后 95%，架线后 97%	扭矩扳手检查

注 H/a 为拉线高度。

（3）钢管杆检查验收评定标准及检查方法见表21-1-5。

表 21-1-5　　　　　　　　　　钢管杆检查验收评定标准及检查方法

序号	性质	检查（检验）项目	评级标准（允许偏差）		检查方法
1	主控	部件规格、数量	符合设计要求		核对图纸
2	主控	焊接质量	符合现行 GB 50233—2014《110kV～500kV 架空输电线路施工及验收规范》第 7.3.3 条规定		观察
3	一般	转角、终端杆向受力反方向侧倾斜（%）	符合设计要求		经纬仪、塔尺测量
4	一般	直线杆结构倾斜（%）	0.5		经纬仪、塔尺测量
5	一般	杆身弯曲（%）	0.2		经纬仪、塔尺测量
6	一般	横担高差（%）	110kV	0.5	经纬仪、塔尺测量
			220～330kV	0.35	
7	一般	螺栓与构件接触及露扣情况	符合现行 GB 50233—2014《110kV～500kV 架空输电线路施工及验收规范》第 7.1.3 条规定		检查
8	一般	螺栓防松	符合设计要求		观察
9	一般	螺栓防卸	符合设计要求		观察
10	一般	爬梯或脚钉	符合设计要求		观察
11	一般	横线路方向位移（mm）	50		经纬仪、塔尺测量
12	一般	螺栓紧固	符合现行 GB 50233—2014《110kV～500kV 架空输电线路施工及验收规范》第 7.1.6 条规定，且紧固率应满足：组塔后 95%，架线后 97%		扭矩扳手检查
13	一般	螺栓穿向	符合现行 GB 50233—2014《110kV～500kV 架空输电线路施工及验收规范》第 7.1.4 条规定		观察
14	一般	保护帽	符合设计		观察

【思考与练习】

（1）当采用螺栓连接构件时，应符合哪些规定？

（2）拉线安装的检查标准是什么？

（3）工程移交时，杆塔上应有哪些固定标志？

第四部分

架 线 施 工

第二十二章

放 线 施 工 准 备

▲ 模块 1　放线滑车挂设（新增模块 4-1-1）

【模块描述】本模块包含放线滑车的挂设方式、吊装方法等内容。通过操作技能训练，能进行各类放线滑车挂设。

【模块内容】

放线滑车挂设是送电线路放线施工前的准备工作之一。对于直线塔，一般放线滑车直接挂接在绝缘子串下面，所以将绝缘子串连同放线滑车一起悬挂。当绝缘子串连同放线滑车一起悬挂有困难时，也采用钢丝套悬挂放线滑车；对于耐张转角塔，则采用钢绳套悬挂放线滑车。

一、工艺流程

放线滑车挂设操作工艺流程见图 22-1-1。

吊装准备 → 起吊系统布置 → 滑车起吊 → 拆除起吊系统

图 22-1-1　放线滑车挂设操作工艺流程图

二、危险点分析与控制措施

放线滑车挂设危险点与控制措施见表 22-1-1。

表 22-1-1　　　　　放线滑车挂设危险点与控制措施

作业内容	危险点	预防控制措施
放线滑车挂设	起重伤害	安全监护人随时提醒作业人员不得在吊物下方停留或通过，防止物体打击

三、放线滑车挂设前准备

1. 放线滑车检查

（1）运至现场的放线滑车规格与施工作业指导书选取的一致。

（2）放线滑车转动灵活，摩阻系数小于 1.015。

（3）放线滑车外观平整、光滑，包胶完好。

（4）放线滑车零部件应齐全，且不应存在沙眼、气孔、裂纹和疏松等缺陷。

（5）对于拆卸运输的放线滑车应检查其重新组装是否正确、到位。

2. 工器具配置

一个放线滑车挂设组主要工器具配置见表 22-1-2。

表 22-1-2　　　　　　　　一个放线滑车挂设组工器具配置表

序号	机具名称	规格	单位	数量	备注
1	放线滑车	适用于导线	个	若干	放导线用
2	放线滑车	适用于地线	个	若干	放地线用
3	起重滑车	30kN 单开口	个	2	根据需求配置
4	绝缘子卡具	根据吊装重量确定	副	1	
5	钢丝绳	ϕ11mm×150m	根	1	根据悬挂滑车方式配置
6	棕绳	ϕ16mm×150m	根	1	
7	钢丝绳套	ϕ12.5mm×2m	根	2	
8	角铁桩	L75mm×8mm×1.5m	根	2	
9	卸扣	30kN	副	4	吊装绝缘子用
10	角钢支撑	L63mm×5mm×（1～3）m	根	6	转角塔配置

四、放线滑车挂设操作步骤

（一）放线滑车悬挂方法

（1）同相子导线一次牵放时（即一牵 2、一牵 4、一牵（2+2）、一牵 6 或一牵（4+2）等），直线塔悬挂滑车如图 22-1-2 所示。

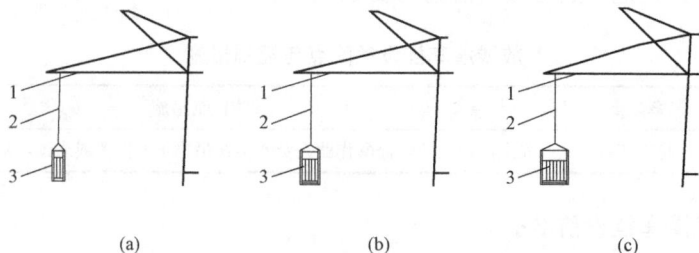

（a）　　　　　　　（b）　　　　　　　（c）

图 22-1-2　一次牵放方式直线塔悬挂滑车示意图

（a）一牵 2 方式；（b）一牵 4 方式；（c）一牵 6 方式

1—横担；2—绳套；3—三轮/五轮/七轮放线滑车

悬挂单放线滑车方法：

1）直线塔（含直转塔）：放线滑车直接挂在悬垂绝缘子串下。

2）耐张塔：用钢绳套等将放线滑车挂在横担的合适位置处。横担挂滑车的位置应具备如下条件（以下称为横担挂滑车条件）：

a）该处可安全承受放、紧线荷载；

b）紧线后导线距最终安装位置较近；

c）作业方便；

d）挂滑车钢绳套的安全系数应不小于4。

（2）同相子导线同步牵放时，各种展放方式下直线塔悬挂滑车如图22-1-3～图22-1-4所示。

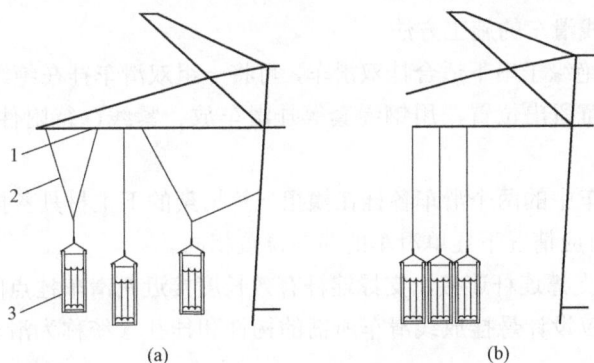

图 22-1-3　3×一牵 2 方式直线塔悬挂滑车示意图

（a）放线前；（b）放线后

1—横担；2—挂具；3—放线滑车

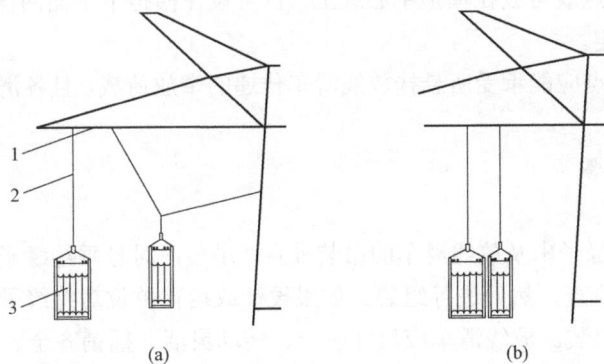

图 22-1-4　一牵 4+一牵 2 方式直线塔悬挂滑车示意图

（a）放线前；（b）放线后

1—横担；2—挂具；3—放线滑车

悬挂多放线滑车方法:

1)同相所有放线滑车悬挂后必须等高,通常滑车挂点间相距横担桁架的一个或几个节间,相邻两个放线滑车间的水平悬挂距离应不小于 1.5m。

2)直线塔可用(也可不用)悬垂绝缘子串挂一个放线滑车,其余(或全部)放线滑车用钢绳套等挂在横担具备挂滑车条件处。

3)直线塔悬挂两个及以上放线滑车时,若滑车间距离不能满足要求,可用辅助绳索将其滑车拉开至合适的距离。待放线完成后,将其绳索松开,使放线滑车回位。必要时,将同相的滑车横向固定在一起,以防紧线时各滑车前后摆动不一致形成"迈步",致使子导线不平。

4)耐张塔滑车均用钢绳套悬挂。

(3)挂双放线滑车的施工方法。

1)如果悬垂绝缘子串下适合挂双滑车,可将一组双滑车挂在绝缘子串下;否则先不挂绝缘子串,而留出位置,用钢绳套等挂滑车放、紧线,待附件安装时再挂绝缘子串。

2)一组双滑车中的两个滑车各挂在横担一片桁架的下主材具备挂滑车条件处,该处的横向位置与对应情况下挂单滑车的横向位置相同。

3)双滑车用支撑连杆连接,支撑连杆有效长度接近两滑车挂点间的距离。

(4)杆塔上应设计悬挂放线滑车所需的构件和挂孔(统称为滑车悬挂点),具体要求如下:

1)当同相子导线采用同步牵放时,一相需挂几组放线滑车,杆塔上必须设计与滑车相应的悬挂点。

2)滑车悬挂点既可设在横担中心线上,也可设在横担下平面两侧的主材上,但需在杆塔设计中确定。

3)滑车悬挂点应能承受所悬挂放线滑车传递的牵放荷载,且各滑车悬挂点同时承受荷载。

(二)操作步骤

1. 吊装准备

(1)悬垂绝缘子串及放线滑车的吊装准备。吊装前对悬垂绝缘子串组件及放线滑车外观质量进行检查,然后进行组装。如果设计或运行单位对绝缘子的颜色有特殊规定时,应按规定组装。放线滑车应尺寸统一、转动灵活、插销齐全、无损伤。

牵引钢丝绳与绝缘子串的连接应使用专用吊装卡具。横担上的起吊滑车应挂在距绝缘子串挂孔约 0.3m 处,以利绝缘子串就位。

悬垂绝缘子串及放线滑车的吊装可一次吊一串或一次同时吊同相双串。

（2）耐张塔放线滑车吊装的准备。耐张塔的每相导线横担端部按施工设计的规定，悬挂一个或两个放线滑车，滑车连梁应连接挂具，挂具长度及双滑车的两挂具长度差应经计算确定。

双滑车之间用角钢或槽钢连成整体，连铁长度视横担宽度而定，允许略小于横担挂点间宽度，但不宜大于横担挂点间宽度。

2. 起吊系统布置

放线滑车悬挂的起吊方式分为人力吊装和机动绞磨吊装两种。起吊方式的选用与悬垂绝缘子串及放线滑车的单串重量有关，一般220kV以下线路由于悬垂绝缘子串及放线滑车的单串重量较小，使用人力起吊方式，220kV及以上线路中则使用机动绞磨起吊方式。机动绞磨吊装方式吊装玻璃或瓷绝缘子串的操作方法，其布置方式如图22-1-5（a）、图22-1-6所示。

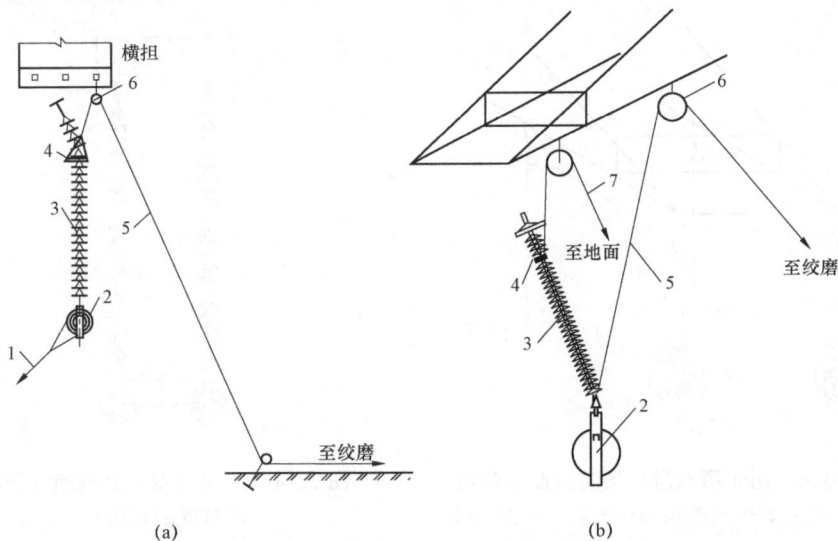

(a)　(b)

图22-1-5　吊装悬垂绝缘子串及放线滑车布置示意图
（a）玻璃（瓷）绝缘子吊装；（b）复合绝缘子吊装
1—控制绳；2—放线滑车；3—绝缘子串；4—专用卡具（软布）；5—钢丝绳；6—转向滑车；7—棕绳

复合绝缘子连同放线滑车一起起吊时，在地面先将复合绝缘子和放线滑车连好，放线滑车利用绞磨控制通过钢丝绳起吊，复合绝缘子则是把棕绳在它的头部垫软布绑好，用棕绳将其随放线滑车一起通过挂在适当位置的传递滑车用人力吊起。起吊到位后，把复合绝缘子在横担上连好，先松开起吊复合绝缘子的棕绳，然后再松开起吊放线滑车的钢丝绳，如图22-1-5（b）所示。

地线放线滑车是通过传递绳和定滑轮以人工起吊方式进行起吊。

3. 放线滑车起吊

（1）悬垂绝缘子串及放线滑车吊装。收紧绞磨起吊钢丝绳，钢丝绳通过转向滑车和起吊滑车将悬垂绝缘子串及放线滑车吊起，当提升至横担处将绝缘子金具串与铁塔横担连接。

当直线塔的单相悬垂绝缘子串为双串悬挂方式，每串悬垂绝缘子串的下方悬吊一只放线滑车时，两串同时吊装就位后，应用木撑或铁撑隔开固定，一般每隔7~8片绝缘子设一撑杆，以防放线中两串绝缘子互相碰撞。吊装好的双串绝缘子串如图22-1-7所示。

（2）耐张塔放线滑车的吊装。如图22-1-6所示，用绞磨收紧起吊钢丝绳，钢丝绳通过转向滑车和起吊滑车将放线滑车吊起，当提升至横担处后将悬吊挂具与铁塔横担连接。

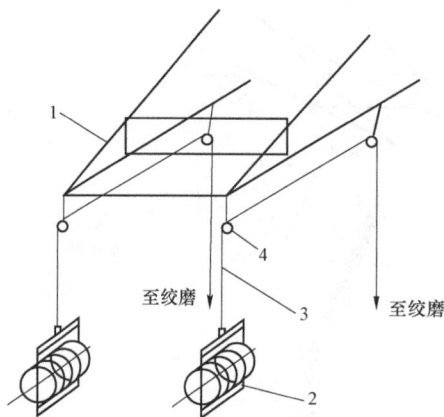

图 22-1-6 耐张塔双滑车吊装布置示意图
1—导线横担；2—放线滑车；3—挂具；4—起吊滑车

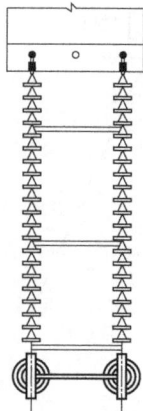

图 22-1-7 吊装双串悬垂绝缘子串布置示意图

转角塔的转角较大时，放线滑车受力后向内倾斜，滑车因自重造成滑车中心偏离受力方向，可能导致导线"跳槽"。放线滑车应采取预倾斜措施，并在架线过程中随时调整倾斜角度，使滑车的受力方向基本垂直于滑车轮轴。预倾斜的布置方式是在滑车尾端连接一根钢丝绳，该绳通过转向滑车引至地面与手扳葫芦相连接，收紧手扳葫芦使滑车尾端吊起一段高度，如图22-1-8所示。

4. 拆除起吊系统

放线滑车悬挂完毕后将起吊系统（起重滑车、转向滑车及机动绞磨）拆除。

五、注意事项

（1）吊装时绝缘子串将要离开地面时，要将绝缘子串理顺，避免折弯碰撞。吊装过程中，注意不要让绝缘子串与塔身或横担相碰。绝缘子串提升越过下层横担时，用控制绳将绝缘子串拉离下层横担。

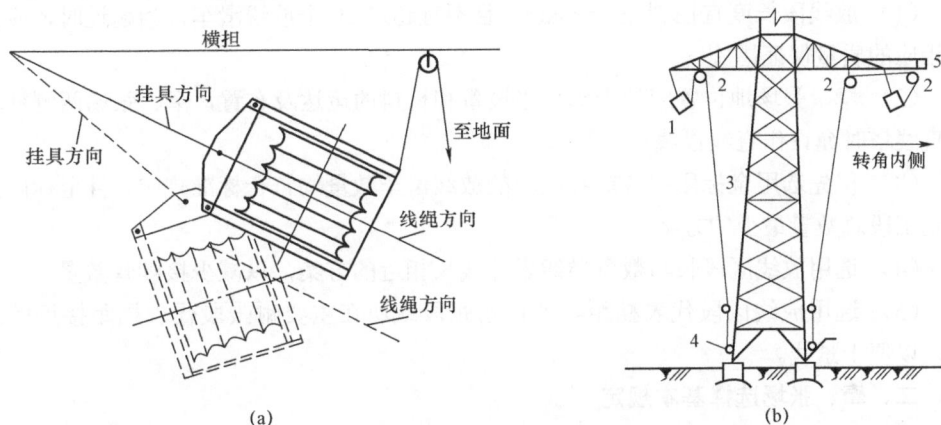

图 22-1-8 转角塔放线滑车预倾斜布置示意图

（a）原理图；（b）布置图

1—放线滑车；2—起吊滑车；3—钢丝绳；4—手扳葫芦；5—圆木

（2）挂滑车时必须先检查挂架位置及耐张塔长短横担方向是否与设计一致。

（3）当采用绝缘子常规挂法无法满足施工时线（绳）对被跨越物的距离要求时，放线滑车悬挂可采取高挂法，即将放线滑车通过短索具进行悬挂。

（4）当直线塔作锚线塔时，放线滑车应通过索具进行补强。

【思考与练习】

（1）放线滑车挂设前应检查滑车的哪些方面？

（2）为什么一些转角塔要采取预倾斜措施，如何布置滑车的预倾斜？

（3）简要说明放线滑车挂设的操作步骤。

◢ 模块 2　牵张场的设置（新增模块 4-1-2）

【模块描述】本模块包含放线区段的选择、牵张场选择基本规定与布置、特殊地形的牵张场布置等内容。通过内容介绍，掌握进行牵张场选定与布置方法。

【模块内容】

一、放线施工区段选择原则

影响和约束架线区段长度的主要因素有放线质量、线路条件、放线和紧线施工作业的可能性、合理性和难易度，架线工程的综合工效等。施工区段划分时应根据工程条件，综合考虑各种影响因素，经过经济技术分析比较后确定，并应在架线施工开始前作出分段规划。放线区段划分的基本原则如下：

（1）放线段长度宜控制在 6～8km，且不宜超过 20 个放线滑车，当超过时，应采取相应的质量保证措施。

（2）牵、张场地位置应便于牵、张设备和材料的运达及布置，牵、张场两侧杆塔是直线塔时允许作直线锚线。

（3）优先选用全标段中各放线区段的放线滑车数量均符合标准规定，且全标段架线施工段总数量最少的方案。

（4）选用放线区段长与数盘导线累计线长相近的方案，以减少接续管数量。

（5）选用放线区段代表档距与所在耐张段或所在主要耐张段代表档距接近的方案，以便于紧线。

二、牵、张场选择基本规定

（1）符合下述条件可作牵、张场：

1）牵引机、张力机（简称牵张机）能直接运达，或道路桥梁稍加修整加固后即可运达。

2）场地地形及面积满足设备、导线布置及施工操作要求。

3）相邻直线塔允许作过轮临锚。作过轮临锚塔的条件是要符合设计和施工操作的要求：

a）锚线角不大于设计规定值，一般要求小于等于 25°；

b）锚线及压接导线作业无特殊困难。

（2）下列情况不宜用作牵、张场：

1）需以直线换位塔或直线转角塔作过轮临锚塔时。

2）档内有重要交叉跨越或交叉跨越次数较多时。

3）档内不允许有导、地线接头时。

4）邻塔悬点与牵、张机进出口高差较大时。

5）相邻铁塔不允许锚线时。

三、牵张场布置

牵引场布置的主体设备是主牵引机（俗称大牵）及小张力机（俗称小张），张力场布置的主体设备是主张力机（俗称大张）及小牵引机（俗称小牵），牵张场一般均采用顺线路方向布置。当某一放线段的导线展放完毕，需展放另一段导线时，牵张场的设备都必须转场或调头转向。

（一）几种放线方式的牵张场典型平面布置方式

（1）四分裂子导线"一牵四"方式放线时牵张场的平面布置见图 22-2-1 和图 22-2-2。

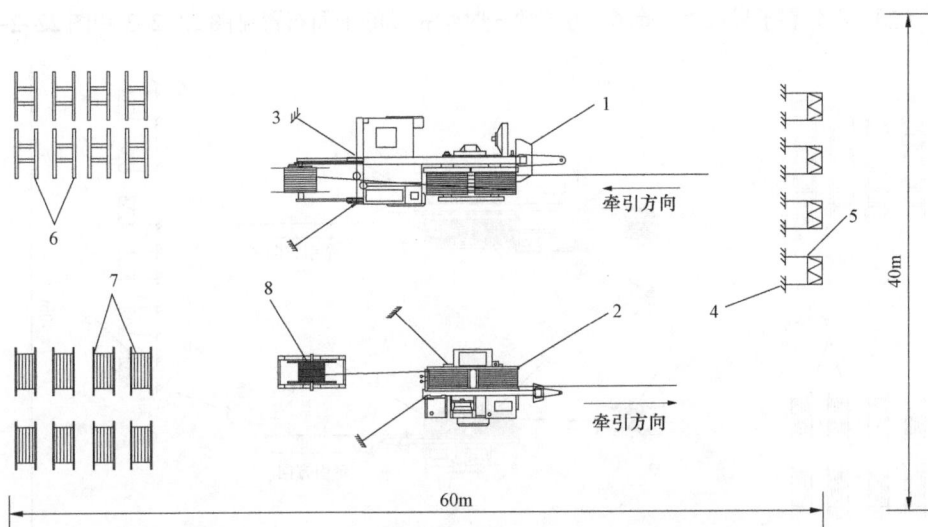

图 22-2-1　"一牵 4"方式放线时牵引场布置示意图

1—大牵引机；2—小张力机；3—地锚；4—锚线地锚；5—锚线架；

6—牵引绳轴架；7—牵引绳；8—小张力机尾车

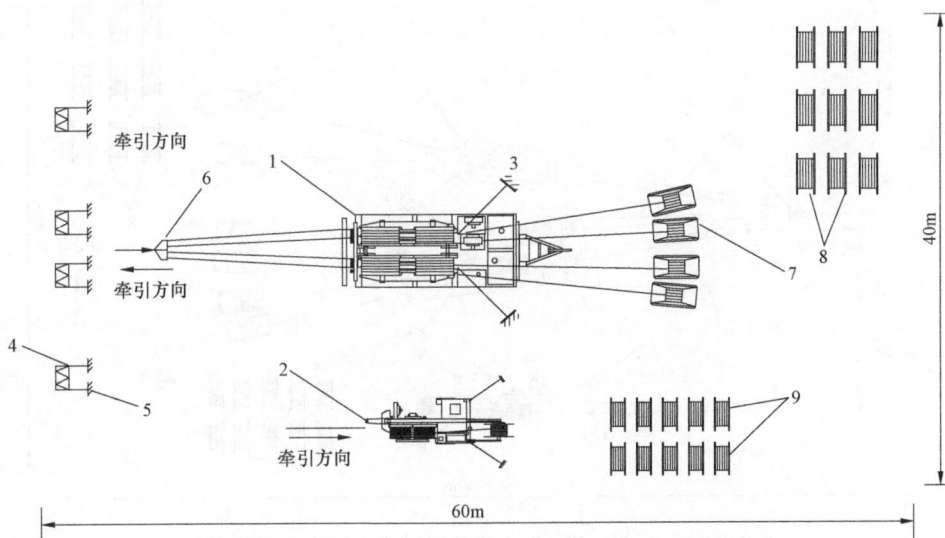

图 22-2-2　"一牵 4"方式放线时张力场布置示意图

1—张力机；2—小牵引机；3—地锚；4—锚线架；5—锚线地锚；6—牵引板；

7—张力机尾车；8—导线；9—导引绳

（2）六分裂子导线"一牵6"方式放线时牵张场的平面布置见图22-2-3和图22-2-4。

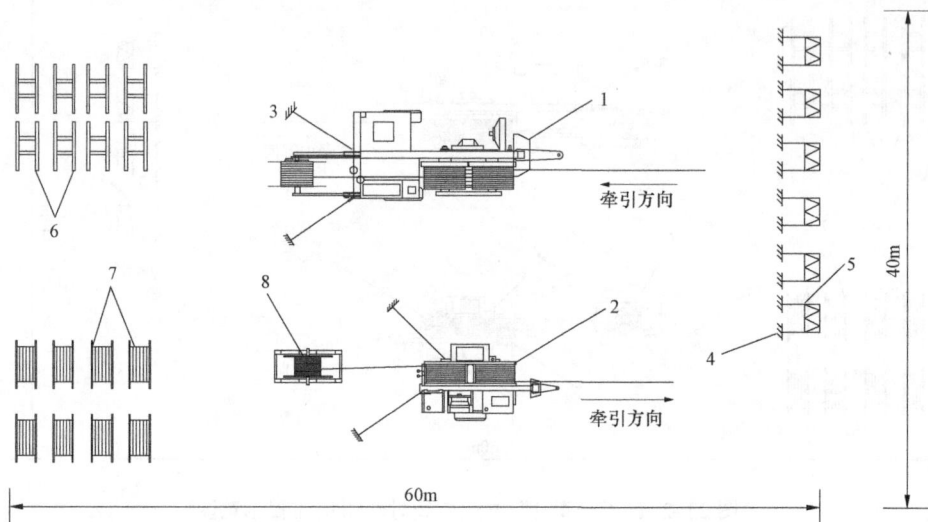

图 22-2-3 "一牵6"方式放线时牵引场布置示意图

1—大牵引机；2—小张力机；3—地锚；4—锚线地锚；5—锚线架；6—牵引绳轴架；7—牵引绳；8—小张力机尾车

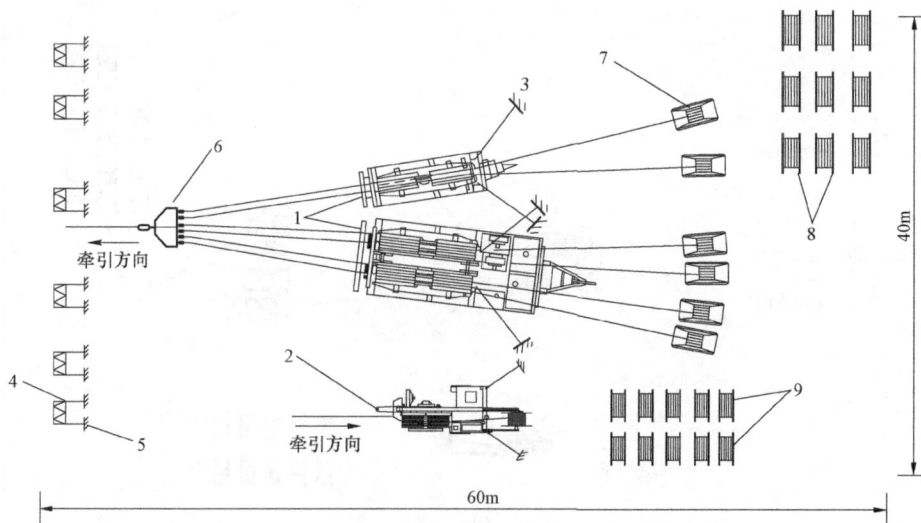

图 22-2-4 "一牵6"方式放线时张力场布置示意图

1—张力机；2—小牵引机；3—地锚；4—锚线架；5—锚线地锚；6—牵引板；7—张力机尾车；8—导线；9—引绳

（3）八分裂子导线"2×一牵4"方式放线时展放牵、张场的平面布置见图22-2-5和图22-2-6。

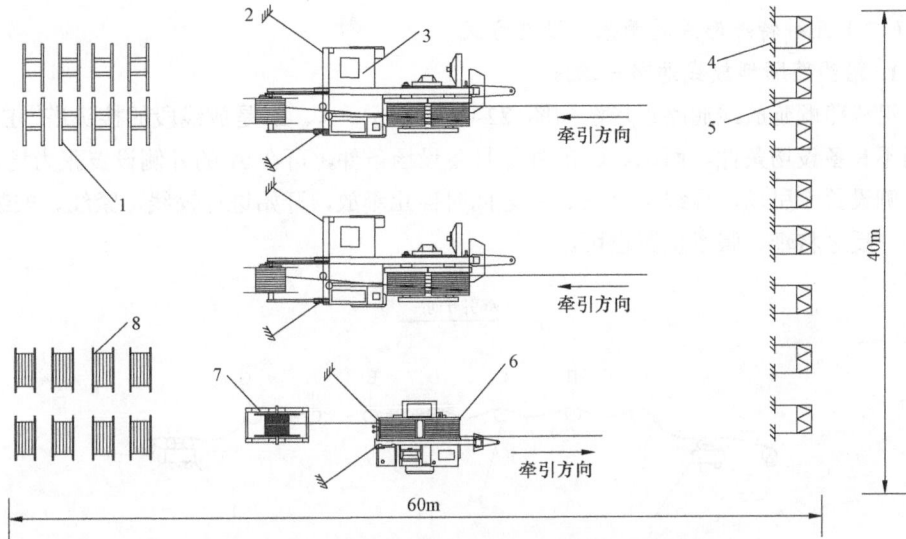

图 22-2-5　"2×一牵 4" 方式放线时牵引场平面布置示意图

1—牵引绳轴架；2—地锚；3—大牵引机；4—锚线地锚；5—锚线架；

6—小张力机；7—小张力机尾车；8—牵引绳

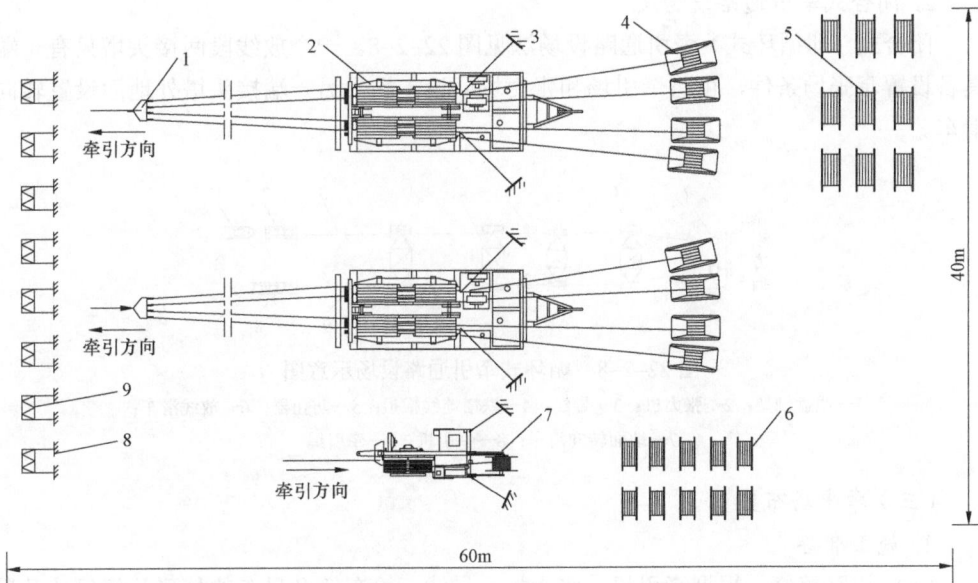

图 22-2-6　"2×一牵 4" 方式放线时张力场平面布置示意图

1—牵引板；2—大张力机；3—地锚；4—大张力机尾车；5—导线；6—导引绳；

7—小牵引机；8—锚线地锚；9—锚线架

（二）几种特殊形式的牵张场设置方式

1. 沿线路顺延放线通路设场法

沿线路顺延放线通路设场法如图 22-2-7 所示。A、E 是放线段的接头塔，E、F 之间不具备设场条件，而 A、G 的外侧具备设场条件，可在 A 的外侧设置张力场，G 的外侧设置牵引场，导线牵至 E、F 之间时停止牵放，开始进行锚线、紧线、安装等作业。反之将牵、张场反置也可。

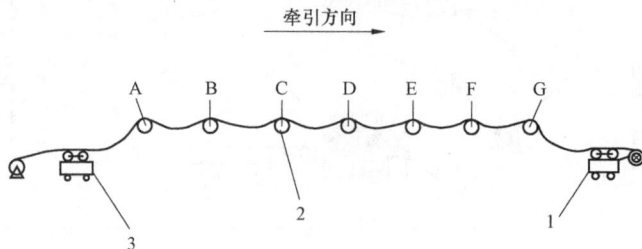

图 22-2-7　顺延放线通路设场法示意图

1—牵引机；2—塔上放线滑车；3—张力机

2. 闭合式牵引通路设场法

闭合式（即循环式）牵引通路设场法见图 22-2-8。一个放线段两接头塔只有一端具备设置牵张场条件，可将牵引场和张力场同设一场，另一端接头塔外地面设置转向滑车。

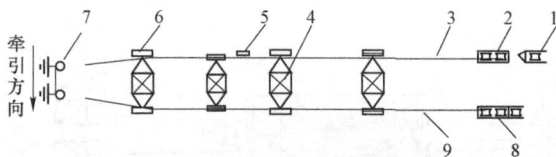

图 22-2-8　循环式牵引通路设场示意图

1—线盘轴架；2—张力机；3—导线；4—铁塔地线横担；5—防扭器；6—放线滑车；
7—地面转向滑车；8—牵引机；9—牵引绳

（三）牵张场布置

1. 施工准备

（1）道路整修。根据牵引机、张力机、导线运输车辆及吊车的外形几何尺寸及最优运载量，对进入牵、张场的道路进行修整加固，保证工程车辆顺利进出。

（2）场地平整。牵、张场确定后，一般需对其进行场地平整工作，尤其张力场中需要进行导线的压接及更换线盘操作，对场地要求较高。

2. 设备布置

（1）牵、张机一般布置在线路中心线上。牵、张机进出口与邻塔悬点的高差角不宜超过15°，俯角不宜大于5°，小牵引机应布置在不影响牵放牵引绳和导线同时作业的位置上。

（2）导线线轴一般布置在大张力机后方约15m处，呈扇形分布；汽车吊车应布置在导线轴架的后方，其侧面为导线集放区。临锚架一般与大牵、张机间应保持约20m的距离，与邻塔导线挂点间仰角不得大于25°。

（3）大张力机与线端临锚架间为导线压接场地，大张力机与导线线轴间为更换线轴操作场地。

（4）受地形限制，牵引场选场困难而无法解决时，可通过转向滑车转向布场。转向滑车可根据需要设一个或几个，张力场不宜转向布场。牵引场转向布场应注意如下事项：

1）每一个转向滑车的荷载均不得超过所用滑车的允许承载能力。各转向滑车荷载应均衡，即转向角度应相等。

2）靠近邻塔的最后一个转向滑车应接近线路中心线。

3）靠近牵引机的第一个转向滑车应使牵引机受力方向正确。

4）转向滑车应使用允许连续高速运转的大轮槽专用滑车，每个转向滑车均应可靠锚定。

5）转向滑车围成的区域及其外侧为危险区，不得放置其他设备材料，工作人员不应进入，牵引机转向平面布置见图22-2-9。

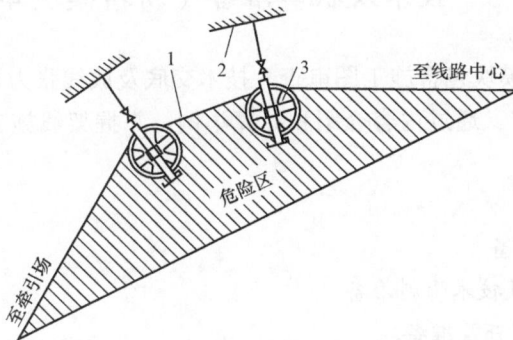

图22-2-9　牵引场转向平面布置示意图

1—牵引绳；2—转向滑车地锚；3—转向滑车

3. 地锚埋设

地锚一般分为埋入式地锚和桩式地锚两类，统称"地锚"，桩式地锚简称桩锚。地锚埋设应符合以下要求：

（1）所有桩锚应使用角铁桩，根据地质条件，每处采用 2 根或 3 根，入土深度不应小于 1.0m。锚桩周围不得有积水，锚桩不得打入软土或填土内。

（2）所有地锚应使用钢管地锚或钢板地锚，地锚埋深：坚土不小于 1.8m，次坚土不小于 2.0m。

（3）钢管地锚坑底部的受力侧应掏挖小槽，槽深不小于 150mm，钢管应水平安置在小槽内。

（4）地锚坑的受力侧应掏挖马道，使地锚的钢丝绳套落在马道内，马道对地平面夹角不应小于 45°。

（5）水田地带设置地锚时，其坑内积水应抽干后再回填土，严禁用烂泥、淤泥回填，坑内土质松软时，必须用钢板地锚。

4. 设备锚固

大小牵、张机就位后，应用枕木将机身垫平、支稳，并用地锚将机身固定。锚固的链（绳）对地夹角不大于 45°。

【思考与练习】

（1）放线施工区段的选择原则是什么？

（2）符合哪些条件时可选择做牵、张场，哪些情况下不宜选择做牵、张场？

（3）牵引场转向布场应注意哪些事项？

◢ 模块 3 技术及机具准备（新增模块 4-1-3）

【模块描述】 本模块包含施工图审查、技术交底及放线张力计算、包络角计算、架线机具选择等内容。通过内容介绍和计算举例，掌握架线施工前技术及机具准备工作。

【模块内容】

一、施工技术准备

（一）现场调查及技术资料准备

1. 施工条件的调查及准备

（1）对线路通道中的农田、青苗、果园、树木、古迹、房屋、护坡、旅游区等地物的调查，并制定及落实处理措施和协议。

（2）详细调查被跨越的电力线、铁路、公路、通信线等障碍物，确定其施工跨越方案，并应提前完成及安排好，确保不影响架线作业计划的实施，如需停电作业，应提前上报停电作业计划。

（3）调查平行或相邻的超高压电力线路情况，提出并落实防止电害措施。

2．编制施工组织及施工技术设计

（1）明确施工管理方式或岗位责任。

（2）进行张力架线施工计算。

（3）编写施工技术指导性文件，其中包括作业指导书、施工明细表、弧垂观测手册、金具安装手册、间隔棒安装手册、跳线安装手册等。

（4）制定保证施工安全及施工质量措施。

3．技术交底

组织对参加张力架线施工的全体人员进行技术交底。内容包括工程概况、施工方法、施工操作要点、施工安全和施工质量，以及宣布施工工作计划、岗位责任和施工纪律。使每个岗位人员都弄懂交底内容，并履行技术交底签证制度。

4．技术试点

对首次作业的施工项目，应进行技术试点，统一方法、施工工艺、施工标准及施工机具等。

5．工艺性试验

对有关工序项目，要进行必要的工艺性试验，如导地线液压接续试验等，试验合格后方可批准施工。

6．整理技术资料

整理有关规程、规范及相关工程图纸及文件等技术资料，并发给各施工队相关人员。

（二）张力放线的施工计算

1．导（地）线布置的设计计算

（1）布线原则。

导地线张力放线应作布线设计，布线原则为：有效控制直线接续管的位置；将直线接续管数量减至最少；保证导线松锚后仍不落地；使放线中产生的不能继续使用的短线头最少，以节约导线；转场时余线转运量较少。

（2）布线方法。

常用的布线方法有两种，逐相放空法和连续布线法。布线时宜将接续管位置控制在靠近紧线锚端的半档距内，放线后紧线前还应现场核对接续管的实际位置，以满足相关验收规范的要求。

1）逐相放空法。即选出整盘累计线长等于或接近于放线段所需的线长，做到每放完一相线时，线轴上导线正好放完或余线较少，可由张力机将导线吐光。此法适用于导线定长供货，地形平坦，交叉跨越少，施工段选择恰与导线线轴长度成整数倍的情况。此法的优点是接续管数量少，张力场转场无需带有余线的线轴。

2）连续布线法。即放线段内各相导线均按展放顺序的累计线长使用导线线轴；第一相放完后，将导线切断，余线接着使用于第二相，以此类推，直到放完各相，再将余线转入下一施工段。此法适用于山区地形，放线段选择无法等于导线线轴长度的整倍数的情况。此法优点是能将各种长度的导线使用于不同长度的放线段；基本上不需要切齐线头，能节约导线。

2. 耐张塔挂双滑车的挂点高差及挂具长度差的计算

（1）耐张塔导线的悬垂角计算。

如图 22-3-1 所示，当等高悬挂不等长挂具时，应先计算耐张塔前后侧的悬垂角 θ_A，θ_B。

$$\theta_A = \mathrm{tg}^{-1}\left(\frac{\omega l_1}{2H_1} \pm \frac{h_1}{\sqrt{l_1{}^2 + h_1{}^2}}\right) \tag{22-3-1}$$

$$\theta_B = \mathrm{tg}^{-1}\left(\frac{\omega l_2}{2H_1} \pm \frac{h_2}{\sqrt{l_2{}^2 + h_2{}^2}}\right) \tag{22-3-2}$$

式中　θ_A, θ_B——放线滑车前后侧导线悬垂角，°；

　　　l_1, l_2——耐张塔前后侧的档距，m；

　　　h_1, h_2——耐张塔前后侧导线悬挂点间高差，m；当相邻直线塔导线悬挂点较低时取正，较高时取负；

　　　ω——架空线的单位长度重力，kN/m。

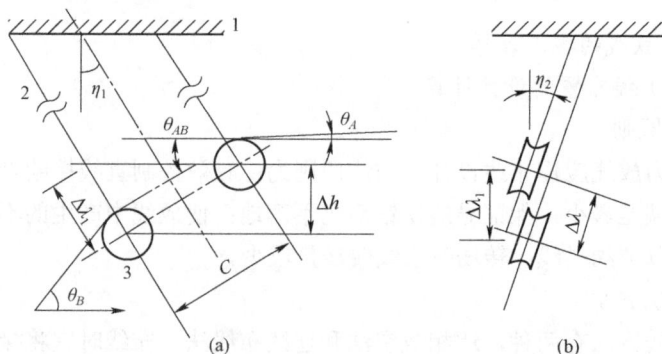

图 22-3-1　两侧悬垂角不等时的双滑车挂具布置图

（a）正视图；（b）侧俯视图

1—下横担下平面；2—挂具；3—放线滑车

（2）挂点高差计算。

由图 22-3-1 可知，挂点高差 Δh 按下式计算

$$\Delta h = C \sin \frac{\theta_B - \theta_A}{2} \tag{22-3-3}$$

式中　C——横担上两挂点间的水平距离，m。

当 $\Delta h \leqslant 300\text{mm}$ 时，双滑车可等高悬挂且用等长挂具；当 $\Delta h > 300\text{mm}$ 时，应使用不等长挂具等高悬挂，或等长挂具不等高悬挂。

（3）挂具长度差计算。

挂具长度差 $\Delta\lambda$ 按下式计算

$$\Delta\lambda = \frac{\Delta h}{\cos\eta_1 \cos\eta_2} \tag{22-3-4}$$

$$\eta_1 = \text{tg}^{-1}\left(\text{tg}\frac{\theta_B - \theta_A}{2}\cos\frac{\alpha}{2}\right) \tag{22-3-5}$$

$$\eta_2 = \text{tg}^{-1}\left(\text{ctg}\frac{\theta_A + \theta_B}{2}\sin\frac{\alpha}{2}\right) \tag{22-3-6}$$

式中　η_1——滑车外荷载合力线在过线路转角二等分线的铅垂面上的投影与铅垂线间的夹角，°；

　　　η_2——滑车外荷载合力线在过线路夹角二等分线的铅垂面上的投影与铅垂线间的夹角，°；

　　　α——线路水平转角，°。

如线路无水平转角（直线塔挂双滑车），则夹角 $\eta_2 = 0$。

根据上述计算，当两侧悬垂角不等且等高悬挂双滑车时，应在悬垂角较大一侧使用比较小一侧长出一段 $\Delta\lambda$ 长度的挂具，以达到两滑车受力均匀的目的。

3. 转角塔放线滑车碰横担的判断和防止措施

（1）滑车与横担相碰的判断。

在滑车外荷载作用下，如忽略滑车及挂具重力不计，滑车中心线与滑车挂具中心线均取滑车外荷载合力线方向。由于转角塔滑车和滑车挂具中心线在横线路方向（即线路夹角的二等分线方向）上有倾斜角 η_2，当该倾斜达到一定程度时，滑车架的侧边将与横担下平面相碰，使滑车不能工作，如图 22-3-2（a）所示状态。

滑车侧边与模担下平面相碰的条件是

$$\eta_2 < 90° - \text{tg}^{-1}\frac{b}{2\lambda_g} \tag{22-3-7}$$

式中 b ——滑车外侧的轴向宽度，m；

λ_g ——滑车挂具计算长度，m。

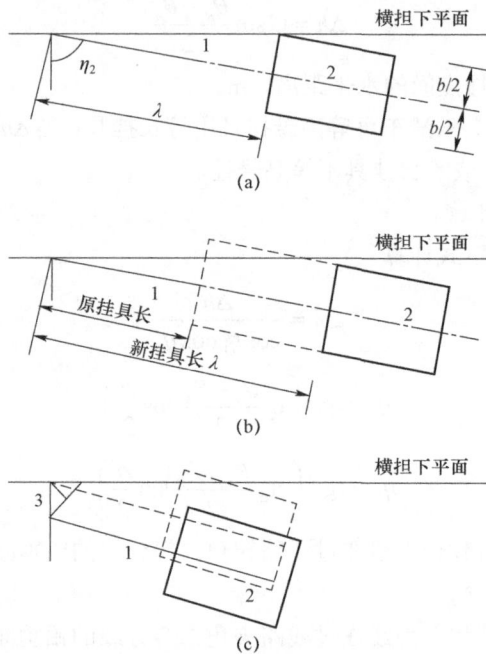

图 22-3-2 滑车碰横担的判别及防止

（a）滑车与横担相碰；（b）加长挂具；（c）降低挂点高度

1—挂具；2—放线滑车；3—挂架

（2）防止相碰的措施。

1）加长挂具长度。由式（22-3-7）可推导得

$$\lambda_g > \frac{b}{2}\text{tg}\eta_2 \qquad (22\text{-}3\text{-}8)$$

当选择的挂具长度 λ_g 满足式（22-3-8）要求，则可避免滑车碰横担，如图 22-3-2（b）所示。

2）减少倾斜角。由图 22-3-2（b）可以看出，滑车外荷载的垂直分力越大，倾斜角 η_2 越小，滑车越不容易碰撞横担。为此，可用压线滑车压线达到目的。

3）降低挂点。如图 22-3-2（c）所示，降低挂点亦可满足要求。

4. 直线塔及耐张塔挂双滑车的判断

（1）垂直于放线滑车轴的荷载超过其承载能力时，应挂双滑车。当满足下式条件时，应挂双滑车。

$$ml_s\omega > Q \tag{22-3-9}$$

式中 m——分裂导线根数；

l_s——垂直档距，m；可由断面图量取或计算求得；

Q——放线滑车容允承载力，kN。

（2）导线在放线滑车上的包络角 φ_b 超过 30°时，应挂双滑车。包络角是指导（地）线在放线滑轮上包络区间所对的圆心角。包络角 φ_b 按下式计算：

$$\varphi_b = \cos^{-1}\left[\cos(\theta_A + \theta_B) - 2\cos\theta_A\cos\theta_B\sin^2\frac{\alpha}{2}\right] \tag{22-3-10}$$

式中，α 为导（地）线在放线滑车的水平转角；当挂单滑车时，α 即为线路转角；当挂双滑车时，α 为线路转角之半。

（3）接续管或接续管保护钢套通过滑车时超过其允许荷载。如果符合下式条件应挂双滑车

$$\frac{0.004[\sigma](D^4 - d^4)}{l_T D\omega} \leqslant l_s \tag{22-3-11}$$

式中 $[\sigma]$——钢套允许弯曲应力，kN/cm^2，一般取 $16kN/cm^2$；

D——钢套外径，cm；

d——钢套内径，cm；

l_T——钢套长度，cm。

以上计算是按钢套为整体圆管，实际是两个半圆组合而成，其强度有所降低。

5. 放线滑车上扬的计算

放线滑车微上扬时，绳或线容易跳槽；上扬严重时，绳或线与滑车槽梁相摩擦，将造成放线中不允许的故障。判别滑车是否上扬的条件是：垂直档距大于零，滑车不上扬；垂直档距小于零，滑车上扬。

（1）滑车上扬的判别式为：

$$l_s = \frac{1}{2}\left(\frac{l_1}{\cos\varphi_1} + \frac{l_2}{\cos\varphi_2}\right) - \frac{H_1}{\omega}\left(\frac{\pm h_1}{l_1} + \frac{\pm h_2}{l_2}\right) < 0 \tag{22-3-12}$$

式中 l_1, l_2——该杆塔相邻两侧的水平档距，m；

φ_1, φ_2——该杆塔两侧绳或线的悬挂点间高差角，°；

h_1, h_2——该杆塔相邻绳或线的悬挂点间高差，m；相邻绳（线）悬挂点较高时取正，较低时取负；

H_1——绳或线的放线张力，kN。

（2）防止滑车上扬的技术措施。

1）降低放线张力。当放线张力 H_1 满足下式条件时，绳或线就不会上扬。

$$H_1 < \frac{\omega(l_1 + l_2)}{2} \bigg/ \left(\frac{\pm h_1}{l_1} + \frac{\pm h_2}{l_2} \right) \quad\quad (22\text{-}3\text{-}13)$$

2）同上扬塔号作为放线段起止塔。因为牵张机的进出线位置一般均低于相邻直线塔，因此，使该直线塔由上扬变为不上扬。

3）用压线滑车压线。

6. 放线张力的计算

维持导线对地面或跨越物等障碍物的垂直净空距离 y_0 值所需绳或线的水平张力 H_1，如图 22-3-3 所示。

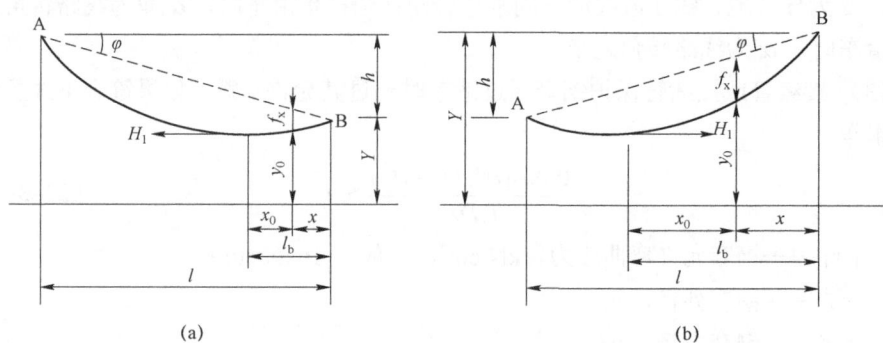

图 22-3-3 绳（线）水平张力计算图
（a）跨越物近导线低侧；（b）跨越物近导线高侧

对于图 22-3-3（a）所示的线档，当要求绳（线）对障碍物的高度符合 y_0 要求时，所需的水平放线张力 H 的计算公式（按斜抛物线法）为

$$H_1 = \frac{\omega x(l - x)}{2(Y - y_0)\cos\varphi + 2x\sin\varphi} \quad\quad (22\text{-}3\text{-}14)$$

式中　l ——计算档的水平档距，m；

　　　x ——障碍物至低悬挂点间的水平距离，m；

　　　Y ——线档低侧悬挂点对障碍物高度，m；

　　　y_0 ——绳（线）对障碍物的垂直净空距离，m；

　　　φ ——计算档两悬挂点间的高差角，°。

对于图 22-3-3（b）所示的线档，水平放线张力 H 的计算公式仍为式（22-3-14），但 x、Y 的含义有了变化。

7. 张力机出口张力的计算

假设使 i 号线档绳（线）对地面或跨越物的垂直净空距离符合要求时所需水平张力为 H_i，则张力机出口张力（按斜抛物线式计算）为

$$T_{\text{Ti}} = \varepsilon^{1-i} H_i - \omega(h_1 \pm \varepsilon^{-1} h_2 \pm \varepsilon^{-2} h_3 \pm \cdots \pm \varepsilon^{1-i} h_i - \varepsilon^{1-i} f_i) \qquad (22\text{--}3\text{--}15)$$

其中
$$f_i = \frac{l_i^2 \omega}{8H_i \cos\varphi_i}\left(1 \pm \frac{2H_i h_i \cos\varphi_i}{l_i^2 \omega}\right)^2 \qquad (22\text{--}3\text{--}16)$$

式中　T_{Ti}——张力机出口张力，kN；

l_i——i 号线档的档距，m；

h_1——张力机出口与第一基杆塔导线悬挂点间的高差，m；

$h_2, h_3, \cdots h_n$——2，3$\cdots i$ 号线档的高差，m；

f_i——i 号线档牵引机侧的导线平视弧度，m；

ε——放线滑车的磨阻系数，一般取 1.015。

i——由张力机到预选张力档的档数；张力机至邻塔作为一档。

根据不同的控制档（如近地档、跨越档等）计算得出不同的张力机出口张力 T_{Ti}，取其中最大值即 $T_{\text{T.max}}$（用 T_{H} 表示）作为张力机出口张力的控制值进行整定。

8. 牵引机牵引力的计算

牵引机的牵引力为

$$P_{\text{H}} = m[T_{\text{H}} \cdot \varepsilon^n + \omega(h_1 \varepsilon^n \pm h_2 \varepsilon^{n-1} \pm h_3 \varepsilon^{n-2} \pm \cdots \pm h_n \varepsilon - h_{n+1}] \qquad (22\text{--}3\text{--}17)$$

式中　P_{H}——牵引机的牵引力，kN；

m——分裂导线的根数；

n——放线段内放线滑车的个数；

$h_1, h_2, h_3, \cdots h_n$——张力机出口的第 1，2，3$\cdots n$ 档的悬挂点高差；牵引机端悬挂点高差张力机端，h 取正号，反之取负号；m；

h_{n+1}——第 n 基杆塔悬挂点至牵引机出口的高差，m。

当地形高差不大，且 h 值有正有负时，式（22–3–17）可简化为

$$P_{\text{H}} = mT_{\text{H}}\varepsilon^n \qquad (22\text{--}3\text{--}18)$$

9. 牵引机过载保安值的计算

当牵引机达到过载保安值时，牵引机应自动熄火停机或发出警报，以便操作人员立即停止牵引，防止诱发事故。大牵引机过载保安值不应大于直线杆塔顺线路方向的纵荷载，一般按下式取值

$$P_{\text{g}} = P_{\text{H}} + 1 \qquad (22\text{--}3\text{--}19)$$

式中　P_{g}——大牵引机的过载保安值，kN。

小牵引机的过载保安值可按下式取值

$$P_{\text{g}}' = 1.1 P_{\text{H}}' \qquad (22\text{--}3\text{--}20)$$

式中 P'_g——小牵引机的过载保安值，kN。

二、施工机具准备

（一）张力放线主要施工机具

（1）机具准备之前，应计算施工段的放线张力及紧线张力，确定张力放线方式。根据施工技术要求配备放线机具，成套放线机具应相互匹配。在工程准备阶段应安排落实张力放线的主要专用机具如下：

1）主牵引机及钢丝绳卷车；

2）主张力机及导线线轴架；

3）小牵引机及钢丝绳卷车；

4）小张力机及牵引绳轴架；

5）导引绳及抗弯连接器；

6）牵引绳及抗弯连接器；

7）牵引板；

8）旋转连接器；

9）放线滑车、压线滑车、接地滑车；

10）网套连接器；

11）与导线、地线、牵引绳、导引绳配套的卡线器；

12）导线接续管保护套；

13）手扳葫芦；

14）其他。

（2）张力放线机具应配套使用，成套放线机具的各组成部分必须相互匹配。在不同情况下，应采用不同方法，使配套放线机具的性能与放线方式相适应：

1）按所选择合理的放线方式，选购性能符合要求的放线机械；

2）应充分利用现有机具，在现有机具性能范围内，列出所有可行放线方式，经优化比较，选出符合要求的最佳方式和该方式下适用的放线机具；

3）在已经选定当前工程展放导线的放线机具而为具体施工段作技术准备时，应计算出施工段的放线张力和牵引力，再根据主机性能，尽可能选用工效最高的放线方式；

4）同一工程的不同施工段，可采用不同放线方式放线；

5）主要牵、张设备应根据具体线路放线区段划分、场的布置等因素影响，进行具体计算选择。

（二）主要施工机具选择

（1）主牵引机的额定牵引力可按下式选用

$$P \geqslant mK_P T_P \qquad\qquad (22\text{--}3\text{--}21)$$

式中　P——主牵引机的额定牵引力，N；

　　　m——同时牵放子导线的根数；

　　　T_p——被牵放导线的保证计算拉断力，N；

　　　K_p——选择主牵引机额定牵引力的系数，根据具体的地形地貌条件选用相应的
　　　　　系数；

电压等级为 500kV 时，K_p=0.20～0.33；

电压等级为 750kV 时，K_p=0.20～0.33；

电压等级为 ±800kV 时，展放钢芯铝绞线时，K_p=0.20～0.30，展放钢芯铝合金绞
线时 K_p=0.14～0.20；

电压等级为 1000kV 时，K_p=0.20～0.30。

主牵引机的卷筒槽底直径应不小于牵引绳直径的 25 倍。

（2）与主牵引机配套的钢丝绳卷车应符合如下要求：

1）驱动能源来自主牵引机，并由主牵引机司机集中操作和控制。

2）输送动力油源的高压软管接头采用密封良好的快速接头。

3）能与主牵引机同步运转，保证牵引绳不在主牵引机卷扬机构上打滑，即保持牵
引绳尾部张力满足

$$2000 < P_w < 5000 \qquad\qquad (22\text{-}3\text{-}22)$$

式中　P_w——牵引绳尾部张力，N。

4）具有良好的排绳机构，能使牵引绳整齐地排列在钢丝绳卷筒上。

5）具有平滑可调且允许连续工作的制动装置，在展放牵引绳时能有效控制钢丝绳
线轴的惯性。

（3）主张力机单根导线额定制动张力可按下式选用

$$T = K_T T_p \qquad\qquad (22\text{-}3\text{-}23)$$

式中　T——主张力机单导线额定制动张力，N；

　　　K_T——选择主张力机单导线额定制动张力的系数，根据具体的地形地貌条件选
　　　　　用相应的系数。

电压等级为 500kV 时，K_T=0.17～0.20；

电压等级为 750kV 时，K_T=0.17～0.20；

电压等级为 ±800kV 时，展放钢芯铝绞线时 K_T=0.12～0.18，展放钢芯铝合金绞线
时 K_T=0.09～0.125；

电压等级为 1000kV 时，K_T=0.12～0.18。

主张力机的导线轮槽底直径应满足下式

$$D \geqslant 40d - 100 \qquad\qquad (22\text{-}3\text{-}24)$$

式中 D——张力机的导线轮槽底直径，mm；

d——被牵放的导线直径，mm。

（4）张力机线轴车或线轴架均应具有制动装置，使制动张力即导线尾部张力保持满足

$$1000 < T_w < 2000 \qquad (22-3-25)$$

式中 T_w——导线的尾部张力，N。

尾部张力不宜过大，以免导线在线轴上产生过大的层间挤压及在展放过程中产生剧烈振动；亦不宜过小，以免导线在主张力机导线轮上滑动及在线轴上松套。

（5）小牵引机一般带可升降的导引绳回盘机构。小牵引机的额定牵引力可按下式选择

$$P' \geqslant \frac{1}{8} Q_P \qquad (22-3-26)$$

式中 P'——小牵引机的额定牵引力，kN；

Q_P——牵引绳的综合破断力，kN。

（6）小张力机的额定制动张力可按下式选择

$$t \geqslant \frac{1}{15} Q_P \qquad (22-3-27)$$

式中 t——小张力机的额定制动张力，N。

地线张力放线时，一般以小牵引机、小张力机作地线张力放线机械（但应验算地线直径与小张力机张力轮的直径比），以导引绳作地线牵引绳。

（7）牵放导线的绳索叫牵引绳，牵放牵引绳的绳索叫导引绳。导引绳由从小到大的一组绳索组成导引绳系。其中，最小的（用于飞行器展放或人工铺放的）叫初级导引绳，最大的（直接牵放牵引绳者）即叫导引绳，其余中间级叫二级导引绳、三级导引绳等。导引绳、牵引绳均应使用受拉后扭矩较小、不易产生金钩且通过工艺性试验确认可以使用的少扭或无扭结构钢丝绳。导引绳、牵引绳受力后的扭矩方向宜与被牵放体的扭矩方向一致，导引绳、牵引绳应按与主机配套选购和使用。

牵引绳规格可按下式选择

$$Q_P \geqslant K_q m T_P \qquad (22-3-28)$$

式中 K_q——牵引绳规格系数，当展放钢芯铝绞线时 K_q =0.6；当展放钢芯铝合金绞线时 K_q =0.4。

导引绳系中导引绳的规格可按下式选择

$$P_P \geqslant \frac{1}{4} Q_P \qquad (22-3-29)$$

式中　P_p——导引绳综合破断力，N。

初级导引绳的规格按其导引绳展放方法、设备能力等选择，不同的展放方法使用不同的初级导引绳。其余各中间级的规格按牵放程序、方法、设备能力优化组合确定。

（8）放线滑车须满足如下要求：

1）放线滑车轮槽数与牵放子导线的根数匹配，要与牵放方式一致。

2）牵引板能顺利通过放线滑车，其几何尺寸与滑轮相符。

3）放线滑车轮槽底径和槽形应符合 DL 685—1999《放线滑轮基本要求　检验规定及测试方法》的规定。

4）放线滑车轮槽宽度能顺利通过直线接续管加保护钢套及各种连接器。

5）放线滑车轮槽接触导线部分应使用韧性材料，减轻导线与轮槽接触部分的挤压，提高导线防振性能。

6）放线滑车导线轮的允许承载能力应满足工程需求，数量符合工程提出的需求计划要求，特殊情况下进行单独设计。

（9）张力架线其他特种受力工器具，如网套连接器、牵引板、平衡锤、抗弯连接器、旋转连接器、卡线器、手扳葫芦等，均按出厂允许承载能力选用，并注意与导线规格和主要机具相匹配。使用前应对所用工器具认真进行外观检查，并进行必要的试验。

（三）主要工器具选择计算示例

以 JL/G3A—1000/45 导线和 LBGJ—150—20AC 地线为例，示范主要工器具的选择，计算过程以"2×一牵 2"展放方式为例。各个公式如包含需在规定范围取值的系数，则仅进行对该系数取最大值的计算。

（1）导、地线物理参数见表 22–3–1。

表 22–3–1　　　　　　　导、地线物理参数

型　号		导　线	地　线
		JL/G3A—1000/45	LBGJ—150—20AC
结构（根数×直径）	铝	72×4.21mm	
	钢	7×2.80mm	19×3.15
截面面积（mm²）	铝	1002.28	—
	钢	43.10	—
	总	1045.38	148.07
直径 mm		42.08	15.75
弹性模量（N/mm²×10³）		60.8	139.5
热膨胀系数（1/℃×10⁻⁶）		21.4	12.6

型 号	导 线	地 线
	JL/G3A—1000/45	LBGJ–150–20AC
单位质量（kg/km）	3100	989.5
计算拉断力（kN）	226.15	178.57
安全系数	2.5	3.3

（2）计算过程见表 22-3-2。

表 22-3-2　　　"2×一牵 2"展放方式施工方案工器具选择计算表

序号	名称	依据相关导则及规程的规定进行选择计算的结果	
		依据	结果
1	主牵引机	主牵引机的额定牵引力 P 应满足如下要求 $$P \geqslant mK_pT_p = 2 \times 0.3 \times 226.15 \times 0.95 = 128.9 \text{（kN）}$$ 式中　K_p——系数（0.20～0.30），考虑本工程重大交叉跨越较多，取 0.3； 　　　T_p——导线的保证计算拉断力，为 226.15kN。 牵引绳的尾部张力应满足 $$2000 < P_w < 5000$$ 式中　P_w——牵引绳尾部张力，N	$P \geqslant 128.9 \text{kN}$
2	牵引绳及连接器	牵引绳的综合破断力应满足 $$Q_p \geqslant 0.6mT_p = 0.6 \times 2 \times 226.15 \times 0.95 = 257.8 \text{（kN）}$$ 依据 DL/T 875—2004 第 8.6.2 条、第 8.8.1 条、第 8.8.3 条： 抗弯连接器、旋转连接器的安全系数不应小于 3； 选择□24mm 牵引绳，其综合破断力 360kN，连接器负荷取牵引绳破断力的 1/3，不小于 120kN	$Q_p \geqslant 257.8 \text{kN}$
3	主张力机及导线轴架	主张力机的额定制动张力可按下式计算 $$T \geqslant K_TT_p = 0.18 \times 226.15 \times 0.95 = 36.87 \text{（kN）}$$ 式中　T——主张力机单导线额定制动张力，kN； 　　　K_T——系数（0.12～0.18），考虑该工程重大交叉跨越较多，取 0.18。 主张力机的导线轮槽底直径满足 $$D \geqslant 40d - 100 = 40 \times 42.08 - 100 = 1583.2 \text{（mm）}$$ 式中　D——导线轮槽底直径，mm； 　　　d——被牵放导线的直径，mm。 导线尾部经力应满足 $$1000 \leqslant T_w \leqslant 2000$$ 式中　T_w——导线的尾部张力，N	$T \geqslant 36.87 \text{kN}$ $D \geqslant 1583.2 \text{mm}$ $1000 \leqslant T_w \leqslant 2000$
4	小牵引机及钢丝绳卷车	小牵引机的额定牵引力应满足 $$P' \geqslant 0.125Q_p = 0.125 \times 360 = 45 \text{（kN）}$$ 式中　P'——小牵引机的额定牵引力，kN； 　　　Q_p——牵引绳的综合破断力，kN。 张力展放地线时，地线、光缆计算破断力均小于 360kN，所以 $P' \geqslant 45 \text{kN}$	$P' \geqslant 45 \text{kN}$

续表

序号	名称	依据相关导则及规程的规定进行选择计算的结果	
		依　据	结果
5	小张力机及地线轴架	依据 DL/T 875—2004 第 8.15 条： 光缆张力机主卷筒槽底直径应大于光缆直径的 70 倍，且不得小于 1.0m。 展放牵引绳小张力机的额定张力应满足 $$t \geq 0.067Q_d = 0.067 \times 178.57 = 11.96 \text{（kN）}$$ 取 $t \geq 24\text{kN}$。 地线地径为 15.75mm，$D \geq 15.75 \times 40 - 100 = 530 \text{（mm）}$； 光缆直径为 16mm，$D \geq 16 \times 40 - 100 = 540 \text{（mm）}$，且 $D \geq 16 \times 70 = 1120$（mm）。 地线制造盘长按 2500m 计算，盘重 24.7kN	$t \geq 24\text{kN}$ $D \geq 1120\text{mm}$
6	导引绳及连接器	导引绳的综合破断力应满足 $$P_p = 0.25Q_p = 0.25 \times 360 = 90 \text{（kN）}$$ 式中　P_p——导引绳的综合破断力，kN。 依据 DL/T 875—2004 第 8.8.1 条、第 8.8.3 条： 抗弯连接器、旋转连接器的安全系数不应小于 3； □13mm 导引绳综合破断力 110kN，连接器负荷取牵引绳破断力的 1/3，不小于 36.7kN	$P_p \geq 90\text{kN}$
7	牵引板	依据 DL/T 875—2004 第 8.7.2 条： 牵引板破断载荷与额定载荷之比不小于 3； 展放导线用二线牵引板 $$Q_B \geq \frac{Q_p}{3} = \frac{360}{3} = 120 \text{（kN）}$$ 式中　Q_B——牵引板的额定荷载，kN	$Q_B \geq 120\text{kN}$
8	导线放线滑车	导线放线滑车的轮槽底径 D，轮槽倾斜角 β、轮槽底部半径 R、轮槽深度 S 等尺寸应满足 DL/T 685—1999《放线滑轮基本要求、检验规定及测试方法》的规定。 依据允许承载能力不应小于 1000m 垂直档距的导线垂直荷载，即 $$F \geq 2 \times \omega_d \times 1000 = 2 \times 3.1 \times 10 \times 1000 = 62 \text{（kN）}$$ $$D \geq 20d = 20 \times 42.08 = 841.6 \text{（mm）}$$ 式中　F——滑车允许承载力，kN； 　　　ω_d——导线的计算单位质量，kg/m	$F \geq 62\text{kN}$ $D \geq 842\text{mm}$
	地线滑车	依据允许承载能力不应小于 1000m 垂直档距的导线垂直荷载，即 $$F \geq \omega_d \times 1000 = 0.9895 \times 10 \times 1000 = 9.895 \text{（kN）}$$ $$D \geq 20d = 20 \times 15.75 = 315 \text{（mm）}$$	$F \geq 9.9\text{kN}$ $D \geq 515\text{mm}$
9	导线网套连接器	依据 DL/T 875—2004 第 8.8.2 条： 连接网套夹持导线部分长度不应小于直径的 30 倍；且连接网套的安全系数不小于 3。 JL/G3A—1000/45 型导线直径为 42.08mm	夹持长度不小于 1262.4mm
	地线网套连接器	依据 DL/T 875—2004 第 8.8.2 条： 连接网套夹持导线部分长度不应小于直径的 30 倍；且连接网套的安全系数不小于 3。 LBGJ—150—20AC 型地线直径为 15.75mm。 OPGW—150 型光缆直径为 16mm	夹持长度不小于 480mm

续表

序号	名称	依据相关导则及规程的规定进行选择计算的结果	
		依 据	结 果
10	导线卡线器	依据 DL/T 875—2004 第 8.11 条： 卡线器选用原则：卡线器安全系数应不小于 3；夹嘴长度应不小于 $6.5d$–20mm，d 为导线直径。 导线卡线器额定负荷 $$T_K \geqslant \frac{T_P}{3} = \frac{226.15 \times 0.95}{3} = 71.61（\text{kN}）$$ 夹嘴长度 $$L \geqslant 6.5d - 20 = 6.5 \times 42.08 - 20 = 252.52（\text{mm}）$$	$T_K \geqslant 71.61\text{kN}$ $L \geqslant 252.52\text{mm}$
	牵引绳卡线器	□24mm 牵引绳卡线器额定负荷 T_K $$T_K \geqslant \frac{Q_P}{3} = \frac{360}{3} = 120（\text{kN}）$$ 夹嘴长度 $$L \geqslant 6.5d - 20 = 6.5 \times 24 - 20 = 136（\text{mm}）$$	$T_K \geqslant 120\text{kN}$ $L \geqslant 136\text{mm}$
	导引绳卡线器	□13mm 牵引绳卡线器额定负荷 T_K $$T_K \geqslant \frac{T_P}{3} = \frac{110}{3} = 36.7（\text{kN}）$$ 夹嘴长度 $$L \geqslant 6.5d - 20 = 6.5 \times 13 - 20 = 64.5（\text{mm}）$$	$T_K \geqslant 36.7\text{kN}$ $L \geqslant 64.5\text{mm}$
11	导线接续管保护套	保护套的有效保护长度应大于接续管长度； 保护套使用高强度合金钢制造，保证在过滑车时不弯曲变形，具备足够的强度	

【思考与练习】

（1）简述张力放线导（地）线的布线原则和布线方法。

（2）什么情况下直线塔及耐张塔需悬挂双放线滑车？

（3）试写出滑车包络角的计算公式。

（4）张力放线主要施工机具有哪些？

第二十三章

跨 越 架 施 工

▶ 模块1　跨越架概述（新增模块 4-2-1）

【模块描述】本模块包含跨越架的基本规定、种类介绍、简单计算、安全措施等内容。通过内容介绍，掌握跨越架的相关知识。

【模块内容】

在送电线路建设施工中，经常跨越各式各样的障碍物，其搭设跨越架方法有钢管、木质、竹质跨越架法，金属结构跨越架法和索道跨越架法。为确保输电线路架设施工的顺利进行和被跨越物的完好无损，必须在跨越施工前根据被跨越物的种类、规模、重要性及施工条件，选择跨越施工方法，并进行跨越施工技术设计。

一、跨越架的分类

1. 按被跨越物分类

（1）电力线，电压等级 10kV 及以上。

（2）弱电线路及通讯线。

（3）铁路，包括电气化铁路、高速铁路。

（4）公路，包括高速公路和一、二、三、四级公路等。

（5）架空索道。

（6）河流。

（7）其他。

2. 按其重要性分类

（1）一般跨越架。

高度在 15m 及以下且被跨越物为停电线路，非重要用户的弱电线路和通信线，一般乡村公路等。

（2）重要跨越架。

1）高度在 15m 以上、35m 以下。

2）被跨越物为：10～110kV 的带电线路，重要用户的弱电线路和通信线，普通单轨铁路，除高速以外的等级公路等。

（3）特殊跨越架。

1）高度大于 35m；

2）被跨越物为：多排轨铁路、电气化铁路、高速铁路，高速公路，220kV 及以上运行电力线，运行电力线路其交叉角小于 30°或跨越宽度大于 70m，大江、大河或通航河流及其他复杂地形。

3. 按使用材料分类

（1）钢管、木质、竹质跨越架，其根据结构排数多少可分为：单侧单排、单侧双排、双侧单排、双侧双排、双侧多排。

（2）金属结构跨越架。

（3）索道跨越架。

4. 按封顶方式分类

（1）不封顶式的跨越架。

（2）钢管、竹、木封顶的跨越架。

（3）网绳（杆）封顶的跨越架。

二、跨越架搭设的基本规定

（1）跨越架的型式应根据被跨越物的大小和重要性确定。重要的跨越架及高度超过 15m 的跨越架应由施工技术部门提出搭设方案，经审批后实施。

（2）跨越架的中心应在线路中心线上，宽度应超出新建线路两边线各 2.0m，且架顶两侧应装设外伸羊角。

（3）跨越架必须使用绝缘材料进行封顶，并有足够的强度。

（4）搭设的跨越架能满足跨越施工冲击和抗压能力需要。

（5）使用迪尼玛绳必须有足够的机械强度，其安全系数应大于 6。绝缘固定控制绳、牵引绳的安全系数应大于 3.0，展放专用滑车的安全系数应大于 2.5。

（6）绝缘网的弛度应满足架空线的最小距离的要求。

（7）跨越架搭设完毕后经项目部组织验收合格方可使用，架体上应悬挂醒目的安全标志。

（8）搭设和拆除跨越架时应设安全监护人。

三、跨越架的施工技术设计

跨越架的施工设计应认真执行 DL 5009.2《电力建设安全工作规程　第 2 部分：架空电力线路》和 DL/T 5106《跨越电力线路架线施工规程》的有关规定，慎重选择跨越施工方案，确保施工安全和被跨越物完好。

（1）跨越架架顶宽度。跨越架架顶宽度应按下式计算

$$B \geq \frac{1}{\sin \alpha}[2(Z_x + 1.5) + b] \tag{23-1-1}$$

式中　B——跨越架架顶宽度，m；

　　　Z_x——施工线路导线或地线等安装气象条件下在跨越点处的风偏距离，m；

　　　b——跨越架所遮护的最外侧导、地线间在横线路方向的水平距离，m；

　　　α——跨越交叉角，°。

（2）跨越架与被跨越导线间的距离。跨越架与被跨越电力线路导线的最小水平距离按下式计算

$$D = Z_x + D_{\min} \tag{23-1-2}$$

式中　D——跨越架架面与被跨越电力线路带电体的最小水平距离，m；

　　　$D_{\min}$——发生风偏后尚应保持的最小安全距离，m。

（3）跨越架的高度。跨越架高度按下式计算

$$H = h_1 + h_2 \tag{23-1-3}$$

式中　H——跨越架搭设高度，m；

　　　h_1——被跨越物的高度，m；

　　　h_2——跨越架与被跨越物的最小安全距离，m，具体详见表 23-1-1、表 23-1-2。

表 23-1-1　　　　　跨越架与电力线路的最小安全距离　　　　　（m）

跨越架部位	被跨越电力线路电压等级（kV）					
	≤10	35	66～110	154～220	330	500
架面（或）拉线与导线水平距离（或垂直距离）	1.5	1.5	2.0	2.5	5.0	6.0
无地线时，封顶网（杆）与导线垂直距离	1.5	1.5	2.0	2.5	4.0	5.0
有地线时，封顶网（杆）与地线垂直距离	0.5	0.5	1.0	1.5	2.6	3.6

表 23-1-2　　　　　跨越架与其他被跨越物的最小安全距离　　　　　（m）

距离说明	被跨越物名称		
	铁路	公路	通信线
架面与被跨越物的水平距离	至路中心 3.0	至路边 0.6	0.6
封顶杆与被跨越物的垂直距离	至轨顶 7.0	至路面 6.0	1.5

（4）跨越架的荷载。

1）架面风压。风压作用在距离地面 2/3 架高处，风压值按下式计算

$$P_N = 9.81 K \frac{v^2}{16} \sum F_C \tag{23-1-4}$$

式中 P_N ——跨越架全架面风压，N；

K ——风载体型系数，跨越架使用圆形杆件，K=0.7，使用平面的杆件，K=1.3；

v ——线路设计最大风速，m/s；

$\sum F_C$ ——架面杆件总投影面积，一般可取架面轮廓面积的30%~40%，m^2。

2）垂直压力。集中作用在架顶，作用点可沿架全宽移动（活荷载），其压力值按下式计算

$$W_J = l_y m \omega_1 \tag{23-1-5}$$

式中 W_J ——跨越架的垂直荷载，N；

l_y ——假设导线落在跨越架上，跨越架的垂直档距，一般平地取200m，山区取计算值，但不小于200m；

m ——同时牵放子导线的根数；

ω_1 ——单位长度导（地）线重力，N/m。

3）顺线路方向水平力。作用在垂直压力的作用点，水平力值按下式计算

$$F = \mu W_J \tag{23-1-6}$$

式中 F ——跨越架顺施工线路方向的水平荷载，N；

μ ——导线对跨越架架顶的摩擦系数，架顶为滚动横梁，μ=0.2~0.3；架顶为非滚动横梁，横梁为非金属材料，可取μ=0.7~1.0；架顶为非滚动横梁，横梁为金属材料，可取μ=0.4~0.5。

【思考与练习】

（1）简述跨越架的分类。

（2）哪些跨越架为特殊跨越架？

（3）列出跨越架架顶宽度的计算公式。

（4）跨越架与220kV带电线路的最小安全距离是多少？

◢ 模块 2 钢管、木质、竹质跨越架施工（新增模块 4-2-2）

【模块描述】本模块包含钢管、木质、竹质跨越架的基本规定、工艺要求、安全措施等内容。通过操作技能训练，掌握钢管、木质、竹质跨越架施工方法。

【模块内容】

用钢管、木质及毛竹搭设跨越架是常用的架线跨越方法，一般可用于跨越各级公路、弱电线路，各类铁路和220kV及以下电力线路。当跨越架高度在15m以上时，应采取特殊加固措施，特别是架体高度在35m以上或在同一处跨越多条铁路、电力线路

等障碍物时，应进行专项施工技术设计。

一、钢管、木质、竹质跨越架的型式及工艺流程

竹、木跨越架是由竹竿或木杆用铁线绑扎而成，钢管跨越架由钢管通过扣件组成，根据被跨越物的不同要求，其基本构成型式分为下列 5 种。

1）单侧单排，见图 23-2-1（a），使用于弱电线，380V 电力线及乡间公路。

2）双侧单排，见图 23-2-1（b），与单侧单排的适用范围相同。

3）单侧双排，见图 23-2-1（c），适用于 35kV 及以下电力线，重要一级弱电线及公路、铁路，其高度宜限制在 10m 以下。

4）双侧双排，见图 23-2-1（d），适用于各种被跨越物，其高度宜限制在 15m 以下。高度超过 15m 的毛竹跨越架宜为双排及更多排，应专门设计。

5）双侧多排，见图 23-2-1（e），根据需要由施工设计确定。

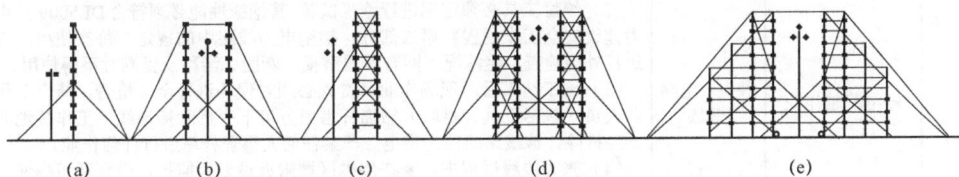

图 23-2-1　竹、木及钢管跨越架的型式
(a) 单侧单排；(b) 双侧单排；(c) 单侧双排；(d) 双侧双排；(e) 双侧多排

钢管、木质、竹质跨越架法跨越施工操作流程见图 23-2-2。

图 23-2-2　钢管、木质、竹质跨越架法跨越施工操作流程图

二、危险点分析与控制措施

跨越架施工危险点与控制措施见表 23-2-1。

表 23-2-1　　　　　　　跨越架施工危险点与控制措施

序号	作业内容	危险点	预防控制措施
1	一般跨越架搭设和拆除	倒塌、其他伤害	（1）编制作业指导书，由有资质的专业队伍进行施工。 （2）跨越架的立杆应垂直，埋深不应小于 50cm，跨越架的支杆埋深不得小于 30cm，水田松土等搭跨越架应设置扫地杆。 （3）跨越架两端及每隔 6-7 根立杆应设剪刀撑杆、支杆或拉线，确保跨越架整体结构的稳定。 （4）应悬挂醒目的安全警告标志和搭设、验收标志牌。 （5）跨越架搭设完应打临时拉线，拉线与地面夹角不得大于 60°。 （6）当拆跨越架的撑杆时，需要在原撑杆的位置绑手溜绳，避免因撑杆撤掉后跨越架整片倒落。

续表

序号	作业内容	危险点	预防控制措施
1	一般跨越架搭设和拆除	倒塌、其他伤害	（7）拆除跨越架时应保留最下层的撑杆，待横杆都拆除后，利用支撑杆放倒立杆，做好现场安全监护。 （8）拆跨越架时应自上而下逐根进行，架片、架杆应有人传递或绳索吊送，不得抛扔。 （9）拆跨越架严禁将跨越架整体推倒
2	跨越10千伏及以上带电运行电力线路、铁路、二级及以上公路等特殊跨越架搭设和拆除	倒塌、物体打击	（1）编制专项施工方案。 （2）严格按批准的施工方案执行。 （3）跨越架的施工搭设和拆除由有资质的专业队伍施工。 （4）安装完毕后经检查验收合格后方准使用
3	停电跨越作业	触电、电网事故	（1）按要求办理停电工作票，并严格按照程序进行操作，严禁约时、口头停送电。 （2）绝缘工具必须定期进行绝缘试验,其绝缘性能必须符合DL5009.2《电力建设安全工作规程》第二部分：架空电力线路中的规定，每次使用前应进行外观检查，绝缘绳、网有严重磨损、断股、污秽及受潮时不得使用。 （3）施工结束后，现场作业负责人必须对现场进行全面检查，待全部作业人员（包括工具、材料）撤离杆塔后方可下令拆除接地线，工作接地线一经拆除，该线路即视为带电，严禁任何人再登杆塔进行任何作业。 （4）张力放线过程中，要在停电区域附近设专人监护，做到通讯畅通，指挥统一，并设立警戒标志，避免意外事故发生。 （5）展放的导引绳不得从带电线路下方穿过，若穿过时，必须采取可靠的压线措施
4	不停电跨越作业	触电、电网事故	（1）重要和特殊跨越架的搭拆应由施工技术部门提出搭拆方案，经审批后实施。 （2）跨越架同排立杆每6～7根应设剪刀撑，每隔2根立杆应设一支杆，跨越架两端及中间应装设可靠的拉线。 （3）组立钢格构式带电跨越架后，应及时做好接地措施。 （4）必须指定专职监护人，明确工作负责人。 （5）拆除跨越架应自上而下逐根进行，架材应有人传递，不得抛扔；严禁上下同时拆架或将架体整体推倒。 （6）严格按照规程要求的安全距离搭设，监护人必须随时检查搭设情况，发现不符合规定要求必须立即整改。 （7）所有跨越架均应设拉线，拉线设置必须符合施工方案的要求，拉线的绑扎工作必须由有经验的技工担任。 （8）跨越架、操作人员、工器具与带电体之间的最小安全距离必须符合DL5009.2《电力建设安全工作规程》第二部分：架空电力线路中的规定。 （9）跨越不停电线路时，施工人员严禁在跨越架内侧攀登或作业，并严禁从封顶架上通过。 （10）跨越不停电线路时，新建线路的导引绳通过跨越架时，应用绝缘绳作引绳。 （11）跨越不停电线路时，新建线路的导引绳通过跨越架时，应用绝缘绳作引绳。 （12）按规定办理退重合闸等手续，并征得运行单位同意，施工期间应请运行单位派人现场监督。 （13）在带电线路附近施工或不停电跨越施工时，要设定警戒区，设立警示牌，并制定安全补充措施，按程序审批后执行

三、施工准备及操作步骤

1. 施工准备

（1）校核被跨越高度、宽度、导线对地的距离。

（2）材料的检查验收。

1）钢管跨越架宜用外径为 $\phi 48 \sim \phi 51$ 的钢管。钢管及扣件质量应符合相关规范要求，钢管不得有弯曲、裂纹、压扁、锈蚀等状况，扣件不得有裂纹、锈蚀、滑丝等状况。

2）木质跨越架的材质应采用去皮的杉木或落叶松及其他坚韧的硬木；严禁使用易腐朽、易折裂、有枯节的木杆。立杆有效部分的小头直径不得小于 7cm，横杆有效部分的小头直径不得小于 8cm；6～8cm 的可双杆合并或单杆加密使用。

3）毛竹应采用生长期 3 年以上、7 年以下，或经搭设连续使用保持韧性，表皮为青或黄色的竹竿，不得使用青嫩、桔脆、腐烂、虫蛀以及裂纹连通两节以上的竹竿。立杆、大横杆、剪刀撑和支杆有效部分的小头直径不得小于 75mm，小横杆有效部分的小头直径不得小于 90mm，60～90mm 的可双杆合并或单杆加密使用。

2. 跨越架搭设

（1）定位。根据施工线路导、地线展放位置、跨越物的位置及所占空间确定跨越架高度、宽度、类型及双侧间的距离（通称跨距），定出立杆和拉线地锚的具体位置。

（2）设置工作区标志，禁止非操作人员进入。

（3）装设最下面一段立杆及支撑。

竹、木在主杆位置挖 0.5m 深的坑，且将坑底夯实后，竖立主杆。钢管杆搭设范围内的地基应经夯实处理并安装底座。根据竹、木及钢管杆供应情况选配合适的长度，力争各根主杆绑扎后高度一致。跨越电力线路在地面竖立主杆前，必须丈量竹、木及钢管杆长度。如果长度大于电力线对地距离，则必须顺电力线方向竖立。竖杆时不得少于 2 人扶杆，竖起后采用棕绳拉线临时固定。每 1.2m 高度绑扎一层沿"在建线路"横线路方向的横杆（简称大横杆）。大横杆与主杆交点处相互绑扎，大横杆的装设操作由下至上进行。

大横杆搭设至 3 步以上时，即应绑支撑、斜撑或剪刀撑等。最下一步斜撑或剪刀撑的底脚应距立杆根部 0.7m。侧向支撑埋入地下不小于 0.3m，对地夹角不宜大于 60°；搭设如图 23-2-3 所示。

（4）装设上段立杆及支撑。立杆第一段装完后，按施工设计的规定继续向上接续。

在接升上一段立杆前，应确认下面一段立杆及横杆已绑扎牢固，立杆间已绑扎交叉支撑杆及侧向支撑杆以保持其稳定。

接长立杆的绑扎工作必须由两人操作，一人扶杆，一人绑线，禁止一人单独操作。

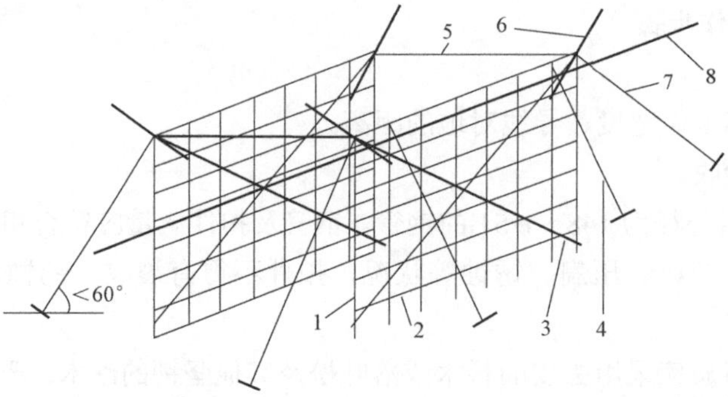

图 23-2-3 竹、木及钢管跨越架的搭设示意图

1—立杆；2—横杆；3—剪刀撑；4—临时拉线；5—封顶杆；
6—羊角杆；7—侧拉线；8—被跨电力线

支撑、斜撑或剪刀撑的高度等也应随立杆向上增高。如跨越架宽度在 6m 及以下时，一般设一副交叉支杆（即剪刀撑），大于 6m 而小于 12m 时设两副支撑杆，以此类推。

到规定高度后，在立杆的适当位置（距电力线保持安全距离）打好前后侧拉线。

（5）架体组成整体。对于双面单排竹、木及钢管杆跨越架，除立杆、大横杆、支撑、斜撑或剪刀撑之外，还应在两面架体之间连接沿"在建线路"顺线路方向的横杆（简称小横杆）及交叉支撑杆。

对于双面多排竹、木及钢管杆跨越架，除在两面架体之间连接沿"在建线路"顺线路方向的横杆及交叉支撑杆外，每面的各排之间也应连接小横杆及交叉支撑杆，以保持架体稳定。

跨越架高度应满足对跨越物安全距离的要求。

（6）封顶。双面跨越架为保证架空线索不落入两面架体之间，需进行封顶。

1）不封顶。当跨越架跨距极小时可不封顶。

跨越多排轨铁路，宽面公路等时，跨越架虽然跨距较大，有时由于条件限制也可不封顶。此时应适当加高跨越架架顶高度，以抵消张力展放的导引绳、导线、地线落在架上时在两侧架间产生的弧垂。

2）用竹竿（木杆、钢管）封顶。当跨越架跨距较小时可用竹竿（木杆）封顶。

先用一定数量的竹竿（木杆、钢管）（简称顺顶杆），顺线路搭设，绑扎在跨越物两侧的架顶大横杆上，再在顺顶杆上横搭绑扎一定数量的竹竿（木杆、钢管）（简称横顶杆），构成方格式的封顶结构。也可不用横顶杆，而是在顺顶杆的上方用绝缘绳与其相交叉绑扎固定。

封顶时，应检查作为顺顶杆的竹竿（木杆、钢管）的长度能否满足跨距要求。竹竿（木杆、钢管）长度不得小于跨距的 1.1 倍。封顶用的竹竿（木杆、钢管）长度不够时不宜搭接使用。顺顶杆应垂直大横杆布置，其顺线路最大间距与立杆间距相同。

顺顶杆较长时，可由两人扶杆，将竹竿小头伸向对侧，进行送杆封顶。

顺顶杆较短时，可用在一头用绳拉杆，另一头送杆的办法封顶。其操作步骤是：先将声 $\phi 2 \sim 4mm$ 绝缘绳在一侧架顶固定，拴一重物越过架顶抛向另一侧。因绳很轻，绳将随重物坠地张紧，不会悬吊在电力线上。再利用绝缘绳牵拉一根 $\phi 10mm$ 绝缘绳两侧拉紧，利用 $\phi 4mm$ 绝缘绳拴好封顶杆小头套在 $\phi 10mm$ 绝缘绳上，慢慢传送竹竿。一侧送杆，另一侧收紧绝缘绳拉杆，直到能抓住封顶杆为止。

3）用绝缘网封顶。绝缘网封顶一般用于跨距较大的跨越架。

用射绳枪将 $\phi 2mm$ 绝缘绳，由被跨电力线一侧射过电力线上方到另一侧的地面，将绝缘绳拉至架顶并带一定张力。用 $\phi 2mm$ 绝缘绳牵放 $\phi 6mm$ 绝缘绳，$\phi 6mm$ 绝缘绳再牵放更粗满足需要强度的绝缘绳，在架顶两侧张紧固定形成滑道绳，然后将防护网铺设。

（7）顶部设置羊角杆、架顶加固。封顶杆的两侧应各绑扎一根羊角状外伸支杆，外伸长度 4m，与大横杆夹角 45°。

对于使用木杆的跨越架，在封顶横杆上方绑一根梢径不小于 60mm 的竹竿，其长度不小于 6m，以减小导引绳拖牵时的摩阻力。

对于由验算确定，牵引绳牵放时将被磨到的跨越架，在封顶横杆上方绑一根 $\phi 50mm$ 的钢管防磨。

（8）打拉线。竹、木及钢管杆跨越架拉线与地锚的用料、规格与数量经施工设计计算确定，所有拉线挂点应选择在架顶立杆与横杆绑扎点处。拉线绑点立杆视需要可增设数根，捆绑成束加强。

拉线方向应与大横杆方向垂直，跨越架前后的拉线位置前后对应，并通过索具（绝缘索具）或顺封杆相连。当架体较高时，为保持稳定，应增打与大横杆方向一致的拉线。

如需设置内侧拉线且被跨物为电力线时，其挂点高度应保证拉线对电力线的安全距离。

拉线对地面夹角一般不大于 60°。

（9）装设警告标志。跨越架搭设后应在显著位置牢固悬挂警告标志。

3. 跨越架检查验收

跨越架搭设完毕，由架线队负责人和安全负责人等进行全面检查验收，检查的主要内容包括跨越架型式、方位、强度、稳定性等。在强风、暴雨过后，亦应对跨越架进行检查加固。拉线的锚固若为角铁桩时，应视情况加深或拔出重打。

4. 跨越架线施工

按作业指导书的要求进行张力架线施工。在进行张力放线时，应派专人持通讯工具对重要跨越处进行监护。

5. 拆除跨越架

按施工设计规定的时段拆除跨越架。跨越架原则上应由原搭设人员拆除。拆除操作按搭设跨越架的逆程序由上而下进行。若拆除工作更换人员时，必须经过技术及安全交底并了解原搭设情况及安全规定才能上岗。拆除工作与搭设工作具有相同的危险性，必须同样执行施工技术设计及相关规程的规定。拆除操作要点及注意事项：

（1）设置工作区标志，禁止非操作人员进入。

（2）严格遵守拆除顺序，即由上而下，后绑者先拆，先绑者后拆，一般是先拆封顶装置、剪刀撑、斜撑，而后小横杆、大横杆、拉线及立杆等。

（3）统一指挥，上下呼应，动作协调，当解开与另一人有关的结扣时应先告知对方，以防坠落。

（4）材料及工具要用滑轮和绳索运送，不得乱扔。

（5）当在邻近带电体操作时，操作者和工具必须保持与带电体的安全距离。

四、注意事项

（1）带电线路跨越架需停电搭设、封顶或拆除时，必须按停电作业的规定指派专人办理停电手续，工作点两端应做好工作接地。

（2）带电跨越架施工时，必须严格控制物件、人员与带电体的最小安全距离，以防发生触电，并设专人监护。

（3）重要设施的跨越架搭设前，应与被跨越设施的单位取得联系，必要时应邀请其派员现场监督检查。

（4）搭设跨越架应由下向上依次进行，不得上下同时进行或先搭框架后装中间构件。搭设时，所用材料下面应有人递送，上面就用绳索提吊。

（5）拆除跨越架时，应由上向下逐根进行，不得上下无次序的同时拆除或采用成片推倒的办法。拆除的杆件应用绳索吊送，不准任意掷杆，以防伤人和损坏杆子。

（6）跨越架搭设完毕，应在架子上的醒目位置悬挂警告标志牌。

（7）跨越架应经验收合格方可投入使用。

【思考与练习】

（1）钢管、木质、竹质跨越架对搭架材料有什么要求？

（2）简述跨越架搭设的操作步骤。

（3）跨越架拆除时应注意哪些事项？

◢ 模块 3　金属结构跨越架施工（新增模块 4-2-3）

【模块描述】 本模块包含金属结构跨越架的基本规定、工艺要求、安全措施等内容。通过工艺介绍，掌握金属结构跨越架施工方法。

【模块内容】

金属结构跨越架的工作原理，即在跨越物的两侧，各竖立一根"T"字形金属结构立柱，柱顶塔头形如横担。柱身靠拉线保持稳定。然后在两塔头部之间布置两条高强度绝缘承载索（一般为迪尼玛绳），利用承载索在跨越物的上空张挂绝缘网（绝缘杆）进行跨越施工保护。金属跨越架如图 23-3-1 所示。

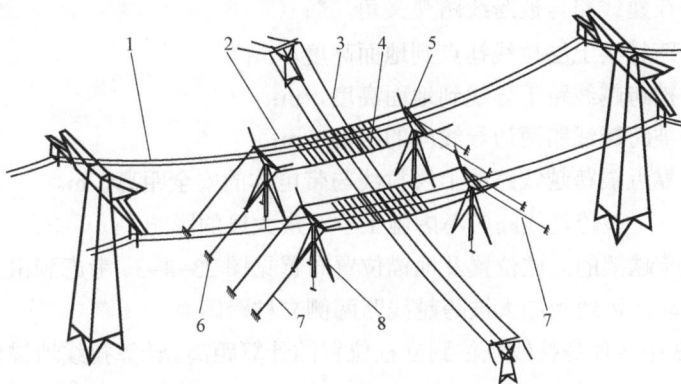

图 23-3-1　金属结构跨越架示意图

1—在建线路线索；2—承载索；3—被跨线路；4—绝缘网（绝缘杆）；5—钢结构立柱；
6—承载索地锚；7—手扳葫芦；8—立柱拉线系统

一、工艺流程

金属结构跨越架法跨越架线施工工艺流程见图 23-3-2。

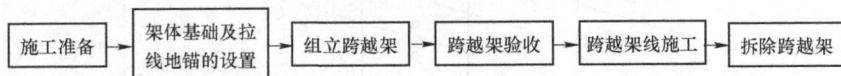

图 23-3-2　金属结构跨越架法跨越架线施工工艺流程图

二、危险点分析与控制措施

金属结构跨越架施工的危险点与控制措施参见"钢管、木质、竹质跨越架施工"模块中的危险点分析与控制措施。

三、施工准备及操作步骤

1. 施工准备

（1）首先对跨越地点进行实地勘察测绘，包括：地形、交叉跨越角度，被跨越电力线路导线、地线高度及间距等，并应调查了解被跨越电力线路的电压等级、两侧铁塔的型号、高度及铁塔编号等，以便进行跨越方案施工技术设计。应绘制架体基础平面布置施工图，其中应有基础位置、型式、埋设深度及尺寸等。

（2）跨距和拉线坑位计算。被跨越线路两侧立柱之间的距离 L 叫做跨距。跨距计算公式如下

$$L = \frac{2\cos(\beta - 45°)[0.58(H + 2L_2 - h) - 0.866L_2] + (1.732L_2 + L_1)}{\sin\beta} \qquad (23\text{-}3\text{-}1)$$

式中　β——在建线路与被跨线路交叉角，°；

　　　H——跨越架上层拉线挂点到地面高度，m；

　　　h——被跨越线路下导线到地面高度，m；

　　　L_1——被跨越线路两边导线间的距离，m；

　　　L_2——靠近被跨越线路的上层拉线与带电体的安全距离，m。

跨距计算时，被跨越线路应考虑施工季节最大风的影响。

金属结构跨越架的立柱位置及地锚位置布置见图 23-3-3。考虑到组立施工时立柱可能出现的晃动，可适当加大被跨越线路两侧立柱跨距。

图 23-3-3 中 AB 是拉线坑位到立柱位置的计算距离。计算拉线地锚位置和拉线长度时，应考虑地形的影响。

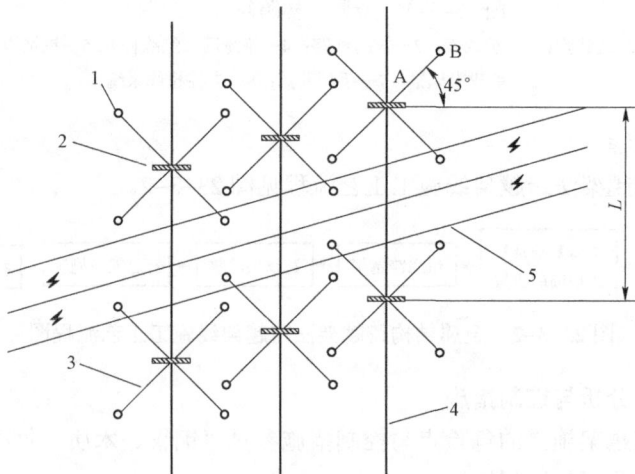

图 23-3-3　金属结构跨越架立柱及地锚布置示意图

1—地锚；2—立柱；3—拉线投影；4—在建线路线索；5—被跨线路

2. 架体基础及拉线地锚的设置

（1）在跨越现场，按照施工技术设计的现场布置，用经纬仪测出架体基础和拉线地锚的具体位置并设木桩标记。然后由施工负责人和技术负责人检查测量结果，确认无误后方可设置架体基础及拉线地锚。

（2）架体基础是在地面上设置枕木。枕木上平面稍低于地平面即可，枕木四周间隙埋土夯实。然后将架体基础球铰置于枕木上并接地。在设置架体基础时，注意在各方位不能偏移木桩中心 100mm，否则在放线时架体将受到很大偏心载荷。

（3）开挖地锚坑时，一定要保证深度及方位，埋地锚时注意地锚及地锚钢绳套规格，连接是否牢固，若为水坑时应采取排水及加固措施。

3. 组立跨越架

（1）组立"头三节"架体。在架体基础球铰旁将塔头和两节标准节组装在一起，称为"头三节"，用小型人字抱杆（φ89mm×5mm 钢管或梢径 φ120mm 长 6m 杉木杆）及滑车系统和机动绞磨整体立起。注意起立方向和塔头横担方向（按施工设计方法示意图），立起时"头三节"的根部要采取制动措施，塔头离开地面 0.8m 时，停止牵引进行全面检查，确认无误后继续起立，当起立到与地面夹角约 70°时减速牵引，80°时停止牵引，用拉线调正与地面垂直，并临时锚定。起立时所用的拉线就是架体的上层拉线。其他组架体的"头三节"起立方法与此相同。"头三节"起立方法示意如图 23-3-4 所示。

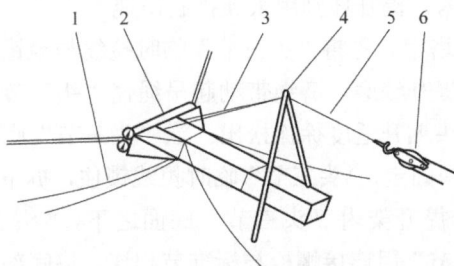

图 23-3-4　"头三节"起立方法示意图
1—拉线；2—"头三节"；3—起吊绳；4—人字抱杆；5—牵引绳；6—滑车组

（2）组立提升架。利用已立起的"头三节"为抱杆，用起吊索具通过挂在架头上的滑车和提升架相连，以机动绞磨作为动力将提升架立起，提升架组立示意如图 23-3-5 所示。起立过程如下：

1）将提升架开口连接杆件拆下，开口向上，使其底脚一端朝向"头三节"下端根部（与"头三节"根部离开适当距离）平卧。

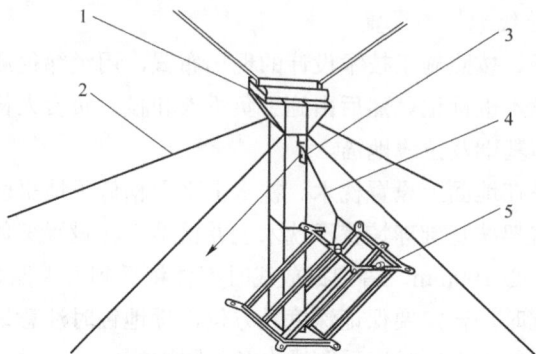

图 23-3-5 提升架组立示意图

1—"头三节"；2—临时拉线；3—起重滑车；4—起吊索具；5—提升架

2）在提升架头部如图 23-3-5 所示位置固定起吊绳，起吊绳连牵引绳，牵引绳通过挂在"头三节"颈部的起重滑车，在起立的反方向连接制动绳。

3）启动绞磨拉动牵引绳，将提升架起立。

4）装好开口连接杆件和高处作业平台，装好牵引起吊绳、起吊绳平衡滑车、磨绳。

5）在经纬仪监测下，打好提升架顶部拉线。最后将提升架底部四脚分别向锚点加四根水平拉线（绊脚绳）。

6）将底部提升盘用螺栓装在"头三节"底部。塔根底部左右各装一件，行走轮位于提升架的行走轮滑轨内，提升环则用来连接起吊绳。

（3）续接标准节及塔根。先将"头三节"临时拉线与地锚连接处拆开，拉线下端与地锚可控连接，开动提升绞磨，磨绳带动起吊绳使"头三节"上升，拉线上端随塔头上升，拉线下端随塔头上升适度徐徐松出。当"头三节"底面高度到达预定位置时停止提升，底部用固定销固定，"头三节"临时拉线锁住，拆下底部提升盘。将续接的下一标准节用人力置于提升架内"头三节"底面之下，"头三节"以下各节续接见图 23-3-6。再将"头三节"用连接螺栓与标准节相连，将底部提升盘固定在续接的标准节底部。开动绞磨，将续接好的立柱提升至预定高度，停住，再按上述操作方法接续下一节。

以上的接续操作重复进行，直至达到预定高度，再将塔根加进，下座在基础球铰上。在组立架体过程中应注意以下几点：

1）操作平台作业人员各自佩戴工具袋，不能丢、扔螺栓和工具。

2）注意按照组装图上中间节位置加进中间节，同时装好下层拉线板及拉线；将拉线挂在与地锚连接的缓松器上，由专人看管，随架体的升高慢慢放松。

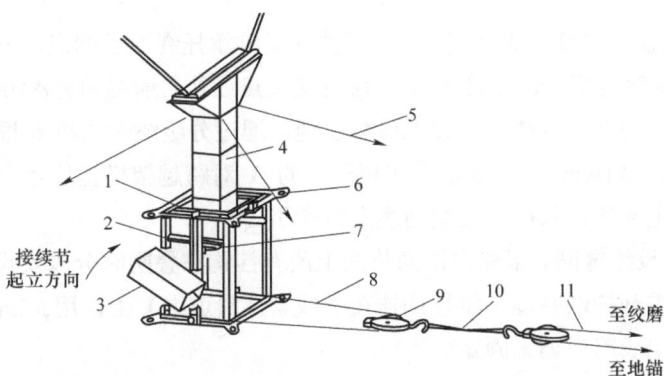

图 23-3-6　"头三节"以下各节续接示意图

1—腰环；2—提升盘滑轨；3—接续节；4—"头三节"；5—平衡拉线；6—提升架；

7—底部提升盘；8—起吊绳；9—平衡滑车；10—牵引绳；11—磨绳

3）当架体塔头高度达到带电线路导线高度后继续升高时，需随时用经纬仪进行双向监视，在提升过程中应随时调整拉线，控制塔头中心偏斜不大于 0.4m。

（4）装置拉线。架体组立完成后，将上下层拉线锚好（不张紧）。待提升架拉线放松后（不拆掉），用经纬仪监测，上下层拉线边紧边调，直至架体与地面垂直且自身调直为止，再紧固所有临时拉线。为了更加安全起见，从各塔头横担点上，顺新架线路方向，向被跨空间外侧各打一条备用钢丝绳拉线（ϕ12.5mm），但张力要小，不影响架体受力。

（5）拆除提升架。按照组立提升架的逆过程，拆除提升架。

（6）敷设绝缘保护网。绝缘保护网的布置见图 23-3-7。为了预防导线、地线在展放过程和紧线施工中坠落发生事故，除在塔头顶端设置挂胶滚筒和羊角外，同时敷设绝缘网加以保护。

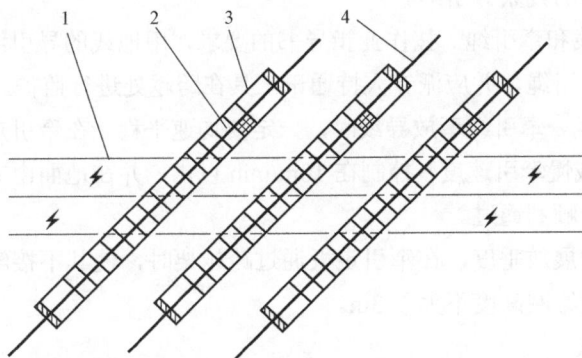

图 23-3-7　绝缘保护网布置示意图

1—被跨线路；2—绝缘网；3—承载索；4—在建线路线索

1）带电架设高强度绝缘承载索。承载索（又称承托绳或承网绳，一般使用迪尼玛绳，其规格及弛度调整经计算确定）。在跨越交叉点近处用射绳枪将ϕ4mm高强度绝缘绳射过带电线路的架空地线，用该绳做导引绳，通过分级绕牵法将6根承载索（规格一般为ϕ12mm～ϕ16mm）分别紧固在相对应的3对跨越架横担边角上。绝缘绳牵引时不能接触带电导线，只能在架空地线上方牵引。

2）带电敷设绝缘网。事先在地面将网上所有挂钩在叠网时分段安设好，在架体横担安设滑车，提升护网并逐个将挂钩挂在承载索（滑道绳）上，用ϕ8mm绝缘牵引绳牵引护网过带电线路后调紧固定。

尼龙网底部与带电体的净空距离由计算确定，应保证在事故情况下（一相导线落在网上），仍能保证网与带电体的安全距离符合安全规定。

4. 跨越架验收

跨越架搭设完毕，由架线队负责人和安全负责人等进行全面验收检查，检查的主要内容包括跨越架型式、方位、稳定性等。如有不符合要求处，应通知搭设人员进行修理或返工。

5. 跨越架线施工

（1）展放导引绳、牵引绳、地线和导线之前，应再次检查所用机具设备及其连接质量，特别是张力机及所有连接处应加装防止跑线保险设施。

（2）展放导引绳。展放导引绳可选用人工展放和飞行器展放。采用人工展放时，可用事先设置在保护网上的循环绝缘导引绳，以人力或小型牵引机械牵引。注意导引绳的尾端需以人力或机械施加一定的张力以免使保护网受磨。

（3）采用飞行器展放方式，可先以飞行器铺放一条较细的纤维导引绳，再分级替换成导、地线所需的几条导引绳。

（4）牵放地线和牵引绳。按作业指导书的要求，用地线的导引绳牵放地线，用导线的导引绳牵放牵引绳，并应派专人持通讯工具在跨越处进行监护。

（5）牵放导线。牵引绳牵放导线时，一定要均速平稳。在牵引走板及重锤距跨越架15m之前，应减慢牵引速度，控制在10m/min以内，并在地面由专人负责与牵引场联系，确保其安全顺利通过。

严格控制导线展放垂度，在牵引走板通过跨越架时，使其不接触绝缘网，如为控制挡时，其距离绝缘网高度不大于3m。

6. 拆除跨越架

放线、紧线、挂线及附件安装等全部架线作业完成之后，即可拆除保护网及跨越架，拆除顺序和方法是组立施工时的逆过程。拆卸作业具有与安装时同样的危险性；亦应严格遵守安全工作规程和施工技术设计的有关规定，绝对禁止用整体放倒的方法。

（1）拆卸防护网。按安装时的逆程序一一拆卸各种防护网，并逐件整理捆扎装箱。

（2）拆卸架体标准节。做好拆卸准备，即立好提升架，打好提升架拉线，连好提升系统，松开立柱下拉线，调松上拉线（但仍应保持架体稳定）。然后按起立的逆过程逐件拆卸标准节，并随时注意调整上层拉线。拆卸下来的较小部件应整理装箱，较大部件应整理分类捆扎，以便保管和运输。

（3）拆除提升系统。立柱拆除至仅剩"头三节"后，即可拆除提升系统。拆卸提升架是组立提升架的逆过程。

（4）拆卸"头三节"。再利用人字抱杆，将"头三节"整体放到地面。

【思考与练习】

（1）简述金属结构跨越架的工作原理。

（2）说出金属结构跨越架法跨越架线施工的工艺流程。

（3）架体基础及拉线地锚的设置有什么要求？

▲ 模块 4　索道跨越架施工（新增模块 4-2-4）

【模块描述】本模块包含索道跨越架的基本规定、工艺要求、受力计算、安全措施等内容。通过工艺介绍，掌握索道跨越架施工方法。以下重点介绍索道跨越架施工的操作方法。

【模块内容】

索道跨越架是利用在建送电线路跨越档两侧的铁塔，加装悬吊式临时横梁，架设高强度纤维承载索（一般采用迪尼玛绳）或钢丝绳，并敷设桥型封网装置构成。其中封网装置又可选用绝缘杆结构或绝缘绳网结构。

一、索道跨越架的总体布置及工艺流程

索道跨越架的总体布置见图 23-4-1、图 23-4-2。在跨越物两侧的铁塔横担下适当位置悬挂临时横梁作为支撑装置，在两横梁间展放承载索，再在跨越物上方的承载索上安装封网装置对跨越物进行保护。

根据跨越的现场条件，承载索的支撑装置也可在跨越的一侧使用铁塔横担下悬挂的横梁，另一侧使用在档中地面竖立的金属结构跨越架的立柱。

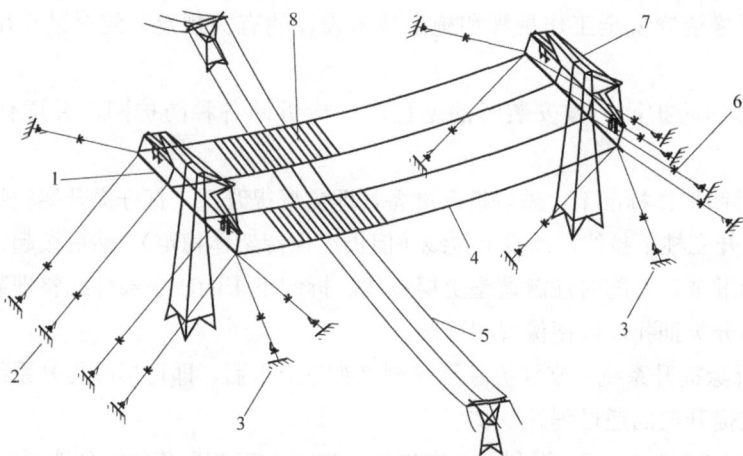

图 23-4-1 索道跨越架总体布置示意图

1—横梁；2—承载索固定地锚；3—拉线地锚；4—承载索；5—被跨越线路；
6—拉线系统；7—补强系统；8—绝缘网（绝缘杆）

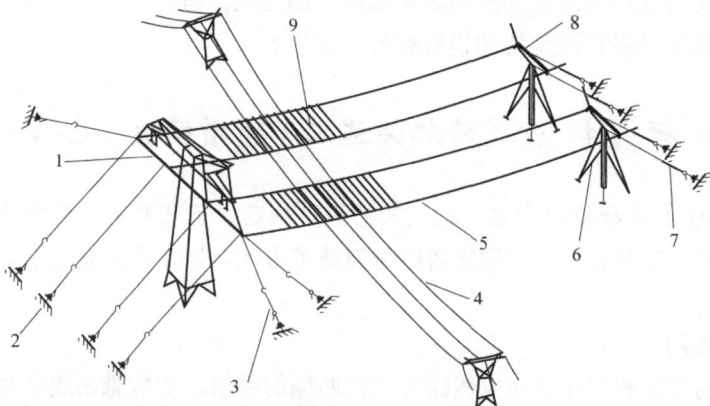

图 23-4-2 索道跨越架与金属结构跨越架组合形式总体布置示意图

1—横梁；2—拉线地锚；3—拉线系统；4—被跨越线路；5—承载索；6—立柱拉线系统；
7—承载索固定地锚；8—钢结构跨越架立柱；9—绝缘网（绝缘杆）

索道跨越架线施工工艺流程见图 23-4-3。

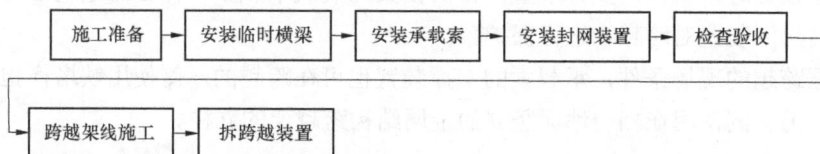

图 23-4-3 索道跨越架法跨越架线施工工艺流程图

二、危险点分析与控制措施

索道跨越架施工的危险点分析与控制措施参见"钢管、木质、竹质跨越架施工"中的危险点分析与控制措施。

三、准备工作及操作步骤

1. 施工准备

（1）跨越档铁塔已经检查验收。

（2）横梁及其附属器件经过试组装合格，所有使用设备及工器具均应准备好，并已进行检查与试验。

（3）被跨电力线已申请"退出重合闸"，签订协议并已落实。

（4）做好现场准备，如现场布置、地锚设置等。

2. 安装临时横梁

（1）安装位置。横梁应安装在靠近导线放线滑车处的下方，依具体条件经计算确定。

（2）横梁吊装布置。横梁吊装布置见图 23-4-4 所示。

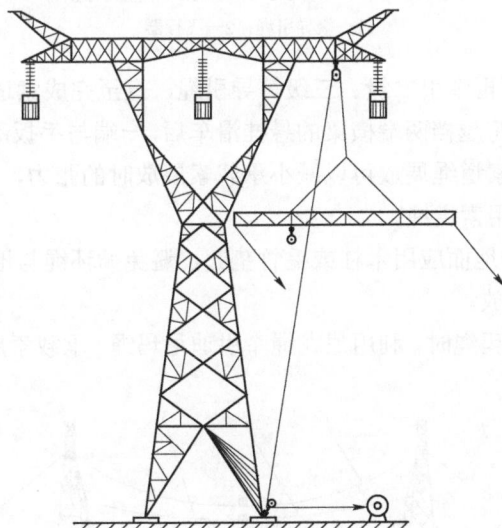

图 23-4-4　横梁吊装布置示意图

（3）横梁的吊装步骤。

1）吊装前，检查横梁分段连接螺栓应齐全、完好，在横梁规定位置挂上倒"V"字形吊点绳、横梁悬吊绳、起吊控制绳、临时拉线以及承载索、循环绳的端滑车等。

2）横梁吊装至预定位置后，应将横梁悬吊绳挂至规定位置。

3）放松牵引绳并拆除吊点绳和牵引绳、控制绳。

4）安装并收紧调整横梁临时拉线。

3. 安装承载索

（1）导引绳、索道绳及循环绳的展放。

1）根据展放一级导引绳的机具选择引绳规格。一级导引绳可以采用人工展放或飞行器空中展放。一级导引绳空中展放布置如图 23-4-5 所示。

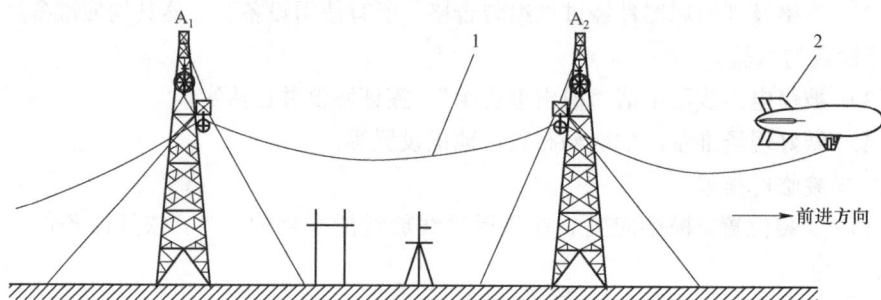

图 23-4-5　一级导引绳展放布置示意图
1—级导引绳；2—飞行器

2）由一级导引绳再牵引二级、三级等导引绳，直至完成索道绳、循环绳的展放。

3）索道绳应通过跨越档两端横梁的悬挂滑车后，一端与手扳葫芦连接后挂于地锚，另一端固定于地锚。索道绳展放可以减小承载索展放时的张力，经计算当承载索展放张力不大时，也可不用索道绳。

4）循环绳经过的地面应用木杠或毛竹垫起，避免循环绳与地面摩擦。

（2）承载索的展放。

1）承载索为迪尼玛绳时，利用尼龙绳牵引迪尼玛绳，承载索展放布置如图 23-4-6 所示。

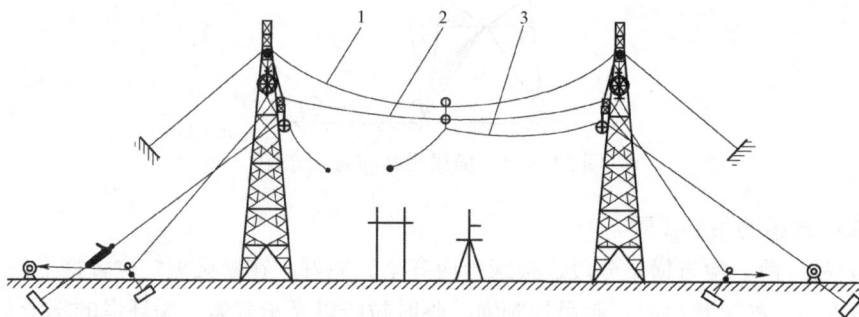

图 23-4-6　承载索展放示意图
1—索道绳；2—循环绳；3—承载索

2）当循环绳与承载索接头接近跨越塔的横梁时，将承载索的悬空一端穿过滑车后与地面的钢丝绳相连接，同时将循环绳与承载索连接的抗弯连接器解开，然后将承载索端固定于地锚，另一端通过手扳葫芦收紧达到预定的安装弧垂。

3）循环绳进行反方向牵引，再连接另一根承载索进行牵引展放，直至完成全部的承载索架设。

（3）牵网绳的展放。

1）牵网绳强度除满足牵网的安全要求外，还必须满足导线断线后对网的冲击使牵网绳破断的要求，用尼龙绳时，其规格不宜小于$\phi 12mm$，并经计算确定。牵网绳利用循环绳牵引展放，展放方式与承载索相似，每相导线展放2根。

2）当循环绳与牵网绳接头接近跨越塔的横梁时，将循环绳与牵网绳的接头抗弯连接器解开，然后将牵网绳适当收紧，离开被跨越物至安全距离后，固定在横梁上。

（4）安装封网装置。

1）根据跨越档的封网设计方案，在地面的彩条布上将封网装置进行组装，组装后的封网装置构成见图23-4-7。

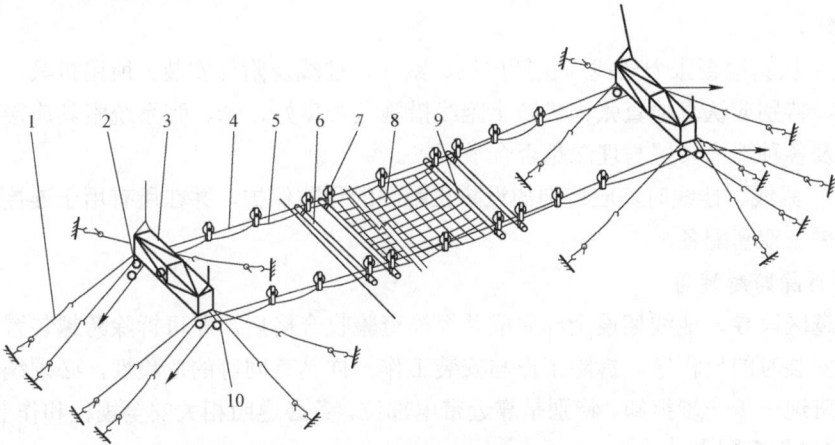

图23-4-7　组装后的封网装置构成示意图

1—手扳葫芦；2—承载索滑车；3—横梁；4—承载索；5—牵网绳；6—网端加固杆；
7—绝缘网悬挂滑车；8—绝缘网；9—绝缘网撑杆；10—牵网绳滑车

根据跨越档内被跨越电力线的位置及跨越长度组装满足长度要求的封顶绝缘网及网撑。在牵网绳上每2m长度设置一个滑轮，以便挂于承载索上。在网的两个端部各设置一根带绝缘套的钢丝绳（或一根耐磨的绝缘杆）加强网的耐磨性。

2）吊装封网装置。封网装置在地面组装后，利用横梁下方（靠近承载索滑车处）的起重滑车，穿入牵引钢丝绳，一端与封网装置端部相连接，另一端进入机动绞磨。

启动绞磨，将封网装置吊至横梁下方，再将封网装置端部与封网绳相连。牵网绳前端与循环绳连接，封网装置牵网绳后端挂于横梁上。

3）展放封网装置。收紧牵网绳，一面逐次按预定间隔挂上挂钩（或专用小滑车），一面使封网装置在承载索上缓慢展放，直至达到设计规定的封网长度为止，将牵网绳前端固定于前塔横梁上，后端连接ϕ12mm尼龙绳固定于后塔横梁上，防止其移动。

安装封网装置的同时，在每张网安装一定数量直径为ϕ50mm及以上且长度满足封网宽度要求的绝缘撑杆，防止封网装置出现"收腰"现象。

封网装置展放完毕后，再次调整承载索的弧垂，使之满足施工设计的要求。

4. 检查验收

索道跨越架装设完毕，由架线队负责人和安全负责人等，进行全面验收检查。如有不符合要求处，应通知搭设人员进行修理或返工。

5. 跨越架线施工

导、地线架设时除应遵守一般张力架线施工操作工艺外，还应遵守以下要求：

（1）在跨越档两侧铁塔上的导线、地线放线滑车下方加装防脱落钢丝绳套，作为二道防线。

（2）认真检查张力架线（包括放线、紧线、挂线及附件安装）所用机具，确保安全可靠，特别应认真检查张力机防止跑线措施是否良好，牵、张系统索具连接是否可靠，以及各种地锚布置与埋深是否合乎要求。

（3）紧线、挂线时，应特别加设防止跑线的预防保护，并在所有用于连接的受力机具处采取双套配备。

6. 拆除跨越装置

跨越区段导、地线架设全部完成并经检查验收合格后，即可拆除跨越装置，拆除程序是安装时的反程序。拆除工作与安装工作一样具有同等的危险性，必须统一指挥按部就班地一步一步拆卸。特别是靠近带电部位，务必遵照相关安全规程和作业规定。

【思考与练习】

（1）写出索道跨越架法跨越架线施工的操作流程。

（2）简述封网装置的安装步骤。

（3）简述索道跨越架的工作原理。

第二十四章

导 地 线 展 放

▶ 模块 1　导引绳展放（新增模块 4–3–1）

【模块描述】本模块包含导引绳人工地面与空中飞行展放、牵引绳展放、引绳连接等内容。通过工艺介绍，掌握导（牵）引绳展放施工方法及要求。以下着重介绍导引绳的展放。

【模块内容】

牵引导线的绳索称为牵引绳，牵引牵引绳的绳索称为导引绳。导（牵）引绳的展放是利用人工或飞行器铺放小规格导引绳后，以机动绞磨或牵引机作为牵引动力，升空落于地面的导引绳并逐级牵引大规格导引绳、牵引绳，直至满足导地线张力放线所需的牵引绳。

导引绳的展放分人力及机械牵引、飞艇放线和动力伞展放等几种方法。

一、危险点分析与控制措施

导引绳展放的危险点与控制措施见表 24–1–1。

表 24–1–1　　　　　　　　导引绳展放的危险点与控制措施

序号	作业内容	危险点	预防控制措施
1	人力展放导引绳	其他伤害	（1）导引绳展放过程中遇有陡坡、悬崖时，作业人员将引绳从高处抛下连接导引绳，作业人员绕行通过牵引展放。 （2）展放过程中应注意废弃的机井、深坑等；过沼泽或湿陷地段时应有防沉措施。 （3）当地面有较厚积雪或水面结冰不明厚度时，应探明情况不能贸然前进。 （4）严禁在跨越架上临时锚固导引绳，地线等。 （5）处理被刮住的导地线时，作业人员必须站在线弯的外侧并用工具处理，严禁用手推搡。 （6）展放余线的人员不得站在线圈内或线弯的内角侧
2	导引绳连接	物体打击跑线、触电	（1）导、牵引绳的抗弯连接器、旋转连接器的规格要符合技术要求。 （2）使用前进行检查、试验。 （3）在应该使用旋转连接器的地方一定要按规定使用旋转连接器

续表

序号	作业内容	危险点	预防控制措施
3	动力伞、飞艇展放导引绳	高处坠落、物体打击、机械伤害、容器爆炸、火灾、触电	（1）编制人要有高度责任感，有严谨科学的工作态度，技术措施编制前应认真进行调查研究，确保措施的针对性和操作性。 （2）审批人要严细认真，把好审批关。 （3）严格按要求开展安全文明施工标准化工作，规范现场管理。 （4）起、降场所必须设置安全围栏和安全警示标志。 （5）警示标志应符合有关标准和要求。车辆运输时严禁燃料与氢气混装，必须分开运输，并设明显的警示标志。 （6）进入现场后要认真对气囊进行检查，一旦气囊发生泄漏，及时修补和更换，以免影响飞艇的整体可控性和飞艇降落。 （7）在飞艇起飞前严格对舵面进行检查，必须进行试飞前操作。 （8）氢气瓶避免阳光曝晒，必须远离明火或热源。 （9）应储存在通风良好的库房里，必须直立放置；周围设立防火防爆标志，并配备干粉或二氧化碳灭火器，禁止使用四氯化碳灭火器。 （10）操作人员必须经专业培训合格后，方可上岗操作。 （11）连续多档一次跨越最大长度在 2400 米的必须至少二到三人操作。 （12）操作人员在飞艇起降时，必须认真选择比较空旷的场地，接送飞艇时严格按方案实施，密切观察飞艇的起降方向和着落点，按操作规程抓住支架进行接送，以免螺旋桨伤人
4	换盘	起重伤害	换盘要有专人指挥，吊车司机和施工人员听从指挥，密切配合，吊件和起重臂下方严禁有人

二、导引绳展放前准备及操作步骤

（一）导引绳展放基本规定

（1）导引绳系一般以 800～1200m 分段，两端做成插接式端环，盘装在特制的导引绳卷筒上。导引绳卷筒应与小牵引机的导引绳回盘机构和导引绳放绳支架相匹配。

（2）除无扭矩导引绳外，施工段内同根同级导引绳宜使用同型号、同规格、同捻向的绳索。

（3）导引绳之间采用抗弯或旋转连接器连接，一般间隔 3 只抗弯连接器使用 1 只旋转连接器。

（4）初级导引绳与二级导引绳及二级导引绳与三级导引绳间等、导引绳与牵引绳间，以及导引绳与地线间（用作地线牵引绳时），均应采用旋转连接器连接。

（二）导引绳的展放方法

导引绳一般根据展放顺序称为初级导引绳、二级导引绳……；导引绳的展放次数根据各级导引绳的强度及线路走廊中的跨越物高程来确定。

采用飞行器展放的绳索一般为初级导引绳，再用初级导引绳牵引下一级导引绳进行展放，导引绳也可采用人工展放。

1. 初级导引绳展放方法

（1）人工展放。人工沿线路铺放，将成轴导引绳尽可能分散的运到施工段沿线指定地点，人工将成轴导引绳铺放开来，逐塔穿过放线滑车，与邻段导引绳相连，在牵引场或张力场或其他指定位置将导引绳锚住，在张力场或牵引场或其他另一指定位置收卷导引绳，使导引绳升空至一定高度，锚绳移交给下道工序。此方法主要适用对环境无影响及障碍物较少的施工区段，一般直接进行导引绳或牵引绳的直接展放。

（2）空中展放。利用直升机、飞艇、热气球、动力伞、航模或其他飞行器展放，或用发射方法展放。

按飞行器或发射器能力将线路分成展放段展放，将初级导引绳逐基落到塔的顶部，人工将初级导引绳挪移并过渡到需用相的放线滑车内，将各段用抗弯连接器连接，使其在施工段内贯通相连。此方法主要适用于对环境有影响及受障碍物限制的场合（如树木、农作物及跨越物较多的地方）。现阶段常用的空中展放为动力伞或飞艇展放初级引绳。

以上两种导引绳展放方法应根据工程特点、现场条件，优先选用对环境影响最小、技术经济效益好的施工方法。

2. 中间级导引绳的展放方法

小规格导引绳牵放大规格导引绳。利用初级导引绳牵放二级导引绳，二级导引绳牵放三级导引绳，以此类推，逐级牵放，最终牵引出所需规格的导引绳。

3. 常见展放方法

导引绳牵放导引绳一般用"一牵1"方式进行展放，也可用一根上一级导引绳牵放多根下一级导引绳，即利用空中展放法牵放的导引绳或利用地面铺放导引绳和该导引绳所在的多轮放线滑车，用与牵放导线相似的方法，同时牵放出多根导引绳。用一根导引绳允许一次同时牵放导引绳的根数应经过计算确定，通过多次牵放得到最终所需的根数。牵放出的导引绳，除留下一根外，其余均从第一根导引绳的放线滑车中挪移到相应的放线滑车中。

4. 牵引绳展放方法

牵引绳展放方法同导引绳相同，当所需牵引绳规格较小时，且现场条件满足时，可采用人工直接展放的方式，否则需采用导引绳"一牵1"或"一牵2"方式张力展放。

（三）操作步骤

1. 施工准备

（1）张力场的准备。由设在小张力机轴架上将待放的次级导引绳引出，在小张力机张力轮盘绕规定的圈数，从上方引出，用旋转连接器与上一级导引绳连接。

（2）牵引场的准备。将导引绳前端从小牵引机上方引入牵引轮，盘绕规定的圈数，由上方引至导引绳卷车。

（3）护线人员的准备。各塔位、各重要跨越、张力控制点护线人员带必要的护线工具和通讯器具各就各位，检查各自位置状况并向现场指挥员报告。

2. 张力展放

张、牵场准备工作完毕，各岗位工作人员应全面检查各部位情况并报告现场指挥员。指挥员确认各部位正常后，下达开始牵引的命令。用小牵、张机展放导（牵）引绳，开始时应慢速牵引，待系统运转正常后，方可加速，其速度宜控制在 40～70m/min。

3. 换盘

（1）小张力机侧同一级导（牵）引绳换盘的操作。

1）当小张力机轴架上的导引绳盘中剩余 4～5 圈时，应通知小牵引机暂停牵引。

2）在小张力机前将导引绳锚线；倒出盘中余线，卸下空盘，换上新盘。换盘后将新旧导引绳在张力轮后用抗弯连接器连接。

3）将张力轮后余线进新盘，将小张力机前解除锚线。

（2）小张力机侧不同级导（牵）引绳换盘的操作。

1）当小张力机后轴架上的导引绳在盘中剩余 4～5 圈时，通知小牵引机暂停牵引。

2）在小张力机前将导引绳锚线；倒出盘中余线，卸下空盘，换上新盘。换盘后将新旧导引绳在张力轮后用抗弯连接器（使用符合新盘上绳索直径的抗弯连接器）连接。

3）将张力轮后余线缠绕进新盘。小张力机前解除锚线。

4）缓慢牵引，待抗弯连接器被牵出张力机出口，将上一级导引绳在张力机前锚线，将抗弯连接器更换为旋转连接器。

（3）小牵引机侧同一级导（牵）引绳换盘操作。

1）导引绳接头为抗弯连接器被牵引至接近小牵引机时，减速牵引，使接头缓慢通过小牵引机的牵引轮。当接头进入导引绳盘 2～3 圈后，暂停牵引，在小牵引机前锚线。

2）解开导引绳接头的抗弯连接器，卸下已缠满的导引绳盘，换上导引绳空盘。

3）将导引绳头缠绕于空盘并收紧，启动小牵引机使其前面的锚线工具松弛，拆除，继续牵引。

（4）小牵引机侧不同级导（牵）引绳换盘操作。

1）导引绳的接头为旋转连接器时，旋转连接器被牵引至接近小牵引机处，停止牵引，锚线。小牵引机倒车，使锚线索具受力，拆除旋转连接器。

2）卸下已缠满的导引绳盘，换上导引绳空盘。

3）用机动绞磨的磨绳替下锚线索具，在小牵引机前收取足够的导引绳余线，重新盘上小牵引机的牵引轮和小牵引机后的线盘。

4）启动小牵引机受力后再次暂停，拆除绞磨，继续牵引。

4. 分线、展放下一级导（牵）引绳

5. 重复以上步骤 2 和步骤 3，直至完成导（牵）引绳的展放

（四）工器具配置

（1）采用人工方式铺放一个放线区段的导引绳时主要工器具配置见表 24-1-2。

表 24-1-2　采用人工方式铺放一个放线区段的导引绳时的主要工器具配置表

序号	机具名称	规格	单位	数量	备注
1	导线绳	□13mm	km	25	
2	导线绳	□18mm	km	75	
3	线盘		个	100	
4	走板	根据展放方式确定	个	2	
5	接地滑车		个	2	
6	旋转连接器		个	10	
7	抗弯连接器		条	100	
8	临锚绳	GJ-80　挂胶 3.5m	根	10	
9	临锚绳	GJ-80　挂胶 15m	根	5	
10	机动绞磨		台	1	
11	接地线	铜线	m	30	

（2）采用空中方式铺放一个放线区段的导引绳时主要工器具配置见表 24-1-3。

表 24-1-3　采用空中铺放一个放线区段的导引绳时的主要工器具配置表

序号	机具名称	规格	单位	数量	备注
1	导引绳	迪尼玛绳 ϕ2mm	km	25	
2	导引绳	迪尼玛绳 ϕ4mm	km	25	
3	导引绳	迪尼玛绳 ϕ8mm	km	25	
4	导引绳	□13mm	km	75	
5	导引绳	□18mm	km	75	
6	线盘		个	100	
7	走板	根据展放方式确定	个	2	
8	接地滑车		个	2	
9	旋转连接器		个	10	
10	抗弯连接器		条	100	
11	临锚绳	GJ-80　挂胶 3.5m	根	10	
12	临锚绳	GJ-80　挂胶 15m	根	5	
13	机动绞磨		台	1	
14	接地线	铜线	m	30	

三、注意事项

（1）导引绳的布线应考虑适当裕度，平地和丘陵一般按 1.1 倍放线段长度，山区按 1.2 倍放线段长度。

（2）导引绳人工地面展放完毕，应尽快将导引绳升空，不得长时间拖地过夜。

（3）导引绳机械牵引时，在靠近小牵、张机前的导引绳上需安装钢质接地滑车，作好保安接地。

（4）旋转连接器不得进入牵、张机轮，必须在牵引机轮前将旋转连接器换成抗弯连接器后，方可进入。

【思考与练习】

（1）简述动力伞、飞艇展放导引绳的危险点分析与控制措施。

（2）什么叫人工展放导引绳？

（3）简述张力机侧导引绳盘的操作方法。

◢ 模块 2　导地线展放（新增模块 4-3-2）

【模块描述】本模块包含导地线张力、非张力展放等内容。通过工艺介绍，掌握导地线展放施工方法及要求。以下重点介绍导地线张力展放内容。

【模块内容】

导地线展放是利用已展放的导（牵）引绳，通过人力或牵张机等机械设备，将导地线架设到已组杆塔上的过程。根据展放方式的不同，可分为张力放线和非张力放线，现阶段除构架档等个别导地线展放采用非张力放线方式外，其余多采用张力放线。地线展放方法与牵引绳"一牵 1"展放方法相同，本模块主要对导线张力展放进行说明。

一、工艺流程

导地线张力展放工艺流程见图 24-2-1。

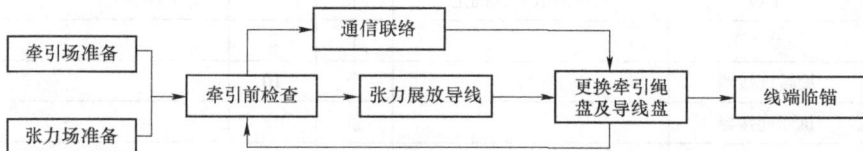

图 24-2-1　导地线张力展放工艺流程图

二、危险点分析与控制措施

导地线张力放线危险点与控制措施见表 24-2-1。

表 24–2–1 　　　　　　　　导地线张力放线危险点与控制措施

序号	作业内容	危险点	预防控制措施
1	牵引场布置	机械伤害、触电	（1）牵引机一般布置在线路中心线上，顺线路布置。进线口应对准邻塔放线滑车，与邻塔边线放线滑车水平夹角不应大于 7°，大于 7°应设置转向滑车。 （2）锚线地锚位置应在牵引机前约 5m 左右，与邻塔导线挂线点间仰角不得大于 25°。 （3）牵引机设置单独接地，牵引绳必须使用接地滑车进行可靠接地。 （4）牵引机进线口与邻塔导线悬挂点的仰角不宜大于 15°，俯角不宜大于 5°。 （5）牵引机卷扬轮的受力方向必须与其轴线垂直。 （6）钢丝绳卷车与牵引机的距离和方位应符合机械说明书要求，且必须使尾绳、尾线不磨线轴或钢丝绳
2	张力场布置	机械伤害、触电	（1）张力机一般布置在线路中心线上，顺线路布置。出线口应对准邻塔放线滑车，与邻塔边线放线滑车水平夹角不应大于 7°。 （2）张力机应使用枕木垫平支稳，两点锚固。锚固绳与机身水平夹角应控制在 20°左右，对地夹角应控制在 45°左右。 （3）张力机应设置单独接地，避雷线必须使用接地滑车进行可靠接地。 （4）避雷线盘架布置在张力机后方 5m 左右，避雷线出线方向垂直于线轴中心线。 （5）张力机出线口与邻塔导线悬挂点的仰角不宜大于 15°，俯角不宜大于 5°。 （6）张力机张力轮的受力方向均必须与其轴线垂直
3	导地线运输、就位	起重伤害	起重机安放必须要有专人负责，在运输途中要随时检查线盘绑扎是否牢固
4	架线工器具的准备	起重伤害、高处坠落、机械伤害	（1）架线前应认真检查工器具，仓库要有工具出库检查试验记录并签字，防止不合格工器具流入作业现场。 （2）现场施工人员使用工器具时要再次认真检查确认，不合格者严禁使用。 （3）牵张机、吊车等大型机械进场前必须经过相关部门的检查验证
5	地锚坑的埋设	起重伤害	各种锚桩应按技术要求布设，其规格和埋深应根据土质经受力计算而确定。工作票上应注明坑深尺寸，地锚埋设前，派专人测尺检查，深度足够，挖好马道，回填夯实后，负责人检查后在工作票上签字确认
6	牵引绳与导线连接	机械伤害	牵引绳的端头连接部位和导线蛇皮套在使用前应由专人检查；蛇皮套、钢丝绳损伤、销子变形等严禁使用
7	导线换盘	起重伤害	换线轴要有专人指挥，吊车司机和施工人员听从指挥，密切配合
8	落地锚固	跑线、触电	使用专用配套的夹具，并有专人负责
9	通讯联络	起重伤害、其他伤害	（1）认真检查放线前的通信工具，保证电池充足电，并配备必要的备用电源。 （2）施工中要保持通讯畅通，如有一处不通，指挥员应立即下令停止牵引并查明原因，在全线路通信畅通后方可继续施工
10	前、后过轮临锚布置	坍塌、起重伤害	（1）导线必须从悬垂线夹中脱出翻入放线滑车中，并不得以线夹头代替滑车。 （2）锚线卡线器安装位置距放线滑车中心不小于 3~5m，通过横担下方悬挂的钢丝绳滑车在地面上用钢丝绳卡线器进行锚线，其受力以过轮临锚前一基直线塔绝缘子垂直或使锚线张力稍微放松使绝缘子朝前偏移不大于 15cm 为宜

续表

序号	作业内容	危险点	预防控制措施
11	压接	机械伤害	（1）压接机应有固定设施，操作时放置平稳，两侧扶线人员应对准位置，手指不得伸入压模内。 （2）切割导线时线头应扎牢，并防止线头回弹伤人。 （3）液压泵操作人员与压钳操作人员密切配合，并注意压力指示，不得过载。 （4）压力表应按期校验
12	导线升空	高处坠落	应在摘下卡线器后用大绳拽着慢松

三、导地线张力展放前准备

1. 牵引场的准备工作

（1）检查牵引机方向，是否已对正牵引导线的方向。检查牵引机是否调平，是否固定。

（2）按要求调好牵引机牵引力的整定值。

（3）在大牵引机前用锚线索具将已放好的牵引绳锚线，反向转动牵引绳线盘，倒下足够的余线。

（4）把牵引绳余线按规定的旋向和圈数盘绕在牵引机的牵引轮上。正向转动牵引绳线盘，收紧牵引机与线盘之间的牵引绳。

（5）启动牵引机，慢速牵引，使大牵引机前的锚线索具松弛上。拆除锚线索具，并在牵引机前的牵引绳上安装钢质接地滑车。

2. 张力场的准备工作

（1）检查张力机方向，是否已对正导线展放的方向。检查张力机是否调平，是否固定。

（2）将第一组导线吊上导线盘架，装上液压制动器。

（3）在张力机与各子导线对应的张力轮槽分别缠绕一根尼龙绳，缠绕方向与导线外层捻回方向一致，绳头的一端在张力机进线侧，另一端在出线侧。

（4）将第一组各子导线的线头分别拉出盘外，割除散股部分导线头后，将端头套入单头网套连接器并收紧；在距连接器开口端20～50mm处用镀锌铁线绑扎不少于10匝；在网套连接器的外表套上白布袋，用胶布贴牢。将网套连接器与张力机进线侧的尼龙绳头连接。

（5）启动张力机，以人力拉紧张力机出线侧的尼龙绳头，慢速牵引，使导线随尼龙绳通过张力机的张力轮，并拉出张力机4～5m后停机。四条导线头拉出长度应一致。

（6）解下导线头的尼龙绳，将导线头的网套连接器与旋转连接器连接，再与牵引板连接。导线与牵引板的连接如图24-2-2所示。其中导线与牵引板之间的防扭钢丝绳可视情况不用。

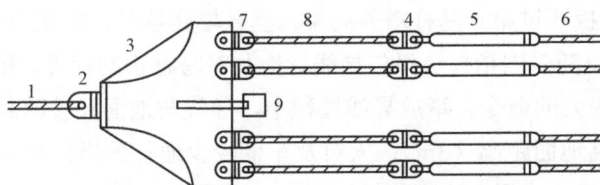

图 24-2-2　导线与牵引板连接示意图
1—牵引绳；2—旋转连接器；3—牵引板；4—旋转连接器；5—网套连接器；
6—导线；7—旋转连接器；8—防扭钢丝绳；9—平衡锤

（7）待子导线都与牵引板连接后，启动张力机，让其慢慢倒车。收紧张力机前的导线，牵引板前的牵引绳也同时收紧，同时用人力同步倒转线盘，使余线盘于线盘上。待张力机前的锚线索具松弛后，将其拆除。

（8）调整子导线的张力，将牵引板调平，在张力机出线口处的各子导线安装铝质接地滑车。

3. 其他准备工作

（1）检查线盘架上的导线长度是否符合布线计划的要求。线盘架的位置和方向是否正确，线轴是否调平，线盘架的锚固是否牢靠。导线与张力轮缘及导线相互间是否有摩擦。

（2）线盘架与张力机之间及张力机出口 20m 内的导线压接地面，用帆布或编织带布铺垫，防止导线触地损伤。锚固大牵、张机的绳索受力是否均匀适度。

（3）放线段护线人员是否全部到位并做好准备工作，通信设备是否完好畅通。导线与其他物体不可避免的接触是否用耐磨的缓冲垫物隔离。

（4）在张力场设立指挥台，配备小型电台一部，由指挥员专用，指挥和收听信息。在牵引场配小型电台一部，由牵引场负责人专用，负责与指挥员及关键岗位的护线人员联系。

（5）放线段内关键岗位，即转角塔、近地档、重要跨越档、上扬点及个别制高点等的护线人员，应各配备对讲机一台，负责向指挥员或牵引场负责人报告导线展放情况。一般地段每基直线塔设护线员一人，配备对讲机一台。大、小牵、张机司机及负责换线盘的负责人各配对讲机一台。

四、导地线张力展放操作步骤

1. 张力展放

（1）大张力机、大牵引机启动，先开张力机后开牵引机。

（2）调整各子导线张力，使牵引板调平。牵引机逐步增大牵引力和速度。牵引力的增值一次不宜大于 5kN，避免增幅过大引发冲击力。牵引速度开始时宜控制在 50m/min。当牵引板通过第一基杆塔并向第二基杆塔爬坡时，将张力调整到规定值。

（3）护线人员随时向指挥员报告导线对地及对跨越物的距离，指挥员根据跨越要求下达调整放线张力的命令。牵放导线过程中，导线与地面及被跨越物的距离应不小于一般地段导线离地面距离（3m）；人员及车辆较少通行的道路且不搭设跨越架时，导线离路面 5m；导线或平衡锤离跨越架顶面 2m。

（4）当牵引板牵引至距放线滑车 10～20m 时，应减慢牵引速度，使牵引板平缓通过放线滑车，减少冲击力。

（5）当牵引板接近转角塔的放线滑车时，应减缓牵引速度（应控制在 15m/min 之内），并注意按转角塔监视人员的要求，调整子导线放线张力，使牵引板的倾斜度与放线滑车倾斜度相同。牵引板通过滑车后，即可恢复正常牵引速度及正常放线张力。

2. 换盘、压接

（1）更换牵引绳盘。当牵引绳头（即抗弯连接器）进入牵引绳盘 3～4 圈后，停止牵引。在牵引机前用锚线索具锚固牵引绳；拆除牵引绳接头的抗弯连接器，卸下满盘，换上空盘。将牵引绳头缠固于新装的绳盘上，收紧牵引绳使锚线索具松弛，卸下锚线索具，报告指挥员准备继续牵引。

（2）更换导线盘。

1）当导线盘上的导线剩下最后一层时，应减慢牵引速度；当盘上导线剩下 6 圈时，应停止牵引。用棕绳在张力机后打背扣临时锚固导线。

2）倒出盘上余线。卸下空盘，装上新盘导线。预先将一布袋穿过任意一端导线头后，将前后两条导线头对接套入双头网套连接器，用铁线绑扎连接器开口端，移动白布袋使其包住网套连接器，用胶布缠牢布袋两端。倒转导线盘，将余线缠回线盘中。

3）装上线盘架气压制动器，拆除棕绳等临锚装置。

4）开启张力机，通知牵引机慢速牵引。当双头网套连接器引出张力机 3～5m 时停机。在张力机前锚线架用锚线索具将导线锚固，卸下铝质接地滑车。启动张力机，使张力机前方导线缓慢落在铺垫的帆布上，拆下双头网套连接器及白布袋，切除连接器接触过的导线尾段。

5）压接。按工艺要求进行导线直线接续管压接，压接完成后，在直线管外装设保护钢套。

6）连续展放。启动张力机，令其倒车，收紧导线，将锚固点至导线盘间的余线收至线盘上。拆除临时锚固装置，在张力机出口的导线上，重新装上铝质接地滑车，报告指挥员，准备继续牵放导线。

3. 重复以上所述步骤，直至一相导线放完

4. 锚固

导线展放完毕后，放线段的两端导线必须临时收紧用锚线索具锚固在锚线架上。此锚线操作简称线端临锚，如图 24-2-3 所示。

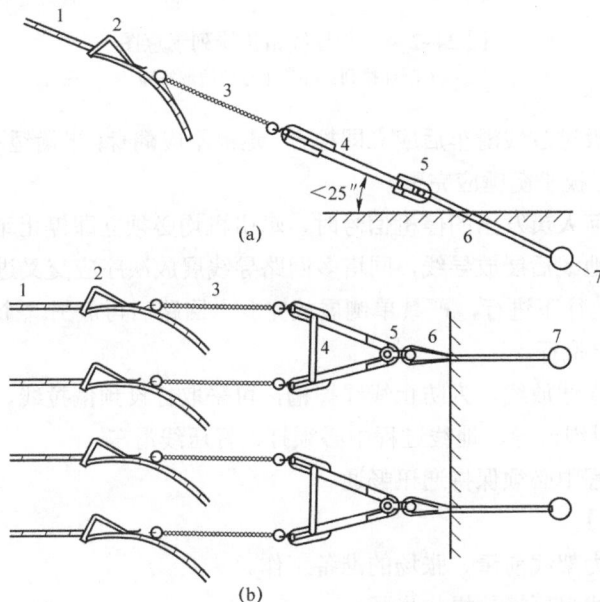

图 24-2-3　线端临锚布置图
(a) 侧视图；(b) 俯视图
1—导线；2—卡线器；3—手扳葫芦；4—锚线架；5—卸扣；6—地锚钢绳套；7—地锚

线端临锚水平张力不得超过导线保证计算拉断力的 16% 或以导线跨越物安全距离为准。线端临锚的调节装置应每条子导线单独设置。

线端临锚卡线器的位置应互相错开，以免松线时互相碰撞。卡线器的尾部导线上应套上胶管，防止卡线器及锚线碰伤导线。为了防止子导线间互相鞭击受伤，临锚时各子导线应有适当的张力差，使子导线互相错位排列，如图 24-2-4 所示。

当牵、张场邻塔为直线塔时，临锚导线对地夹角应不大于 25°。锚线后的各档导线距离地面不应小于 5m。

五、注意事项

（1）导、地线接续管的保护钢套应在过完最后一只放线滑车后应立即拆除回收，以防止钢套鞭击损伤导线。

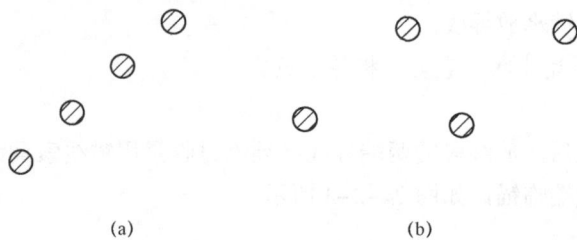

图 24-2-4　子导线错位排列示意图

（a）阶梯排列；（b）平行四边形排列

（2）牵引走板过放线滑车后应立即检查：走板不应翻身；平衡锤不应搭在导线上；导线不应跳槽；走板平衡锤应完整。

（3）接到任何人员发出的停机信号时，牵引机均必须立即停止牵引。

（4）先展放地线后展放导线，同塔多回路导线展放次序应交叉进行，即一左一右或一右一相，从上往下进行，严禁单侧展放完一个回路后再放另一个回路；如设计有规定时按设计规定执行。

（5）转角塔直通放线，为防止线绳掉槽，可采取打设预偏拉线、装压杠的措施。上扬塔在展放牵引绳或导、地线过程中必须打设好压线滑车。

（6）展放过程中必须保持通讯畅通。

【思考与练习】

（1）简述张力架线前牵、张场的准备工作。

（2）简述导线盘更换的操作步骤。

（3）导线展放完成后的锚固有什么要求？

◢ 模块 3　放线重要情况处理（新增模块 4-3-3）

【模块描述】本模块包含导地线展放过程中跳槽、上扬重要情况的处理等内容。通过案例分析，掌握导地线展放重要情况处理方法及要求。

【模块内容】

张力放线过程中往往会出现一些故障（严重者为事故），这些故障包括两部分：一部分是放线机械和连接元件引起的，即机械故障；另一部分是由于布置和操作不当引起的，即操作故障。

针对放线中出现的一些故障，制定预防措施是张力放线中的重要环节。因为故障的后果危害很大，轻者将会使导线损伤，机械损坏，重者可能会导致人员伤亡等。放线施工过程中一旦出现异常或故障，应立即停止牵引，查明原因并排除后再继续牵引。

一、牵引板或平衡锤撞击滑车横梁或绝缘子

牵引板或平衡锤撞击滑车横梁及绝缘子的预防措施：

（1）相邻杆塔的导线悬挂点高差过大时，应在低侧的铁塔上悬挂双滑车，改善牵引板进出放线滑车的倾斜角。

（2）平衡锤悬挂方式应正确，限位装置应朝天。选用只能朝下旋转而无法向上旋转的新型平衡锤型式。

（3）加大滑车槽顶面与滑车上横梁间的距离。

（4）加长绝缘子串与放线滑车间的连接件长度。

（5）滑车连接件的螺栓穿向应与牵引方向一致，避免平衡锤通过滑车时敲击螺栓丝扣。

发生牵引板或平衡锤撞击滑车横梁或绝缘子时，应查明原因，针对具体原因进行停机处理。

二、绳索（导引绳或牵引绳）或导线跳槽

（1）预防牵引轮和张力轮发生绳索或导线跳槽的措施。

钢丝绳抗弯连接器应与牵、张机的牵引轮和张力轮的轮槽相匹配，使其平滑过度，减少绳线波动。加速或减速应平稳升降，不得隔档调速。

（2）预防直线塔或上扬处发生绳索或导线跳槽的措施。

若上扬处的压线滑车必须挂在牵引侧（即杆塔的牵引前进方向一侧）。走板通过压线滑车时应降低牵引速度。牵、张机的启动或停机均应平稳。

（3）在直线塔上发生绳索跳槽的处理办法。

若只有跳槽并无卡死时，在塔上用提线器将跳槽的绳或线提起，使其恢复原位。若跳槽又卡死时，先令牵引机倒档，调整绝缘子串基本垂直后，再用提线器将跳槽的绳索或导线提起，使其恢复原位。

（4）预防转角塔发生绳索或导线跳槽的措施。

1）放线滑车的悬挂方式应按规定悬挂，挂具宜采用刚性结构，前后两滑车用角钢或槽钢连成整体。放线滑车采用单根滑车倾角调节绳时，应使两滑车均衡受力，采用双根滑车倾角调节绳时，两滑车升降速度应一致。

2）加强牵引过程中绳索（导线）通过滑车的监视与滑车倾角调节绳的调整。注意滑车倾角应与线索张力相适应。

3）牵引板进入放线滑车前，调整牵引板的倾斜角与滑车倾斜角相一致。

4）牵引板平衡锤频繁搭在线上的塔位，牵引板靠近放线滑车时，令牵、张机停机，登塔用棕绳一端绑住平衡锤的尾部，另一端拉到横担上。收紧棕绳，使平衡锤悬空，再慢速牵引。牵引板及平衡锤穿过滑车后，停止牵引，解下棕绳，继续牵引作业。

5）在转角塔的放线滑车处发生绳索或导线跳槽时，一般应先停机，再登塔查明原因，提出处理方案，报告指挥员。根据不同原因，提出不同对策。基本方法是用双钩紧线器或手扳葫芦提起绳索（导线），使其复位。

6）开始牵引，放线张力很小时，导线在张力轮的槽口及牵引绳在卷扬轮的槽口发生频繁跳槽时。说明进（出）线方向和位置不正确，应查明原因进行调整。

7）绳（线）在张力轮、卷扬轮的所有槽位上都容易跳槽时，其处理办法是调整两个摩擦卷筒相互错开半槽距，并适当加大绳索（导线）尾部张力。

三、跑线

跑线是指已建立的牵、张系统中的某个环节（或元件）滑移或断开而造成绳索或导线滑移后落地，这种现象是张力放线中最为严重的故障。预防跑线的主要措施：

（1）放线前，牵、张系统中的各种连接工具，均应经拉力试验，合格后方准使用。

（2）牵、张场的地锚设置及钢丝绳必须符合设计规定，并派人监视。钢丝绳断丝超过标准的应割断重新插接。

（3）牵、张系统中最易发生断开的工具是卡线器、网套连接器及钢丝绳与连接器的连接弯环处。对这三处应做到安装正确，安装后有专人检查，方准投入使用。地线卡线器应安装备用保险卡具（即双重保险）。

（4）张力放线的每一步操作都应做到判断正确，操作无误，指挥明确。牵引过程中，加强牵、张机液压系统的监视，保持压力正常，严防失压后刹车失灵。

四、导线鼓包

导线鼓包是指导线外层铝股松散又鼓胀的现象，也是导线松股的一种严重表现，鼓包俗称"起灯笼"。

导线鼓包有两种情况：一种是在张力轮进口处发生鼓包，另一种是在进入张力轮后发生鼓包。导线鼓包使导线受损。此时产生的导线鼓包到达线档时大多可以消除，也有部分并不消除形成难以处理的缺陷。

1. 导线鼓包的预防措施

（1）确保导线制造质量，保证节距正确，绞合紧密，这是防止发生导线鼓包的关键。

（2）牵、张系统中的旋转连接器必须转动灵活，连接位置正确。

（3）导线在张力轮上盘绕时，盘绕方向必须与外层铝股捻向相同。国产导线为右捻，因此导线进（出）张力轮的方向为上进上出。

（4）在绳（线）满足对地及跨越物距离要求的前提下，应尽量降低导线展放张力，提高导线尾部（张力轮至盘架间）张力。

（5）选择张力设备时，尽可能选择张力轮直径较大的张力机。

（6）按张力机说明书的规定设定线轴刹车压力。

2. 导线鼓包的处理

立即停机，查明鼓包原因，按预防措施中有关规定进行纠正以消除鼓包。出现的轻微鼓包可用棕绳按导线捻回方向缠绕 2～3 圈，同向扭转棕绳并用木棒轻敲导线，可消除鼓包。严重的鼓包，已无法修复，必须将鼓包的一段导线切除，按压接要求，以直线压接管连接导线。

五、钢绳抗弯连接器通过牵引轮时，连接器断裂或钢绳在连接点附近断股

选用长度短、直径小、可挠性好的连接器，每次使用前必须严格检查。目前广泛使用的抗弯连接器为意式连接器，此种抗弯连接器适用的牵引轮为浅宽型。经常检查钢丝绳与连接器的连接处的断丝情况，超标准者应割断重新插接。连接器通过牵引轮时应减慢牵引速度。

六、分裂导线的子导线在档中缠绞

为防止分裂导线的子导线在档中缠绞，一般导线展放过程中在档中加装导线分离器。导线分离器见图 24-3-1。

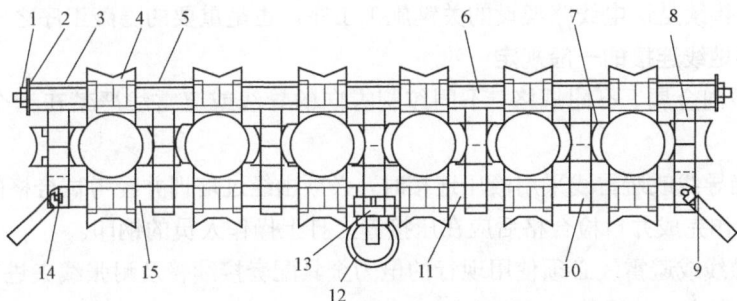

图 24-3-1　导线分离器

1—螺母 M24；2—垫片；3—边间隔套；4—横用轮；5—中间隔套；6—上横轴；7—竖用轮；8—边竖轴；9—边锚环；10—中竖轴；11—下横轴；12—中锚环；13—特制垫片；14—销轴；15—卡簧

【思考与练习】

（1）简述牵引板或平衡锤撞击滑车横梁及绝缘子的预防措施。

（2）如何预防跑线？

（3）如何防止导线鼓包？

第二十五章

导 地 线 连 接

▲ 模块 1　导地线连接前的准备工作（新增模块 4-4-1）

【模块描述】本模块包含器材检验和压接前准备工作；通过对接续管质量标准和压接前准备工作工艺步骤的介绍，熟知导地线压接前器材检验的过程、方法和相关的准备工作。

【模块内容】

导地线接续是送电线路架设的关键施工工序，也是重要的隐蔽工序之一。

一、导地线连接的一般规定

（1）不同金属、不同规格、不同绞制方向的导线或避雷线严禁在一个耐张段内连接。

（2）当导线或避雷线采用液压连接时，必须由经过培训并经考试合格的技术工作者担任。操作完成并自检合格后应在压接管上打上操作人员的钢印。

（3）导线或避雷线必须使用现行的电力金具配套接续管及耐张线夹进行连接。连接后的握着强度在架线施工前应进行试件试验，试件不得少于三组（允许接续管与耐张线夹合为一组试件）。其试验握着强度不得小于导地线设计使用拉断力的 95%。

（4）导线及地线的连接部分不得有线股绞制不良、断股、缺股等缺陷。连接后管口附近不得有明显的松股现象。

（5）一个档距内每根导线或地线上只允许有一个接续管和三个补修管。当张力放线时不应超过两个补修管，并应满足下列规定：

1）各类管与耐张线夹间的距离不应小于 15m。

2）接续管或补修管与悬垂线夹的距离不应小于 5m。

3）接续管或补修管与间隔棒的距离不宜小于 0.5m。

4）宜减少因损伤而增加的接续管。

（6）液压连接在施工前，必须复查连接管在导线或地线上的位置，保证管端与导地线上的印记在压前与定位印记重合，在压后与检查印记距离符合规定。

二、连接前的准备工作

1. 机具准备

液压设备主要包括动力源（又称液压泵站）、液压机（又称液压钳）、高压胶管、压模等，均应根据工程设计要求确定的规格、性能、数量选用或选购，并在使用前，应作全面检查确认其完好程度，以保证正常操作。

（1）由于导线压接力较大，并要求体积小、重量轻、便于携带或搬运，一般都采用 70×10^6 Pa 以上的超高压液压泵。

（2）液压机根据导地线的规格进行选用，部分液压机的型号及参数可参考表 25-1-1。

表 25-1-1　　　　　　　　　　导地线液压机型号及参数表

型号	最大压接力（kN）	最大油压（MPa）	适用导线或线径
QY—25	250	60	≤LGJ—240
QY—35	350	70	≤LGJ—240
QY—65	650	94	≤LGJ—500
QY—125	1250	94	≤LGJ—630
QY—200	2000	94	≤LGJ—1440
QY—250	2500	94	铝管≤ϕ100 钢管≤ϕ50

（3）压接模具模口外形为正六角形，根据压接管的外径尺寸选择适配的压模。

2. 器材检验

（1）工程中使用的导地线和耐张管、接续管必须有符合相关标准的出厂质量检验合格证明书。

（2）钢接续管和耐张管内径及外径尺寸偏差应符合表 25-1-2 的规定。

表 25-1-2　　　　　　　　钢接续管和耐张管内径及外径尺寸偏差

外径（mm）		内径（mm）	
基本尺寸	极限偏差	基本尺寸	极限偏差
≤14	±0.2	≤14	±0.2
>14~22	+0.3，−0.2	>14~22	+0.3，−0.2
>22~34	+0.4，−0.2	>22~34	+0.4，−0.2

（3）铝管做外观和尺寸检查时应符合下列要求：

1）表面应光滑、平整、清洁，不应有裂纹、起泡、起皮、夹渣、压折、气孔、砂眼、严重划伤及分层等缺陷。允许轻微的局部的不使板厚（或管壁厚）超出允许偏差的划伤、斑点、凹坑、压入物及修理痕迹等缺陷。

2）电气接触平面不允许有碰伤、划伤、斑点、凹坑、压印等缺陷。

3）锻件应清除飞边、毛刺，但规整的合模缝允许存在。

4）浇冒口清除后，允许个别针孔存在，其面积不大于浇冒口面积的 5%，深度不超过 1mm。

5）钻孔应倒棱去刺。

6）挤压铝管内径及外径尺寸极限偏差应符合表 25–1–3 的规定。

表 25–1–3　　　　　　　　　　　铝管内径及外径尺寸偏差

外径（mm）		内径（mm）	
基本尺寸	极限偏差	基本尺寸	极限偏差
≤32	+0.4，−0.2	≤32	+0.4，−0.2
>32～50	+0.6，−0.2	>32～50	+0.6，−0.2
>50～78	+1.0，−0.2	>50～78	+1.0，−0.2

（4）压接管的长度，其允许极限偏差为基本尺寸的±2%。

（5）液压前在施工过程中使用过网套连接器（又称蛇皮套）的导线及地线应割断，一般不再使用，导线穿管部分不得有断股、缺股、锈蚀、凹痕等缺陷，如有上述情况，必须将其割掉，同时距管口 15m 以内也不应有必须要处理的缺陷。

（6）压接前还应检查线序号，确认线序无误后，方可摆好对接，进行下一工序作业。

3. 清洗

（1）对使用的各种规格接续管及耐张线夹，应用洁净汽油清洗管内壁的油垢，并清除影响穿管的锌疤与焊渣。短期不使用时，清洗后应将管口临时封堵，并以塑料袋封装。

（2）镀锌钢绞线的液压部分穿管前应以棉纱擦去泥土，如有油垢应以汽油清洗，清洗长度应不短于穿管长度的 1.5 倍。

（3）钢芯铝绞线的液压部分，应以汽油清除其表面油垢，清除的长度对先套入铝管端应不短于铝管套入长度；对另一端应不短于半管长的 1.5 倍。

（4）对轻型防腐型钢芯铝绞线的清洗，应按下列规定进行：

1）对外层铝股应以棉纱蘸少量汽油（以用手攥不出油滴为适度），擦净表面油垢；

2）当将防腐型钢芯铝绞线割断铝股裸露钢芯后，用棉纱蘸汽油将钢芯上的防腐剂擦洗干净。

（5）清除铝包钢绞线、钢芯铝绞线、铝包钢芯铝绞线铝股表面氧化膜的操作程序如下：

1）清除铝股氧化膜的范围为铝股进入铝管部分；

2）按（3）规定将外层铝股用洁净汽油清洗并干燥。

（6）对已运行过的旧导线，应用钢丝刷将表面灰尘、黑色物质全部刷去，至显露出银白色铝为止，然后再按上述（5）规定操作。

（7）用补修管补修导线前，其覆盖部分的导线表面应用干净棉纱将泥土脏物擦干净（如有断股，在断股两侧涂少量导电脂），再套上补修管进行液压。

【思考与练习】

（1）对导地线连接所做试件的技术要求有哪些？

（2）压接前准备工作的内容有哪些？

（3）张力放线对各类压接管与悬垂线夹、耐张线夹、间隔棒之间的距离有什么要求？

（4）怎么进行压接管的清洗？

◢ 模块 2　导地线连接（新增模块 4-4-2）

【模块描述】本模块包含液压法连接，导地线损伤及处理等内容；通过操作技能训练，掌握导地线液压连接工艺和损伤导地线的处理方法。以下重点介绍导地线的液压连接操作。

【模块内容】

导地线连接是架线施工中的重要工序环节之一，导地线连接质量直接关系线路投运以后的安全运行水平。在送电线路建设中普通使用的导地线连接方式为液压连接。液压连接是将液压管用液压机和压模把导地线连接起来的一种工艺方法，导地线直线接续、耐张连接、跳线连接以及损伤补修等，都可以用液压进行。

一、危险点分析与控制措施

（1）防止切割导地线回弹伤人。切割导地线以前，先用细铁丝扎牢，以防切割后散股弹击伤人。在有张力的导线上割断时，开断处两端应绑住，以防回弹伤人。

（2）切割铝股时防止伤及钢芯。切割导线铝股时应分层切割，在切割靠近钢芯的一层铝股时，不要直接将铝股割断，在铝股即将割断时，用手将铝股掰断，避免伤及钢芯。

（3）施工人员在操作液压钳时，特别是压钳活塞起落时，应避开高压油管和钳体盖顶，人体不得位于压钳上方，防止爆裂伤人。

（4）防止压力过载。液压机操作人员应与压钳操作人员密切配合，在施工过程中要随时注意压力表指示值不得超过规定值。如上下钢模已经合拢而未达到规定压力值，应立即停止施压，并进行检查，如有故障应停止使用。

（5）使用电动压接设备应采用绝缘良好的电缆作电源线，设备外壳应有可靠的接地。

（6）压模安装到压钳后，应检查上下模是否一致；放入顶盖时，必须与钳体完全吻合，严禁在未旋转到位的情况下加压。在运转过程中如发现有漏油、异响、振动或操作件失灵时，应立即停机检查，排除故障。

二、导地线连接操作步骤及质量标准

（一）剥线

（1）钢芯铝绞线接续采用钢芯对接式接续管压接时剥铝股见图 25-2-1。

1）先量出钢接续管的长度 l_1，自钢芯铝绞线端头 O 向内量取 $\frac{1}{2}l_1 + \Delta l_1 + 20$ mm 处以绑线 P 扎牢一道。

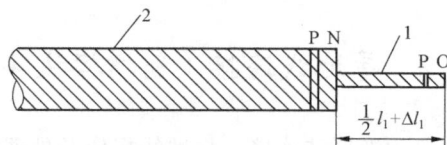

图 25-2-1 采用钢芯对接式接续管时剥线图
1—钢芯；2—铝线

2）自 O 点（钢芯端头）向内量 ON= $\frac{1}{2}l_1 + \Delta l_1$ 处画一割铝股印记 N。

3）松开原钢芯铝绞线端头的绑线 P。为了防止铝股剥开后钢芯散股，在松开绑线后先在端头开一段铝股，将露出的钢芯端头用绑线扎牢。然后用切割器（或手锯）在印记 N 处切断外层及中层铝股。在切割内层铝股时，只割到每股直径的 2/3 处，然后将铝股逐股掰断。

注：Δl_1 为钢管液压时预留伸长值，它与钢管直径、壁厚、钢模对边距尺寸及模数都有关，其值应通过试压取得。在确定该值时，可比实测值大 3～5mm。

（2）钢芯铝绞线接续采用钢芯搭接式接续管压接时，剥铝股见图 25-2-2。

铝股割线长度为 ON= $l_1 + \Delta l_1$。其他操作程序与上述剥铝股相同，但剥铝股时，钢芯端头不用扎牢。

（3）钢芯铝绞线耐张线夹压接时剥线见图 25-2-3。铝股割线长度为 ON= $l_1 + \Delta l_1$，其他操作程序相同。

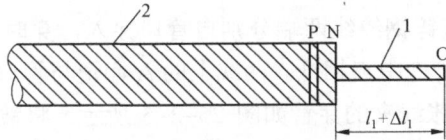

图 25-2-2　采用钢芯搭接式接续管时剥线图

1—钢芯；2—铝线

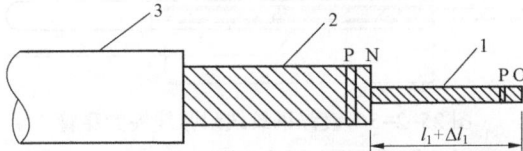

图 25-2-3　钢芯铝绞线使用耐张线夹时剥线图

1—钢芯；2—铝线；3—耐张线夹

（二）穿管

（1）导线穿铝管时，导线连接部分外层铝股应薄薄地涂上一层导电脂。涂导电脂的操作步骤如下：

1）涂导电脂的范围为铝股进入铝管部分；

2）将导电脂薄薄地均匀涂上一层，将外层铝股覆盖住；

3）用铜刷沿钢芯铝绞线轴线方向对已涂导电脂部分进行擦刷，将液压后能与铝管接触的铝股表面全部刷到。

（2）镀锌钢绞线接续管的穿管如图 25-2-4 所示。

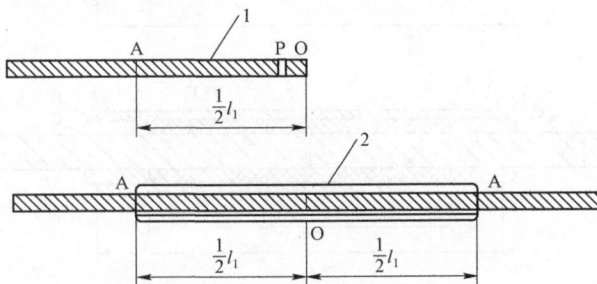

图 25-2-4　镀锌钢绞线接续管的穿管

1—镀锌钢绞线；2—对接钢接续管；O—镀锌钢绞线端头；P—绑线

1）用钢尺测量接续管的实长 l_1。

2）用钢尺在两镀锌钢绞线连接端头向内量 $OA = \dfrac{1}{2} l_1$ 处各画一印记 A。此 A 点命名为"定位印记"。

3）印记画好后将镀锌钢绞线两端分别自管口穿入，穿时顺绞线绞制方向旋转推入，直至两端头在接续管内中点相抵。两线上的 A 印记与管口重合。

（3）镀锌钢绞线耐张线夹的穿管如图 25-2-5 所示。将镀锌钢绞线端头自管口穿入，穿时应顺绞线绞制方向旋转推入。直至线端头露出管底 5mm 为止。

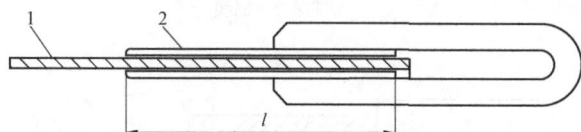

图 25-2-5　镀锌钢绞线耐张线夹的穿管
1—镀锌钢绞线；2—耐张线夹；l—钢管长度

（4）铝包钢绞线接续管的穿管如图 25-2-6 所示。

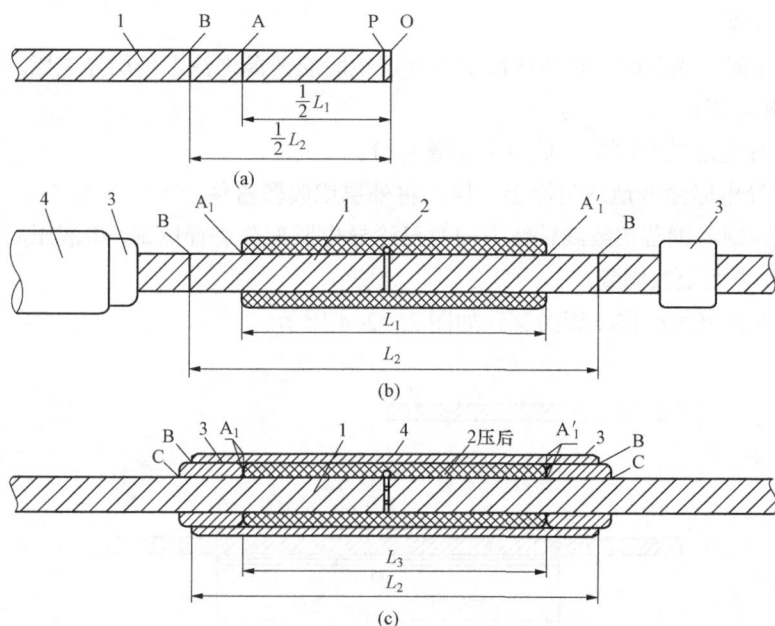

图 25-2-6　铝包钢绞线接续管穿管图
1—铝包钢绞线；2—钢接续管；3—铝衬管；4—铝接续管；P—绑线

1）画定位印记，如图 25-2-6（a）所示。

a）用钢尺测量钢接续管的实长 L_1 及导电铝接续管的实长 L_2。

b）用钢尺在铝包钢绞线端头向线内量 $OA=\dfrac{1}{2}L_1$，处画一印记 A，命名为"钢接续管定位印记"。

2）穿管，如图 25-2-6（b）所示。

a）套铝接续管：将铝接续管自铝包钢绞线一端先套入。

b）套铝衬管：打开端部绑线，将导电用铝衬管分别自铝包钢绞线两端套入。

c）穿钢接续管：将被连接的铝包钢绞线两端分别向钢接续管口穿入，穿时顺绞线绞制方向旋转推入，直至两头在钢接续管内中点相抵，两线上的定位印记 A 与管口重合。

3）穿铝接续管及铝衬管如图 25-2-6（c）所示。

a）当钢接续管压好后，在钢接续管的两个端口分别做定位印记 A_1、A_1'，用钢尺测量 $A_1A_1'=L_3$。

b）用钢尺在压好的钢管中心划一印记，按此印记向外量 $OB=\dfrac{1}{2}L_2$ 处画一印记 B，此 B 点命名为"铝接续管定位印记"。

c）将铝衬管顺铝包钢绞线绞制方向，分别自两侧向已压好的钢接续管方向旋转推入，直至其管口与钢接续管相抵（分别与定位印记 A_1、A_1' 重合），同时在两端铝衬管口画定位印记 C。若铝衬管压住定位印记 B，将定位印记 B 移至铝衬管上。

d）将铝接续管顺铝包钢绞线绞制方向，向一侧旋转推入，直至两端管口与两端定位印记 B 重合为止。

e）分别用钢尺自铝接续管的两个端口向内侧量 BA_1（BA_1'）$=\dfrac{1}{2}(L_2-L_3)$ 处画铝接续管压接定位印记 A_1、A_1'。

（5）铝包钢绞线耐张线夹的穿管如图 25-2-7 所示。

1）画定位印记：如图 25-2-7（a）所示。

a）用钢尺测量耐张线夹钢锚的压接部位实长 L；

b）用钢尺在镀锌钢绞线端头向线内量 $OA=L$ 处画一印记 A，此 A 点命名为"钢锚定位印记"。

2）穿管：如图 25-2-7（b）所示。

a）套耐张线夹铝管：将耐张线夹铝管自铝包钢绞线端口先套入；

b）套铝衬管：打开端部绑线，将导电用铝衬管自铝包钢绞线端口套入；

c）穿耐张线夹钢锚：将镀锌钢绞线自管口向管内穿入，穿时顺绞线绞制方向旋转推入，直至线端头穿至管底，管口与定位印记 A 重合为止。

3）穿耐张线夹铝管及铝衬管：如图 25-2-7（c）所示。

a）当耐张线夹钢锚压好后，将铝衬管顺铝包钢绞线绞制方向，向已压接好的耐张线夹钢锚侧旋转推入，直至其管口与耐张线夹钢锚相抵，同时在铝包钢绞线侧铝衬管管口画定位印记 B。

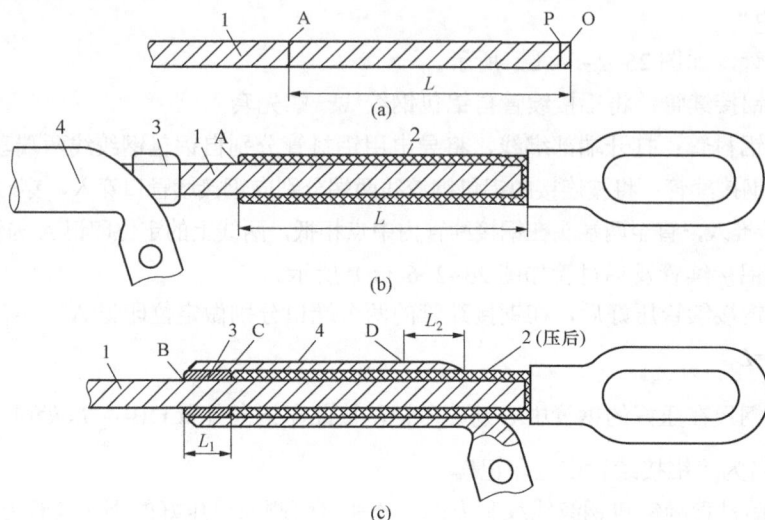

图 25-2-7 铝包钢绞线耐张线夹穿管图

1—铝包钢绞线；2—耐张线夹钢锚；3—铝衬管；4—耐张线夹铝管

b）将耐张线夹铝管顺铝包钢绞线绞制方向，向已压接好的耐张线夹钢锚侧旋转推入，直至其在铝包钢绞线侧的管口与定位印记 B 重合。

c）用钢尺从耐张线夹铝管出口（定位印记 B 处）向内量 $BC=L_1$ 处画一耐张线夹铝管压接定位印记 C。

d）用钢尺在图示处由管口向内量 L_2 约为 50mm（最终通过试验根据液压设备具体尺寸确定）处画一耐张线夹铝管压接定位印记 D。

4）耐张线夹钢锚环与铝管引流板的相对方位确定。

a）液压操作人员根据该工程的施工手册，确定耐张线夹钢锚环与铝管引流板的方向，在耐张线夹钢锚与铝管穿位完成后，分别转动耐张线夹钢锚和铝管至合适的方向。

b）耐张线夹钢锚环定位：用标记笔自铝包钢绞线，过钢锚管口至钢锚压接部位画一直线，压接时保持绞线与钢锚压接部位的标记线在一条直线上。

c）耐张线夹铝管定位：用标记笔自铝包钢绞线，过铝管管口至铝管上画一直线，压接时保持绞线与铝管上的标记线在一条直线上。

（6）钢芯铝绞线钢芯对接式接续管的穿管如图 25-2-8 所示。

1）套铝管：将铝管自钢芯铝绞线一端先套入。

2）穿钢管：将已剥露的钢芯（如剥露的钢芯已不呈原绞制状态，应先恢复其原绞制状态）向钢管端穿入。穿入时应顺绞线绞制方向旋转推入，直至钢芯两端头在钢管内中点相抵，两边预留长度相等即可，如图 25-2-8（a）所示。

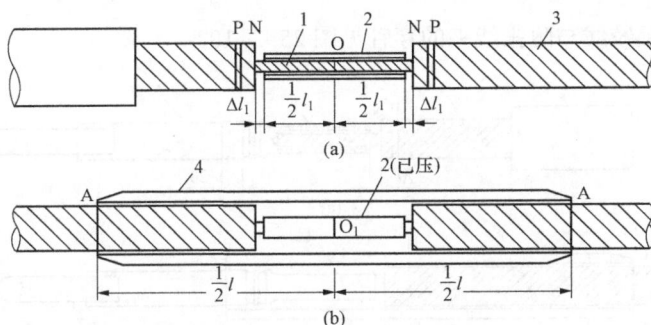

图 25-2-8　钢芯铝绞线钢芯对接式接续管的穿管

1—钢芯；2—钢管；3—铝线；4—铝管

3）穿铝管：如图 25-2-8（b）所示。

a）当钢管压好后，找出钢管压后的中点 O_1，自 O_1 向两端铝线上各量铝管全长之半，即 $\frac{1}{2}l$（l 为铝管实际长度），在该处画印记 A。在铝线上量尺画印工序，必须按前述涂导电脂并清除氧化膜之后进行。

b）两端印记画好后，将铝管顺铝线绞制方向，向另一侧旋转推入，直至两端管口与铝线上两端定位印记 A 重合为止。

（7）钢芯铝绞线搭接式接续管的穿管如图 25-2-9 所示。

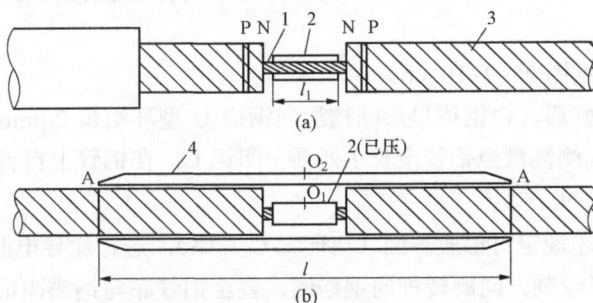

图 25-2-9　钢芯铝绞线钢芯搭接式接续管的穿管

1—钢芯；2—钢管；3—铝线；4—铝管

1）套铝管：将铝管自钢芯铝绞线一端先套入。

2）穿钢管：使钢芯呈散股扁圆形，一端先穿入钢管，置于钢管内的一侧；另一端钢芯也呈散股扁圆状，自钢管另一端与已穿入的钢芯相对搭接穿入（不是插接）。直穿到两端钢芯在钢管对面各露出 3～5mm 为止，见图 25-2-9（a）。

3）穿铝管：见图 25-2-9（b），其操作程序与上述 6 中的（3）穿铝管相同。

（8）钢芯铝绞线与耐张线夹的穿管见图 25-2-10。

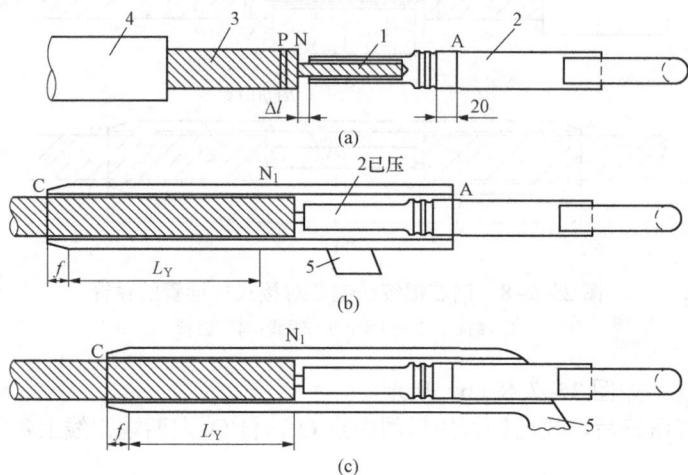

图 25-2-10 钢芯铝绞线耐张线夹的穿管
1—钢芯；2—钢锚；3—铝线；4—铝管；5—引流板

1）套铝管：将铝管自钢芯铝绞线一端先套入。

2）穿钢锚：将已剥露的钢芯自钢锚口穿入钢锚。穿时顺钢芯绞制方向旋转推入，保持原节距，直至钢芯端头触到钢锚底部，管口与铝股预留 Δl 长度相等为止，见图 25-2-10（a）。

3）穿铝管：见图 25-2-10（b）。

a）当钢锚压好后，自钢锚最后凹槽边向钢锚 U 型环端量 20mm 画一个定位印记 A，从 A 点向铝线侧测量至铝管全长 l 处画一印记 C。在铝管上自管口量取 L_Y+f，在管上画好起压印记 N_1。

b）按模块前述规定对铝股表面（自印记 C 开始），进行涂导电脂及清除氧化膜。然后将铝管顺铝股绞制方向旋转推向钢锚侧，直至铝管底与钢锚印记 A 重合为止。

c）当采用如图 25-2-10（c）所示铝管时，在钢锚压好后，先在铝管上自管口量 L_Y+f，在管上画好起压印记 N_1，同时在铝线上自端头向内量 L_Y+f 画一定位印记 C（在铝线上画定位印记 C 应在涂导电脂及清除氧化膜之后）。然后将铝管顺铝股绞制方向旋转推向钢锚侧，直至铝管管口露出定位印记 C 为止。

4）耐张线夹钢锚环与铝管引流板的相对方位确定如上述 5 中的 4）。

（9）铝包钢芯铝绞线的剥线穿管与钢芯铝绞线相同。

（三）液压连接

（1）镀锌钢绞线接续管的液压部位及操作顺序见图 25-2-11。第一模压模中心应与钢管中心 O 重合，然后分别依次向管口端施压。

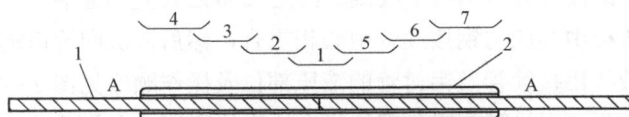

图 25-2-11　镀锌钢绞线接续管的施压顺序

1—镀锌钢绞线；2—对接钢接续管

（2）镀锌钢绞线耐张线夹的液压部位及操作顺序见图 25-2-12。第一模自 U 型环侧开始，依次向管口端施压。

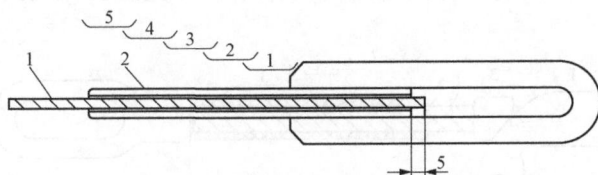

图 25-2-12　镀锌钢绞线耐张线夹的施压顺序

1—镀锌钢绞线；2—耐张线夹

（3）铝包钢绞线接续管的液压部位及操作顺序见图 25-2-13 和图 25-2-14。

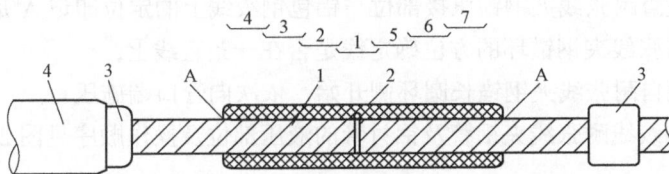

图 25-2-13　铝包钢绞线钢接续管的施压顺序

1—铝包钢绞线；2—钢接续管；3—铝衬管；4—铝接续管

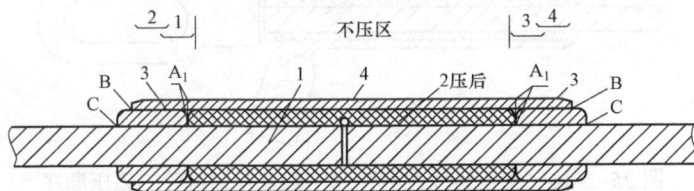

图 25-2-14　铝包钢绞线铝接续管及铝衬管的施压顺序

1—铝包钢绞线；2—钢接续管；3—铝衬管；4—铝接续管

1）铝包钢绞线钢接续管的液压部位及操作顺序见图 25-2-13。

a）首先检查钢接续管与铝包钢绞线上的定位印记 A 是否重合；

b）第一模压模中心应与钢接续管中心相重合，然后依次向管口端连续施压。

2）铝包钢绞线铝接续管及铝衬管的液压部位及操作顺序见图 25-2-14：

a）首先检查两个铝衬管与铝包钢绞线上的定位印记 C 是否重合；

b）再检查铝接续管与定位印记 B 是否重合；

c）内有钢接续管部分（A_1 A_1' 处）的铝接续管为不压区，自铝接续管上的压接定位印记 A_1（A_1'）处开始施压，一侧连续压至管口后再压另一侧。

（4）铝包钢绞线耐张线夹的液压部位及操作顺序见图 25-2-15、图 25-2-16。

1）铝包钢绞线耐张线夹钢锚液压部位及操作顺序见图 25-2-15。

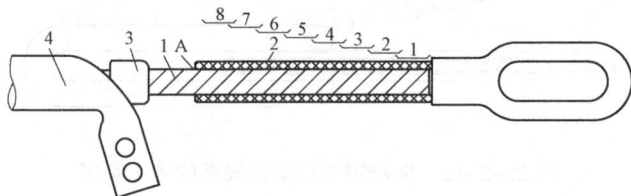

图 25-2-15 铝包钢绞线耐张线夹钢锚的施压顺序
1—铝包钢绞线；2—耐张线夹钢锚；3—铝衬管；4—铝接续管

a）首先检查耐张线夹钢锚压接部位与铝包钢绞线上的定位印记 A 是否重合；

b）检查耐张线夹钢锚环的方位确定线是否在一条直线上；

c）第一模自耐张线夹钢锚长圆环侧开始，依次向管口端施压。

2）铝包钢绞线耐张线夹铝管及铝衬管的液压部位及操作顺序见图 25-2-16。

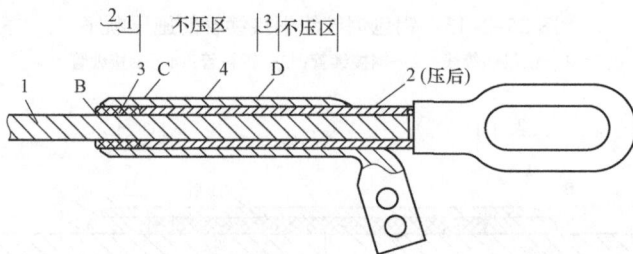

图 25-2-16 铝包钢绞线耐张线夹铝管及铝衬管的施压顺序
1—铝包钢绞线；2—钢接续管；3—铝衬管；4—铝接续管

a）首先检查耐张线夹铝管及铝衬管与铝包钢绞线上的定位印记 B 是否重合；

b）检查耐张线夹铝管的方位确定线是否在一条直线上；

c）自耐张线夹铝管上的压接定位印记 C 处开始，连续向铝管管口方向（绞线方向即定位印记 B 的方向）施压，一直连续压到铝管管口。最后在耐张线夹铝管尾端施压印记 D 处向钢锚长圆环方向压一模，使铝管与钢锚连接上。

（5）钢芯铝绞线钢芯对接式钢管的液压部位及操作顺序见图 25-2-17。第一模压模中心与钢管中心 O 重合，然后分别向管口端部依次施压。

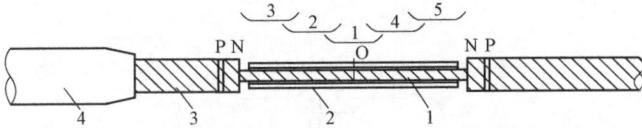

图 25-2-17　钢芯铝绞线钢芯对接式钢管的施压顺序
1—钢芯；2—钢管；3—铝线；4—铝管

（6）钢芯铝绞线钢芯对接式铝管的液压部位及操作顺序见图 25-2-18。首先检查铝管两端管口与定位印记 A 是否重合。内有钢管部分的铝管不压。自铝管上有 N_1 印记处开始施压，一侧压至管口后再压另一侧。如铝管上无起压印记 N_1 时，在钢管压后测量其铝线两端头的距离，在铝管上先画好起压印记 N_1。

图 25-2-18　钢芯铝绞线钢芯对接式铝管的施压顺序
1—钢芯；2—已压钢管；3—铝线；4—铝管

（7）钢芯铝绞线钢芯搭接式钢管的液压部位及操作顺序见图 25-2-19。第一模压模中心压在钢管中心，然后分别向管口端部施压。一侧压至管口后再压另一侧。如因凑整模数，允许第一模稍偏离钢管中心。

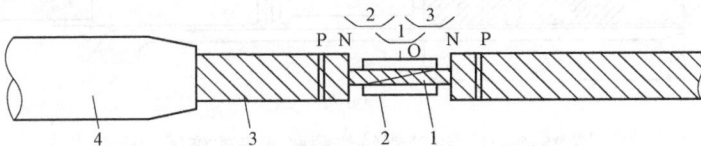

图 25-2-19　钢芯铝绞线钢芯搭接式钢管的施压顺序
1—钢芯；2—钢管；3—铝线；4—铝管

对清除钢芯上防腐剂的钢管,压后应将管口及裸露于铝线外的钢芯都涂以富锌漆,以防生锈。

（8）钢芯铝绞线钢芯搭接式铝管的液压部位及操作顺序见图25-2-20。首先检查铝管两端管口与定位印记 A 是否重合。第一模压模中心压在铝管中心。然后分别向管口端部施压,一侧压至管口后再压另一侧。但也允许对有钢管部分铝管不压的方式。

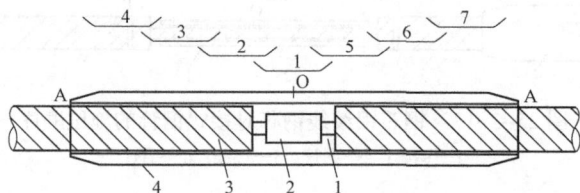

图 25-2-20　钢芯铝绞线钢芯搭接式铝管的施压顺序
1—钢芯；2—已压钢管；3—铝线；4—铝管

（9）钢芯铝绞线耐张线夹的液压操作见图25-2-21。

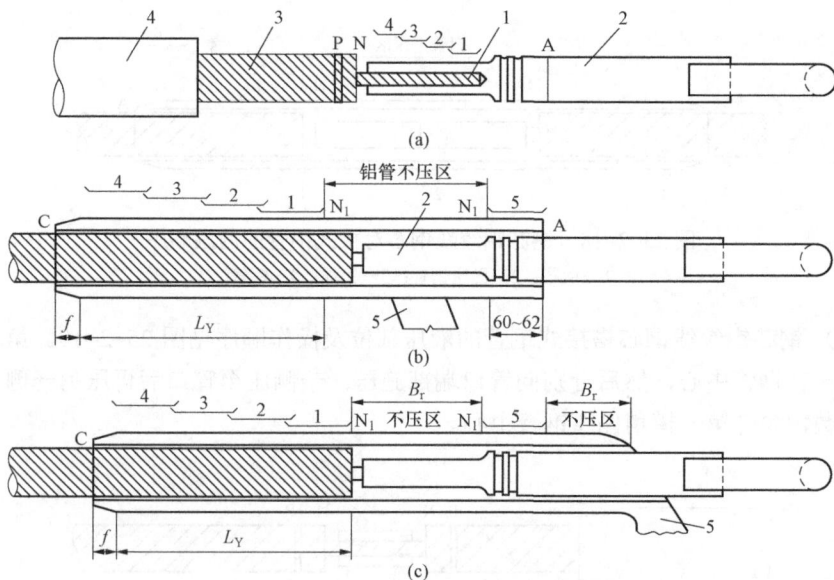

图 25-2-21　钢芯铝绞线耐张线夹的施压顺序
（a）钢锚液压部位及操作顺序；（b）第一种铝管压液压部位及操作顺序；
（c）第二种铝管液压部位及操作顺序
1—钢芯；2—钢锚；3—铝线；4—铝管

1）钢锚液压部位及操作顺序见图 25-2-21（a）。自凹槽前侧开始向管口端连续施压。

2）铝管分两种管型时，第一种液压部位及操作顺序见图 25-2-21（b）。首先检查右侧管口与钢锚上定位印记 A 是否重合；第一模自铝管上有起压印记 N_1 处开始，连续向左侧管口施压，然后自钢锚凹槽处反向施压。第二种铝管的液压部位及操作顺序见图 25-2-21（c）。自铝线端头处向管口施压，然后返回在钢锚凹处施压。如铝管上设有起压印记 N_1 时，则当钢锚压完后，用尺量各部尺寸，在铝管画上起压印记。

注：铝管未画起压印记时，可自管口向底端量 L_Y+f 处画印记 N（f 为管口拔稍部分长度）。L_Y 值见表 25-2-1。

表 25-2-1 铝 线 液 压 长 度 L_Y 值

条件	$K \geqslant 14.5$	$K=11.4 \sim 7.7$	$K=6.15 \sim 4.3$
L_Y 值	$\geqslant 7.5d$	$\geqslant 7.0d$	$\geqslant 6.5d$

注　K 为钢芯铝绞线铝、钢截面积比；d 为钢芯铝绞线外径，mm。

（10）铝包钢绞线、钢芯铝绞线耐张线夹铝管液压时，其引流联板与钢锚 U 型环的相对角度位置应符合所用工程施工手册或技术措施上的有关规定。

（11）与各种钢芯铝绞线耐张线夹连接的引流管的液压部位及操作顺序见图 25-2-22。其液压方向为自管底向管口连续施压。

（12）铝包钢芯铝绞线的液压操作与钢芯铝绞线相同。

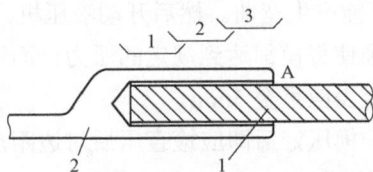

图 25-2-22　钢芯铝绞线耐张线夹引流管的施压顺序
1—铝线；2—引流管

（四）质量标准

（1）工程进行的检验性试件应符合下列规定：

1）架线工程开工前应对该工程实际使用的导线、地线及相应的液压管、配套的钢模，按上述操作工艺制作检验性试件。每种型式的试件不得少于 3 根（允许接续管与耐张线夹做成一根试件）。试件的握着力均不应小于导线及地线保证计算拉断力的 95%。

2）如果发现一根试件的握着力未达到要求，应查明原因，改进后做加倍的试件再试，直至全部合格。

3）相邻的不同工程，所使用的导线、地线、接续管、耐张线夹及钢模等完全没有变动时，可以免做重复性验证试验。但不同厂家及不同批次的产品不在此列。

（2）各种液压管压后对边距 S 尺寸的最大允许值为

$$S=0.866×(0.993D)+0.2\text{mm} \qquad （25-2-1）$$

式中 D——液压管实际外径，mm；

S——对边距，mm。

但三个边距只允许有一个达到最大值，超过此规定时应更换钢模重压。

（3）液压管压后弯曲度不得大于 2%，有明显弯曲时应校直，允许用压钳或木锤调直，但不得使用铁锤直接锤击。校直后不应出现裂纹。

（4）各液压管施压后，应认真填写记录。液压操作人员自检后，在管子指定部位打上自己的钢印。

（5）地线钢管各部尺寸合格后，应采取刷涂富锌漆等防锈措施。在导线、地线的耐张线夹、接续管、补修管管口处应涂上红丹漆。

三、注意事项

（1）液压所使用的钢模应与被压管相配套。凡上模与下模有固定方向时，则钢模上应有明显标记，不得错放。液压机的缸体应垂直地面，并放置平稳。

（2）被压管放入下钢模时，位置应正确，检查定位印记是否处于指定位置，双手把住管、线后合上模。此时应使两侧导线或地线与管保持水平状态，并与液压机轴心一致，以减少管子受压后可能产生弯曲。然后开动液压机。

（3）液压机的操作必须使每模都达到规定的压力，而不以合模为压好的标准。

（4）施工时相邻两模至少应重叠 5mm。

（5）各种液压管在第一模压好后即应检查压后对边距尺寸（可用游标卡尺检查），符合标准后再继续进行液压操作。

（6）对钢模应进行定期检查，如发现有变形现象，应停止或修复后使用。

（7）当管子压完后有飞边时，应将飞边锉掉，铝管应锉成圆弧状。若因飞边过大而使对边距尺寸大于规定值时，应将飞边锉掉后重新施压。

（8）钢管压后，凡锌皮脱落者，不论是否裸露于外，皆需涂富锌漆以防生锈。

【思考与练习】

（1）简述导地线液压连接操作的危险点及控制措施。

（2）简述各种类型导线接续管、耐张线夹的液压连接操作步骤。

（3）液压管压后推荐值如何计算？

（4）导地线液压连接应注意哪些事项？

第二十六章

紧 线 施 工

▲ 模块 1　画印（新增模块 4-5-1）

【模块描述】本模块包含直线塔、耐张塔画印操作方法等内容；通过操作技能训练，掌握直线塔、耐张塔画印方法。

【模块内容】

画印是在紧线段内完成导地线紧线后，在各基塔的导地线上作记号，以作为直线塔附件安装时悬垂线夹安装位置、耐张塔平衡挂线时割线的基准。

张力架线的画印作业，一般在杆塔上操作。要求观测好一相画一相的印记，且耐张塔及直线塔应同时画印。印记应准确、清晰。画印包括直线塔画印和耐张塔画印。

一、危险点分析与控制措施

画印作业的危险点与控制措施见表 26-1-1。

表 26-1-1　　　　　　　　　画印作业危险点与控制措施

作业内容	危险点	预防控制措施
画印	高处坠落	上下导地线，必须使用下线爬梯和速差自控器，画印时必须系好安全绳

二、画印前准备

（1）画印作业应在紧线段内各弧垂观测档均达到设计值，紧线应力基本不发生变化，且子导线间的不平衡误差在允许范围内进行。

（2）画印工器具配置见表 26-1-2。

表 26-1-2　　　　　　　　画 印 工 器 具 配 置

序号	机具名称	规格	单位	数量	备注
1	画印尺	2m	把	1	转角塔用
2	三角板	50cm，直角	把	1	
3	垂球		只	1	

续表

序号	机具名称	规格	单位	数量	备注
4	软梯	6m	把	1	
5	卷尺	5m	把	1	
6	画印笔		支	1	
7	黑胶布		个	1	

三、画印操作步骤

（一）直线塔及无转角的耐张塔画印操作方法

（1）直线塔画印。用垂球将横担挂孔中心投影到任一子导线上，将直角三角板的一个直角边贴紧导线，另一直角边对准投影点，在子导线上画印，使诸印记点连成的直线垂直于导线，如图 26-1-1（a）所示。如果由于绝缘子或挂具妨碍垂球垂下，则可从横担挂孔中心沿顺线路方向平移距离 k，将垂球从该点垂下，在导线上画上临时印记，然后将临时印记移回距离 k 即为画印点，如图 26-1-1（b）所示。

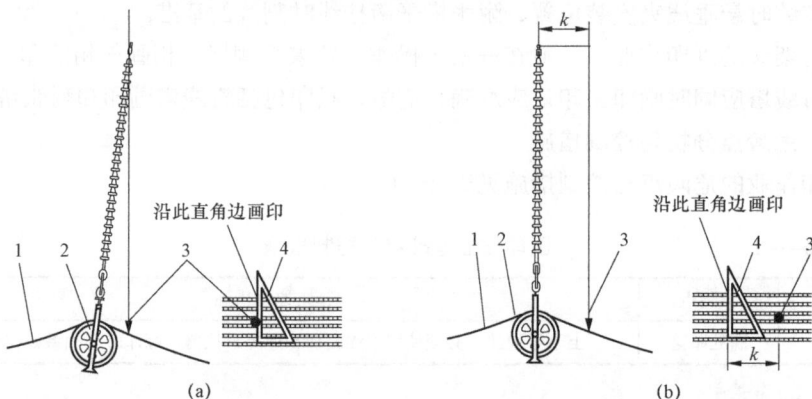

图 26-1-1　直线塔画印示意图
（a）正常画印；（b）返尺画印
1—导线；2—导线放线滑车；3—垂球；4—三角板

（2）直线转角塔画印。对于线路的平地段，取放线滑车滑轮顶点为画印点，用直角三角板在各子导线上画印。对于连续上下山施工段，用挂点延伸法画印。内角侧相在横担上将画印尺对准横担挂孔中心连线，用垂球将延伸线准确地投影到子导线上，以三角板一边对准垂球沿横线路方向在各子导线上画印。外角侧相、中相则在横担中心线上用垂球准确地垂到子导线上，以三角板一边对准垂球沿横线路方向在各子导线上画印。如图 26-1-2 所示。

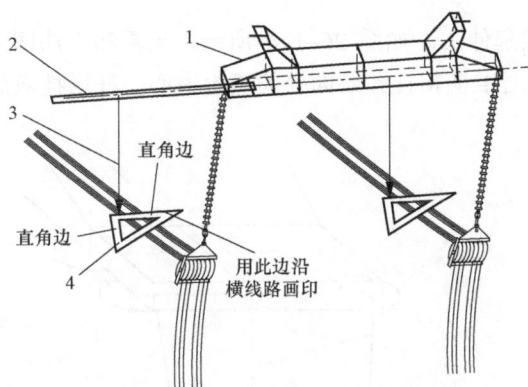

图 26-1-2　直线转角塔画印示意图
1—横担；2—画印尺；3—垂球；4—三角板

（3）对于线路的平地段，按以上方法画出的印记即为直线线夹安装印记。对于连续上下山施工段，尚应根据以上画出的印记，按设计给出的线夹安装调整距离移印，定出线夹安装印记。

（二）耐张塔画印操作方法

1. 采用后联耐张串挂线施工工艺挂线耐张塔的画印操作方法

耐张转角塔的画印方法必须与割线尺寸计算方法相配合使用，常用画印方法有：

（1）三角板垂球法。如图 26-1-3 所示，以具有一个长直角边的直角三角板和垂球作画印工具，将短直角边贴紧导线，长直角边对准横担挂孔中心或由挂孔中心垂下的垂球线，顺长直角边在各子导线上画印。

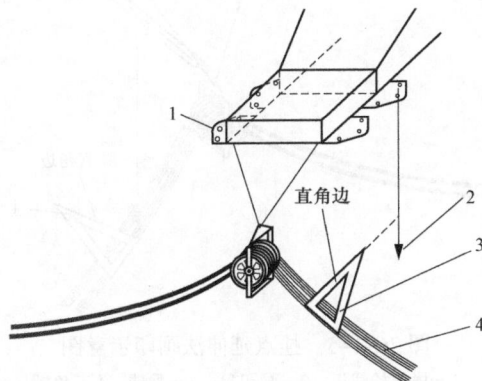

图 26-1-3　三角板垂球法画印示意图
1—横担挂线板；2—垂球；3—三角板；4—导线

（2）横担中心线延伸法。如图 26-1-4 所示，工具和方法同上，但长直角边不是对准挂孔中心，而是对准横担挂孔断面处的横担中心。杆塔挂双放线滑车时，用此法画印比较方便。

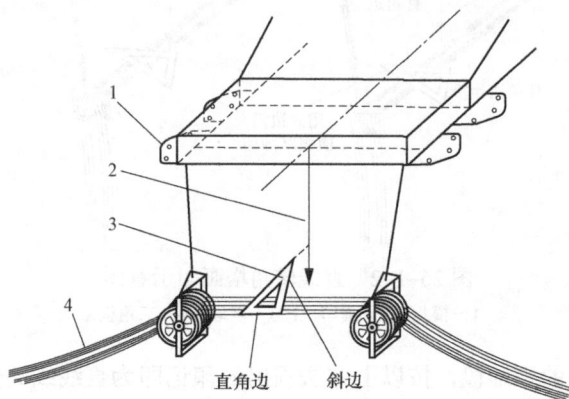

图 26-1-4　横担中心线延伸法画印示意图
1—横担挂线板；2—垂球；3—三角板；4—导线

（3）挂点延伸法。如图 26-1-5 所示，用画印尺对准横担挂孔中心，将挂孔中心连线准确地延伸到子导线上，以一直角边紧贴导线，沿另一直角边画印。

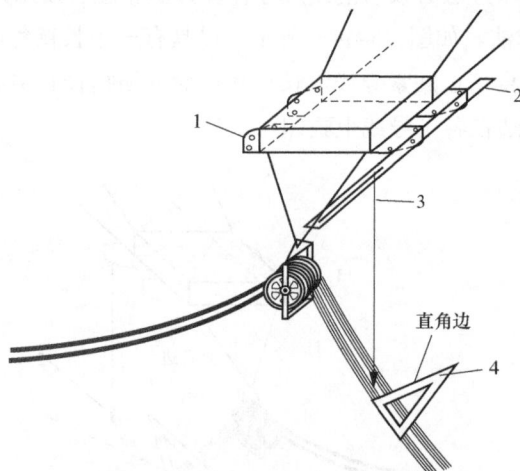

图 26-1-5　挂点延伸法画印示意图
1—横担挂线板；2—画印尺；3—垂球；4 三角板

耐张转角塔上悬挂的放（紧）线滑车向线路转角内侧倾斜，使导线画印点较挂线点向内角侧有一个水平位移 x，并低于挂线点一段距离，即垂直位移 y。采用挂线点延伸画印法在耐张转角塔放（紧）线滑车上的导线上画印，由此测得每根子导线的画印点与挂线点之间的水平位移和垂直位移，以备压接割线长度计算使用，见图26-1-6。

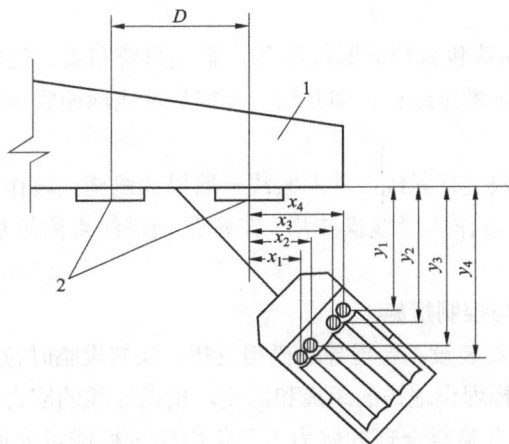

图26-1-6　耐张转角塔画印量尺示意图

1—横担；2—挂线点

2. 采用先联耐张串挂线施工工艺挂线耐张塔的画印操作方法

采用先联耐张串挂线施工工艺挂线的耐张塔，耐张组装串是通过手扳葫芦、锚线绳、卡线器等锚线工具直接与导线对接（锚接）的，画印时将导线线尾与耐张金具串拉直，直接比量画印即可，但在断线时要考虑预留导线钢芯插入钢锚中的长度。

四、注意事项

（1）画印一律用红色记号笔作标记。画印后，应统一在印记的前或后侧缠绕一圈黑胶布，便于识别记号。

（2）画印操作应由两人配合作业，一人在导线上画印，另一个在横担上监视。所画印记必须准确、清晰。操作人员脚踩导线时，动作要轻、稳，避免导线窜动。

（3）直线小转角塔取放线滑车顶点为画印点，用三角板在各子导线上画印。

（4）当直线悬垂绝缘子串由于前后侧导线悬挂点间高差产生倾斜时，仍按直线塔画印，线夹安装时是否需要移动，应经计算确定。

【思考与练习】

（1）简述直线塔的画印方法。

（2）简述耐张塔的画印方法。

（3）画印操作时应注意哪些事项？

模块 2 地面紧线（新增模块 4-5-2）

【模块描述】本模块包含地面紧线准备、紧线系统布置、过轮临锚、反向临锚、松锚升空等内容；通过操作过程详细介绍，掌握导地线地面紧线施工方法及要求。

【模块内容】

放线结束后应尽快进行紧线，地面紧线一般以放线施工段作为紧线段，以牵张场相邻的直线塔或耐张塔作为紧线操作塔，在牵张场锚线点附近进行地面牵引紧线的操作。

一、危险点分析与控制措施

（1）防止临时拉线装设不合理导致横担受扭。在装设临时拉线时，要根据杆塔高度和施工规范合理选择埋设地锚的距离和深度，根据导线的应力合理选择临时拉线的直径，要将临时拉线调整至合理的张力，避免由于过松或过紧而导致在紧线时横担扭转。

（2）防止过牵引造成跑线伤人。在紧线过程中，紧线指挥人一定要和弧垂观测人员保持密切联系，不可出现超过允许值的过牵引现象，如果过牵引距离较多，紧线张力将急剧增加，可能导致卡头或牵引绳断裂，造成跑线事故。

（3）防止卡头滑脱造成跑线事故。特别是钢制卡头与钢绞线的摩擦力较小，易造成卡头滑脱。先在钢绞线外层缠绕一层铝包带，再打上卡头，即可避免卡头滑脱。

（4）防止绞磨尾线控制人员站在余线圈内。在紧线过程中，牵引绳的余线一般盘成圆圈，如果人员站在线圈内侧，一旦绞磨跑线，牵引绳极易将人员抽倒造成人身伤害。

二、地面紧线前准备

（一）紧线前处置的主要事项

（1）杆塔检查和处理。

1）架线施工前，应对杆塔和基础工程逐基检查整修；

2）直线杆塔构件应齐全，所有螺栓应紧固；

3）直线杆塔应无倾斜情况；

4）紧线杆塔（耐张、转角、终端）构件必须齐全，无影响架线的重大缺陷；

5）基础回填土完好，基础混凝土强度已达到设计强度的 100%。

（2）紧线施工前，应对紧线段内现场情况进行调查，全面掌握沿线的地形、交叉跨越、各种障碍物、交通运输等情况。如有妨碍架线的障碍物，应进行处理。

（3）检查各子导线在放线滑车中的位置，消除跳槽现象。

（4）检查子导线是否相互绞劲，如绞劲，需打开后再收紧导线进行处理。

（5）检查接续管位置，如不合适，应处理后再紧线。

（6）导线损伤应在紧线前按技术要求处理完毕。

（7）现场核对弛度观测档位置，复测观测档档距，设立观测标志。

（8）放线滑车在放线过程中设立的临时接地，紧线时仍应保留，并于紧线前检查是否仍接地良好。

（9）同步展放的导线紧线时，应采取消除直线塔同相两个放线滑车"迈步"的措施。

（10）放线滑车采取高挂时，应向下移挂至最终高度。

（11）紧线前必须了解设计单位对耐张塔及直线塔紧线有无技术要求，并按设计要求执行，必要时对横担进行补强。

（12）若在放线过程中安装了分裂导线分离器，在紧线前应予以拆除。

（13）紧线耐张杆塔临时拉线设置。

紧线耐张杆塔的临时拉线是为增强杆塔的稳定性，平衡紧线时导、地线的一部分水平张力，以防杆塔发生倾斜。临时拉线的位置和数量，应符合以下要求：

1）挂线时是否设临时拉线依据挂线方式而定。如果其中一侧先挂，使横担承受不平衡张力时，则必须在另一侧装设临时拉线。凡是耐张塔一侧的导、地线已紧线，另一侧再挂线前不必再设临时拉线。紧线段中间的耐张杆塔，紧线时不设临时拉线。

2）需要设置临时拉线的塔位，除干字型和桥型铁塔中导线因挂在塔身上，不需要打设临时拉线外，其他型式铁塔上的每一相导线和架空地线都应打设临时拉线。

3）临时拉线按设计条件的要求，在紧靠导、地线挂线点的主材节点附近设设。拉线布置在相应的导、地线的延长线上，每相导、地线各装置一组，其规格一般应平衡50%的紧线张力（具体平衡张力按照设计规定），下端应装有长度调节装置，对地夹角不大于45°。

（二）弛度观测准备

选择、确定观测档，并确定观测档弛度观测的方法，详见"弧垂观测与调整"模块（4-5-4）。

（三）锚固端塔的准备

紧线段在紧线之前首先需要确定一端杆塔作为锚固端，并把导线在塔上固定，另一端则为紧线操作端。

锚固端的塔如果是直线塔，本紧线段紧线前，需要将本段端部直线塔与上段端部塔之间的导线压接连通，两塔的锚线松锚，使导线升空；如果是耐张塔就需要在该塔上完成挂线操作。

1. 锚固端是直线塔的直线松锚升空作业

（1）直线松锚升空作业对上一紧线段的要求。

为使本施工段紧线操作不影响上一紧线段的弛度调整质量，包括弛度绝对值，子导线弛度差等，只有上一紧线段具备如下条件时，方可进行直线塔过轮临锚的松锚升空作业：

1）已装好过轮临锚和反向临锚；

2）除锚线塔外，其他杆塔上已装完线夹，距锚线塔最近的二基塔之间已安装完间隔棒。

（2）松锚施工步骤。

1）两紧线段之间导线压接；

2）本紧线段锚线及上一紧线段导线自身临锚松锚；

3）本紧线段紧线；

4）本紧线段紧线时，靠近上一紧线段的弛度观测档的弛度接近并稍大于标准值时，松上一紧线段的过轮临锚；

5）相邻两紧线段附件及间隔棒全部安装完毕后拆除反向临锚。

（3）松锚的两种方式。

1）方式一：同时松锚法。适用于本紧线段紧线前的锚线张力与上一紧线段的紧线张力差距不大时，如图 26-2-1 所示。

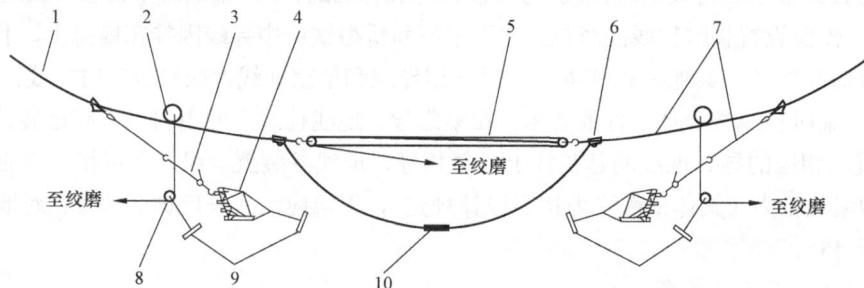

图 26-2-1 同时松锚示意图

1—导线；2—压线滑车；3—手扳葫芦；4—锚线架；5—滑轮组；6—卡线器；
7—锚线钢绳；8—滑车；9—地锚；10—直线管

在上一紧线段的导线自身临锚前方及本紧线段放线临锚后方分别安装卡线器，接入牵引滑车组或其他牵引工具，拉紧滑车组或其他牵引工具，至上述两临锚受力方向均已转为顺导线方向或偏于向上时，用压线滑车压住导线，同时拆除两临锚，再缓松压线滑车使导线升空。

2）方式二：分别松锚法。适用于当上述两临锚相距较远或余线较多时。可先松两个临锚中的一个，后松另一个，作业方法与同时松锚法相似。如图 26-2-2 所示。

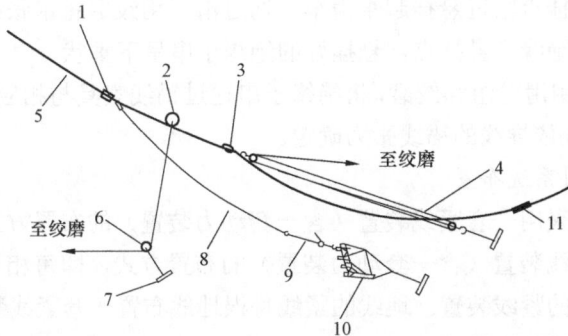

图 26-2-2 分别松锚示意图

1、3—卡线器；2—压线滑车；4—滑轮组；5—导线；6—滑车；7—地锚；

8—锚线钢绳；9—手扳葫芦；10—锚线架；11—直线管

2. 锚固端是耐张塔的挂线

耐张塔的导线横担对侧已完成导线挂线（或尚未进行导线挂线但已打好平衡拉线），耐张塔前的导地线升空挂线如图 26-2-3 所示。

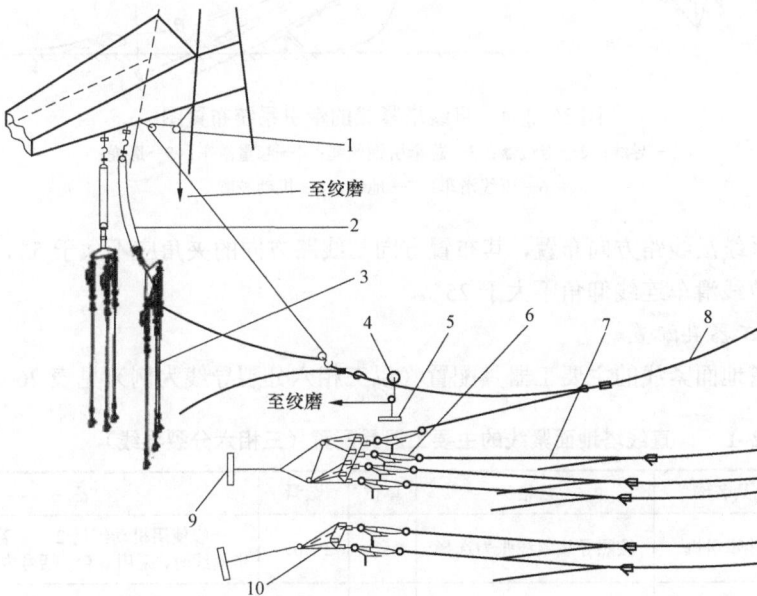

图 26-2-3 耐张塔前的导线升空方式

1—起重滑车；2—耐张绝缘子串；3—锚线索具；4—压线滑车；5，9—地锚；

6—手扳葫芦；7—锚线钢绳；8—导线；10—锚线架

（1）悬挂绝缘子串。在地面组装耐张绝缘子串，绝缘子串的导线端连上锚线索具。在横担绝缘子挂点附近悬挂起重滑车，通过滑车用绞磨将耐张绝缘子串用塔端连接金具挂于横担的绝缘子悬挂点，悬挂好的绝缘子串呈下垂状。

（2）锚接。利用滑轮组和绞磨，将绝缘子串通过锚线索具与相应的子导线对接（锚接）。滑轮组的组成依导线的锚线张力确定。

（四）紧线牵引系统布置

地面紧线一般采用一套紧线装置（含一套动力装置）的布置方式，也可以采取一根子导线用一套紧线装置（含一套动力装置）的布置方式，即每相导线同时布置与子导线数目相等套数的紧线装置。地线的紧线每根地线布置一套紧线装置。

直线塔地面紧线的牵引系统布置见图26-2-4。

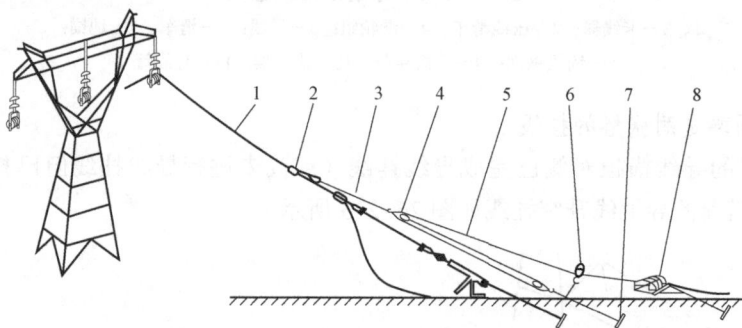

图26-2-4 直线塔紧线的牵引系统布置图

1—导线；2—卡线器；3—总牵引钢丝绳；4—起重滑车；5—磨绳；
6—压线滑车；7—地锚；8—机动绞磨

牵引系统沿线路方向布置，其布置方向与线路方向的夹角应不大于5°，滑车组地锚与塔上放线滑车连线仰角不大于25°。

（五）工器具配置

直线塔地面紧线的主要工器具配置（以三相六分裂导线为例）见表26-2-1。

表26-2-1 直线塔地面紧线的主要工器具配置（三相六分裂导线）

序号	机具名称	规格	单位	数量	备注
1	紧线牵引机	按照导线紧线张力选择	台	2（6）	一般使用机动绞磨2台，若各子导线同步紧线时，采用6台（括号内数量，下同）
2	紧线牵引钢丝绳	按照导线紧线张力选择	根	2（6）	长度按照紧线场地条件及余线长度选择，一般为150m左右
3	磨绳	ϕ13mm	根	2（6）	长度按照紧线场地布置选择，一般为100~200m

续表

序号	机具名称	规格	单位	数量	备注
4	钢丝绳套	按荷载选择	根	若干	与张力放线周转使用
5	临锚钢绳	按临锚荷载选定规格，长度按工艺确定	根	36	过轮临锚（挂胶钢绞线）
6	临锚钢绳	按临锚荷载选定规格，长度按工艺确定	根	18	反向临锚（挂胶钢绞线）
7	临锚钢绳	按临锚荷载选定规格，长度一般为5～20m	根	36	本线临锚（挂胶）
8	温度计	按施工期间的气温选择	支	10	
9	弛度板	150mm×15mm×2000mm	套	20	木质
10	经纬仪		台	5	
11	导线卡线器	按导线规格选用	个	24	与张力放线周转使用
12	地线卡线器	按地线规格选用	个	4	与张力放线周转使用
13	手扳葫芦	按导线紧线张力选用	个	若干	
14	手扳葫芦	按地线紧线张力选用	个	若干	
15	护线胶管	按导（地）线外径选用	个	20	与张力放线周转使用
16	各种起重滑车	按荷载选用	个	若干	
17	地锚	按荷载选用	个	20	与张力放线周转使用
18	断线钳	按导（地）线规格选用	把	2	
19	液压机		套	2	
20	其他配套液压工具		套	2	包括锯、砂纸等

三、地面紧线操作步骤

（一）地面紧线操作

（1）按图26-2-4做好地面紧线牵引系统布置，检查牵引系统各部件连接牢固后，通知观测档观测人员及紧线段内监护人员，即可启动绞磨。

（2）缓慢收紧子导线，当紧线端的本线临锚不受力时，停止牵引，将本线临锚由导线上拆除。

（3）在观测档测工的指挥下，继续收紧（放松）子导线，分裂子导线同步收紧，同步观测弛度，待各档弛度调整符合设计要求后，停止绞磨运转。

（4）恢复紧线操作端的导地线端临锚，收紧手扳葫芦，松出绞磨绳，拆除牵引系统的工具。用线端临锚的手扳葫芦微调子导线，使之符合设计及规范要求后，在每基杆塔上进行画印。

（5）画印完成后再进行过轮临锚作业。

（二）紧线端锚线操作

（1）对于直线塔地面紧线，完成画印作业后，应及时进行紧线端操作塔过轮临锚及相邻直线塔的反向临锚作业，锚线的布置如图 26-2-5 所示。

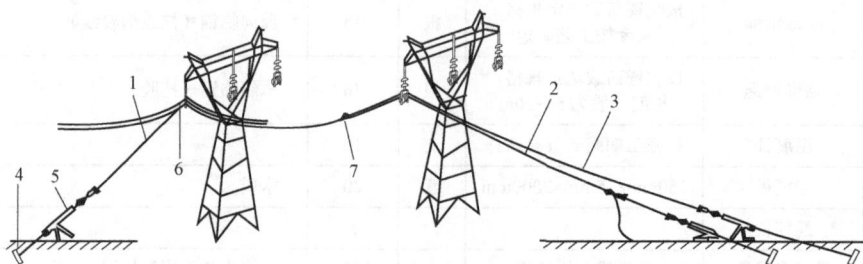

图 26-2-5　紧线端临锚布置示意图
1—反向临锚；2—本线临锚；3—过轮临锚；4—地锚；5—手扳葫芦；6—导线反锚器；7—卡线器

1）过轮临锚。紧线段完成紧线后，紧线操作塔不得进行附件安装，相邻档不得安装间隔棒，以便在塔上进行过轮临锚。过轮临锚布置如图 26-2-6 所示。

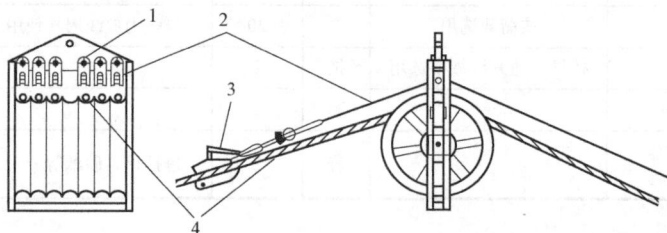

图 26-2-6　过轮临锚布置示意图
1—直角挂板；2—锚线钢绳；3—卡线器；4—导线

过轮临锚由导线卡线器、钢丝绳、直角挂板、手扳葫芦及地锚等构成。在距放线滑车 1～1.5m 的导线上安装导线卡线器，同时在紧靠卡线器的后侧套上护线开口胶管，与卡线器相对应的相邻子导线上同样应安装开口胶管。在放线滑车的横梁挂孔上安装与分裂导线数量相同的直角挂板，应与导线轮相对应。临锚钢绳的上端穿过直角挂板后与卡线器相连接，下端与锚线架上的手扳葫芦相连接。用垂球在操作塔的导线上画印后，收紧手扳葫芦，使临锚钢绳受力，收紧时不得让画印点前后窜动。

过轮临锚的对地夹角不宜大于 25°。过轮临锚工具应按最大紧线张力进行选择。

2）反向临锚。在紧线操作塔相邻的前一基直线塔安装完直线悬垂线夹后，对导线进行反向临锚，反向临锚见图 26-2-7。调整反向临锚钢丝绳张力，使直线悬垂串始终处于竖直状态。导线反向锚固器应尽量靠近直线线夹，两者之间相距 100mm 为宜。反向临锚对地夹角应小于 45°。

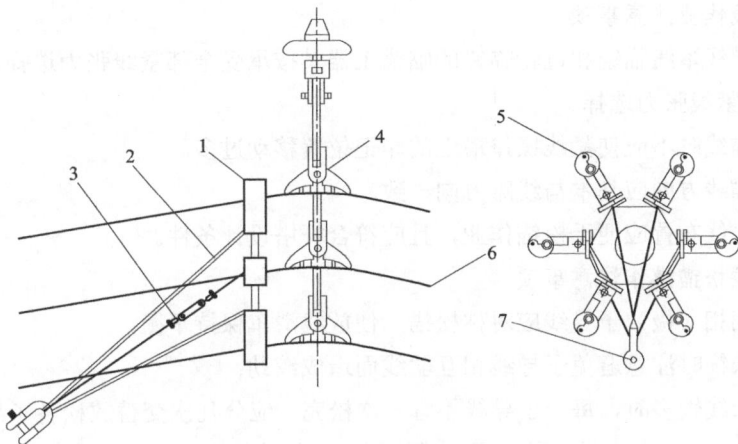

图 26-2-7 反向临锚布置示意图

1—六分裂导线反向锚固器；2—钢丝绳套；3—长度调整装置；4—直线线夹；
5—橡胶垫；6—导线；7—U 型工具环

（2）对于耐张塔地面紧线，完成地面画印及耐张线夹压接操作后，进行导地线升空挂线。

操作方法同锚固端是耐张塔的挂线，如图 26-2-3 所示。

四、注意事项

1. 导地线紧线时注意事项

（1）紧线顺序应先紧地线，后紧导线。

（2）若为单回路导线，应先紧中相线，后紧边相线；若为双回路导线，应先紧上相线，再紧中相线，最后紧下相线，双回交错进行。

（3）当紧线段内有多个观测档时，应由离紧线操作端最远的一个观测档开始观测，逐次向紧线操作端推进。各观测档紧线的一般规律是：第一档弛度为紧好，第二档弛度则为松好，第三档弛度为紧好……以此类推。

（4）导线若为分裂导线，则各子导线收紧次序应综合考虑如下因素：

1）应对称收紧，尽可能先收紧位于放线滑车最外边的两根子导线，使滑车保持平衡，避免滑车倾斜导致导线滚槽；

2）宜先收紧弧垂较小的子导线；

3）宜先收紧在线档中间搭在其他子导线之上的子导线；

4）考虑风向的作用，尽量避免在紧线过程中子导线因风吹造成相互驮线而绞劲；

5）同相各子导线应保持相同的紧线过程，且收紧速度不宜过快。

2. 锚线作业注意事项

（1）导线本线临锚和过轮临锚的临锚工器具按承受全部紧线张力选择，反向临锚按承受 1/4 紧线张力选择。

（2）锚线时不应使紧线操作塔上的印记位置移动过多。

（3）锚线方向应基本与线路方向一致。

（4）锚线布置应便于松锚作业，且应符合杆塔设计条件。

3. 直线松锚操作注意事项

（1）同相（极）子导线应对称松锚，使放线滑车保持平衡；

（2）松锚时注意避免子导线相互驮线而造成绞劲；

（3）余线较多时，每一子导线不宜一次松完，应分几次交替放松各子导线。导线可能落地时，应配合本紧线段收紧余线，以保证导线架空。

【思考与练习】

（1）紧线耐张杆塔临时拉线设置有什么要求？

（2）简述过轮临锚和反向临锚的操作方法。

（3）导地线紧线应注意哪些事项？

▲ 模块 3 高空紧线（新增模块 4-5-3）

【模块描述】本模块包含高空紧线准备、紧线系统布置、紧线操作等内容；通过操作过程详细介绍，掌握导地线高空紧线施工方法及要求。

【模块内容】

当放线段由多个耐张段组成时，常以中间耐张塔作为紧线操作塔，以单独耐张段为紧线区段，一端耐张塔作锚固端，另一端耐张塔进行高空紧线操作。

一、危险点分析与控制措施

高空紧线的危险点及控制措施参见"地面紧线"（新增模块 4-5-2）中的危险点分析与控制措施。

二、高空紧线前准备

耐张塔高空紧线的准备工作中，紧线前处置的主要事项、弛度观测准备等与地面紧线相同，但紧线牵引系统布置不同。

1. 耐张绝缘子串与导线锚接

（1）悬挂绝缘子串。在横担前后侧地面分别组装耐张绝缘子串，绝缘子串的导线端连上锚线索具。索具的组成为 U 型工具环、手扳葫芦、锚线钢绞线、卡线器，如图 26-3-1 所示。

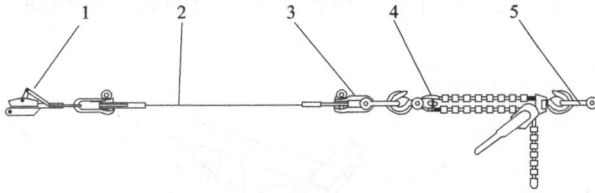

图 26-3-1　锚线索具的组成图

1—卡线器；2—锚线绳；3、5—U 型工具环；4—手扳葫芦

在横担前后侧绝缘子挂点附近分别悬挂起重滑车，通过滑车用绞磨将横担前后侧耐张绝缘子串用塔端连接金具挂于绝缘子悬挂点，呈下垂状。

（2）子导线与耐张绝缘子串对接。如图 26-3-2 所示，借助于滑轮组和绞磨，将绝缘子串通过锚线索具与相应的子导线对接（锚接）。

锚接后将锚线索具对称收紧，使横担两侧导线调平。然后把每根子导线在靠近放线滑车位置处割断。

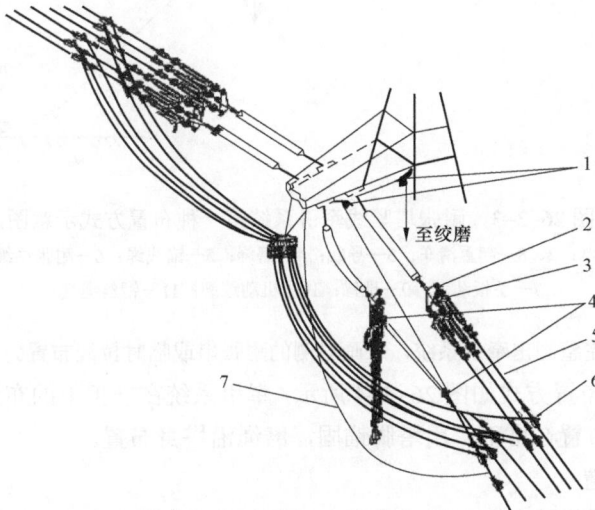

图 26-3-2　子导线与耐张绝缘子串对接（锚接）示意图

1—起重滑车；2—特制环；3—手扳葫芦；4—滑车组；5—锚线绳；6—卡线器；7—二道防线（6根）

2. 紧线牵引系统布置

耐张塔高空紧线的牵引系统布置有两种布置方式。

（1）第一种布置方式如图 26-3-3 所示，在耐张组装串挂线连板工作孔和对应的子导线之间布置滑轮组，滑轮组的磨绳经由挂在铁塔横担耐张串挂点旁的起重滑车，再穿过横担对侧的另一起重滑车，与布置在铁塔后面的绞磨相连（绞磨前设置压线滑车）。

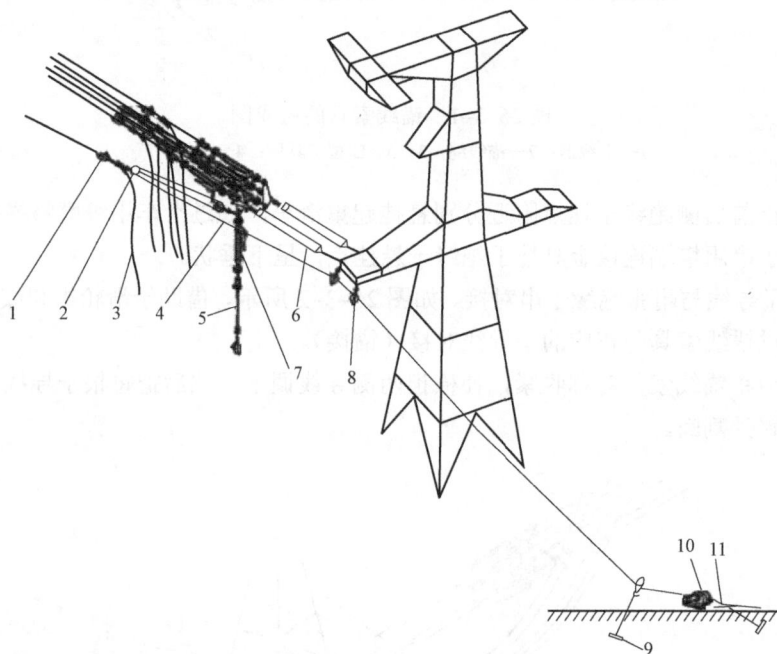

图 26-3-3　耐张塔紧线牵引系统第一种布置方式示意图

1—卡线器；2、8—起重滑车；3—导线；4—磨绳；5—锚线绳；6—耐张绝缘子串；

7—手扳葫芦；9—地锚；10—机动绞磨；11—钢丝绳套

注：未在图中完整画出牵引系统，未画对侧的耐张串或临时拉线布置。

（2）第二种布置方式如图 26-3-4 所示，牵引系统在横担上的布置与第一种相同，不同的是其绞磨布置在塔下，用塔脚锚固，磨绳沿塔身布置。

3. 工器具配置

耐张塔高空紧线的主要工器具配置（以三相六分裂导线为例）见表 26-3-1。

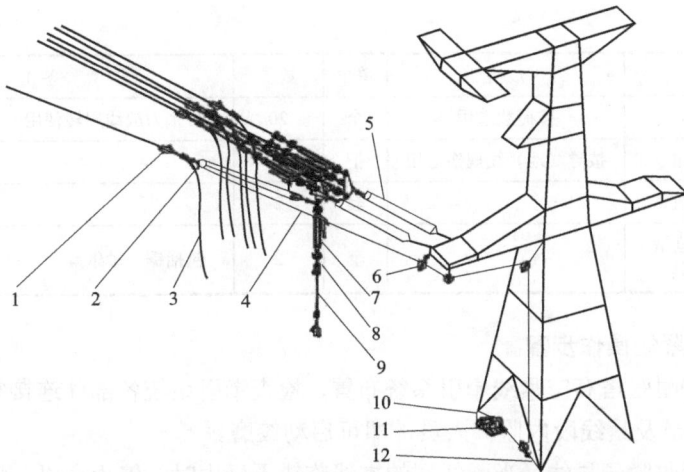

图 26-3-4　耐张塔紧线牵引系统第二种布置方式示意图

1—卡线器；2、6—起重滑车；3—导线；4—磨绳；5—耐张绝缘子串；7—手扳葫芦；
8—U 型环；9—锚绳；10—塔脚；11—机动绞磨；12—钢丝绳套

注：未在图中完整画出牵引系统，未画对侧的耐张串或临时拉线布置。

表 26-3-1　　耐张塔高空紧线的主要工器具配置（三相六分裂导线）

序号	机具名称	规格	单位	数量	备注
1	紧线牵引机	按照导线紧线张力选择	台	2（6）	一般使用机动绞磨 2 台，若各子导线同步紧线时，采用 6 台（括号内数量，下同）
2	紧线钢丝绳	按照导线紧线张力选择	条	2（6）	长度按照现场紧线场地条件及余线长度选择，一般为 150m 左右
3	磨绳	$\phi 13mm$	根	2（6）	长度按照紧线场地布置选择，一般为 100～200m
4	钢丝绳套	按荷载选择	条	若干	与张力放线周转使用
5	高空压接操作平台		套	2	宜采用铝合金等轻质材料制作
6	临锚钢绳	按临锚荷载选定规格，长度一般为 5～20m	条	36	本线临锚（挂胶）
7	经纬仪		台	5	
8	导线卡线器	按导线规格选用	个	24	与张力放线周转使用
9	地线卡线器	按地线规格选用	个	4	与张力放线周转使用
10	手扳葫芦	按导线紧线张力选用	个	若干	
11	手扳葫芦	按地线紧线张力选用	个	若干	
12	护线胶管	按导（地）线外径选用	个	20	与张力放线周转使用
13	各种起线滑车	按荷载选用	个	若干	

续表

序号	机具名称	规格	单位	数量	备注
14	地锚	按荷载选用	个	20	与张力放线周转使用
15	断线钳	按导（地）线规格选用	把	2	
16	液压机		套	2	
17	其他配套液压工具		套	2	包括锯、砂纸等

三、高空紧线操作步骤

（1）做好耐张塔高空紧线牵引系统布置，检查牵引系统各部件连接牢固后，通知观测档观测人员及紧线段内监护人员，即可启动绞磨。

（2）缓慢收紧子导线，当紧线端的本线临锚不受力时，停止牵引，将本线临锚由导线上拆除。

（3）在观测档测工的指挥下，继续收紧（放松）子导线，分裂子导线同步收紧，同步观测弛度，待各档弛度调整符合设计要求后，停止绞磨运转。

（4）恢复紧线操作端的导地线端临锚，收紧手扳葫芦，松出绞磨绳。用线端临锚的手扳葫芦微调子导线，使之符合设计及规范要求后，在每基杆塔上进行画印。

（5）画印完成后在紧线操作端高空压接耐张线夹。

（6）收紧紧线滑车组，连接耐张线夹与绝缘子金具串，松出滑车组，完成挂线。

【思考与练习】

（1）耐张塔高空锚线由哪些索具组成？

（2）试列出耐张塔高空紧线的主要工器具配置。

（3）简述耐张塔高空紧线的操作步骤。

◢ 模块 4　弧垂观测与调整（新增模块 4-5-4）

【模块描述】 本模块包含弧垂观测档选择、弧垂计算、观测方法、弧垂调整等内容；通过操作过程详细介绍，掌握弧垂观测与调整方法及要求。

【模块内容】

一、作业内容

弧垂观测与调整是架线施工的关键工序环节，弧垂调整是影响架线质量的关键点之一。其主要工作内容为：

（1）选择观测档。按照 GB 50233—2014《110kV～750kV 架空输电线路施工及验收规范》的规定，根据施工区段的长度，合理选择观测档。

（2）进行弧垂计算。根据设计图纸提供的应力弧垂曲线表和降温要求，计算出各观测档的弧垂值。

（3）选择弧垂观测方法，并按照选定的方法做好弧垂观测的相应准备。

（4）进行弧垂观测与调整。

二、危险点分析与控制措施

（1）防止弧垂观测错误，发生过牵引而导致跑线事故。在紧线及弧垂调整过程中，弧垂观测者要精力集中，密切关注弧垂变化情况，在弧垂接近计算值 0.5m 时，要减速牵引至计算值，当弧垂小于计算值后，导线应力将急剧增加，如发现不及时将发生导致跑线事故。

（2）防止高空坠落。弧垂调整及挂线工序涉及高空作业较多，且工序繁杂，易造成高空坠落事故。施工人员应佩戴有后备保护绳的双保险安全带或使用速差自控器。高空作业人员要衣着灵便，穿软底胶鞋，并正确佩戴个人防护用具。

（3）防止作业人员站在导线内圈侧作业。在进行弧垂调整或划印时，由于导线张力较大，一旦跑线将造成对人员的严重伤害。

三、弧垂观测前准备

1. 弧垂观测档的选择

弧垂观测档的选择应符合下列规定：

（1）紧线段在 5 档及以下时靠近中间选择一档；

（2）紧线段在 6～12 档时靠近两端各选择一档；

（3）紧线段在 12 档以上时靠近两端及中间各选择一档；

（4）观测档宜选档距较大和悬挂点高差较小及接近代表档距的线档；

（5）弧垂观测档的数量可以根据现场条件适当增加，但不得减少。

2. 温度测量

弧垂观测的温度以各观测档和紧线场气温的平均数为依据。温度测量应采用棒式测线温度表，将其挂于通风处，有阳光照射时，温度计宜背向阳光，不宜直射。观测弧垂的温度相差不超过 ±2.5℃时，其弧垂值可不作调整。

设计单位提供的导地线安装弛度存在两种情况：

（1）设计已按降温补偿法考虑了架空线受到张力后产生的塑性伸长和蠕变伸长（简称初伸长）的影响。在计算观测档弧垂时不再考虑初伸长的影响。

（2）设计未考虑初伸长的影响。弧垂计算时应考虑降温补偿，一般情况下，导线降温 25℃，地线降温 15℃。

四、弧垂观测与调整操作步骤和质量标准

（一）紧线和弧垂观测顺序

紧线顺序按先地线后导线和先中相后边相（单回路）、一左一右或一右一左从上往下（双回路）的原则。弧垂观测的前后顺序为先挂线端（即远方），后紧线场端（即近方）。

（二）弧垂观测的简单计算

从设计图纸提供的应力弧垂曲线表查出相关数据，用插入法换算出各观测档在相应温度下的观测弧垂。

由应力弧垂放线表查得的数值为一个耐张段内的代表档距的导地线弧垂，而观测档的弧垂 f_φ 需按式（26-4-1）求得

$$f_\varphi = \left(\frac{l}{l_{\text{db}}}\right)^2 \frac{f_{\text{db}}}{\cos\varphi} \qquad (26\text{-}4\text{-}1)$$

其中

$$\varphi = \tan^{-1}\frac{h}{l}$$

式中 f_{db}——代表档距的架空线弧垂，m；

$\quad\varphi$——观测档架空线悬挂点高差角；

$\quad l$——观测档档距，m；

$\quad h$——观测档架空线悬挂点高差，m；

$\quad l_{\text{db}}$——耐张段架空线的代表档距，m。

（三）弧垂观测的方法

1. 平行四边形（等长法）观测弧垂

如图 26-4-1 所示，在观测当的两端，从放线滑车槽底，垂直向下量取 f_φ 值，一端绑扎弧垂板，另一端用弧垂镜或望远镜进行弧垂观测。

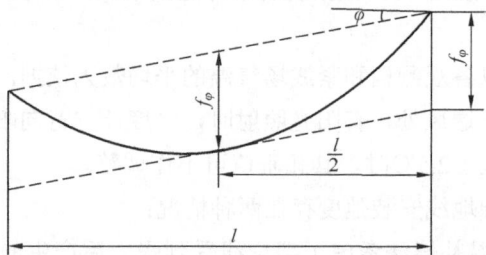

图 26-4-1 平行四边形（等长法）弧垂示意图

当温度变化在 3℃ 以内时，可在观测点一端，作 $\Delta\alpha=2\Delta f$ 进行调整，如图 26-4-2 所示。

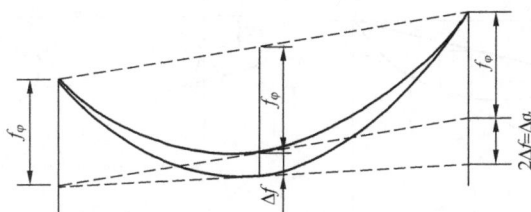

图 26-4-2　平行四边形法弧垂示意图

如温度变化大于 3℃时，则按式（26-4-2）和式（26-4-3）计算其调整值。

当温度上升时
$$\Delta\alpha = 4\left(1 + \frac{\Delta f}{f_\varphi} - \sqrt{1 + \frac{\Delta f}{f_\varphi}}\right) \tag{26-4-2}$$

当温度下降时
$$\Delta\alpha = 4\left(1 - \frac{\Delta f}{f_\varphi} - \sqrt{1 + \frac{\Delta f}{f_\varphi}}\right) \tag{26-4-3}$$

2. 档端角度法观测弧垂

将经纬仪支于塔中心桩处，边相支于边线悬点下方，如图 26-4-3 所示。先测得弧垂观测档的另一端线悬挂点（即滑车槽）的角度 β，并复测观测档的档距 l，则线的弧垂观测角 θ 为

$$\theta = \arctan\left(\frac{\pm h - 4f + 4\sqrt{\alpha f_\varphi}}{l}\right) = \arctan\left(\frac{\pm h}{l} - 4\frac{f_\varphi}{l} + 4\sqrt{\frac{\alpha}{l} \cdot \frac{f_\varphi}{l}}\right) \tag{26-4-4}$$

$$f_\varphi = \frac{1}{4}(\sqrt{\alpha} + \sqrt{\alpha - l\tan\theta \pm h})^2 \tag{26-4-5}$$

令 $A = \dfrac{\pm h}{l} - 4\dfrac{f_\varphi}{l}$，$B = \sqrt{\dfrac{\alpha}{l} \cdot \dfrac{f_\varphi}{l}}$，则 $\theta = \arctan(A + 4B)$。

式中　f_φ——观测档的观测弧垂值，m；

　　　　h——观测档架空线悬挂点高差，m，近方（对仪器而言）悬挂点较远方悬挂点为低时取"+"号；近方悬挂点较远方悬挂点为高时取"−"号，$h = |l\tan\beta - \alpha|$；

　　　　α——仪镜中心至近方架空线悬挂点的垂直距离，可直接量得，m；

　　　　θ——仪镜观测角，正值表示仰角，负值表示俯角。

档端角度法不是任何情况下都可采用的，当 α 值太大和过小，弧垂值又小时，仪镜切至档距中线的位置便偏离档距中央太多而容易产生观测误差。要根据相关公式具体确定。

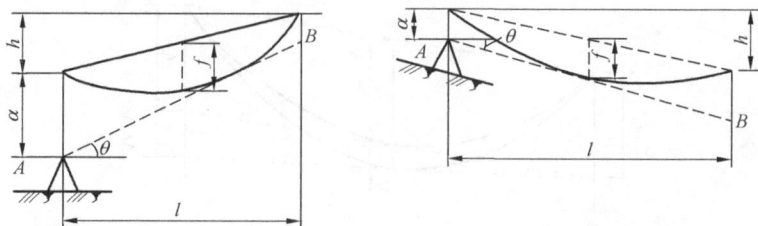

图 26-4-3 档端角度法观测弛度（档内未联耐张绝缘子串）

3. 平视法弧垂观测

平视法观测弧垂的方法示意如图 26-4-4 所示。按式（26-4-6）算出小平视弧垂值 f_1 或大平视弧垂值 f_2。置仪器的测镜于水平状态，并使测镜中心至低悬挂点的垂直距离为 f_1，至高悬挂点的垂直距离为 f_2。观测时，调整线长，使水平视线 AB 与架空线最低点 0 相重合，则架空线的弧垂即为所要求的观测值 f_φ。

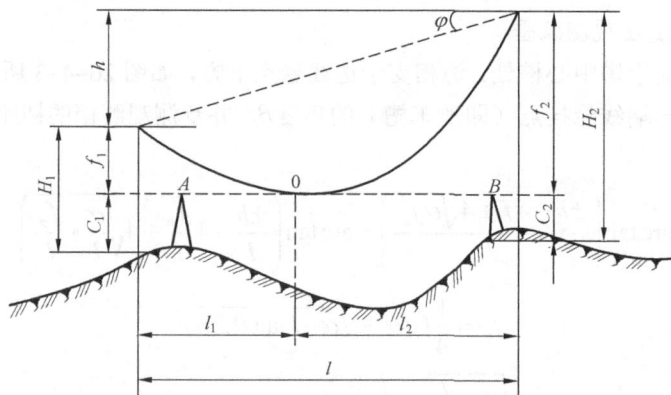

图 26-4-4 平视法观测弧垂（档内未联耐张绝缘子串）

$$f_1 = f_\varphi \left(1 - \frac{h}{4f_\varphi} \right)^2 \qquad (26\text{-}4\text{-}6)$$

$$f_2 = f_\varphi \left(1 + \frac{h}{4f_\varphi} \right)^2 \qquad (26\text{-}4\text{-}7)$$

式中 f_φ ——观测档架空线档距中点的弧垂，m；

f_1 ——小平视弧垂，m；

f_2 ——大平视弧垂，m；

h ——观测档架空线悬挂点高差，m。

采用平视法观测弧垂的极限条件是

$$4f > h \qquad (26\text{--}4\text{--}8)$$

因此，采用平视法前，一定要核对架空线悬挂点高差与该档观测弧垂之大小，只有符合式（26–4–8）条件的情况下，才可采用平视法。

4. 异长法观测弧垂

如图 26–4–5 所示，选定一适当的 a 值，按式（26–4–9）算出相应的 b 值。分别置弧垂板于观测档两侧架空线悬挂点以下垂直距离为 a 及 b 处，调整架空线长度，使 AB 视线与架空线相切，则架空线的弧垂即为所要求的观测值 f_φ

$$b = (2\sqrt{f_\varphi} - \sqrt{a})^2 \qquad (26\text{--}4\text{--}9)$$

其中

$$f_\varphi = \frac{l^2 g}{8\sigma \cos\varphi} = \left(\frac{l}{l_{db}}\right)^2 \frac{f_{db}}{\cos\varphi}$$

$$\varphi = \arctan\frac{h}{l}$$

式中　a、b——档端视点 A、B 至架空线悬挂点的垂直距离，m；

　　　f_φ——观测档架空线未联耐张绝缘子串时，档距中点的弧垂，m；

　　　σ——架空线的水平应力，N/mm²；

　　　g——架空线的重力比载，N/（m·mm²）；

　　　l——观测档档距，m；

　　　l_{db}——耐张段架空线的代表档距，m；

　　　f_{db}——对应于代表档距的架空线弧垂，m；

　　　φ——观测档架空线悬挂点高差角；

　　　h——观测档架空线悬挂点高差，m。

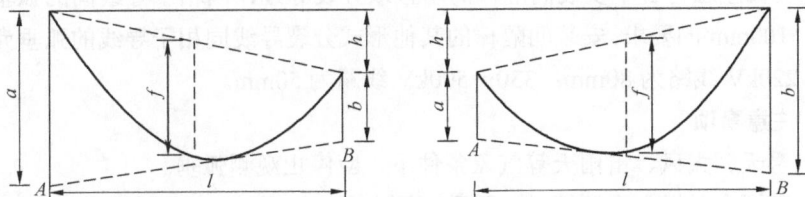

图 26–4–5　异长法观测弧垂

用异长法检查弧垂，可在检查档两端杆塔上，分别定出与架空线相切的位置，然后测出该位置与架空线悬挂点的垂直距离分别为 a 及 b，则该档的弧垂为

$$f = \frac{1}{4}(\sqrt{a} + \sqrt{b})^2 \qquad (26\text{--}4\text{--}10)$$

由于目测切点的垂直高度误差将导致弧垂误差，在实际工程计算中，要根据相关公式具体确定。

（四）弧垂的调整

弧垂的调整顺序是：收紧导线，调整距操作端最远的观测档弧垂，使其合格或略小于要求弧垂；放松导线，调整距操作端次远的观测档弧垂，使其合格或略大于要求弧垂；再收紧，使较近的观测档弧垂符合设计弧垂。依次类推，直至全部观测档调整达到要求为止。

不论用何种方法观测相分裂导线的弧垂，均应使用经纬仪配合，以确保各相子导线的弧垂在相同水平位置。同相子导应同为收紧调整或同为放松调整，不使其张力差过大。同相子导线应用经纬仪统一看平，并利用测站尽量多检查一些非观测档的子导线弧垂情况。

弧垂调整可采用"粗调"与"细调"相结合的方法进行。用机动绞磨收紧导地线，使紧线段内各档弧垂粗调至要求弧垂；将导地线紧线操作端临锚后用手扳葫芦进行细调弧垂，直至达到设计和规范要求为止。

（五）质量标准

（1）紧线弧垂在挂线后应立即在该观测档检查，其允许偏差为：110kV 线路为+5%，−2.5%；220kV 及以上线路为±2.5%。跨越通航河流的大跨越档其弧垂允许偏差不应大于±2.5%，其正偏差值不应超过 1m。

（2）导线或地线各相间的弧垂应力求一致，当满足上条的弧垂允许偏差标准时，各相间弧垂的相对偏差最大值不应超过：一般情况下 110kV 线路为 200mm；220kV 及以上线路为 300mm。跨越通航河流大跨越档的相间弧垂最大允许偏差为 500mm。

（3）相分裂导线同相子导线的弧垂应力求一致，在满足（1）弧垂允许偏差标准时，其相对偏差应符合不安装间隔棒的垂直双分裂导线，同相子导线间的弧垂允许偏差为 0～+100mm 的要求；安装间隔棒的其他形式分裂导线同相子导线的弧垂允许偏差应符合：220kV 线路为 80mm；330～500kV 线路为 50mm。

五、注意事项

（1）雾天、大风、雷雨天等气象条件下，应停止观测弧垂。

（2）有两个及以上观测档时，弧垂观测人员应互通情况，互相核对。

（3）当弧垂调整发生紊乱时，应将导线放松，等待一段时间稳定后，再重新紧线及调整弧垂。

（4）弧垂调整困难，各观测档不能统一时，应检查弧垂表的观测值、弧垂板绑扎距离等是否有误，同时应检查放线滑车是否有卡阻现象等，原因查明后再继续调整。

（5）观测档宜选择档距较大、悬挂点高差较小的线档作为观测档；尽量避免选择邻近转角塔的线档作为观测档。

（6）弧垂观测优先选用平行四边形法，当遇到大档距使用此方法不能观测到弧垂时，使用角度法。

【思考与练习】

（1）弧垂观测档选择的原则是什么？

（2）常用的弧垂观测的方法有哪几种？简述平行四边形法观测弧垂的操作方法。

（3）紧线弧垂的允许偏差是如何规定的？

第二十七章

附 件 安 装

▲ 模块1　直线塔附件安装（新增模块 4-6-1）

【模块描述】本模块包含直线塔附件安装的一般规定、导地线提升、放线滑车拆卸等内容；通过操作过程详细介绍，掌握直线塔附件安装的施工方法及要求。

【模块内容】

一、作业内容

紧线完成后应尽快进行附件安装，以避免导线因在滑车中受震和在档距中相互鞭击而损伤。直线塔附件安装的作业内容为：用倒链及提升器将导线提起，并将导线从放线滑车中移出，再将导线通过悬垂线夹、金具等与悬垂绝缘子相连。

直线塔附件安装的施工工艺流程见图 27-1-1 所示。

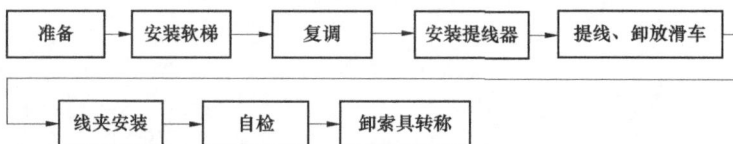

图 27-1-1　施工工艺流程图

二、危险点分析与控制措施

直线塔附件安装危险点与控制措施见表 27-1-1。

表 27-1-1　　　　　直线塔附件安装危险点与控制措施

序号	作业内容	危险点	预防控制措施
1	直线塔附件安装	触电	直线塔附件安装时，必须挂设保安接地线，防止感应电伤害，挂设保安接地线时，先挂接地端后挂导线端。 新建线路和带电运行线路长距离平行时，在新建线路上将产生高达上千伏的感应电压，为了防止感应电伤人，首先必须在附件安装作业区间两端装设保安接地线外，还应在作业点两侧增设接地线。 跨越带电线路时两侧杆塔的绝缘子串，在附件安装前安装好二道防护，以免发生落线

续表

序号	作业内容	危险点	预防控制措施
2	直线塔附件安装	物体打击、其他伤害	导地线的提升点应挂在施工孔处，提升位置无施工孔时，其位置必须经验算确定，并衬垫软物。必要时应对横担采取补强措施。 高处作业所用的工具和材料应放在工具袋内或用绳索绑牢；上下传递物件应用绳索吊送，严禁抛掷
3		高处坠落	上下瓷瓶串，必须使用下线爬梯和速差自控器。 收紧导链使导线离开滑轮适当位置，拆除、松下多轮滑车时，不得用人力直接松放

三、直线塔附件安装前准备

1. 作业前准备

（1）附件安装前，对绝缘子和金具的质量进行全面检查。

（2）对导地线作全面检查，将导地线上的所有遗留问题处理完毕。

1）打磨光导线上未处理的局部轻微磨伤，并特别注意线夹两侧及锚线点。

2）安装补修管。

3）拆除直线压接管保护套。

4）拆除各种导线上的各种标志物、保护物及其他异物。

（3）每一个附件安装工作点，均应在正式作业开始前设置好工作接地。工作接地可使用面积不小于 $16mm^2$ 的个人保安线（铜编线）。

（4）绝缘子串、导地线上各种金具上的螺栓、穿钉及弹簧销子除有固定的穿向外，均应符合规范或设计要求。

（5）紧线后如因特殊原因不能及时进行附件安装，应采取下列临时防震措施：

1）放松架空线锚线张力。

2）在放线滑车处的架空线上临时装上护线条。

3）临时加装防振锤、阻尼线。

（6）附件安装前，对弧垂再次目测检查，如发现弧垂超差，要进行调整。

2. 工器具配置

直线塔附件安装主要工器具配置见表 27-1-2。

表 27-1-2　　　　　　　直线塔附件安装主要工器具配置

序号	机具名称	单位	数量	备注
1	导线提线器	组	6	每副能完成一相提线作业
2	架空地线提线器	组	2	
3	手扳葫芦	个	6	

续表

序号	机具名称	单位	数量	备注
4	提线钢丝绳套	条	6	
5	吊瓶卡具	个	3	
6	换瓶器	个	1	用于更换个别绝缘子
7	扭矩扳手	把	3	规格按金具螺丝确定
8	接地线	条	3	附件工作点的保护接地
9	悬挂式爬梯	副	3	
10	传递绳	m		根据塔高确定
11	绞磨	台	2	
12	磨绳	m		根据塔高确定
13	起吊牵引绳	m		根据塔高确定
14	滑车（10kN）	个	3	传递滑车

四、直线塔附件安装操作步骤

（1）安装软梯。由于合成绝缘子串严禁蹬踏，在线夹安装作业之前，需首先安装好作业软梯。作业软梯的上端，安装固定在铁塔横担主材与辅材节点处。

（2）复调。复调是弧垂调整中粗调、细调、微调、复调的重要组成部分。即在上线作业之前，首先应观测相邻两档的导线弧垂平衡的情况，如超过子导线允许弧垂偏差时，则可用人力适当撺动导线进行调整，复调完成后，尚应在导线上重新划印。若弧垂偏差过大，用撺动导线方法不能达到满意的效果，则应停止附件安装，先进行弧垂调整到位。

（3）安装提线器。直线塔悬垂线夹安装需使用提线器提线。当分裂子导线分为左右两束提线时，如果负荷较小，左右每束可各使用一个提线器，但两个提线器应分别悬挂在导线横担的前后侧，如图 27–1–2 所示。当负荷较大时，则每束需各使用两个提线器提线，这两个提线器应在导线横担前后对称悬挂。提线器的使用数量，应通过导线垂直负荷计算确定。提线安装时提线工器具取动荷系数为 1.2。

子导线提线器均悬挂在子导线最终安装位置上方的导线横担主材上，左右提线器的安装间距应适当，使其在提线操作中互不干扰。

在横担上，当同相导线横向悬挂两个或两个以上放线滑车时，不宜使用同一提线器跨滑车提线，以免卸放滑车时磨伤导线。

吊装导地线的提升器吊钩，应使用承托量较大且两端有较大圆弧的吊钩，吊钩沿线长方向的承托宽度不得小于导线直径的 2.5 倍，接触导线部分应衬胶，防止导线挤压受伤和内部压伤。

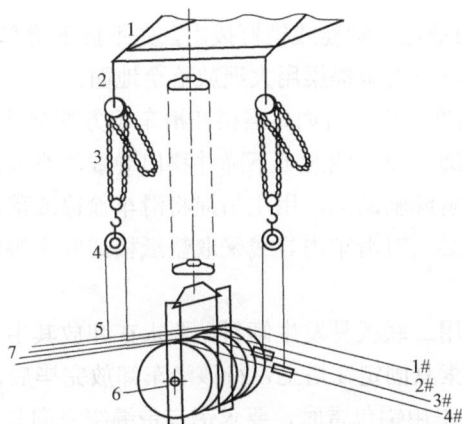

图 27-1-2　提升器提升分裂导线布置示意图

1—横担；2—钢绳套；3—链条葫芦；4—提线器；5—胶管；6—放线滑车；7—导线

（4）提线、卸放滑车。利用提线器将滑车中的导线提起后，使用通用滑车卸放方法卸放滑车。通用滑车卸放方法如下：

1）作业人员通过作业软梯攀登到适当位置，搬动提线器上的手扳葫芦，利用提线钩，钩起滑车中的导线，使其离开滑车轮槽。

2）然后按图 27-1-3 所示的索具布置，用一根主吊绳，将一端绳头连接在滑车框架一侧吊环上，另一端绳头通过挂在横担上适当位置的 10kN 工具滑车引至地面；再用另一根辅助绳连接在对侧框架的吊环上，通过挂在横担适当位置的 30kN 工具滑车，引至地面拉住，两根绳同时向上提起滑车。

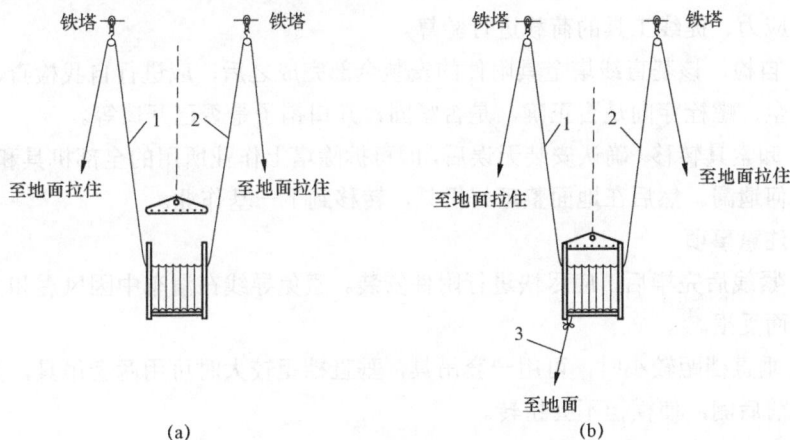

图 27-1-3　卸放滑车示意图

（a）提梁两端连接均可拆开时；（b）提梁只有一端连接能拆开时

1—辅助绳；2—主吊绳；3—控制绳

3）将滑车提梁板两端连接螺栓或销钉拔出，先不拆下滑车提梁板，用主、辅吊绳将滑车放落到地，然后再将滑车提梁用大绳放落至地面。

4）当滑车提梁只能在一端打开时，需要在滑车下方捆绑地面控制绳。打开滑车横梁，操纵主吊绳和辅助绳，使放线滑车下降并移出导线的空间范围，逐步将滑车全部重量转移到主吊绳上，解除辅助绳，用主吊绳将滑车徐徐放落，同时需要利用控制绳进行控制。在卸放时，必须对滑车内导线采取垫纸板或麻布等保护措施，防止滑车提梁意外落下砸伤导线。

考虑到双滑车悬挂用二联板易发生倾斜，要求在卸放其中一个滑车之前，将另一个滑车使用其自身卸放索具固定在塔上，待该滑车卸放完毕后，再卸放另一个。

（5）线夹安装。若采用铝包带时，要求铝包带缠绕方向与导线外层同向缠绕、缠绕紧密、露头不超 10mm。

调整提线器上的高位和低位手扳葫芦，先将子导线移动到适当位置，再把左右绝缘子串和导线联板组装到位，最后将导线装入线夹，拆除提线器。

直线线夹的安装位置，不需作调整时即为画印点，需作调整时应先按移印值移位以确定安装位置。

安装直线线夹时，应以横担上悬挂点附近的施工孔为提线安装承力点。横担上未设施工孔时，提线安装方法和承力点位置应经计算确定，未经验算的位置，不应作为提线安装承力点。

直线转角塔安装线夹时，以棕绳将悬垂绝缘子串拢绑在吊具上，防止其因自重作用离开安装位置。角度较大的直线转角塔，应慎重选择提线安装方案。对吊装时的最大导地线应力、提线工具的荷载进行验算。

（6）自检。该基直线塔金具附件的安装全部完成之后，应进行自我检查，检查零件是否齐全，螺栓穿向是否正确，是否紧固，开口销子是否已开口等。

（7）卸索具转移。确认安装无误后，即可拆除塔上作业所用的全部机具和接地线，不得有任何遗漏。然后在地面整理好机具，转移到下一基作业。

五、注意事项

（1）紧线后完毕后，应尽快进行附件安装。避免导线在滑车中因风震和在档距中相互鞭击而受损。

（2）垂直档距较小时，可用一套吊具，垂直档距较大时可用两套吊具，分别固定在横担的前后侧，使横担不会扭转。

（3）附件安装的质量直接影响线路投运后的安全稳定运行，施工时的质量问题就是投运以后的安全问题，要高度重视施工质量和工艺美观度。

（4）悬垂线夹安装后，绝缘子串应垂直地平面。个别情况其顺线路方向的位移不应超过 5°，且最大偏移值不应超过 200mm，连续上下山坡处杆塔上悬垂线夹的安装距离应符合设计规定。

（5）如悬垂串使用合成绝缘子，要特别注意对其保护，拆开包装后，要放在帆布上面。严禁施工人员作为梯子攀爬合成绝缘子。

（6）相邻塔不准同时在同一相导线上进行附件安装作业。

【思考与练习】

（1）紧线后如因特殊情况不能及时进行附件时，应采取哪些临时措施？

（2）直线塔附件安装对吊装导线的吊钩有什么技术要求？

（3）简述直线塔附件安装的操作步骤。

◢ 模块 2　间隔棒、防振锤安装（新增模块 4-6-2）

【模块描述】 本模块包含导线间隔棒、防振锤安装方法及要求等内容；通过操作技能训练，掌握间隔棒、防振锤安装方法。

【模块内容】

一、间隔棒安装

（一）导线线间间隔棒安装

导线线间间隔棒即子导线间隔棒，安装在每相的子导线上，起固定支撑作用。安装间隔棒作业内容包括：安装距离的测量、吊装间隔棒和安装间隔棒。

1. 安装距离的测量方法

间隔棒安装距离的测量方法有四种，可根据现场具体条件选择。

（1）用测绳直接在导线上丈量。这是最常用的方法，该方法至少应有两人在线上操作，且应选择风力影响不大的环境下工作。第一个间隔棒至线夹（端次档距）及相互间的距离（次档距）设计均已给定。故应按设计给定的数据进行测量画印。

（2）用测绳或经纬仪在地面根据设计规定测出水平距离。钉上标桩或其他明显标记，然后用垂球对准标桩在导线上画印，即得间隔棒位置。此法只适用于平原地带且地面无障碍物时。

（3）用测距集成计程器装于飞车上或直接由高空作业人员在导线上推动测量间隔棒之间的距离。目前，由于计程器的精确度和造价昂贵，以致应用还不广泛。

（4）用经纬仪在线路外侧通过观测角度换算距离以测定间隔棒位置。

2. 间隔棒安装位置的画印

对于水平排列的导线，通常是先在中相线上画印，边线比照中线画印，对于垂直排列的导线（双回路塔），先在中相线上画印，然后上、下相线比照下相线画印。比照画印时，尽可能导线上、地面上均设人员互相对看，以保证三相线的间隔棒同在导线方向的垂直面内。

3. 间隔棒的吊装

在导线上倒挂一只铝轮小滑车，小滑车下方再挂一小滑车。在下面滑车穿过$\phi 16$棕绳，棕绳一端绑扎间隔棒，另一端用人拉住。

在地面用人力拉棕绳时，应站在偏离线下 5m 以外的位置。

如果间隔棒吊装需要越过下方导线时，应采取措施避免与导线相碰。

4. 间隔棒的安装

对准间隔棒画印位置，根据设计规定缠绕铝包带。铝包带缠绕长度应与夹头等长，不许外露。具有胶垫的间隔棒可不缠铝包带。

先在上线安装夹头，按规定穿入夹头螺栓及垫圈，带上螺栓后稍紧。再在下线安装夹头，带上螺帽后稍紧。调整间隔棒方向，使其垂直导线，且三相线（单回线路）或六相线（双回线路）的间隔棒应在同一垂直平面内，夹头螺栓应拧紧，并用扭力扳手测量紧固力矩，其值宜在 $60\sim100\mathrm{N/m}$ 之间。夹头螺栓方向，各个工程按统一规定穿向。如无统一规定时，顺线螺栓可向受电侧穿入，上下螺栓应向下穿入。

间隔棒安装后，应检查压接管（或补修管）与间隔棒的距离宜在 1m 以上，并作好书面记录；应检查压接管外侧有无保护钢套，如有则必须拆除；应检查安装档导线上有无其他杂物，如有应清除干净。

（二）导线相间间隔棒

近年来受到线路走廊的影响，全国建设了大量紧凑型线路，紧凑型线路中为减少线路的相间放电，采取了加装相间间隔棒的方式。导线相间间隔棒安装时应注意结构面与导线呈 90°，螺栓穿向与原有子导线间隔棒相互一致。安装时保证金具螺栓紧固、开口销齐全并开口。导线相间间隔棒组装如图 27-2-1 所示。现场安装如图 27-2-2 所示。

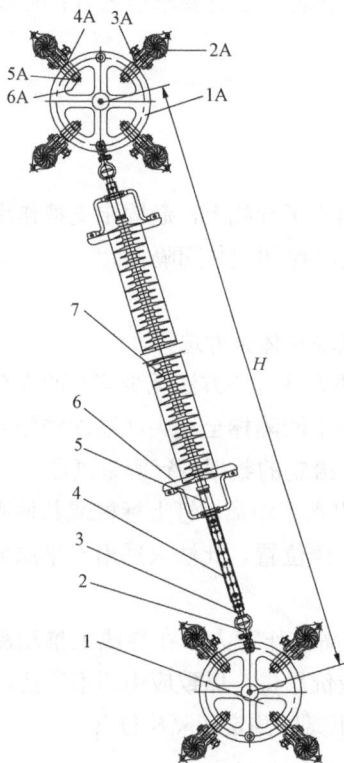

图 27-2-1　导线相间间隔棒组装图

1—四分裂间隔棒；2—大碗头；3—大球头短接头；4—调节管；5—大管接头；6—均压环；7—伞盘串

图 27-2-2　导线相间间隔棒现场安装

（三）导线间隔棒安装注意事项

（1）导线间隔棒安装，在下线作业之前，应确认作业区段两端已经做好保护性接地，在可能出现高压感应电的作业点两侧再加装接地线，如不能确定作业点是否会出现高压感应电时，应用一根垂落式接地线，一端先连接在横担上，使夹头一端垂落在导线上，确认接地线夹头与导线接触良好后方可下线工作。

（2）安装间隔棒采用专用飞车或人工走线方法，飞车支撑轮不得对导线造成磨损，人工走线时应穿软底鞋。

（3）间隔棒安装位置可用测绳高空测量定位、地面测量定位、计程器定位、次档距测距仪等方法测定。在跨越电力线路安装间隔棒时，应使用绝缘测绳或其他间接测量方法测量档距，不得使用普通测绳。

（4）安装间隔棒人员必须绑扎安全带，安全带应绑在导线上。安装工具和材料均应用小绳拴在导线上，防止失手掉落。

（5）间隔棒平面应垂直于导线，导线间隔棒的安装位置应符合设计要求。

（6）飞车或人工走线跨越电力线路时，必须验算对带电体的净空距离，满足规范要求。

（7）分裂导线间隔棒的结构面应与导线垂直，杆塔两侧第一个间隔棒的安装距离偏差不应大于端次档距的±1.5%，其余不应大于次档距的±3%。

二、防振锤安装

防振锤的安装数量、规格及位置应符合设计要求，其与导线及地线接触的夹槽内应按设计规定缠绕铝包带或预绞丝。螺栓穿入方向，边线由内向外穿，中线由左向右穿（面向受电侧），对四分裂导线的线路，要求螺栓从线的外侧向线内侧穿；安装距离允许偏差为±30mm。

预绞式防振锤在线路中的运用日趋广泛，施工时与普通防振锤安装方式一致，预绞丝的缠绕方向要与导线缠绕方向一致。

安装步骤：

（1）以线夹中心为起算点，根据设计要求尺寸沿导线或架空地线向外量测，找出安装位置并画好印记。

（2）在安装位置处缠绕铝包带，其缠绕长度不超过外露夹板两端各10mm。

（3）将防振锤的夹板夹在导线或架空地线的衬垫上，紧固螺栓。

（4）检查与修整。防振锤安装后从顺线路观察应与线的垂直方向重合，即不能上翻；从横线路观察，两端重锤应与线平行，不可下垂或上翘。

三、铝包带安装

安装导线悬垂线夹、防振锤等，一般须先在导线上缠绕铝包带，以保护导线。铝包带安装示意见图27-2-3。

由于不同的导线型号及不同的铝包带缠绕长度，使用的铝包带下料长度均不相同。铝包带下料长度应经计算确定。

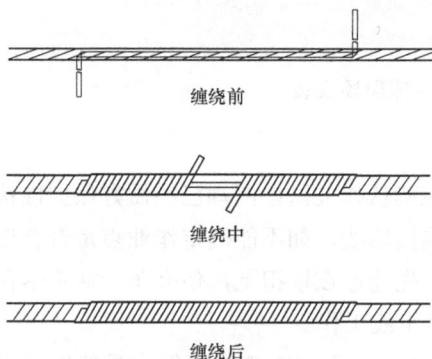

缠绕前

缠绕中

缠绕后

图 27-2-3 铝包带安装图

铝包带净长度的计算公式为

$$L = \pi(d + \delta)\frac{l_b}{b} \qquad (27-2-1)$$

式中 L——铝包带计算的净长度，mm；

d——导线外径，mm；

δ——铝包带厚度，mm；

l_b——线夹等与导线接触长度，包括线夹两端露出10mm长度及铝包缠后折返回线夹的长度，mm；

b——铝包带宽度，mm。

计算后应先试点一个线夹后再进行批量下料，并加长20mm裕度。

四、阻尼线安装

（1）阻尼线安装吊笼的加工。阻尼线安装需两名操作人员进行，因此必须有专门的操作平台，此操作平台可制成吊笼的形式，吊笼上配置两个铝滑轮，使吊笼能在导线上滑动，如图27-2-4所示。吊笼通过钢丝绳进行控制。

（2）阻尼线的准备。阻尼线是采用与导线、地线同规格的材料。为了使安装后的阻尼线比较顺直和垂直导地线，因此导地线的阻尼线不能用紧线后的导地线，一定要用原盘剪下的导地线作为阻尼线。阻尼线的长度，可根据图纸要求的安装尺寸及弧垂值计算每根阻尼线的长度并做好记号。阻尼线的切割宜采用切割机（或手锯）进行。每根阻尼线应根据图纸压接好两端的连接金具，并在地面拉直松劲盘好。

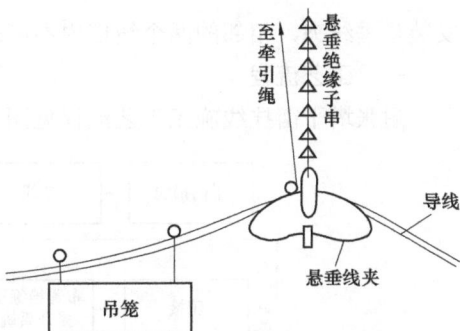

图 27-2-4　阻尼线安装示意

（3）悬挂吊笼。通过塔下的牵引设备将吊笼吊上横担并悬挂在导线上（阻尼线及阻尼线夹等均放在吊笼内）。

（4）阻尼线的安装。安装时按照图纸要求的安装尺寸，先由滚轮线夹挡板处开始向外用钢尺量尺寸，并画好清晰的印记，然后由外向线夹处安装。安装时先在画印处装上预绞丝护线条，再装释放型阻尼线夹，并在阻尼线夹上连接好阻尼线和按图纸位置安装上释放型防振锤，最后将阻尼线接在滚轮线夹挡板处。

（5）阻尼线的安装应与导地线垂直，阻尼线的弧垂及安装尺寸应满足图纸要求。

（6）施工时不得用脚踩释放型阻尼线夹及释放型防振锤，以防误动作引起人身事故。

（7）为加快阻尼线的安装速度，宜用两个吊笼在直线塔的两侧同时进行安装。

（8）耐张塔的阻尼线及防振锤的安装可在挂线前进行。

【思考与练习】

（1）简述导线线间间隔棒的安装方法。

（2）试写出铝包带净长的计算公式。

（3）阻尼安装有哪些要求？

◢ 模块 3　耐张塔平衡挂线（新增模块 4-6-3）

【模块描述】本模块包含耐张塔平挂工艺流程、高空锚线、断线、压接、对接法挂线等内容；通过操作过程详细介绍，掌握耐张塔平衡挂线的施工方法及要求。

【模块内容】

张力架线在耐张塔是直通而不断开的，紧线后必须在耐张塔进行割线、压接耐张线夹、连接绝缘子串及挂线等作业，称为耐张塔平衡挂线。耐张塔相邻的直线塔应不安装悬垂线夹，相邻的两个线档内不应安装间隔棒。

一、工艺流程

耐张塔平衡挂线施工工艺流程见图 27-3-1 所示。

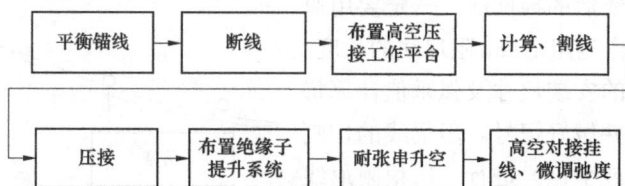

```
平衡锚线 → 断线 → 布置高空压接工作平台 → 计算、割线
    ↓
压接 → 布置绝缘子提升系统 → 耐张串升空 → 高空对接挂线、微调弛度
```

图 27-3-1　耐张塔平衡挂线施工工艺流程图

二、危险点分析与控制措施

（1）防止高空坠落。耐张塔平衡挂线涉及高空作业多，且工序繁杂，易造成高空坠落事故。施工人员应正确佩戴安全绳和使用速差自控器，且速差自控器要求高挂低用。

（2）防止高空临锚器材失效造成跑线伤人。平衡挂线使用的卡头、锚线绳、手扳葫芦等锚线工器具使用前必须进行检查。

（3）防止过牵引造成跑线伤人。在高空对接挂线时，地面指挥人员、绞磨操作员、高空挂线人员应保持密切联系，严禁出现超过设计允许的过牵引现象。

三、耐张塔平衡挂线前准备

耐张塔平衡挂线主要工器具配置见表 27-3-1。

表 27-3-1　　　　　　　　　耐张塔平衡挂线主要工器具配置

序号	机具名称	单位	数量	备注
1	手扳葫芦	个	24	根据导线相数及分裂数
2	换瓶器	个	2	用于更换个别绝缘子
3	空中临锚线	条	24	长度按塔高确定
4	卡线器	个	24	与放、紧线周转使用
5	扭矩扳手	把	6	规格按金具螺栓确定
6	接地线	条	6	附件工作点的保护接地
7	液压机具	套	2	
8	高空压接平台	套	2	
9	绞磨	台	2	
10	磨绳	m		根据塔高确定
11	起吊牵引机	m		根据塔高确定

续表

序号	机具名称	单位	数量	备注
12	特制工具杯	个		根据导线相数及分裂数
13	护线胶皮套	m		根据现场情况确定
14	软梯	副	2	安装跳线
15	滑车（50kN）	个	6	
16	滑车（30kN）	个	6	
17	滑车（10kN）	个	3	传递滑车

四、耐张塔平衡挂线操作步骤

1. 平衡锚线

在导线横担前后用导线卡线器分别将子导线卡住，用手扳葫芦通过 10m 锚线绳（地面压接时使用 40m 锚线绳）将子导线逐一锚在耐张塔横担上，如图 27-3-2 所示。

锚线绳的安装步骤：先将锚线绳的手扳葫芦挂在横担工作孔上，然后高空人员利用简易飞车或走线方式出线，在子导线安装卡线器位置挂起重滑车，地面人员用棕绳通过起重滑车尽量拉紧锚线绳，高空人员再将卡线器安装在导线上。然后通过手扳葫芦收紧锚线绳，将导线张力转移到锚线绳上，锚好导线。

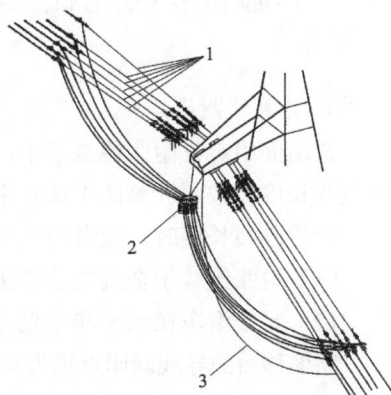

图 27-3-2　平衡锚线示意图
1—锚线绳；2—放线滑车；3—一二道防线

2. 断线

在放线滑车处割断导线，以便在横担前后侧对两个端头进行压接、挂线。

操作方法：导线平衡锚线完成后，用大绳把放线滑车吊在横担上，以防断线时放线滑车晃动，然后在导线断线点两侧加装收紧工具，确保导线不带张力断线。在放线滑车处切断导线，断线后用大绳通过挂在导线横担上的传递滑车把导线端头放落至地面。

落线前，应注意在距卡线器出口 1.5m 处用小段棕绳将导线吊在锚线绳上，以防止导线在卡线器出口处折伤。

3. 布置高空压接工作平台

在锚线绳的卡线器附近悬挂起重滑车，用棕绳通过该起重滑车将高空压接工作平台吊起，悬挂在卡线器附近，如图 27-3-3 所示。采用长锚线绳在地面压接时则无需布置高空工作平台。

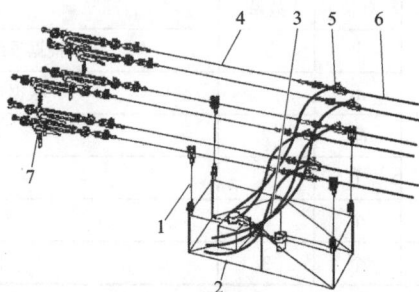

图 27-3-3 高空压接平台安装示意图

1—短绳套；2—高空压接平台；3—压接机；4—锚线绳；5—卡线器；6—导线；7—手扳葫芦

4. 计算、割线

在地面组装好耐张绝缘子串，张拉，带张力测量出耐张绝缘子串长度，然后计算出割线长度，按照计算结果在高空压接工作平台上完成割线工作。

计算割线长度时，应考虑以下四种因素：

（1）耐张绝缘子金具组装串实测长度。

（2）紧线滑车在水平和垂直方向偏离挂点而引起的线长差。

将偏移后的导线画印点视为操作导线的临时挂线点，根据操作档的已知数据与测得的水平位移和垂直位移值，可计算出操作导线由画印点到邻塔悬挂点间的线长，称为操作线长。导线挂线后，其挂线操作档两端导线悬挂点间的线长称为理论计算线长。操作线长与理论计算线长的差值即为紧线滑车在水平和垂直方向偏离挂点而引起的线长差。

（3）同连于一块竖直向二联板上的上线和下线，由二联板倾斜引起的线长差。

同连于一块竖向二联板上的上线和下线，由于竖直向二联板上下两挂孔连线不处于铅垂方向，而是弧垂曲线的法线方向，所以上下线间存在线长差，需在割线尺寸中加以调整，该线长差可通过计算求得。

（4）后联耐张组装串引起的线长差。操作塔挂线时，在操作塔端导线端部加联耐张组装串，相当于操作塔端导线用均布自重荷载很大的耐张组装串去代替同长度的一段导线，因而使挂线后操作档内导线的水平张力增大。所以，需在操作塔挂线前调整其导线长度，以进行补偿，使挂线后的导线水平张力符合设计要求。后联耐张组装串引起的线长差可通过计算求得。

5. 压接

在高空压接工作平台或地面上完成导线耐张线夹压接工作，压接操作方法详见"导地线连接"模块。

6. 布置绝缘子提升系统

绝缘子提升系统的组成为起重滑车、磨绳、机动绞磨。磨绳的一端用特制工具环与耐张组装串头部的牵引板连接，另一端穿过挂在导线横担前后侧的起重滑车，进入布置在滑车后面的机动绞磨，如图 27-3-4 所示。转向地锚与塔上滑车连线的仰角不大于 45°。

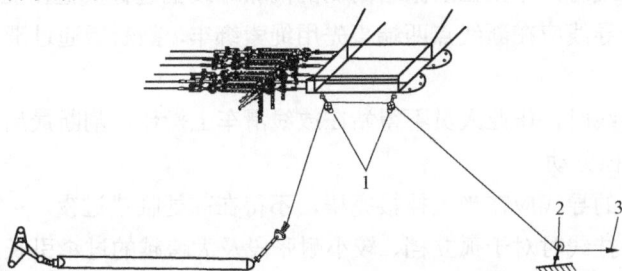

图 27-3-4　布置绝缘子串提升系统示意图

1—起重滑车；2—转向滑车；3—至绞磨

7. 耐张串升空

利用起吊系统将组装好的绝缘子串升空，把耐张绝缘子组装串与铁塔联结金具挂在铁塔横担挂线孔上。此时耐张绝缘子组装串呈自然下垂状态。

8. 高空对接挂线、微调弛度

（1）挂线：利用两套滑车组，定滑车分别与绝缘子串的两块调整板相连，动滑车与卡在导线距耐张线夹 1.5m 的卡线器相连，牵引磨绳分别通过横担上的导向滑车引入绞磨。同时启动绞磨即可完成耐张管与绝缘子串的空中对接，完成挂线。用空中对接法挂线示意见图 27-3-5。

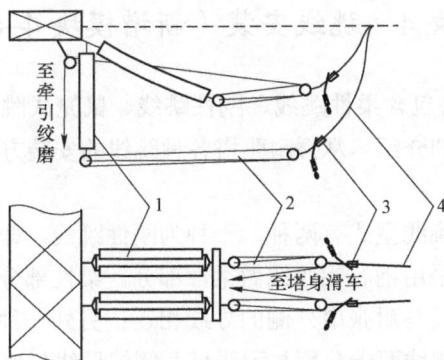

图 27-3-5　用空中对接法挂线示意图

1—绝缘子串；2—滑轮组；3—卡线器；4—导线

（2）微调弧度：导线挂线完成后观测导线弧度，若实测弧垂不符合要求，可在耐张组装串导线联板的工作孔和子导线之间连上手扳葫芦、短锚线绳和卡线器，通过调整绝缘子串上的联板调整孔和挂线金具进行弧垂微调。

五、注意事项

（1）平衡挂线时，严禁在耐张塔两侧的同相导线上进行其他作业。

（2）待割的导线应在断线点两端事先用绳索绑牢，割断后通过滑车将导线松落至地面。

（3）高处断线时，作业人员不得站在放线滑车上操作，割断最后一根导线时，应注意防止滑车失稳晃动。

（4）割断后的导线应在当天挂接完毕，不得在高处临锚过夜。

（5）耐张塔挂线时对于孤立档、较小耐张段及大跨越的过牵引长度应符合设计要求；设计未明确要求时，应符合下列规定：

1）耐张段长度大于 300m 时过牵引长度不宜超过 200mm。

2）耐张段长度为 200～300m 时，过牵引长度不宜超过耐张段长度的 0.5‰。

3）耐张段长度为 200m 以内时，过牵引长度应根据导线的安全系数不小于 2 的规定进行控制，变电所进出口的构架档除外。

4）大跨越档的过牵引值由设计验算确定。

【思考与练习】

（1）简述耐张塔平衡挂线的操作步骤。

（2）耐张塔平衡挂线计算割线长度要考虑哪些因素？

（3）耐张塔平衡挂线进应注意哪些事项？

▲ 模块 4　跳线安装（新增模块 4-6-4）

【**模块描述**】本模块包含柔性跳线、刚性跳线、鼠笼式跳线的特点及安装方法等内容；通过操作过程详细介绍，掌握耐张塔各种跳线的安装方法及要求。

【**模块内容**】

送电线路中常见的跳线型式有两种，一种为刚性跳线，即跳线中间采用长铝管作为跳线刚性部分，两端采用钢芯铝绞线做柔性部分，柔性部分一端通过线夹与刚性部分连接，另一端耐张金具与耐张串外侧的导线相连；另外一种为柔性跳线，即使用钢芯铝绞线作为跳线，其跳线两端分别与耐张塔两侧的导线相连。

一、危险点分析与控制措施

跳线安装危险点与控制措施见表 27-4-1。

表 27–4–1   跳线安装危险点分析与控制措施

序号	作业内容	危险点	预防控制措施
1	跳线安装	机具伤害	作业人员必须对专用工具和安全用具进行外观检查，确认合格后方可使用
2		电击	跳线安装时，必须挂设保安接地线将绝缘子串短接，防止感应电伤害，挂设保安接地线时，先挂接地端后挂导线端
3		高处坠落	上下瓷瓶串，必须使用下线爬梯和速差自控器

二、跳线安装操作步骤与质量标准

（一）刚性跳线安装

耐张塔刚性跳线的特点为跨越距离大，刚柔结合，柔性引流部分线束局部集中，安装工艺难度大。

以下以 1000kV 输电线路采用的 TG1、TG2、TG3 型三种刚性跳线型式为例，介绍刚性跳线的安装过程。TG1、TG2、TG3 型三种刚性跳线如图 27–4–1～图 27–4–3 所示。

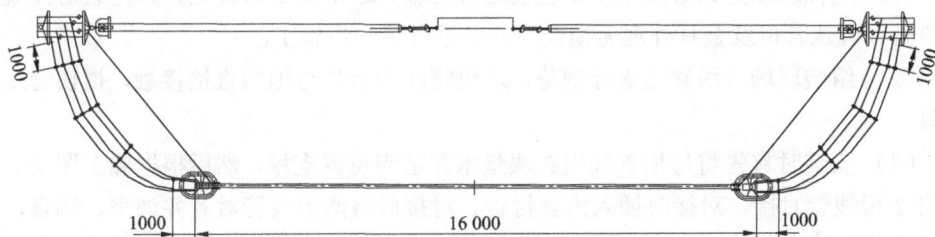

图 27–4–1   TG1 型刚性跳线

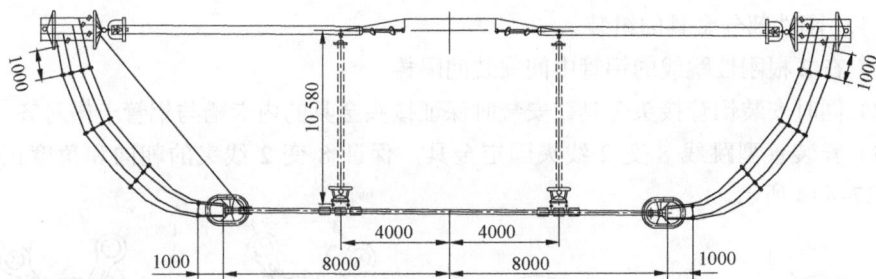

图 27–4–2   TG2 型刚性跳线

刚性跳线施工分两步进行，先安装刚性部分，后安装柔性部分。首先在地面组装刚性跳线部分，把两根管线垫平后进行对接，并按照设计尺寸安装好间隔棒和配重片，组装完成后，用 2 台绞磨同时进行起吊，把刚性跳线部分安装就位。对于不带跳线绝缘子串的 TG1 型跳线，在固定爬梯前要用经纬仪对管线进行操平，保证安装完成后管

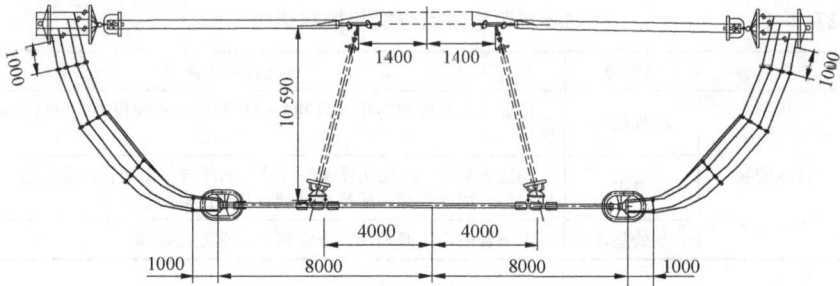

图 27-4-3 TG3 型刚性跳线

线平直。刚性跳线部分安装完成后，柔性跳线部分采用量比模拟法，先计算出柔性跳线压接长度，地面压接柔性跳线引流联板（即引流管），高空安装成型，最后安装柔性跳线部分的跳线间隔棒。

1. 刚性部分地面组装

（1）刚性跳线金具必须采用带包装进行运输，运抵现场后首先打开包装对外观进行检查，确认管母及金具外观无损伤后方可进行下一步施工。

（2）组装现场应用软物进行铺垫，避免管线和金具与地面直接接触，损伤管线和金具。

（3）安装时首先将每根管线用 2 块垫木在适当位置支撑，然后根据施工图安装尺寸将 2 根线管对接，对接时插入内置衬管。对接后将两组线管对齐并调平、调直，保证母线管对接头卡箍在同一圆周内，接头间隙不大于 3mm。在管型跳线的接头金具上和接头内衬管表面均匀地涂刷导电脂，保证接头处连接良好。

（4）刚性部分金具的组装。

1）在 2 根刚性跳线的铝管中间安装间隔棒。

2）同时安装铝管接头金具，安装时保证接头金具的内卡槽与铝管卡槽对齐。

3）安装管型跳线 8 变 2 线夹固定金具，保证 8 变 2 线夹的朝向和角度正确，如图 27-4-4 所示。

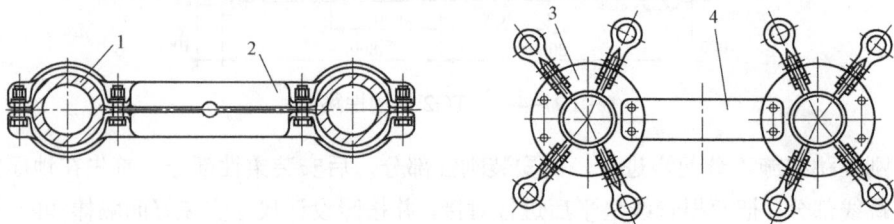

图 27-4-4 刚性管型跳线断面示意图

1—管型跳线；2—跳线间隔棒；3—8 变 2 线夹；4—定位联板

4）安装管母线悬吊间隔棒。

5）在悬吊间隔棒两面均安装铝管配重片，其中每组最外两片为圆弧形。

6）将间隔棒分别固定在配重片外侧，与重锤螺栓连接，防止配重片下垂。

7）安装其余间隔棒，在空档处均匀安装。

8）安装内置配重片及内置封端盖，内置配重片每组 10 片，用螺栓与内置封端盖固定，内置封端盖与铝管固定。

9）利用 2 台机动绞磨将组装好的管线吊离地面约 1m 高度，对管线进行预拱处理。根据各型跳线的受力情况，需将 TG1 型跳线在节点处向上预拱，TG2 型跳线在节点处向下预拱，预拱值在 100～200mm。将管线节点间连接金具螺栓松开，按照预拱方向和预拱值将管线调好，重新将管线连接金具螺栓紧固，TG1 型管线金具安装如图 27-4-5 所示。

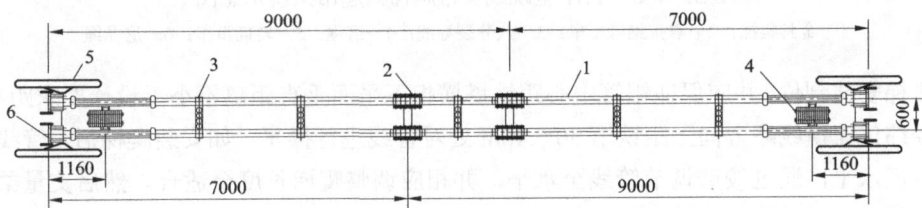

图 27-4-5　TG1 型管线金具安装示意图

1—管线；2—接头间隔棒；3—间隔棒；4—配重片；5—屏蔽环；6—8 变 2 线夹

10）预拱完成后，应再次对管母线进行检查，然后安装屏蔽环。调整屏蔽环支架，使屏蔽环环体要与管母线平行，并与地面垂直。

（5）现场测量和柔性跳线长度的确定。刚性跳线安装完成后，开始进行柔性跳线的施工，首先在管型母线 8 变 2 线夹到耐张线夹引流板之间用一根小绳模拟导线，对柔性跳线进行比量，弧垂符合设计弧垂后，直接量取小绳的长度，即柔性跳线比量长度。

根据柔性跳线比量长度，并考虑插入引流联板（即引流管）的深度及上下子导线间调整值，确定柔性跳线下料长度（即压接长度）进行断线，压接耐张线夹引流管和 8 变 2 线夹。

2. 刚性部分吊装

（1）TG1 型刚性跳线的吊装。对于 TG1 型边相跳线施工，跳线爬梯在地面按照图纸长度组装完毕后，与铝管连接。TG1 型跳线（带爬梯）起吊系统示意图见图 27-4-6。

在导线金具两端爬梯挂点处各悬挂 1 个 30kN 滑车作为磨绳的起吊转向滑车，把磨绳通过转向滑车转到塔身下。使用 2 台 30kN 机动绞磨分别牵引两端爬梯联板位置，跳线爬梯用绳索固定于牵引磨绳上，并保证磨绳不会对爬梯造成磨损，牵引到位后，

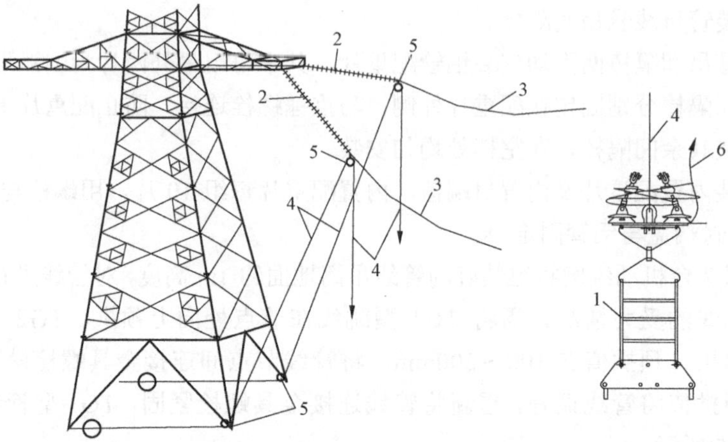

图 27-4-6 TG1 型跳线（带爬梯）起吊系统示意图

1—金具爬梯；2—耐张绝缘子串；3—八分裂导线；4—磨绳；5—转向滑车；6—尼龙绳

将爬梯安装到位，并应保证铝管中心距铁塔横担下平面垂直距离不小于设计要求距离，用经纬仪在横线路方向上距铁塔 30～40m 处对管线进行操平，如安装爬梯后，管线不能保证水平，通过绞磨调节管线至水平，并相应调整爬梯长度至适合。然后丈量柔性跳线长度进行柔性跳线部分安装。

（2）TG2、TG3 型刚性跳线的吊装。对于 TG2、TG3 型跳线，按照设计图纸的要求，地面将跳线绝缘子及铝管连接完毕，同时带上相应金具。

对于中相跳线在地线横担跳线支架挂点（对于角外侧跳线在跳线绝缘子串横担挂点）工作孔连接 50kN 卸扣、30kN 滑车作为磨绳的起吊转向滑车，把磨绳转向到塔身下。使用 2 台 30kN 机动绞磨分别牵引跳线悬垂绝缘子下端金具联板，跳线绝缘子串上端用绳索固定，通过滑车提升至挂点位置，并防止起吊磨绳与绝缘子串摩擦损伤，将跳线绝缘子及管线吊装到位，如图 27-4-7 所示。

为防止中相跳线起吊过程中管线与下横担碰撞，可在铝管两端各绑扎一根控制大绳进行控制，以使管线不碰到铁塔下横担。吊装到位后用经纬仪在横线路检查管线是否平直。

（3）柔性部分吊装。软导线两端在地面压接完成后，放置在安装位置下方的地面上，地面要用苫布进行铺垫，防止软导线损伤。

在各耐张线夹上悬挂 10kN 提升滑车，分别用 ϕ15mm 尼龙绳经 30kN 滑车后连接导线卡线器，卡在各软导线设计安装部位稍下位置起吊。如图 27-4-8 所示。

在跳线安装整个过程中，使用软梯作为施工人员承力工具，软梯下端用控制绳调节与跳线绝缘子串及引流线的距离。

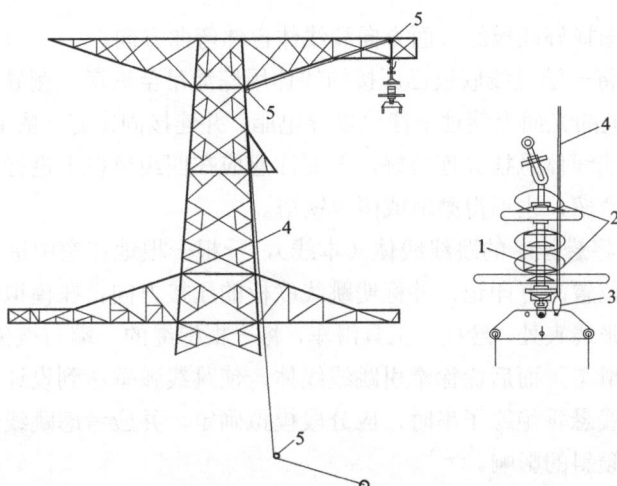

图 27-4-7　TG2 型跳线（带跳线绝缘子串）起吊系统示意图

1—跳线绝缘子串；2—尼龙绳套；3—卸扣；4—磨绳；5—转向滑车

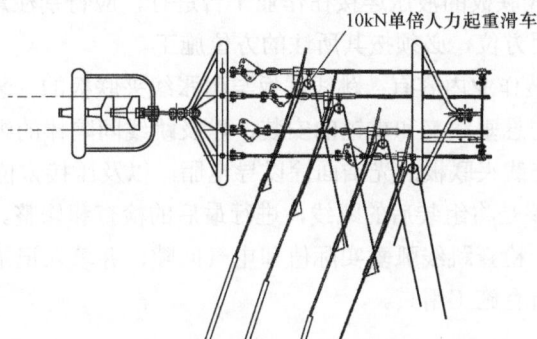

图 27-4-8　刚性跳线软导线起吊示意图

引流线全部安装完成后，安装间隔棒。先安装两头，再安装中间的两个。严禁人员直接攀爬在引流线上安装间隔棒。

（4）调整。根据柔性跳线对均压屏蔽环、耐张金具的距离，安装调距线夹，完成柔性跳线的安装。检查跳线弧垂和对塔的安全间隙，如果不能满足，可以进行相应的调整。同时还要保证跳线美观、松弛、顺畅。

（二）柔性跳线安装

（1）下料。在选择好跳线线体材料之后，即可统一下料，下料宜在安装塔号的地面进行，下料长度可按设计计算结构中心线长，适当增加 1～1.5m（根据实际安装经验，线长增加一定长度）。下料完成之后，即可将一端进行跳线联板（即引流管）压接，压接跳线联板时要选择好联板结合面方向和线体自然弯曲方向。

（2）悬挂。将一端跳线联板已压接的线体用棕绳吊全铁塔一侧导线耐张线夹的联板处，将两个联板的光面上清理干净涂以导电脂，并连接固定好。依上述方法和要求，先后将一相子导线线体悬挂并连接好，但要注意应在四级风以下进行，保证悬挂着的线体不得鞭击或摩擦，也不得磨地或碰撞铁塔。

（3）模拟。将悬挂着的跳线线体（本线），一根一根地在空中进行模拟，确定该跳线线体的割线位置画好印记，并标明跳线联板的压接方向。在模拟时操作人员要到该塔另一侧的耐张线夹处，悬挂一工具滑车，将一根棕绳的一端与被模拟的线体连接，另一端穿过工具滑车，而后徐徐牵引跳线线体，使跳线弧垂达到设计规定值，画印。如果需要通过跳线悬垂绝缘子串时，应分段模拟确定，并应考虑跳线悬垂绝缘子串在运行状态时自然倾斜的影响。

（4）割线。将画好印记的线体线端，通过棕绳移至作业平台的适当位置，按印并考虑插入跳线联板的部分后割线。

（5）压接。跳线联板的液压连接在作业平台进行，应特别注意跳线联板的方向，如跳线线体画印注明方位，必须按其所注的方位施工。

（6）组装。组装作业内容有：跳线联板与耐张线夹联板的安装连接固定，跳线悬垂绝缘子串联板上的悬垂线夹和重锤的安装，以及跳线间隔棒的组装。在组装中应注意跳线联板光洁面与线夹联板的光洁面涂以导电脂，以及压接方位。

（7）调整。调整是将组装后的跳线，进行最后的检查和修整。使其外型工艺整齐美观，再按规定逐一检查跳线弧垂实际值和电气间隙，并填入记录。拆除原保留的半永久接地线以外的所有施工用具。

（三）质量标准

（1）对到货的跳线金具应进行复查，金具镀锌完好，表面光洁，不得有裂纹、生锈或砂眼。金具上所使用的开口销、弹簧销应符合相应的标准，销子的直径与孔径相配合，弹力适度。金具应进行试组装，检查螺栓、螺杆和螺母等各部分连接是否匹配。

（2）软导线应选用未受力变形、表面光洁的原轴导线，不能有磨损和毛刺。

（3）跳线安装时，刚性跳线的组装型式、各种螺栓穿向、绝缘子碗口朝向、调整板朝向等工艺必须统一。

（4）软导线不宜穿过均压屏蔽环。屏蔽环在安装时可能与导线相碰，应采用调距线夹支撑。

（5）重锤在安装前检查防腐漆是否有脱落现象，有防腐漆脱落的要做补修处理。

（6）跳线与杆塔构件间的最小距离必须大于设计值。

（7）引流板螺栓安装前，应将引流板与耐张线夹光面用汽油清洗，再用细钢丝刷清除表面的氧化膜，并均匀涂上一层电力脂。

（8）施工重要部位时要有专人操作，质检人员要现场进行监督并做好记录。

（9）机动绞磨、液压设备等均须由经过专业培训并取得合格证的员工进行操作。

（10）施工后要准确填写施工记录。

三、注意事项

（1）为使柔性跳线安装后，尽可能呈自然均匀整齐下垂的悬链线状态，跳线线体材料应选用未受过外力作用的导线。

（2）跳线线体材料的运输。跳线线体材料运输前，应使放线后剩余在线轴盘内的导线，保持其在线轴盘上缠绕的自然状态，并用麻布妥善包裹之后，再进行运输，在运输过程中不得发生变形和磨损。

（3）跳线引流管的压接。一端可在地面压接好，另一端在线上作业平台进行。跳线联板液压施工中要特别注意线体的自然弯曲方向及联板结合面方向。

（4）跳线安装弧垂，应符合设计要求。跳线安装后，测量最小对塔距离，如不符合设计要求，必须查明原因，进行改装或重装。任何气象条件下，跳线均不得与金具相磨碰。

【思考与练习】

（1）简述刚性跳线的安装方法。

（2）简述跳线安装的质量标准。

（3）跳线安装应注意哪些事项？

第二十八章

光　缆　架　设

▲ 模块 1　光缆架设（新增模块 4-7-1）

【**模块描述**】本模块包含光缆特性、架设基本规定、展放、紧挂线、附件安装、熔接等内容；通过工艺介绍，掌握光缆架设施工方法及要求。

【**模块内容**】

光缆通信与电缆或微波等通信方式相比，具有传输频带宽、通信容量大、传输距离远、抗电磁干扰强等特点。因此，在送电线路架设施工中同时敷设电力通信光缆已是不可缺少的重要工程。电力通信光缆可以分为复合光缆架空地线 OPGW、全介质自承式光缆 ADSS、缠绕光纤电缆 GWWOP 三种。ADSS 光缆是架设在已建线路上，只作通信用而没有避雷线的功能。GWWOP 缠绕光纤电缆是将光缆缠绕在原有避雷线上，可在已建的架空避雷线上使用。由于 OPGW 光缆具有普通避雷线和通信光缆的双重功能，实现防雷、通信的双重效果，并且承受拉力大，对风、水、雷击等气候有较好的耐受能力，架设施工也较方便，所以目前新建的架空高压输电线路上多架设复合光缆架空地线 OPGW。本模块主要以 OPGW 为例介绍光缆的架设。

一、工艺流程

OPGW 光缆架设施工工艺流程如图 28-1-1 所示。

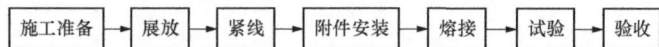

施工准备 → 展放 → 紧线 → 附件安装 → 熔接 → 试验 → 验收

图 28-1-1　OPGW 光缆架设施工工艺流程图

二、危险点分析与控制措施

（1）对于光缆装卸均应采用起重机械，轻吊轻放，对露出缆盘的光缆在吊装时垫设方木，防止钢丝绳压伤光缆，运输时将光缆加以固定，坚决杜绝侧面放置。

（2）光缆必须经单盘测试合格后方准使用。

（3）光缆在展放时，应当天由材料站运到现场，当天展放，当天将线紧好，严禁在现场存放缆盘。

（4）光缆紧线完毕应立即安装防振锤，光缆在滑轮上停留时间最多不得超过 48 小时。

（5）光缆严禁挤压、弯折、磨损，在施工过程中必要的弯曲必须严格遵循供货厂家提供的最小弯曲半径要求。一般安装时光缆的最小弯曲半径为 500mm，并不得与架好的导线、避雷线交叉摩擦。

（6）在放线过程中，所使用的网套连接器必须与光缆固定牢固，不得跑线与滑移。

（7）光缆展放必须经过小张力机进行张力放线，不能直接从缆盘上牵引。光缆端头禁止落地及遇水受潮。

（8）架线人员在展放过程中，必须派专人看护防扭鞭，并随时报告通过滑车情况。沿线跨越的监护人员应随时注意光缆展放牵引情况，发现问题及时报告处理。

三、OPGW 光缆架设前准备

（一）施工技术准备

OPGW 架设施工前，应对现场情况进行调查，结合线路本体张力架线情况，进行 OPGW 架设施工技术设计，并编制 OPGW 架设施工作业指导文件，内容应包括（但不局限于）：交叉跨越处理方案；OPGW 线轴编号与线（缆）长度及施工段对照；放线滑车的悬挂方式；张、牵场设置及张力架设具体实施方案；OPGW 附件安装要求；确保施工质量和确保施工安全的具体措施等。

（二）施工人员准备

除应遵照线路本体张力架线施工对人员的要求之外，还应特别作好如下准备：

（1）进行专门的 OPGW 架设施工和确保施工质量及施工安全的技术交底，有关人员必须掌握其施工技术与工艺方法；

（2）熔接人员和测试人员，应进行专门的技术培训和实际操作训练，并经考试合格。

（三）工程器材准备

OPGW 一般根据现场实际杆塔布置定长订货制造，因此，在放线前必须对下列项目进行检查：

（1）OPGW 的品种、型号、规格与设计是否相符。

（2）OPGW 的盘号与订货单是否相符。

（3）OPGW 传输衰耗值检测合格。

（4）OPGW 端头的防潮封口胶有无松脱现象。

（5）OPGW 金具：OPGW 金具除部分采用普通连接金具，如直角挂板、U 型环等外，其他一般多为专用配套金具，如有预绞丝耐张线夹、悬垂线夹、防振锤、并沟线夹及接线盒等。在验收检查时应注意，由于 OPGW 供货厂家不同，其提供的配套金具也有所不同。

几种典型金具结构及连接方式如下：

（1）耐张线夹。

它是一种铝合金预绞丝缠绕式的耐张线夹，绞线内侧有一层金刚砂，当绞线缠在 OPGW 外层时可保证其握着力。该线夹组装示意如图 28-1-2 所示。它包括 3 个组成部分：

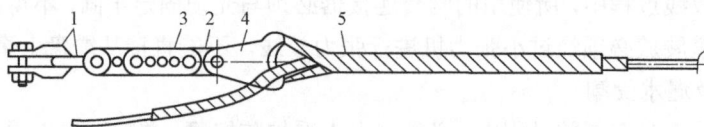

图 28-1-2　耐张线夹连接图
1—U 型环；2—单联板；3—调节板；4—拉环；5—耐张线夹

1）外层铝合金预绞丝。由铝合金绞丝构成，内侧贴金刚砂。

2）内层铝合金预绞丝即护线条。由铝合金绞丝构成，内外侧均贴金刚砂。

3）外层铝合金预绞丝的挂线端套入特制拉环。拉环由铸钢制造，将铝绞丝耐张线夹与耐张挂线金具相连接。

这种线夹在施工时不用任何特殊工具，重量轻、省料、握着力大。安装时先装护线条，再装线夹。护线条能保证 OPGW 受到均匀的机械压力，使铝管等单元不会发生明显变形。

（2）预绞丝悬垂线夹。

它的结构和组装方式如图 28-1-3 所示。预绞丝悬垂线夹由 4 部分组成：

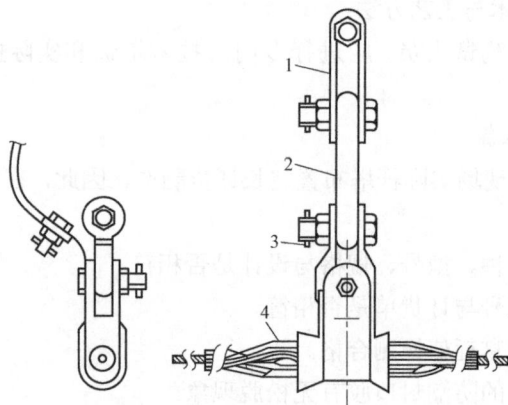

图 28-1-3　直线悬垂金具组装图
1—直角挂板；2—延长环；3—U 型环；4—悬垂线夹

1）船体形的钢夹。装于线夹最外侧，与悬挂金具相连接。

2）外层预绞丝护线条。由多根护线条组成，它能增加线夹刚度和保护 OPGW 不会损伤。

3）圆筒形衬垫。由两个半圆形的胶套组合而成，置于内外层护线条之间。它能有效地减轻局部弯曲对铝管及光纤的影响，以及由于微风振动、舞动带来的损害。

4）内层预绞丝护线条。由多根护线条组成，紧贴 OPGW 缠绕。

（3）防振锤。

防振锤为多频音叉式，其锤头较短，采用镀锌防护，对夹板的紧固要求严格，需用扭力扳手检验安装效果。防振锤安装如图 28-1-4 所示。

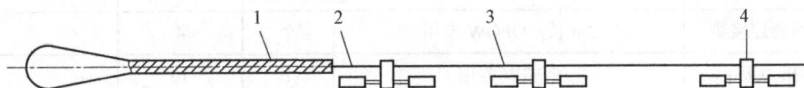

图 28-1-4　防振锤安装示意图

1—耐张线夹；2—线夹护线条；3—OPGW；4—防振锤

（4）并沟线夹、固定线夹及接地专用线并沟线夹、固定线夹及接地专用线的安装如图 28-1-5 所示。

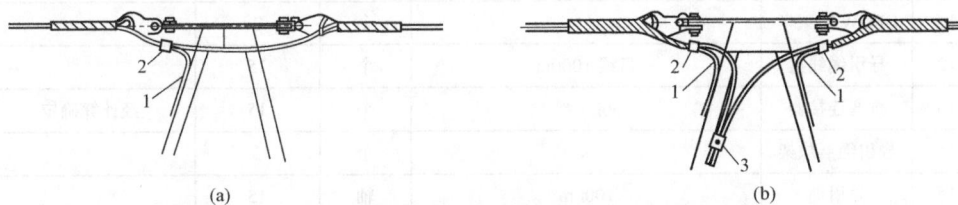

(a)　　　　　　　　　　(b)

图 28-1-5　并沟线夹、固定线夹及接地专用线安装示意图

（a）OPGW 耐张不断开；（b）OPGW 耐张断开

1—接地专用线；2—并沟线夹；3—固定线夹

（5）接线盒。

接线盒外形如图 28-1-6 所示，接线盒置于一个圆筒形罩内，不仅重量轻，易于接续操作，而且不易腐蚀，可以防止雨水进入接线盒内。接线盒分为接续盒和终端盒两种。接续盒装在线路中 OPGW 断开的杆塔上。终端盒一般装在变电站进出线门型架上，它用来将 OPGW 与普通光缆连接后置于盒内。

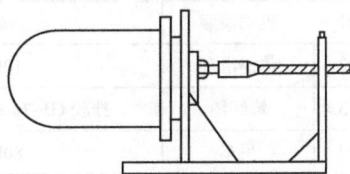

图 28-1-6　接线盒的外形图

（四）施工机具准备

OPGW 光缆架设主要工器具配置见表 28-1-1。

表 28-1-1　　　　　　　OPGW 光缆架设主要工器具配置

序号	名称	规格	单位	数量	备注
1	紧线器	OPGW 专用	个	10	
2	放线滑轮	槽底直径不应小于 OPGW 直径的 40 倍，且不得小于 500mm	个	70	
3	防扭鞭	OPGW 专用	条	6	或自制
4	旋转连接器	OPGW 专用（30kN）	个	4	
5	网套连接器	2m 长，OPGW 专用	个	4	
6	扭力扳手	OPGW 专用	个	10	
7	熔接设备	OPGW 专用	套	1	
8	测试设备	OPGW 专用	套	1	
9	牵引机	≥30kN 级	台	1	经计算确定
10	张力机	轮径不应小于光缆直径的 70 倍，且不得小于 1m	台	1	
11	OPGW 轴架车		个	2	
12	导引绳线盘	盘线 1000m	个	15	
13	抗弯连接器	30kN 级	个	15	经计算确定
14	导引绳展放架		个	3	
15	导引绳	1000m	轴	15	
16	卡线器	30kN 级	个	4	经计算确定
17	接地滑车	铝三轮	个	2	
18	接地线	100A，铜线	套	2	
19	倒链	30kN 级	个	10	经计算确定
20	手扳葫芦	30kN 级	个	20	经计算确定
21	机动绞磨	30kN 级	台	2	经计算确定
22	传递滑车	10kN 级	个	10	
23	锚线绳	挂胶 GJ-70 钢绞线，长 20m	条	4	挂胶 10m
24	吊车	80kN 级	台	1	
25	对讲机		台	16	
26	地锚	30kN 级	个	10	经计算确定

四、OPGW 光缆架设操作步骤

（一）OPGW 展放

1. 展放 OPGW 基本规定

（1）OPGW 展放前必须对其光纤传输衰减值经过测试；对其线盘及相应的金具和展放的机具及施工通信与安全设施进行全面检查；对架设 OPGW 的铁塔必须达到检查验收合格；并应做好全部施工准备。

（2）在恶劣条件下，如暴雨、雷雨、浓雾沙尘及六级风天气不得进行测试、熔接和架设。

（3）展放及安装过程中，必须严格组织管理，严守技术纪律，保证通信畅通；避免 OPGW 过张力牵引、扭曲、折弯、挤压和遭受冲击，保证光纤及铝管不受损伤。

（4）除跨越处应派人监护外，展放 OPGW 区段的每基铁塔处均应派人监护 OPGW 通过放线滑车情况。OPGW 通过放线滑车时，其包络角不得大于 60°。

（5）两轴 OPGW 连放。如图 28-1-7 所示，A、D、G 三塔是相邻的接头塔，中间的 D 塔旁边没有设场条件，可在 A 塔外面作为张力场，G 塔外面作牵引场，将应该布置在 AD 一段的 OPGW 和 DG 一段的 OPGW，在张力场连接成一根由 A 展放至 G。两根之间使用防扭器连接，此防扭器前面和后面的连接件均使用抗弯连接器。这种展放方式应征得督导和监理的同意。

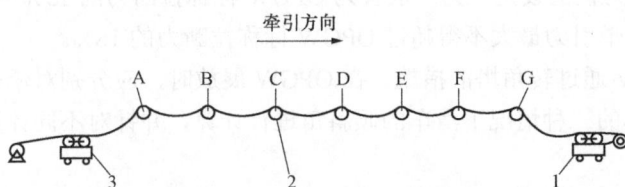

图 28-1-7 两轴 OPGW 连放示意图

1—牵引机；2—塔上放线滑车；3—张力机；A～G—杆塔

2. 展放 OPGW 操作步骤

（1）首先将 OPGW 置于线盘轴架车上，OPGW 从线盘上方引向张力机，进入张力轮时，应上进上出，右进左出（即一般缠绕方向与 OPGW 外层线股捻回方向一致），并应绕满张力轮槽（张力轮槽数至少应有六道）。

（2）OPGW 由张力机引出后，穿入网套底部，用 12 号镀锌铁线绑扎三道，每道 80mm，间距 20mm，距网套末端 50mm。绑扎后用胶布缠绕铁线，然后网套与防扭器相连，防扭器通过旋转连接器与导引绳相连，如图 28-1-8 所示。

展放方向 →

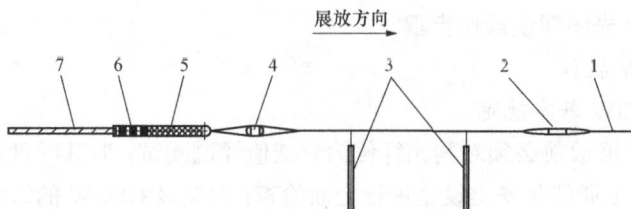

图 28-1-8 防扭器连接示意图

1—牵引绳；2—旋转连接器；3—防扭器；4—抗弯连接器；5—网套联结；6—网套绑扎线；7—OPGW

（3）防扭器一般由 OPGW 供应厂家提供，也可按该厂家要求由机具制造厂自行加工。

（4）所有连接及准备妥当之后，即可开始牵放 OPGW。开始牵放时以及连接金具（连接工具、防捻牵引板等）通过放线滑车时，均应放慢牵引速度。

（5）张力牵引过程中，初始速度应控制在 5m/min 以内，正常运转后牵引速度不宜超过 60m/min。

（6）线盘轴架车制动力，一般情况下不宜超过 800N。

（7）展放过程中，应始终监视 OPGW 是否发生扭转，如有发生应立即停止展放，查明原因进行处理，且应控制每百米旋转次数不得超过 5 次。

（8）张力机设定张力越小越好，以能使 OPGW 避开跨越架等障碍物和对地面 5m以上为原则。张力机的设定张力一般宜为 OPGW 标称拉断力的 13%～15%。

（9）牵引机牵引力最大不得超过 OPGW 标称拉断力的 18%。

（10）OPGW 通过转角塔的措施。在 OPGW 展放时，应分别对牵引绳、防扭器、OPGW 通过滑车的三种情况下滑车的倾斜角进行计算，并针对不同计算结果采取相应的措施：

1）滑车倾角小于 30°，滑车可按自然下垂正常悬挂，但防扭器通过滑车时应减慢放线速度。

2）滑车倾角大于 30°，但 OPGW 不碰横担。滑车可按自然下垂正常悬挂，但放线时应使用压线滑车，以防导引绳和 OPGW 跳槽，防扭器到达后解除。

3）滑车倾角大于 30°，并且线索碰横担。牵引绳通过时应使用压线滑车，以防牵引绳跳槽，牵引绳通过后对滑车打拉线，打拉线的方法如图 28-1-9 所示。

应注意：OPGW 紧线张力大于放线张

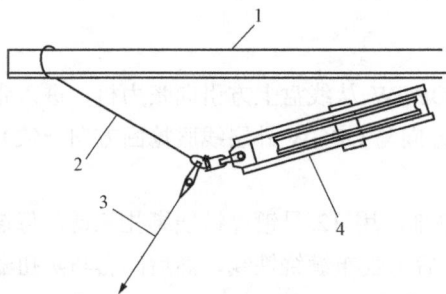

图 28-1-9 放线滑车打拉线预倾斜示意图

1—地线横担；2—钢丝绳套；3—拉线；4—放线滑车

力，应对紧线时的滑车倾角另行验算。如上扬，则应对角内侧滑车采取打拉线、垫木块等措施，使 OPGW 不至于碰横担下平面而受伤。

（11）张力场侧 OPGW 尾端的溜放。各放线段 OPGW 的制造长度一般裕度很小，且受张力机出口对邻塔悬点仰角的限制，张力机一般距塔较远，为使 OPGW 牵引端展放到位，张力场侧的 OPGW 尾端往往要用导引绳溜放送出，如果 OPGW 尾端用导引绳送出过程中需经过转向滑车，则 OPGW 尾端也应通过防扭器与导引绳相连后，再将 OPGW 展放到位。

（12）OPGW 展放至牵引侧接头塔后，应再牵引一段以预留尾线，预留尾线长度达到约为杆塔高度的 1.3 倍后，即可停机。尾线应盘好，盘绕直径应满足厂家或设计要求。然后，放置在塔顶平面处，用铁线绑扎牢靠，并在与塔材及绑扎接触处垫以软质衬垫物。

3. 临锚及安装始端线夹

（1）临时锚线。

一个放线段的 OPGW 展放完后，即应在始端及终端将 OPGW 临时锚固（简称临锚）。临锚张力为紧线张力的 50%，OPGW 端头余线（尾线）应保持为塔高的 1.3 倍以上，始端及终端塔侧的 OPGW 锚固卡具一般应使用由 OPGW 制造厂家提供的专用卡线器（或预绞式锚线器），以免 OPGW 内部铝管变形而损坏光纤。

（2）安装始端线夹。

在临锚完成后，即可在始端塔安装预绞丝耐张线夹。按照始端塔耐张线夹的安装需要在线上画印，注意留够引下线的长度。

预绞丝的安装方法是：

由中间向两端有序地缠绕内层铝合金预绞丝，其缠绕方向与 OPGW 外层绞制方向相反，其位置按尾线控制长度确定，缠绕时必须一次缠紧缠好，与 OPGW 贴合紧密。

外层铝合金预绞丝缠绕前必须将其与内层预绞丝相应的画印记号对齐。然后由拉环出口处向线档中央方向的 OPGW 缠绕，一次缠紧。然后，将特制铸钢拉环套入外层预绞丝弯环内。

一人握住拉环，另一人缠绕另一半预绞丝，直至缠完为止，再安装锚线塔其他耐张连接金具。

将预先准备好的吊装耐张线夹的钢丝绳用 U 型环与调节板连接，用绞磨及牵引钢丝绳将耐张线夹挂至地线横担挂孔为止。牵引过程中，为防止 OPGW 受扭，应在专用卡线器上挂一个 6～10kg 刚性重锤，如图 28-1-10 所示。且操作过程中的任何时候 OPGW 的弯曲半径都不得小于厂家规定，必要时要用小绳将专用卡线器后面至滑车间的 OPGW 吊在手扳葫芦链上，以保证专用卡线器尾部出口 OPGW 的弯曲半径符合厂家要求。

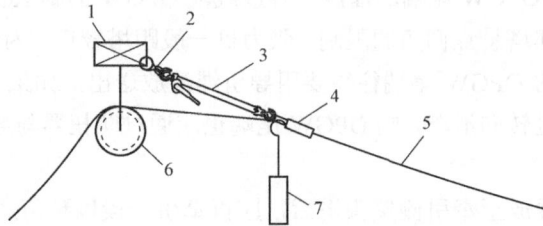

图 28-1-10　锚线塔挂线布置示意图
1—地线支架；2—钢丝绳套；3—手扳葫芦；4—OPGW 卡线器；
5—OPGW；6—OPGW 放线滑车；7—刚性重锤

（二）紧线与挂线

1. 紧线

（1）OPGW 紧线弧垂观测档的选择，与一般导线、地线弧垂观测档选择要求基本相同，即紧线段在 5 档及以下时靠近中间选择一档；在 5～12 档时靠近两端各选一档等；但在选择观测档弧垂时，一定要查 OPGW 弧垂表，因为 OPGW 耐张段与一般导线、地线耐张段有可能不同，其代表档距和观测档距的弧垂也不同，应特别注意。

（2）弧垂观测方法，同导地线弧垂观测法，即可用等长法、异长法、角度法或平视法。

（3）OPGW 紧线方法，可以用牵引机直接牵引，也可以用手扳葫芦（或绞磨）在塔上紧线。

1）牵引机（或绞磨）牵引紧线。当始端塔处（张力机侧）已安装好预绞丝耐张线夹后，可利用牵引机通过专用卡线器或预绞丝耐张线夹缓缓牵引 OPGW，也可利用绞磨通过专用卡线器或预绞丝耐张线夹紧线，使其弧垂达到设计标准值，即在紧线塔和该紧线段所有直线塔放线滑车处画印。不能通过网套连接器紧线。

2）手扳葫芦紧线。即在紧线塔地线支架处打好反向平衡拉线，并安装手扳葫芦和专用卡线器等索具，调整手扳葫芦进行紧线操作，如图 28-1-11 所示，弧垂调整好之后，即按前述要求画印。

2. 安装紧线侧耐张线夹及挂线

（1）紧线侧预绞丝耐张线夹安装与始端侧耐张线夹安装相同，但应注意根据画印位置进行精确量尺，并以此安装预绞丝耐张线夹，确保 OPGW 挂线后弧垂正确。

（2）挂线。紧线侧预绞丝耐张线夹安装完毕，即可进行挂线，挂线可利用手扳葫芦等索具、牵引机（或绞磨）进行。并应注意以下事项：

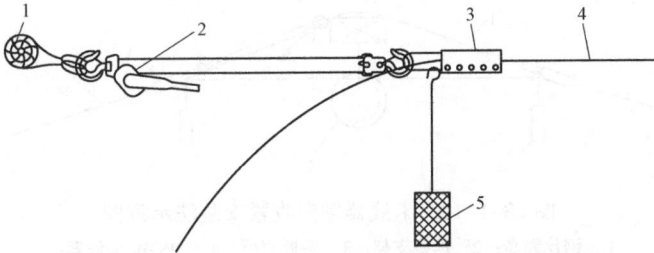

图 28-1-11　塔上手扳葫芦紧线索具连接示意图
1—地线横担主材；2—手扳葫芦；3—卡线器；4—OPGW；5—重锤

1）挂线后即进行弧垂复测。若弧垂超过允许误差时，应在耐张塔挂线塔处利用调整板孔位调整，若仍不能达到要求时，可增减 U 型环等金具并配合调整板孔位进行调整，也可采取解开预绞丝耐张线夹再重新安装的办法。

2）紧线弧垂达到规范允许值之后，应将 OPGW 的余线盘成小盘（直径符合厂家或设计要求），放置在铁塔横隔材平面处，并用绳线绑扎三处固定，但要注意与铁塔构件及铁线接触处应垫以软质衬垫物，严禁将余缆悬挂在塔腿上。

（三）附件安装

附件安装及熔接的工作内容，包括直线塔悬垂线夹的安装，直通式耐张线夹的安装，防振锤的安装，接地引流线安装，OPGW 引下线安装，OPGW 熔接和测试，接线盒的安装等。

1. 直线塔悬垂线夹的安装

（1）OPGW 紧线完毕应立即进行附件安装，OPGW 在滑轮上停留时间不得超过 48h。

（2）全耐张段两端耐张塔挂线完成，弛度调整完后，利用垂球逐基画好各基直线塔直线线夹中心印记。对于连续上下山的耐张段，尚应注意按照设计图给定的移印尺寸画好各基直线塔直线线夹中心印记。

（3）安装直线悬垂串，有"卡线器轴向收紧安装法"和"临时支架安装法"两种，可以按照厂家的要求选用。

1）卡线器轴向收紧安装法如图 28-1-12 所示。用专用卡线器、手扳葫芦收紧 OPGW。在横担的大小号侧都在线上装专用卡线器，两专用卡线器用一根钢丝绳套及一个手扳葫芦通过地线横担相连，适度收紧手扳葫芦使 OPGW 的张力转移到钢丝绳套和手扳葫芦上，卸下放线滑车。按事先画好的直线线夹中心印记画好护线条安装印记，安装护线条和线夹，按金具组装图完成安装。

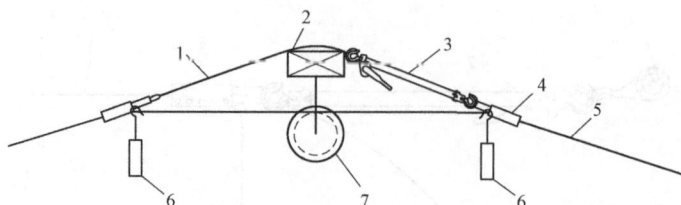

图 28-1-12　卡线器轴向收紧安装法示意图

1—钢丝绳套；2—地线支架；3—手扳葫芦；4—OPGW 卡线器；

5—OPGW；6—刚性重锤；7—OPGW 放线滑车

2）临时支架安装法如图 28-1-13 所示。用轻质材料特制成一根小横梁，长度略长于预绞式护线条的长度，每端用适当长度的钢丝绳套牢固悬挂一个衬有软质衬垫物的 OPGW 专用提线钩。将此梁顺线路牢固地安置在地线横担头上。在地线横担头的适当位置悬挂一个起重滑车，收紧手扳葫芦先将 OPGW 放线滑车从地线横担挂点摘下，再用此手扳葫芦将此滑车连同滑车内的 OPGW 一起向下放，直到将 OPGW 放到挂在横梁的提线钩里，待 OPGW 放线滑车不受力后将滑车卸下。在 OPGW 上按事先画好的印记安装护线条和线夹。仍用前述手扳葫芦、钢丝绳套完成金具串安装。

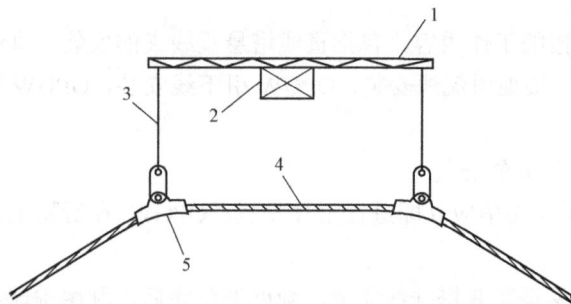

图 28-1-13　临时支架安装法示意图

1—特制小横梁；2—地线支架；3—钢丝绳套；4—OPGW；5—OPGW 提线钩

2. 直通式耐张线夹的安装

（1）直通式（即 OPGW 不断引）的耐张线夹安装方法，与 OPGW 断引的安装方法相似，亦用手扳葫芦和专用卡线器等索具进行安装。

（2）直通式耐张串的 OPGW 弧垂（即跳线弧垂）应符合设计值，并保证 OPGW 最小弯曲半径不得小于厂家或设计要求，且需用特制接地线夹将 OPGW 固定在杆塔上。

（3）预绞丝耐张线夹安装受力后，重复使用不得超过规定的次数。

3. 防振锤安装

（1）防振锤的型号、规格及安装距离应按设计规定。

（2）防振锤安装不得直接卡在 OPGW 上，应安装在缠绕好的护线条上。护线条及防振锤的安装，均应使用工作平台（可用竹梯或铝合金梯子作为工作平台）。

（3）防振锤卡紧螺栓的扭矩值应符合设计或产品说明书的规定。

4. 接地引流线的安装

（1）OPGW 均应与全线铁塔逐基接地。专用接地引流线一般由 OPGW 制造厂家提供，专用接地引流线一端连接在 OPGW 的并沟线夹内，另一端连接至塔身接地夹具内。具体的连接方式按设计图纸。

（2）接地线一般统一安装在地线支架的大号侧，并在 OPGW 的上方。接地线安装要松弛，保证悬垂线夹向塔身内、外摆动 60° 不受限。

5. OPGW 引下线安装

（1）分段塔或架构处 OPGW 引下时，一般用 OPGW 制造厂家提供的引下线固定夹具固定于塔材上，而无须在塔上打孔。固定夹具按设计要求间隔均匀安装，引下线自地线支架沿塔身主材引至铁塔下方接线盒，但多余的 OPGW 仍盘在接线盒上方的铁塔平面构件上，临时固定，不得切断。由熔接人员处理。

（2）在操作过程中，OPGW 的弯曲半径，均应保证满足厂家或设计要求，若 OPGW 到第一个夹子前，有可能与铁塔构件相摩擦时，应加缠护线条保护。

（3）为了外观一致，引下线应统一布置在铁塔的一个指定塔腿上。

（四）光缆熔接

1. 接线盒及余缆的安装

（1）接线盒应固定在塔身统一的主材上，其高度距铁塔基础面的距离满足设计要求。安装接线盒时螺栓应紧固，橡胶封条必须安装到位。

（2）OPGW 对接后的多余长度（即余缆）按 OPGW 的允许弯曲直径在余缆架上盘成一捆，置放在接线盒的附近，并用专用线夹将余缆架固定在塔身水平材上。OPGW 绑扎的外层应垫以胶垫，且绑扎点不少于 3 处，确保余缆在风吹时不会晃动。

2. OPGW 光纤的熔接与测试

（1）OPGW 架设后在接头塔通常是断开的，必须通过光纤熔接实现两段光纤芯的连通，熔接好光纤的 OPGW 置于接线盒内，并在塔上固定。

（2）光纤熔接是通过两金属电极电弧放电实现熔接。光纤熔接操作步骤是：先用砂轮锯锯开外层铝股及钢股，再用专用工具逐层剥开套管和光纤被覆，用无水酒精清洁光纤，然后用光纤专用刀切割光纤，最后将光纤放入熔接机的光纤固定座中，选择"寻找光纤"进行光纤端面检查，如光纤切口端面符合要求，则屏幕上显示端面与轴向相垂直且平整；如果端面品质不佳，则显示端面楔形或其他不规则形状，应将光纤重新切割。

（3）光纤熔接是由熔接机自动进行的。熔接完毕，应进行光纤传输衰减值测试。每接好一条纤芯，应立即进行测试，以便立即检查接头熔接质量。测试的光纤传输衰减值符合要求时，将光纤由熔接机移出并固定。标准单模允许熔接传输损耗应小于0.03dB/处。

（4）光纤线路的传输损耗包括光纤损耗和接头损耗。其损耗的测试方法有剪断法、插入法、背向散射法，剪断法和插入法使用的是光功率计，背向散射法常用的是光时域反射仪（OTDR）。目前，使用后一种方法较广泛，因为它获得的技术数据较多，便于建立档案资料及运行维护。

（5）光纤的熔接操作应符合下列要求：

1）光纤的熔接应由专业人员操作。

2）剥离光纤的外层铝套管、塑料套管、骨架时不得损伤光纤。

3）雨天、大风、沙尘或空气湿度过大时不应进行熔接作业。

五、注意事项

（1）OPGW 均应采用机械装卸，轻吊轻放，对露出缆盘的 OPGW 在吊装时垫设方木，防止钢丝绳压伤 OPGW，运输时将光缆加以固定，坚决杜绝侧面放置。

（2）OPGW 必须经单盘测试合格后方准使用。

（3）OPGW 在展放时，应由材料站运到现场当天展放，当天将线紧好，不宜在现场存放缆盘。

（4）OPGW 紧线完毕应立即安装防振锤，OPGW 在滑轮上停留时间最多不得超过48h。

（5）OPGW 在施工过程中，一般最小弯曲半径不小于 500mm。弯曲还必须满足供货厂家提供的最小弯曲半径要求。并不得与架好的导线、地线交叉摩擦。

（6）安装线夹、固定夹具、并沟线夹及防振锤等金具时必须使用计量合格的力矩扳手，并控制线夹对 OPGW 的压应力。防振锤的安装扭矩应符合厂家或设计要求，并沟线夹及固定夹具在 OPGW 夹线处的安装扭矩值，若厂商未给出具体数值时，可请施工督导或设计单位决定。

（7）OPGW 金具一般备量有限，施工人员领取后必须妥善保管、使用。

（8）在放线过程中，所使用的网套连接器必须与 OPGW 固定牢固，不得出现跑线或滑移现象。

（9）严禁使用网套连接器进行紧线。

（10）OPGW 展放时，一般用网套连接器将 OPGW 送出去，连接必须牢固可靠，并安装防扭鞭。一般在牵引侧的接头塔，OPGW 需牵引过滑车，并确保余缆能够引到塔下方便接续，其长度为由塔顶挂点至地面距离再加适当长度余缆。张力场宜布置在接头塔外侧延长线上。

（11）紧完线后余缆应盘好（直径满足厂家或设计要求），并包以软质衬垫物，一般固定在塔顶平面上，做到防磨、防盗、防破坏。

（12）OPGW 展放必须经过张力机进行张力放线，不得直接从缆盘上牵引。

（13）OPGW 展放完毕后，多余的 OPGW 不得随意切断。

（14）接头引下线及进入接头盒的弯曲半径，应严格按要求施工，防止弯曲半径过小损坏光纤。

（15）OPGW 展放过程中，必须派专人看护防扭鞭，并随时报告通过滑车情况。沿线跨越的监护人员应随时注意 OPGW 展放牵引情况，发现问题及时报告处理。

（16）OPGW 外层铝合金线及铝包钢线损伤的处理规定：

1）铝合金线断一股，可用单铝丝缠绕。铝合金线磨损超过单股直径 1/3 时，按断股处理。

2）铝包钢线磨损露钢时，应先刷防锈漆，再用铝单丝缠绕，再刷防锈漆。

【思考与练习】

（1）简述 OPGW 光缆的紧线施工方法。

（2）简述 OPGW 光缆的附件安装方法。

（3）OPGW 光缆架设时应注意哪些事项？

第二十九章

特殊架线施工及新工艺

▶ 模块 1　大跨越架线施工（新增模块 4-8-1）

【模块描述】本模块包含大跨越设计特点、架线施工流程、机具设备要求、架线施工方法等内容；通过工艺介绍和形象化分析，掌握大跨越架线施工方法及要求。

【模块内容】

送电线路大跨越工程，一般是指跨距在 1000m 以上，直线跨越塔塔高 100m 以上，多有跨越宽阔水面或有通航要求的河道，需特殊设计的输电线路工程。

大跨越工程具有杆塔高、档距大、高空风速大、覆冰厚度大、荷载条件大等设计特点。大跨越工程一般采用耐张塔—直线塔—直线塔—耐张塔跨越方式，跨越档档距一般在 1000m 以上，多为同塔双回路建设，导线型式以四分裂为主，1000kV 交流特高压输电线路试验示范工程大跨越工程采用了六分裂的设计型式，导线一般采用 ACSR 铝合金导线。

其架线施工具有放线张力大、绝缘子串重、高空作业量大、附件安装工艺复杂、设备及工器具负荷大等特点。

一、工艺流程

大跨越工程张力架线施工工序与一般工程架线一致，所不同的是在大跨越工程中展放导引绳、牵放导线、紧挂线以及附件安装工艺都相对复杂，施工难度相对高很多，其张力架线施工工艺流程见图 29-1-1。

| 施工准备 | → | 展放导引绳 | → | 展放牵引绳 | → | 展放导地线 | → | 紧线与挂线 | → | 附件安装 |

图 29-1-1　大跨越工程张力架线流程

二、大跨越架线前准备

（一）施工准备要点

（1）取得被跨越物有关管理部门跨越施工许可，各种跨越方案通过审核、实施后已经验收合格。

（2）所有参与架线施工的人员经过架线施工专项培训。

（3）大型设备抵达现场时均具有合格证书和相关检验文件，使用前完成调试试车。特制设备应经过鉴定或试验，方可投入使用。

（4）进入塔位的道路需要提前修整加固，以满足大型设备进场要求，同时须与道路所属的行政部门或单位协商妥善；涉及堤防管理部门时，提前进行联系协商，取得施工许可。

（二）牵张场布置

1. 一般原则

大跨越工程放线施工的牵、张场，视场地运输条件、交叉跨越情况，一般利用锚塔组立施工时的临时占地进行布场，既可以减少临时占地用量，又可以利用牵、张设备辅助进行导、地线紧挂线施工，提高施工效率。

由于大跨越工程跨越塔一般采取双回路设计，锚塔采用单回路设计，且锚塔间横线路方向有一定距离，所以需要两回路分别设场，牵、张设备在两回路间调用。某大跨越工程的牵张场布置如图 29-1-2 所示。

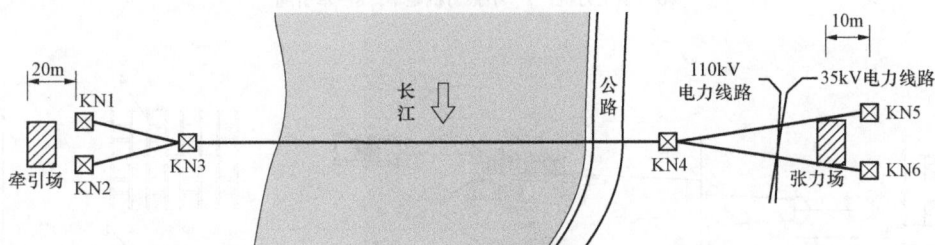

图 29-1-2　牵引场布置图

现场布置设备时，还应同时考虑与腾空展放导引绳方式相适用的牵、张设备，如三线张力机等。

要求采取同步展放方式时，需要同时布置多套牵张设备。

分次展放方式下，牵、张场布置如图 29-1-3、图 29-1-4 所示。

2. 张力机并轮机制

大跨越工程由于跨越档档距大，以及保证航道正常通航，施工时放线张力比常规线路工程大很多。现阶段业内主流牵引机、张力机出力不能满足一次展放多分裂导线的施工要求，多采用"一牵 2"分次展放方式，降低牵引力需求，同时将张力机张力轮并轮使用，使其相当于一个张力轮，增大张力机出口张力，如二线张力机二轮并轮当做一线张力机使用。

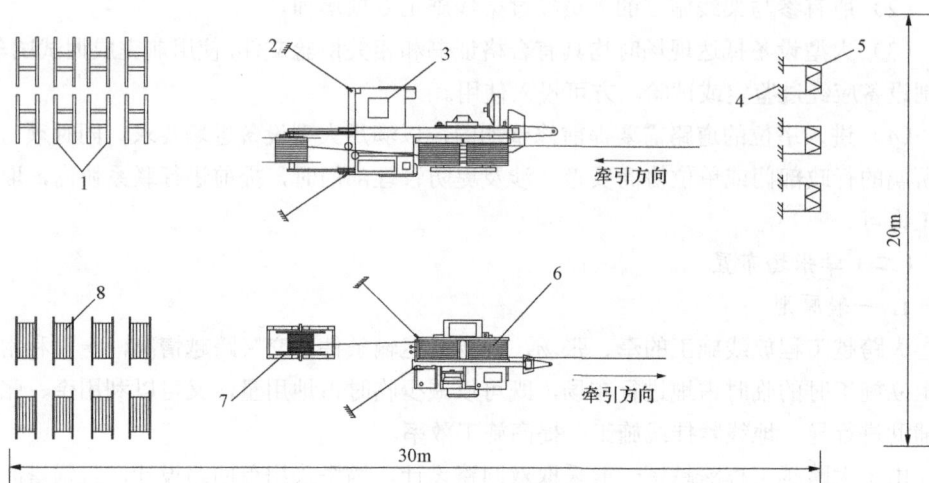

图 29-1-3　牵引场布置图

1—牵引绳轴架；2—地锚；3—大牵引机；4—锚线地锚；5—锚线架；

6—小张力机；7—小张力机尾车；8—牵引绳

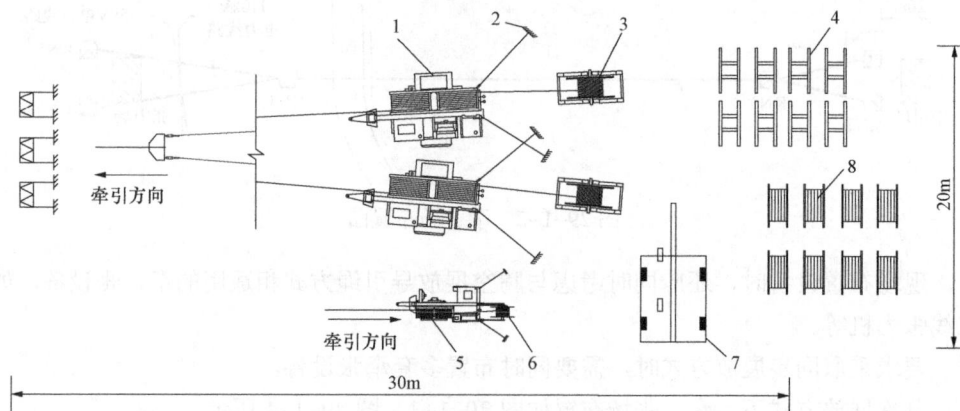

图 29-1-4　张力场布置图

1—张力机；2—地锚；3—导线尾车；4—导线；5—小牵引机；

6—牵引绳轴；7—吊车；8—牵引绳轴

张力机并轮时，对传力销进行离、合操作，同时断开和并联张力轮的液压回路，使两个张力轮合为一体，如图 29-1-5 所示。

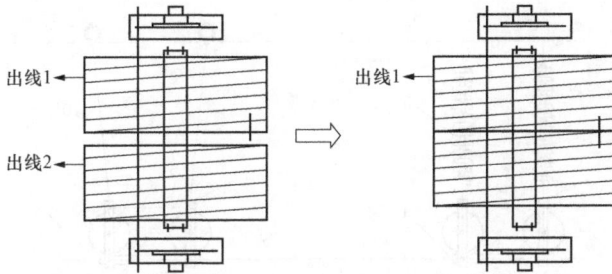

图 29-1-5 两轮张力机并联示意图

（三）放线滑车悬挂

大跨越工程导、地线直径大，导线钢芯粗、比重大，对滑车下压力大，要求使用大轮径、高承载力放线滑车。同时，跨江塔处导、地线包络角大，须悬挂双滑车。跨越塔和耐张塔滑车具体选型及悬挂方式应通过计算确定。

受限于放线张力很大、牵张设备出力不足，同时考虑保证施工效率，大多采取分次"一牵 2"方式展放导线，此种条件下，只能有一组滑车能够利用绝缘子串悬挂，其余滑车需要制作特制挂具进行悬挂。塔上如设有施工孔，则将滑车悬挂于施工孔上，如没有则加工抱箍悬挂于横担主材节点处，如图 29-1-6、图 29-1-7 所示。放线时，靠近塔身侧的滑车需要使用索具拉偏约 1.5m，避免放线滑车之间相互碰撞，紧线时，再将拉偏滑车复位。

地线双滑车悬挂如图 29-1-8 所示。

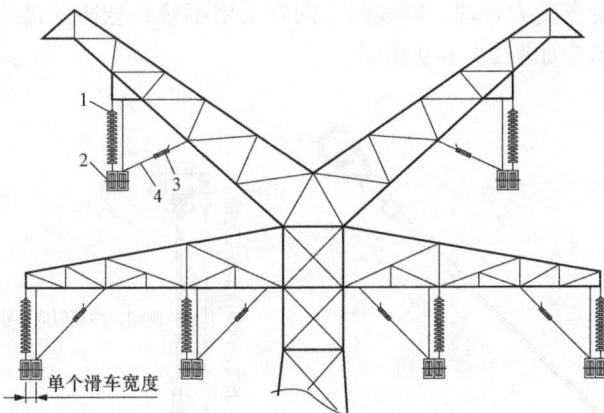

图 29-1-6 导线滑车悬挂示意图

1—绝缘子串；2—双三轮滑车；3—手扳葫芦；4—临时拉索

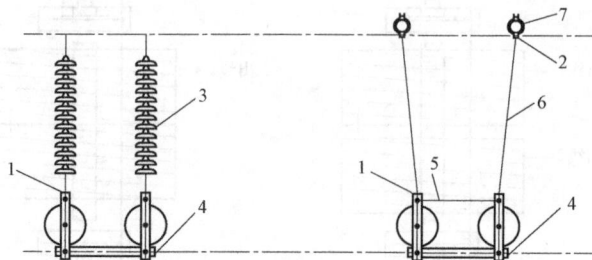

图 29-1-7　导线双滑车连接示意图

1—三轮滑车；2—抱箍；3—绝缘子串；4—连接两个三轮滑车的槽钢；

5—限位拉杆；6—专用挂具；7—下横担主材

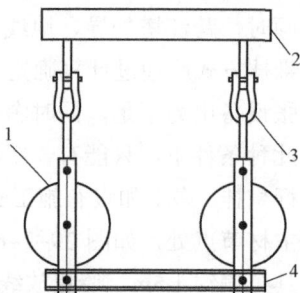

图 29-1-8　地线双滑车悬挂示意图

1—地线滑车；2—地线支架；3—U 型环；4—连接两个滑车的槽钢

为使前后双滑车受力合理，顺线路方向宜采用不等高悬挂方式。拉索及挂具示意如图 29-1-9 所示。

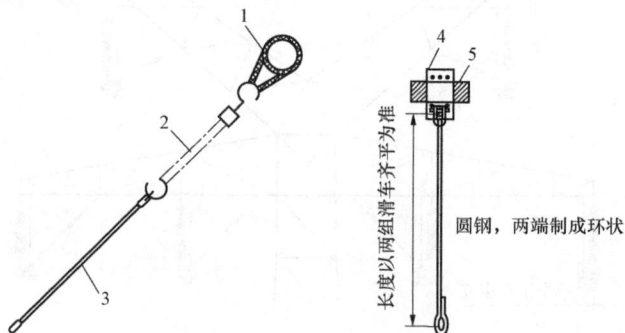

图 29-1-9　拉索及挂具示意图

1—抱箍及钢丝绳套（用于塔身）；2—手扳葫芦；3—钢丝绳套（以卸扣连接滑车）；4—抱箍；5—横担主材

（四）有关架线主要机具选取计算的基本公式

1. 跨越档放线水平张力

$$H = \frac{\omega_1 l^2}{8f} \tag{29-1-1}$$

式中　H——跨越档所需放线水平张力，N；

f——满足江面安全距离时的最大弧垂，m；

ω_1——导线单位重力，N/m；

l——跨越档档距，m。

2. 张力机出口水平张力

$$T_{Hi} = \frac{H_i}{K_i} \tag{29-1-2}$$

$$K_i = 0.945[\varepsilon^{i-1} + \frac{6\omega_1}{T_p}(h_1\varepsilon^{i-1} + h_2\varepsilon^{i-2} + \cdots + h_i)] \tag{29-1-3}$$

其中　　　　　　　　　$T_{Hi\max} = T_H$

式中　i——各档编号，张力机到邻塔 $i=1$，张力机邻塔到第二基塔 $i=2$，其余类推，

　　　　牵引机到邻塔为施工段最后一个线档；

T_{Hi}——与第 i 档所需水平放线张力 H_i 相对应的张力机出口水平张力，N；

H_i——为满足安全距离要求，第 i 档所需放线水平张力，N；

ε——放线滑车综合阻力系数，此处可取 $\varepsilon=1.012\sim1.015$；

T_p——导线的保证计算拉断力，N；

h_i——第 i 档悬点高差，牵引机端悬点高于张力机端，h_i 取正值，反之取负值，m；

T_H——选出的张力机出口水平张力（所有 T_{Hi} 中的最大值），N；

K_i——线档张力系数，是线档放线水平张力与张力机出口水平张力的比值。

3. 牵引机牵引力的水平分力

$$P_H = m[P_H\varepsilon^n + \omega_1(h_1\varepsilon^n + h_2\varepsilon^{n-1}\cdots + h_n\varepsilon + h_n)] \tag{29-1-4}$$

式中　P_H——牵引力的水平分力，若场地布置符合标准要求，可近似地将水平分力当

　　　　作牵引力，N；

ε——滑车综合阻力系数，计算牵引力时可取 $1.012\sim1.015$；

n——施工段内放线滑车总个数；

m——同时牵放的子导线根数。

4. 放线滑车的垂直档距

$$l_{ch} = \frac{1}{2}\left(\frac{l_i}{\cos\beta_i} + \frac{l_{i+1}}{\cos\beta_{i+1}}\right) + \frac{l}{\omega_1}\left(\frac{H_i h_i}{l_i} + \frac{H_{i+1} h_{i+1}}{l_{i+1}}\right) \qquad (29-1-5)$$

其中

$$\beta = \arctan\frac{h}{l}$$

式中　l_i，l_{i+1}——被校核放线滑车两侧线档的档距，m；

h，h_{i+1}——两相邻滑车与被校核滑车的高差，邻塔滑车高于被校核滑车，高差取负值，反之取正值，m；

β_i，β_{i+1}——被校核放线滑车两侧线档的高差角；

H_i，H_{i+1}——被校核放线滑车两侧线档的水平放线张力，N；

ω_1——牵引绳或导线的单位长度重力，N/m。

5. 设备及工器具选型示例

（1）工程概况。

1）跨越方式。某长江大跨越工程，跨越方式为耐张—直线—直线—耐张，其档距分别为 706m、1650m、600m，耐张段长 2956m。跨越塔为双回路铁塔，锚塔为单回路塔。

2）气象条件。最大风速 30m/s，覆冰 15mm（30mm 验算），最高气温 40℃，最低气温-20℃。

3）铁塔。直线跨越塔塔型相同，呼称高为 168m，全高为 182.8m；耐张塔呼称高为 40m，全高为 72m。

4）导、地线。导线采用四分裂 AACSR/EST-500/230 型特强钢芯高强铝合金绞线；地线一根为 JLB20B-240 型铝包钢绞线，另一根为 OPGW-240 型复合光缆。其特性参数如表 29-1-1 所示。

表 29-1-1　　　　　　　　　　导、地线特性参数表

项目 \ 线型	导线	地线	光缆
型号	AACSR/EST-500/230	JLB20B-240	OPGW-240
总截面面积（mm²）	729.56	238.76	241.65
铝（合金）截面面积（mm²）	501.73	59.69	
钢截面面积（mm²）	227.83	179.07	
结构（股数/直径）	铝合金：42/3.9 钢：37/2.8	铝包钢：19/4.0	24 芯

续表

项目＼线型	导线	地线	光缆
计算外径（mm²）	35.2	20.0	20.4
单位质量（kg/km）	3188.3	1595.5	1686.5
综合弹性系数（MPa）	97 158	147 200	164 500
综合膨胀系数（1/℃）	15.98×10^{-6}	13.0×10^{-6}	12.68×10^{-6}
计算综合拉断力（kN）	511.2	315.2	329
破坏应力（MPa）	665.6	1254	0.397
20℃直流电阻（Ω）	0.0673	0.3601	0.397

5）绝缘子串。导线悬垂串采用 4 联 550kN 或 6 联 420kN 绝缘子组装方式，导线耐张串采用 6 联 550kN 或 8 联 420kN 绝缘子组装方式。

6）张力放线施工条件。张力场设置在北岸锚塔塔下，高程为 49.4m，北岸跨越塔呼称高处、地线挂点高程分别为 204.7m、228.6m，南岸跨越塔呼称高、地线挂点高程分别为 205.2m、229.1m，牵引场设置在南岸锚塔塔下，高程 50.5m。架线施工期间江面最高高程为 40.5m。

（2）主要施工机具选择。

本例依照本模块内容按工程实际需求进行详细计算，实际选择的机具见表 29-1-2。

表 29-1-2　　　　　　　　大跨越架线主要施工机具选择表

序号	机具名称	规格	单位	数量	备注
1	牵引机	ARS-907/280kN	台	1	
2	张力机	FRQ800/4×50kN	台	1	
3	小张力机	PT-010，90kN	台	2	
4	小牵/张机	PU-035，90kN	套	2	
5	吊车	250kN	辆	1	
6	吊车	160kN	辆	1	
7	"一牵 2" 走板	300kN	只	2	
8	复式三轮放线挂胶滑车	ϕ916mm 许用荷载 200kN	只	27	接地式（3 只备用）
9	三轮放线挂胶滑车	ϕ916mm	只	14	锚塔用（2 只备用）
10	复式单轮放线挂胶滑车	ϕ916mm 许用荷载 6kN	只	6	接地式，OPGW 用（2 只备用）
11	单轮放线挂胶滑车	ϕ916mm	只	5	锚塔用（1 只备用）

序号	机具名称	规格	单位	数量	备注
12	机动绞磨	30kN	台	10	
13	导线牵引管	破坏荷载 350kN	个	30	定制，代替网套连接器
14	地线牵引管	破坏荷载 200kN	个	5	定制，代替网套连接器
15	OPGW 牵引管	破坏荷载 350kN	个	5	定制，代替网套连接器
16	高空作业平台	2m×1.5m	副	4	
17	动力伞	双人	套	1	
18	迪尼玛绳	ϕ5mm	km	5	
19	迪尼玛绳	ϕ13mm	km	15	
20	导引绳	□18mm	km	10	破断力 210kN
21	牵引绳	六方 34mm	km	5	破断力 652kN
22	导线卡线器	许用荷载 120kN	只	36	
23	地线卡线器	60kN	只	6	
24	OPGW 卡线器	60kN	只	6	
25	导引绳卡线器	KQ70	只	10	
26	牵引绳卡线器	KQ220	只	10	
27	抗弯连接器	DHG−28	只	5	
28		DHG−5	只	15	
29	旋转连接器	SLX−28	只	12	
30		SLX−10	只	6	
31		SLX−5	只	10	
32	液压机	YQ2000	套	4	
33	导线压接钢模		套	4	
34	地线压接钢模		套	3	
35	链条葫芦	120kN	只	36	
36		80kN	只	24	
37	高空锚绳	ϕ21.5mm×55m	根	12	
38	钢丝绳、滑车	各级			按需分配
39	防扭鞭	200kN 破坏	只	2	1 只备用
40	悬挂式爬梯	16m	只	12	
41	弛度板	2m	块	6	

续表

序号	机具名称	规格	单位	数量	备注
42	两线提线器	STS-10	套	24	
43	导线温度仪	-50～100℃	只	5	
44	地线提线器	STD-5	套	4	
45	望远镜	15倍	只	4	
46	经纬仪	J2	台	3	

三、大跨越架线操作步骤及质量标准

（一）展放导引绳、牵引绳

大跨越工程施工中，展放导引绳是张力架线施工中的重要环节。由于跨越江河或宽阔水面，跨江展放导引绳有使用船只拖拽和使用飞行器腾空展放两种方案。船只拖拽方式效率低，需要将通航河流长时间封航。随着航空技术的进步，飞行器的使用成本逐渐降低，用于输电线路施工的技术也越来越成熟，近年来各施工单位多采用飞艇、动力伞、航模甚至直升机等飞行器跨江腾空展放初级导引绳。除使用直升机展放较大截面导引绳外，利用飞艇、动力伞、航模等飞行器展放初级导引绳一般采用ϕ4mm迪尼玛绳，初级导引绳展放完成后，采用"一牵n"张力展放方式展放后续多级导引绳，过程中采用适合的导引绳高空移位方法，直至所有滑车中的导引绳或牵引绳满足张力放线所需要的规格。

以动力伞展放ϕ4mm迪尼玛绳，大跨越工程采用双回路铁塔、四分裂导线情况为例，展放导引绳的施工流程如图29-1-10所示。用导引绳牵放牵引绳，其方法与常规方法相同，这里不再赘述。

展放导引绳、牵引绳，以及展放导、地线过程中，视航运管理部门要求或安全措施情况，采用不同的封航方法。作业点上下游一定范围内设置安全警戒船只以及瞭望船，展放过程中在顺线路方向须设置观测站，时刻监控导引绳的弧垂，确保足够的净空距离。

（二）展放导线、地线

牵引绳展放完毕后即可实施导线、地线展放作业，大跨越工程导线、地线展放的特点是单线张力大，所以导线展放一般采用"一牵2"分次放线方式，如有同步放线要求时采用同步放线方式。同时，导线放线走板与导线连接一般采用液压牵引头方式连接，不再使用网套连接器，以确保放线过程安全；锚线架的额定荷载，需要根据具体工程计算设计加工；锚线装置需要使用滑轮组（如2-2滑轮组）；导线尾车需增加额定荷载及加大尺寸等。

动力伞展放φ4mm迪尼玛绳，
并将其放入Ⅰ回地线滑车
（地线滑车采用三轮滑车）

φ4mm迪尼玛绳"一牵1"展
放φ8mm迪尼玛绳

φ8mm迪尼玛绳"一牵1"展
放φ12mm迪尼玛绳

φ12mm迪尼玛绳"一牵2"展
放两根φ12mm迪尼玛绳，其
中一根迪尼玛绳移入Ⅱ回
地线滑车

Ⅰ回 　　　　　　　　　　　　　　　　　　　Ⅱ回

φ12mm迪尼玛绳"一牵3"展放两根φ12mm
迪尼玛绳，其中一根分别移入Ⅰ回A相两个
放线滑车中（A1、A2）的A1滑车中

同Ⅰ回操作，至导
线、地线展放完毕

地线滑车中φ12mm迪尼玛绳
"一牵1"展放一根φ18mm钢
导引绳

A1滑车中φ12mm迪尼
玛绳"一牵3"展放
3根φ12mm迪尼玛绳，其中两根分别移入
Ⅰ回B、C相的B1、C1滑车中

地线滑车中φ18mm
钢导引绳牵放地线
（OPGW）

A1滑车中φ12mm迪尼
玛绳"一牵1"展放一
根φ18mm钢丝绳

B1滑车中φ12mm迪尼
玛绳"一牵1"展放一
根φ18mm钢丝绳

C1滑车中φ12mm迪尼
玛绳"一牵1"展放一
根φ18mm钢丝绳

（展放完毕）

A1滑车中φ18mm钢丝绳
"一牵2"展放两根φ18mm
钢丝绳，其中一根放入
A2滑车中

同A1滑车中操作，至
B相导线展放完毕

同A1滑车中操作，至
C相导线展放完毕

A1滑车中φ18mm钢
丝绳"一牵1"展放
一根φ32mm钢丝绳

A2滑车中φ18mm钢
丝绳"一牵1"展放
一根φ32mm钢丝绳

A1滑车中φ32mm
钢丝绳"一牵2"
展放导线

同A1滑车中操作，
至导线展放完毕

（展放完毕）

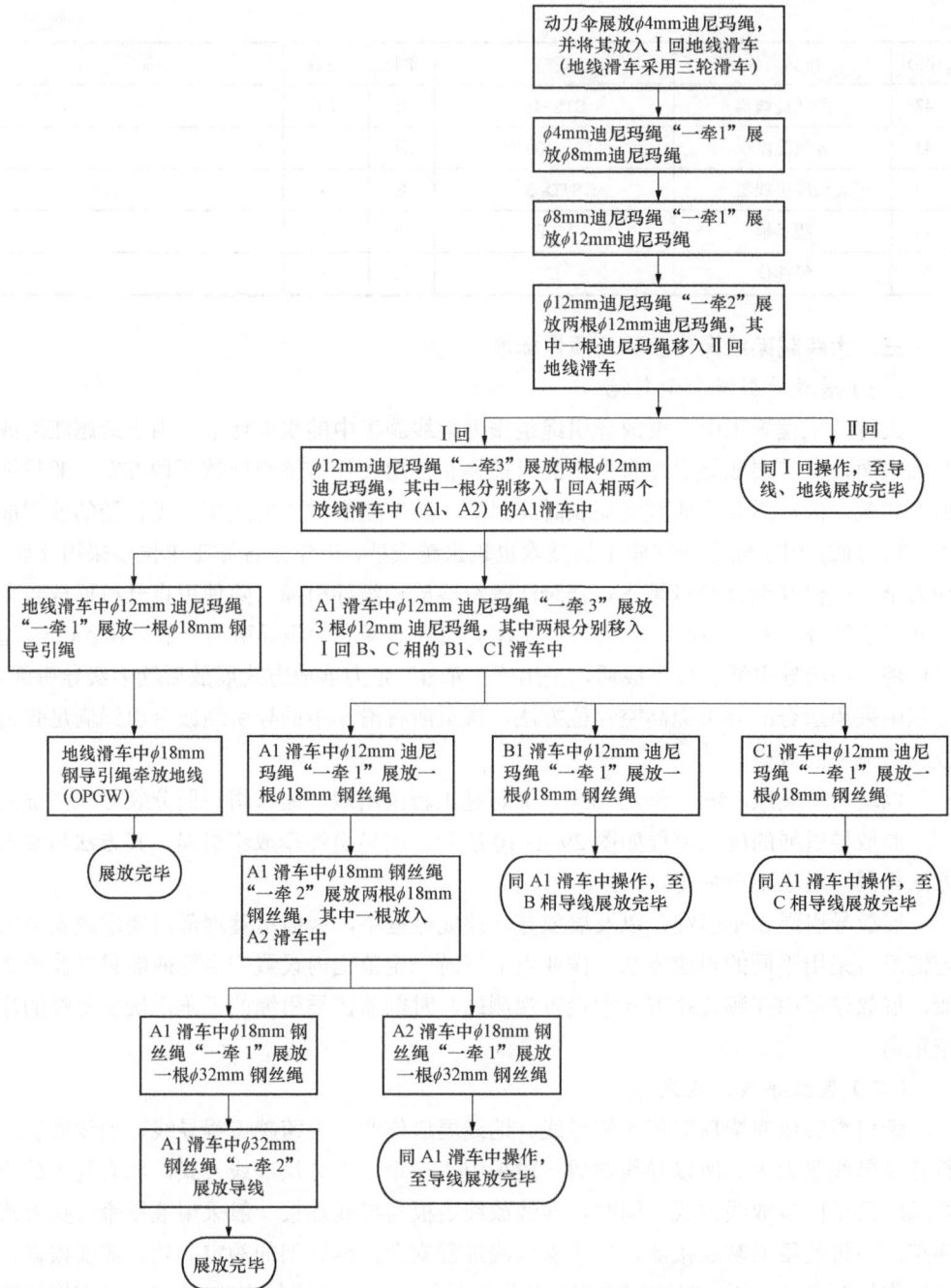

图29-1-10　大跨越工程展放导引绳（直至展放导线完成）施工流程

（1）导线展放采用主牵引机及主张力机，普通地线、OPGW 展放采用符合牵张力要求的牵引机及张力机，导线和地线采用液压牵引头与走板连接。

（2）普通地线及 OPGW 采用一套牵张设备及配套规格的牵引绳，以"一牵1"方式进行张力展放，OPGW 需采用专用的防偏扭牵引走板。牵张设备分别位于两锚塔一般线路侧，牵张机距锚塔的距离通过计算确定，以满足 OPGW 在耐张塔上引下和接续的长度要求。

（3）分次展放时，导线采用一套大型牵张设备和配套牵引绳展放；同步展放时，采用 2 套或以上的牵张设备（视导线分裂情况确定）展放。

（4）对已展放的牵引绳及导线采用两套锚线滑轮组（许用荷载应通过施工计算选择，下同）进行地面或高空锚线，OPGW 采用两套锚线装置进行地面或高空锚线，钢丝绳或迪尼玛绳及锚线装置也应通过施工计算确定。滑轮组使用时注意防止自身的扭转导致的对导、地线及各型绳索的伤害。

（5）对已展放或已牵引到位但未安装附件的导、地线和 OPGW，过夜时均须安装满足防振要求的临时防振设施。

（6）在逐级牵放导引绳、牵引绳和导、地线展放过程中，采用经纬仪以角度法监测跨越档弧垂，使弧垂最低点与水面的距离不小于通航要求值。

（三）紧线与挂线

导线采用"一牵2"方式展放时，每相多根子导线展放完毕后即进行紧线施工。

导、地线牵引到位后，视牵张设备布置情况可利用牵引机或张力机配合机动绞磨直接完成空中锚线或后视端挂线。

紧线操作端，可采用耐张塔比量画印、空中压接及挂线的方法。紧、挂线使用滑轮组，同时为防止耐张塔金具受扭应采用两套挂线机具同时完成两根子导线挂线，现场机具条件具备时可使用多套挂线机具同时完成每相所有子导线挂线。

（1）普通地线及 OPGW 紧、挂线。

1）普通地线及 OPGW 展放前对两端耐张塔（锚塔）地线支架预先做好满足设计要求的反向临时拉线。

2）普通地线及 OPGW 展放完成后，可在后视端耐张塔进行挂线，挂线前在地面完成耐张线夹压接。后视端可为张力机或牵引机，挂线时注意挂线滑轮组和牵张设备间以及牵引机和张力机之间的配合。挂线过程中时刻注意线体与被跨水面的高差。

3）后视端完成挂线后，紧线操作塔采用空中对接方式完成紧、挂线，耐张线夹在空中压接，紧、挂线过程中可使用牵张设备辅助。

（2）导线紧、挂线。

1）导线展放前对两岸的耐张塔导线横担，预先做好满足设计要求的反向临时拉线。

2）在耐张段两侧耐张塔上安装好导线耐张串后，在金具串导线端联板上安装紧、挂线滑车组。

3）导线牵引到位后，在后视端耐张塔进行挂线。其方法为：在后视端耐张塔处采用滑车组由牵张设备配合对子导线进行高空锚线。若后视端为牵引机，则完成耐张线夹地面压接后，松出高空锚线滑车组，由牵张设备配合完成挂线；若后视端为张力机，视牵张设备对耐张塔的距离情况，留出足够长度的导线断线完成地面压接，然后松出锚线滑车组完成挂线。

4）紧线操作塔一端，对导线进行紧线和挂线操作的方法为：使用耐张塔导线耐张串上的高空紧线滑车组，用紧线器（手扳葫芦、卡线器等）连接在导线上，对应后视端耐张塔完成挂线的一相导线，用高空紧线滑车组紧线，紧线弧垂符合设计要求后，在高空完成割线和耐张管的压接，最后采用紧线滑车组完成导线的挂线操作。

（3）在完成导线后视端挂线后，需注意同一相导线放线滑车的高度是否一致，不一致时调整后再进行弧垂观测。

（4）采用档端角度法观测紧线弧垂时，在两岸跨越塔的导、地线挂线点下方各设 4 个观测点，两岸观测点相互校核，确保弧垂观测的准确性。同时，在两侧耐张塔的下方也各设相应的观测点，观测导、地线的线间及相间误差。

（5）上述的操作过程中，牵引机、张力机及地面和高空的滑车组都要相互协调配合，同时经纬仪要密切观测跨越档的弧垂，确保线体与水面间的高差。

（四）附件安装

导线和地线紧、挂线安装完成后随即进行附件安装，不能及时安装附件时，对导、地线采取临时防振措施。

1. 跨越塔悬垂线夹的安装

（1）普通地线及 OPGW 在紧、挂线完成后，在跨越塔地线顶架两侧滑车悬挂点附近操作孔，用两副链条葫芦下连单线提线器将其从放线滑车中提出，安装上悬垂金具串后，将普通地线及 OPGW 安装入悬垂线夹，完成附件。

（2）导线在紧、挂线完成后，在跨越塔横担两侧滑车悬挂点附近操作孔安装多副单线提线器将子导线从放线滑车中提出，每根子导线用两副提线器，降下放线滑车，安装护线条后进行悬垂线夹安装。各子导线宜分两根为一次同步安装，防止联板偏转或倾斜。由于导线截面及跨越塔处导线包络角较大，提线钩需要较大宽度，可直接使用悬垂线夹提线。提线器在导线上的间距应足够大，以满足安装预绞丝的空间要求。

2. 导线、OPGW 防振设施及间隔棒的安装

（1）导线悬垂线夹安装完成后随即进行导线间隔棒和防振设施的安装。

（2）导线间隔棒安装时，安装人员和安装材料从跨越塔处利用飞车向耐张塔和跨

越档中间处行进，边行进边测量安装尺寸并做好印记，先安装耐张塔处或跨越档中间处间隔棒，然后飞车返回时逐个向跨越塔处安装。

（3）阻尼线在地面根据施工图预先进行模拟安装，标记上安装印记后再运送至高空按标记进行安装，以确保阻尼线安装的准确性和美观。

3. 耐张塔刚性跳线安装

（1）耐张塔的跳线为刚性跳线，其主体为刚性结构，两端以软导线与耐张线夹的引流板相连。跳线器材运输和装卸要防止碰撞变形，运到安装现场安装前方可拆除包装。

（2）安装时，先在地面压上根据计算所得长度的引流线，引流线宜使用未经牵引过的原始状态导线制作，应使原弯曲方向与安装后的弯曲方向相一致，以利外形美观。然后将中间刚性铝管与引流线安装完成，最后吊起安装，将耐张线夹联板与跳线（引流线）联板安装完成。

（3）在地面将刚性跳线与悬垂绝缘子串组装好，一并吊装在塔上。施工时应根据确定的柔性跳线长度，将其与刚性跳线引流板、耐张线夹引流板连接，再安装柔性跳线间隔棒，并进行外观整形。

（4）在塔下压接跳线线夹时，注意跳线联板与耐张线夹引流联板结合面的方向。跳线安装后，测量最小对塔距离，如不符合设计要求，必须查明原因，进行调整或重装。

（五）质量标准

大跨越工程张力架线施工须注意的特殊质量措施主要包含以下内容。

（1）导线在保存、运输期间严格避免磕碰，施工期间特别注意其防磨损措施的落实，不允许导线出现中度及以上损伤。

（2）导线临锚时，调整子导线弧垂呈扇形，避免子导线相互鞭击。

（3）做好放线施工计算，确定合理的弧垂观测方法。弧垂观测时，应同时采取弧垂校核的措施，确保弧垂观测准确。

四、注意事项

大跨越工程张力架线施工须注意的特殊安全注意事项主要包含以下内容：

（1）提前与航运管理部门联系办理有关手续，放线期间与港监部门一起做好航运警戒管理。

（2）展放过程中，对水面上牵引绳、导线、地线、光缆的牵放情况及江上过往船只情况进行监控。

（3）展放过程中时，使用经纬仪测控跨越档各线索及导线的弧垂点，确保其净空高度。

（4）放线期间严格按要求做好导、地线、光缆及牵引绳的临时防振措施。

（5）保持与海事部门的畅通联系，建立断航事故应急预案，如果发生张力架线施工中影响通航的事故，立即进行妥善处理。

（6）通信联络系统必须畅通无阻，不同工序（展放导地线、紧线和附件安装）的通信频率应分开使用，以免相互干扰。

（7）施工前检查用于施工的机械设备状况，确保运转状况良好。

（8）导引绳、牵引绳及抗弯、旋转连接器在使用前应严格检查，确保连接牢靠。

【思考与练习】

（1）什么叫送电线路大跨越工程？

（2）讨论大跨越架线施工与普通线路架线施工有什么区别。

（3）大跨越架线需注意哪些特殊安全事项？

第三十章

架线施工安全及环保措施

▲ 模块1 架线施工安全及环保措施（新增模块4-9-1）

【模块描述】本模块包含架线施工的安全措施、环境保护措施等内容。通过内容介绍，掌握架线施工安全及环保要求，采取对应措施。

【模块内容】

一、架线施工安全措施

（1）架线开始前所有的受力工器具按要求进行检验。特别是钢丝绳连接套、牵引板、各种连接器、导引绳和牵引绳的插接式绳扣等张力放线受力体系中的薄弱环节，每次使用前均应严格检查，按规定方式安装和使用。并按 DL/T875 规定定期作荷载试验。

（2）牵放过程中应在下列部位设专人负责：

1）牵引场及张力场，并在张力场设现场总指挥；

2）各放线滑车处，尤其是转角滑车处；

3）所有跨越架处；

4）导线距离地面最近处；

5）居民区，未搭跨越架但有行人通行的乡道处；

6）其他特殊需要监护的地方。

（3）迅速可靠的通讯联络是架线施工正常作业的基本保证，为此要求：

1）各岗位工作人员应经过通信技术培训，掌握通讯知识和操作，能正确使用和保管通信工具；

2）选择可靠的通信工具；

3）通讯语言简短、明确、统一、清晰；

4）传递、接受、执行信息的程序合理，明确信号和指令；

5）通讯缺岗不得进行牵放作业。

（4）张力放线及紧线作业中，经常出现以另一套承力机具替换原承力机具，以另一种受力方式改变原受力方式的作业过程，如更换线轴、直线接续、临时锚线、临锚体系更换、松锚、收紧导线等，进行此种作业时应注意：

1）新承力机具的承载能力和受力方式除应符合原受力状态的要求外，尚应根据操作特点，留有一定裕度；

2）只有当新承力体系全部承受原体系的荷载，并检查无误后，才能拆除原体系；

3）新、旧承力体系的受力方向应大体一致，尤其应注意卡线器一般只能沿受力方向使用，若以卡线器过多改变力的作用方向，卡线器将卡不住导线而在导线上滑移；

4）操作人员应在安全位置作业。

（5）紧线施工中应注意导地线升空、紧线作业、耐张线夹安装过程的安全措施控制：

1）升空作业时必须使用压线装置，严禁直接使用人力压线；

2）导地线升空作业应与紧线作业密切配合并逐根进行；

3）压线滑车应设控制绳，压线钢丝绳应有足够长度，钢丝绳回松应缓慢；

4）紧线时应保证通讯顺畅，传递信号必须及时、清晰；导地线跳槽应处理完毕、导线不得相互扭绞，各处交叉跨越安全措施可靠；

5）升空及紧线过程中，不得站在悬空导地线的下方；

6）紧线用卡线器的规格必须与线材规格匹配，试验合格的卡线器；

7）高空安装导地线耐张线夹时，必须采取防止跑线的安全措施，采用双套独立卡线器进行保险施工；

8）挂线时，当连接金具靠近挂线点时应停止牵引，然后作业人员方可从安全位置到挂线点操作。挂线后应缓慢回松牵引绳，在调整拉线的同时应观察耐张金具串和杆塔的受力变形情况。

（6）平衡挂线、附件安装过程中的主要安全措施：

1）附件安装过程中特别是重要交叉跨越处要做好二道保护措施。

2）正在进行平衡挂线作业的导线，不得同时在该线其他部位进行其他作业。

3）相邻杆塔避免同时在同一相线安装直线附件。

4）同塔避免同时在同一垂直面上进行双层或多层作业。

5）平挂作业塔必须设置临时人员攀登自锁装置，线上作业人员必须使用速差保护器。

（7）防止电害的基本措施如下：

1）架线施工前，铁塔应连接好接地装置；

2）牵引机、张力机（包括小小牵、小小张机）、紧线绞磨机体须接地；

3）在牵引机、张力机机体前方的牵引绳和导线上分别安装接地滑车；

4）人站在干燥的绝缘板上操作牵、张机，站在地面上的人不应与操作人员接触；

5）将被跨越电力线路两侧的放线滑车接地；

6）耐张塔挂线前，用导体将耐张绝缘子串短接；

7）耐张段较长时，选适当的中间直线塔接地；

8）在感应电特别严重或交跨电力线的地区紧、挂线时，在操作点附近的导地线上装接地线，接地线要能随导地线运动而伸展。适当增加塔上放线滑车的接地点；

9）雷雨天停止放紧线作业；

10）附件安装中的所有作业，均必须在两端都设有临时接地的封闭区间内进行；

11）每一个附件安装工作点，均应在正式作业开始前首先设置好工作接地。工作接地可使用截面积不小于 $16mm^2$ 的编织铜线作接地引线。工作完成后，应及时拆除工作接地。

12）安装间隔棒应采用绝缘测绳，防止与带电线路相碰发生事故；飞车越过电力线路，一律视为从带电体上飞越，必须保证对带电体的安全距离，飞越时应有专人监护。

13）附件（包括跳线）全部安装完毕后，保留部分临时接地作半永久接地，拆除其余临时接地。半永久接地应作好记录、定期检查，保留至竣工验收后、启动运行前统一拆除。

二、架线施工环保要求

（1）施工人员着装统一，佩戴胸卡。

（2）施工场地做到工完料尽场地清，所有施工垃圾必须统一回收处理。

（3）提前做好施工场地的规划，特别是牵张两场必须逐个规划并制作施工现场平面图。

（4）施工作业人员必须从事先规划好的施工通道内进出，不得随意踩踏。

（5）牵张场文明施工布置：

1）牵张场应设施工区、指挥台、休息区、工具库，总面积应控制在合理范围之内。

2）施工区宜设置在线路中心下方，依次分为锚线区、牵张机放置区和吊机作业区。

3）整个牵张场范围内用红白警戒围栏围起，场内的施工通道用硬围栏隔离。

4）作业区入口两侧设置工程概况牌（含路径走向图）、工程目标牌、工程责任牌、岗位责任分工牌、友情提示牌、危险点控制牌、平面布置图及施工安全警告牌。

5）牵张机、发电机设操作规程牌，发电机设安全防护罩和警告标志。

6）牵张场入口处公路两侧放置警告牌"前方有车辆出入、请减速缓行"、友情提示牌"施工给您带来不便，敬请谅解"。

7）进入场地后，直行通道上依次设置指挥台、休息室、工具棚、守夜棚和临时厕所。

8）休息室内应放置桌子、凳子、药箱、灭火器箱、吸烟点、饮水点，门口放置垃圾箱。

（6）施工环保要求。

1）跨越成片林区或经济作物密集地区，宜采用动力伞等航天器悬空展放引绳，带张力牵引各级线（绳），从而避免对施工沿线作物的损坏和通道砍伐。

2）每个施工现场都要提前进行规划，现场布置应做到紧凑、适用，尽量减少施工占地。

3）施工人员应从规划好的通道内进出，禁止踩踏施工区域以外的作物。

4）施工现场应按可回收和不可回收设两个垃圾桶，对施工现场的包装物、施工废料、物等垃圾及时回收并分类处理，每个施工现场要做到工完、料尽、场地清。

5）对牵张机等设备的放置处必须铺垫钢板，钢丝绳等工器具与地面间应用彩条布进行隔垫，以防止油污渗入地面。

（7）对基础、铁塔成品的保护要求。

1）在架线时，要对基础加强保护，不得在基础立柱上堆放材料和工器具，不得在基础立柱上绑扎钢丝套。在紧挂线、过轮临锚等操作施工时要使用基础立柱保护罩。

2）在铁塔上设置起吊点、转向时应尽可能利用塔上预留的施工孔，无预留孔时衬垫软物，严禁钢丝套直接在塔材上缠绕绑扎。

3）施工中各类钢丝套不得磨碰塔材。

4）在起吊或松落绝缘子金具、放线滑车及施工工器具时，应在地面设控制绳，防止起吊物磨碰塔材。

【思考与练习】

（1）平衡挂线、附件安装过程中的安全措施有哪些？

（2）架线施工环保要求是哪些？

（3）架线施工时对基础、铁塔成品保护有哪些要求？

第三十一章

架线工程检查验收

▲ 模块1　导地线及附件检查验收（GYSD00701002）

【模块描述】本模块包含架线工程质量等级评定标准及检查方法；通过对架线工程各工序质量标准及验收方法的介绍，掌握导地线及附件检查验收的标准和方法，达到能够进行导地线及附件检查验收的要求。

【模块内容】

输电线路架线工程由导地线展放、连接、紧线和附件安装等工序组成。根据各工序的施工特点，架线工程的检查验收应针对各工序的不同特点分别开展，导地线展放验收重点是导地线在展放过程中发生损伤后的修补是否符合规范，导地线连接验收重点是连接质量是否符合要求，紧线工程的验收重点是导地线与各跨越距离及导地线弛度是否符合规程和设计要求，附件安装的验收重点是安装工艺质量是否满足要求。

一、导地线及附件检查验收一般规定

（1）跨越电力线、弱电线路、铁路、公路、索道及通航河流时，导地线在跨越档内接头应符合设计规定。当设计无规定时，应满足以下要求：当跨越标准轨距铁路、高速公路、一级公路、电车道、特殊管道、索道、110kV 及以上电力线路、一级及二级通航河流时，导地线不得有接头。

（2）当采用非张力放线时，导地线在同一处损伤需修补时，应满足下列规定：

1）导地线损伤补修处理标准应符合表 31-1-1 的规定。

表 31-1-1　　　　　　　非张力放线时导地线损伤补修处理标准

处理方法	线　　别		钢绞线（7 股）	钢绞线（19 股）
	钢芯铝绞线与钢芯铝合金绞线	铝绞线与铝合金绞线		
砂纸磨光处理	（1）铝、铝合金单股损伤深度小于股直径的 1/2。 （2）钢芯铝绞线及钢芯铝合金绞线损伤截面积为导电部分截面积的 5% 及以下，且强度损失小于 4%。 （3）单金属绞线损伤截面积为 4% 及以下		—	—

处理方法	线　别			
	钢芯铝绞线与钢芯铝合金绞线	铝绞线与铝合金绞线	钢绞线（7股）	钢绞线（19股）
以缠绕或补修预绞丝修理	导线在同一处损伤的程度已经超过"砂纸磨光处理"的规定，但因损伤导致强度损失不超过总拉断力的5%，且截面积损伤又不超过总导电部分截面积的7%时	导线在同一处损伤的程度已经超过"砂纸磨光处理"的规定，但因损伤导致强度损失不超过总拉断力的5%时	—	断1股
以补修管补修	导线在同一处损伤的强度损失已经超过总拉断力的50%，但不足17%，且截面积损伤也不超过导电部分截面积的25%时	导线在同一处损伤，强度损失超过总拉断力的5%，但不足17%时	断1股	断2股
开断重接	（1）导线损失的强度或损伤的截面积超过采用补修管补修的规定时。 （2）连续损伤的截面积或损失的强度都没有超过本规范以补修管补修的规定，但其损伤长度已超过补修管的能补修范围。 （3）复合材料的导线钢芯有断股。 （4）金钩、破股已使钢芯或内层铝股形成无法修复的永久变形		断2股	断3股

注　新建线路采用 DL/T 50233—2014；运行线路可按 DL/T 1069—2007《架空输电线路导地线修补导则》要求。

2）采用缠绕处理时应符合下列规定：

a）将受伤处线股处理平整。

b）缠绕材料应为铝单丝，缠绕应紧密，回头应绞紧，处理平整，其中心应位于损伤最严重处，并应将受伤部分全部覆盖。其长度不得小于100mm。

3）采用补修预绞丝处理时应符合下列规定：

a）将受伤处线股处理平整。

b）补修预绞丝长度不得小于3个节距，或符合 GB/T2337—1985《预绞丝》中的规定。

c）补修预绞丝应与导线接触紧密，其中心应位于损伤最严重处，并应将损伤部位全部覆盖。

4）采用补修管补修时应符合下列规定：

a）将损伤处的线股先恢复原绞制状态，线股处理平整。

b）补修管的中心应位于损伤最严重处。需补修的范围应位于管内各20mm。

c）补修管可采用钳压、液压，其操作必须符合规程要求。

（3）当采用张力放线时，导地线在同一处损伤需修补时，应满足表31-1-2规定。

表 31-1-2　　　　　　　张力放线时导线损伤补修处理标准

处理方法	导　线
砂纸磨光处理	外层导线线股有轻微擦伤，其擦伤深度不超过单股直径的 1/4，且截面积损伤不超过导电部分截面积的2%

续表

处理方法	导　线
以补修管修理	当导线损伤已超过轻微损伤，但在同一处损伤的强度损失尚不超过总拉断力的 8.5%，且损伤截面积不超过导电部分截面积的 12.5%
开断重接	（1）强度损失超过保证计算拉断力的 8.5%。 （2）截面积损伤超过导电部分截面积的 12.5%。 （3）损伤的范围超过一个补修管允许补修的范围。 （4）钢芯有断股。 （5）金钩、破股已使钢芯或内层线股形成无法修复的永久变形

注　新建线路采用 DL/T 50233—2014；运行线路可按 DL/T 1069—2007《架空输电线路导地线修补导则》要求。

（4）导地线连接应满足以下要求：

1）不同金属、不同规格、不同绞制方向的导线或架空地线严禁在同一个耐张段内连接。

2）当导线或架空地线采用液压连接时，操作人员必须经过培训及考试合格、持有操作许可证。连接完成并自检合格后，应在压接管上打上操作人员的钢印。

3）导线或架空地线，必须使用合格的电力金具配套接续管及耐张线夹进行连接。连接后的握着力强度，应在架线施工前进行试件试验。试件不得少于 3 组（允许接续管与耐张线夹合为一组试件）。其试验握着强度对液压都不得小于导线或架空地线设计使用拉断力的 95%。

4）接续管及耐张线夹压接后应检查外观质量，并应符合下列规定：

a）用精度不低于 0.1mm 的游标卡尺测量压后尺寸，其允许偏差必须符合 DL/T 5285—2013《输变电工程架空导线及地线液压压接工艺规程》的规定。

b）飞边、毛刺及表面未超过允许的损伤，应挫平并用 0 号砂纸磨光。

c）弯曲度不得大于 2%，有明显弯曲时应校直。

d）校直后的接续管如有裂绞，应割断重接。

e）裸露的钢管压后应涂防锈漆。

5）在一个档距内每根导线或架空地线上只允许有一个接续管和三个补修管，当张力放线时不应超过两个补修管，并应满足下列规定：

a）各类管与耐张线夹出口间的距离不应小于 15m。

b）接续管或补修管与悬垂线夹中心的距离不应小于 5m。

c）接续管或补修管与间隔棒中心的距离不宜小于 0.5m。

d）宜减少因损伤而增加的接续管。

（5）导地线紧线应满足以下要求：

1）紧线弧垂其允许偏差：110kV 线路为+5%，−2.5%；220kV 及以上线路为±2.5%；

跨越通航河流的大跨越档弧垂允许偏差不应大于±1%，其正偏差不应超过 1m。

2）导线或架空地线各相间的弧垂应力求一致，当满足上述弧垂允许偏差标准时，各相间弧垂的相对偏差最大值不应超过下列规定：110kV 线路为 200mm；220kV 及以上线路为 300mm；跨越通航河流的大跨越档弧垂最大允许偏差为 500mm。

3）相分裂导线同相子导线的弧垂应力求一致，在满足上述弧垂允许偏差标准时，其相对偏差应符合下列规定：

a）不安装间隔棒的垂直双分裂导线，同相子导线间的弧垂允许偏差为+100mm。

b）安装间隔棒的其他形式分裂导线同相子导线的弧垂允许偏差应符合下列规定：220kV 为 80mm；330～500kV 为 50mm。

4）架线后应测量导线对被跨越物的净空距离，计入导线蠕变伸长换算到最大弧垂时必须符合设计规定。

5）连续上（下）山坡时的弧垂观测，当设计有规定时按设计规定观测。其允许偏差值应符合本节的有关规定。

（6）附件安装应满足以下要求：

1）绝缘子应完好，在安装好弹簧销子的情况下球头不得自碗头中脱出。有机复合绝缘子伞套的表面不允许有开裂、脱落、破损等现象，绝缘子的芯棒与端部附件不应有明显的歪斜。

2）金具应完好，若其镀锌层有局部碰损、剥落或缺锌，应除锈后补刷防锈漆。

3）悬垂线夹安装后，绝缘子串应垂直地平面，个别情况其顺线路方向与垂直位置的偏移角不应超过 5°，且最大偏移值不应超过 200mm。连续上、下山坡处杆塔上的悬垂线夹的安装位置应符合设计规定。

4）绝缘子串、导线及架空地线上的各种金具上的螺栓、穿钉及弹簧销子，除有固定的穿向外，其余穿向应统一，并应符合下列规定：

a）单、双悬垂串上的弹簧销子均按线路方向穿入。使用 W 弹簧销子时，绝缘子大口均朝线路后方。使用 R 弹簧销子时，大口均朝线路前方。螺栓及穿钉凡能顺线路方向穿入者均按线路方向穿入，特殊情况两边线由内向外，中线由左向右穿入。

b）耐张串上的弹簧销子、螺栓及穿钉均由上向下穿；当使用 W 弹簧销子时，绝缘子大口均应向上；当使用 R 弹簧销子时，绝缘子大口均向下，特殊情况可由内向外，由左向右穿入。

c）分裂导线上的穿钉、螺栓均由线束外侧向内穿。

d）当穿入方向与当地运行单位要求不一致时，可按运行单位的要求，但应在开工前明确规定。

5）金具上所用的闭口销的直径必须与孔径相配合，且弹力适度。

6）各种类型的铝质绞线，在与金具的线夹夹紧时，除并沟线夹及使用预绞丝护线条外，安装时应在铝股外缠绕铝包带，缠绕时应符合下列规定：

a）铝包带应缠绕紧密，其缠绕方向应与外层铝股的绞制方向一致。

b）所缠铝包带应露出线夹，但不超过10mm，其端头应回缠于线夹内压住。

7）安装预绞丝护线条时，每条的中心与线夹中心应重合，对导线包裹应紧固。

8）安装于导线或架空地线上的防振锤及阻尼线应与地面垂直，设计有特殊要求时应按设计要求安装。其安装距离偏差不应大于±30mm。

9）分裂导线间隔棒的结构面应与导线垂直，杆塔两侧第一个间隔棒的安装距离偏差不应大于端次档距的±1.5%，其余不应大于次档距的±3%。各相间隔棒安装位置应相互一致。

10）绝缘架空地线放电间隙的安装距离偏差，不应大于±2mm。

11）柔性引流线应呈近似悬链线状自然下垂，其对杆塔及拉线等的电气间隙必须符合设计规定。使用压接引流线时其中间不得有接头。刚性引流线的安装应符合设计要求。

12）铝制引流连板及并沟线夹的连接面应平整、光洁，安装应符合下列规定：

a）安装前应检查连接面是否平整，耐张线夹引流连板的光洁面必须与引流线夹连板的光洁面接触。

b）应用汽油洗擦连接面及导线表面污垢，并应涂上一层电力复合脂。用细钢丝刷清除有电力复合脂的表面氧化膜。

c）保留电力复合脂，并应逐个均匀地拧紧连接螺栓。螺栓的扭矩应符合该产品说明书的要求。

二、导地线及附件验收项目、标准、方法

（1）导地线展放质量等级评定标准及检查方法见表31-1-3。

表31-1-3 导地线展放质量等级评定标准及检查方法

序号	性质	检查（检验）项目	评级标准（允许偏差）		检查方法
			合格	优良	
1	关键	导地线规格	符合设计要求		与设计图核对，实物检查
2	关键	因施工损伤补修处理	符合本文第一章第2条、第3条规定	平均每5km单回线路不超过1个，无损伤补修档大于85%	检查记录，现场检查

续表

序号	性质	检查（检验）项目	评级标准（允许偏差）		检查方法
			合格	优良	
3	关键	因施工损伤接续处理	符合本文第一章第2条、第3条规定	平均每5km单回线路不超过1个，无损伤补修档大于90%	检查记录，现场检查
4	关键	同一档内接续管与补修管数量	符合本文第一章第4条第（5）点规定	每线只允许各有一个	检查记录，现场检查
5	关键	各压接管与线夹间隔棒间距	符合本文第一章第4条第（5）点规定	间距比前述规定的大0.2倍	检查记录，现场检查或抽查
6	外观	导地线外观质量	符合规定	无任何损伤导地线之处	检查记录，现场检查

注意，"同一档内接续管与补修管数量"、"各压接管与线夹间隔棒间距"容易忽视，实际操作中如发现同一档内出现两个接续管或接续管与悬垂串线夹间距小于 5m 等情况，都是违反规程要求的，应提请施工单位整改。

（2）导地线连接质量等级评定标准及检查方法见表 31-1-4。

表 31-1-4　　　　　　　　导地线连接质量等级评定标准及检查方法

序号	性质	检查（检验）项目	评级标准（允许偏差）		检查方法
			合格	优良	
1	关键	压接管规格、型号	符合设计和本文第一章第2条、第3条规定		与设计图纸核对，现场登塔抽查耐张压接管
2	关键	耐张、直线压接管试验强度 $P_b^{①}$（%）	95		拉力试验
3	关键	压接后尺寸	符合设计和规程要求或推荐值		游标卡现场抽查测量
4	一般	压接后弯曲（%）	2	1.6	钢尺测量
5	外观	压接管表面质量	无起皱、无毛刺	整齐光洁、美观	观察

① P_b 为导线或避雷线的保证计算拉断力。

注意：

1）耐张、直线压接管试验强度 P_b 项目的检查，在施工记录资料中以检查拉力试验报告为准，拉力试验应由符合国家资质要求的机构作试验并出具报告。

2）接续管压接后尺寸用游标卡尺检查，现场应登塔抽查耐张压接管的压接尺寸，特别是钢锚管有否欠压和过压，压接管上是否有钢印印记。施工记录中的接续管个数及位置应与现场一致。

3）外观检查压接管表面质量，接续管采用望远镜检查管口附近不应有明显的松股现象。

（3）紧线质量等级评定标准及检查方法见表31-1-5。

表31-1-5　　　　　　　　紧线质量等级评定标准及检查方法

序号	性质	检查（检验）项目		评级标准（允许偏差）		检查方法
				合格	优良	
1	关键	相位排列		符合设计要求		与设计图纸及现场标志核对
2	关键	对交叉跨越物及对地距离		符合设计要求		经纬仪测量
3	关键	耐张连接金具绝缘子规格、数量		符合设计要求		与设计图纸核对
4	重要	导地线弧垂（紧线时）	110kV（%）	+5，2.5	+4，2	经纬仪和钢尺弛度板
			220kV及以上（%）	±2.5	±2	
			大跨越（%）	±1（最大1mm）	±0.8（最大0.8mm）	
5	重要	导地线相间弧垂偏差mm	110kV	200	150	经纬仪和钢尺弛度板
			220kV及以上	300	250	
			大跨越	500	400	
6	一般	同相子导线间弧垂偏差（mm）	无间隔棒双分裂导线	+100，0		经纬仪和钢尺弛度板测量
			有间隔棒其他分裂形式导线220kV	80		
			330～500kV	50		
7	外观	导地线弧垂		符合设计要求	线间距均匀协调美观	观察

（4）附件安装质量等级评定标准及检查方法见表31-1-6。

表31-1-6　　　　　　　附件安装质量等级评定标准及检查方法

序号	性质	检查（检验）项目	评级标准（允许偏差）		检查方法
			合格	优良	
1	关键	金具及间隔棒规格、数量	符合设计和本文第一章第6条规定要求		与设计图纸核对
2	关键	跳线及带电导体对杆塔电气间隙	符合设计和本文第一章第6条规定要求		钢尺测量
3	关键	跳线连接板及并沟线夹连接	符合设计和本文第一章第6条规定要求		现场检查

续表

序号	性质	检查（检验）项目		评级标准（允许偏差）		检查方法
				合格	优良	
4	关键	开口销及弹簧销		符合设计要求	齐全并开口	现场检查
5	关键	绝缘子的规格、数量		符合设计和本文第一章第6条规定要求	干净、无损伤	现场检查
6	重要	跳线制作		符合设计和本文第一章第6条规定要求	曲线平滑美观，无歪扭	现场检查
7	重要	悬垂绝缘子串倾斜		5°（最大200mm）	4°（最大150mm）	经纬仪观测及钢尺测量
8	重要	防震垂及阻尼线安装距离（mm）		±30	±24	钢尺测量
9	重要	铝包带缠绕		符合设计和本文第一章第6条规定要求	统一、美观	现场检查
10	重要	绝缘避雷线放电间隙　mm		±2		钢尺测量
11	一般	间隔棒安装位置	第一个 l'① （%）	±1.5	±1.2	钢尺测量
			第一个 l'（%）	±3.0	±2.4	
12	一般	屏蔽环、均压环绝缘间隙（mm）		±10	±8	钢尺测量
13	一般	均压环安装方向和位置		安装位置符合设计和厂家要求，不反装，螺栓紧固		现场检查
14	外观	瓷瓶开口销子螺栓及弹簧销穿入方向		符合设计和本文第一章第6条规定要求		现场检查

①　l' 是指次档距。

注意：

1）双串"八字形"布置悬垂绝缘子串倾斜检查应根据设计尺寸，以投影到导线上的垂直点为中心两边测量。

2）复合绝缘子均压环外观检查应特别注意安装方向。

【思考与练习】

（1）导线损伤应如何进行处理？

（2）为什么规定接续管或补修管对线夹有不同的间距规定要求？

（3）评级标准对导地线相间弧垂偏差是如何规定的？

（4）跳线连接板及并沟线夹连接有哪些规定？

模块2　线路防护区检查验收（GYSD00701004）

【模块描述】本模块包含线路防护区检查验收的一般要求、交叉跨越的距离要求等内容；通过对线路防护区检查项目与标准的介绍，达到掌握验收标准和方法，能够进行线路防护区检查验收的要求。

【模块内容】

为确保输电线路的安全运行，《电力设施保护条例》对架空电力线路的防护区（保护区，下同）作出了相应的规定。在线路工程的验收中，验收人员应根据法律、规程和设计要求，对线路防护区进行检查和验收。

本模块主要对线路防护区检查验收的一般要求、交叉跨越、风偏距离、验收的项目及标准进行了论述。

一、线路防护区检查验收的一般要求

（1）架空电力线路保护区：是指导线边线向外侧水平延伸并垂直于地面所形成的两平行面内的区域，在一般地区各级电压导线的边线延伸距离如下：

35～110kV：10m；220～330kV：15m；500kV：20m；750kV：25m；1000kV：30m。

在厂矿、城镇等人口密集地区，架空电力线路保护区的区域可略小于上述规定。但各级电压导线边线延伸的距离，不应小于导线边线在最大计算弧垂及最大计算风偏后的水平距离和风偏后距建筑物的安全距离之和。

（2）任何单位和个人在架空电力线路保护区内，必须遵守下列规定：

1）不得堆放谷物、草料、垃圾、矿渣、易燃物、易爆物及其他影响安全供电的物品。

2）不得烧窑、烧荒。

3）不得兴建建筑物、构筑物。

4）不得种植可能危及电力设施安全的植物。

（3）任何单位和个人不得在距电力设施周围500m范围内（指水平距离）进行爆破作业。因工作需要必须进行爆破作业时，应当按国家颁发的有关爆破作业的法律法规，采取可靠的安全防范措施，确保电力设施安全，并征得当地电力设施产权单位或管理部门的书面同意，报经政府有关管理部门批准。

（4）电力线路500m范围内不得有采石场。当发现有废弃的采石场时，应设计"严禁采石"等警示标志，并应与相应的责任人签订禁止采石的相关协议。

二、导线与被跨越物的距离要求

（1）导线与地面的距离，在最大计算弧垂情况下，不应小于表 31-2-1 所列数值。

表 31-2-1　　　　　　　　　　　导线对地面最小距离

标称电压（kV） 线路经过地区	35～110	154～220	330	500	750	1000
居民区	7.0	7.5	8.5	14	19.5	27
非居民区	6.0	6.5	7.5	11 (10.5)	15.5 (13.7)	22 (19)
交通困难地区	5.0	5.5	6.5	8.5	11	15

　　500kV、750kV 送电线路非居民区括号外数据用于导线水平排列，括号内数据用于导线三角排列。

（2）导线与山坡、峭壁、岩石之间的净空距离，在最大计算风偏情况下，不应小于表 31-2-2 所列数值。

表 31-2-2　　　　　导线与山坡、峭壁、岩石之间的最小净空距离　　　　　（m）

标称电压（kV） 线路经过地区	35～110	154～220	330	500	750	1000
步行可以到达的山坡	5.0	5.5	6.5	8.5	11.0	12
步行不能到达的山坡、 峭壁和岩石	3.0	4.0	5.0	6.5	8.5	12

　　（3）线路导线不应跨越屋顶为易燃材料做成的建筑物。对耐火屋顶的建筑物，亦应尽量不跨越，特殊情况需要跨越时，电力主管部门应采取一定的安全措施，并与有关部门达成协议或取得当地政府同意。500kV 及以上线路导线不应跨越有人居住或经常有人出入的耐火屋顶的建筑物。导线与建筑物间的垂直距离，在最大计算弧垂情况下，不应小于表 31-2-3 所列数值。

表 31-2-3　　　　　　　　导线与建筑物之间的最小垂直距离

标称电压（kV）	66～110	154～220	330	500	750	1000
垂直距离（m）	5.0	6.0	7.0	9.0	11.5	15

　　（4）送电线路边导线与建筑物之间的距离，在最大计算风偏情况下，不应小于表 31-2-4 所列数值。

表 31-2-4　　　　　　　边导线与建筑物之间的最小距离

标称电压（kV）	66～110	154～220	330	500	750	1000
垂直距离（m）	4.0	5.0	6.0	8.5	11.0	15

（5）在无风情况下，边导线与不在规划范围内的城市建筑物之间的水平距离，不应小于表 31-2-5 所列数值。

表 31-2-5　　　　边导线与不在规划范围内城市建筑物之间的水平距离

标称电压（kV）	110	220	330	500	750	1000
距离（m）	2.0	2.5	3.0	5.0	6.5	7

（6）输电线路一般按高跨设计不砍树竹木的方案，如通树竹木区等。运行线路的通道宽度不应小于线路边相导线间的距离和林区主要树种自然生长最终高度两倍之和。通道附近超过主要树种自然生长最终高度的个别树木，也应砍伐。

在下列情况下，如不妨碍架线施工和运行检修，可不砍伐出通道。

1）树木自然生长高度不超过 2m。

2）导线与树木（考虑自然生长高度）之间的垂直距离，不小于表 31-2-6 所列数值。

（7）对不影响线路安全运行，不妨碍对线路进行巡视、维护的树木或国林、经济作物林，可不砍伐，但树木所有者与电力主管部门应签订协议，确定双方责任，确保线路导线在最大弧垂或最大风偏后与树木之间的安全距离不小于表 31-2-6 所列数值。

表 31-2-6　　　　导线在最大弧垂或最大风偏后与树木之间的安全距离

标称电压（kV）	35～110	154～220	330	500	750	1000
最大弧垂时垂直距离（m）	4.0	4.5	5.5	7.0	8.5	14
最大风偏时净空距离（m）	3.5	4.0	5.0	7.0	8.5	14

（8）线路与弱电线路交叉时，对一、二级弱电线路的交叉角应分别大于 45°、30°，对三级弱电线路不限制。

（9）架空送电线路与甲类火灾危险性的厂房、甲类物品库房、易燃易爆材料堆场及可燃或易燃易爆液（气）体储罐的防火间距，不应小于杆塔高度加 3m，还应满足相应的规定要求。

（10）架空送电线路与铁路、公路、河流、管道、索道及各种架空线路交叉或接近距离应满足表 31-2-7 的要求。

表 31-2-7 　　　　　　　导线对被跨越物最小垂直距离 　　　　　　　　（m）

被跨越物名称		线路标称电压（kV）					
		110	220	330	500	750	1000
至铁路轨顶	标准轨	7.5	8.5	9.5	14.0	19.5	27
	窄轨	7.5	7.5	8.5	13.0	18.5	26
	电气轨	11.5	12.5	13.5	16.0	21.5	27
至铁路承力索或接触线		3.0	4.0	5.0	6.0	7（10）	10（16）
至公路路面		7.0	8.0	9.0	14.0	19.5	27
至电车道（有轨及无轨）	路面	10.0	11.0	12.0	16.0	21.5	—
	承力索或接触线	3.0	4.0	5.0	6.5	7（10）	—
至通航河流	五年一遇洪水位	6.0	7.0	8.0	9.5	11.5	14
	最高航行水位的最高船桅顶	2.0	3.0	4.0	6.0	8.0	10
至不通航河流	百年一遇洪水位	3.0	4.0	5.0	6.5	8.5	10
	冰面（冬季温度）	6.0	6.5	7.5	水平11.0 三角10.5	11.5	22
至弱电线路		3.0	4.0	5.0	8.5	12	18
至电力线路		3.0	4.0	5.0	6.0（8.5）	7（12）	10（16）
至特殊管道任何部分		4.0	5.0	6.0	7.5	9.5	18
至索道任何部分		3.0	4.0	5.0	6.5	8.5	—

注　括号内数字用于跨越杆（塔）顶。

（11）架空送电线路与铁路、公路、电车道、河流、弱电线路、架空送电线路、管道、索道接近的最小水平距离应不小于表 31-2-8 的要求。

表 31-2-8 　　　　　　　最 小 水 平 距 　　　　　　　　（m）

接近物	接近条件		对应线路电压等级（kV）					
			110	220	330	500	750	1000
铁路	杆塔外缘至路基边缘		交叉取 30mm；平行取最高杆（塔）高加 3m					40
公路	杆塔外缘至路基边缘	开阔地区	交叉取 8m；平行取最高杆（塔）高					15
		路径受限制地区	5.0	5.0	6.0	8.0（15）	10（高速20）	15
电车道（有轨及无轨）	杆塔外缘至路基边缘	开阔地区	交叉取 8m，平行取最高杆（塔）高				交叉取 10m，平行取最高杆（塔）高	—
		路径受限制地区	5.0	5.0	6.0	8.0	10	—

续表

接近物	接近条件		对应线路电压等级（kV）					
			110	220	330	500	750	1000
通航或不通航河流	边导线至斜坡上缘（线路与拉纤小路平行）		最高杆（塔）高					
弱电线路	与边导线间	开阔地区	最高杆（塔）高					
		路径受限制地区	4.0	5.0	6.0	8.0	10.0	12.0
电力线路	与边导线间	开阔地区	最高杆（塔）高					
		路径受限制地区	5.0	7.0	9.0	13.0	16.0	20.0
特殊管道和索道	过导线至管道和索道	开阔地区	最高杆（塔）高					
		路径受限制地区（在最大风偏情况下）	4.0	5.0	6.0	7.5	管道9.5，索道顶8.5，索道底11	—

注　接近公路一栏中括号内数值对应高速公路，高速公路路基边缘指公路下缘的隔离栏。

三、线路防护区验收项目、标准、方法

线路防护区验收标准及检查方法见表31-2-9。

表 31-2-9　　　　　　　　　线路防护区验收标致及检查方法

序号	性质	检查（检验）项目	标准	检查方法
1	关键	跨越或保护区内树木	符合本章节2.8，2.9条	观察，经纬仪、皮尺测量检查协议
2	关键	跨越或保护区内建筑物	符合本章节2.3，2.4，2.5，2.6，2.11条和设计规定	核对图纸，经纬仪、皮尺测量，检查协议
3	关键	跨越或保护区内采石场	符合本章节1.3和1.4条规定	核对图纸，观察，检查封闭协议
4	关键	交跨距离	满足本章节第2节的规定和设计要求	核对图纸，经纬仪、皮尺测量

【思考与练习】

（1）架空电力线路保护区的距离范围是如何规定的？

（2）架空送电线路与公路交叉跨越最小垂直距离是多少？

（3）架空送电路与铁路接近的最小水平距离是多少？

第五部分

规 程 规 范

第三十二章

送电线路架设规程规范

▲ 模块 1　Q/GDW 1799.2—2013《国家电网公司电力安全工作规程　线路部分》（新增模块）

【模块描述】本模块包含保证输（配）电线路施工、运行和维护、带电作业、电力电缆施工等工作安全的组织和技术措施，以及施工机具和安全工器具的使用、保管、检查和试验等内容，通过知识讲解和案例分析，掌握《国家电网公司电力安全工作规程（线路部分）》的相关内容。

【模块内容】

国家电网公司电力安全工作规程（线路部分）2013 版共有 13 章主要内容和 1 个附录，分别是：总则，保证安全的组织措施，保证安全的技术措施，线路运行和维护，邻近带电导线的工作，线路施工，高处作业，起重与运输，配电设备上的工作，带电作业，施工机具和安全工器具的使用、保管、检查和试验；电力电缆工作，一般安全措施，附录。

对于送电线路架设工应重点掌握有关电气安全章节，主要是总则、保证安全的组织措施、保证安全的技术措施、邻近带电导线的工作。对于线路施工、高处作业、起重与运输、施工机具和安全工器具的使用、保管、检查和试验、一般安全措施等章节以 DL 5009.2—2013《电力建设安全工作规程　第 2 部分：电力线路》为准。

一、总则

应重点掌握内容有：

（1）作业现场的 4 个基本条件应满足：即作业现场的生产条件和安全设施等应符合有关标准、规范的要求，工作人员的劳动防护用品应合格、齐备；经常有人工作的场所及施工车辆上宜配备急救箱，存放急救用品，并应指定专人经常检查、补充或更换；现场使用的安全工器具应合格并符合有关要求；各类作业人员应被告知其作业现场和工作岗位存在的危险因素、防范措施及事故紧急处理措施。

（2）作业人员的 3 个基本条件应满足：即经医师鉴定，无妨碍工作的病症（体格检查每两年至少一次）；具备必要的电气知识和业务技能，且按工作性质，熟悉本规程的相关部分，并经考试合格；具备必要的安全生产知识，学会紧急救护法，特别要学会触电急救。

（3）教育和培训。各类作业人员、新参加电气工作的人员、实习人员和临时参加劳动的人员（管理人员、非全日制用工等）、外单位承担或外来人员参与公司系统电气工作的工作人员均应熟悉本规程、并经考试合格，方可参加工作。

（4）任何人发现有违反本规程的情况，应立即制止，经纠正后才能恢复作业。各类作业人员有权拒绝违章指挥和强令冒险作业；在发现直接危及人身、电网和设备安全的紧急情况时，有权停止作业或者在采取可能的紧急措施后撤离作业场所，并立即报告。

二、保证安全的组织措施

应重点掌握内容有：

（1）在电力线路上工作，保证安全的组织措施（6 个制度）：即现场勘察制度；工作票制度；工作许可制度；工作监护制度；工作间断制度；工作终结和恢复送电制度。

（2）现场勘察制度。2009 版规定现场勘察由工作票签发人组织。2013 版修订为"进行电力线路施工作业、工作票签发人或工作负责人认为有必要现场勘察的检修作业，施工、检修单位均应根据工作任务组织现场勘察，并填写现场勘察记录。现场勘察由工作票签发人或工作负责人组织。"

（3）工作票制度。

1）承发包工程中，工作票可实行"双签发"形式。签发工作票时，双方工作票签发人在工作票上分别签名，各自承担本规程工作票签发人相应的安全责任。

2）工作票的使用。2013 版规定为：一条线路分区段工作，若填用一张工作票，经工作票签发人同意，在线路检修状态下，由工作班自行装设的接地线等安全措施可分段执行。工作票中应填写清楚使用的接地线编号、装拆时间、位置等随工作区段转移情况。

3）工作票所列人员：工作票签发人、工作负责人（监护人）、工作许可人、专责监护人、工作班成员的基本条件及相关安全责任应明确。

三、保证安全的技术措施

应重点掌握内容有：

（1）在电力线路上工作，保证安全的技术措施：停电、验电、装设接地线、使用个人保安线、悬挂标示牌和装设遮栏（围栏）。上述措施由运行人员或有权执行操作的人员执行。

（2）2009 版对于间接验电的阐述是：对无法进行直接验电的设备、高压直流输电设备和雨雪天气时的户外设备，可以进行间接验电。即通过设备的机械指示位置、电气指示、带电显示装置、仪表及各种遥测、遥信等信号的变化来判断。判断时，应有两个及以上的指示，且所有指示均已同时发生对应变化，才能确认该设备已无电；若进行遥控操作，则应同时检查隔离开关（刀闸）的状态指示、遥测、遥信信号及带电显示装置的指示进行间接验电。

2013 版修订为"对无法进行直接验电的设备和雨雪天气时的户外设备，可以进行间接验电。即通过设备的机械指示位置、电气指示、带电显示装置、仪表及各种遥测、遥信等信号的变化来判断。判断时，至少应有两个非同样原理或非同源的指示发生对应变化，且所有这些确定的指示均已同时发生对应变化，才能确认该设备已无电。以上检查项目应填写在操作票中作为检查项。检查中若发现其他任何信号有异常，均应停止操作，查明原因。若进行遥控操作，可采用上述的间接方法或其他可靠的方法进行间接验电。"

（3）装设接地线要求。接地线应使用专用的线夹固定在导体上，禁止用缠绕的方法进行接地或短路。装设接地线时，应先接接地端，后接导线端，接地线应接触良好、连接应可靠。拆接地线的顺序与此相反。装、拆接地线均应使用绝缘棒或专用的绝缘绳。人体不准碰触未接地的导线。

（4）使用个人保安线要求。工作地段如有邻近、平行、交叉跨越及同杆塔架设线路，为防止停电检修线路上感应电压伤人，在需要接触或接近导线工作时，应使用个人保安线。个人保安线应在杆塔上接触或接近导线的作业开始前挂接，作业结束脱离导线后拆除。装设时，应先接接地端，后接导线端，且接触良好，连接可靠。拆个人保安线的顺序与此相反。个人保安线由作业人员负责自行装、拆。

（5）进行地面配电设备部分停电的工作，人员工作时距设备小于表 32-1-1 安全距离以内的未停电设备，应增设临时围栏。临时围栏与带电部分的距离，不准小于表 32-1-2 的规定。临时围栏应装设牢固，并悬挂"止步，高压危险！"的标示牌。

表 32-1-1　　　　　　　　　设备不停电时的安全距离

电压等级（kV）	安全距离（m）
10 及以下	0.70
20、35	1.00
63（66）、110	1.50

表 32-1-2　　　　工作人员工作中正常活动范围与带电设备的安全距离

电压等级（kV）	安全距离（m）
10 及以下	0.35
20、35	0.60
63（66）、110	1.50

注　表 32-1-1、32-1-2 未列电压应选用高一电压等级的安全距离。

四、邻近带电导线的工作

应重点掌握内容有：

（1）带电杆塔上进行测量、防腐、巡视检查、紧杆塔螺栓、清除杆塔上异物等工作，作业人员活动范围及其所携带的工具、材料等，与带电导线最小距离不准小于表 32-1-3 的规定。

表 32-1-3　　　　在带电线路杆塔上工作与带电导线最小安全距离

电压等级（kV）	安全距离（m）	电压等级（kV）	安全距离（m）
交流线路			
10 及以下	0.7	330	4.0
20、35	1.0	500	5.0
63（66）、110	1.5	750	8.0
220	3.0	1000	9.5
直流线路			
±50	1.5	±660	9.0
±500	6.8	±800	10.1

进行上述工作，应使用绝缘无极绳索，风力应不大于 5 级，并应有专人监护。如不能保持表 32-1-3 要求的距离时，应按照带电作业工作或停电进行。

（2）停电检修的线路如与另一回带电线路相交叉或接近，以致工作时人员和工器具可能和另一回导线接触或接近至表 32-1-4 安全距离以内，则另一回线路也应停电并予接地。

表 32-1-4 邻近或交叉其他电力线工作的安全距离

电压等级（kV）	安全距离（m）	电压等级（kV）	安全距离（m）
交流线路			
10 及以下	1.0	330	5.0
20、35	2.5	500	6.0
63（66）、110	3.0	750	9.0
220	4.0	1000	10.5
直流线路			
±50	3.0	±660	10.0
±500	7.8	±800	11.1

（3）邻近高压线路感应电压的防护措施是：在 330kV 及以上电压等级的带电线路杆塔上及变电站构架上作业，应采取穿着静电感应防护服、导电鞋等防静电感应措施（220kV 线路杆塔上作业时宜穿导电鞋）；在 ±400kV 及以上电压等级的直流线路单极停电侧进行工作时，应穿着全套屏蔽服；带电更换架空地线或架设耦合地线时，应通过金属滑车可靠接地；绝缘架空地线应视为带电体。作业人员与绝缘架空地线之间的距离应不小于 0.4m（1000kV 为 0.6m）。如需在绝缘架空地线上作业时，应用接地线或个人保安线将其可靠接地或采用等电位方式进行；用绝缘绳索传递大件金属物品（包括工具、材料等）时，杆塔或地面上作业人员应将金属物品接地后再接触，以防电击。

五、通用内容

线路施工、高处作业、起重与运输、施工机具和安全工器具的使用、保管、检查和试验及一般安全措施等章节内容与 DL 5009.2—2013《电力建设安全工作规程 第 2 部分：电力线路》中有关章节类同，且 DL 5009.2—2013《电力建设安全工作规程 第 2 部分：电力线路》阐述比较符合送电架设工的特征，故以 DL 5009.2—2013《电力建设安全工作规程 第 2 部分：电力线路》为准。

六、附录

应重点掌握内容有：

（1）触电急救知识（心肺复苏法）。

（2）登高工器具试验标准，见规程对应表格。

（3）起重机具检查和试验周期、质量参考标准见对应表格。

【思考与练习】

（1）作业现场应具备哪些基本条件？

（2）在电力线路上工作保证安全的组织措施和技术措施有哪些？

（3）现场工作时，工作班成员的安全责任有哪些？

（4）临近高压线路工作时，如何防止感应电压？

模块 2 DL 5009.2—2013《电力建设安全工作规程第 2 部分：电力线路》（新增模块）

【**模块描述**】本模块包含通则、起重与装卸、基础工程、杆塔工程、架线工程、不停电与停电作业、电缆线路等施工安全内容。通过概念描述和条文解释，能够掌握电力线路建设安全的技术要求和标准。

【**模块内容**】

本规程是根据《国家能源局关于 2011 年第二批能源领域行业标准制（修）订计划的通知》（国能科技〔2011〕252 号）文件要求，由国家电网公司组织相关单位和专家共同编制完成。

一、本规程与 DL 5009.2—2004 相比主要变化

（1）将第 3 章"基本规定"、第 4 章"材料、设备的存放和保管"、第 6 章"施工用电"、第 7 章"防火防爆"、第 8 章"高处作业与交叉作业"和第 15 章"其他"合并入"通则"中；

（2）取消了第 5 章"文明施工"的内容；

（3）将第 9 章"工地起重和运输"更改为"起重与装卸"；

（4）原 12.1"跨越架"与 12.2"特殊跨越"两节合并成"跨越架搭设"（见 7.1 节），并规定了一般跨越、重要跨越和特殊跨越；

（5）增加了"电缆线路"一章（见第 9 章）；

（6）对部分条文的词句进行了修改，顺序、位置做了调整，内容进行了归类和增加；

（7）本规程强制性条文较多。

二、本规程各章要点

第 3 章 通则

3.1 基本规定

（1）工程建设、施工、监理单位的各级领导、工程技术人员和施工管理人员必须熟悉并严格遵守本部分，施工人员必须熟悉和严格遵守本部分，并经考试合格后上岗。工程设计人员应按本部分的有关规定，从设计上为安全施工创造条件。

（2）对从事电工、金属焊接与切割、高处作业、起重、机械操作、爆破（压）、企业内机动车驾驶等特种作业施工人员，必须进行安全技术理论的学习和实际操作的培训，经有关部门考核合格后，持证上岗。

（3）对新入厂人员必须进行三级安全教育培训，经考试合格后持证上岗。

（4）严禁违章作业、违章指挥、违反劳动纪律；对违章作业的指令有权拒绝；有权制止他人违章行为；对无安全措施或未经安全技术交底的施工项目，施工人员有权拒绝施工。

（5）进入施工区的人员必须正确佩戴安全帽和正确配用个人劳动保护用品。

（6）遇有雷雨、暴雨、浓雾、沙尘暴、六级及以上大风时，不得进行高处作业、水上运输、露天吊装、杆塔组立和放紧线等作业；遇有雷雨、闪电、大雾、黑夜、严禁爆破施工；夏季、雨季施工时，应做好防台风、防雨、防泥石流、防暑降温等工作；在霜冻、雨雪后进行高处作业，应采取防滑措施和防寒防冻措施。

（7）林区、草地施工现场，严禁吸烟及使用明火。

3.2　施工现场

3.2.1　一般规定

（1）施工现场应制定现场应急处置方案。

（2）现场的机械设备应完好、整洁，安全操作规程齐全。

（3）施工便道应保持畅通、安全、可靠。

（4）遇悬崖险坡应设置安全可靠的临时围栏。

（5）应按规定配置和使用送电施工安全设施（见附录A）。

3.2.2　材料及器材的存放和保管

（1）材料、设备应按平面布置的规定存放。露天堆放场地应平整、坚实、不积水，并应符合装卸、搬运、消防及防洪的要求。

（2）器材（钢筋混凝土电杆、钢管、水泥、线盘、圆木和毛竹）堆放应有防倾倒、防滚动的安全措施。

（3）临时设施与建筑物及易燃材料堆物的防火间距应符合相关安全要求；临时设施不宜建在电力线下方。若要建造，则建筑物与导线之间的垂直距离，在导线最大计算弧垂情况下应符合相关安全规定。

（4）氧气瓶的存放和保管、乙炔气瓶的存放和保管、有毒有害物品的存放和保管、汽油、柴油等挥发性物品的存放和保管均应遵守相关安全规定。

3.2.3　施工用电

（1）工地和材料站的施工用电应按已批准的施工技术措施进行布设，并按当地供电部门的规定提出用电申请。

（2）施工用电设施的安装、维护，应由专业电工负责，严禁私拉乱接。

（3）低压施工用电线路的架设、电气设备及电动工具的使用均应遵守相关安全规定。

（4）在光线不足及夜间工作的场所，应设足够的照明。照明设施的安装和拆除应遵守相关安全规定。

3.2.4　防火防爆

（1）电气设备附近应配备适用于扑灭电气火灾的消防器材。当发生电气火灾时应首先切断电源。

（2）装过挥发性油剂及其他易燃物质的容器未经处理，不得焊接与切割。

（3）在林区、牧区进行施工，应遵守当地的防火规定，并配备必要的消防器材。

（4）材料站、易燃物品存放地，工程用火、生活用火等应按规定配备消防器材。

（5）爆破施工及爆破器材的使用，应遵守现行国家标准《爆破安全规程》GB6722的规定。

3.3　高处作业及交叉作业

该内容对送电线路架设工十分重要，应牢牢掌握。

3.3.1　高处作业

（1）遵照 GB 3608 的规定，凡在坠落高度基准面 2m 及以上有可能坠落的高度进行的作业均称为高处作业。不同高度的可能坠落范围半径见表 32-2-1。高处作业应设安全监护人。

表 32-2-1　　　　不同高度的可能坠落范围半径　　　　　　　（m）

作业位置至其底部的垂直距离	$2<h_w≤5$	$5<h_w≤15$	$15<h_w≤30$	$h_w≤>30$
其可能坠落的范围半径	3	4	5	6

注　1　通过可能坠落范围内最低处的水平面称为坠落高度基准面。

　　2　作业区各作业位置至相应坠落高度基准面的垂直距离中的最大值称为作业高度，用 h_w 表示。

　　3　可能坠落范围半径为确定可能坠落范围面规定相对于作业位置的一段水平距离。

（2）高处作业人员必须使用安全带，且宜使用全方位防冲击安全带。安全带必须拴在牢固的构件上，并不得低挂高用。施工过程中，应随时检查安全带是否拴牢；高处作业应使用速差自控器或安全自锁器，高塔作业必须使用速差自控器及安全自锁器；高处作业人员在转移作业位置时不得失去保护，手扶的构件必须牢固。在大间隔部位或杆塔头部水平转移时，应使用水平绳或增设临时扶手。垂直转移时应使用速差自控器或安全自锁器；严禁利用绳索或拉线上下杆塔或顺杆下滑。

（3）在带电体附件进行高处作业时，与带电体的最小安全距离必须符合表 32-2-2 的规定，遇特殊情况达不到该要求时，必须采取可靠的安全技术措施，经总工程师批准后方可施工。

表 32-2-2　　　　　　　　　　**高处作业与带电体最小安全距离**

带电体的电压等级（kV）	≤10	35	63～110	220	330	500
工器具、安装构件、导线、地线与带电体的距离（m）	2.0	3.5	4.0	5.0	6.0	7.0
作业人员的活动范围与带电体的距离（m）	1.7	2.0	2.5	4.0	5.0	6.0
整体组立杆塔与带电体的距离（m）	应大于倒杆距离（自杆塔边缘到带电体的最近侧为最小安全距离）					

3.3.2　交叉作业

（1）施工中应避免立体交叉作业。无法错开的立体交叉作业，应采取防高处落物、防坠落等防护措施。

（2）交叉作业时，上下层施工人员应相互配合，下层作业应设置安全监护人，上层物件未固定前，下层应暂停作业。

（3）在夜间和光线不足的地方，禁止进行交叉作业。

3.4　施工机械及工器具

施工机械及工器具是送电线路架设工进行施工作业的必备工具，应熟悉和掌握。

1. 一般规定

机具应由了解其性能并熟知安全操作规程的人员操作。机具应按出厂说明书和铭牌的规定使用。固定式机械设备应随机设安全操作牌；机具应由专人保养维护，并定期试验。试验标准应符合相关规定；机具的各种监测仪表，以及制动器（刹车）、限制器、安全阀、闭锁机构等安全装置必须齐全、完好。

2. 牵引机、张力机和流动式起重机

牵引机、张力机进出口与邻塔悬挂点的高差角及与线路中心线的夹角应满足牵引机、张力机的铭牌要求；使用前应对设备的布置、锚固、接地装置以及机械系统进行全面的检查，并做空载运转试验；牵引机、张力机严禁超速、超载、超温、超压以及带故障运行；流动式起重机的使用应执行现行行业标准《建筑机械使用安全技术规程》JGJ33 的相关规定。

3. 小型机具

绞磨和卷扬机应放置平稳，锚固必须可靠，受力前方不得有人；拉磨尾绳不应少于 2 人，且应位于锚桩后面、绳圈外侧，不得站在绳圈内；绞磨受力时，不得采用松尾绳的方法卸荷；牵引绳应从卷筒的下方卷入，并排列整齐，缠绕不得少于 5 圈。对于机动绞磨及拖拉机绞磨使用时卷筒必须与牵引绳垂直，拖拉机绞磨两轮胎应在同一水平面上，前后支架应受力；卷扬机使用时的导向滑车应对正卷筒中心。滑车与卷筒的距离：光面卷筒不应小于卷筒长度的 20 倍，有槽卷筒不应小于卷筒长度的 15 倍。且必须有可靠的接地装置。

4. 工器具

抱杆、钢丝绳、棕绳（麻绳）、滑车、卸扣、链条葫芦、千斤顶、导线连接网套、卡线器、旋转连接器、钢制地锚的使用应符合相关规定。对于插接的环绳或绳套，其插接长度应不小于钢丝绳直径的 15 倍，且不得小于 300mm。新插接的钢丝绳套应做 125%允许负荷的抽样试验。

5. 安全及绝缘工器具

安全防护用品、用具应定期进行试验；试验标准和要求应符合相关规定。新安全带在使用一年后抽样试验，旧安全带每 6 个月进行抽样试验；竹（木）梯、绳梯使用时与地面夹角以 65°为宜，上下竹（木）梯时不得手持重物，不得两人或两人以上同时在一个梯子上工作。绳梯的吊点应固定在牢固的承载物上，注意防火、防磨，绳梯的安全系数不得小于 10，每半年应进行一次荷重试验；各种绝缘工具、绳、网，都必须进行机械强度和电气性能试验。其电气性能试验必须在机械性能试验后进行。

3.5 特殊环境下作业

在山区、林地、草地，高海拔地区，严寒地区，有毒蛇、野兽、毒蜂及其他有害生物的地区，地质灾害、气象灾害多发地区施工，均应遵守相应的安全要求。

第 4 章 运输与装卸

应熟悉和掌握的条款：

1. 机动车运输

机动车辆运输应按《中华人民共和国道路交通安全法》的有关规定执行。车上应配备灭火器；载货机动车除押运和装卸人员外，不得搭乘其他人员；汽车运输爆破器材、氧气瓶、乙炔气瓶时应遵守相关规定；严禁自卸车、挂车、拖拉机等工程车或农用车载人。

2. 非机动车运输

非机动车运输应遵守当地交通管理部门的规定。除指定驾车人外，其他人员不得驾车。

3. 船舶运输

船舶运输应遵守航运部门的有关规定。承担运输任务的船舶应具备船舶检验合格证书、登记证号和必要的航行资料，船舶不得超载。

4. 人力运输和装卸

人力运输的道路应事先清除障碍物。山区抬运笨重物件或钢筋混凝土电杆的道路，其宽度不宜小于 1.2m，坡度不宜大于 1:4；重大物件不得直接用肩扛运。抬运时应步调一致，同起同落，并应有人指挥；运输用的工器具应牢固可靠，每次使用前应进行认真检查；雨雪后抬运物件时，应有防滑措施；用跳板或圆木装卸滚动物件时，应用绳索控制物件。物件滚落前方严禁有人；圆管形构件卸车时，车辆不宜停在有坡度的路面上；每卸车一件，其余应掩牢。每卸完一处，剩余管件应绑扎牢固后方可继续运输。

5. 临时性货运索道运输

应根据地形条件、物件形状及运输量等编制货运索道运输作业指导书，经审批后，方可实施作业。索道运输设备及各部件均应满足载荷要求。索道架设不得跨越居民区、铁路、等级公路、高压电力线路等主要公共设施。货运索道严禁载人。

6. 机械装卸

（1）吊件和起重臂活动范围的下方严禁有人通行或停留。

（2）吊件吊起 10mm 时应暂停，检查制动装置，确认完好后方可继续起吊。

（3）严禁吊件从人或驾驶室上空越过。

（4）起重臂及吊件上严禁有人或有浮置物。

（5）起吊速度均匀、平稳，不得突然起落。

（6）吊挂钢丝绳间的夹角不得大于 120°。

（7）吊件不得长时间悬空停留；短时间停留时，操作人员、指挥人员不得离开现场。

（8）起重机运转时，不得进行检修。

（9）工作结束后，起重机的各部应恢复原状。

（10）临近带电体处吊装时，起重臂及吊件的任何部位与带电体的最小安全距离必须满足规程要求，严禁起重臂跨越电力线进行作业。

（11）严禁起重机械超载作业，不得吊拔埋在地下、凝固在地面上及其他不明重量的物体。

第5章 基础工程

本章是送电线路架设工的重点，特别应熟悉和掌握的有：

1. 土方开挖

土方开挖前应熟悉周围环境、地形地貌，制定施工方案，作业时应有安全施工措施；人工清理、撬挖土方遵守相关规定；挖掘泥水坑、流砂坑时，应采取安全技术措施；除掏挖桩基础外，不用挡土板挖坑时，坑壁应留有适当坡度，坡度的大小应视土质特性、地下水位和挖掘深度确定；

当采用挖掘机开挖时：应注意工作点周围的障碍物及架空线；严禁在伸臂及挖斗

下面通过或逗留；严禁人员进入斗内，不得利用挖斗递送物件；暂停作业时，应将挖斗放到地面。

2. 石方开挖

（1）人工打孔时，打锤人不得戴手套，并应站在扶钎人的侧面。

（2）用凿岩机或风钻打孔时，操作人员应戴口罩和风镜，手不得离开钻把上的风门，严禁骑马式作业。更换钻头应先关闭风门。

（3）使用液压胀裂机进行胀裂作业时，手持部位应正确，不得接触活塞顶活动部分。多台胀裂机同时作业时，应检查液压油管分路正确。

3. 爆破施工

该项内容由专业队伍作业，但作为送电线路架设工也应了解。

（1）人工向施工作业点运送爆破器材应遵守相关的规定。

（2）切割导爆索、导火索应用锋利小刀，严禁用剪刀或钢丝钳剪夹。严禁切割接上雷管的导爆索。

（3）向炮孔内装炸药和雷管，应轻填轻送，不得用力挤压药包。严禁使用金属工具向炮孔内捣送炸药。

（4）火雷管的装药与点火、电雷管的接线与引爆必须由一人担任，严禁两人操作。

（5）引爆前必须将剩余爆破器材搬到安全区。除点火人和监护人外，其他人员必须撤至安全区，并鸣笛警告，确认无人后方可点火。

（6）浅孔爆破的安全距离不得小于 200m；裸露药包爆破的安全距离不得小于400m。在山坡上爆破时，下坡方向的安全距离应增大 50%。

（7）爆破器材应在有效期内使用，变质、失效的爆破器材严禁使用。销毁爆破器材应经上级有关部门批准，并按 GB 6722 的有关规定执行。

（8）爆破工程由爆破公司分包时，应签订安全施工协议。

4. 混凝土基础

应熟悉和掌握的内容有：钢筋的切剁、弯曲安全要求；模板的支承、拆装要求；人工搅拌混凝土平台的搭设要求；人工浇筑混凝土应遵守的相关规定；机械搅拌的搅拌机设置要求；使用过氯乙烯塑料薄膜养护基础时，应有防火、防毒措施；采用暖棚养护，应采取防止废气窒息、中毒措施。

5. 桩锚基础

桩式基础的施工场地应平整，附近障碍物应清除，作业区应有明显标志或围栏；作业前应全面检查机电设备，电气绝缘和制动装置必须良好，传动部分应有防护罩，电缆应有专人收放；钻机和打桩机运转时不得进行检修。打桩机不得悬吊桩锤进行检修；打桩作业、灌注桩施工、人力钻孔预埋桩基础施工均应遵守相关规定。

锚杆基础施工时钻机和空压机操作人员与作业负责人之间的通信联络应清晰畅通；钻机工作中如发生冲击声或机械运转异常时，必须立即停机检查；风管控制阀操作架应加装挡风护板，并应设置在上风向；吹气清洗风管时，风管端口不得对人；风管不得弯成锐角，风管遭受挤压或损坏时，应立即停止使用。

6. 预制基础施工

用人力在坑内安装预制构件，应用滑杠和绳索溜放，不得直接将其翻入坑内；用工器具吊装预制构件应注意：在使用前对工器具和预埋吊环进行检查；抱杆根部应视土质情况与坑口保持适当距离，并采取防止抱杆倾倒及坑口塌落的措施；吊件应设控制绳，吊件临近坑口时，坑内不得有人；作业人员不得随吊件上下；坑内预制构件吊起找正时，作业人员应站在吊件侧面。

第6章　杆塔工程

本章是送电线路架设工的重点，特别应熟悉和掌握的内容有：

1. 一般规定

（1）组立（拆、换）杆塔应设安全监护人。

（2）组立杆塔过程中，吊件垂直下方严禁有人。

（3）作业现场除必要的施工人员外，其他人员应离开杆塔高度的 1.2 倍距离以外。

（4）在受力钢丝绳的内角侧严禁有人。

（5）不得利用树木或外露岩石作牵引或制动等主要受力锚桩。

（6）组立的杆塔不得用临时拉线过夜。需要过夜时，应对临时拉线采取安全措施；临时拉线必须在永久拉线全部安装完毕后方可拆除，拆除时应由现场负责人统一指挥。严禁采用安装一根永久拉线、拆除一根临时拉线的做法；调整杆塔倾斜或弯曲时，应根据需要增设临时拉线。杆塔上有人时，不得调整临时拉线。

（7）组立 220kV 及以上杆塔时，不得使用木抱杆；拆除受力构件必须事先采取补强措施。

（8）组立（拆）高塔必须使用速差自控器及安全自锁器。

2. 钢筋混凝土电杆排杆与焊接

钢筋混凝土电杆排杆处地形应先平整或支垫坚实；杆段支垫处两侧应用木楔掩牢；滚动杆段时应统一行动，滚动前方不得有人；用棍、杠撬拨杆段时，应防止滑脱伤人。不得用铁撬棍插入预埋孔转动杆段。

焊接与切割应严格执行 GB 9448 的规定。作业人员对电焊机、氧气瓶、乙炔气瓶、氧气（乙炔气）软管的使用应遵守相关规定。

3. 杆塔组装

地面组装主要考虑场地应平整，障碍物应清除；山地组塔的塔材不得顺斜坡堆放；

选料应由上往下搬动,不得强行抬拉;组装断面宽大的塔身时,在竖立的构件未连接牢固前,应采取临时固定措施;山坡上组装塔片,垫高物应稳固,且有防塔片滑动的措施;分片组装铁塔时,带铁应能自由活动,螺帽应出扣。自由端朝上时,应绑扎牢固;严禁将手指伸入螺孔找正;传递小型工具或材料不得抛掷。

4. 整体组立杆塔

(1) 整体组立杆塔应保证总牵引地锚、制动系统中心、抱杆顶点及杆塔中心四点必须在同一垂直面上,不得偏移。

(2) 用倒落式人字抱杆起立杆塔应遵守下列规定:

1) 杆塔顶部吊离地面约 500mm 时,应暂停牵引,进行冲击试验,全面检查各受力部位,确认无问题后方可继续起立。

2) 杆塔侧面应设专人监视,传递信号必须清晰畅通。根部监视人应站在杆根侧面,下坑操作时应停止牵引。

3) 倒落式抱杆脱帽时,杆塔应及时带上反向临时拉线,随起立速度适当放出。

4) 杆塔起立约 70° 时应减慢牵引速度。约 80° 时应停止牵引,利用临时拉线将杆塔调正、调直。

5. 分解组立钢筋混凝土电杆

分解组立钢筋混凝土电杆宜采用人字抱杆任意方向单板法,若采用通天抱杆单杆起吊时,电杆长度不宜超过 21m,绑扎点不少于 2 个。电杆的临时拉线数量,单杆不得少于 4 根,双杆不得少于 6 根。抱杆的临时拉线设置不得妨碍电杆及横担的吊装。

6. 附着式外拉线抱杆分解组塔

吊装构件的升降抱杆应有专人指挥,信号统一、口令清晰;升降抱杆过程中,四侧临时拉线应有控制人员根据指挥人的命令适时调整;抱杆到达预定位置后,应将抱杆根部与塔身主材绑扎牢固,抱杆倾斜角不宜超过 15°;构件起吊和就位过程中,不得调整抱杆拉线;起吊构件前,吊件外侧应设控制绳。吊装构件过程中,吊件控制绳应随吊件的提升均匀松出。

7. 内悬浮内(外)拉线抱杆分解组塔

承托绳的悬挂点应设置在有大水平材的塔架断面处,并应绑扎在主材节点的上方,承托绳与抱杆轴线间夹角不应大于 45°;抱杆内拉线的下端应绑扎在靠近塔架上端的主材节点下方;提升抱杆宜设置两道腰环,且间距不得小于 5m;根据构件结构情况在其上、下部位绑扎控制绳,下控制绳宜使用钢丝绳;构件起吊过程中,下控制绳应随吊件的上升随之松出,保持吊件与塔架间距不小于 100mm。

8. 座地摇臂抱杆分解组塔

抱杆组装应正直,连接螺栓的规格应符合规定,并应全部拧紧;吊装构件前,抱杆顶部应向受力反侧适度倾斜，构件吊装过程中，应对抱杆的垂直度进行监视，抱杆向吊件侧倾斜不宜超过 100mm；抱杆提升过程中，应监视腰环与抱杆不得卡阻，抱杆提升时拉线应呈松弛状态；抱杆就位后，四侧拉线应收紧并固定，组塔过程中应有专人值守。

9. 起重机组塔

起重机作业必须按安全施工技术规定和起重机操作规程进行。起重臂及吊件下方必须划定安全区，地面应设安全监护人；在电力线附近组塔时，起重机必须接地良好。与带电体的最小安全距离应符合相关规定；塔件离地约 100mm 时应暂停起吊并进行检查，确认正常后方可正式起吊；起重机在作业中出现不正常，应采取措施放下塔件，停止运转后进行检修，严禁在运转中进行调整或检修。

第 7 章　架线工程

本章是送电线路架设工的重点，特别应熟悉和掌握的内容有：

1. 跨越架搭设

跨越架的型式（金属格构式、钢管、木质、毛竹）、搭设或拆除方法、跨越架与被跨越物的最小安全距离均应符合相关规定。

跨越多排轨铁路、高速公路；跨越运行电力线、架空避雷线（光缆），跨越架高度大于 30m；跨越 220kV 及以上运行电力线；跨越运行电力线路其交叉角小于 30° 或跨越宽度大于 70m；跨越大江大河或通航河流及其他复杂地形称为特殊跨越。特殊跨越必须编制施工技术方案或施工作业指导书，并按规定履行审批手续后报经相关方审核批准。跨越大江、大河或通航的河流在施工期间应请航监部门派人协助封航。凡参加特殊跨越的施工人员必须熟练掌握跨越施工方法并熟悉安全施工措施，经本单位组织培训和技术交底后方可参加跨越施工。

2. 人力及机械牵引放线

人力放线、机械牵引放线均应遵守相关规定。

3. 张力放线

张力放线前由专人检查牵、张设备的锚固必须可靠，接地应良好；牵张段内的跨越架结构应牢固、可靠；张力放线必须具有可靠的通信系统。牵引场、张力场必须设专人指挥；转角杆塔放线滑车的预倾措施和导线上扬处的压线措施必须可靠；交叉、平行或临近带电体的接地措施必须符合安全施工技术的规定；牵引过程中，牵引机、张力机进出口前方不得有人通过，绳索内角侧不得站人；导引绳、牵引绳或导线临锚时，其临锚张力不得小于对地距离为 5m 时的张力，同时应满足对被跨越物距离的要求。

4. 压接

手动钳压或液压机压接应符合 DL/T 5285—2013《输变电工程架空导线及地线液压压接工艺规程》的有关规定。

5. 导线、地线升空

导线、地线升空作业应与紧线作业密切配合并逐根进行，导线、地线的线弯内角侧不得有人；升空作业必须使用压线装置，严禁直接用人力压线；压线滑车应设控制绳，压线钢丝绳回松应缓慢；升空场地在山沟时，升空的钢丝绳应有足够的长度。

6. 紧线

紧线过程中监护人员不得站在悬空导线、避雷线（光缆）的垂直下方；不得跨越将离地面的导线或避雷线（光缆）；监视行人不得靠近牵引中的导线或避雷线（光缆）；传递信号必须及时、清晰，不得擅自离岗；展放余线的人员不得站在线圈内或线弯的内角侧。

7. 附件安装

附件安装时，安全绳应拴在横担主材上，安全带和安全绳或速差自控器不得同时使用。安装间隔棒时，安全带应拴在一根子导线上，后备保护绳应拴在整相导线上；相邻杆塔不得同时在同相位安装附件，作业点垂直下方不得有人；在跨越电力线、铁路、公路或通航河流等的线段杆塔上安装附件时，必须采取防止导线或避雷线（光缆）坠落的措施；在带电线路上方的导线上测量间隔棒距离时，应使用干燥的绝缘绳，严禁使用带有金属丝的测绳、皮尺。

8. 平衡挂线

平衡挂线时，不得在同一相邻耐张段的同相（极）导线上进行其他作业；待割的导线应在断线点两端事先用绳索绑牢，割断后应通过滑车将导线松落至地面；高处断线时，作业人员不得站在放线滑车上操作。割断最后一根导线时，应注意防止滑车失稳晃动；割断后的导线应在当天挂接完毕，不得在高处临锚过夜；高空锚线必须有二道保护措施。

9. 预防电击

1）为预防雷电以及临近高压电力线作业时的感应电，必须按安全技术规定装设可靠的接地装置。

2）张力放线时的接地应遵守下列规定：

a）架线前，施工段内的杆塔必须接好接地体，并确认接地良好。

b）牵引设备和张力设备应可靠接地。操作人员应站在干燥的绝缘垫上并不得与未站在绝缘垫上的人员接触。

c）牵引机及张力机出线端的牵引绳及导线上必须安装接地滑车。

d）跨越不停电线路时，两侧杆塔的放线滑车应接地。

e）应根据平行电力线路情况，采取专项接地措施。

3）附件安装时的接地应遵守下列规定：

a）附件安装作业区间两端必须装设保安接地线。施工的线路上有高压感应电时，应在作业点两侧加装接地线。

b）作业人员必须在装设保安接地线后，方可进行附件安装。

c）地线附件安装前，必须采取接地措施。

d）附件（包括跳线）全部安装完毕后，应保留部分接地线并做好记录，竣工验收后方可拆除。

第8章　不停电与停电作业

本章内容主要阐述放线过程与其他电力线路交叉跨越时的处理方法和安全要求，对送电线路架设工应熟悉和掌握。

1. 一般规定

（1）跨越施工前应按线路施工图中交叉跨越点断面图，对跨越点交叉角度、被跨越不停电电力线路架空地线在交叉点的对地高度、下导线在交叉点的对地高度、导线边线间宽度、地形情况进行复测。根据复测结果，选择跨越施工方案。

（2）跨越档相邻两侧杆塔上的放线滑车、牵张设备、机动绞磨等均应采取接地保护措施。跨越施工前，接地装置应安装完毕且与杆塔可靠接地。

2. 不停电作业

（1）跨越不停电电力线路施工，应按现行国家标准《电力安全工作规程　电力线路部分》GB 26859规定的"电力线路第二种工作票"制度执行。电力线路第二种工作票应由运行单位签发，并按规定履行手续。施工过程中，施工单位必须设安全监护人，电业生产运行单位必须派员进行现场监护。

（2）跨越不停电电力线，在架线施工前，施工单位应向运行单位书面申请该带电线路"退出重合闸"，待落实后方可进行不停电跨越施工。施工期间发生故障跳闸时，在未取得现场指挥同意前，严禁强行送电。

（3）跨越不停电线路架线施工应在良好天气下进行，遇雷电、雨、雪、霜、雾，相对湿度大于85%或5级以上大风时，应停止作业。如施工中遇到上述情况，则应将已展放好的网、绳加以安全保护。

（4）导线、避雷线（光缆）通过跨越架时，应用绝缘绳作引渡，引渡或牵引过程中，架上不得有人。

（5）跨越不停电线路时，施工人员严禁在跨越架内侧攀登、作业和从封顶架上通过。

3. 停电作业

作业前施工单位应向运行单位提交书面停电申请和跨越施工方案。经运行单位审查同意后，应由所在运行单位按现行国家标准《电力安全工作规程　电力线路部分》GB 26859 规定签发"电力线路第一种工作票"，并履行工作许可手续。

第 9 章　电缆线路

本章为新增章节，根据《电力建设安全工作规程（变电所部分）》DL 5009.3—1997（2005 年确认）中的"5.5 电缆"，结合有关国标、行标中对电缆施工的安全要求和现场施工特点而编写。

该章分一般规定、施工准备、电缆敷设、电缆试验 4 节内容。

【思考与练习】

（1）对器材（钢筋混凝土电杆、钢管、水泥、线盘、圆木和毛竹）堆放应有哪些防倾倒、防滚动的安全措施？

（2）何为高处作业？高处作业应遵守哪些安全规定？

（3）起重机作业时应遵守哪些安全规定？

（4）土石方开挖施工应遵守哪些安全规定？

（5）用倒落式人字抱杆起立杆塔应遵守哪些安全规定？

（6）什么叫特殊跨越？

（7）平衡挂线应遵守哪些安全规定？

（8）绞磨和卷扬机使用时应遵守哪些安全规定？

（9）竹（木）梯、绳梯使用应遵守哪些安全规定？

▲ 模块 3　DL/T 741—2010《架空输电线路运行规程》（新增模块）

【模块描述】本模块包含线路运行的基本要求、线路运行的标准、线路巡视等内容。通过概念描述、条文解释，能够了解线路运行的基本要求、线路运行的标准、线路巡视方法，特殊区段的运行要求以及线路检测、维修的项目和周期。

【模块内容】

DL/T 741《架空输电线路运行规程》（以下简称《规程》）是输电线路运行检修工作人员的工作准则，既是对线路运行状况评价的标准，又是检测、维护和检修的标准依据。输电线路运行检修人员应认真学习、掌握《规程》。根据《规程》的有关标准和要求来判别线路的运行水准，分析线路存在的缺陷、发生故障的原因和制定、采取防范措施及检修质量的判断标准。但对于送电线路架设工只要了解线路施工标准与运行标准的区别即可。

2007 年，全国架空线路标委会线路运行分委会根据《国家发改委办公厅关于印发 2007 年行业标准修订、制订计划的通知》（发改办工业〔2007〕1415 号）的安排，组织部分单位对 DL/T 741—2001 版进行了修订，以 DL/T 741—2010 标准号重新颁发执行，修订后的《运行规程》有 12 个章节计 74 条 84 款和 3 个附录，增加了术语和定义、保护区的维护和输电线路的环境保护 3 个章节，将原附录 B 线路环境的污秽分级改为绝缘子钢脚腐蚀判据；将原附录 C 各电压等级线路的最小空气间隙改为采动影响区分级标准与防灾措施。

一、范围

规程规定了架空送电线路运行工作的基本要求和技术标准，并对线路巡视、检测、维修、技术管理及线路保护区的维护和线路的环境保护提出了具体的技术要求；适用范围也进行了调整，原 2001 版为 35kV～500kV 架空送电线路，现改为 110（66）kV～750kV 架空输电线路，将原 35kV 交流线路归并和直流架空输电线路一起参照执行。

二、引用标准

规程引用了 12 个相关标准，比原 2001 版的 6 个标准增加了：带电作业技术导则、盘形劣化绝缘子检测规程、杆塔工频接地电阻测量、架空送电线路钢管杆设计技术规程和电力设施保护条例等标准、法规。

三、基本要求

《规程》对线路运行工作提出了基本要求，线路的运行工作必须贯彻安全第一、预防为主的方针，运行维护单位应全面做好线路的巡视、检测、维修和管理工作，应积极采用先进技术和实行科学管理，不断总结经验、积累资料、掌握规律，保证线路安全运行。

运行维护单位应经常分析线路运行情况，并根据本地区的特点、运行经验，制定出反事故措施，提高线路的安全运行水平。

本章节有 12 条技术要求，主要是针对线路运行的一些基本规定和有关技术要求。

四、运行标准

（1）对于杆塔和基础若出现一些情况或缺陷，应进行处理的规定。同时增加了目前线路上运行的钢管杆倾斜、挠度、插入式钢管杆的插入尺寸和插入精度配合或法兰盘拼凑块数等规定要求。

（2）规定了导、地线损伤修补、开断重接的标准，输电线路上运行的钢芯铝绞线有不同的钢铝截面比，即钢芯承受的计算破断力也是不同的，钢铝截面比越小，铝截面承受的张力越大，原规程只按铝截面损伤比例来判定修补还是开断重接是不全面的，对的的运行线路导线会减小安全系数。本次修改根据 GB 50233—2005《110kV～500kV 架空送电线路施工及验收规范》中规定钢芯铝绞线损伤按强度损失和铝截面受损百分比考核处理的规定和 DL/T 1069—2007《架空输电线路导地线补修导则》的方法，对钢芯铝绞线的铝截面受损超过 25%或导线（同一处）损伤范围导致强度损失超过 17%时，导线不必开断重接，可采用预绞式接续条、加长型补修管等修补，极大地方便了运行线路缺陷处理，减少了缺陷处理工作量，提高了输电线路的可用率。

（3）规定了绝缘子受损处理的标准，增加了复合绝缘子的运行内容，修改了原规程中玻璃绝缘子伞盘表面有电弧闪络痕迹需处理的要求，事实上玻璃绝缘子表面闪络后即可恢复绝缘水平，运行单位不必更换处理；规定悬垂串沿顺线路方向的偏斜角不大于 7.5°或偏移值不大于 300mm，但此处若是为弥补污耐压下降而采用按八字形方式两悬垂线夹悬挂的悬垂双联串，应该说不受该条文的规定。

（4）针对杆塔、金具等钢制螺栓连接的紧固度，标准提供了螺栓扭矩值，其中 20mm 的扭矩值为 160～200N·m，铝合金并沟线夹或引流板的 16mm 扭矩值应按南京线路金具研究院的试验数值 6500～7500N·cm 控制。

五、检测

本章节设置了一张检测项目与周期表格，罗列了输电线路检查和检测的内容和要求。线路检测是发现设备隐患、开展设备状态评估、为状态检修提供科学依据的重要手段。线路运行单位负责线路的检测工作，并应建立相应规章制度和岗位责任制，对所管辖线路的检测工作进行统筹安排，禁止检测不到位而出现遗漏和空白点；线路运行单位所采用的检测技术应成熟，方法应正确可靠，测试数据应准确；检测人员应具备线路运行的基本知识和专业技能，做好检测结果的记录和统计分析，检测统计应符合季节性要求。要做好检测资料的存档保管。

杆塔栏中增加了钢管杆的检测内容，对部分检测周期不明确规定年限，由运行单位根据线路巡查结果，确定是否检测或延长检测周期、检测数量等。

六、维修

本章节是线路维修内容，有 7 条技术要求，其中 8.7 条为新增条文，该章节对维修工作的要求、检查记录、抢修与备品备件、带电作业提出了要求。标准对事故抢修工作作了规定，即各单位应按相应事故的类别，事先制定相应的抢修预案，平时经常进行预案演习，使各级指挥人员熟悉抢修流程，工作人员熟悉相应工器具在何处，自己应该做哪些工作，车辆、通信工具、后勤保障等如何调度和保证。另外表格中的多数要求都是针对设备损坏后的修理和更换工作，检修应遵守相关的检修工艺和质量标准，特别是机械强度和有关参数（含电气）不能低于原设计要求。其次是运行单位应大力推行带电检修和带电消缺工作，原因是带电检修可不受系统安全运行的限制，同时输电线路缺陷一般不会大范围出现，而是出现在线路上的某基杆塔或某个部件，有时为了个别缺陷而将线路停电检修，使线路设备失去备用，降低了线路设备的可用率指标。

随着紧凑型线路的不断增多，提出了在紧凑型线路上带电作业前，应计算作业线路的最大操作过电压倍率，并校核作业中可能出现的最小间隙距离。

由于线路长度的增加远大于维护检修人员的增加，按设备状态进行巡视、检修是必然趋势，新增条文对开展状态检修和维护提出了要求。

七、特殊区段的运行要求

（1）规定了线路大跨越段的运行维护，分 7 个方面提出维护要求，虽然大跨越段的设计已经按超过常规线路的设计标准，但由于地形繁杂、运行环境恶劣，设计人员也是参照其他大跨越线路的有关技术要求，因此运行单位应按国家电网公司有关大跨越线路运行的要求开展工作，详细记录运行中发现的问题，为今后在本地区再设计线路大跨越和安全运行提供运行经验。本次修改新增了大跨越段线路应缩短杆塔接地电阻的检测周期。

（2）对多雷区运行的技术要求。运行单位应注意的是，许多次线路遭雷击跳闸，多数是绕击雷事故，特别是 220kV 以上，几乎是绕击雷故障，且多发生在斜山坡的下山坡相，因此当雷击故障点查到后，应检测接地电阻值和分析故障受损情况，因为绕击雷是不需下大力气去降杆塔接地电阻值，绕击雷的最有效防范措施是增加绝缘子片数、减小架空地线保护角度；原因是杆塔组立在山坡上，因山坡倾斜角度问题，下山坡相导线的地线保护角要加上山坡倾斜角，形成新的地线保护角，因此下山坡相遭绕击雷要比上山坡相多许多，如何改造和防护、屏蔽下山坡相导线是防止绕击雷的关键。

按照绝缘子的电气特性，雷季前，运行单位必须将低零值瓷绝缘子更换，以防止雷过电压下，劣化瓷绝缘子发生钢帽炸裂，导线掉串恶性事故。

（3）对重污区运行的技术要求，首先运行单位应定期检测运行线路上累积 3～5 年的绝缘子附盐密值和灰密，确证该区段的真实污秽等级，其次选择好适合的绝缘子类型，即要能承受污耐压的强度，又要选择产品寿命长的绝缘子，以减少运行检测和更换改造的工作量。对盘形绝缘子，最好选择玻璃绝缘子，可以减少零值绝缘子的检测工作量，又能杜绝因瓷绝缘子劣化而发生钢帽炸裂掉串事故；同时设计要用足塔头间隙，不受原 7 片/串、13 片/串的理念控制，选择大盘径大爬距的普通玻璃绝缘子，提高绝缘子串的有效泄漏比距；对超高压线路应对复合绝缘子采取措施使其离开高压端（即采用玻璃、复合绝缘子组合串方式，由玻璃绝缘子承担强电场，复合绝缘子承受污耐压），降低复合绝缘子高压端的强电场伤害，避免复合绝缘子在超高压线路的强电场处发生硅橡胶电蚀穿孔、树枝状贯通而引发芯棒脆断掉串事故。

按照线路污闪原理和绝缘子电气特性，运行维护单位应在雾季前，及时更换自爆绝缘子,以恢复绝缘子串的泄漏比距;必须更换低零值瓷绝缘子,以防止污闪过电压下,劣化瓷绝缘子发生钢帽炸裂,导线掉串恶性事故。

(4)关于线路冰灾要求。早期输电线路严重覆冰区在云贵高原,川、陕、湘、黔山区和其他省份 800m 海拔以上地区,导线覆冰倒塔断线是电网恶性事故,影响很大,特别是 2008 年南方冰灾倒塔事故,导线覆冰多数在海拔 200~500m 处的山区,因此运行单位做好覆冰防护工作和设计单位重视分裂导线线路不均匀档距覆冰后的不均匀脱冰造成冲击拉垮直线塔的教训,提高分裂导线不平衡张力的百分比或山区档距不均匀时多开耐张措施,避免输电线路倒塔断线事故。

根据绝缘子串冰闪跳闸原理和绝缘子的形状,运行维护单位应对容易发生绝缘子串结冰现象地段的线路,进行绝缘子串防冰闪跳闸措施改造,如盘形绝缘子串采用间隔插花形式,每隔几片插入一片大盘径绝缘子,使悬垂绝缘子串结冰断开(破坏连续结冰状);悬垂复合绝缘子可采用导线侧大八字形悬挂,使复合绝缘子倾斜,覆冰后无法连接成冰柱状,杜绝冰闪事故的发生。

(5)对于微地形、气象区的运行要求。微气象区主要是设计控制内容,运行维护单位应搜集现有运行线路上或临近所发生或存在的现象,提供给线路设计单位,对已运行的线路进行路径改造,新建线路应避开此类微气象区。

(6)对于采动影响区的运行要求。主要针对地下矿藏开采挖空后地陷、地质滑动等对地表面上的架空线路的影响,根据地质滑陷不同情况,运行维护单位应采取相应的防范措施,尽量减少此类事故的发生。

八、线路保护区的运行要求

本章节主要是《电力设施保护条例》或《实施细则》中的内容,将容易引起线路隐患或故障的要求归入规程,方便运行维护单位控制。

九、输电线路的环境保护

随着国民经济的快速发展,输电线路运行电压越来越高,线路架设也越来越多,运行线路与沿线农户间的运行维护矛盾也多了起来,因此运行维护单位也应掌握一些工频电磁场方面的知识,平时运行中搜集些现象、资料和反映,提供给线路设计单位,力争和谐架空线路与沿线农户的相处环境。

十、技术管理

本章节要求运行单位认真做好技术管理工作,线路专业管理的设备地处野外,所有输电线路又采取早期节约型的设计理念,如 110、220kV 电压等级的外绝缘配置,即空气间隙与绝缘子串长是相等的,造成电网故障跳闸 80%发生在绝缘子串上,线路设备可靠性较差;其次线路设备一般多按机械强度考虑,致使设备制造质量不精密,容易产生设备缺陷,因此做好输电线路的技术管理工作非常重要。管理学是门科学学科, 重视科学管理, 提高检测技术, 分析研究故障原因, 加强技术管理是控制输电线路雷击、污闪、冰冻、鸟害、风偏和外力破坏等事故的有效手段, 目前线路运行、检修工作仍然依靠人力和体力进行, 因此要做好运行资料收集的连续性和可信性工作, 对防止输电线路的各类事故发生会起到重要作用。输电线路的技术管理离不开运行经验, 而运行经验在于运行资料的积累, 特别是缺陷、故障等发生的原因、分析结论和采取措施后的运行情况, 以掌握好设备的运行状况和相关事故易发的原因; 同时将运行经验和防止事故措施纳入到新建线路的设计中, 将大大提高线路安全运行可控水平。

【思考与练习】

（1）架空输电线路运行规程包含哪些工作内容?

（2）运行规程采用钢芯铝绞线铝截面积受损修复、开断重接标准为什么不合理?

（3）输电线路采用液压方式连接导线为什么不会发生电流致热现象?

（4）输电线路为什么不采用常年带运行电压的避雷器?

（5）为什么有的新建线路刚投运期间, 在某些气象条件下会发出噪声?

（6）为什么超高压线路下方不允许有常年住人的房屋?

▶ 模块 4　GB 50233—2014《110kV～750kV 架空输电线路施工及验收规范》（新增模块）

【模块描述】本模块包含总则、术语、原材料及器材的检验、测量、土石方工程、基础工程、杆塔工程、架线工程、接地工程、工程验收与移交 10 章内容; 通过概念描述和条文解释, 能够掌握架空输电线路施工及验收的内容、方法和标准。

【模块内容】

本规范是将 GB 50233—2005《110～500kV 架空送电线路施工及验收规范》和 GB 50389—2006《750kV 架空送电线路施工及验收规范》两本标准进行了合并, 规范的适用范围为 110kV～750kV 架空输电线路; 增加了第二章 "术语" 和第三章 "基本规定"; 对强制性条文进行了修改; 在测量章节中去掉了视距法测距, 增加了 GPS 测量; 在现场浇筑基础工程中, 试块的养护修订为标准养护; 在架线工程中删除了爆压工艺内容。为了方便广大设计、施工、科研和学校等单位有关人员在使用本规范时能正确理解和执行条文规定,《110kV～750kV 架空输电线路施工及验收规范》编制组按章、节、条顺序编制了本规范的条文说明, 对条文规定的目的、依据以及执行中需注意的有关事项进行了说明, 还着重对强制性条文的强制理由作了解释。

一、总则

规定了适用范围为 110kV～750kV 的交流架空输电线路的新建、改建和扩建工程的施工与验收。

本规范中的"验收"是指建设、监理和运行单位各方对工程质量确认的行为，规范中所有的条文都是施工、监理单位在作业前、作业中操作和控制的标准，只有事前控制才能确保工程质量，同时也是运行单位检查、检测验收的标准。

二、术语

本规范增加了第二章卫星定位测量、卫星定位 PDOP、对地距离、水胶比、多年冻土、热棒、接地降阻模块 7 个术语。

三、原材料及器材的检验

本章主要对工程中使用水泥、砂、石、水、混凝土构件、铁件加工、钢管塔、环形混凝土电杆、导地线、绝缘子、电力金具、接地模块等原材料及器材规定了检验方法和要求。

四、测量

本章去掉了视距法测距，增加了 GPS 测量方法和要求。

五、土石方工程

输电线路工程的土石方施工及验收除应符合本规范的规定外，尚应符合现行国家标准《土方与爆破工程施工及验收规范》GB 50201 的有关规定。本规范特地提出了对机械开挖基坑，在距设计深度为 300～400mm 时，宜改用人工开挖的要求。对接地沟开挖的长度和深度应符合设计要求且不得有负偏差。同时规定"在山坡上挖接地沟时，宜沿等高线开挖"，这是为了避免下雨时接地沟的回填土被雨水冲走，使接地线外露而增大杆塔冲击接地电阻值。本规范对杆塔基础坑、拉线坑、接地沟的回填土应分层夯实，工程移交时回填土不得低于地面，未提具体数值要求，各施工单位应根据实际地质情况确定。

六、基础工程

（1）基础混凝土中严禁掺入氯盐，这是强制性规定。掺加氯盐是作为防冻剂进行冬季混凝土施工用，某些外加剂的氯离子的含量比较高，氯离子 Cl 在混凝土内达到临界浓度后会破坏钢筋表面纯化膜，在空气、水的作用下，使钢筋腐蚀生锈。因此为赶工期在混凝土施工中添加早强剂等，应符合 GB 50119—2003 的规定。

（2）混凝土基础试块应在现场浇筑过程中随机取样制作，并应采用标准养护。当有特殊需要时，应加做同条件养护试块。混凝土强度是以试块试验的强度作为依据，所以监理人员应严格把关，旁站监督试块制作，并由有资质的试验机构进行试验，确保该隐蔽工程满足设计强度要求。

（3）对于岩石基础浇制的技术要求。岩石基础是属于环保型基础，它充分利用山区岩石的自然结构，少开挖、混凝土方量小，基础受力强度好，规定的技术条文明确易懂，施工浇制可控，监理人员只要在浇制时，监督核对设计要求和检查尺寸和材质等，使隐蔽工程的浇制质量满足设计要求。

（4）本规范明确了冬期、高温与雨期 3 种气候的基础施工方法和规定：当室外日平均气温连续 5 天低于 5℃时，混凝土基础工程应采取冬期施工措施，并应及时采取可应对气温突然下降的防冻措施，当室外日平均气温连续 5 天高于 5℃时可解除冬期施工；当日平均气温达到 30℃及以上时，应按高温施工要求采取措施；雨季和降雨期间，应按雨期施工要求采取措施。

（5）本规范首次提出了多年冻土地区基础施工的热棒安装方法和要求。

七、杆塔工程

本章节分成五块内容，分别是一般规定、铁塔、混凝土电杆、钢管电杆和拉线等组立、起吊方面的技术要求。

（1）规定钢管杆连接后，分段或整根电杆的弯曲不应超过对应长度的 2‰；直线电杆在架线后的倾斜不应超过 5‰，耐张或转角杆只规定宜向受力侧预倾斜，预倾斜值由设计确定。而 DL/T 5130—2001《架空送电线路钢管杆设计技术规定》第 6.2.1 条规定：在荷载的长期效应组合（无冰、风速 5m/s 及年平均气温）作用下，钢管杆顶部的最大挠度不应超过：直线杆不大于杆身高度的 5‰；直线转角杆不大于杆身高度的 7‰；110～220kV 电压等级的耐张或转角杆的挠度不大于杆身高度的 2‰；

（2）对于拉线部分的技术要求。由于拉线杆塔已逐步退出输电线路，且该章节的内容都是成熟的检验条文，只需在验收中注意：拉线制作后的尾线应在楔型线夹的凸肚侧；电杆各根拉线的受力应均衡；拉线与拉线棒在受力后应在同一轴线上；X 形拉线在受力时的交叉处应有足够的空隙，避免相互磨碰；拉线的对地夹角允许偏差应为 ±1°。这里特别增加了 NUT 形线夹带螺母后的螺杆应露出螺纹，螺纹在装好双螺母及防卸装置后宜露出丝 3～5 道。

八、架线工程

（1）规定了展放导线和架空地线的要求，对交跨的公路等交通要道和不能停用、触碰的管（索）道、电力和弱电线路提出设置完整可靠的施工跨越设施要求，并对放线滑车的轮槽尺寸和槽轮材料作出规定。

（2）规定了导（地）线损伤较轻微的修复、导线损伤修复或开断重接的标准和要求。

（3）规定了张力放线机械设备的配置、挂线和附件安装等注意事项；同时规定了导线损伤修复的标准，要求张力放线中导线损伤程度的控制比非张力放线更严格，提高 50%技术指标。这是由于采用张力放线后，可避免导线落地摩擦；对良导体架空地线及 220kV 及以上线路导线应采用张力放线，110kV 线路导线宜采用张力放线。张力放线可减少导线损伤的几率，同时可大幅度减少青苗赔偿费用。

（4）导、地线连接技术要求。该章节是重要章节，导、地线运行是否安全，决定于它们的连接，特别是该章节中有多条强制性条文，导线压接人员、建设单位质量管理人员和中介机构的施工监理人员应严格控制，运行单位验收时，不能光检查核对施工记录和监理人员的旁站签名，应上耐张塔实际检测压接管的尺寸，原因是目前多数导线架设采用空中平衡挂线，即在高空压接耐张压接管，其压接工艺和监理旁站都有疏忽的可能。连接应符合 DL/T 5285—2013《输变电工程架空导线及地线液压压接工艺规程》的有关规定。

（5）导线紧线的技术要求。该章节是成熟的技术条文，已执行多年，条文意思清楚明确。特别需指出对没有间隔棒且垂直双分裂的导线要求两子导线间的弧垂不允许有负误差，原因是双分裂导线在输送一定的负荷和在一定的档距情况下，两根子导线会相互吸拢，严重时两线会缠绞在一起，不能恢复原位或造成永久性变形。

（6）附件安装的技术要求。规定悬垂串的线夹中心位置与横担悬挂点应垂直，偏移角不应超过 5°，最大偏移值不应超过 200mm。线路设计一般只考虑机械受力，由于悬垂双联串的污耐压比单串绝缘子下降 10%左右，设计一般不采取污耐压弥补措施。事实证明：单串、双联串的绝缘子片数相等时，污秽闪络跳闸几乎发生在双联串上。目前运行单位多提出若采用双联串时，导线端采用单独线夹与导线连接，且两线夹的中性点间距应大于 600mm（原武汉高压研究院曾试验验证双联串间距大于该数值后，其污耐压值与单串相似）。

九、接地工程

这部分技术规定属成熟的技术要求，多年来一直采用。GB 50169—2006《电气装置安装工程接地装置施工及验收规范》的第 3.3.6 条规定：接地体敷设完后的土沟其回填土内不应夹有石块和建筑垃圾等；外取的土壤不得有较强的腐蚀性；在回填土时应分层夯实。即接地体敷设后回填接地沟时，应纯泥土回填，这对杆塔冲击接地电阻值的降低有效，原因是快速强大的雷电流下泄到大地，瞬间高电压将接地线周围的土壤击穿，使接地线及周围被击穿的土壤成导电体，强大的雷电流快速释放，避免塔顶电位升高后造成沿绝缘子串反击跳闸。若接地沟内的接地线周围为石块等物搁空，雷电流下泄时，只有接地线为下泄通道，造成冲击接地电阻值大，雷电流排泄不畅，使塔顶电位升高后引发沿绝缘子串反击后线路跳闸。

对于杆塔人工敷设接地线工频接地电阻值的检测要求。测量时应注意，现场检测的接地线工频接地电阻值还不等于杆塔接地电阻设计值，需按现场情况，将测量得到的工频接地电阻值与季节系数换算后，才是设计要求的接地电阻值。水平接地体接地电阻测量用的季节系数见表 32—4—1。

表 32–4–1　　　　　　　　　　　水平接地体的季节系数表

杆塔接地射线埋深为 0.5m 时	季节系数 φ 取 1.4～1.8
杆塔接地射线埋深为 0.8～1.0m 时	季节系数 φ 取 1.25～1.45

注　测量接地装置电阻如土壤较干燥时季节系取较小值，土壤较潮湿时取较大值。

十、工程验收与移交

本章节规定了工程验收的技术要求，工程验收分隐蔽工程验收、中间验收和竣工验收 3 个环节。隐蔽工程的验收必须要在隐蔽前进行验收，以便核查、检测清楚各种部件的规格、尺寸和位置等。由于线路工程多，又有监理单位专责监理，有时运行单位在竣工验收时，只检查核对施工记录，为了新建线路能符合按设备的状态进行运行和检修，验收组对有的项目可现场打破检查施工质量、登塔高空实际检测耐张压接管和回弹仪、取芯检验混凝土基础的强度、接地装置核查回填是否泥土和埋深尺寸等，以确保输电线路工程投运后能安全运行；对于竣工资料移交内容，运行单位应认真核查施工记录、与农户签订的众多青苗赔偿协议、跨越民宅或线路通道内今后农户原地升高等补偿协议等，以免线路运行后产生纠纷。

【思考与练习】

（1）架空送电线路验收规范为什么要将部分条文列为强制性条文？

（2）什么叫热棒？

（3）规范为什么规定钢芯铝绞线有强度损失和铝截面积受损两个修复、开断重接要求？

（4）对隐蔽工程项目在竣工验收中可采取什么方法核查其施工质量？

（5）工程竣工后应移交哪些资料？

▶ 模块 5　DL/T 5168—2016《110kV～750kV 架空输电线路施工质量检验及评定规程》（新增模块）

【模块描述】 本模块包含质量检验评定范围、标准、检查方法、原材料及器材检验等内容。通过概念描述和条文解释，能够掌握架空输电线路施工质量检验评定的内容、方法和标准。

【模块内容】

《110kV～750kV 架空输电线路施工质量检验及评定规程》与 《110kV～750kV 架空输电线路施工及验收规范》都是送电线路施工质量优劣的评判标准，作为送电线路架设工应牢牢掌握。

一、总则

本标准系架空输电线路工程的施工质量检验及评定标准，包括土石方工程、基础工程、杆塔工程、架线工程、接地工程、线路防护设施与原材料及器材检验等方面，规定了质量检验评定标准及检查方法；本标准适用于110～750kV架空输电线路新建及改建工程的施工质量检验及等级评定。

二、基本规定

（1）本标准将一条或一个标段的架空输电线路工程定为一个单位工程；每个单位工程分为若干个分部工程；每个分部工程分为若干个分项工程；每个分项工程中又分为若干相同单元工程；每个单元工程中有若干检查（检验）项目。架空输电线路工程类别划分见表32-5-1。

表32-5-1 架空输电线路工程类别划分

单位工程	分部工程	分项工程	单元工程
架空输电线路工程	土石方工程	1. 路径复测	耐张段
		2. 普通基础坑及开挖	基
		3. 拉线基础坑及开挖	基
		4. 岩石、掏挖基础坑及开挖	基
		5. 施工基面及电气开方	基、处
	基础工程	1. 现浇铁塔基础施工	基
		2. 杆塔拉线（含锚杆拉线）基础施工	基
		3. 预制装配式基础施工	基
		4. 混凝土杆预制基础（三盘）施工	基
		5. 岩石、掏挖基础施工	基
		6. 灌注桩基础施工	基
		7. 贯入桩基础施工	基
	杆塔工程	1. 自立式铁塔组立	基
		2. 拉线铁塔组立	基
		3. 混凝土电杆组立	基
		4. 钢管电杆组立	基
	架线工程	1. 导线、地线展放	放线段
		2. 导线、地线压接管施工	个
		3. 紧线	耐张段
		4. 附件安装	基
		5. 交叉跨越	处

单位工程	分部工程	分项工程	单元工程
架空输电线路工程	接地工程	1. 水平接地装置施工	基
		2. 垂直接地装置施工	基
	线路防护设施	线路防护设施施工	处

（2）检查（检验）项目分类原则：

检查（检验）项目分为：主控项目、一般项目。

主控项目：系指影响工程性能、强度、安全性和可靠性的且不易修复和处理的项目。

一般项目：除主控项目以外的项目。

（3）施工质量检验及评定应按单元工程、分项工程、分部工程、单位工程依次进行，均分为合格与不合格两个等级，具体应符合下列规定：

1）单元工程：

a）合格级：

——主控项目检查结果，应100%合格。

——一般项目检查结果，可有一项不合格，但不影响使用。

b）不合格级：主控项目检查中有一项或一般项目检查结果中有两项及以上不合格。

2）分项工程：

a）合格级：分项工程中单元工程100%合格。

b）不合格级：分项工程中有一个及以上单元工程不合格。

3）分部工程：

a）合格级：分部工程中分项工程100%合格。

b）不合格级：分部工程中有一个及以上分项工程不合格。

4）单位工程：

a）合格级：单位工程中分部工程100%合格。

b）不合格级：单位工程中有一个及以上分部工程不合格。

（4）不合格项目处理及处理合格后的质量评定：

1）不合格项目，经设计同意且业主认可，处理后能满足安全运行要求者仍可评定为合格。

2）经业主组织鉴定，确定为非施工原因造成的质量缺陷，若经修改设计或更换不合格设备、材料后，仍可参加质量评定。

三、质量检验及评定范围

（1）工程施工及验收质量的检验评定工作一般由以下四方面人员参加并负责。

1）业主代表，包括业主委托的建设单位和运行单位代表；

2）设计单位代表；

3）监理单位代表；

4）施工单位代表。

（2）施工质量检验评定方式和范围应符合下列规定：

1）施工单位内部质量检验一般采用三级检查及评定方式，并应符合下列规定：

a）施工队（班）应按单元工程进行检查及自评；

b）工程项目部应按分项工程进行检查及自评；

c）施工单位应按分部工程和单位工程组织检查或抽查并进行自评。

2）监理单位应参加单元工程、分项工程、分部工程、单位工程及隐蔽工程的检查，并应对施工单位的工程施工质量自评结果进行审查。

3）业主代表、设计单位代表应参加分部工程和单位工程的检查，并应对分部工程和单位工程质量进行检验或抽样检验，对分部工程和单位工程的评定结果进行审定。

（3）施工质量检验及评定范围划分应符合表 32-5-2 的规定。

表 32-5-2　　　　　　架空输电线路施工质量检验及评定范围划分表

单位工程	分部工程	分项工程	项目名称	单元工程单位	质量检验标准及检查方法	质量检查记录	质量评定记录	质量检验单位及评定范围*		
								施工单位	监理单位	业主代表
1			架空输电线路工程				见表C.0.2	√	√	√
	1		土石方工程				见表C.0.1	√	√	√
		1	路径复测	耐张段	见表 4.2.2	见表 A.0.1		√	√	
		2	普通基础分坑及开挖	基	见表 4.2.3	见表 A.0.2		√	√	
		3	拉线基础分坑及开挖	基	见表 4.2.4	见表 A.0.2		√	√	
		4	岩石、掏挖基础分坑及开挖	基	见表 4.2.5	见表 A.0.3		√	√	
		5	施工基面及电气开方	基、处	见表 4.2.6	见表 A.0.4		√	√	
	2		基础工程				见表C.0.1	√	√	√
		1	现浇铁塔基础施工	基	见表 4.3.1	见表 B.0.1		√	√	
		2	杆塔拉线（含锚杆拉线）基础施工	基	见表 4.3.2	见表 B.0.2		√	√	

续表

单位工程	分部工程	分项工程	项目名称	单元工程单位	质量检验标准及检查方法	质量检查记录	质量评定记录	质量检验单位及评定范围*		
								施工单位	监理单位	业主代表
		3	预制装配式基础施工	基	见表 4.3.3	见表 B.0.3		√	√	
		4	混凝土杆预制基础（三盘）施工	基	见表 4.3.4	见表 B.0.4		√	√	
		5	岩石、掏挖基础施工	基	见表 4.3.5	见表 B.0.5		√	√	
		6	灌注桩基础施工	基	见表 4.3.6	见表 B.0.6-1～表 B.0.6-3		√	√	
		7	贯入桩基础施工	基	见表 4.3.7	见表 B.0.7		√	√	
	3		杆塔工程				见表 C.0.1	√	√	√
		1	自立式铁塔组立	基	见表 4.4.1	见表 B.0.8		√	√	
		2	拉线铁塔组立	基	见表 4.4.2	见表 B.0.9-1、B.0.9-2		√	√	
		3	混凝土电杆组立	基	见表 4.4.3	见表 B.0.10		√	√	
		4	钢管电杆组立	基	见表 4.4.4	见表 B.0.11		√	√	
	4		架线施工				见表 C.0.1	√	√	√
		1	导线、地线展放	放线段	见表 4.5.1	见表 B.0.12		√	√	
		2	导线、地线压接管施工	个	见表 4.5.2	见表 B.0.13、表 B.0.14		√	√	
		3	紧线	耐张段	见表 4.5.3	见表 B.0.15		√	√	
		4	附件安装	基	见表 4.5.4	见表 B.0.16		√	√	
		5	交叉跨越	处	见表 4.5.5	见表 A.0.5		√	√	
	5		接地工程				见表 C.0.1	√	√	√
		1	水平接地装置施工	基	见表 4.6.1	见表 B.0.17		√	√	
		2	垂直接地装置施工	基	见表 4.6.2	见表 B.0.17		√	√	
	6		线路防护设施				见表 C.0.1	√	√	√
		1	线路防护设施施工	处	见表 4.7.1	见表 B.0.18		√	√	

注　*设计单位参加由业主组织的分部工程和单位工程质量检验。

四、质量检验评定标准及检查方法

该章内容是本规程的重点,它是通过表 5-5-2 对应分表的形式说明原材料及器材、土石方工程、基础工程、杆塔工程、架线工程、接地工程的检查项目、性质、评定标准和检查方法,均按表格形式说明,应切实掌握和理解。

五、附录

(1) 附录 A 是工程施工质量检查记录表;

(2) 附录 B 是工程施工质量检查及评定记录表;

(3) 附录 C 是线路工程施工质量评定统计表。

【思考与练习】

(1) 哪些基础工程施工应进行质量检查评定?

(2) 哪些杆塔组立质量应逐基进行检查评定?

(3) 架线施工时应进行哪几方面的质量检查评定?

(4) 哪些原材料应进行质量检验?

(5) 混凝土电杆检验标准及检查方法有哪些?

◢ 模块 6 DL/T 5285—2013《输变电工程架空导线及地线液压压接工艺规程》(新增模块)

【模块描述】本模块包含导(地)线液压连接的准备工作、液压操作、质量检查、压接工艺试验等内容。通过概念描述和条文解释,能够掌握导(地)线液压连接操作方法、要求和检查标准。

【模块内容】

一、一般规定

(1) 本规程适用于架空送电线路中,以高压油泵为动力,以相应钢模对导线及避雷线进行液压施工。接续管及耐张线夹为圆形,压后呈六角形。

(2) 液压施工是架空送电线路施工中的一项重要隐蔽工序,操作人员必须经过培训及考试合格、持有操作许可证方能进行操作。操作时应有指定的质量检查人员在场进行监督。

(3) 本规程适用于国家标准 GB/T 1179—2008《圆线同心绞架空导线》、YB/T 5004—2001《镀锌钢绞线》、GB/T 20492—2006《锌-5%铝-混合稀土合金镀层钢丝、钢绞线》、YB/T 124—1997《铝包钢绞线》、GB 2314—2008《电力金具通用技术条件》、DL/T 757—2009《耐张线夹》、DL/T 758—2009《接续金具》。

(4) 为了对每个工程都准确无误地进行液压施工,确保质量,在操作前,操作人员必须备有并熟悉该工程经批准的施工手册（或技术措施）。

二、液压前的操作

（1）液压设备及材料检验。

1）对所使用的导线及避雷线，其结构及规格应认真进行检查，其规格应与工程设计相符，并符合国家标准的各项规定。

2）所使用的各种接续管及耐张线夹，应用精度为 0.02mm 游标卡尺测量受压部分的内外直径。外观检查应符合 GB 2314—2008 有关规定。用钢尺测量各部长度，其尺寸、公差应符合国家标准要求。

3）在使用液压设备之前，应检查其完好程度，以保证正常操作。油压表必须定期校核，做到准确可靠。

（2）清洗。

1）对使用的各种规格的接续管及耐张线夹，应用汽油清洗管内壁的油垢，并清除影响穿管的锌疤与焊渣。短期不使用时，清洗后应将管口临时封堵，并以塑料袋封装。

2）镀锌钢绞线的液压部分穿管前应以棉纱擦去泥土。如有油垢应以汽油清洗。清洗长度应不短于穿管长的 1.5 倍。

3）钢芯铝绞线的液压部分在穿管前，应以汽油清除其表面油垢，清除的长度对先套入铝管端应不短于铝管套入部位；对另一端应不短于半管长的 1.5 倍。

4）涂 801 电力脂及清除钢芯铝绞线铝股表面氧化膜。

（3）穿管。

对镀锌钢绞线接续管、钢芯铝绞线钢芯对接式接续管、钢芯铝绞线钢芯搭接式接续管、钢芯铝绞线与相应的耐张线夹的穿管方法和要求应符合对应条款。

三、液压操作

镀锌钢绞线接续管、镀锌钢绞线耐张线夹、钢芯铝绞线钢芯对接式钢管、钢芯铝绞线钢芯对接式铝管、钢芯铝绞线钢芯搭接式钢管、钢芯铝绞线钢芯搭接式铝管、钢芯铝绞线耐张线夹、钢芯铝绞线耐张线夹引流管的施压顺序见对应的操作工艺。

四、质量检查

（1）工程所进行的检验性试件应符合下列规定：

1）架线工程开工前应对该工程实际使用的导线、避雷线及相应的液压管，同配套的钢模，按本规程规定的操作工艺，制作检验性试件。每种型式的试件不少于 3 根（允许接续管与耐张线夹做成一根试件）。试件的握着力均不应小于导线及避雷线保证计算拉断力的 95%。

2）如果发现有一根试件握着力未达到要求，应查明原因，改进后做加倍的试件再试，直至全部合格。

3）相邻不同的工程，所使用的导线、避雷线、接续管、耐张线夹及钢模等完全没有变动时，可以免做重复性验证试验。但不同厂家及不同批的产品不在此例。

其中：

a）GB 1179—83 规格导线的保证计算拉断力是计算拉断力的 95%；

b）GB 1179—74 规格导线的保证计算拉断力等于计算拉断力。

（2）各种液压管压后对边距尺寸 S 的最大允许值按 32–6–1 式计算。

$$S=0.866×（0.993D）+0.2 \tag{32–6–1}$$

式中　D——管外径，mm。

但三个对边距只允许有一个达到最大值，超过此规定时应更换钢模重新压接。

（3）液压后管子不应有肉眼即可看出的扭曲及弯曲现象，有明显弯曲时应校直，校直后不应出现裂缝。

（4）各液压管施压后，应认真填写记录。液压操作人员自检合格后，在管子指定部位打上自己的钢印。质检人员检查合格后，在记录表上签名。

【思考与练习】

（1）导（地）线液压连接时，对操作人员应具备哪些条件？

（2）导（地）线液压连接前，应做好哪几项工作？

（3）钢芯铝绞线耐张线夹（GB 1179–74）与（GB 1179–83）液压时操作工艺有何区别？

（4）各种液压管压后对边距尺寸 S 的最大允许值如何计算？

▲ 模块 7　SDJJS 2—1987《超高压架空输电线路张力架线施工工艺导则》（新增模块）

【模块描述】 本模块包含施工准备、张力放线、紧线、附件安装等内容。通过概念描述和条文解释，能够掌握超高压架空输电线路张力放线、机具及设备选择、架线施工计算的内容、方法和标准。

【模块内容】

80 年代我国在超高压架空输电线路张力架线施工方面已取得了较丰富的经验，为及时总结、整理这些经验以便更好地指导今后的张力架线施工，中国电机工程学会输变电专业委员会线路施工技术分会组织制订了《超高压架空输电线路张力架线施工工艺导则》，并经过专业会议审查通过。又经中国电机工程学会推荐，由水利电力部基本建设司颁发试行。

目前超高压已很普及，特高压也蓬勃兴起，张力架线施工工艺已在各等级线路施工及验收规范的相关章节中阐述，但张力架线施工工艺的有关计算应熟悉和掌握。

一、总则

（1）在高压架空输电线路架线工程中，利用牵引机、张力机等施工机械展放导线，以及用与张力放线相配合的工艺方法进行紧线、挂线、附件安装等各项作业的整套架线施工方法，使导线在展放过程中离开地面和障碍物而呈架空状态的放线方法叫做张力放线。

（2）张力架线具有下列优点：

1）避免导线与地面摩擦致伤，减轻运行中的电晕损失及对无线电系统的干扰；

2）施工作业高度机械化，速度快，工效高；

3）用于跨越江河、公路、铁路、经济作物区、山区、泥沼、河网地带等复杂地形条件，更能取得良好经济效益；

4）能减少青苗损失。

（3）采用张力架线方法施工的输电线路，应具备下列施工条件：

1）线路上每5～8km能选择一处牵、张场场地，牵引机和张力机能运达场内，两侧杆塔允许作直线锚线；

2）耐张塔允许不打临时拉线作带张力半平衡挂线。带张力半平衡挂线时，横担承受的不平衡张力为相张力的1/2；

3）耐张段长度小于1500m时，为满足按过牵引200mm验算耐张塔，耐张金具组合串中应具有调整范围较大的调长金具；

4）直线塔应设附件安装施工孔，耐张塔应设锚线孔、临时拉线孔和放线滑车悬挂孔等施工孔，孔径与施工工具相配合，承载能力满足施工荷载要求；

5）用于张力架线的导线，不得在一个线轴上包装两条导线，一根导线中不得有钢芯断头，且定长标准要符合国标要求。

二、施工准备

（1）机具准备。

主牵引机的额定牵引力、牵引绳尾部张力、主张力机单根导线额定制动张力、小张力机的额定制动张力、牵引绳受力等应按相应公式计算和校验。

（2）跨越施工准备。

张力架线中越线架的几何尺寸（架顶宽度、越线架架面与被跨越物的最小水平距离、越线架架顶高度）等应按相应公式计算与校验。对于张力架线的越线架架顶高度应符合表32-7-1和表32-7-2的要求。

跨越多排轨铁路，宽面公路等时，越线架如不能封顶，应适当加高越线架架顶高度，以抵消施工线路导线、地线落架后在两侧架间产生的弧垂。

表 32–7–1 越线架对电力线路的最小安全距离 （m）

距离说明	被跨越电力线路电压等级（kV）				
	10 以下	35	66～110	154～200	330
架面与导线水平距离	1.5	1.5	2.0	2.5	3.5
无地线时，封顶杆与导线垂直距离	2.0	2.0	2.5	3.0	4.0
有地线时，封顶杆与地线垂直距离	1.0	1.0	1.5	2.0	2.5

表 32–7–2 越线架对一般构筑物的最小安全距离 （m）

距离说明	被跨越物名称		
	铁路	公路	通信线
距架面水平距离	至路中心：3.0	至路边：0.6	0.6
距封顶杆垂直距离	至轨顶：7.0	至路面：6.0	1.5

（3）放线滑车准备。

1）导线在放线滑车上的包络角按下式计算：

$$\cos\varphi = \cos\alpha - [\cos\alpha + \cos(\alpha_A - \alpha_B)]\sin^2\frac{\theta}{2} \qquad (32\text{–}7\text{–}1.a)$$

其中

$$\alpha = \alpha_A + \alpha_B \qquad (32\text{–}7\text{–}1.b)$$

上两式中 φ ——导线在滑车上的包络区间所对的圆心角，称为包络角，（°）；

α ——放线滑车两侧导线的悬垂角之和，（°）；

α_A、α_B ——放线滑车两侧导线的悬垂角，（°）；

θ ——滑车的水平转角。当挂单滑车时，滑车的水平转角为线路水平转角；当挂双滑车时，每个滑车的水平转角均为线路水平转角之半。（°）。

2）耐张塔挂双滑车时应计算导线在滑轮顶悬挂点的高度差或挂具长度差。算得挂具高度差小于 300mm 时，双滑车可等高悬挂。大于 300mm 时，应使用等长挂具不等高悬挂或使用不等长挂具等高悬挂。计算式为：

$$\Delta\lambda = \frac{\Delta h}{\cos\eta} = \frac{C}{\cos\eta}\sin\frac{\alpha_A - \alpha_B}{2} \qquad (32\text{–}7\text{–}2)$$

式中 $\Delta\lambda$ ——双滑车挂具长度差，悬垂角较大的一侧用长挂具，较小的一侧用短挂具，m；

　　Δh ——双滑车悬挂高度差，m；

　　　C ——支撑连杆有效长度（横担上两挂点间的水平距离），m；

　　　η ——放线过程中，滑车挂具在横线路方向的倾斜角，（°）。

　　不等长挂具等高悬挂时，两者在横担上的悬挂位置沿横线路方向应有一定的差距，差距为$\Delta\lambda\sin\eta$。

　　3）应验算转角塔放线滑车受力后是否与横担下平面相碰。转角塔放线滑车与横担不碰的条件是：

$$\sin^{-1}\frac{H}{\sqrt{\left(W+G_H+\frac{1}{2}G_\lambda\right)^2+H^2}}\leq90°-\tan^{-1}\frac{a}{2\lambda} \qquad (32\text{-}7\text{-}3)$$

式中　H——转角塔放线滑车角度荷载的水平分力，N；

　　　W ——滑车的垂直荷载，N；

　　　G_H ——滑车自重力，N；

　　　G_λ ——滑车挂具自重力，N；

　　　a ——滑车轴向外轮廓宽度，m。

三、张力放线

　　（1）施工段及牵、张场。

　　1）施工段长度主要根据放线质量要求确定，施工段的理想长度为包含 15 个放线滑车（包括通过导线的转向滑车在内）的线路长度。当选择牵、张场非常困难时，施工段所包含的放线滑车数最多也不应超过 20 个。

　　2）牵、张场按如下条件选择：

　　a）牵引机、张力机能直接运达，或道路桥梁稍加修整加固后即可运达；

　　b）场地地形及面积满足设备、导线布置及施工操作要求；

　　c）相邻直线塔允许作过轮临锚。作过轮临锚的条件是要符合设计和施工操作的要求：即锚线角不大于设计规定值，锚线及压接导线作业无特殊困难。

　　（2）导引绳、牵引绳和地线展放。

　　1）导引绳一般以 800～1200m 分段，两端作成插接式绳扣。平地及丘陵地带按 1.1～1.2 倍线路长度，山区按 1.2～1.3 倍线路长度布线，尽可能分散地运到施工段沿线指定点，以人工展放，以抗弯联结器将邻段相连。也可用钢绳股结扣连接导引绳，但必须保证连接强度。

　　2）导引绳与牵引绳的联结应使用旋转联结器。

　　3）牵引绳可带张力牵放，也可不带张力牵放。

（3）张力放线主要施工计算。布线计算中常用线长计算、施工段内每一线档紧线产生的余线、牵放过程中，导线与地面及被跨越物的距离、施工段放线张力、牵引机牵引力的水平分力、牵引过载保安定值、放线滑车的垂直档距等按相应公式计算与校验。

（4）张力放线施工操作。

1）导线在张力机上盘绕时，盘绕方向应与导线外层线股捻回方向相同，国产钢芯铝绞线外层采用右捻，盘绕时应为左进右出。导线尾线在线轴上的盘绕圈数、导引绳及牵引绳尾绳在钢绳盘上的盘绕圈数均不得少于 6 圈，尾端应与线盘、绳盘固定。调整尾部张力，拉紧尾线、尾绳。

2）开始牵放时应慢速牵引，在慢速牵引过程中，施工段沿线均应仔细检查有无异常现象。调整放线张力，使牵引板呈水平状态。待牵引绳、导线全部架空后，方可逐步加快牵引速度。

3）牵引机、张力机等应严格按使用说明书的要求，由经过专业培训的工作人员操作。牵引时应先开张力机，待张力机刹车打开后，再开牵引机；停止牵引时应先停牵引机，后停张力机。应始终保持尾线、尾绳有足够的尾部张力。

4）放线张力升高到一定程度时，暂停牵引，安装上扬塔号的压线滑车。上扬作用消失，压线滑车应及时拆除。

5）角度较大的转角塔放线滑车应采取预倾斜措施，并随时调整预倾斜程度，使导引绳、牵引绳、导线的方向基本垂直于滑车轮轴。

6）牵放过程中应随时调整各子导线的张力机出口张力，使牵引板保持水平，平衡锤保持垂直（牵引板靠近转角塔放线滑车时，牵引板方向与滑车轮轴方向基本一致）。

7）张力放线的直线压接宜在张力机前集中进行。采用爆炸压接时，爆压操作点与张力机的距离应大于 20m。

8）每相导线放完，在牵、张机前将导线临时锚固。锚线水平张力最大不得超过导线保证计算拉断力的 16%。锚线后导线距离地面不应小于 5m。

同相各子导线锚线张力宜稍有差异，使子导线空间位置错开，避免发生线间鞭击。

（5）放线质量和施工安全。

1）张力放线过程中应采取措施防止导线磨伤。

2）为保证放线安全和提高放线质量，牵放过程中应在牵引场及张力场、各放线滑车处，尤其是转角滑车处、所有越线架处、导线距离地面最近处、居民区，未搭越线架但通行行人的乡道处、其他特殊需要监护的地方设专职监护人。

3）张力放线中防止电害的基本措施是牵引机、张力机机体接地；在牵引机、张力机机体前方的牵引绳和导线上分别安装接地滑车；人站在干燥的绝缘板上操作牵、张机，站在地面上的人不与操作人员接触；将被跨越电力线路两侧的放线滑车接地；雷雨天停止放线作业；使用雷管时应防止雷管电场自爆；停电作业严格执行《安全规程》的规定。

四、紧线

（1）紧线工艺。

1）张力放线结束后应尽快进行紧线。一般以张力放线施工段作紧线段，以直线塔作紧线操作塔。

2）紧线前应检查子导线在放线滑车中的位置、是否相互绞劲、直线压接管位置、导线损伤处理完毕、现场核对弛度观测档位置、中间塔放线滑车在放线过程中设立的临时接地等内容。

3）本施工段紧线不应影响上一紧线段的紧线质量，包括弛度，子导线弛度差等。为此，只有当上一紧线段具备如下条件时，方可进行直线松锚升空作业。

4）直线松锚升空时，上一紧线段只松导线自身临锚，不松过轮临锚和反向临锚。自身临锚拆除后，由过轮临锚平衡上一紧线段导线张力。由过轮临锚和反向临锚保证上一紧线段导线应力变化的独立性。

待本紧线段中临近上一紧线段的观测档的弛度接近但稍大于标准值时，松上一紧线段的过轮临锚，使其不影响本紧线段弛度调整。

反向临锚保留至相邻两紧线段附件及间隔棒全部安装完毕后松锚。

5）本紧线段紧线应力达到标准后，保持紧线应力不变，在紧线段内所有直线塔和耐张塔上同时画印。不完成画印，不得进行锚线作业。

6）锚线作业应注意导线自身临锚和过轮临锚的临锚工器具按承受全部紧线张力选择，反向临锚按承受 1/4 紧线张力选择；锚线时不应使紧线操作塔上的印记窜动过多；锚线方向应基本符合线路方向；锚线布置应便于松锚作业，且应符合杆塔设计条件。

7）紧线过程中应做好预防电害的措施。

（2）紧线应力。

用张力架线方法架设分裂导线时，可按相应弛度（应力）偏差率选择施工方法和进行施工设计计算。

（3）弛度观测与调整。

优先使用平行四边形法（等长法）观测和检查弛度。视点端悬挂点高 h_b 大于异长法视点端导线悬挂点至弛度板间的垂直距离且视线可通，切点对同侧档端的水平距离超过 1/4 档距长度，即同时满足下列二式的观测档，可使用异长法观测和检查弛度：

$$b = (2\sqrt{f_\varphi} - \sqrt{a})^2 \leqslant h_b - 2 \qquad (32\text{–}7\text{–}4.\text{a})$$

$$\frac{1}{4} \leqslant \frac{a}{f_\varphi} \leqslant \frac{9}{4} \qquad\qquad (32\text{-}7\text{-}4.b)$$

上两式中　　a——测站端导线悬挂点至异长法弛度板间的垂直距离，m；

　　　　　　b——视点端导线悬挂点至异长法弛度板间的垂直距离，m。

当切点对同侧档端的水平距离超过 1/4 档距长度，即满足式（32-7-4.b）的观测档，也可使用角度法观测和检查弛度。

（4）画印。

1）应在弛度调整完毕，紧线应力未发生变化时，在紧线段内各直线塔、耐张塔上同时画印。印记应准确、清晰。

2）直线塔、无转角的耐张塔可用下述方法画印，用垂球将横担挂孔中心投影到任一子导线上，将直角三角板的一个直角边贴紧导线，另一直角边对准投影点，在其他子导线上画印，使诸印记点连成的直线垂直于导线。

3）直线转角塔取放线滑车顶点为画印点，用直角三角板在各子导线上画印。

（5）耐张转角塔的画印方法必须与割线尺寸计算方法相配合，常用方法有：三角板垂球法：以具有一个长直角边的直角三角板和垂球作画印工具，将短直角边贴紧导线，长直角边对准横担挂孔中心或由挂孔中心垂下的垂球线，顺长直角边在各子导线上画印；横担中心线延伸法：工具和方法同上，但长直角边不是对准挂孔中心，而是对准横担挂孔断面处的横担中心。杆塔挂双放线滑车时，用此法画印比较方便；挂点延伸法：用直尺对准横担挂孔中心，将挂孔中心连线准确地延伸到各子导线上画印。

五、附件安装

（1）一般要求。

1）紧线完毕后，应尽快进行耐张塔平衡挂线和直线线夹、防振金具及间隔棒安装，避免导线因在滑车中受振和在档距中相互鞭击而损伤。应及时完成附件安装工作。

2）附件安装过程中采取如下措施预防电害。

3）附件安装过程中，不得出现有潜在危险的交叉作业，主要应注意：正在进行平衡挂线作业的导线，不得同时在该线其他部位进行其他作业；相邻杆塔避免同时在同一相位吊装直线附件；同塔避免同时在同一垂直面上进行双层或多层作业。

（2）耐张塔平衡挂线（及半平衡挂线）。在直通放线和直通紧线的耐张塔、耐张转角塔进行割线、联结耐张线夹和耐张绝缘子串、挂线等项作业，一般统称耐张塔平衡挂线。实际包括平衡挂线和半平衡挂线两种方法。包括空中临锚、割断导线、空中安装耐张绝缘子和耐张金具或采用在地面组装耐张绝缘子和耐张金具，然后用带张力（或不带张力）挂线、用张拉台或其他工具拉直耐张组合串，实测组合串长度，确定基本割线尺寸。

（3）直线塔附件安装。

1）直线线夹的安装位置，不需作调整时即为画印点，需作调整时应先按画印值移位以确定安装位置。如采用微调、精调程序紧线，应在精调后确定线夹安装位置。

2）安装直线塔塔夹时，应以横担上悬挂点附近的施工吊装孔为吊装承力点。横担上未设吊装孔，吊装方法和承力点位置应经计算确定，不得以未经验算的位置作吊装承力点。

3）吊装时按吊装荷重，取动力系数为 1.2 验算横担受力和选择吊装工具，当需使横担前后两片桁架均匀受力时，可使用两套吊具，分别悬挂在前后两片桁架上，各吊一半子导线；也可在前后两桁架上挂"V"形套，以一套吊具挂在"V"形套上吊线，但吊具承载能力必须满足要求。

4）吊装导线的吊钩，应使用承托面积较大者。吊钩沿线长方向的承托宽度不得小于导线直径的 2.5 倍，接触导线部分应衬胶，防止导线挤压受伤和内部压伤。

5）直线转角塔吊装线夹时，以棕绳将悬垂绝缘子串拢绑在吊具上，防止其因自重作用离开安装位置。角度较大的直线转角塔，应慎重选择吊装方案。

（4）间隔棒安装。安装间隔棒应满足相关规定。若采用飞车安装，则飞车使用也应符合相关规定。

（5）跳线安装。

1）软跳线应使用未经牵引的原状导线制作。应使原弯曲方向与安装后的弯曲方向相一致，以利外观造型。

2）一般根据设计资料确定跳线的长度和跳线悬垂线夹的安装位置，在地面将跳线组装成整体连同其悬垂绝缘子串一并起吊，在塔上就位安装。起吊绑扎点应取在跳线的两端和每串绝缘子的适当位置，各起吊点的提升速度应相互协调。

跳线的所有悬挂点和连接点完全装好后，再安装跳线间隔棒并进行外观整形。

3）跳线安装后，测量最小对塔距离，如不符合设计要求，必须查明原因，进行改装或重装。任何气象条件下，跳线均不得与金具相摩擦碰撞。

【思考与练习】

（1）张力架线的优点有哪些？

（2）张力架线中越线架的架顶宽度如何计算？

（3）张力放线时导线在放线滑车上的包络角如何计算？

（4）张力放线时，为保证放线安全和提高放线质量，牵放过程中应在哪些部位设专人负责？

（5）紧线过程中预防电害的主要措施有哪些？

（6）如何进行耐张塔平衡挂线？

模块 8 Q/GDW 1571—2014《大截面导线压接工艺导则》(新增模块)

【模块描述】 本模块包含范围、规范性引用文件、术语和定义、一般规定、压接前的准备、导线接续管压接、导线耐张线夹压接、液压操作与质量检查 8 个部分。通过概念描述和条文解释,使从事压接工作的人员能掌握《大截面导线压接工艺导则》所述的方法和要求。

【模块内容】

2010 年前,国内用到的最大导线截面为 720mm²,铝股为三层结构;1000mm² 大截面导线的研制成功并投入工程运用将开创我国使用四层铝线的大截面导线作为架空导线的时代。依据 SDJ 226《架空送电线路导线及避雷线液压施工工艺规程》进行 1000mm² 大截面导线压接时,容易出现较为严重的松股现象,表明该规程已不能适应四层铝线的液压施工,为了 1000mm² 大截面导线的工程应用开展了压接工艺研究工作。本标准将 1000mm² 大截面导线的压接工艺研究成果进行总结,形成压接工艺指导性文件,对宁东—山东±660kV 直流输电示范工程的参建单位进行培训,通过 14 个施工单位在全线 1300km 线路上压接实践,总结经验、修正不足,将压接工艺指导性文件上升为国家电网公司企业标准 Q/GDW 571—2010《大截面导线压接工艺导则》。

根据《国家电网公司关于下达 2014 年度公司技术标准制修订计划的通知》(国家电网科〔2014〕64 号)安排,组织开展了《大截面导线压接工艺导则》的修订工作。本次修订工作在原导则的基础上,结合 1250mm² 与 1520mm² 导线压接研究,增加了钢芯对接接续工艺、铝合金芯高导电率铝绞线的压接工艺,同时修改了钢芯铝绞线钢芯搭接的部分操作工艺,形成了 Q/GDW1571—2014《大截面导线压接工艺导则》。具体要点有:

(1)术语和定义。

1)大截面导线:以多根镀锌钢线或铝合金绞线为芯,外部同心螺旋绞多层硬铝线,导体标称截面不小于 800mm²。

2)正压:从接续管的中央向两侧逐模施压的压接顺序。或从耐张管钢锚拉环侧向管口方向逐模施压的压接顺序。

3)倒压。

与正压相反的压接顺序,一般用于耐张线夹等铝压接管的压接。

4)顺压。

从(牵引场侧)接续管铝管的拔梢端(含拔梢)开始连续施压至压接定位印记,

跨过不压区从定位印记开始连续施压至接续管铝管的另一侧拔梢端（含拔梢）。

（2）一般规定。

从事导线压接操作的人员必须掌握的基本规定。

（3）压接前的准备。

包含液压设备的准备、钢模标准尺寸确定、液压设备检验、导线及材料清洗、涂电力脂。

（4）导线接续管（直线）压接。

包含接续管钢管的穿管方式（分钢芯搭接式和钢芯对接式）、接续管钢管的液压部位及操作顺序、接续管铝管的穿管方式、接续管铝管的液压部位及操作顺序。

（5）导线耐张线夹压接。

包含钢锚穿管方式、导线耐张线夹钢锚的液压部位及操作顺序、耐张线夹铝管穿管、导线耐张线夹铝管的液压部位及操作顺序。

（6）液压操作规定与质量检查。

包含液压操作规定、检验性试件检查、液压管压后尺寸检查等。特别是液压管压后对边距尺寸 S（mm）的允许最大值为：$S=0.860D+0.2$ 与液压规程的系数稍有不同；另外，液压后铝管的弯曲度不得超过 1%，无法校正割断重新压接，比液压规程提高了要求。还有根据浙江省送变电工程公司 2016 年在"蒙西—天津 1000kV 特高压交流输电线路工程（2）"导线压接中使用套膜技术，全线路 543 只导线接续管全部优良、816 只耐张压接管优良比率为 99.75%（814/816）、24 只地线接续管全部优良、34 只地线耐张压接管全部优良，各地在导线压接中使用保鲜膜包裹压接管后再行施压值得借鉴。

【思考与练习】

（1）什么叫大截面导线？

（2）什么叫正压、倒压和顺压？

（3）大截面导线压后最大允许对边距是多少？

（4）大截面导线压后弯曲度不得超过多少？超过时如何处理？

▶ 模块 9　Q/GDW 1225—2014《±800kV 架空输电线路施工及验收规范》（新增模块）

【模块描述】本模块包含原材料及器材的检验、测量、土石方工程、基础工程、铁塔工程、架线工程、接地工程、线路防护工程、工程验收与移交等内容；通过概念描述和条文解释，能够掌握 ±800kV 线路与 110~750kV、1000kV 线路的施工及验收内容、方法和标准的不同之处。

【模块内容】

本标准依据《关于下达 2014 年度国家电网公司技术标准制修订计划的通知》（国家电网科〔2014〕64 号）的要求编写。原 Q/GDW 225—2008《±800kV 架空送电线路施工及验收规范》在向上、锦苏、哈郑、溪浙等 ±800kV 特高压直流输电工程的施工和验收活动中发挥了重要作用。随着有关国家及行业标准的更新，"新技术、新工艺、新材料、新装备"在工程建设中的广泛应用，标准中部分条款规定已不适用。为了更好地指导和规范 ±800kV 特高压直流输电工程的施工与验收，有必要对原标准进行修订和完善。

本标准编制主要目的是为了规范施工及验收的行为，保证 ±800kV 架空输电线路工程建设质量，促进工程施工技术水平的提高。本标准主题章分为 10 章和 1 个规范性附录。其中"总则"概述了架空送电线路施工和验收的通用要求；"原材料的检验与试验"规定了检验与试验的标准和要求；"测量"规定了测量仪器精度要求及测量数据的偏差标准；"土石方工程"规定了施工基面、基坑开挖、基坑回填及余土处理的相关要求；"基础工程"规定了基础钢筋加工及基础浇筑的相关要求；"铁塔工程"规定了铁塔组立应具备的条件及铁塔组立质量和工艺的相关要求；"架线工程"规定了架线施工应具备的条件、架线施工使用工机具要求、导地线损伤标准及连接要求、紧线及附件安装质量和工艺的相关要求；"接地工程"规定了接地体的埋设及焊接、无机固体降阻材料的使用、接地电阻的测量和接地沟回填的相关要求；"线路防护工程"规定了线路基础防护及标志悬挂的相关要求；"工程验收与移交"规定了架空送电线路验收的主要项目以及移交资料的相关要求；"附录 A（规范性附录）"规定了导线对地及跨越物的安全距离要求。"基础工程""铁塔工程""架线工程"三章是该标准的主导内容，编制原则是以架空送电线路施工工序为主线，分阶段规定了架空送电线路施工及验收的方法和标准。其余各章围绕该三章展开，并做出了相应的要求及规定。

本规程与 110～750kV、1000kV 线路的施工及验收内容、方法和标准基本接近，但对于悬垂绝缘子串的偏移角改为"不应超过 2°，且最大偏移值一般不超过 400mm，高山大岭导线悬垂绝缘子串最大偏移值应不超过 500mm"。±800kV 导线对地及跨越物的安全距离要求具体是：

（1）导线与地面的距离，在最大计算弧垂情况下，不应小于表 32–9–1 所列数值。

表 32–9–1 导线对地面最小距离 （m）

线路经过地区	水平 V 串	水平 I 串	备注
居民区	21.0	21.5	
非居民区	18.0	18.5	农业耕作区
	16.0	17.0	人烟稀少的非农业耕作区
交通困难地区	15.5		

（2）当送电线路跨越无人居住且为耐火屋顶的建筑物时，导线与建筑物之间的垂直距离，在最大计算弧垂情况下，不应小于表 32-9-2 所列数值。

表 32-9-2　　　　　　　　　导线与建筑物之间的最小垂直距离

标称电压（kV）	±800
垂直距离（m）	16.0

（3）送电线路边导线与建筑物之间的距离，在最大计算风偏情况下，不应小于表 32-9-3 所列数值。

表 32-9-3　　　　　　　　　导线与建筑物之间的最小净空距离

标称电压（kV）	±800
距离（m）	15.5

（4）无风情况下，边导线与建筑物之间的水平距离，不应小于表 32-9-4 所列数值。

表 32-9-4　　　　　　　　　边导线与建筑物之间的最小水平距离

标称电压（kV）	±800
距离（m）	7

（5）送电线路通过林区，宜采用加高铁塔跨越林木不砍通道的方案。当跨越时，导线与树木（考虑自然生长高度）之间的垂直距离，不小于表 32-9-5 所列数值。当砍伐通道时，通道净宽度不应小于线路宽度加林区主要树种自然生长高度的 2 倍。通道附近超过主要树种自然生长高度的个别树木应砍伐。

表 32-9-5　　　　　　　　　导线与树木之间的垂直距离

标称电压（kV）	±800
垂直距离（m）	13.5

（6）送电线路通过公园、绿化区或防护林带，导线与树木之间的净空距离，在最大计算风偏情况下，不小于表 32-9-6 所列数值。

表 32-9-6　　　　　　　　　导线与树木之间的净空距离

标称电压（kV）	±800
净空距离（m）	10.5

（7）送电线路通过果树、经济作物林或城市灌木林不应砍伐通道。导线与果树、经济作物、城市绿化灌木以及街道行道树木之间的垂直距离，不应小于表 32-9-7 所列数值。

表 32-9-7　　　　导线与果树、经济作物、城市绿化灌木以及街道行道树木之间的垂直距离

标称电压（kV）	±800
垂直距离（m）	15

（8）最大计算风偏情况下导线与山坡、峭壁、岩石之间的最小净空距离应不小于表 32-9-8 所列数值。

表 32-9-8　　　　导线与山坡、峭壁、岩石之间的最小净空距离

线路经过地区	净空距离
步行可以到达的山坡（m）	13.0
步行不能到达的山坡、峭壁和岩石（m）	11.0

（9）架空送电线路与甲类火灾危险性的生产厂房、甲类物品库房、易燃、易爆材料堆场及可燃或易燃易爆液（气）体储罐的防火间距，不应小于铁塔全高加 3m，还应满足其他的相关规定。

（10）架空送电线路与铁路、公路、河流、管道、索道及各种架空线路交叉或接近距离应满足表 32-9-10 的要求。

表 32-9-10　　　　　　导线对被跨越物最小垂直距离　　　　（m）

被跨物名称		垂直距离
至铁路轨顶	标准轨	21.5
	窄轨	21.5
	电气轨	21.5
至电气化铁路承力索或接触线		15.0
至公路路面		21.5
至通航河流	五年一遇洪水位	15.0
	最高航行水位的桅顶	10.5
至不通航河流	百年一遇洪水位	12.5
	冰面（冬季）	18.5

续表

被跨物名称		垂直距离
弱电线路	至被跨越物	17.0
电力线路	至被跨越物（杆顶）	10.5（15.0）
特殊管道、索道	至管道任何部分	17.0
	至索道任何部分	10.5

注　括号内数字用于跨越塔顶。

（11）架空送电线路与铁路、公路、电车道、河流、弱电线路、架空送电线路、管道、索道接近的最小水平距离不得小于表 32-9-11 的要求。

表 32-9-11　　　　　　　　最　小　水　平　距　离　　　　　　　（m）

接近物	接近条件			水平距离
铁路	铁塔外缘至轨道中心	交叉		最高塔高加 3.1，无法满足要求时可适当减小，但不小于 40.0
		平行		最高塔高加 3.1
公路	铁塔外缘至路基边缘	开阔地区	交叉	15.0 或按协议取值
			平行	最高塔高
		路径受限制地区		边导线距路基外缘 12.0 或按协议取值
通航河流 不通航河流	边导线至斜坡边缘（线路与拉纤小路平行）			最高塔高
弱电线路	与边导线间	开阔地区	交叉	铁塔外缘至弱电线 15.0
			平行	最高塔高
		路径受限制地区（最大风偏情况下）		13.0
电力线路	与边导线间	开阔地区	交叉	铁塔外缘至电力线 15.0
			平行	最高塔高
		路径受限制地区（最大风偏情况下）		边导线间 20.0，最大风偏至邻塔 13.0
特殊管道和索道	边导线至管道和索道任何部分	开阔地区	交叉	最高塔高
			平行	天然气、石油（非埋地管道）：最高塔高加 3.0
		路径受限制地区（最大风偏情况下）		风偏时 15.0

【思考与练习】

（1）±800kV 特高压输电线路与 110～750kV、1000kV 线路的施工及验收标准主要区别在哪里？

（2）±800kV 特高压输电线路对居民区、非居民区地面的垂直距离为多少？

（3）当±800kV 特高压输电线路跨越建筑物时，导线与建筑物间的垂直距离，在最大计算弧垂情况下应满足几米？

◢ 模块 10　Q/GDW 1153—2012《1000kV 架空输电线路施工及验收规范》（新增模块）

【模块描述】本模块包含原材料及器材的检验、测量、土石方工程、基础工程、铁塔工程、架线工程、接地工程、工程验收与移交等内容。通过概念描述和条文解释，能够掌握 1000kV 线路与 110～750kV 线路的施工及验收内容、方法和标准的不同之处。

【模块内容】

本标准是根据国家电网公司《关于下达 2012 年度国家电网公司技术标准制修订计划的通知》（国家电网科〔2012〕66 号）文件要求修订编写。本标准是在总结我国 500kV、750kV、1000kV 架空输电线路施工及验收经验的基础上，对 Q/GDW 153—2006《1000kV 架空送电线路施工及验收规范》的修订。原标准在确保 1000kV 架空输电线路工程建设的施工安全、工程质量方面发挥了积极作用。但随着新技术、新工艺、新设备、新材料的发展，尤其是双回路钢管塔在 1000kV 特高压交流输电线路工程中的广泛应用，原标准的部分内容已不适用或已淘汰，故在本次修订中做了较大的删改与增加。主要条文说明如下：

（1）7.1.2 条：本条明确规定，铁塔基础必须"经中间验收合格"且混凝土强度必须达到相应规定方可组塔，此条列为强制性条文。

（2）7.1.5 条：本条依据 DL/T 5092—1999《（110～500）kV 架空送电线路设计技术规程》第 17.0.2 条之规定，并要求符合设计及建设方的要求。

（3）7.2.3 条：规定各种螺栓的穿入方向，其目的一是便于施工及检修时紧固螺栓，二是工艺统一、整齐美观。

（4）7.2.5 条：本条螺栓紧固扭矩标准值的规定，主要是为了保证螺栓安装的质量提出的，表中的数值是参考国外标准并结合我国多年的施工、运行经验且经过验证确定的，但应说明两点：一是本标准列出了 4.8 级、6.8 级的扭紧力矩，螺栓虽然主要是受剪力，但紧固是必须的。当螺栓的紧固扭矩值达到表中的规定时，从施工角度看已达到了螺栓紧固的目的，过紧也不一定有利。当设计采用高强螺栓需要增大扭矩时，可由设计另行规定；二是表中螺栓规格为现行铁塔设计中常用的规格，对于特殊规格螺栓的扭矩也可由设计另行规定。

（5）7.2.11 条：本条"铁塔检查合格后，可随即浇筑混凝土保护帽"，是从保护地脚螺栓的角度出发的，根据大部分施工单位的经验，架线的张力不会造成耐张塔塔腿受力而对保护帽影响。个别地区要求耐张、转角塔在紧完线后再浇保护帽，也可按当地要求施工。

本标准附录 A（规范性附录）安全距离要求

（1）最大计算弧垂情况下导线对地面最小距离应不小于表 32–10–1 的要求。

表 32–10–1　　　　　　　　　　导线对地面最小距离　　　　　　　　　　（m）

地区	架设方式		备注
	单回路	同塔双回路（逆相序）	
居民区	27.0	25.0	—
非居民区	22.0	21.0	农业耕作区
	19.0	18.0	人烟稀少的非农业耕作区
交通困难区	15.0		—

（2）当送电线路跨越无人居住且为耐火屋顶的建筑时，导线与建筑物之间的垂直距离，在最大计算弧垂情况下，不应小于表 32–10–2 所列数值。

表 32–10–2　　　　　　　导线与建筑物之间的最小垂直距离　　　　　　　（m）

标称电压（kV）	1000
垂直距离	15.5

（3）送电线路边导线与建筑物之间的距离，在最大计算风偏情况下，不应小于表 32–10–3.a 所列数值。

表 32–10–3.a　　　　　　　导线与建筑物之间的净空距离　　　　　　　（m）

标称电压（kV）	1000
距离	15.0

（4）无风情况下，边导线与建筑物之间的水平距离，不应小于表 32–10–3.b 所列数值。

表 32–10–3.b   边导线与建筑物之间的水平距离   (m)

标称电压（kV）	1000
距离	7.0

（5）送电线路通过林区，宜采用加高杆塔跨越林木不砍通道的方案。当跨越时，导线与树木（考虑自然生长高度）之间的垂直距离，不小于表 32–10–4.a 所列数值。当砍伐通道时，通道净宽度不应小于线路宽度加林区主要树种自然生长高度的 2 倍。通道附近超过主要树种自然生长高度的个别树木应砍伐。

表 32–10–4.a   导线与树木之间的垂直距离   (m)

标称电压及架设方式	1000kV	
	单回路	同塔双回路（逆相序）
垂直距离	14.0	13.0

1）送电线路通过公园、绿化区或防护林带，导线与树木之间的净空距离，在最大计算风偏情况下，不小于表 32–10–4.b 所列数值。

表 32–10–4.b   导线与树木之间的净空距离   (m)

标称电压（kV）	1000
垂直距离	10.0

2）送电线路通过果树、经济作物林或城市灌木林不应砍伐通道。导线与果树、经济作物、城市绿化灌木以及街道行道树木之间的垂直距离，不应小于表 32–10–4.c 所列数值。

表 32–10–4.c   导线与果树、经济作物、城市绿化灌木以及
街道行道树木之间的垂直距离   (m)

标称电压及架设方式	1000kV	
	单回路	同塔双回路（逆相序）
垂直距离	16.0	15.0

（6）最大计算风偏情况下导线与山坡、峭壁、岩石之间的最小净空距离应不小于表 32–10–5 的要求。

表 32–10–5　　　导线与山坡、峭壁、岩石之间的最小净空距离　　　　（m）

线路经过地区	单回路、同塔双回路（逆相序）
步行可以到达的山坡	13.0
步行不能到达的山坡、峭壁和岩石	11.0

（7）1000kV 架空输电线路跨越弱电线路（不包括光缆和埋地电缆）时，其交叉角应符合表 32–10–6 的规定。

表 32–10–6　　　1000kV 架空输电线路跨越弱电线路（不包括光缆和埋地电缆）的交叉角

弱电线路等级	一级	二级	三级
交叉角	≥45°	≥30°	不限制

（8）架空输电线路与甲类火灾危险性的生产厂房、甲类物品库房、易燃易爆材料堆场及可燃或易燃易爆液（气）体储罐的防火间距，不应小于铁塔全高加 3m。还应满足其他的相关规定。

（9）架空输电线路与铁路、公路、河流、管道、索道及各种架空线路交叉或接近距离应满足表 32–10–7 的要求。

表 32–10–7　　　　　导线对被跨物最小垂直距离　　　　　　（m）

项　目		单回最小垂直距离	双回（逆相序）最小垂直距离
铁路	至轨顶	27.0	25.0
	至承力索或接触线	10.0（16.0）	10.0（14.0）
公路	至路面	27.0	25.0
通航河流	至五年一遇洪水位	14.0	13.0
	至最高航行水位桅顶	10.0	10.0
	至最高航行水位	24.0	23.0
不通航河流	百年一遇洪水位	10.0	10.0
	冬季至冰面	22.0	21.0
弱电线	至被跨越物	18.0	16.0
电力线	至被跨越物	10.0（16.0）	10.0（16.0）
架空特殊管道	至管道任何部分	18.0	16.0

注　垂直距离中，括号内的数值用于跨杆（塔）顶。

（10）架空输电线路与铁路、公路、电车道、河流、弱电线路、架空送电线路、管道、索道接近的最小水平距离严禁小于表 32-10-8 的要求：

表 32-10-8 　　　　　　　　　　**最 小 水 平 距 离** 　　　　　　　　（m）

项　　目			最小水平距离（单回/双回逆相序）
铁路	杆塔外缘至轨道中心		交叉：塔高加 3.1，无法满足要求时可适当减小但不得小于 40.0； 平行：塔高加 3.1，困难时双方协商确定
公路	交叉	杆塔外缘至路基边缘	15.0 或按协议取值
	平行	边导线至路基边缘　开阔地区	最高塔高
		路径受限制地区	15.0/13.0 或按协议取值
通航河流	塔位至河堤		河堤保护范围之外或按协议取值
不通航河流			
弱电线	与边导线间（平行）	路径受限制地区（最大风偏情况下）	13.0/12.0
电力线	与边导线间（平行）	路径受限制地区	杆塔同步排列取 20.0；杆塔交错排列导线最大风偏取 13.0
架空特殊管道	与特殊管道平行时，边导线至管道任何部分	开阔地区	最高塔高
		路径受限制地区（最大风偏情况下）	13.0

注　1　宜远离低压用电线路和通信线路，在路径受限制地区，与低压用电线路和通信线路的平行长度不宜大于 1500m，与边导线的水平距离宜大于 50m，必要时，通信线路应采取防护措施，受静电或电磁感应影响电压可能异常升高的入户低压线路应给以必要的处理；

　　　2　走廊内受静电感应可能带电的金属物应予以接地；

　　　3　跨越 220kV 及以上线路、铁路、高速公路、一级公路、一二级通航河流及特殊管道时，悬垂绝缘子串宜采用双挂点、双联"I"串或"V"串型式；

　　　4　线路跨越铁路、高速公路、一级公路、电车道、一二级通航河流、110kV 及以上电力线、特殊管道、索道不得有接头；

　　　5　跨越 110kV 及以上输电线路时的交叉角不应小于 15°。跨越铁路时交叉角不宜大于 45°，但不应小于 30°，且不宜在铁路车站出站信号机以内跨越。

【思考与练习】

（1）1000kV 特高压输电线路与 110～750kV、±800kV 线路的施工及验收标准主要区别在哪里？

（2）1000kV 架空输电线路跨越各等级弱电线路（不包括光缆和埋地电缆）的交叉角有何要求？

（3）弧垂观测档的选择应符合哪些规定？

（4）隐蔽工程的验收检查应在隐蔽前进行，哪些内容属隐蔽工程？

（5）1000kV 特高压输电线路导线对居民区和非居民区地面最小垂直距离应满足多少？

▲ 模块 11　DL/T 5106—1999《跨越电力线路架线施工规程》（新增模块）

【**模块描述**】本模块包含跨越架的基本规定、工艺要求、安全措施等内容；通过概念描述和条文解释，能够掌握带电跨越架施工设计、参数计算的内容、方法和标准。

【**模块内容**】

目前，在送电线路施工中，张力架线跨越电力线路的技术日臻完善。为了更好地规范跨越施工工作，保证跨越施工中的人身、设备安全，原电力部综教科给国家电力公司电力建设研究所下达了编写《跨越电力线路架线施工规程》的任务。电力建设研究所根据国家有关规定和标准，结合多年来的实践经验，在陕西省送变电工程公司的配合下编制了本规程。

本规程的部分内容与《电力建设安全工作规程（架空电力线路部分）》《电业安全工作规程（电力线路部分）》中的相关内容是一致的。

一、范围

本规程规定了跨越电力线路的施工方法；本规程适用于新建或改建的输电线路跨越电力线路的施工；本规程适用于人力、机械牵引及张力架线的跨越施工；跨越铁路、公路、河流、通信线路以及其他障碍物的施工可参照本规程进行。

二、总则

（1）为确保在新建输电线路工程中安全可靠地进行跨越施工，根据国家有关规定和标准，结合多年来的实践经验制定本规程。

（2）各单位可根据跨越施工的实际情况，依据本规程，具体制定实施细则，按电压等级履行审批手续。

（3）施工单位在具体线路勘察定位中，对线路设计提出一些合理和可行的跨越技术要求时，可与设计部门协商解决。

（4）在跨越施工困难的地方，因带电跨越危险性较大，故在选择跨越施工方案时，应优先选择停电跨越方案。

（5）凡采用本规程规定范围外的新技术、新工艺的跨越施工方法跨越电力线路时，应编制施工作业指导书并按规定履行审批手续。

（6）有下列特点之一的跨越称为特殊跨越：

1）被跨运行电力线架空地线高度大于 30m。

2）被跨越电力线电压等级为 330kV 及以上。

3）跨越交叉点下有河流、水塘或其他复杂地形。

4）线路交叉角小于 30°或跨越宽度大于 70m。

特殊跨越的施工技术方案，需经有关部门审核批准。

（7）规划及设计单位在设计线路时，应考虑交叉跨越施工的可能性。

三、应用跨越架的基本规定

（1）一般规定。

1）跨越架架顶宽度（横线路方向有效遮护宽度）B 按下式计算：

$$B \geqslant [2(Z_x+1.5)+b]/\sin\gamma \qquad (32\text{--}11\text{--}1)$$

式中　B——跨越架架顶宽度，m；

　　　Z_x——施工线路导线或地线等安装气象条件下在跨越点处的风偏距离，m；

　　　b——跨越架所遮护的最外侧导、地线间在横线路方向的水平距离，m；

　　　γ——跨越交叉角，°。

2）跨越架架面在被跨越线路导线发生风偏后仍应与其保持的最小安全距离，如表 32-11-1 所示。

表 32-11-1　　　　　　　跨越架对电力线路的最小安全距离　　　　　　　（m）

跨越架部位	被跨越电力线路电压等级					
	≤10kV	35kV	66～110kV	154～220kV	330kV	500kV
架面（或拉线）与导线水平距离（或垂直距离）	1.5	1.5	2.0	2.5	5.0	6.0
无地线时，封顶网（杆）与导线垂直距离	1.5	1.5	2.0	2.5	4.0	5.0
有地线时，封顶网（杆）与地线垂直距离	0.5	0.5	1.0	1.5	2.6	3.6

3）跨越架架面或拉线与被跨越电力线路导线的最小水平距离

$$D=Z_x+D_{min} \qquad (32\text{--}11\text{--}2)$$

式中　D——跨越架架面距被跨越电力线路带电体的最小水平距离，m；

　　　D_{min}——发生风偏后尚应保持的最小安全距离，m；

　　　Z_x——风偏距离，m。

（2）使用金属结构跨越架的基本规定。

金属结构跨越架架体强度、加荷试验和断线冲击试验、组立均应符合相关要求。

（3）使用钢管、木质、毛竹跨越架的基本规定。

1）钢管、木质、毛竹跨越架所使用的立杆有效部分的小头直径、搭接长度、埋深等均应符合相关要求。

2）各种材质跨越架的立杆、大横杆及小横杆的间距不得大于表 32-11-2 的规定。

表 32-11-2　　　　　　　立杆、大横杆及小横杆的间距　　　　　　（m）

跨越架类别	立杆	大横杆	小横杆
钢管	2.0		1.5
木质	1.5	1.2	1.0
竹质	1.5		0.75

（4）索道跨越。索道跨越方法仅限于人力展放导、地线跨越 330kV 及以下不停电线路施工。跨越要求应符合相关规定。

四、跨越施工工艺要求

一般跨越施工；金属结构跨越架施工；钢管、木质、竹质跨越架施工；索道跨越施工应符合相关工艺要求。

五、安全措施

（1）一般规定。

1）跨越不停电电力线、临近带电体作业时应符合相关安全措施。

2）在带电体附近作业时，人体与带电体之间的最小安全距离应满足表 32-11-3 的规定。

表 32-11-3　　　　　　　作业时与带电体的最小安全距离　　　　　　（m）

项目	带电体的电压等级					
	≤10kV	35kV	63～110kV	220kV	330kV	500kV
工器具、安装构件、导线、地线与带电体的距离	2.0	3.5	4.0	5.0	6.0	7.0
作业人员的活动范围与带电体的距离	1.7	2.0	2.5	4.0	5.0	6.0
整体组立杆塔与带电体的距离	应大于倒杆距离（自杆塔边缘到带电体的最近侧为杆塔高）					

（2）搭设金属结构跨越架的安全措施。搭设金属结构跨越架的金属拉线、金属结构跨越架架体组立、跨越架架体的接地线、绝缘网的弛度等均应符合相关安全措

施和要求。

（3）搭设钢管、木质、毛竹跨越架等均应符合相关安全措施和要求。

（4）索道跨越应符合相关安全措施和要求。

六、主要设备、工器具管理

跨越用绝缘绳索、跨越施工工器具的检查和管理；跨越架架体、设备及工器具、木质跨越架所使用的杉木杆、毛竹跨越架所使用的毛竹、钢管跨越架所使用的钢管的检查、使用与管理；钢丝绳使用的各种系数、报废或截除标准、使用与管理；棕绳（麻绳）、滑车的吊钩或吊环、双钩紧线器、安全防护用品（用具）的检查、使用与管理均应符合相关规定。

七、跨越带电线路施工设备、工器具及材料的检测

（1）熟悉金属结构跨越架、设备及工器具的检测方法与要求。

（2）熟悉绝缘工器具及材料的检测。

1）各种新购置、翻新的绝缘工具、绳，都必须进行机械强度和电气性能试验。其电气性能试验必须在机械性能试验后进行。

2）绝缘绳的机械强度试验，包括拉伸断裂强度试验，伸长试验（温度 20±2℃；相对湿度 63%～67%）。

3）拉伸断裂强度试验，要求其破坏强度不得小于额定强度的 5 倍。

八、附录

（1）几种常用数据的计算方法。

1）导线弧垂计算方法（适用于弧垂不大于档距 5%的小高差或等高差中任一点 x 处的弧垂）

$$f_x = \frac{g}{2\sigma}x(L-x) \tag{32-11-3}$$

式中　f_x——档距中任一点弧垂，m；

　　　g——架空线的比载，kg/（m·mm²）；

　　　σ——架空线的最低点应力（即水平应力），kg/mm²；

　　　L——档距，m；

　　　x——从任意一悬点至任一点的水平距离，m。

2）施工线路导线或地线在安装气象条件下跨越点处风偏距离计算公式：

$$Z_x = W_{4(10)}\left[\frac{x(l-x)}{2H} + \frac{\lambda}{W_1}\right] \tag{32-11-4.a}$$

其中：

$$W_{4(10)} = 0.0613Kd \tag{32-11-4.b}$$

式中　Z_x——风偏距离，m；

　　　　x——被跨越物与施工线路任一相邻杆塔的距离，m；

　　　　H——水平放线张力，N；

　　　　l——施工线路的跨越档档距，m；

　　　　λ——施工线路跨越档两端悬垂绝缘子串或滑车挂具长度，m；

　　　W_1——导线、地线的单位长度重量，N/m；

$W_{4(10)}$——在安装气象条件（风速 10m/s）下导线或地线的单位长度风荷重，（N/m）；

　　　　d——导线或地线直径，mm；

　　　　K——风载体型系数，当 $d{\leqslant}17$mm 时，$K{=}1.2$；当 $d{>}17$mm 时，$K{=}1.1$。

（2）静电感应计算方法。

1）导电物体上的静电感应电压 U_2：

$$U_2 = \frac{C_{12}U_1}{C_{12} + C_{22}} \qquad (32\text{--}11\text{--}5)$$

式中　U_1——带电导体上的电压，V；

　　　C_{12}——带电导体与导电物体间的杂散电容，F；

　　　C_{22}——导电物体与大地间的杂散电容，F。

2）导电物体上的聚集电荷 Q：

$$Q{=}U_2C_{22} \qquad (32\text{--}11\text{--}6)$$

3）作用于 C_{12} 上的接地电流 I_{sc}：

$$I_{sc}{=}\omega\, C_{12}U_1 \qquad (32\text{--}11\text{--}7)$$

（3）索道承载绳的受力、弛度计算公式。

1）索道初始张力 T：

$$T{=}H/\cos\beta{=}l^2W\,/\,(8f\cos^2\beta) \qquad (32\text{--}11\text{--}8.\text{a})$$

式中　T——承载索的平均张力，kg；

　　　H——承载索的水平张力，kg；

　　　　l——承载索支持点间的档距（对于双支点架空索道）或耐张段内最大档距（对于多支点索道），m；

　　　W——承载索单位长度重量，kg/m；

　　　　f——档距中点（对于双支点架空索道）或耐张段内最大档距中点（对于多支点索道）承载索的弛度，m；

　　　　β——承载索支持点（对于双支点架空索道）或耐张段内最大档距承载索支持点（对于多支点索道）的高差角，°；

$$\beta = \tan^{-1}\frac{h}{l} \qquad (32\text{-}11\text{-}8.b)$$

h——承载索支持点（对于双支点架空索道）或耐张段内最大档距承载索支持点（对于多支点索道）的高差，m。

2）索道初始弛度。

① 档距中点承载索的弛度 f：

$$f = \frac{l^2 W}{8H\cos\beta} = \frac{l^2 W}{8T\cos^2\beta} \qquad (32\text{-}11\text{-}9)$$

② 档距任意点承载索的垂度 f_x：

$$f_x = \frac{x(l-x)W}{2H\cos\beta} = \frac{x(l-x)W}{2T\cos^2\beta} \\ = 4x(l-\frac{x}{l})\frac{f}{l} \qquad (32\text{-}11\text{-}10)$$

式中　f_x——距支持点水平距离 x 处（对于双支点架空索道）或距耐张段内最大档距支持点水平距离 x 处（对于多支点索道）承载索的弛度，m。

3）索道工作时最大张力 T：

$$T=H/\cos\beta=l^2[W/\cos\beta+Q/(s'\cos\beta)]/(8f\cos\beta) \qquad (32\text{-}11\text{-}11)$$

式中　T——当集中荷重中心作用于档距中点（对于双支点架空索道）或作用于耐张段内最大档距中点（对于多支点索道）时，承载索的水平张力，kg；

　　　f——当集中荷重中心作用于档距中点（对于双支点架空索道）或作用于耐张段内最大档距中点（对于多支点索道）时，承载索的弛度，m；

　　　Q——单个集中荷重的质量，kg；

　　　s'——各个集中荷重相邻间隔的平均值，m。

4）索道工作时的弛度。

a）中点弛度 f：

$$f = l^2[W/\cos\beta+Q/(s'\cos\beta)]/(8H) \\ = l^2[W/\cos^2\beta+Q/(s'\cos^2\beta)]/(8T) \qquad (32\text{-}11\text{-}12)$$

b）任意点的弛度 f_x：

$$f_x = x(l-x)[W/\cos\beta+Q/(s'\cos\beta)]/(2H_x) \\ = x(l-x)[W/\cos^2\beta+Q/(s'\cos^2\beta)]/(2T_x) \qquad (32\text{-}11\text{-}13)$$

式中：f_x——当集中荷重中心作用于距支持点水平距离 x 处（对于双支点架空索道）或距耐张段内最大档距支持点水平距离 x 处（对于多支点索道）时，该处承载索的弛度，m；

H_x——当集中荷重中心作用于距支持点水平距离 x 处（对于双支点架空索道）或距耐张段内最大档距支持点水平距离 x 处（对于多支点索道）时，该处承载索的水平张力，kg；

T_x——当集中荷重中心作用于距支持点水平距离 x 处（对于双支点架空索道）或距耐张段内最大档距支持点水平距离 x 处（对于多支点索道）时，该处承载索的平均张力，kg。

【思考与练习】

（1）哪些情况称为特殊跨越？

（2）搭设钢管、木质、毛竹跨越架的安全措施有哪些？

（3）钢丝绳使用中出现哪些情况应报废或截除？

（4）导线任意点的弧垂如何计算？

▲ 模块 12　DL/T 875—2016《架空输电线路施工机具基本技术要求》（新增模块）

【模块描述】本模块主要包含设计要求、试验要求、检验规定、使用要求、运输与吊装施工机具、基础施工机具、杆塔施工机具、架线施工机具、液压系统、附录等内容。通过概念描述和条文解释，能够掌握输电线路施工机具设计、试验、检验、使用的基本要求。

【模块内容】

本标准按照 GB/T 1.1—2009《标准化工作导则　第 1 部分：标准的结构和编写》给出的规则起草。是对 DL/T 875—2004《输电线路施工机具设计、试验基本要求》的修订，与 DL/T 875—2004 相比，修订的主要内容如下：

（1）规范本标准与现行施工机具单项标准的关系，以形成施工机具标准化体系；

（2）增加了第 6 章（检验规定）、第 7 章（使用要求）及第 8 章（运输与吊装施工机具）；

（3）增加了特殊载荷、校核计算、电力安全工器具、较小型吊装设备、纤维绳等术语和定义，见 3.6、3.14、3.15、3.16、3.17；

（4）增加了对产品型号的规定，见 4.2.3；

（5）增加了对焊接、铆接结构件设计等方面的要求，见 4.4.5 及 4.4.6；

（6）增加了保护层的选用在设计时应遵守的基本原则，见 4.4.7；

（7）增加了对磨损零件的要求，见 4.8；

（8）修改了空载试验、负载试验、过载试验的保持时间要求，见 5.1.2a）、b）、c）；

（9）增加了对一些新型施工机具过载试验载荷与额定载荷的倍率要求，见 5.1，2c）、d）；

（10）增加了钻扩机、脚扣、防坠器保护装置、牵引管、纤维绳、吊装带、悬索跨越架、其他架线工器具（分线器、提线器等）等施工机具的性能要求，见 9.3、10.5、10.7、11.8.4、11.14、11.15、11.17、11.18 等；

（11）将飞车爬坡角度不小于 18° 修改为机动飞车爬坡角度不小于 22°；

（12）删除了原标准 4.8.3（磨损校核），磨损校核要求在现行标准 GB 3811—2008 中已取消；删除了原标准附录 B。

本标准规定了架空输电线路施工机具的设计、试验、检验、使用等一般技术要求。

本标准适用于架空输电线路工程建设中使用的施工机具。

本标准主要章节内容有：

一、设计要求

包含基本规定、文件内容（设计任务书、图样、明细表、设计计算书、试验报告、设计评审报告、使用说明书、试制报告、工程使用及试用报告、标准化审查报告等）、计算要求、零（部）件强度要求、振动要求（施工机具工作时，不应发生共振）、噪声要求（室内使用的机具噪声应符合 GB 12348 的规定；野外离居民区 500m 以外使用的机具噪声可参照 GB 16710 的规定执行；噪声的测量方法按 GB 12348 的规定执行）、刚度与稳定性要求（传动及运动零件不得发生影响其正常工作的变形；受压杆件应稳定）、磨损要求、寿命要求、制动要求（凡属有安全制动要求的运动机械，如牵引机械、张力卷筒、提升机构、行走机构、运输机械等均应有制动装置。停、关机时应处于制动状态。需靠限制机械出力提高工作安全性的机械应有过载保护装置）、操作力要求等。

二、试验要求

（1）型式试验。

型式试验是为了验证产品能否满足技术规范的要求所进行的试验。试验应包含：空载试验、负载试验、过载（静载）试验、耐压试验、制动试验、专项试验、破坏试验、电气系统试验、寿命试验、耐振试验等。

（2）工业试验。

工业试验是为验证产品质量稳定性进行的试验。

（3）出厂试验。

出厂试验包括外观检验、载荷试验和供需协议的特殊要求。

（4）定期试验。

在役施工机具应进行定期试验，包括外观检验、过载试验。

三、检验规定

检验规定分基本规定和检验要求。

四、使用要求

规定了各种施工机具在使用中的要求和注意事项。

五、运输与吊装施工机具

包含专用货运索道、履带式运输车、较小型吊装设备的使用要求和注意事项。

六、基础施工机具

包含基本规定、混凝土搅拌机及钻扩机均应符合相关标准和要求。

七、杆塔施工机具

包含绞磨、抱杆、起重滑车、起重附件（含各种环、钩、卡、销、板等）、脚扣、临时锚体（含地钻、地锚）、防坠器保护装置等均应符合相关标准和要求。

八、架线施工机具

架线施工机具：放线滑车、牵引机、张力机、液压压接机、接续管保护装置、防扭钢丝绳、卡线器、连接器、牵引板及平衡锤、切线机、手扳紧线器、双钩紧线器、飞车、纤维绳、吊装带、金属跨越架、悬索跨越架、其他架线工器具、光缆施工机具等均应满足规程要求。

九、液压系统

施工机具液压系统、液压系统所用元件、液压传动系统、手动液压机具操作力、手动及机动液压机具总容积效率、液压油粘度、液压系统温度、液压系统过载运行等均应满足规程要求。

【思考与练习】

（1）机具设计要求包含哪些内容？

（2）机具试验包含哪些试验？

（3）机具产品出厂试验包含哪些内容？

（4）杆塔施工机具有哪些？

（5）常用架线施工机具有哪些？

▲ 模块 13　GB 50545—2010《110kV～750kV 架空输电线路设计规范》（新增模块）

【模块描述】本模块主要包含路径选择、气象条件、导线和地线、绝缘子和金具、绝缘配合、防雷和接地、导线布置、杆塔型式、杆塔载荷及材料、杆塔结构、基础、对地距离及交叉跨越、环境保护、劳动安全和工业卫生、附属设施等内容。通过概念描述和条文解释，基本了解相关部分设计的内容和概念。

【模块内容】

随着我国国民经济和电网建设的不断发展，我国的高压交流输电技术得到了迅速的发展。目前，我国电网的最高运行电压等级从 500kV 发展到 1000kV。电网建设以科学发展观为指导，充分利用高新技术和先进设备。在加强现有电网技术改造和升级方面取得了较大的成果，许多新技术、新工艺和新材料正在得到广泛的运用和大力推广，成为电网设计和建设中的重要组成部分。本规范在归纳了历年来 110～750kV 电网建设有关规范和标准的基础上，贯彻国家电力基础建设基本方针，认真落实安全可靠、经济合理、技术先进、环境友好的技术原则，通过技术创新和科技进步，突出展现了设计方案的经济性、合理性、先进性。本规范还针对 2008 年初我国南方地区电网覆冰灾害经验教训进行了认真仔细的研究和分析，调整了冰区的划分，适当提高了电网抗冰设防的要求。

本规范审查会上，专家们提出了关于直线塔导线断 2 相、不均匀覆冰的不平衡张力考虑弯、扭和弯扭组合工况下，铁塔指标和构件内力的变化情况测算的要求。据此，选取了代表性的塔型，分别对直线塔断线张力取值的变化、断线回路数、不均匀覆冰的不平衡张力的取值和组合，分别进行了测算。

本规范共分 16 章和 7 个附录。主要内容包括总则、术语和符号、路径选择、气象条件、导线和地线、绝缘子和金具、绝缘配合、防雷和接地、导线布置、杆塔型式、杆塔载荷及材料、杆塔结构、基础、对地距离及交叉跨越、环境保护、劳动安全和工业卫生、附属设施。

一、总则

（1）为了在交流 110～750kV 架空输电线路的设计中贯彻国家的基本建设方针和技术经济政策，做到安全可靠、先进适用、经济合理、资源节约、环境友好，制定本规范。

（2）本规范适用于交流 110～750kV 架空输电线路的设计。其中交流 110～500kV 适用于单回、同塔双回及同塔多回输电线路设计。交流 750kV 适用于单回输电线路设计。

（3）架空输电线路设计，应从实际出发，综合地区特点，积极采用新技术、新工艺、新设备、新材料。推广采用节能、降耗、环保的先进技术和产品。

（4）对重要线路和特殊区段线路宜采取适当加强措施，提高线路安全水平。

（5）本规范规定了 110～750kV 架空输电线路设计的基本要求。当本规范与国家法律、行政法规的规定相抵触时，应按国家法律、行政法规的规定执行。

（6）架空输电线路设计，除应符合本规范的规定外，尚应符合国家现行有关标准的规定。

二、路径选择

（1）路径选择宜采用卫片、航片、全数字摄影测量系统和红外测量等新技术；在地质条件复杂地区，必要时宜采用地质遥感技术；综合考虑线路长度、地形地貌、地质、冰区、交通、施工、运行及地方规划等因素，进行多方案技术经济比较，做到安全可靠、环境友好、经济合理。

（2）路径选样应避开军事设施、大型工矿企业及重要设施等，符合城镇规划。

（3）路径选择宜避开不良地质地带和采动影响区，当无法避让时，应采取必要的措施；宜避开重冰区、导线易舞动区及影响安全运行的其他地区；宜避开原始森林、自然保护区和风景名胜区。

（4）路径选择应考虑与电台、机场、弱电线路等邻近设施的相互影响。

（5）路径选择宜靠近现有国道、省道、县道及乡镇公路，充分使用现有的交通条件，方便施工和运行。

（6）大型发电厂和枢纽变电站的进出线、两回或多回路相邻线路应统一规划，在走廊拥挤地段宜采用同杆塔架设。

（7）轻、中、重冰区的耐张段长度分别不宜大于 10km、5km 和 3km，且单导线线路不宜大于 5km。当耐张段长度较长时应采取防串倒措施。在高差或档距相差悬殊的山区或重冰区等运行条件较差的地段，耐张段长度应适当缩短。输电线路与主干铁路、高速公路交叉，应采用独立耐张段。

（8）山区线路在选择路径和定位时，应注意控制使用档距和相应的高差，避免出现杆塔两侧大小悬殊的档距，当无法避免时应采取必要的措施，提高安全度。

（9）有大跨越的输电线路，路径方案应结合大跨越的情况，通过综合技术经济比较确定。

三、气象条件

（1）设计气象条件应根据沿线气象资料的数据统计结果及附近已有线路的运行经验确定，当沿线的气象与本规范附录 A 典型气象区接近时，宜采用典型气象区所列数值。基本风速、设计冰厚重现期应符合下列规定：

1）750kV、500kV 输电线路及其大跨越重现期应取 50 年。

2）110～330kV 输电线路及其大跨越重现期应取 30 年。

（2）综合考虑设计气象条件三要素：风速、覆冰、气温。

（3）综合考虑各种气象组合条件。

四、导线和地线

（1）输电线路的导线截面，宜根据系统需要按照经济电流密度选择，也可根据系统输送容量，并应结合不同导线的材料结构进行电气和机械特性等比选，通过年费用最小法进行综合技术经济比较后确定。

（2）导、地线在弧垂最低点的设计安全系数不应小于 2.5，悬挂点的设计安全系数不应小于 2.25。地线的设计安全系数不应小于导线的设计安全系数。

（3）导、地线在弧垂最低点的最大张力应按下式计算：

$$T_{max} \leqslant T_p/K_c \tag{32-13-1}$$

式中　T_{max} ——导、地线在弧垂最低点的最大张力，N；

　　　T_p ——导、地线的拉断力，N；

　　　K_c ——导、地线的设计安全系数。

（4）地线（包括光纤复合架空地线）应满足电气和机械使用条件要求，可选用镀锌钢绞线或复合型绞线。

（5）导、地线防振措施应符合相关规定。

（6）线路经过导线易发生舞动地区时应采取或预留防舞措施。

（7）导、地线架设后的塑性伸长，应按制造厂提供的数据或通过试验确定，塑性伸长对弧垂的影响宜采用降温法补偿。

五、绝缘子和金具

（1）绝缘子机械强度的安全系数，应符合表 32-13-1 的规定。

表 32-13-1　　　　　　　　　　绝缘子机械强度的安全系数

情况	最大使用载荷		常年荷载	验算	断线	断联
	盘型绝缘子	棒型绝缘子				
安全系数	2.7	3.0	4.0	1.5	1.8	1.5

（2）金具强度的安全系数应符合下列规定：

1）最大使用荷载情况不应小于 2.5。

2）断线、断联、验算情况不应小于 1.5。

六、绝缘配合、防雷和接地

（1）输电线路的绝缘配合，应满足线路在工频电压、操作过电压、雷电过电压等各种条件下安全可靠地运行。

（2）在海拔高度 1000m 以下地区，操作过电压及雷电过电压要求的悬垂绝缘子串的绝缘子最少片数，应符合表 32-13-2 的规定。耐张绝缘子串的绝缘子片数应在表 32-13-2 的基础上增加，对 110～330kV 输电线路应增加 1 片，对 500kV 输电线路应增加 2 片，对 750kV 输电线路不需增加片数。

表 32-13-2　　　　　　　操作过电压及雷电过电压要求悬垂
绝缘子串的最少绝缘子片数

标称电压（kV）	110	220	330	500	750
单片绝缘子的高度（mm）	146	146	146	155	170
绝缘子片数	7	13	17	25	32

（3）输电线路的防雷设计，应根据线路电压、负荷性质和系统运行方式，结合当地已有线路的运行经验，地区雷电活动的强弱、地形地貌特点及土壤电阻率高低等情况，在计算耐雷水平后，通过技术经济比较，采用合理的防雷方式，应符合下列规定：

1）110kV 输电线路宜沿全线架设地线，在年平均雷暴日数不超过 15d 或运行经验证明雷电活动轻微的地区，可不架设地线。无地线的输电线路，宜在变电站或发电厂的进线段架设 1～2km 地线。

2）220～330kV 输电线路应沿全线架设地线，年平均雷暴日数不超过 15d 的地区或运行经验证明雷电活动轻微的地区，可架设单地线，山区宜架设双地线。

3）500～750kV 输电线路应沿全线架设双地线。

（4）杆塔上地线对边导线的保护角，应符合下列要求：

1）对于单回路，330kV 及以下线路的保护角不宜大于 15°，500～750kV 线路的保护角不宜大于 10°。

2）对于同塔双回或多回路，110kV 线路的保护角不宜大于 10°，220kV 及以上线路的保护角均不宜大于 0°。

3）单地线线路不宜大于 25°。

4）对重覆冰线路的保护角可适当加大。

（5）有地线的杆塔应接地。在雷季干燥时，每基杆塔不连地线的工频接地电阻，不宜大于表 32-13-3 规定的数值。土壤电阻率较低的地区，当杆塔的自然接地电阻不大于表 32-13-3 所列数值时，可不装设人工接地体。

表 32-13-3　　　　　有地线的线路杆塔不连地线的工频接地电阻

土壤电阻率（Ω·m）	≤100	100～500	500～1000	1000～2000	＞2000
工频接地电阻（Ω）	10	15	20	25	30

（6）中性点非直接接地系统在居民区的无地线钢筋混凝土杆和铁塔应接地，其接地电阻不应超过 30Ω。

七、导线布置

导线的线间距离应结合运行经验确定，并应符合下列规定：

（1）对 1000m 以下档距，水平线间距离宜按下式计算：

$$D = K_i L_K + \frac{U}{110} + 0.65\sqrt{f_c} \qquad (32\text{-}13\text{-}2)$$

式中： K_i ——悬垂绝缘子串系数，宜符合表 32-13-4 规定的数值；

D ——导线水平线间距离，m；

L_K ——悬垂绝缘子串长度，m；

U ——系统标称电压，kV；

f_c ——导线最大弧垂，m。

表 32-13-4 K_i 系 数

悬垂绝缘子串型式	Ⅰ-Ⅰ 串	Ⅰ-Ⅴ 串	Ⅴ-Ⅴ 串
K_i	0.4	0.4	0

（2）导线垂直排列的垂直线间距离，宜采用公式（32-13-2）计算结果的 75%。使用悬垂绝缘子串的杆塔的最小垂直线间距离宜符合表 32-13-5 的规定。

表 32-13-5 使用悬垂绝缘子串杆塔的最小垂直线间距离

标称电压（kV）	110	220	330	500	750
垂直线间距离（m）	3.5	5.5	7.5	10.0	12.5

（3）导线三角排列的等效水平线间距离，宜按下式计算：

$$D_x = \sqrt{D_p^2 + \left(\frac{4}{3}D_z\right)^2} \qquad (32\text{-}13\text{-}3)$$

式中 D_x ——导线三角排列的等效水平先进线间距离，m；

D_p ——导线间水平投影距离，m；

D_z ——导线间垂直投影距离，m。

八、杆塔型式

杆塔类型宜符合下列规定：

（1）杆塔按其受力性质，宜分为悬垂型、耐张型杆塔。悬垂型杆塔宜分为悬垂直线和悬垂转角杆塔；耐张型杆塔宜分为耐张直线、耐张转角和终端杆塔。

（2）杆塔按其回路数，应分为单回路、双回路和多回路杆塔。单回路导线既可水平排列，也可三角排列或垂直排列；双回路和多回路杆塔导线可按垂直排列，必要时可考虑水平和垂直组合方式排列。

九、杆塔荷载及材料

（1）杆塔荷载。

1）荷载分类宜符合下列要求：

a）永久荷载：导线及地线、绝缘子及其附件、杆塔结构、各种固定设备、基础以及土体等的重力荷载；拉线或纤绳的初始张力、土应力及预应力等荷载。

b）可变荷载：风和冰（雪）荷载；导线、地线及拉线的张力；安装检修的各种附加荷载；结构变形引起的次生荷载以及各种振动动力荷载。.

2）杆塔的作用荷载宜分为横向荷载（风、角度合力）、纵向荷载（导线不平衡张力）、垂直荷载（重力）。

3）各类杆塔均应计算线路正常运行情况、断线情况、不均匀覆冰情况和安装情况下的荷载组合，必要时尚应验算地震等罕见情况。

4）各类杆塔的正常运行情况，应计算下列荷载组合：

a）基本风速、无冰、未断线（包括最小垂直荷载和最大水平荷载组合）。

b）设计覆冰、相应风速及气温、未断线。

c）最低气温、无冰、无风、未断线（适用于终端和转角杆塔）。

（2）结构材料。

1）钢材的材质应根据结构的重要性、结构形式、连接方式、钢材厚度和结构所处的环境及气温等条件进行合理选择。钢材等级宜采用 Q235、Q345、Q390 和 Q420，有条件时也可采用 Q460。钢材的质量应分别符合现行国家标准《碳素结构钢》GB/T 700 和《低合金高强度结构钢》GB/T 1591 的规定。

2）所有杆塔结构的钢材均应满足不低于 B 级钢的质量要求。当采用 40mm 及以上厚度的钢板焊接时，应采取防止钢材层状撕裂的措施。

3）结构连接宜采用 4.8 级、5.8 级、6.8 级、8.8 级热浸镀锌螺栓，有条件时也可使用 10.9 级螺栓，其材质和机械特性应分别符合现行国家标准《紧固件机械性能螺栓、螺钉和螺柱》GB/T 3098.1 和《紧固件机械性能螺母粗牙螺纹》GB/T 3098.2 的有关规定。

十、杆塔结构

应了解基本计算规定、承载能力和正常使用极限状态计算表达式及杆塔结构基本规定的概念。

十一、基础

（1）基础型式的选择，应综合考虑沿线地质、施工条件和杆塔型式等因素，并应符合相关要求。

（2）基础稳定、基础承载力、基础的上拔、基础倾覆稳定、基础底面压应力应按相关公式计算。

（3）现浇基础的混凝土强度等级不应低于 C20 级。

（4）岩石基础的地基应逐基鉴定。

（5）冻土地区应符合现行行业标准《冻土地区建筑地基基础设计规范》JGJ 118 的有关规定。

（6）跨越河流或位于洪泛区的基础应收集水文地质资料，必要时考虑冲刷作用和漂浮物的撞击影响，并应采取相应的防护措施。

（7）对位于地震烈度 7 度及以上地区的高杆塔基础及特殊重要的杆塔基础、8 度及以上地区的 220k 及以上耐张型杆塔的基础，当场地为饱和砂土或饱和粉土时，均应考虑地基液化的可能性，并应采取必要的稳定和抗震措施。

（8）转角塔、终端塔的基础应采取预偏措施，预偏后的基础顶面应在同一坡面上。

十二、对地距离及交叉跨越

导线对地面、建筑物、树木、铁路、道路、河流、管道、索道及各种架空线路的距离，应根据导线运行温度 40℃（若导线按允许温度 80℃设计时，导线运行温度取 50℃）情况或覆冰无风情况求得的最大弧垂计算垂直距离，根据最大风情况或覆冰情况求得的最大风偏进行风偏校验。重覆冰区的线路，还应计算导线不均匀覆冰和验算覆冰情况下的弧垂增大。

各电压等级的交跨距离见各施工及验收规范。

十三、环境保护

（1）输电线路设计应符合国家环境保护、水土保持和生态环境保护的有关法律法规的要求。

（2）输电线路的设计中应对电磁干扰、噪声等污染因子采取必要的防治措施，减少其对周围环境的影响。

（3）输电线路无线电干扰限值、可听噪声限值和房屋附近未畸变电场值应符合本规范的相关规定。

（4）对沿线相关的弱电线路和无线电设施应进行通信保护设计并采取相应的处理措施。

（5）山区线路应采用全方位长短腿与不等高基础配合使用。

（6）输电线路经过经济作物或林区时，宜采取跨越设计。

十四、劳动安全和工业卫生

（1）输电线路工程应满足国家规定的有关防火、防爆、防尘、防毒及劳动安全与卫生等的要求。

（2）杆塔宜采取高空作业工作人员的防坠安全保护措施。在架线高空作业时，应制定安全措施，确保安全生产。

（3）输电线路在施工时，针对由邻近输电线路产生的电磁感应电压应落实好劳动安全措施。

（4）输电线路建成运行后对平行和交叉的其他电压等级的输电线路、通信线等存在感应电压，邻近线路在运行和维修时应做好安全措施。

十五、附属设施

（1）新建输电线路在交通困难地区设巡线站时，其维护半径可取 40～50km，如沿线交通方便或该地区已有生产运行机构，也可不设巡检站。巡检站应配备必要的备品备件、检修材料、维护检修工器具以及交通工具。

（2）杆塔上的各种固定标志应符合相关规定。

（3）新建输电线路宜根据现有运行条件配备适当的通信设施。

（4）总高度在 80m 以下的杆塔，登高设施可选用脚钉。高于 80m 的杆塔，宜选用直爬梯或设置简易休息平台。

【思考与练习】

（1）输电线路设计时，路径选择应考虑哪些因素？

（2）输电线路设计气象条件三要素是指哪三要素？气象组合条件有哪几种？

（3）导、地线的设计安全系数各为多少？导、地线在弧垂最低点的最大张力如何计算？

（4）输电线路的防雷设计，对架设地线有何要求？

（5）各类杆塔的正常运行情况，应计算哪些荷载组合？

（6）输电线路基础设计时，应计算哪些方面的受力？

▲ 模块 14 《110（66）kV～500kV 架空输电线路管理规范》（新增模块）

【模块描述】本模块包含《110（66）kV～500kV 架空输电线路技术标准》、《110（66）kV～500kV 架空输电线路运行规范》、《110（66）kV～500kV 架空输电线路检修规范》、《110（66）kV～500kV 架空输电线路技术监督规定》、《预防 110（66）kV～500kV 架空输电线路事故措施》5 部标准和规范，通过要点介绍和条文解释，熟悉和了解架空输电线路在安装与检修过程中的技术监督、技术管理。

【模块内容】

《110（66）kV～500kV 架空输电线路管理规范》由 5 部标准和规范合成，各标准和规范的主要内容如下：

一、《110（66）kV～500kV 架空输电线路技术标准》

《110（66）kV～500kV 架空输电线路技术标准》是做好各类输电线路设备的设计选型和管理工作的基础，同时对导地线、杆塔、绝缘子、金具、接地装置等设备选用、订货、监造、出厂验收、现场安装和现场验收等环节提出了具体技术要求。

二、《110（66）kV～500kV 架空输电线路运行规范》

《110（66）kV～500kV 架空输电线路运行规范》是对输电线路运行工作的岗位职责、安全管理、线路设备验收、巡视和维护、线路缺陷和故障处理、线路技术管理、线路评级与管理、带电作业及培训等工作提出了具体要求，是认真做好各类输电线路设备运行管理工作的依据。

三、《110（66）kV～500kV 架空输电线路检修规范》

《110（66）kV～500kV 架空输电线路检修规范》对输电线路的导地线、杆塔与基础、绝缘子、金具、接地装置、附属设施等设备的检查与处理、检修内容及质量要求，大型检修和事故抢险检修报告的编写及检修后运行等内容提出了具体要求，是认真做好各类输电线路设备检修管理工作的依据。

四、《110（66）kV～500kV 架空输电线路技术监督规定》

《110（66）kV～500kV 架空输电线路技术监督规定》拓展了技术监督专业的范围和内容，进一步加强输电线路有关设备安装、检修过程中的技术监督工作，规范生产设备管理，提高输电线路设备运行水平，以专业技术监督为基础，以开展设备技术监督为手段，实现对电网和设备全方位、全过程的技术监督。并加强对技术资料档案的管理工作。

五、《预防 110（66）kV～500kV 架空输电线路事故措施》

《预防 110（66）kV～500kV 架空输电线路事故措施》是各单位认真做好各类输电线路设备事故的预防措施，是确保电网安全可靠运行的有效手段，这些措施是针对输电线路设备在运行中容易导致典型、频繁出现的事故而提出的预防性措施，主要包括预防倒杆塔事故、预防断线和掉线事故、预防污闪事故、预防雷害事故、预防外力破坏、预防林区架空输电线路火灾事故、预防导地线覆冰舞动等，即预防输电线路设备在安装、检修、试验和运行中的事故，以及预防发生事故的技术管理措施。

【思考与练习】

（1）《110（66）kV～500kV 架空输电线路管理规范》包含哪几个标准和规范？

（2）输电线路主要组成设备和元件有哪些？

（3）大型检修（更换导地线）工作应注意哪些安全和技术要求？

（4）输电线路专项技术监督工作有哪些？

（5）输电线路事故预防措施主要包括哪些方面内容？

参 考 文 献

[1] 国家电网公司交流建设分公司. 架空输电线路施工工艺通用技术手册 [M]. 北京：中国电力出版社，2012.

[2] 国家电网公司人力资源部. 输电线路检修 [M]. 北京：中国电力出版社，2010.

[3] 尚大伟. 高压架空输电线路施工操作指南 [M]. 北京：中国电力出版社，2007.

[4] 高压架空输电线路施工技术手册（架线线工程计算部分）[M]. 第三版. 北京：中国电力出版社，2010.

[5] 高压架空输电线路施工技术手册（杆塔组立计算部分）[M]. 第三版. 北京：中国电力出版社，2010.

[6] 李庆林. 架空输电线路铁塔组立工程手册 [M]. 北京：中国电力出版社，2007.

[7] Q/GDW 1799.2—2013《国家电网公司电力安全工作规程 线路部分》. 北京：中国电力出版社，2013.

[8] DL 5009.2—2013《电力建设安全工作规程 第 2 部分：电力线路》. 北京：中国电力出版社，2013.

[9] DL/T 741—2010《架空送电线路运行规程》. 北京：中国电力出版社，2011.

[10] GB 50233—2014《110kV～750kV 架空输电线路施工及验收规范》. 北京：中国计划出版社，2014.

[11] DL/T 5168—2016《110kV～750kV 架空输电线路施工质量检验及评定规程》. 北京：中国电力出版社，2016.

[12] DL/T 5285—2013《输变电工程架空导线及地线液压压接工艺规程》. 北京：中国电力出版社，2013.

[13] SDJJS 2—1987《超高压架空输电线路张力架线施工工艺导则》.

[14] Q/GDW 1571—2014《大截面导线压接工艺导则》. 北京：中国电力出版社，2014.

[15] Q/GDW 1225—2014《±800kV 架空送电线路施工及验收规范》. 北京：中国电力出版社，2014.

[16] Q/GDW 1153—2012《1000kV 架空输电线路施工及验收规范》. 北京：中国电力出版社，2012.

[17] DL/T 5106—1999《跨越电力线路架线施工规程》. 北京：中国电力出版社，2000.

[18] DL/T 875—2016《架空输电线路施工机具基本技术要求》. 北京：中国电力出版社，2016.

［19］ GB 50545—2010《110kV～750kV 架空输电线路设计规范》. 北京：人民出版社，2010.

［20］ 国家电网公司电网工程施工安全风险识别、评估及控制办法（试行）. 国家电网基建〔2011〕1758 号.

［21］ 李庆林. 架空送电线路施工手册［M］. 北京：中国电力出版社，2002.